Statistik und ihre Anwendungen

Reihe herausgegeben von

Holger Dette, Fakultät für Mathematik, Ruhr-Universität Bochum, Bochum, Deutschland

Wolfgang Härdle, Wirtschaftswissenschaftliche Fakultät, Humboldt-Universität zu Berlin, Berlin, Deutschland

Torsten Becker · Richard Herrmann ·
Christian Heumann · Stefan Pilz · Viktor Sandor ·
Dominik Schäfer · Ulrich Wellisch

Stochastische Risikomodellierung und statistische Methoden

Angewandte Stochastik für die aktuarielle Praxis

2., überarbeitete und erweiterte Auflage

Springer Spektrum

Torsten Becker
Berlin, Deutschland

Richard Herrmann
Brühl, Deutschland

Christian Heumann
Dachau, Deutschland

Stefan Pilz
München, Deutschland

Viktor Sandor
Rosenheim, Deutschland

Dominik Schäfer
Waiblingen, Deutschland

Ulrich Wellisch
Aying, Deutschland

ISSN 2627-5317 ISSN 2627-5333 (electronic)
Statistik und ihre Anwendungen
ISBN 978-3-662-69531-9 ISBN 978-3-662-69532-6 (eBook)
https://doi.org/10.1007/978-3-662-69532-6

Die Deutsche Nationalbibliothek verzeichnet diese Publikation in der Deutschen Nationalbibliografie; detaillierte bibliografische Daten sind im Internet über https://portal.dnb.de abrufbar.

Planung/Lektorat: Iris Ruhmann
Springer Spektrum ist ein Imprint der eingetragenen Gesellschaft Springer-Verlag GmbH, DE und ist ein Teil von Springer Nature.
Die Anschrift der Gesellschaft ist: Heidelberger Platz 3, 14197 Berlin, Germany

Vorwort

Alles was lediglich wahrscheinlich ist, ist wahrscheinlich falsch.
(René Descartes, 1596–1650)

Acht Jahre sind seit der ersten Auflage des Buches „Stochastische Risikomodellierung und statistische Methoden“ vergangen und wir freuen uns, dass sich der Springer-Verlag zu einer zweiten Auflage entschlossen hat. Dies gibt uns die Gelegenheit, die Inhalte des Buches um weitere praxisrelevante Modelle und Methoden zu erweitern.

So wurde das Kap. 2 um einen Abschnitt zu „Daten“ erweitert, der Datentypen und deren Kodierung sowie die Behandlung extremer oder fehlender Werte zum Gegenstand hat. In Kap. 3 wird nun auch auf Bootstrap-Verfahren eingegangen und das Kap. 5 mit einem Ausblick auf Generalisierte Additive Modelle und maschinelles Lernen abgerundet. Ganz neu aufgenommen wurden die Kap. 7 und 8 zur stochastischen Differenzialrechnung und zur Zeitreihenanalyse. Darüber hinaus wurden verschiedentliche Korrekturen an den bestehenden Kapiteln vorgenommen.

Die Zielsetzung des Buches ist dagegen unverändert: Es möchte die wichtigsten stochastischen Risikomodelle, die derzeit in der aktuariellen Praxis Anwendung finden, in einem Band zusammenfassen. Die „aktuarielle Praxis“ schließt dabei die Modellierung von Finanzmarktdaten und das quantitative Risikomanagement mit ein. Zu den Modellen gesellen sich die statistischen Methoden, die für eine Anpassung der Modelle an Beobachtungsdaten und die Modellvalidierung erforderlich sind.

Kein Modell vermag dabei – ganz im Sinn des Descarteschen Zitats – die Realität vollumfänglich darzustellen. Dennoch bilden stochastische Modelle auch in Zeiten, in denen algorithmische Datenanalyse und künstliche Intelligenz das Gebot der Stunde zu sein scheinen, einen unverzichtbaren Bestandteil im Werkzeugkasten der aktuariellen Zunft. In unserem Buch haben wir diesen Werkzeugkasten wie folgt strukturiert:

- Kap. 1 stellt zunächst die Grundlagen zur **Quantifizierung und Bewertung von Risiken** dar. Die Modellierung von Risiken basiert auf den grundlegenden Konzepten von Zufallsvariablen, Wahrscheinlichkeitsverteilungen, Risikomaßen sowie Modellen für die Abhängigkeitsstrukturen zwischen Zufallsvariablen (Korrelationen, Copulas, ...).

- Für die Modellbildung und -validierung finden in der Regel **Methoden der deskriptiven Statistik und der explorativen Datenanalyse** Anwendung, wie sie in Kap. 2 dargestellt werden. Hier spielen insbesondere grafische Verfahren eine herausragende Rolle. Von besonderer praktischer Relevanz sind zudem der Umgang mit Ausreißern und fehlenden Daten.
- Die Anpassung von stochastischen Modellen an Beobachtungsdaten basiert in der Regel auf einer **Punktschätzung** für die Modellparameter. In Kap. 3 wird mit der Maximum-Likelihood-Schätzung das prominenteste Verfahren zur Punktschätzung behandelt, inklusive der zugehörigen Asymptotik und Konfidenzintervalle.
- **Hypothesentests** dienen der statistischen Verprobung von Annahmen über einzelne oder mehrere Modellparameter vor dem Hintergrund von beobachteten Daten. In Kap. 4 werden mit dem Likelihood-Quotiententest eine der Standardmethoden zur Erzeugung von Testverfahren sowie wichtige verteilungsunabhängige Testverfahren dargestellt.
- **Regressionsmodelle** gehören zwischenzeitlich zum Standardrepertoire insbesondere der Schadenversicherungsmathematik. In Kap. 5 wird neben klassischen linearen Regressionsmodellen auch die Klasse der verallgemeinerten linearen Modelle behandelt, welche eine sehr flexible Modellbildung erlauben. Das Kapitel schließt mit einem Ausblick zu Generalisierten Additiven Modellen und maschinellem Lernen.
- Kap. 6 ist der Modellierung von Risiken im Zeitverlauf gewidmet. Dabei werden die wichtigsten im aktuariellen Kontext relevanten **stochastischen Prozesse und Modelle** eingeführt (Markov-Ketten, Markov-Prozesse, stationäre Prozesse, kollektives Modell, ...) und ihre zeitliche Dynamik diskutiert.
- Die **stochastische Differenzialrechnung** bildet die Grundlage zur stochastischen Modellierung zeitabhängiger Prozesse unter anderem in der Finanzmathematik. Kap. 7 widmet sich daher den Grundlagen der stochastischen Differenzialrechnung. Darauf aufbauend werden stochastische Differenzialgleichungen und die zugehörigen Lösungsstrategien betrachtet.
- Statistische Modelle zur Beschreibung von **Zeitreihen** werden in Kap. 8 behandelt. Ausgehend von den grundlegenden Konzepten „Trend", „Saisonalität" und „Autokorrelation" wird dabei auf stationäre und nichtstationäre Zeitreihenmodelle sowie auf die Modellbestimmung und die Anwendung für die Prognose eingegangen. Abgerundet wird das Kapitel durch einen Überblick zu weiteren, allgemeineren Zeitreihenmodellen.
- Kap. 9 beschäftigt sich mit **Modellen zur Gewinnung von biometrischen Rechnungsgrundlagen.** Diese bilden die Grundlage der Personenversicherungsmathematik. Dabei wird der gesamte Modellierungsprozess, ausgehend von der Bildung der Rohdatenbasis, über deren Glättung bis hin zur Überprüfung durch statistische Tests und Ergänzung von Sicherheiten durchlaufen.
- Die wichtigsten **Credibility-Modelle** werden in Kap. 10 behandelt. Credibilty-Modelle finden dort Anwendung, wo keine „Massendaten" vorliegen, die z. B. eine Behandlung mit Methoden der Regressionsanalyse erlauben, sondern Risiken mit sehr individuellen Risikomerkmalen betrachtet werden.

- Kap. 11 beschließt das Buch mit einer Darstellung von **Simulationsverfahren.** Diese können Anwendung finden, wenn die Auswertung von Kenngrößen von Risikomodellen mit Methoden der Analysis an ihre Grenzen stößt, z. B. bei der Lösung stochastischer Differenzialgleichungen.

Zahlreiche Beispiele sollen die Anwendung der dargestellten Konzepte in der aktuariellen Praxis illustrieren, wobei die Darstellung spartenübergreifend angelegt ist und auf Aspekte der Personenversicherung ebenso eingeht wie auf Aspekte der Sachversicherungs- und Finanzmathematik. Gezielte Anmerkungen zur Einordnung der behandelten Themengebiete in einen weiterführenden Kontext sowie ausgewählte Literaturreferenzen können als Ausgangspunkt für eine Vertiefung dienen.

Das Buch kann als Begleittext zum Modul „Angewandte Stochastik“ der Aktuarausbildung der Deutschen Aktuarvereinigung e. V. verwendet werden. Es behandelt den ganzen derzeitigen Lehrplan für dieses Modul, enthält aber auch weiterführende Themen, die zusätzliche Vertiefungsmöglichkeiten aufzeigen sollen.

Teile des vorliegenden Buches basieren auf einem Skript für die Ausbildungsveranstaltungen der Deutschen Aktuar-Akademie GmbH, welches die Autoren zusammen mit Dietmar Pfeifer und Gerald Sussmann erstellt haben. Ihnen sei an dieser Stelle herzlich für ihre Unterstützung gedankt. Für die Aufnahme des Buchs in die Reihe „Statistik und ihre Anwendungen“ danken wir den Herausgebern Prof. Härdle und Prof. Dette. Zur Erstellung vieler Abbildungen haben wir die statistische Programmierumgebung R (http://cran.r-project.org) eingesetzt. Die Quellcodes der Abbildungen, die mit Q gekennzeichnet sind, wurden auf www.quantlet.com veröffentlicht. Die Umsetzung und Standardisierung erfolgte durch Prof. Härdle und seine Mitarbeiter vom Ladislaus von Bortkiewicz Chair of Statistics, denen wir herzlich für die Unterstützung danken.

Die in diesem Buch dargestellten Ideen spiegeln die persönliche Meinung der Autoren wider; diese muss nicht notwendigerweise der Meinung unserer Arbeitgeber entsprechen.

Berlin	Torsten Becker
Brühl	Richard Herrmann
München	Christian Heumann
München	Stefan Pilz
Rosenheim	Viktor Sandor
Waiblingen	Dominik Schäfer
Rosenheim	Ulrich Wellisch
im Februar 2024	

Inhaltsverzeichnis

Quantifizierung und Bewertung von Risiken

1

Zusammenfassung

Zufallsvariablen und ihre Verteilungen bilden eine wesentliche Grundlage aller praxisrelevanten stochastischen Modelle und statistischen Analysen. Auf Grundlage der Modelle werden die Risiken quantifiziert, als Risikomaße werden der Value at Risk und der Expected Shortfall eingeführt. Für die korrekte Einschätzung mehrerer Risiken ist die Kenntnis ihrer Abhängigkeiten notwendig. Deren Modellierung kann mit Hilfe von Copulas geschehen.

Geeignete Familien von Wahrscheinlichkeitsverteilungen bilden eine wesentliche Grundlage aller praxisrelevanten stochastischen Modelle und statistischen Analysen. Dies gilt insbesondere im Bereich der Versicherungs- und Finanzmathematik, von der Lebensversicherung (Sterbetafeln und Lebensdauerverteilungen) über die Schadenversicherung (Schadenzahl- und Schadenhöhenverteilungen) bis zur Stochastischen Finanzmathematik (Verteilungen von Aktienkursen, Analyse finanzmathematischer Zeitreihen). In diesem Kapitel werden zunächst die wesentlichen Konzepte zu Zufallsvariablen wiederholt. Vorbereitend für die folgenden Kapitel werden dann die Risikomaße Value at Risk und Expected Shortfall eingeführt und schließlich einige grundlegende Aspekte der Modellierung von Abhängigkeitsstrukturen mit Hilfe von Copulas.

1.1 Verteilungen

Wir stellen in diesem Abschnitt Grundlagen aus der Wahrscheinlichkeitstheorie und Statistik bereit, die vielen Lesern bekannt sein dürften. Details dazu findet man in Standardwerken, beispielsweise bei Schmidt [5] und Lehn, Wegmann [2].

T. Becker et al., *Stochastische Risikomodellierung und statistische Methoden*, Statistik und ihre Anwendungen, https://doi.org/10.1007/978-3-662-69532-6_1

Sei $(\Omega, \mathscr{A}, P)$ ein Wahrscheinlichkeitsraum, $\mathscr{B}^n$ die σ-Algebra der Borelmengen auf $\mathbb{R}^n$, λ^n das Borel-Lebesguemaß. Wir setzten $\mathscr{B} := \mathscr{B}^1$ und $\lambda := \lambda^1$.

1.1.1 Zufallsvariablen

Eine $\mathscr{A} - \mathscr{B}$-messbare Abbildung $X : \Omega \longrightarrow \mathbb{R}$ heißt **Zufallsvariable.** Das **Bildmaß** P_X auf $\mathscr{B}$ ist gegeben durch

$$P_X(B) := P(X \in B) := P\left(X^{-1}(B)\right), \; B \in \mathscr{B}.$$

Die Zufallsvariable wird durch ihre **Verteilungsfunktion** $F : \mathbb{R} \longrightarrow [0, 1]$,

$$F(x) := P(X \leq x)$$

charakterisiert. Eine Zufallsvariable heißt **stetig,** wenn sie eine Lebesgue-Dichte $f : \mathbb{R} \longrightarrow [0, \infty)$ besitzt, d. h. es gilt

$$F(x) = \int_{(-\infty,x]} f(t)\lambda(dt) =: \int_{-\infty}^{x} f(t)\,dt.$$

Eine Zufallsvariable heißt **diskret,** wenn $X(\Omega)$ höchstens abzählbar ist. In diesem Fall heißt $\mathbb{R} \ni x \longmapsto P(X = x) \in [0, 1]$ die **Wahrscheinlichkeitsfunktion** (synonym **Zähldichte**) von X.

Ist X integrierbar, dann heißt

$$E(X) := \int_{\Omega} X\,dP = \int_{\mathbb{R}} x\,P_X(dx)$$

der **Erwartungswert** von X. Ist X quadratisch integrierbar, dann heißt

$$Var(X) := E((X - E(X))^2) = E(X^2) - E(X)^2$$

die **Varianz** von X, $\sqrt{Var(X)}$ heißt **Standardabweichung** von X. Im Abschn. A.3 sind einige Verteilungen zusammengestellt.

Die Zufallsvariablen X, Y seien quadratisch integrierbar. Dann heißt

$$Cov(X, Y) := E\left((X - E(X))(Y - E(Y))\right) = E(XY) - E(X)E(Y)$$

die **Kovarianz** von X und Y,

$$\rho(X, Y) := \frac{Cov(X, Y)}{\sqrt{Var(X)Var(Y)}} \in [-1, 1]$$

heißt **Korrelation** bzw. **Korrelationskoeffizient** von X, Y. Aus den Definitionen folgt sofort für alle $\alpha, \beta \in \mathbb{R}$

$$
\begin{aligned}
E(\alpha X + \beta Y) &= \alpha E(X) + \beta E(Y), \\
Var(\alpha X) &= \alpha^2 Var(X), \\
Var(X) &= Cov(X, X), \\
Cov(\alpha X + \beta Y, Z) &= \alpha Cov(X, Z) + \beta Cov(Y, Z), \\
Cov(X, Y) &= Cov(Y, X), \\
Var(X + Y) &= Var(X) + Var(Y) + 2Cov(X, Y).
\end{aligned}
$$

Zufallsvariablen mit $\rho(X, Y) = 0$ heißen **unkorreliert.**

Ist die Verteilungsfunktion F einer Zufallsvariablen stetig, dann heißt für $p \in (0, 1)$ eine Zahl $x_p \in \mathbb{R}$ ein p-**Quantil** von F, wenn

$$F(x_p) = p$$

gilt. Ist F zudem auf ihrem Träger streng monoton, dann ist x_p eindeutig bestimmt.

1.1.2 Die Pseudoinverse

Ist die Verteilungsfunktion F einer Zufallsvariable streng monoton, dann existiert die Inverse F^{-1}. Für die Definition von empirischen Quantilen und Copulas sowie für die Simulation von Zufallsvariablen benötigen wir eine Verallgemeinerung der Inversen auch für Verteilungsfunktionen, die nicht streng monoton oder stetig sind.

Definition 1.1 (Pseudoinverse) *Ist $F : \mathbb{R} \longrightarrow [0, 1]$ die Verteilungsfunktion einer Zufallsvariablen $X : \Omega \to \mathbb{R}$, dann heißt $F^{\leftarrow} : (0, 1) \longrightarrow \mathbb{R}$,*

$$F^{\leftarrow}(u) := \min\{x \in \mathbb{R} : F(x) \leq u\}, \quad 0 < u < 1$$

*die **Pseudoinverse** von F.*

Im nächsten Satz fassen wir die wichtigsten Eigenschaften von $F^{\leftarrow}$ zusammen, s. auch Abb. 1.1

Satz 1.2 *Sei $X : \Omega \to \mathbb{R}$ eine Zufallsvariable mit Verteilungsfunktion $F : \mathbb{R} \longrightarrow [0, 1]$ und Pseudoinverser $F^{\leftarrow} : (0, 1) \longrightarrow \mathbb{R}$. Es gilt*

a) *$F^{\leftarrow}$ ist monoton wachsend und*

$$\forall u \in (0, 1) : F(F^{\leftarrow}(u)) \geq u, \tag{1.1}$$

$$\forall x \in \mathbb{R} : F^{\leftarrow}(F(x)) \leq x. \tag{1.2}$$

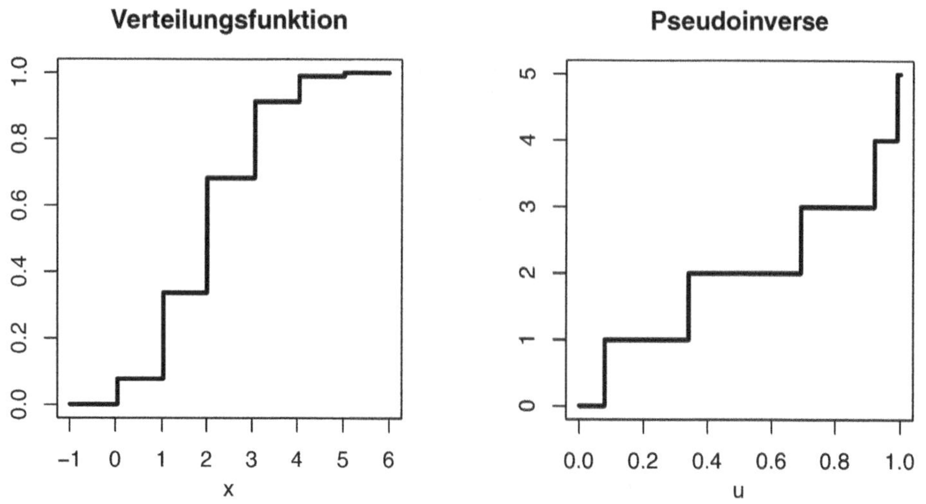

Abb. 1.1 Verteilungsfunktion und Pseudoinverse einer diskreten Zufallsvariablen, hier $B(5, 0{,}4)$ SRMfig1.1

b) *Ist F stetig, dann ist $F^{\leftarrow}$ streng monoton wachsend, es gilt $F \circ F^{\leftarrow} = \mathrm{id}_{(0,1)}$ und die Zufallsvariable $F(X)$ ist auf $(0, 1)$ gleichverteilt.*
c) *Ist F streng monoton, dann gilt $F^{\leftarrow} \circ F = \mathrm{id}_{\mathbb{R}}$.*
d) *Ist F streng monoton und stetig, dann gilt $F^{\leftarrow} = F^{-1}$.*

Beweis

a) Es gilt für $0 < u_1 < u_2 < 1$

$$\{y : F(y) \geq u_2\} \subset \{y : F(y) \geq u_1\} \Longrightarrow F^{\leftarrow}(u_2) \geq F^{\leftarrow}(u_1)$$

d. h. $F^{\leftarrow}$ ist monoton wachsend.
Zum Beweis von (1.1): Sei $u \in (0, 1)$ und eine Folge $\{y_n\}_{n\in\mathbb{N}} \subset \{y : F(y) \geq u\}$ mit $y_n \downarrow F^{\leftarrow}(u)$. Dann gilt $F(y_n) \geq u$ für alle $n \in \mathbb{N}$. $\{F(y_n)\}_{n\in\mathbb{N}}$ ist auch monoton fallend, da F monoton wächst, und somit konvergent. F ist von rechts stetig, also folgt $F(y_n) \downarrow F(F^{\leftarrow}(u)) \geq u$, da $\{F(y_n)\}_{n\in\mathbb{N}}$ durch u nach unten beschränkt ist.
Zum Beweis von (1.2): Sei $x \in \mathbb{R}$ und $u := F(x)$. Es gilt $x \in \{y : F(y) \geq u\}$ also $x \geq F^{\leftarrow}(u) = F^{\leftarrow}(F(x))$.

b) Ist F stetig, dann gilt $F^{\leftarrow}(u) = \inf\{x : F(x) = u\} = \min\{x : F(x) = u\}$ und somit $F(F^{\leftarrow}(u)) = u$ für alle $u \in (0, 1)$. Ist $0 < u_1 < u_2 < 1$, dann folgt $F(F^{\leftarrow}(u_1)) = u_1 < u_2 = F(F^{\leftarrow}(u_2))$ und somit $F^{\leftarrow}(u_1) < F^{\leftarrow}(u_2)$.
Nun zum Beweis von $F(X) \sim \mathscr{U}[0, 1]$. Sei $E := \{y \in [0, 1] : \exists a < b : F|_{[a,b]} = y\}$ und $I := F^{-1}(E)$. Da F monoton wächst, ist I die Vereinigung der paarweisen

disjunkten, abgeschlossenen Intervalle mit positiver Länge $\left\{F^{-1}(y)\right\}_{y\in E}$ (auf denen F konstant ist). Somit sind diese höchstens abzählbar viele und damit ist auch E höchstens abzählbar. Es gilt

$$P(F(X) \in E) = \sum_{y\in E} P(F(X) = y) = \sum_{y\in E} P(X \in F^{-1}(y)) = 0.$$

Für $x \in \mathbb{R}$ mit $F^{\leftarrow}(F(x)) < x$ folgt $F(x) \in E$, denn $F|_{[F^{\leftarrow}(F(x)),x]} = F(x)$ und dann

$$P\left(F^{\leftarrow}(F(X)) < X\right) \leq P(F(X) \in E) = 0,$$
$$P(F^{\leftarrow}(F(X)) = X) \overset{(1.2)}{=} 1.$$

Weiter gilt also für $u \in (0, 1)$

$$\begin{aligned} P(F(X) \leq u) &= P\left(F^{\leftarrow}(F(X)) \leq F^{\leftarrow}(u)\right) \\ &= P\left(F^{\leftarrow}(F(X)) \leq F^{\leftarrow}(u), F^{\leftarrow}(F(X)) = X\right) = P\left(X \leq F^{\leftarrow}(u)\right) \\ &= F(F^{\leftarrow}(u)) = u. \end{aligned}$$

c) Angenommen es gibt $x \in \mathbb{R}$ mit $F^{\leftarrow}(F(x)) \neq x$. Wegen (1.2) gilt $F^{\leftarrow}(F(x)) < x$ und mit (1.1)) und der strengen Monotonie von F folgt der Widerspruch

$$F(x) \leq F\left(F^{\leftarrow}(F(x))\right) < F(x).$$

d) Anwendung von (b) und (c). □

Satz 1.2 gilt für alle reellen Zufallsvariablen (diskrete, stetige oder gemischt stetig-diskrete) ohne Einschränkung.

1.1.3 Multivariate Verteilungen

Eine $\mathscr{A} - \mathscr{B}^n$-messbare Abbildung $\mathbf{X} : \Omega \longrightarrow \mathbb{R}^n$ heißt **Zufallsvektor,** insbesondere sind die Komponenten X_i von $\mathbf{X} = (X_1, \ldots, X_n)^\top$ Zufallsvariablen. Die **gemeinsame Verteilungsfunktion** $F : \mathbb{R}^n \longrightarrow [0, 1]$ von $X_1, \ldots, X_n$ ist gegeben durch

$$F(x_1, \ldots, x_n) = P(X_1 \leq x_1, \ldots, X_n \leq x_n).$$

Die Verteilungsfunktion F_i von X_i, $i = 1, \ldots, n$ heißt **Randverteilung.** Ein Zufallsvektor heißt **stetig verteilt,** wenn eine gemeinsame Lebesgue-Dichte $f : \mathbb{R}^n \longrightarrow [0, \infty)$ von $X_1, \ldots, X_n$ existiert, d. h. es gilt

$$P(X_1 \le x_1, \ldots, X_n \le x_n) = \int_{-\infty}^{x_1} \ldots \int_{-\infty}^{x_n} f(t_1, \ldots, t_n)\, dt_n \ldots dt_1.$$

In diesem Fall sind die X_i stetig verteilt, die Dichten f_i von X_i heißen **Randdichten,** und man erhält sie aus

$$f_i(t) = \int_{-\infty}^{\infty} \ldots \int_{-\infty}^{\infty} f(t_1, \ldots, t_{i-1}, t, t_{i+1}, \ldots, t_n)\, dt_n \ldots dt_{i+1} dt_{i-1} \ldots dt_1.$$

Der **Erwartungswert** von $\mathbf{X}$ wird komponentenweise definiert: Sind $X_1, \ldots, X_n$ integrierbar, setzt man

$$E(\mathbf{X}) := (E(X_1), \ldots, E(X_n))^\top.$$

Sind die Komponenten quadratisch integrierbar, heißt die symmetrische Matrix

$$V(\mathbf{X}) := \big(Cov(X_i, X_j)\big)_{i,j=1,\ldots,n}$$

die **Kovarianzmatrix** von $\mathbf{X}$.

1.1.4 Unabhängigkeit

Die Mengen $A_1, \ldots, A_n \in \mathscr{A}$ heißen **unabhängig,** wenn

$$P\left(\bigcap_{i=1}^n A_i\right) = \prod_{i=1}^n P(A_i)$$

gilt. Die Zufallsvariablen $X_1, \ldots, X_n$ heißen **unabhängig,** wenn für alle $A_1, \ldots, A_n \in \mathscr{B}$ die Mengen $X_1^{-1}(A_1), \ldots, X_n^{-1}(A_n)$ unabhängig sind. Äquivalent dazu ist, dass für die gemeinsame Verteilungsfunktion von $X_1, \ldots, X_n$ für alle $x \in \mathbb{R}^n$

$$P(X_1 \le x_1, \ldots, X_n \le x_n) = \prod_{i=1}^n P(X_i \le x_i) \tag{1.3}$$

gilt. Sind $X_1, \ldots, X_n$ unabhängig, dann sind sie paarweise unkorreliert. Die Umkehrung gilt im Allgemeinen nicht.

Zufallsvektoren $\mathbf{X}^{(i)} : \Omega \longrightarrow \mathbb{R}^{k_i}$, $i = 1, \ldots, n$, $k_i \in \mathbb{N}$ heißen unabhängig, wenn für alle $A_i \in \mathscr{B}^{k_i}$ die Mengen $\big(\mathbf{X}^{(i)}\big)^{-1}(A_i)$ unabhängig sind.

1.1.5 Bedingte Wahrscheinlichkeiten

Für $A, B \in \mathscr{A}$ mit $P(B) > 0$ heißt

$$P_B(A) := P(A|B) := \frac{P(A \cap B)}{P(B)}$$

die **bedingte Wahrscheinlichkeit von** A **gegeben** B. Dann ist P_B ein Wahrscheinlichkeitsmaß. Für den Erwartungswert $E_B(X)$ einer Zufallsvariablen X bezüglich P_B gilt

$$E_B(X) = E(X|B) := \frac{1}{P(B)} \int_B X \; P(d\omega).$$

1.1.6 Elementare Schätzer

Ein **Schätzer** (auch **Punktschätzer**) für $\boldsymbol{\vartheta} \in \mathbb{R}^k$ ist eine messbare Abbildung $T : (\mathbb{R}^n, \mathscr{B}^n) \longrightarrow (\mathbb{R}^k, \mathscr{B}^k)$ die nicht von $\boldsymbol{\vartheta}$ abhängt, die Größe

$$\hat{\boldsymbol{\vartheta}}(\mathbf{x}) := T(x_1, \ldots, x_n)$$

heißt **Schätzwert.** Ein Schätzwert $\hat{\boldsymbol{\vartheta}}(\mathbf{x})$ kann als Realisation des entsprechenden Zufallsvektors $T(\mathbf{X})$ aufgefasst werden, $T(\mathbf{X})$ wird **Schätzvariable** genannt. Schätzer für $\boldsymbol{\vartheta}$ werden mit $\hat{\boldsymbol{\vartheta}}$ bezeichnet. Oft wird nicht unterschieden zwischen Schätzer, Schätzvariable und Schätzwert.

Erwartungswert, Varianz und Kovarianz können mit nicht parametrischen Schätzern geschätzt werden. Im Kap. 3 werden wir uns den Eigenschaften der Maximum Likelihood Schätzer, also parametrischen Schätzern, zuwenden.

a) Seien zunächst die Zufallsvariablen $X_1, \ldots, X_n$ identisch verteilt wie die Zufallsvariable X.

   (i) Der Erwartungswert $E(X)$ existiere. Dann ist der Mittelwert

   $$\overline{X} := \frac{1}{n} \sum_{i=1}^{n} X_i$$

   ein erwartungstreuer Schätzer von $E(X)$, es gilt also $E\left(\overline{X}\right) = E(X)$.

   (ii) Sind $X_1, \ldots, X_n$ unabhängig und X quadratisch integrierbar, dann ist die **empirische Varianz**

   $$S^2 := \frac{1}{n-1} \sum_{i=1}^{n} (X_i - \overline{X})^2$$

   ein erwartungstreuer Schätzer für $Var(X)$.

b) Sind nun $(X_1, Y_1)^\top, \ldots, (X_n, Y_n)^\top$ identisch wie $(X, Y)^\top$ verteilte Zufallsvektoren mit quadratisch integrierbaren Komponenten, dann ist die **empirische Kovarianz**

$$\frac{1}{n-1}\sum_{i=1}^{n}(X_i - \overline{X})(Y_i - \overline{Y})$$

ein erwartungstreuer Schätzer für $Cov(X, Y)$. Der **empirische Korrelationskoeffizient** ist definiert als

$$\frac{\sum_{i=1}^{n}(X_i - \overline{X})(Y_i - \overline{Y})}{\sqrt{\sum_{i=1}^{n}(X_i - \overline{X})^2 \sum_{i=1}^{n}(Y_i - \overline{Y})^2}}.$$

Weiterführende Betrachtungen findet man in Abschn. 2.5.

1.2 Risikomessung

Allgemein definiert man ein **Risikomaß** als eine Abbildung $\rho : \mathscr{D} \to \mathbb{R}$ auf einer geeigneten Teilmenge $\mathscr{D}$ von Zufallsvariablen mit folgenden Eigenschaften:

Translationsinvarianz	$\rho(X + c) = \rho(X) + c$ für alle $c \in \mathbb{R}$, $X \in \mathscr{D}$
Positive Homogenität	$\rho(cX) = c\rho(X)$ für alle $c > 0$, $X \in \mathscr{D}$
Monotonie	$X \leq Y$ fast sicher $\Longrightarrow \rho(X) \leq \rho(Y)$, $X, Y \in \mathscr{D}$

Ein Risikomaß ρ heißt darüber hinaus **kohärent,** wenn zusätzlich die sogenannte **Subadditivität** gilt:

$$\rho(X + Y) \leq \rho(X) + \rho(Y).$$

Bemerkung 1.3 Interpretiert man X als die Zufallsvariable „Schadenaufwand eines Risikos", dann haben die obigen Forderungen folgende natürliche Bedeutung für das Risikomaß $\rho(X)$:

a) Zur Translationsinvarianz: Bei einer Erhöhung des Schadens um einen sicheren Betrag c erhöht sich das Risikomaß um diesen Betrag.
b) Zur Homogenität: Das Risikomaß soll proportional zum Anteil des gezeichneten Risikos sein, z. B. dem im Rahmen eines Quoten-Rückversicherungsvertrags oder bei der Versicherung von Großrisiken übernommenen Anteil.
c) Zur Monotonie: Ist eine Schadenvariable X fast sicher kleiner oder gleich einer Schadenvariablen Y, dann gilt das auch für die Risikomaße: $\rho(X) \leq \rho(Y)$.

d) Zur Kohärenz: Das Risikomaß von zusammengefassten Risiken ist nicht größer als die Summe der einzelnen Risikomaße. Ein kohärentes Risikomaß berücksichtigt also Diversifikationseffekte.

1.2.1 Value at Risk und Expected Shortfall

Im Rahmen der Diskussion um die Solvenzkapitalanforderungen in Europa (Solvency II) haben im Versicherungsbereich zwei Risikomaße besondere Bedeutung gewonnen.

Definition 1.4 *Sei X eine Zufallsvariable mit Verteilungsfunktion F.*

a) *Der **Value at Risk** zum Risikoniveau $\alpha \in (0, 1)$ ist gegeben durch*

$$VaR_\alpha(X) = F^{\leftarrow}(1 - \alpha).$$

b) *Ist X integrierbar, dann heißt*

$$ES_\alpha(X) = \frac{1}{\alpha} \int_0^\alpha VaR_u(X)\, du \tag{1.4}$$

*der **Expected Shortfall** zum Risikoniveau $\alpha \in (0, 1)$.*

Beispiel 1.5 Das Risiko X sei diskret verteilt mit

x	0	1	100
$P(X = x)$	0,5	0,4	0,1
$P(X \leq x)$	0,5	0,9	1

Dann gilt

α	$\alpha \in (0; 0,1)$	$\alpha \in [0,1; 0,5)$	$\alpha \in [0,5; 1)$
$\mathrm{VaR}_\alpha(X)$	100	1	0
$\mathrm{ES}_\alpha(X)$	100	$1 + \frac{9,9}{\alpha}$	$\frac{10,4}{\alpha}$

wobei man den ES mit (1.4) aus der zweiten Zeile der Tabelle leicht bestimmt. □

Bemerkung 1.6 In der Literatur wird bei der Definition des Value at Risk und des Expected Shortfall häufig auch α durch $1 - \alpha$ ersetzt, vgl. etwa McNeil et al. [3] im Gegensatz zu Cottin und Döhler [1].

Die Definition des Value at Risk verwendet die Pseudoinverse, die auch bei der Monte Carlo Simulation eine wichtige Rolle spielt. Bei stetig verteilten Zufallsvariablen lassen sich VaR und ES folgendermaßen bestimmen.

Lemma 1.7 *Sei X eine stetig verteilte Zufallsvariable mit Verteilungsfunktion F, die auf ihrem Träger streng monoton sei.*

a) *Es gilt* $VaR_\alpha(X) = F^{-1}(1-\alpha)$.
b) *Ist X integrierbar, dann gilt* $ES_\alpha(X) = E\left(X \mid X \geqslant VaR_\alpha(X)\right)$.

Beweis

(a) Satz 1.2 (d).
(b) Sei f die Dichte von X. Dann gilt mit der Substitution $F^{-1}(1-u) = v$:

$$\begin{aligned}
\frac{1}{\alpha}\int_0^\alpha \mathrm{VaR}_u(X)\,du = \frac{1}{\alpha}\int_0^\alpha F^{-1}(1-u)\,du &= \frac{1}{\alpha}\int_{F^{-1}(1-\alpha)}^{\infty} v\cdot f(v)\,dv \\
&= \frac{1}{1-F(F^{-1}(1-\alpha))}\int_{F^{-1}(1-\alpha)}^{\infty} v\cdot f(v)\,dv \\
&= E\left(X \mid X \geqslant F^{-1}(1-\alpha)\right) \\
&= E\left(X \mid X \geqslant \mathrm{VaR}_\alpha(X)\right).
\end{aligned}$$

□

Bemerkung 1.8

a) Unter den in Lemma 1.7 genannten Voraussetzungen ist
   - $\mathrm{VaR}_\alpha(X)$ das $1-\alpha$-Quantil von X und
   - $\mathrm{ES}_\alpha(X)$ der bedingte Erwartungswert von X gegeben $X \geq \mathrm{VaR}_\alpha(X)$.
b) Für eine Zufallsvariable X und $\alpha \in (0,1)$ heißt $E\left(X \mid X \geqslant \mathrm{VaR}_\alpha(X)\right)$ **Tail Value at Risk** bzw. **Conditional Value at Risk.** Der Expected Shortfall ist unter den Voraussetzungen von Lemma 1.7 (b) gleich dem Tail Value at Risk und dem Conditional Value at Risk zum Risikoniveau $\alpha \in (0,1)$. Interpretiert man X als Jahresgesamtschaden, dann ist der $\mathrm{VaR}_\alpha(X)$ der Jahresschaden, der mit einer Wahrscheinlichkeit von α überschritten wird. In Abb. 1.2 ist dies als graue Fläche veranschaulicht. Der mittlere Schaden gegeben der Schaden überschreitet den Value at Risk VaR_α ist der Expected Shorfall ES_α. Das α-fache von ES_α ist in Abb. 1.2 als schraffierte Fläche angedeutet. Details zu diesen Risikomaßen kann man in Kriele und Wolf [6] finden.

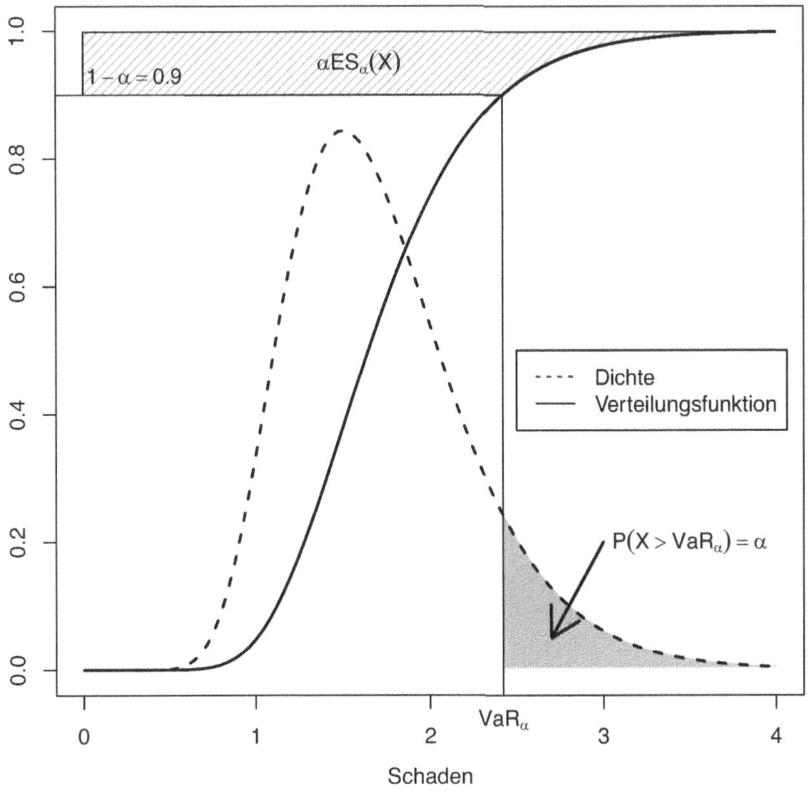

Abb. 1.2 Value at Risk und Expected Shorfall zum Niveau $\alpha = 0,1$ SRMfig1.2

c) Bei diskreten Verteilungen unterscheiden sich Expected Shortfall und Conditional Value at Risk, wie man an folgender Darstellung des Expected Shortfall erkennt: Für $\alpha \in (0, 1)$ und X integrierbar gilt (siehe McNeil et al. [3], S. 45.)

$$\mathrm{ES}_\alpha(X) = \frac{1}{\alpha}\left\{E\left(X 1_{\{X \geq \mathrm{VaR}_\alpha(X)\}}\right) + \mathrm{VaR}_\alpha(X)\left[\alpha - P(X \geq \mathrm{VaR}_\alpha(X))\right]\right\}.$$

Lemma 1.9 *Die Risikomaße VaR und ES sind translationsinvariant, positiv homogen und monoton.*

Beweis Sei $\alpha \in (0, 1)$. Für eine Zufallsvariable X mit Verteilungsfunktion F_X gilt

$$\{x \in \mathbb{R} : F_{X+c}(x) \geq 1 - \alpha\} = c + \{x \in \mathbb{R} : F_X(x) \geq 1 - \alpha\}$$
$$\{x \in \mathbb{R} : F_{cX}(x) \geq 1 - \alpha\} = c \cdot \{x \in \mathbb{R} : F_X(x) \geq 1 - \alpha\}, \qquad c > 0.$$

Gilt $X \leq Y$, dann folgt

$$\{x \in \mathbb{R} : F_Y(x) \geq 1 - \alpha\} \subset \{x \in \mathbb{R} : F_X(x) \geq 1 - \alpha\}.$$

Daraus folgen die Behauptungen für den VaR. Setzt man dieses Ergebnis in (1.4) ein, folgt die Behauptung auch für ES. □

Der Value at Risk wird unter Solvency II als Risikomaß zu Grunde gelegt. Der Expected Shortfall wird im Schweizer Solvenztest (SST) bevorzugt, da er im Gegensatz zum Value at Risk in allen Fällen kohärent ist, vergleiche McNeil et al. [3], Proposition 6.9, S. 243.

Beispiel 1.10 Seien X_1, X_2 unabhängig und identisch Pareto-verteilt mit

$$P(X_i \leq x) = 1 - \left(\frac{1}{x}\right)^{\frac{1}{2}}, \quad x \geq 1.$$

Wir beweisen, dass

$$\mathrm{VaR}_\alpha(X_1 + X_2) > \mathrm{VaR}_\alpha(X_1) + \mathrm{VaR}_\alpha(X_2) \tag{1.5}$$

für alle $\alpha \in (0, 1)$ gilt. Es lässt sich zeigen, dass

$$P(X_1 + X_2 \leq x) = 1 - 2 \cdot \frac{\sqrt{x-1}}{x} \quad \text{für } x \geq 2$$

und

$$\mathrm{VaR}_\alpha(X_i) = \frac{1}{\alpha^2}, \qquad i = 1, 2$$

gelten. Es folgt (1.5) wegen

$$P(X_1 + X_2 \leq 2\mathrm{VaR}_\alpha(X_i)) = 1 - 2 \cdot \frac{\sqrt{2/\alpha^2 - 1}}{2/\alpha^2} = 1 - \alpha\sqrt{2 - \alpha^2} < 1 - \alpha.$$

Also ist der VaR nicht kohärent. Allerdings sind X_1 und X_2 hier nicht integrierbar, so dass der Expected Shortfall in dieser Situation nicht existiert bzw. unendlich ist. □

1.2.2 Berechung

Man kann den Value at Risk und den Expected Shorfall beispielsweise für normal- und lognormalverteilte Zufallsvariablen analytisch bestimmen.

Lemma 1.11 *Sei Φ bzw. φ die Verteilungsfunktion bzw. die Dichte der Standardnormalverteilung $\mathcal{N}(0, 1)$, $u_{1-\alpha}$ sei das $(1 - \alpha)$-Quantil der Standardnormalverteilung.*

a) *Sei* $X \sim \mathcal{N}(\mu, \sigma^2)$. *Dann gilt*

$$VaR_\alpha(X) = \mu + u_{1-\alpha}\sigma, \tag{1.6}$$

$$ES_\alpha(X) = \mu + \frac{\varphi(u_{1-\alpha})}{\alpha}\sigma. \tag{1.7}$$

b) *Sei* $X \sim \mathcal{LN}(\mu, \sigma^2)$. *Dann gilt*

$$VaR_\alpha(X) = \exp(\mu + u_{1-\alpha}\sigma), \tag{1.8}$$

$$ES_\alpha(X) = \frac{1}{\alpha}\exp\left(\mu + \frac{\sigma^2}{2}\right)(1 - \Phi(u_{1-\alpha} - \sigma)). \tag{1.9}$$

Beweis Wir führen die Beweise nur für den Expected Shortfall.

(a) Sei φ_{μ,σ^2} die Dichte der $\mathcal{N}(\mu, \sigma^2)$-Verteilung. Für $a \in \mathbb{R}$ zeigt man leicht

$$\int_{\mu+a\sigma}^{\infty} x\varphi_{\mu,\sigma^2}(x)\,dx = \mu(1 - \Phi(a)) + \sigma\varphi(a).$$

Damit folgt

$$\begin{aligned}\alpha E(X|X > \mu + u_{1-\alpha}\sigma) &= \int_{\mu+u_{1-\alpha}\sigma}^{\infty} x\varphi_{\mu,\sigma^2}(x)\,dx \\ &= \mu(1 - \Phi(u_{1-\alpha})) + \sigma\varphi(u_{1-\alpha}) \\ &= \alpha\mu + \sigma\varphi(u_{1-\alpha}).\end{aligned}$$

(b) Die Dichte f von X ist gegeben durch

$$f(x) = \frac{1}{x\sigma}\varphi\left(\frac{\ln x - \mu}{\sigma}\right),\ x > 0.$$

Für $a > 0$, $p \geq 0$ gilt

$$\int_a^{\infty} x^p f(x)\,dx = \exp\left(p\mu + \frac{p^2}{2}\sigma^2\right)\left(1 - \Phi\left(\frac{\ln a - \mu}{\sigma} - p\sigma\right)\right). \tag{1.10}$$

Mit $a = \exp(\mu + \sigma u_{1-\alpha})$ und $p = 1$ in (1.10) folgt

$$\begin{aligned}\alpha E(X|X > \exp(\mu + u_{1-\alpha}\sigma)) &= \int_{\exp(\mu+u_{1-\alpha}\sigma)}^{\infty} xf(x)\,dx \\ &= \exp(\mu + \sigma^2/2)(1 - \Phi(u_{1-\alpha} - \sigma)),\end{aligned}$$

also ist (1.9) bewiesen. □

Mit (1.6) kann man auch den VaR für eine Summe bivariat normalverteilter Zufallsvariablen exakt angeben.

Satz 1.12 (Wurzelformel) *Sei* $(X, Y)^\top \sim \mathcal{N}((\mu_X, \mu_Y)^\top, \Sigma)$ *bivariat normalverteilt, mit Korrelation* $\rho \in (-1, 1)$. *Dann gilt*

$$
\begin{aligned}
VaR_\alpha(X+Y) &= \mu_X + \mu_Y + u_{1-\alpha}\sqrt{\sigma_X^2 + \sigma_Y^2 + 2\rho\sigma_X\sigma_Y} \\
&= \mu_X + \mu_Y + \\
&\sqrt{(VaR_\alpha(X) - \mu_X)^2 + (VaR_\alpha(Y) - \mu_Y)^2 + 2\rho(VaR_\alpha(X) - \mu_X)(VaR_\alpha(Y) - \mu_Y)}.
\end{aligned}
$$

Beweis Die Behauptung folgt aus Lemma 1.11 da $X + Y$ normalverteilt ist mit Erwartungswert $\mu_X + \mu_Y$ und Varianz $\sigma_X^2 + \sigma_Y^2 + 2\rho\sigma_X\sigma_Y$. □

Entsprechende Formeln gelten für n-dimensionale Normalverteilungen mit $n > 2$. Definiert man $RBC(X) :=\mathrm{VaR}_\alpha(X) - E(X)$ als Risikokapital, das zur Abdeckung der aus X erwachsenden Risiken zum Sicherheitsniveau $1 - \alpha$ erforderlich ist, dann ergibt die zweite Darstellung in Satz 1.12

$$RBC(X+Y) = \sqrt{RBC(X) + RBC(X) + 2\rho \cdot RBC(X) \cdot RBC(Y)}$$

was in Solvency II als Wurzelformel bekannt ist.

1.3 Abhängigkeitsstrukturen und Copulas

1.3.1 Korrelation

Viele Aussagen über zwei oder mehr Zufallsvariablen basieren auf deren (stochastischer) Unabhängigkeit. Daher ist es von großer Wichtigkeit, Abhängigkeit erkennen bzw. ihr Ausmaß quantifizieren zu können. Die bekannteste Maßzahl für eine solche Quantifizierung ist der Korrelationskoeffizient, welcher im modernen Risikomanagement eine wichtige Rolle spielt. Die Mechanismen der Abhängigkeit von Zufallsvariablen sind i. Allg. aber zu komplex, als dass sie durch Angabe einer einzigen Zahl ausreichend beschrieben werden können.

Beispiel 1.13 Sei $(X, Y)^\top$ ein Zufallsvektor mit $X \sim \mathcal{LN}(0, 1)$ und $Y \sim \mathcal{LN}(0, \sigma^2)$. Dann kann man zeigen, dass der Korrelationskoeffizient $\rho(X, Y)$ zwischen folgenden Schranken liegt:

$$\frac{e^{-\sigma} - 1}{\sqrt{(e-1)(e^{\sigma^2} - 1)}} \le \rho(X, Y) \le \frac{e^{\sigma} - 1}{\sqrt{(e-1)(e^{\sigma^2} - 1)}}$$

(s. McNeil, Frey, Embrechts, [3], Ex. 5.26.) So kann $\rho(X, Y)$ für $\sigma = 4$ betragsmäßig nie größer als 0,014 werden, egal, in welcher Abhängigkeit sich X und Y befinden. □

Für ein stochastisches Modell kann man also nicht immer Randverteilungen und beliebige Korrelationskoeffizienten vorgeben. Zudem ist der mögliche Wertebereich $[\rho_{\min}, \rho_{\max}]$ von $\rho(X, Y)$ (der tatsächlich immer ein abgeschlossenes Teilintervall von $[-1, 1]$ ist) meist nicht konkret berechenbar.

Bemerkung 1.14

a) Ein weiterer Nachteil des Korrelationskoeffizienten ist, dass er nicht invariant gegenüber streng monoton wachsenden Transformationen ist; genauer ist $\rho(X, Y) = \rho(T_1(X), T_2(Y))$ i. Allg. nur für streng monoton wachsende **lineare** Abbildungen $T_1, T_2 : \mathbb{R} \longrightarrow \mathbb{R}$. Dies ist gerade im versicherungsmathematischen Kontext problematisch, da hier oft Daten mittels nichtlinearer Abbildungen transformiert werden.
b) Im Standardmodell von Solvency II spielt der Korrelationskoeffizient eine entscheidende Rolle bei der Aggregation der Risiken. Dabei wird durch Verwendung der Wurzelformel (Satz 1.12) implizit vorausgesetzt, dass eine multivariate Normalverteilung vorliegt; trotzdem sind einige der Randverteilungen nicht normalverteilt: Im Modul Non-Life wird für den Verlust aus Prämien- und Reserverisiko eine logarithmische Normalverteilung angenommen (s. z. B. Kriele-Wolf [6], Abschn. 4.7.6).

1.3.2 Copulas – Definition und Eigenschaften

Die gemeinsame Verteilungs- bzw. Dichtefunktion eines Zufallsvektors $(X, Y)^\top$ enthält sowohl Informationen über die Verteilungen der beteiligten Zufallsvariablen X und Y als auch über deren Abhängigkeit untereinander. Der Copulaansatz basiert auf der Idee, die Struktur der Abhängigkeit von den Randverteilungen zu trennen. Dass dies tatsächlich möglich ist, besagt der Satz von Sklar.

Definition 1.15 (Copula) *Eine n-dimensionale Copula ist die Verteilungsfunktion* $C : [0, 1]^n \longrightarrow [0, 1]$ *eines Zufallsvektor* $(U_1, \ldots, U_n)^\top$, *dessen Komponenten* U_k *auf* $[0, 1]$ *gleichverteilt sind.*

Wir wollen uns im Wesentlichen mit zweidimensionalen Copulas beschäftigen, um den technischen Aufwand gering zu halten. Aus der Definition lassen sich direkt folgende Eigenschaften von Copulas ableiten ($u, v \in [0, 1]$):

a) $C(u, 0) = C(0, v) = 0$;
b) $C(1, v) = v$ und $C(u, 1) = u$;

c) C ist in jeder Komponente monoton wachsend;
d) C erfüllt folgende zweidimensionale Monotoniebedingung: Sind $a = (a_1, a_2)$, $b = (b_1, b_2)$ mit $0 \leq a_k < b_k \leq 1$ $(k = 1, 2)$, so gilt

$$V_C[a, b] := C(a_2, b_2) + C(a_1, b_1) - C(a_2, b_1) - C(a_1, b_2) \geq 0.$$

Tatsächlich ist $V_C[a, b] = P(a_1 \leq U_1 \leq b_1, a_2 \leq U_2 \leq b_2)$, wenn C die Verteilungsfunktion von $(U_1, U_2)^\top$ ist. Man kann umgekehrt die obigen Eigenschaften als Definition einer Copula ansehen. Jede solche Funktion $C : [0, 1]^2 \longrightarrow [0, 1]$ ist die gemeinsame Verteilungsfunktion eines Vektors $(U_1, U_2)^\top$ mit auf $[0, 1]$ gleichverteilten Komponenten. In diesem Sinne wird manchmal auch oft nur von der Copula als Funktion gesprochen, ohne dazu einen konkreten Zufallsvektor anzugeben.

Beispiel 1.16 Für jede der Funktionen

$$\Pi(u, v) = uv, \qquad M(u, v) = \min\{u, v\}, \qquad W(u, v) = \max\{u + v - 1, 0\}$$

prüft man leicht die angegebenen Eigenschaften nach, es handelt sich also um zweidimensionale Copulas. Dabei ist M die gemeinsame Verteilungsfunktion des Vektors $(U, U)^\top$, W die von $(U, 1 - U)^\top$ (mit $U \sim \mathcal{U}(0, 1)$) und Π die von unabhängigen Zufallsvariablen $U, V \sim \mathcal{U}(0, 1)$. Für die Graphen von M und W siehe Abb. 1.3.

Der nachfolgende Satz von Sklar konkretisiert die Idee einer von den Randverteilungen getrennten Abhängigkeitsstruktur eines Zufallsvektors.

Satz 1.17 (Satz von Sklar)

a) *Es sei F eine bivariate Verteilungsfunktion eines Zufallsvektors $(X, Y)^\top$ mit Randverteilungen F_X und F_Y. Dann existiert eine zweidimensionale Copula C mit*

$$F(x, y) = C(F_X(x), F_Y(y)) \quad \text{für alle } x, y \in \mathbb{R}. \tag{1.11}$$

Die Copula ist eindeutig, wenn F_X und F_Y stetig sind.

b) *Sind F_X und F_Y Verteilungsfunktionen der Zufallsvariablen X und Y und C eine zweidimensionale Copula, dann wird durch*

$$F(x, y) := C(F_X(x), F_Y(y)) \quad \text{für alle } x, y \in \mathbb{R}$$

eine zweidimensionale Verteilungsfunktion mit Randverteilungen F_X und F_Y definiert.

Beweis Wir beweisen beide Teile nur für stetige Randverteilungen F_X, F_Y (für den allgemeinen Fall s. Nelsen [4], Abschn. 2.3).

a) Nach Satz 1.2(b) ist $F_X(X), F_Y(Y) \sim \mathcal{U}(0,1)$ und somit ist die gemeinsame Verteilungsfunktion von $(F_X(X), F_Y(Y))^\top$ per Definiton eine Copula C. Für diese gilt

$$\begin{aligned} F(x,y) &= P(X \leq x, Y \leq y) \\ &= P(F_X(X) \leq F_X(x), F_Y(Y) \leq F_Y(y)) \\ &= C(F_X(x), F_Y(y)). \end{aligned}$$

Für $x = F_X^{\leftarrow}(u)$ und $y = F_Y^{\leftarrow}(v)$ folgt wieder aus Satz 1.2(b) $F_X(x) = u$, $F_Y(y) = v$ und damit

$$C(u,v) = F(F_X^{\leftarrow}(u), F_Y^{\leftarrow}(v)), \tag{1.12}$$

also eine explizite Formel für C, woraus die Eindeutigkeit folgt.

b) Für den zweiten Teil sei $(U, V)^\top$ ein Zufallsvektor mit gemeinsamer Verteilungsfunktion C. Dann gilt für $(F_X^{\leftarrow}(U), F_Y^{\leftarrow}(V))^\top$ wieder wegen Satz 1.2(b)

$$\begin{aligned} P(F_X^{\leftarrow}(U) \leq x, F_Y^{\leftarrow}(V) \leq y) &= P(F_X(F_X^{\leftarrow}(U)) \leq F_X(x), F_Y(F_Y^{\leftarrow}(V)) \leq F_Y(y)) \\ &= P(U \leq F_X(x), V \leq F_Y(y)) \\ &= C(F_X(x), F_Y(y)) = F(x,y). \end{aligned}$$

□

Eine zu einem Zufallsvektor $(X, Y)^\top$ gemäß Teil (a) des Satzes gehörende Copula wird zuweilen auch $C_{(X,Y)}$ bezeichnet, wenn die Abhängigkeit von dem Vektor angezeigt werden soll.

Beispiel 1.18 (Aus Nelsen [4], S. 22) Die folgende Funktion ist eine zweidimensionale Verteilungsfunktion:

$$F(x,y) = \begin{cases} \dfrac{(x+1)(e^y-1)}{x+2e^y-1} & \text{falls } (x,y) \in [-1,1] \times [0,\infty) \\ 1-e^{-y} & \text{falls } (x,y) \in (1,\infty) \times [0,\infty) \\ 0 & \text{sonst.} \end{cases}$$

Die Randverteilungen sind gegeben durch

$$F_X(x) = \lim_{y\to\infty} F(x,y) = \begin{cases} 0 & \text{falls } x < -1 \\ \frac{1}{2}(x+1) & \text{falls } x \in [-1,1] \\ 1 & \text{falls } x > 1 \end{cases}$$

(eine Gleichverteilung auf $[-1, 1]$) sowie

$$F_Y(y) = \lim_{x\to\infty} F(x, y) = \begin{cases} 0 & \text{falls } y < 0 \\ 1 - e^{-y} & \text{falls } y \geq 0 \end{cases}$$

(eine Exponentialverteilung mit Parameter $\lambda = 1$). Diese sind stetig, die Pseudoinversen lauten

$$F_X^{\leftarrow}(u) = 2u - 1 \quad \text{und} \quad F_Y^{\leftarrow}(v) = -\ln(1 - v).$$

Wir erhalten mit (1.12)

$$C(u, v) = F(F_X^{\leftarrow}(u), F_Y^{\leftarrow}(v)) = \frac{uv}{u + v - uv}.$$

Man kann dieses Ergebnis wie folgt interpretieren: Ein Zufallsvektor $(X, Y)^\top$ mit Verteilungsfunktion F besteht aus zwei Zufallsvariablen $X \sim \mathscr{E}(1)$ und $Y \sim \mathscr{U}(-1, 1)$, deren Abhängigkeit durch die Copula $C(u, v) = \frac{uv}{u+v-uv}$ beschrieben wird. Die Struktur der Abhängigkeit ist dabei getrennt von den Randverteilungen. □

Beispiel 1.19 Man kann die Abhängigkeitsstruktur des letzten Beispiels auch Zufallsvariablen mit anderen Verteilungen zuweisen: Ist etwa $X \sim \mathscr{U}(0, 1)$ und $Y \sim \mathscr{E}(2)$ mit den zugehörigen Verteilungsfunktionen F_X und F_Y, so definiert wegen Satz 1.17(b)

$$\frac{F_X(x) \cdot F_Y(y)}{F_X(x) + F_Y(y) - F_X(x) \cdot F_Y(y)} = \begin{cases} \dfrac{x(e^{2y} - 1)}{x + e^{2y} - 1} & \text{falls } (x, y) \in [0, 1] \times [0, \infty) \\ 1 - e^{-2y} & \text{falls } (x, y) \in (1, \infty) \times [0, \infty) \\ 0 & \text{sonst.} \end{cases}$$

die gemeinsame Verteilung eines Zufallsvektors $(X, Y)^\top$ mit Randverteilungen F_X und F_Y.

Diese Beispiele können praktisch wie folgt gedeutet werden: Ist von einem Zufallsvektor $(X, Y)^\top$ die Copula bekannt und ändern sich z. B. aufgrund von Beobachtungsdaten die Randverteilungen, während die Abhängigkeitsstruktur unverändert bleibt, kann die neue gemeinsame Verteilung auf diese Weise gewonnen werden. Damit wird vermieden, aus den Daten direkt eine neue vollständige bivariate Verteilungsfunktion ableiten zu müssen.

Umgekehrt ist es möglich, aus gegebenen Daten die (bereits bekannten) Randverteilungen zu eliminieren (durch Anwendung von F_X bzw. F_Y) und dann nach einer passenden Copula zu suchen. Zu diesem Zweck sollte ein Katalog an Copulas zur Verfügung stehen (s. den folgenden Unterabschnitt 1.3.3).

Eine der wichtigsten Eigenschaften von Copulas ist die folgende Transformationsinvarianz (für einen Beweis s. Nelsen [4], Theorem 2.4.3):

Satz 1.20 *Sei* $(X, Y)^\top$ *ein Zufallsvektor mit stetigen Randverteilungen und* $T_1, T_2 : \mathbb{R} \longrightarrow \mathbb{R}$ *streng monoton wachsende Abbildungen. Dann gilt* $C_{(T_1(X), T_2(Y))} = C_{(X,Y)}$.

Diese Eigenschaft ist von Bedeutung, da der Korrelationskoeffizient bei Anwendung monotoner Transformationen i. Allg. nicht invariant bleibt (s. Bemerkung 1.14(a)).

Für die Simulation von Copulas wird folgender Sachverhalt von Nutzen sein (s. Nelsen [4], Theorem 2.2.7):

Satz 1.21 *Sei* C *eine Copula. Dann existiert für jedes* $v \in [0, 1]$ *die partielle Ableitung* $\frac{\partial C}{\partial u}(u, v)$ *für fast alle* $u \in [0, 1]$ *und es gilt für diese* u, v

$$0 \leq \frac{\partial C}{\partial u}(u, v) \leq 1.$$

Die Funktion $u \mapsto \frac{\partial C}{\partial u}(u, v)$ *ist also definiert; sie ist darüberhinaus monoton wachsend fast überall in* $[0, 1]$. *Ein analoges Resultat gilt für die Ableitung nach* v.

Die meisten der im folgenden Abschnitt vorgestellten Copulas besitzen eine Dichte $c : [0, 1]^2 \longrightarrow \mathbb{R}$, die durch die Eigenschaft

$$C(u, v) = \int_{-\infty}^{u} \int_{-\infty}^{v} c(s, t)\, dt ds$$

definiert ist und im Folgenden zur Visualisierung verwendet wird. Ausnahmen bilden z. B. die Copulas M und W in Beispiel 1.16.

1.3.3 Beispiele und Konstruktionsmethoden

Mit Hilfe der Formel (1.12) kann man aus der Liste bekannter zweidimensionaler Verteilungen die entsprechenden Copulas angeben. Dabei wird man meist auf eine Copula in impliziter Form stoßen, die nur mit Hilfe nicht explizit auswertbarer Integrale angegeben werden kann. Daneben existieren auch explizite Copulas sowie solche, die durch eine Konstruktionsvorschrift definiert sind. Copulas haben i. Allg. einen oder mehrere Parameter, wodurch ganze Copula-Familien definiert werden. Neben den hier aufgeführten Copula-Familien findet man viele weitere z. B. in Nelsen [4].

Unabhängigkeitscopula
Sind X und Y unabhängig, dann folgt aus (1.3) für die gemeinsame Verteilungsfunktion F

$$F(x, y) = F_X(x) \cdot F_Y(y),$$

so dass unabhängige Zufallsvariablen die explizite Copula

$$\Pi(u, v) = uv$$

besitzen.

Co- und Contramonotonie-Copula

Die in Beispiel 1.16 definierten Copulas M und W heißen *Comonotonie-* bzw. *Contramonotonie-Copula.* Die Abb. 1.3 zeigt die entsprechenden Graphen. Die Bezeichnungen leiten sich wie folgt ab: Sind X und Y Zufallsvariablen mit stetigen Verteilungsfunktionen und $Y = T(X)$ für eine streng monoton wachsende Abbildung T, so ist nach Satz 1.20

$$C_{(X,Y)} = C_{(X,T(X))} = C_{(X,X)} = C_{(F_X(X),F_X(X))}.$$

Also ist C die Copula von $(F_X(X), F_X(X))^\top = (U, U)^\top$ mit $U \sim \mathcal{U}(0, 1)$, mithin $C_{(X,Y)} = M$.

Analog zeigt man, dass im Fall $Y = T(X)$ mit streng monoton fallender Abbildung T die Copula $C_{(X,Y)}$ die Verteilungsfunktion von $(U, 1 - U)^\top$ ist mit $U \sim \mathcal{U}(0, 1)$. Diese ist aber durch W gegeben.

Gauß-Copula

Aus der bivariaten Normalverteilung ergibt sich die implizite Copula

$$C_\rho^{\mathrm{Ga}}(u, v) = \frac{1}{2\pi\sqrt{1-\rho^2}} \int_{-\infty}^{\Phi^{-1}(u)} \int_{-\infty}^{\Phi^{-1}(v)} \exp\left[-\frac{x^2 - 2\rho xy + y^2}{2(1-\rho^2)}\right] dydx,$$

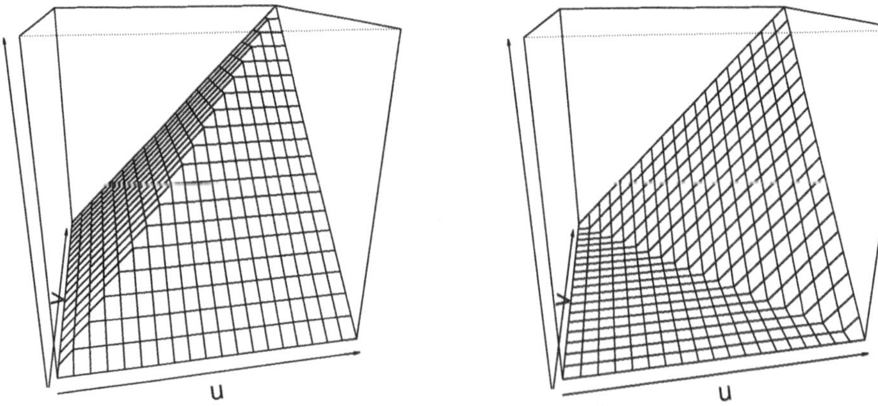

Abb. 1.3 Graphen der Copulas M (links) und W (rechts)

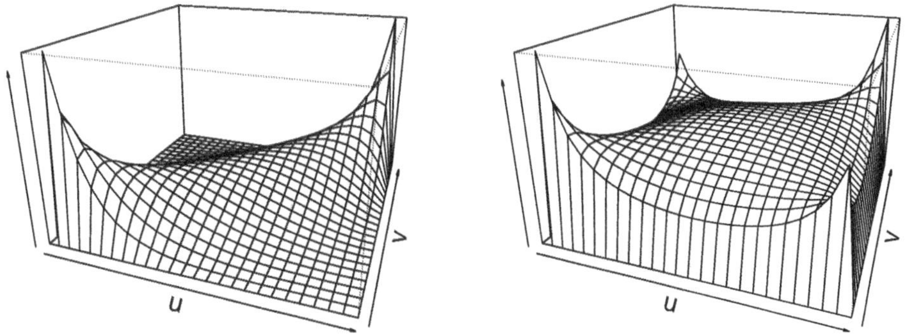

Abb. 1.4 Graphen der Gauß-Copula mit $\rho = 0{,}8$ (links) und der t-Copula mit $\rho = 0{,}1$, $\nu = 3$ (rechts)

die von dem Parameter $\rho \in (-1, 1)$ abhängt. Hier ist Φ die Verteilungsfunktion der Standardnormalverteilung. Abb. 1.4 zeigt links die Dichte der Gauß-Copula für $\rho = 0{,}8$.

t-Copula
Aus der bivariaten t-Verteilung ergibt sich die implizite Copula

$$C^{\mathrm{St}}_{\rho,\nu}(u,v) = \frac{\Gamma(\frac{\nu}{2}+1)}{\Gamma(\frac{\nu}{2})\pi\nu\sqrt{1-\rho^2}} \int_{-\infty}^{t_\nu^{-1}(u)} \int_{-\infty}^{t_\nu^{-1}(v)} \left(1 + \frac{x^2 - 2\rho xy + y^2}{\nu(1-\rho^2)}\right)^{-\nu/2-1} dydx$$

mit den Parametern $\rho \in (-1, 1)$ und $\nu > 0$. Hier ist t_ν die Verteilungsfunktion der eindimensionalen t-Verteilung mit ν Freiheitsgraden. Abb. 1.4 zeigt rechts die Dichte der t-Copula für $\rho = 0{,}1$ und $\nu = 3$. Eine numerische Auswertung zeigt, dass bei der t-Copula Werte nahe $(0, 0)$ und $(1, 1)$ mit höherer Wahrscheinlichkeit auftreten als bei der Gauß-Copula (s. dazu auch die Tailabhängigkeitsmaße und deren Werte in Tab. 1.1).

Eine wichtige Klasse von Copulas sind die *Archimedischen Copulas*. Sie werden mit Hilfe eines sog. Erzeugers definiert. Sei $\phi : (0, 1] \longrightarrow [0, \infty)$ stetig und streng monoton fallend mit $\phi(1) = 0$ und $\phi(0) := \lim_{x\to 0+} \phi(x) \in [0, \infty]$. Definiert man

$$\phi^{[-1]} : [0,\infty] \longrightarrow [0,1], \quad \phi^{[-1]}(t) := \begin{cases} \phi^{-1}(t) & 0 \le t \le \phi(0) \\ 0 & \phi(0) < t \le \infty \end{cases}$$

so gilt

Satz 1.22 *Sei* $\phi : (0, 1] \longrightarrow [0, \infty)$ *stetig und streng monoton fallend mit* $\phi(1) = 0$. *Dann ist*

$$C_\phi(u,v) := \phi^{[-1]}(\phi(u) + \phi(v)) \qquad (u, v \in [0, 1]) \tag{1.13}$$

eine Copula genau dann, wenn ϕ *konvex ist.*

Für einen Beweis s. Nelsen [4], Theorem 4.1.4.

Tab. 1.1 Kenngrößen einiger Copulas

	ρ_τ	ρ_S	λ_L	λ_U
C_ρ^{Ga}	$\frac{2}{\pi}\arcsin(\rho)$	$\frac{6}{\pi}\arcsin\left(\frac{\rho}{2}\right)$	0	0
$C_{\rho,\nu}^{\mathrm{St}}$	$\frac{2}{\pi}\arcsin(\rho)$	(*)	$2t_{\nu+1}\left(-\sqrt{\frac{(\nu+1)(1-\rho)}{1+\rho}}\right)$	$=\lambda_L$
C_θ^{Cl}	$\frac{\theta}{\theta+2}$	(*)	$2^{-1/\theta}$	0
C_θ^{Gu}	$\frac{\theta-1}{\theta}$	(*)	0	$2-2^{1/\theta}$
C_θ^{Fr}	$\approx \frac{32}{9\theta}\ln\left(\cosh\left(\frac{\theta}{4}\right)\right)$	$\approx \frac{3}{2}\rho_\tau$	0	0

Für eine andere Möglichkeit der Definition von C_ϕ und Zusammenhänge zur Laplacetransformation s. etwa McNeil, Frey, Embrechts [3], Abschn. 7.4. Viele Eigenschaften von C_ϕ lassen sich mit Hilfe des Erzeugers ϕ beschreiben, was oftmals einfacher ist als C_ϕ direkt zu untersuchen (s. etwa die Simulation von Archimedischen Copulas in Abschn. 11.6). Es folgen einige wichtige Beispiele.

Gumbel-Copula
Die Funktion $\phi(x) = (-\ln(x))^\theta$ für $\theta \geq 1$ erfüllt die genannten Eigenschaften, da für $x \in (0, 1]$ gilt

$$\phi''(x) = \frac{\theta(-\ln(x))^{\theta-2}}{x^2} \cdot (\theta - 1 - \ln(x)) \geq 0.$$

Mit $\phi^{[-1]}(t) = \exp(-t^{1/\theta})$ zeigt man

$$C_\phi(u, v) =: C_\theta^{\mathrm{Gu}}(u, v) = \exp\left[-\left((-\ln(u))^\theta + (-\ln(v))^\theta\right)^{1/\theta}\right].$$

Man nennt sie die Gumbel-Copula. Abb. 1.5 links zeigt die Dichte der Gumbel-Copula für Parameter $\theta = 3$.

Clayton-Copula
Die Funktion $\phi(x) = x^{-\theta} - 1$ für $\theta > 0$ erfüllt ebenfalls die genannten Eigenschaften und erzeugt die sog. *Clayton-Copula*

$$C_\theta^{\mathrm{Cl}}(u, v) = (u^{-\theta} + v^{-\theta} - 1)^{-1/\theta}.$$

Abb. 1.5 zeigt rechts die Dichte der Clayton-Copula für Parameter $\theta = 3$.

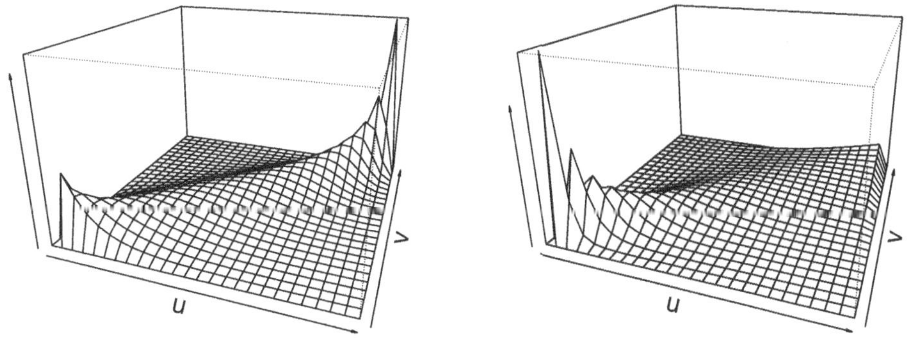

Abb. 1.5 Graphen der Dichten der Gumbel-Copula mit $\theta = 3$ (links) und der Clayton-Copula mit $\theta = 3$ (rechts)

Abb. 1.6 Graph der Dichte der Frank-Copula mit $\theta = 6$

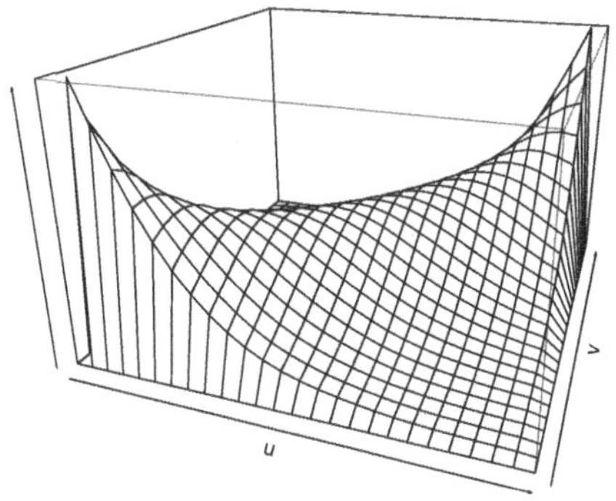

Frank-Copula

Mit Hilfe von $\phi(x) = -\ln\left(\frac{e^{-\theta x}-1}{e^{-\theta}-1}\right)$ für $\theta \in \mathbb{R} \setminus \{0\}$ wird die sog. *Frank-Copula*

$$C_\theta^{\mathrm{Fr}}(u, v) = -\frac{1}{\theta} \ln\left(1 + \frac{(e^{-\theta u} - 1)(e^{-\theta v} - 1)}{e^{-\theta} - 1}\right)$$

erzeugt. Abb. 1.6 zeigt die Dichte der Frank-Copula für Parameter $\theta = 6$.

Es gibt noch viele weitere Methoden, um Copulas mit vorgegebenen Eigenschaften zu konstruieren (z. B. solche mit vordefiniertem Träger oder gewissen algebraischen Eigenschaften), siehe dazu Nelsen [4], Kap. 3.

Bemerkung 1.23

a) Die Copulas M und W heißen auch die *Fréchet-Hoeffding-Schranken,* denn es gilt für jede Copula C die Ungleichungskette

$$W(u, v) \leq C(u, v) \leq M(u, v).$$

Aus Formel (1.11) folgt dann für jede zweidimensionale Verteilungsfunktion F mit Randverteilungen F_X, F_Y

$$\max\{F_X(x) + F_Y(y) - 1, 0\} \leq F(x, y) \leq \min\{F_X(x), F_Y(y)\}.$$

Der Graph jeder Copula liegt also zwischen den in Abb. 1.3 gezeigten Flächen.

b) Viele der hier dargestellten Sachverhalte lassen sich auf Copulas in beliebigen Dimensionen ausdehnen. Zwei Ausnahmen seien aber erwähnt:

- Für die n-dimensionale untere Fréchet-Hoeffding-Schranke

$$W(u_1, \ldots, u_n) := \max\left\{\sum_{i=1}^{n} u_i + 1 - n, 0\right\}$$

gilt zwar $W(u_1, \ldots, u_n) \leq C(u_1, \ldots, u_n)$ für jede n-dimensionale Copula C, sie ist aber für $n > 2$ keine Copula.

- Für eine n-dimensionale Archimedische Copula mit Erzeuger $\phi : (0, 1] \longrightarrow [0, \infty)$ definiert man analog zu (1.13)

$$C_\phi(u_1, \ldots, u_n) := \phi^{[-1]}(\phi(u_1) + \cdots + \phi(u_n)) \qquad (u_1, \ldots, u_n \in [0, 1]).$$

Die Konvexität alleine reicht für $n > 2$ allerdings nicht aus, damit C_ϕ eine Copula ist. Vielmehr muss ϕ *total monoton* sein, d. h.

$$(-1)^k \frac{d^k}{dt^k} \phi^{[-1]}(t) \geq 0 \quad \text{für alle } 0 < t < \phi(0) \text{ und } k \in \mathbb{N}.$$

Siehe dazu auch Nelsen [4], Abschn. 4.6.

c) Viele der Copula-Familien enthalten die Copulas Π, M und W für spezielle Werte des Parameters bzw. asymptotisch. Es gilt z. B.

- $C_1^{Gu} = \Pi$ und $C_\infty^{Gu} = M$ sowie $C_\infty^{Cl} = M$
- $C_{-\infty}^{Fr} = W$, $C_0^{Fr} = \Pi$ und $C_\infty^{Fr} = M$

1.3.4 Abhängigkeitsmaße

Zu Beginn des Abschn. 1.3 wurde bereits beschrieben, dass der Korrelationskoeffizient als Maßzahl für Abhängigkeit ungeeignet ist, sofern man sich nicht in einer normalverteilten Umgebung befindet. Nach dem Satz von Sklar ist jegliche Information zur Abhängigkeit in der Copula des Zufallsvektors enthalten. Geeigneter sind also Maßzahlen, die sich eindeutig aus der Copula ableiten lassen. In diesem Abschnitt werden die Größen Spearmans rho, Kendalls tau sowie die Tailabhängigkeitskoeffizienten definiert, die auf diese Weise gewonnen werden können.

In folgender Definition wird $(X, Y)^\top$ mit einer davon unabhängigen Kopie $(X', Y')^\top$ verglichen, d. h. einem Zufallsvektor mit derselben Verteilung wie $(X, Y)^\top$. Betrachtet man Realisierungen der Zufallsvariablen $(X - X') \cdot (Y - Y')$, so wird man bei einer positiven Abhängigkeit von X und Y annehmen, dass eine Realisierung $(x - x') \cdot (y - y')$ häufiger positiv ausfällt.

Definition 1.24 (Kendalls tau) *Sei $(X, Y)^\top$ ein Zufallsvektor und $(X', Y')^\top$ eine davon unabhängige Kopie. Dann ist Kendalls tau definiert als*

$$\begin{aligned}\rho_\tau(X, Y) &:= P((X - X') \cdot (Y - Y') > 0) - P((X - X') \cdot (Y - Y') < 0)\\ &= E[sign((X - X') \cdot (Y - Y'))].\end{aligned}$$

Spearmans rho basiert dagegen auf dem Korrelationskoeffizienten.

Definition 1.25 (Spearmans rho) *Seien X und Y Zufallsvariablen mit Verteilungen F_X und F_Y. Dann ist Spearmans rho definiert als*

$$\rho_S(X, Y) := \rho(F_X(X), F_Y(Y)).$$

Für Zufallsvariablen mit stetiger Verteilungsfunktion ist Spearmans rho also der Korrelationskoeffizient zweier $\mathcal{U}(0, 1)$-verteilter Zufallsvariablen, deren gemeinsame Verteilung nach (1.12) die Copula $C_{(X,Y)}$ ist.

Beide so definierten Abhängigkeitsmaße nehmen Werte in $[-1, 1]$ an und haben u. a. noch folgende Eigenschaften (s. McNeil, Frey, Embrechts [3], Abschn. 7.2.3 und 7.4.1 sowie die dort gegebenen Literaturhinweise):

a) Sind X und Y unabhängig, so gilt $\rho_\tau(X, Y) = \rho_S(X, Y) = 0$. Die Umkehrung gilt jedoch in beiden Fällen nicht.
b) Beide Maßzahlen nehmen alle Werte im Intervall $[-1, 1]$ an. Dabei gilt

$$\begin{aligned}C_{(X,Y)} = M &\Rightarrow \rho_\tau(X, Y) = \rho_S(X, Y) = 1\\ C_{(X,Y)} = W &\Rightarrow \rho_\tau(X, Y) = \rho_S(X, Y) = -1.\end{aligned}$$

c) Beide Kennzahlen basieren nur auf der Copula C des Zufallsvektors $(X, Y)^\top$, wie die folgenden Formeln zeigen, die für stetige X und Y gelten:

$$\begin{aligned}\rho_\tau(X, Y) &= 4 \int_0^1 \int_0^1 C(u, v)\, dC(u, v) - 1\\ \rho_S(X, Y) &= 12 \int_0^1 \int_0^1 (C(u, v) - uv)\, du dv\end{aligned}$$

d) Für Archimedische Copulas $C_{(X,Y)} = C_\phi$ lässt sich Kendalls tau mit Hilfe des Erzeugers ϕ darstellen:

$$\rho_\tau(X, Y) = 1 + 4\int_0^1 \frac{\phi(t)}{\phi'(t)}\,dt$$

e) Die Invarianz der Copula gegenüber streng wachsenden Abbildungen (Satz 1.20) geht aufgrund dieser Formeln auf ρ_τ und ρ_S über: Sind $T_1, T_2 : \mathbb{R} \longrightarrow \mathbb{R}$ streng monoton wachsende Abbildungen und haben X, Y stetige Verteilungsfunktionen, dann gilt $\rho_\tau(T_1(X), T_2(Y)) = \rho_\tau(X, Y)$ und $\rho_S(T_1(X), T_2(Y)) = \rho_S(X, Y)$.

Bei den bisherigen Kennzahlen bedeutete ein Wert nahe 1, dass Werte, die gleichzeitig am oberen bzw. gleichzeitig am unteren Ende des Wertebereiches auftreten, häufiger vorkommen. In den Anwendungen ist es aber durchaus von Interesse, Fälle mit gleichzeitigen Werten am oberen Ende von denen mit Werten am unteren Ende trennen zu können. So sind zeitgleich auftretende stark negative Renditen von Aktien (aufgrund von Ansteckungseffekten) viel häufiger als stark positive. In Abb. 11.5 links sind simulierte Werte einer Clayton-Copula dargestellt. Dabei ist erkennbar, dass sehr viel häufiger gleichzeitig Werte nahe null vorkommen als solche nahe eins. Eine solche Copula würde sich als Abhängigkeitsstruktur für Aktienrenditen aufgrund der obigen Bemerkung also eher eignen als z. B. eine solche mit symmetrischen Ausprägungen wie die Gauß-Copula. Die folgende Definition formalisiert dies.

Definition 1.26 (Tailabhängigkeiten) *Seien X und Y stetige Zufallsvariablen mit Verteilungsfunktionen F_X und F_Y. Der Koeffizient der oberen Tailabhängigkeit ist definiert als*

$$\lambda_U(X, Y) = \lim_{t \to 1-} P(Y > F_Y^{\leftarrow}(t) \mid X > F_X^{\leftarrow}(t)),$$

falls dieser Grenzwert existiert. Analog ist der Koeffizient der unteren Tailabhängigkeit definiert als

$$\lambda_L(X, Y) = \lim_{t \to 0+} P(Y \le F_Y^{\leftarrow}(t) \mid X \le F_X^{\leftarrow}(t)).$$

Ein Wert von λ_U nahe eins deutet grob gesprochen an, dass Y mit hoher Wahrscheinlichkeit Werte am oberen Ende des Wertebereiches annimmt, wenn X das tut. Ist $\lambda_U = 0$, so sagt man, dass X und Y keine obere Tailabhängigkeit haben. Dies alles ist unabhängig von der entsprechenden Eigenschaft für Werte am unteren Ende des Wertebereiches von X und Y. Die folgenden Formeln zeigen, dass beide Kenngrößen nur von der Copula des Zufallsvektors abhängen (s. Nelsen [4], Abschn. 5.4):

$$\lambda_U(X, Y) = 2 - \lim_{t \to 1-} \frac{1 - C_{(X,Y)}(t,t)}{1-t} \qquad \lambda_L(X, Y) = \lim_{t \to 0+} \frac{C_{(X,Y)}(t,t)}{t}.$$

Für Archimedische Copulas $C_{(X,Y)} = C_\phi$ lässt sich die Berechnung wieder auf die Erzeuger zurückführen:

$$\lambda_U(X,Y) = 2 - \lim_{x\to 0+} \frac{1-\phi^{[-1]}(2x)}{1-\phi^{[-1]}(x)} \qquad \lambda_L(X,Y) = \lim_{x\to\infty} \frac{\phi^{[-1]}(2x)}{\phi^{[-1]}(x)}$$

In Tab. 1.1 sind Kendalls tau, Spearmans rho sowie die Tailabhängigkeiten für die bisher angesprochenen Copulas aufgelistet.

Für die Werte $(*)$ ist keine geschlossene Form bekannt. Die approximativen Formeln für ρ_τ und ρ_S für die Frank-Copula sind nur für kleine Werte von θ geeignet, da sie einer Reihenentwicklung entstammen. Korrekte Formeln mit Hilfe der sog. Debey-Funktionen findet man in Nelsen [4], Exercise 5.9.

Literatur

1. Cottin, C., Döhler, S.: Risikoanalyse. Springer Spektrum, Heidelberg (2013)
2. Lehn, J., Wegmann, H.: Einführung in die Statistik, 3. Aufl. Teubner, Stuttgart (2000)
3. McNeil, A., Frey, R., Embrechts, P.: Quantitative Risk Management. Princeton University Press, Princeton (2015)
4. Nelsen, R.: An Introduction to Copula. Springer, New York (2006)
5. Schmidt, K.D.: Maß und Wahrscheinlichkeit. Springer, Heidelberg (2011)
6. Kriele, M., Wolf, J.: Wertorientiertes Risikomanagement von Versicherungsunternehmen, 2. Aufl. Springer, Heidelberg (2016)

2 Deskriptive Statistik und explorative Datenanalyse

Zusammenfassung

Die statistische Datenanalyse ist heute eine Kernaufgabe im aktuariellen Umfeld. Die Arbeit mit zum Teil sehr großen Datenmengen und der Einsatz spezieller Software zur Datenanalyse sind im beruflichen Alltag zu Grundkompetenzen geworden. Mittels deskriptiver und explorativer Verfahren werden Datensätze systematisch untersucht, durch Kennzahlen beschrieben und durch grafische Darstellungen charakterisiert. Die Methoden der deskriptiven Statistik und der explorativen Datenanalyse stehen oft am Beginn von weiterführenden, induktiven Verfahren, wie z. B. der statistischen Modellbildung. Deskriptive und explorative Verfahren der Statistik sind in der Regel der erste Schritt, um einen Datensatz zu beschreiben und inhaltlich kennenzulernen. Diese Methoden werden aber auch unterstützend innerhalb von induktiven statistischen Verfahren verwendet. Am Ende einer statistischen Modellbildung steht z. B. in der Regel die Überprüfung der Modellvoraussetzungen und die Beurteilung der Modellgüte, wobei oft wieder deskriptive und explorative Verfahren zum Einsatz kommen. Ein wichtiger Grund für die heute weit verbreitete Anwendung von deskriptiver Statistik und explorativer Datenanalyse sind sicher die damit einhergehenden, großen Entwicklungen in der Datenverarbeitung, in der Datenverfügbarkeit und bei statistischen Analysesoftwaresystemen.

2.1 Grundlagen

In diesem Abschnitt werden grundlegende Begriffe und Vorgehensweisen, die in der angewandten Statistik verwendet werden, vorgestellt. Die angewandte Statistik erweitert die mathematische Statistik vor allem im Hinblick auf die praktische Durchführung von statistischen Untersuchungen. Im Folgenden soll dem Leser der Grundwortschatz der angewandten Statistik nahegebracht werden. Der für die Statistik zentrale Begriff der Stichprobe wird

T. Becker et al., *Stochastische Risikomodellierung und statistische Methoden*, Statistik und ihre Anwendungen, https://doi.org/10.1007/978-3-662-69532-6_2

sowohl in seiner Bedeutung in der angewandten Datenanalyse als auch in der für die mathematische Statistik und Wahrscheinlichkeitstheorie typischen Definition eingeführt.

Zu dem Themenbereich Statistik (angewandte Statistik und mathematische Statistik) und Datenanalyse gibt es umfangreiche Literatur. Die Bandbreite der Literatur geht von Lehrbüchern mit eher theoretischem Hintergrund bis zu ganz pragmatischen Beschreibungen von praktischen Analysefällen. Letztere findet man oft im Kontext von Statistik-Softwarepaketen und können für die praktische Datenanalyse sehr hilfreich sein. Ausführliche Darstellungen zur deskriptiven Statistik und explorativen Datenanalyse findet man, eher einführend, z. B. bei Fahrmeir et al. [6] und Pruscha [14]. Einen sehr ausführlichen Überblick über angewandte statistische Methoden geben z. B. Sachs und Hedderich [17] oder Hartung et al. [10].

2.1.1 Grundaufgaben der Statistik

Eine immer noch zeitgemäße Definition von Statistik geht auf Abraham Wald (1902–1950) zurück:

Statistik *ist eine Zusammenfassung von Methoden, die uns erlauben, vernünftige optimale Entscheidungen im Falle von Ungewissheit zu treffen.*

Die Grundlage jeder praktischen, statistischen Analyse sind Daten (man sagt auch Stichprobe, Messreihe etc.), aus denen Erkenntnisse über einen stochastischen Vorgang abgeleitet werden sollen.

Die **deskriptive Statistik** stellt Methoden bereit, mit denen grundlegende Eigenschaften eines Datensatzes beschrieben werden können. Dazu verwendet der Statistiker genormte Maßzahlen, z. B. das arithmetische Mittel für die zentrale Lage und die emprische Standardabweichung für die Streuung eines Datensatzes. Zusätzlich kommen die Daten charakterisierende, grafische Darstellungsformen, wie z. B. Histogramme, zum Einsatz. Die deskriptive Statistik legt ihren Fokus auf einen vorliegenden Datensatz und es werden keine Aussagen bzgl. Kennzahlen, Gesetzmäßigkeiten, Zusammenhänge etc. über den speziellen Datensatz hinaus postuliert.

Die **explorative Datenanalyse,** vgl. Tukey [19], geht über die reine Beschreibung von Daten hinaus, hin zu einer Suche von Auffälligkeiten in einem Datensatz. Die explorative Statistik trifft, wie auch die deskriptive Statistik, im Allgemeinen nur Aussagen zu einem vorliegenden Datensatz. Die Exploration der Daten gibt dem Anwender aber wichtige Impulse für die Formulierung von Hypothesen und Fragestellungen, die auch über den vorliegenden Datensatz hinaus interessieren. Innerhalb der explorativen Datenanalyse gibt es eine Vielzahl von grafischen Methoden. Ein bekanntes Beispiel für eine explorative Datenvisualisierung ist der Box-Whisker-Plot.

Oft sind explorative Verfahren, insbesondere bei großen Datensätzen, sehr rechenintensiv. Die weite Verbreitung der explorativen Verfahren und ihre vielfältige Weiterentwicklung in den letzten Jahren geht stark einher mit der sich parallel dazu schnell entwickelnden Computer- und Softwaretechnologie. So hat sich etwa die Visualisierung von Daten zu einem eigenen Gebiet der Statistik bzw. der Informatik entwickelt.

Neben der Deskription und Exploration von Daten gehört zu den Grundaufgaben der Statistik noch die **induktive Statistik.** In der induktiven Statistik werden, basierend auf Ergebnissen der Wahrscheinlichkeitstheorie und mathematischen Statistik, über den vorliegenden Datensatz hinaus probabilistisch-bewertbare Aussagen getroffen. Induktive Verfahren sind z. B. statistische Signifikanztests oder auch die statistische Modellbildung.

In einer fortgeschrittenen, statistischen Analyse werden meist alle drei Grundaufgaben der Statistik angewendet. Eine fundierte, **statistische Arbeitsweise** zeichnet sich durch den folgenden Ablauf einer Analyse aus:

- **1. Schritt:** Am Beginn jeder statistischen Untersuchung steht immer eine deskriptive und explorative Analyse der Daten. Der Anwender verschafft sich so einen Überblick über den Datensatz. In diesem Analyseschritt können fehlerhafte oder fehlende Daten entdeckt, entfernt oder auch ersetzt werden.
- **2. Schritt:** Explorative Verfahren zeigen mögliche Hypothesen und Modellierungsansätze für eine weiterführende Analyse.
- **3. Schritt:** Die formulierten Hypothesen werden mit den Methoden der induktiven Statistik überprüft. Der zu untersuchende Zufallsvorgang wird durch eine statistische Modellbildung beschrieben und analysiert. Es werden Aussagen über den speziellen, vorliegenden Datensatz hinaus getroffen.
- **4. Schritt:** Am Ende der Analysen steht oft nochmals eine Bewertung der wahrscheinlichkeitstheoretischen Voraussetzungen der verwendeten induktiven Methoden. So findet z. B. im Allgemeinen nach der Entwicklung eines Regressionsmodells die Überprüfung der Voraussetzungen des statistischen Modells, die für die induktiven Verfahren innerhalb der Modellbildung (z. B. statistische Signifikanztests) notwendig sind, statt. Dazu verwendet man dann oft wieder Verfahren der deskriptiven und explorativen Statistik.

Die Abgrenzung zwischen deskriptiven, explorativen und induktiven Verfahren ist in der Literatur nicht immer scharf vollzogen und so wird manchmal auch die explorative Statistik als ein Teil der deskriptiven Statistik betrachtet. Manche explorativen Analysen nähern sich zudem stark der induktiven Statistik an, indem die verwendeten Konzepte zum Teil auf einem erheblichen wahrscheinlichkeitstheoretischen Hintergrund basieren. Weiterhin beachte man, dass viele der Maßzahlen, die in der deskriptiven Statistik verwendet werden, innerhalb der induktiven Statistik als Punktschätzer für Verteilungsparameter Verwendung finden.

2.1.2 Grundgesamtheiten und Stichproben

Im Folgenden werden die für die angewandte Statistik zentralen Begriffe der Grundgesamtheit und der Stichprobe definiert. Die Festlegung bzw. klare Abgrenzung der Grundgesamtheit einer statistischen Untersuchung ist der erste Schritt bei einer Datenerhebung und die Grundlage für die spätere Bewertung der Untersuchungsergebnisse.

Wir werden die Begriffe Grundgesamtheit und Stichprobe zunächst aus dem Blickwinkel der angewandten Statistik definieren, der meist in der praktischen statistischen Arbeit vorliegt. Nachfolgend wird der Stichprobenbegriff in der Sichtweise der mathematischen Statistik ergänzt. Diese Betrachtung einer Stichprobe ist vor allem für das Verständnis von induktiven Verfahren grundlegend.

Definition 2.1 *Die Menge G aller möglichen (Untersuchungs-)Einheiten (man sagt auch Individuen oder Fälle), die einer statistischen Untersuchung zugrundeliegen und von Interesse sind, nennt man die* ***Grundgesamtheit*** *einer statistischen Untersuchung.*

Man unterscheidet prinzipiell zwei Fälle von Grundgesamtheiten. Zum einen den Fall einer endlichen Grundgesamtheit, die eine endliche Menge realer Objekte (Einheiten) darstellt. Bei Datenerhebungen, wie z. B. Umfragen, ist dieser Typ einer Grundgesamtheit gegeben. Zum anderen gibt es die Situation einer unendlichen Grundgesamtheit, die hypothetische Objekte (Einheiten) enthält. In diesem Fall wird der datengenerierende Prozess als sich wiederholende Realisationen von Zufallsvariablen betrachtet. Dieser Betrachtung folgt man im Allgemeinen innerhalb der induktiven Statistik.

Für Datenerhebungen ist eine klare Festlegung der für die Untersuchung relevanten, endlichen Grundgesamtheit notwendig. So muss z. B. für eine Erhebung unter den Kunden eines Unternehmens (d. h. die Grundgesamtheit sollen alle Kunden des Unternehmens sein) klar definiert werden, wen man als Kunde des Unternehmens betrachtet. Sind z. B. in einem Versicherungsunternehmen nur alle Versicherungsnehmer Kunden oder auch alle versicherten Personen?

Definition 2.2 *Jede endliche Teilmenge $S \subset G$, die aus einer Grundgesamtheit G ausgewählt wird, heißt* ***Stichprobe*** *von G. Die Mächtigkeit $|S| = n$, $n \in \mathbb{N}$, nennt man den* ***(Stichproben-)Umfang*** *von S. Man nennt eine Stichprobe vom Umfang n eine* ***einfache Zufallsstichprobe,*** *falls durch die Auswahlmethodik sichergestellt ist, dass die Wahrscheinlichkeit für alle $S \subset G$ mit $|S| = n$ als Stichprobe ausgewählt zu werden, identisch ist.*

Die zufällige Auswahl einer Stichprobe aus der Grundgesamtheit ist ein Grundprinzip der Statistik. Die Zufälligkeit der Stichprobe ermöglicht einen Rückschluss von den Gegebenheiten der Stichprobe auf die Gegebenheiten der Grundgesamtheit. Innerhalb der statistischen Versuchsplanung spricht man in diesem Zusammenhang von **Randomisierung.**

Bei der praktischen Durchführung von Zufallsauswahlen muß streng darauf geachtet werden, dass die Auswahl wirklich zufällig erfolgt. Bei einer nicht zufälligen Auswahlmethodik droht die Gefahr eines sogenannten **Stichproben-Bias,** einem methodischen Fehler in einer statistischen Untersuchung, der im weiteren Verlauf der Untersuchung in der Regel nicht mehr korrigiert werden kann.

In der angewandten Statistik sind Versuchsplanung und Datenerhebung wichtige Teilbereiche der statistischen Analysearbeit. In dem vorliegenden Text werden diese Themen nicht weiter vertieft und der Leser sei dazu auf ergänzende Literatur, wie z. B. einführend Fahrmeir et al. [6], Kap. 1, verwiesen.

Es folgt die Definition des Stichproben-Begriffs, die in der mathematischen Statistik verwendet wird. Hier werden die Stichprobenwerte als Realisationen von Zufallsvariablen identifiziert. Damit ist eine Verbindung von der eher praxisorientierten reinen Datensicht mit einer wahrscheinlichkeitstheoretischen Betrachtungsweise gegeben.

Definition 2.3 *Jede Realisation*

$$\boldsymbol{x} = (x_1, \ldots, x_n)^\top \in \mathbb{R}^n$$

eines Zufallsvektors

$$\boldsymbol{X} = (X_1, \ldots, X_n)^\top,$$

der auf einem Wahrscheinlichkeitsraum $(\Omega, \mathscr{A}, P)$ definiert ist, heißt ***Stichprobe*** *vom Umfang n. D. h. man betrachtet die Realisationen*

$$x_1 = X_1(\omega), \ldots, x_n = X_n(\omega)$$

der Zufallsvariablen $X_1, \ldots, X_n$ als Stichprobenwerte. Der Zufallsvektor $\boldsymbol{X}$ *wird auch als Zufallsstichprobe bezeichnet. Die der Stichprobe zugrundeliegenden Zufallsvariablen $X_1, \ldots, X_n$ werden auch* ***Stichprobenvariablen*** *genannt.*

Entsprechend ist die Folge von Stichprobenwerten $\{x_i\}_{i \in \mathbb{N}}$ als Realisation einer Folge von Stichprobenvariablen $\{X_i\}_{i \in \mathbb{N}}$ definiert.

Man beachte, dass bei der Definition 2.3 die Stichprobe ein n−Tupel von reellen Zahlen bezeichnet und in der Definition 2.2 die Stichprobe eine Menge von Untersuchungseinheiten darstellt. Der Stichprobenbegriff in Definition 2.3 bezeichnet also die Werte der in einer Untersuchung betrachteten Messgröße, die an den ausgewählten Untersuchungseinheiten gemessen wurden. Die Zufallsvariablen $X_1, \ldots, X_n$ repräsentieren im Allgemeinen die immer gleiche Messgröße, die in der Untersuchung von Interesse ist und wiederholt n-mal gemessen wurde.

Es wird häufig der Fall betrachtet, dass die Zufallsvariablen $X_1, \ldots, X_n$ in dem Zufallsvektor $\mathbf{X}$ unabhängig und identisch wie eine Zufallsvariable X_0 verteilt sind. Man betrachtet also n unabhängige Versionen einer Zufallsvariablen X_0. Im Folgenden werden wir diesen wichtigen Spezialfall einer Stichprobe als **i. i. d. Stichprobenvariablen** X_i, $i \geq 1$, bezeichnen. Die Abkürzung i. i. d. steht hier für independent and identically distributed.

Eine Hauptaufgabe der induktiven Statistik ist es, auf Basis der wiederholten Realisationen von X_0 (d. h. auf Basis einer Stichprobe $\mathbf{x} = (x_1, \ldots, x_n)^\top$) Aussagen über unbekannte Parameter der Verteilung von X_0 zu treffen.

Definition 2.4 *Eine **Stichprobe***

$$\boldsymbol{x} = (x_1, \ldots, x_n)^\top,$$

*$n \in \mathbb{N}$, heißt **unabhängig**, falls die zugrundeliegenden Zufallsvariablen, d. h. die Stichprobenvariablen*

$$X_1, \ldots, X_n$$

stochastisch unabhängig sind. Zwei Stichproben

$$\boldsymbol{x} = (x_1, \ldots, x_n)^\top \textit{ und } \boldsymbol{y} = (y_1, \ldots, y_m)^\top,$$

$n, m \in \mathbb{N}$, nennt man unabhängig, falls die zugehörigen Stichprobenvariablen

$$X_1, \ldots, X_n, Y_1, \ldots, Y_m$$

stochastisch unabhängig sind. Ganz analog wird die Unabhängigkeit von $r > 2$ Stichproben definiert. Eine Stichproben-Folge $\{x_i\}_{i \in \mathbb{N}}$ nennt man unabhängig, falls die zugehörige Folge der Stichprobenvariablen $\{X_i\}_{i \in \mathbb{N}}$ unabhängig ist.

Die bisher betrachteten Stichproben beinhalten immer nur Werte einer Messgröße, man spricht daher auch von **univariaten Stichproben.** Werden mehrere, $p > 1$, Messgrößen an einer Untersuchungseinheit erhoben, gelangt man zu dem Begriff der multivariaten ($p-$variaten) Stichprobe.

Definition 2.5 *Man nennt die p-Tupel*

$$(x_{11}, \ldots, x_{1p})^\top, \ldots, (x_{n1}, \ldots, x_{np})^\top,$$

*$p \in \mathbb{N}$, $p > 1$, **$p-$variate Stichprobe** vom Umfang n, falls $(x_{i1}, \ldots, x_{ip})^\top$ für jedes $1 \leq i \leq n$ die Realisation eines Zufallsvektors $(X_{i1}, \ldots, X_{ip})^\top$ ist. Für $p = 2$ erhält man eine **bivariate Stichprobe***

$$(x_{11}, x_{12})^\top, (x_{21}, x_{22})^\top, \ldots, (x_{n1}, x_{n2})^\top.$$

Für $j \in \{1, \ldots, p\}$ nennt man den Vektor

$$\boldsymbol{x}_j := (x_{1j}, x_{2j}, \ldots, x_{nj})^\top \in \mathbb{R}^n$$

die j-te ***Teilstichprobe*** *der p-variaten Stichprobe.*

Für eine bivariate Stichprobe verwenden wir im Folgenden eine vereinfachte, die Doppelindizierung vermeidende Schreibweise

$$(x_1, y_1)^\top, (x_2, y_2)^\top, \ldots, (x_n, y_n)^\top,$$

wobei hier $(x_i, y_i)^\top$ für jedes $1 \leq i \leq n$ die Realisation eines Zufallsvektors $(X_i, Y_i)^\top$ ist. In diesem Fall ist dann der Vektor

$$\boldsymbol{x} := (x_1, x_2, \ldots, x_n)^\top \in \mathbb{R}^n$$

die ***erste Teilstichprobe*** *der bivariaten Stichprobe und*

$$\boldsymbol{y} := (y_1, y_2, \ldots, y_n)^\top \in \mathbb{R}^n$$

die ***zweite Teilstichprobe*** *der bivariaten Stichprobe.*

Eine p-variate Stichprobe vom Umfang n entspricht einer Datensituation, in der bei n Untersuchungseinheiten an jeder Einheit jeweils p Messgrößen erfasst werden. In diesem Sinn repräsentiert die Zufallsvariable X_{ij}, $1 \leq i \leq n$, $1 \leq j \leq p$, die $j-$te Messgröße gemessen an der $i-$ten Einheit. Ein wichtiger Spezialfall ist hier die Situation, dass die Zufallsvariablen $X_{i1}, \ldots, X_{ip}$ für jedes $i \in \{1, \ldots, n\}$ stochastisch abhängig sind, während die Zufallsvariablen $X_{1j}, \ldots, X_{nj}$ für jedes $j \in \{1, \ldots, p\}$ stochastisch unabhängig sind.

Beispiel 2.6 Von 1000 Versicherungsnehmern ist jeweils das Alter a_i und die Schadensumme s_i, $i = 1, \ldots, 1000$, erfasst. Die Daten bilden eine bivariate Stichprobe

$$(a_1, s_1)^\top, \ldots, (a_{1000}, s_{1000})^\top.$$

Dabei sind Alter und Schadenhöhe im Allgemeinen nicht unabhängig. Der Vektor der Alterswerte

$$\mathbf{a} = (a_1, \ldots, a_{1000})^\top \in \mathbb{R}^{1000}$$

ist die erste Teilstichprobe der bivariaten Stichprobe und der Vektor der Schadensummen

$$\mathbf{s} = (s_1, \ldots, s_{1000})^\top \in \mathbb{R}^{1000}$$

ist die zweite Teilstichprobe der bivariaten Stichprobe. □

Als Realisationen von Zufallsvariablen sind Stichprobenwerte $x_i, i = 1, \ldots, n$, zunächst immer reelle Zahlen. Für Messgrößen in einer statistischen Untersuchung mit anderen Messskalen, z. B. Klassenbezeichnungen, werden die Stichprobenwerte durch reelle Zahlen geeignet repräsentiert. So können z. B. Klassenbezeichnungen über die Kombination von dichotomen Stichprobenvariablen, d. h. Zufallsvariablen mit der Wertemenge $\{0, 1\}$, dargestellt werden.

2.1.3 Merkmale und Skalenniveaus

In diesem Abschnitt wenden wir uns wieder stärker den Sprachregelungen in der angewandten Statistik zu. Die in einer statistischen Untersuchung betrachteten Messgrößen werden hinsichlich ihrer unterschiedlichen Werteskalen unterschieden.

Definition 2.7 *Die in einer statistischen Untersuchung interessierenden Messgrößen $X_1, \ldots, X_p$ werden* ***Merkmale*** *(oder auch* ***Variablen****) genannt. Die Untersuchungseinheiten, d. h. die Objekte, an denen man die Merkmale erfasst, nennt man* ***Merkmalsträger*** *(oder auch* ***statistische Einheiten, Individuen, Fälle****). Die Menge A aller in einer Stichprobe auftretenden Werte eines Merkmals nennt man* ***Ausprägungen.*** *Sei A_0 die Menge aller theoretisch möglichen Ausprägungen eines Merkmals. Ist A_0 endlich oder abzählbar, spricht man von einem* ***diskreten*** *Merkmal. Besitzt ein Merkmal eine überabzählbare Ausprägungsmenge A_0 (z. B. ein Intervall in $\mathbb{R}$), nennt man das Merkmal* ***stetig.***

Beispiel 2.8 In einer Stichprobe von 200 Wohngebäuden wurden die Merkmale *Wohnfläche in Quadratmeter* und *Anzahl der Räume* erfasst. Die *Wohnfläche* ist ein stetiges Merkmal mit $A_0 = (0, \infty)$ und die *Raumanzahl* ist ein diskretes Merkmal mit $A_0 = \mathbb{N}$. □

Definition 2.9 (Statistische Skalenniveaus) *Ein Merkmal ist* ***nominalskaliert,*** *wenn seine möglichen Ausprägungen Klassen oder Kategorien sind, die keine Anordnung erlauben. Sind die möglichen Ausprägungen eines Merkmals anordenbar, aber es können keine Abstände der Ausprägungen interpretiert werden, ist das Merkmal* ***ordinalskaliert.*** *Bei einem* ***intervallskalierten*** *Merkmal sind die möglichen Ausprägungen eine Teilmenge der reellen Zahlen und die Abstände der Ausprägungen sind somit interpretierbar. Die Intervallskala besitzt aber keinen absoluten, natürlichen Nullpunkt, daher sind Quotientenbildungen nicht sinnvoll interpretierbar. Ein Merkmal heißt* ***verhältnisskaliert,*** *falls über die Eigenschaften der Intervallskala hinaus noch ein absoluter, natürlicher Nullpunkt in der Skala existiert. Zusammenfassend spricht man bei der Intervall- und Verhältnisskala auch von der* ***Kardinalskala*** *und kardinalskalierte Merkmale werden auch als* ***metrische*** *Merkmale bezeichnet.*

Die Bezeichnung Skalenniveaus bezieht sich bei den Skalentypen auf den Informationsgehalt der Skalierung und den möglichen Operationen, die die Skalierung erlaubt. So kann z. B. bei einer Stichprobe eines nominalskalierten Merkmals nur die Gleichheit bzw. Unterscheidung von Ausprägungen verwendet werden, während die Ordinalskala zusätzlich Reihenfolgen bzw. Rangbildungen erlaubt. Höhere Skalenniveaus können immer auf niedrigere Niveaus umgerechnet werden. So kann z. B. ein in der Kardinalskala gemessenes Merkmal immer auf eine Ordinal- oder Nominalskala transformiert werden (durch Klassenbildung), die Umkehrung gilt aber nicht. Statistische Verfahren setzen für ihre Anwendung immer ein bestimmtes minimales Skalenniveau voraus.

Beispiel 2.10

- Nominalskala: Geschlecht, Wohnort, Farbe, Beruf.
- Ordinalskala: Schulnoten, Kreditwürdigkeitsranking, Hotelkategorie.
- Intervallskala: Temperaturmessung in Grad Celsius, Kalenderdatum, Intelligenzquotient.
- Verhältnisskala: Alter, Schadenanzahl, Schadenhöhe. □

In manchen weiterführenden, statistischen Verfahren, wie z. B. bei Regressionsmodellen, werden die Merkmale eines Datensatzes nicht gleichwertig betrachtet, sondern den Merkmalen werden verschiedene Rollen zugeordnet. Die eigentlich interessierende Größe, für die man z. B. aus Prognosezwecken eine statistische Modellbildung durchführt, nennt man dann **Kriteriumsvariable** oder **abhängige Variable, Response, Zielfunktion.** Diejenigen Merkmale eines Datensatzes, die die Kriteriumsvariable funktional beeinflussen und nach einer Modellbildung beschreiben sollen, nennt man **Einflussgrößen** oder auch **unabhängige Variablen.** Metrische Einflussgrößen werden oft als **Kovariate** oder **Kovariablen** (z. B. in der Regressionsanalyse) bezeichnet, während man im Fall von nominalen Einflussgrößen von **Faktoren** (z. B. in der Varianzanalyse) spricht.

2.2 Häufigkeitsverteilungen

Im folgenden Abschnitt wird die Häufigkeitsverteilung einer Stichprobe betrachtet. Für Stichproben eines metrischen Merkmals sind das Histogramm, die empirische Verteilungsfunktion und die empirischen Quantile die grundlegenden Größen zur Darstellung und Analyse von Häufigkeitsverteilungen. Im Fall einer bivariaten Stichprobe nominaler Merkmale wird die Häufigkeitsverteilung in Kontingenztafeln zusammengefasst.

Sei

$$\mathbf{x} = (x_1, \ldots, x_n)^\top$$

eine Stichprobe eines Merkmals vom Umfang n und

$$A = \{a_1, \ldots, a_m\}$$

die Menge der Ausprägungen in der Stichprobe, d. h. die Menge aller unterschiedlichen Stichprobenwerte. Offensichtlich gilt stets $m \leq n$.

Definition 2.11 (Häufigkeitsverteilung) *Die Zahlenwerte*

$$h_i := h(a_i) := \sum_{j=1}^{n} 1_{\{a_i\}}(x_j),\ i = 1, \ldots, m,$$

nennt man ***absolute Häufigkeitsverteilung*** *der Stichprobe* $\mathbf{x}$.

Die Zahlenwerte

$$f_i := f(a_i) := \frac{h_i}{n},\ i = 1, \ldots, m,$$

nennt man ***relative Häufigkeitsverteilung*** *der Stichprobe* $\mathbf{x}$.

Ergänzend können die Häufigkeiten für zusätzliche, theoretisch mögliche Ausprägungswerte $b \in A_0$, die nicht in der Stichprobe explizit auftreten, als

$$h(b) = f(b) := 0$$

definiert werden. Man beachte, dass

$$\sum_{i=1}^{m} h_i = n \quad \text{und} \quad \sum_{i=1}^{m} f_i = 1.$$

Die Häufigkeitsverteilung einer Stichprobe kann mithilfe von Kreis-, Stab-, Säulen-, Balkendiagrammen oder auch Dotcharts grafisch dargestellt werden.

Beispiel 2.12 Gegeben sei eine Stichprobe vom Umfang $n = 10$

$$\mathbf{x} = (\text{m, m, w, m, m, w, m, w, m, m})^\top$$

des Merkmals Geschlecht, wobei die Codierung m für männlich und w für weiblich verwendet wurde. Man erhält die Häufigkeitsverteilungen

$$h(\text{m}) = 7,\ h(\text{w}) = 3 \text{ bzw. } f(\text{m}) = \frac{7}{10},\ f(\text{w}) = \frac{3}{10}.$$

In Abb. 2.1 ist die absolute Häufigkeitsverteilung grafisch dargestellt. □

Besteht eine Stichprobe aus Realisationen von i. i. d. Zufallsvariablen X_i, $i \geq 1$, sind die relativen Häufigkeiten konsistente und erwartungstreue Schätzer für die entprechenden Wahrscheinlichkeiten.

Lemma 2.13 (Starkes Gesetz der großen Zahlen für relative Häufigkeiten) *Seien* X_i, $i \geq 1$, *i. i. d. Zufallsvariablen, dann gilt für alle* $a \in \mathbb{R}$ *und* $n \in \mathbb{N}$

$$E\left(\frac{1}{n}\sum_{i=1}^{n} 1_{\{X_i=a\}}\right) = P(X_i = a)\ (Erwartungstreue)$$

und für alle $a \in \mathbb{R}$ *und* $n \to \infty$

$$\frac{1}{n}\sum_{i=1}^{n} 1_{\{X_i=a\}} \overset{f.s.}{\to} P(X_i = a)\ (starke\ Konsistenz). \tag{2.1}$$

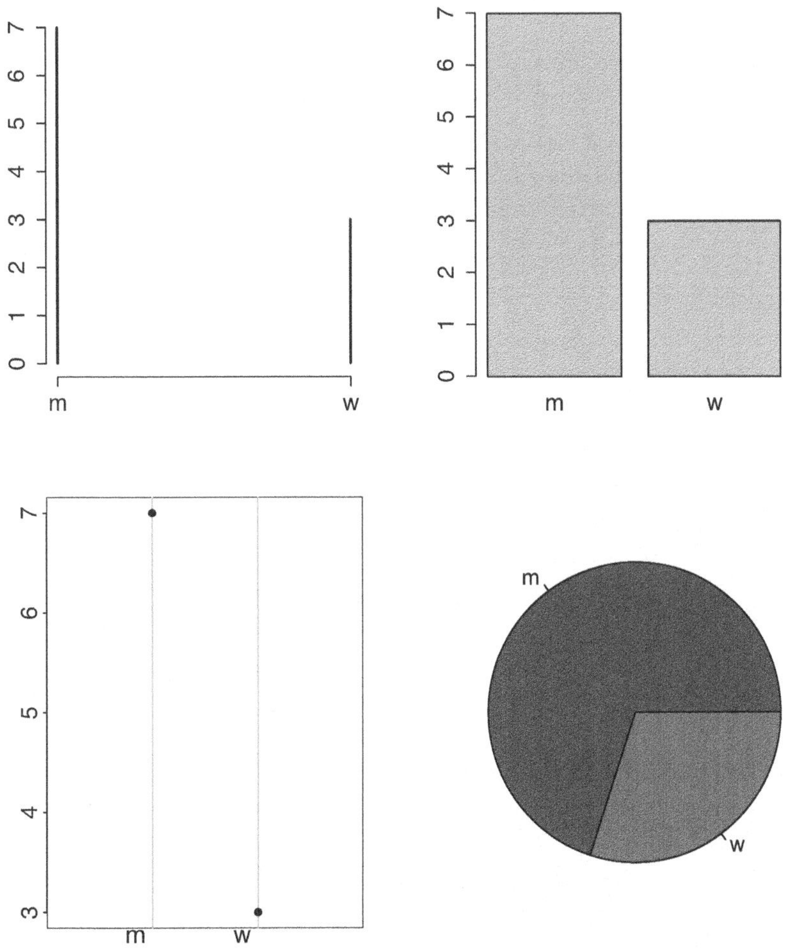

Abb. 2.1 Verschiedene grafische Darstellungen der absoluten Häufigkeitsverteilung aus Beispiel 2.12: Stabdiagramm, Säulendiagramm, Dotchart und Kreisdiagramm

Man beachte, dass $\widehat{P}(X_i = a) := \frac{1}{n}\sum_{i=1}^{n} 1_{\{X_i=a\}}$ einen Schätzer (Schätzfunktion) für $P(X_i = a)$ darstellt (d. h. $\widehat{P}(X_i = a)$ ist als messbare Funktion der Stichprobenvariablen X_i, $i \geq 1$, insbesondere selbst wieder eine Zufallsvariable), während die relative Häufigkeit $\frac{1}{n}\sum_{i=1}^{n} 1_{\{a\}}(x_i)$ als Zahlenwert (mit den Realisationen x_i der Zufallsvariablen X_i, $i = 1, \ldots, n$,) dann ein konkreter Schätzwert ist.

Beweis Da X_i, $i \geq 1$, i. i. d. Zufallsvariablen sind, folgt für alle $a \in \mathbb{R}$, dass auch die Zufallsvariablen $1_{\{X_i=a\}}$, $i \geq 1$, unabhängig und identisch verteilt sind.

Für alle $a \in \mathbb{R}$ und $i \geq 1$ gilt

$$E\left(\left|1_{\{X_i=a\}}\right|\right) \leq E(1) = 1 < \infty,$$

d. h. die Erwartungswerte $E\left(1_{\{X_i=a\}}\right)$ existieren. Mit den üblichen Rechenregeln des Erwartungswertes folgt, dass für alle $a \in \mathbb{R}$ und $n \in \mathbb{N}$

$$E\left(\frac{1}{n}\sum_{i=1}^{n} 1_{\{X_i=a\}}\right) = \frac{1}{n}\sum_{i=1}^{n} E\left(1_{\{X_i=a\}}\right) = \frac{1}{n} n E\left(1_{\{X_1=a\}}\right) = P\left(X_1 = a\right).$$

Nach dem starken Gesetz der großen Zahlen nach Komogorov, vgl. z. B. Pruscha [13], S. 343, folgt dann die Konsistenzeigenschaft (2.1). □

Allgemeiner als das Lemma 2.13 gilt das **Theorem von Bernoulli** (vgl. Fahrmeir et al. [6], S. 312), in dem die Konsistenzaussage (2.1) von $\{X_i = a\}$ auf beliebige Ereignisse $\{X_i \in A\}$ mit $A \subseteq \mathbb{R}$ erweitert wird.

2.2.1 Histogramm

Im Fall einer Stichprobe

$$\mathbf{x} = (x_1, \ldots, x_n)^\top$$

eines stetigen, metrischen Merkmals sind die Häufigkeitsverteilungen und ihre direkten grafischen Darstellungen, z. B. mittels eines Stabdiagramms, nicht sehr hilfreich, denn im Allgemeinen gilt hier

$$f_i \approx \frac{1}{n} \, \forall i = 1, \ldots, m.$$

D. h. die Stichprobenwerte sind fast alle verschieden. In dieser Situation klassifiziert man den Wertebereich der Stichprobe und bildet ein Histogramm.

Definition 2.14 (Histogramm) *Der Wertebereich*

$$W = [\min\{x_1, \ldots, x_n\}, \max\{x_1, \ldots, x_n\}]$$

einer Stichprobe $\mathbf{x} = (x_1, \ldots, x_n)^\top$ *reeller Zahlen sei in* $k \in \mathbb{N}$ *benachbarte, disjunkte Teilintervalle*

$$I_1 = [c_0, c_1), I_2 = [c_1, c_2), \ldots, I_k = [c_{k-1}, c_k]$$

mit $c_{i-1} < c_i$ *für* $i = 1, \ldots, k$ *und* $\bigcup_{i=1}^{k} I_i \supseteq W$ *aufgeteilt. Bezeichne für* $i = 1, \ldots, k$

$$h_i = \sum_{j=1}^{n} 1_{I_i}(x_j)$$

die absoluten Klassenhäufigkeiten der Teilintervalle. Das ***Histogramm der absoluten Klassenhäufigkeiten*** *der Stichprobe* $\boldsymbol{x}$ *besteht dann aus* k *Rechtecken über den Intervallen* I_i, $i = 1, \ldots, k$, *mit Rechtecksbreiten* $c_i - c_{i-1}$ *und geeignet gewählten Rechteckshöhen* H_i *mit der Eigenschaft, dass*

$$h_i = C \cdot H_i \cdot (c_i - c_{i-1}) \quad \textit{für alle } i = 1, \ldots, k,$$

wobei C *eine fest gewählte, positive reelle Zahl (Proportionalitätsfaktor) bezeichnet.*

In einem Histogramm werden demnach die Klassenhäufigkeiten proportional (mit Proportionalitätsfaktor C) zu den entsprechenden Rechtecksflächen dargestellt. Man spricht hier von dem **Prinzip der Flächentreue.**

Mithilfe eines Histogramms kann die Häufigkeitsverteilung einer Stichprobe unter anderem hinsichtlich Uni- oder Multimodalität und bzgl. Symmetrie bzw. Asymmetrie (Schiefe) untersucht werden.

Bemerkung 2.15

a) Das **Histogramm der relativen Klassenhäufigkeiten** wird ganz analog gebildet, indem man h_i durch die relative Klassenhäufigkeit $f_i := \frac{h_i}{n}$ ersetzt. Bei einem Histogramm der relativen Klassenhäufigkeiten mit Proportionalitätsfaktor $C = 1$ gilt, dass die Gesamtfläche aller Rechtecke identisch 1 ist.
b) Alternativ können die disjunkten Teilintervalle auch in der Form

$$I_1 = [c_0, c_1], I_2 = (c_1, c_2] \ldots, I_k = (c_{k-1}, c_k],$$

d. h. als rechts geschlossene und links offene Intervalle gebildet werden. Entscheidend ist, dass die Intervalleinteilung disjunkt ist und der gesamte Wertebereich der Stichprobe überdeckt wird.
c) Die Rechteckshöhen $H_i = \frac{h_i}{c_i - c_{i-1}}$ bzw. $H_i = \frac{f_i}{c_i - c_{i-1}}$ (mit $C = 1$) werden auch als **Häufigkeitsdichte** bezeichnet.
d) Für den Spezialfall, dass alle Teilintervalle I_i, $i = 1, \ldots, k$, identische Breite besitzen, können die Rechteckshöhen direkt als Klassenhäufigkeiten interpretiert werden. In der Anwendung wird oft diese äquidistante Intervalleinteilung aufgrund der einfacheren Interpretation verwendet.
e) In der Literatur zur angewandten Statistik (vgl. z. B. Fahrmeir et al. [6], S. 42) findet man verschiedene Regeln für die bei einem vorliegenden Stichprobenumfang n zu wählende Anzahl k von Teilintervallen, z. B. $k = \lfloor \sqrt{n} \rfloor$ oder $k = \lfloor 10 \log_{10} n \rfloor$, wobei $\lfloor x \rfloor$ den

ganzzahligen Anteil von $x \in \mathbb{R}$ bezeichnet. Andere Empfehlungen für die Intervalleinteilung berücksichtigen auch die Streuung der Daten.

f) Sowohl der gewählten Anzahl k der Teilintervalle als auch der Wahl der Intervallgrenzen ist bei Histogrammen besondere Aufmerksamkeit zu widmen, da diese Festlegungen die resultierende Interpretation der Häufigkeitsverteilung stark beeinflusssen können.

In der Abb. 2.2 sind drei Histogramme der relativen Klassenhäufigkeiten mit unterschiedlichen Intervalleinteilungen einer Stichprobe $\mathbf{x} = (x_1, \ldots, x_{100})^\top$ dargestellt. Die simulierte Stichprobe $\mathbf{x}$ besteht aus 100 auf dem Intervall $[0, 5]$ gleichverteilten Zufallszahlen.

Analog zu dem Beweis von Lemma 2.13 zeigt man das folgende Konsistenzergebnis für die Rechtecksflächen in einem Histogramm.

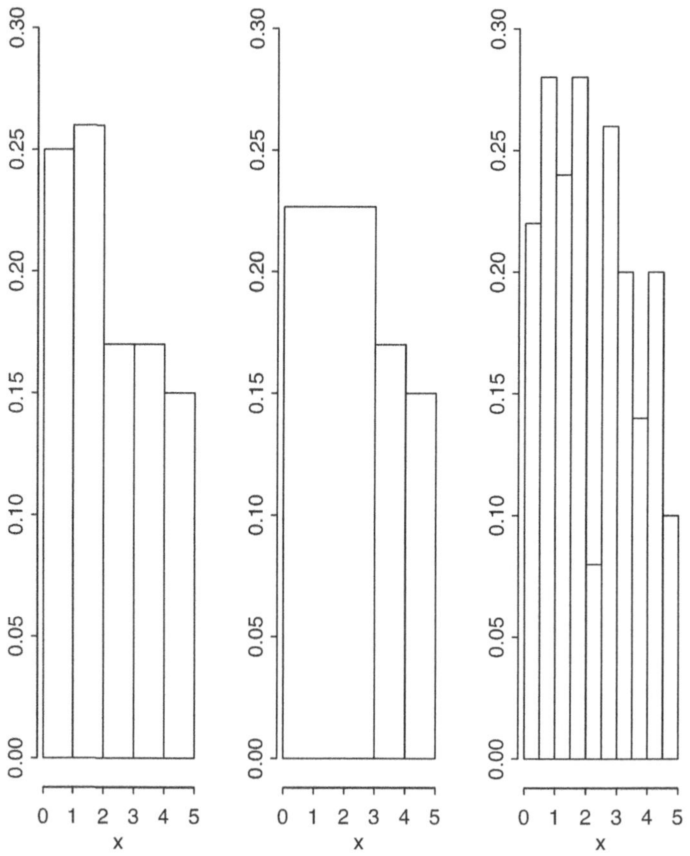

Abb. 2.2 Histogramme einer Stichprobe mit unterschiedlichen Intervalleinteilungen

Korollar 2.16 (Starke Konsistenz der Histogramm-Rechtecke) *Im Fall von i. i. d. Stichprobenvariablen $X_1, X_2, \ldots$ gilt für die Schätzfunktionen*

$$F_i := \frac{1}{n}\sum_{j=1}^{n} 1_{\{X_j \in I_i\}},\ i = 1, \ldots, k,$$

$$F_i \xrightarrow{f.s.} P(c_{i-1} \le X_j < c_i) = P(X_j \in I_i).$$

Die Schätzfunktionen F_i entsprechen den Flächen der Rechtecke in einem Histogramm der relativen Häufigkeiten mit Proportionalitätsfaktor $C = 1$ und der Intervalleinteilung $I_1 = [c_0, c_1), \ldots, I_k = [c_{k-1}, c_k]$.

Neben der rein deskriptiven Darstellung der Häufigkeitsverteilung einer Stichprobe können Histogramme auch zur Schätzung der unbekannten Dichte f der Stichprobenvariablen verwendet werden. Besteht eine Stichprobe $\mathbf{x}$ aus Realisationen der i. i. d. Zufallsvariablen X_i, $i \ge 1$, mit existierender (aber unbekannter) Wahrscheinlichkeitsdichte f, so stellt ein Histogramm der relativen Häufigkeiten (mit Proportionalitätsfaktor $C = 1$) einen einfachen, elementaren Schätzer $\widehat{f}$ für die Dichte f dar.

Wir gehen dazu von einer vorgegebenen, äquidistanten Intervalleinteilung

$$I_i := [x_0 + i \cdot h, x_0 + (i+1) \cdot h),\ i \in \mathbb{Z},$$

mit Intervallbreite $h > 0$ und mit vorab festgelegtem $x_0 \in \mathbb{R}$ aus. Für alle $x \in \mathbb{R}$ definiert man dann als **Histogramm-Schätzer**

$$\widehat{f}_n(x) := \widehat{f}_{n,x_0,h}(x) := \frac{1}{nh}\sum_{j=1}^{n} 1_{\{X_j \in I(x)\}}, \tag{2.2}$$

wobei $I(x) = I_i$, falls $x \in I_i$.

Lemma 2.17 (Eigenschaften des Histogramm-Schätzers)
Der in (2.2) definierte Histogramm-Schätzer besitzt im Fall von i. i. d. Stichprobenvariablen X_i, $i \ge 1$, die Eigenschaften

$$\forall \omega \in \Omega, x \in \mathbb{R}, n \in \mathbb{N} : \widehat{f}_n(x) \ge 0$$

$$\forall \omega \in \Omega, n \in \mathbb{N} : \int_{-\infty}^{\infty} \widehat{f}_n(x)\, dx = 1$$

$$\forall x \in \mathbb{R} \textit{ und } n \to \infty : \widehat{f}_n(x) \xrightarrow{f.s.} \frac{1}{h}\int_{I(x)} f(t)\, dt$$

Beweis Bezeichne $(\Omega, \mathscr{A}, P)$ den Wahrscheinlichkeitsraum, über dem die i. i. d. Stichprobenvariablen X_i, $i \geq 1$, mit der unbekannten Dichte f definiert sind.
Die erste Eigenschaft folgt sofort aus der Definition (2.2) des Histogramm-Schätzers.
Für den Beweis der zweiten Eigenschaft rechnet man für alle $\omega \in \Omega$

$$\int_{-\infty}^{\infty} \widehat{f_n}(x)(\omega)\, dx = \frac{1}{nh} \sum_{j=1}^{n} \int_{-\infty}^{\infty} 1_{\{X_j \in I(x)\}}(\omega)\, dx = \frac{1}{nh} \sum_{j=1}^{n} \int_{a_j(\omega)}^{b_j(\omega)} 1\, dx,$$

wobei $[a_j(\omega), b_j(\omega)) := I(X_j(\omega))$. Da $b_j(\omega) - a_j(\omega) = h$ für alle $j \geq 1$ und $\omega \in \Omega$ erhält man weiter

$$\frac{1}{nh} \sum_{j=1}^{n} \int_{a_j(\omega)}^{b_j(\omega)} 1\, dx = \frac{1}{nh} \sum_{j=1}^{n} h = 1.$$

Da für alle $x \in \mathbb{R}$

$$E\left(\frac{1}{h} 1_{\{X_i \in I(x)\}}\right) = \frac{1}{h} \cdot P\left(X_i \in I(x)\right) = \frac{1}{h} \int_{I(x)} f(t)\, dt,$$

folgt mit dem starken Gesetz der großen Zahlen nach Kolmogorov, vgl. z. B. Pruscha [13], S. 343, dass

$$\widehat{f_n}(x) = \frac{1}{n} \sum_{j=1}^{n} \frac{1}{h} 1_{\{X_j \in I(x)\}} \xrightarrow{f.s.} \frac{1}{h} \int_{I(x)} f(t)\, dt \quad \forall x \in \mathbb{R} \text{ und } n \to \infty,$$

d. h. die dritte Behauptung des Lemmas. □

In statistischen Analysen stellt sich oft die Frage, ob eine Verteilungsannahme für die Stichprobenvariablen gerechtfertigt ist. Eine einfache, deskriptive bzw. explorative Vorgehensweise ist nach den obigen Ergebnissen der Vergleich des Histogramms bzw. des Histogrammschätzers mit der zur Verteilungsannahme gehörigen, theoretischen Dichtefunktion. Nach Lemma 2.17 sollte sich bei genügend großem Stichprobenumfang und genügend klein gewählten Intervallbreiten der Histogrammschätzer der theoretischen Dichtefunktion annähern.

In der Abb. 2.3 sind das Histogramm einer i. i. d. Stichprobe $\mathbf{x}$ von 1000 simulierten, standardnormalverteilten Zufallszahlen und das Histogramm einer simulierten i. i. d. Stichprobe $\mathbf{y}$ von 1000 Zufallszahlen, die nach einer Weibullverteilung mit Formparameter $\beta = \frac{3}{2}$ und Skalenparameter $\alpha = \frac{9}{5}$ verteilt sind, zusammen mit den entsprechenden theoretischen Dichten dargestellt. Die Annäherung der Histogramm-Schätzungen an die theoretischen Dichtefunktionen sind deutlich zu erkennen.

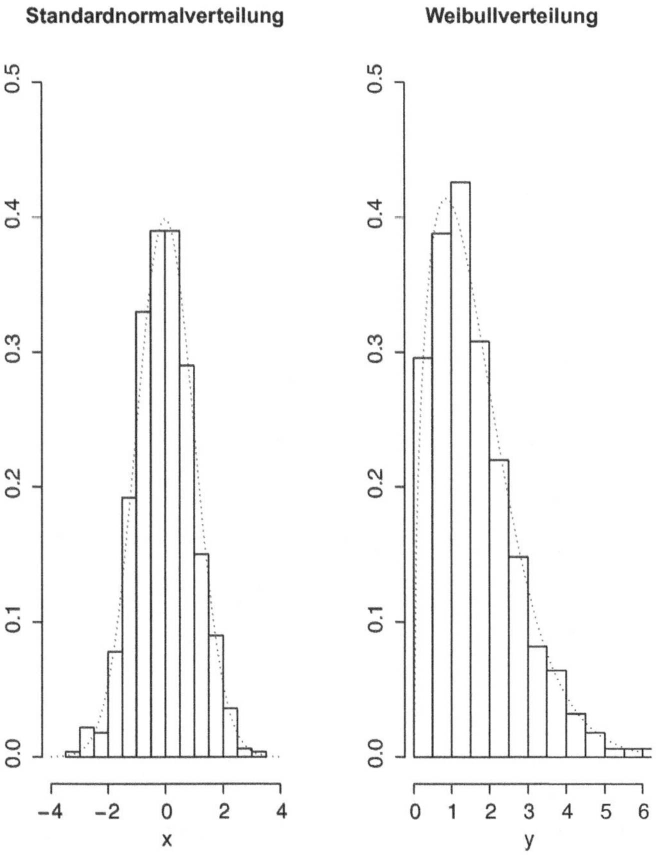

Abb. 2.3 Histogramme und theoretische Dichtefunktionen

Der in (2.2) definierte Histogramm-Schätzer besitzt als Dichtekurven-Schätzer zwei wesentliche Nachteile. Der Schätzer hängt von der vorgegebenen Intervalleinteilung (über die Fixierungsgröße $x_0 \in \mathbb{R}$) ab und die resultierende Dichtekurvenschätzung führt zu einer unstetigen Funktion (Treppenfunktion). Die Abhängigkeit des Schätzers von x_0 kann durch die etwas modifizierte Definition

$$\widehat{f_n}(x) := \widehat{f_{n,h}}(x) := \frac{1}{2nh} \sum_{j=1}^{n} 1_{\{X_j \in [x-h, x+h[\}} \tag{2.3}$$

leicht vermieden werden. Ein Vergleich von (2.3) mit der für die zu schätzende Dichte f gültigen Darstellung

$$f(x) = \lim_{h \to 0} P\left(x - h \leq X_1 \leq x + h\right)$$

zeigt deutlich die Verwandtschaft von Schätzer und zu schätzender Dichte.

Der Nachteil der Unstetigkeit von Histogramm-Schätzern bleibt aber bestehen und so werden Histogramm-Schätzer auch als naive Dichteschätzer bezeichnet. Weiterentwicklungen von Dichteschätzern, die dann auch stetige Schätzfunktionen liefern, sind z. B. **Kerndichteschätzer,** vgl. Abschn. 2.4.5, oder **Orthogonalreihenschätzer.** Eine Einführung in die Theorie dieser Dichteschätzverfahren gibt z. B. Pruscha [13] in Kap. VIII. Hier werden auch grundlegende Eigenschaften der Dichteschätzer, wie z. B. Konsistenz und Konvergenzordnung, dargestellt. In der praktischen Datenanalyse mit Softwareunterstützung werden Histogramme oft kombiniert mit Dichteschätzern verwendet.

2.2.2 Empirische Verteilungsfunktion

Die empirische Verteilungsfunktion einer Stichprobe gibt für alle $x \in \mathbb{R}$ den relativen Anteil der Stichprobenwerte an, die kleiner oder gleich dem Wert x sind.

Definition 2.18 (Empirische Verteilungsfunktion) *Die empirische Verteilungsfunktion F_n einer Stichprobe $\mathbf{x} = (x_1, \ldots, x_n)^\top$ eines metrischen Merkmals ist definiert als die Funktion*

$$F_n : \mathbb{R} \to [0, 1], \; F_n(x) = \frac{1}{n} \sum_{i=1}^{n} 1_{(-\infty, x]}(x_i).$$

Die empirische Verteilungsfunktion $F_n(x)$, $x \in \mathbb{R}$, einer Stichprobe $\mathbf{x} = (x_1, \ldots, x_n)^\top$ mit den Ausprägungen $a_1, \ldots, a_m$ ist eine rechtsseitig stetige, monoton wachsende Treppenfunktion mit den Sprungstellen $a_1, \ldots, a_m$ und den entsprechenden relativen Häufigkeiten $f(a_1), \ldots, f(a_m)$ als Sprunghöhen. Für $x < a_{\min} := \min\{a_1, \ldots, a_m\}$ ist $F_n(x) = 0$ und für $x \geq a_{\max} := \max\{a_1, \ldots, a_m\}$ ist $F_n(x) = 1$.

In Teilintervallen $I \subset [a_{\min}, a_{\max}]$ in denen viele Beobachtungen liegen, besitzt die empirische Verteilungsfunktion einen starken Anstieg. Verläuft der Graph der empirischen Verteilungsfunktion in Teilintervallen $J \subset [a_{\min}, a_{\max}]$ eher flach, sind dort nur wenige Stichprobenwerte vorhanden. Die Abb. 2.4 zeigt beispielhaft den Graph der empirischen Verteilungsfunktion einer Stichprobe $\mathbf{x}$.

Im Fall von i. i. d. Stichprobenvariablen X_i, $i \geq 1$, mit (unbekannter) Verteilungsfunktion F ist die empirische Verteilungsfunktion (jetzt betrachtet als Schätzfunktion)

$$F_n(x) := \frac{1}{n} \sum_{i=1}^{n} 1_{\{X_i \leq x\}}$$

ein erwartungstreuer, stark konsistenter Schätzer für F, d. h.

$$E\left(F_n(x)\right) = F(x) \quad \forall x \in \mathbb{R},$$

und

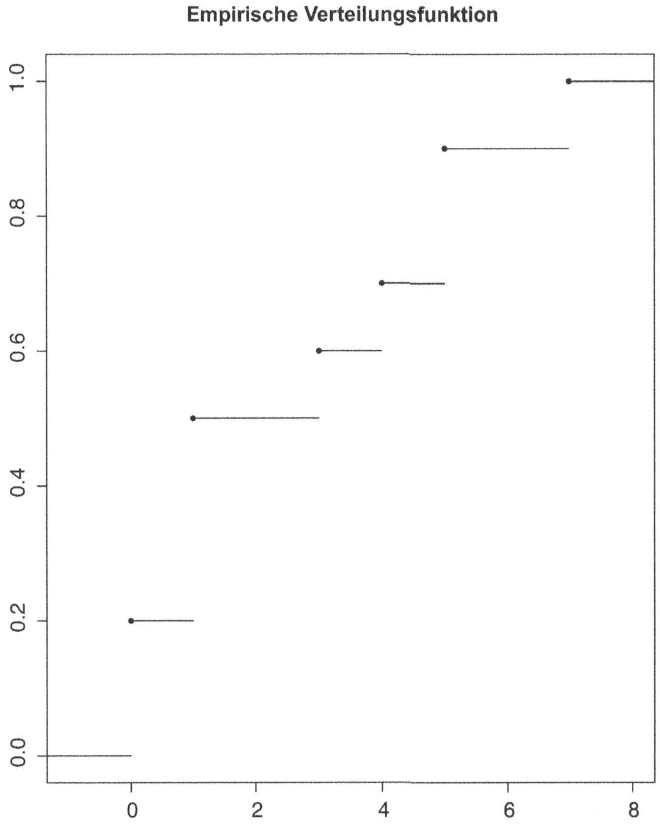

Abb. 2.4 Empirische Verteilungsfunktion F_{10} der Stichprobe $\mathbf{x} = (0, 0, 1, 1, 1, 3, 4, 5, 5, 7)^\top$

$$F_n(x) \xrightarrow{f.s.} F(x) \quad \forall x \in \mathbb{R} \text{ und } n \to \infty.$$

Es gilt sogar, dass F_n fast sicher gleichmäßig auf $\mathbb{R}$ gegen F konvergiert, d. h. dass

$$\sup_{x \in \mathbb{R}} |F_n(x) - F(x)| \xrightarrow{f.s.} 0 \text{ für } n \to \infty. \tag{2.4}$$

Das Konvergenzergebnis (2.4) ist als **Satz von Glivenko-Cantelli** bekannt. Einen Beweis des Satzes von Glivenko-Cantelli findet man z. B. bei Pruscha [13], S. 156. Man nennt diese grundlegende Beziehung zwischen der empirischen Verteilungsfunktion einer Stichprobe und der theoretischen, der Stichprobe zugrundeliegenden, aber in der Praxis meist unbekannten Verteilungsfunktion auch den **Hauptsatz der mathematischen Statistik.** Die gleichmäßige Konvergenz (2.4) impliziert als prinzipielle Methode zur Untersuchung einer Verteilungsannahme den Vergleich von empirischer und theoretischer Verteilungsfunktion.

In der induktiven Statistik wird die gleichmäßige Konvergenz (2.4) bei der Konstruktion von nichtparametrischen (verteilungsfreien) Signifikanztests, wie z. B. den **Kolmogorov-Smirnov-Test,** angewandt. Der Kolmogorov-Smirnov-Test verwendet die Teststatistik

$$\sup_{x \in \mathbb{R}} |F_n(x) - F(x)|$$

und ermöglicht die induktive Beurteilung von Verteilungsannahmen, vgl. z. B. Pruscha [14], S. 25–26.

Mit dem Satz von Glivenko-Cantelli folgt auch eine Konvergenzaussage für die empirischen Quantilsfunktionen.

Definition 2.19 (Empirische Quantilsfunktion) *Die empirische Quantilsfunktion* $F_n^{\leftarrow}$ *einer empirischen Verteilungsfunktion* F_n *ist definiert als die verallgemeinerte Inverse von* F_n*, d. h. als*

$$F_n^{\leftarrow} : (0, 1) \to \mathbb{R}, \; F_n^{\leftarrow}(p) = \inf \{x \in \mathbb{R} : F_n(x) \geq p\}.$$

Lemma 2.20 *Für i. i. d. Zufallsvariablen* $X_1, \ldots, X_n$ *mit Verteilungsfunktion* F *gilt*

$$F_n^{\leftarrow}(p) \xrightarrow{f.s.} F^{\leftarrow}(p) \quad \text{für } n \to \infty$$

an jeder Stetigkeitsstelle $0 < p < 1$ *von* $F^{\leftarrow}$*, wobei* $F^{\leftarrow}$ *die Quantilsfunktion (verallgemeinerte Inverse) von* F *bezeichnet.*

Beweis Man wendet Satz 5.67 bei Witting und Müller-Funk [20], S. 71 f., und den Satz von Glivenko-Cantelli an. □

In der deskriptiven und explorativen Analyse verwendet man die empirische Verteilungsfunktion für die Bewertung von Verteilungsannahmen. In der Abb. 2.5 sind für zwei simulierte Stichproben $\mathcal{N}(5, 1)$-verteilter Zufallszahlen mit den Umfängen $n = 10$ und $n = 50$ jeweils die Graphen der empirischen Verteilungfunktionen F_n zusammen mit der theoretischen Verteilungsfunktion F einer $\mathcal{N}(5, 1)$-verteilten Zufallsvariablen dargestellt.

Die Abb. 2.6 zeigt die empirische Verteilungsfunktion einer simulierten Stichprobe von 50 $\Gamma(1, 1)$-verteilten Zufallszahlen gemeinsam mit der theoretischen Verteilungsfunktion einer $\mathcal{N}(1, 1)$-verteilten Zufallsvariablen. Man erkennt eine deutliche Abweichung der beiden Graphen.

2.2.3 Empirische Quantile

Im Folgenden sei $\mathbf{x} = (x_1, \ldots, x_n)^\top$ die Stichprobe eines metrischen oder ordinal skalierten Merkmals und

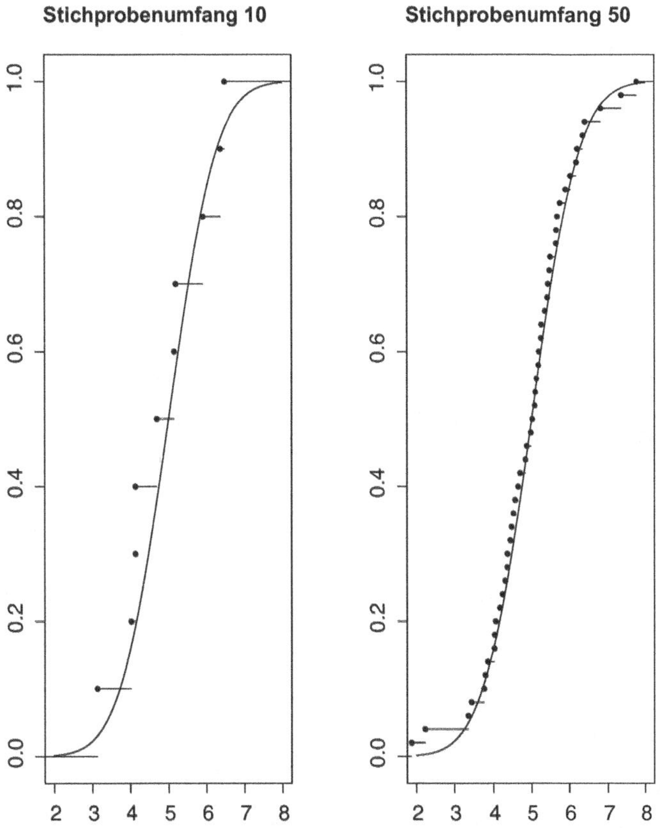

Abb. 2.5 Empirische Verteilungsfunktionen zu simulierten Stichproben mit unterschiedlichen Stichprobenumfängen und theoretische Verteilungsfunkion einer $\mathcal{N}(5, 1)$-verteilten Zufallsvariablen

$$(x_{(1)}, \ldots, x_{(n)})^\top$$

bezeichne die zugehörige **geordnete Stichprobe,** d. h. die Stichprobenwerte $x_1, \ldots, x_n$ werden ihrer Größe nach geordnet (von klein nach groß). Es gilt also

$$x_{(i)} \leq x_{(i+1)} \quad (i = 1, \ldots, n-1)$$

Definition 2.21 (Empirische Quantile) *Für $p \in (0, 1)$ ist das empirische p-Quantil x_p einer Stichprobe $\mathbf{x} = (x_1, \ldots, x_n)^\top$ definiert als*

$$x_p := \begin{cases} q \in \left[x_{(np)}, x_{(np+1)}\right], & \text{falls } np \in \mathbb{N} \\ x_{(\lfloor np \rfloor + 1)} & , \text{falls } np \notin \mathbb{N} \end{cases} \tag{2.5}$$

wobei $\lfloor np \rfloor$ die größte ganze Zahl bezeichnet, die kleiner oder gleich np ist.

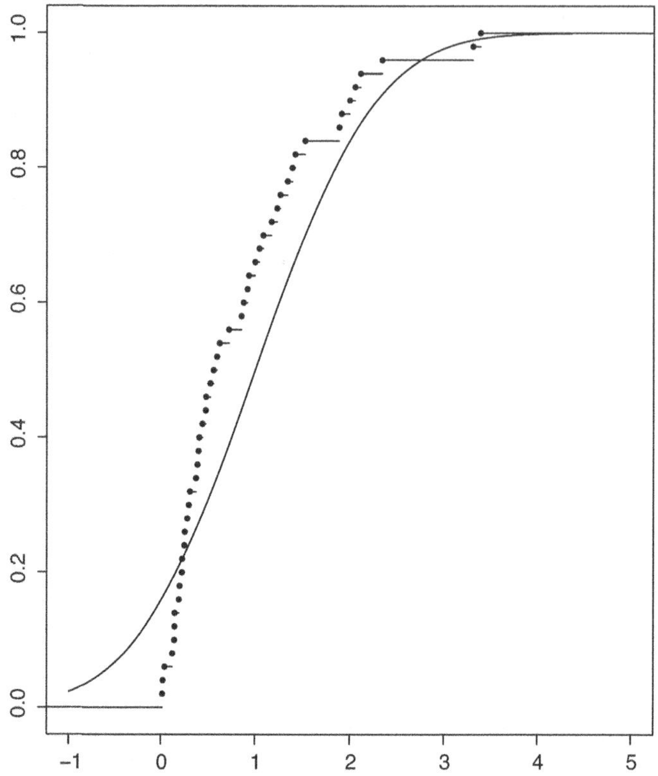

Abb. 2.6 Empirische Verteilungsfunktion einer simulierten Stichprobe von 50 $\Gamma(1, 1)$-verteilten Zufallszahlen und theoretische Verteilungsfunktion einer $\mathcal{N}(1, 1)$-verteilten Zufallsvariablen

Für den Fall, dass $np \in \mathbb{N}$, werden auch die modifizierten Definitionen

$$x_p := F_n^{\leftarrow}(p) = x_{(np)}, \tag{2.6}$$

oder, falls es sich um eine Stichprobe eines metrischen Merkmals handelt,

$$x_p := \frac{x_{(np)} + x_{(np+1)}}{2}, \tag{2.7}$$

verwendet.

Man beachte, dass die Definition (2.5) keine eindeutige Wertzuweisung liefert, sondern das p-Quantil als einen beliebigen Wert innerhalb eines ganzen **Quantilintervalls** festlegt. Die modifizierten Definitionen (2.6) und (2.7) formulieren eine eindeutige Zuweisung des p-Quantils. In der Literatur und innerhalb statistischer Software finden sich auch noch weitere Definitionsmodifikationen.

Das empirische p-Quantil x_p (man sagt auch: $p \cdot 100\,\%$-Quantil) einer Stichprobe $\mathbf{x}$ besitzt die grundlegende Eigenschaft, dass mindestens ein Anteil von $p \cdot 100\,\%$ der Stichprobenwerte kleiner oder gleich als x_p ist und mindestens ein Anteil von $(1-p) \cdot 100\%$ der Stichprobenwerte größer oder gleich x_p ist.

Das empirische $\frac{1}{2}$-Quantil (50 %-Quantil) $x_{\frac{1}{2}}$ nennt man den **empirischen Median** der Stichprobe, er teilt die Stichprobe in zwei (etwa) gleich mächtige Mengen von Stichprobenwerte, die kleiner oder gleich dem empirischen Median bzw. größer oder gleich dem empirischen Median sind. Die häufig verwendeten speziellen Quantile $x_{\frac{1}{4}}$ und $x_{\frac{3}{4}}$ werden als **unteres** bzw. **oberes Quartil** bezeichnet. Die Spezialfälle $x_{\frac{k}{10}}$ für $k \in \mathbb{N}$, $k \leq 9$, werden **Dezile** genannt. Die Quantile $x_{\frac{k}{100}}$ für $k \in \mathbb{N}$, $k \leq 99$, bezeichnet man als **Perzentile.**

Für die empirische Verteilungsfunktion F_n einer Stichprobe $\mathbf{x}$ vom Umfang n und $p \in]0, 1[$ gilt entweder

$$F_n^{-1}(\{p\}) = \emptyset \tag{2.8}$$

oder

$$F_n^{-1}(\{p\}) = [x_{(np)}, x_{(np+1)}), \tag{2.9}$$

wobei $F_n^{-1}(\{p\})$ das Urbild von p unter der empirischen Verteilungsfunktion bezeichnet. Im Fall (2.8) erhält man das empirische p-Quantil dann als

$$x_p = x_{(\lfloor np \rfloor + 1)}$$

und für den Fall (2.9) erhält man (nicht mehr eindeutig)

$$x_p \in [x_{(np)}, x_{(np+1)})$$

bzw. eindeutig z. B. $x_p = \frac{x_{(np)} + x_{(np+1)}}{2}$. Die empirischen Quantile können aus dem Graphen der empirischen Verteilungsfunktion dementsprechend abgelesen werden. In Abb. 2.7 ist für die bereits geordnete Stichprobe

$$\mathbf{x} = (0, 0, 1, 1, 1, 3, 4, 5, 5, 7)^\top$$

exemplarisch das Auffinden des Quantilintervalls $[1, 3]$ für den empirischen Median $x_{\frac{1}{2}}$ und des 80 %-Quantils $x_{0,8} = 5$ skizziert. Nach der modifizierten Definition (2.7) würde man als empirischen Median $x_{\frac{1}{2}} = \frac{1+3}{2} = 2$ setzen.

Bemerkung 2.22 Ersetzt man in der Definition der empirischen Quantile die Realisationen, d. h. die Stichprobenwerte $x_1, \ldots, x_n$, durch die zugrundeliegenden i. i. d. Stichprobenvariablen $X_1, \ldots, X_n$, so erhält man Schätzer $\widehat{\kappa_p}$ für die (theoretischen) Quantile κ_p, $0 < p < 1$, der zugrundeliegenden Verteilung mit Verteilungsfunktion F. Die dann in den Formeln auftretenden, geordneten Stichprobenvariablen $X_{(1)}, \ldots, X_{(n)}$ nennt man die **Ordnungsstatistik** der Zufallsstichprobe $X_1, \ldots, X_n$ und die Größen $X_{(i)}$, $i = 1, \ldots, n$, werden i-te **Ordnungsgrößen** genannt. Ist F stetig und sind die Quantile κ_p eindeutig bestimmt (z. B.

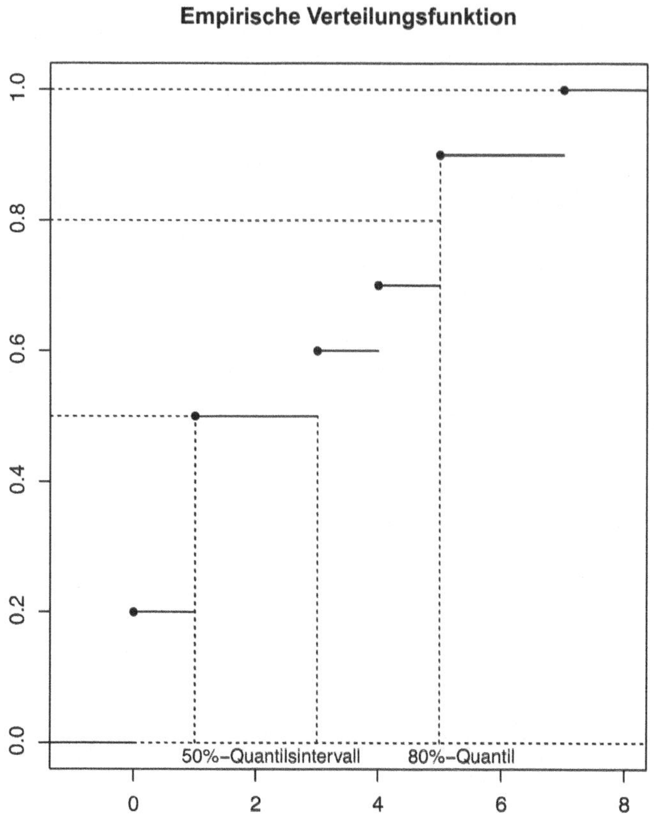

Abb. 2.7 Bestimmung von empirischen Quantilen aus dem Graphen der empirischen Verteilungsfunktion der Stichprobe $(0, 0, 1, 1, 1, 3, 4, 5, 5, 7)^\top$

falls F streng monoton ist), so sind die Schätzer $\widehat{\kappa}_p$ konsistent für κ_p, vgl. Witting und Müller-Funk [20], S. 71 f. und 575 f. D. h. bei großem Stichprobenumfang n erwartet man, dass

$$x_p \approx \kappa_p$$

für alle $0 < p < 1$. Man beachte, dass bei großem Stichprobenumfang n zudem die Approximation

$$x_p \approx x_{(np)}$$

gilt. Mithilfe der Ordnungsgrößen können auch Konfidenzintervalle für die Quantile κ_p, $0 < p < 1$, konstruiert werden, vgl. Pruscha [13], S. 49.

2.2.4 Kontingenztafeln

Die Häufigkeitsverteilung einer bivariaten Stichprobe

$$(x_1, y_1)^\top, \ldots, (x_n, y_n)^\top \tag{2.10}$$

zweier Merkmale X und Y vom Umfang n kann mithilfe einer Kontingenztafel (Kontingenztabelle) notiert werden. Für die praktische Anwendung ist der Spezialfall, dass beide Merkmale nominal skaliert sind, von besonderer Bedeutung. Der Begriff Kontingenz, also Zusammenhang, deutet bereits an, dass Fragestellungen bzgl. des Zusammenhangs der Merkmale oft im Mittelpunkt stehen.

Für $k \leq n$ bezeichne

$$A = \{a_1, \ldots, a_k\}$$

die Menge der Ausprägungen der ersten Teilstichprobe $\mathbf{x} = (x_1, \ldots, x_n)^\top$ und für $m \leq n$

$$B = \{b_1, \ldots, b_m\}$$

die Menge der Ausprägungen der zweiten Teilstichprobe $\mathbf{y} = (y_1, \ldots, y_n)^\top$. Dann definiert man für $1 \leq i \leq k,\ 1 \leq j \leq m$,

$$h_{ij} := h(a_i, b_j) := \sum_{1 \leq t \leq n} 1_{\{(a_i, b_j)\}}((x_t, y_t)) .$$

h_{ij} bezeichnet also die absolute Häufigkeit der Merkmalskombination (a_i, b_j) in der bivariaten Stichprobe.

Als **Kontingenztafel der absoluten Häufigkeiten** bezeichnet man dann die $k \times m$ Matrix (bzw. die entsprechende Tabelle)

$$\mathbf{K} := \begin{pmatrix} h_{11} & \ldots & h_{1m} \\ h_{21} & \ldots & h_{2m} \\ \vdots & & \vdots \\ h_{k1} & \ldots & h_{km} \end{pmatrix}$$

oder auch $\mathbf{K}^\top$. Ganz analog ist mit den relativen Häufigkeiten $f_{ij} := \frac{h_{ij}}{n}$ anstelle der absoluten Häufigkeiten h_{ij} die **Kontingenztafel der relativen Häufigkeiten** definiert.

Die Kontingenztafel einer bivariaten Stichprobe wird genauer als **2-dimensionale Kontingenztafel** bezeichnet. Entsprechend erhält man für eine p-variate Stichprobe mit $p > 2$ dann eine **p-dimensionale Kontingenztafel.** Bei Pruscha [14], S. 181 ff., werden als Beispiele für mehrdimensionale Kontingenztafeln 3- und 4-dimensionale Kontingenztafeln erläutert.

Zusätzlich zu den Häufigkeiten h_{ij} bzw. f_{ij} sind die absoluten **Randhäufigkeiten**

$$h_{i.} := \sum_{j=1}^{m} h_{ij} \quad \text{und} \quad h_{.j} := \sum_{i=1}^{k} h_{ij}$$

für $i = 1, \dots, k$ und $j = 1, \dots, m$ und ganz analog die relativen Randhäufigkeiten von Interesse. Als Tabelle erhält man mit den Randhäufigkeiten eine Kontingenztafel der absoluten Häufigkeiten der Form

h_{11}	$\dots$	h_{1m}	$h_{1.}$
h_{21}	$\dots$	h_{2m}	$h_{2.}$
$\vdots$		$\vdots$	$\vdots$
h_{k1}	$\dots$	h_{km}	$h_{k.}$
$h_{.1}$	$\dots$	$h_{.m}$	n

Der Eintrag n rechts unten in der Kontingenzabelle entspricht der Summe der Zeilen- oder Spaltenhäufigkeiten, die sich jeweils zum Stichprobenumfang n addieren.

Um Hinweise auf einen eventuell vorliegenden Zusammenhang der beiden Merkmale X und Y zu gewinnen, bildet man die bedingten relativen Häufigkeitsverteilungen.

Definition 2.23 (Bedingte relative Häufigkeitsverteilung) *Die bedingte relative Häufigkeitsverteilung von Y gegeben die Bedingung $X = a_i$, $i = 1 \dots, k$, ist durch die relativen Häufigkeiten*

$$f_Y(b_1|a_i) := \frac{h_{i1}}{h_{i.}}, \dots, f_Y(b_m|a_i) := \frac{h_{im}}{h_{i.}} \tag{2.11}$$

definiert. Die bedingte relative Häufigkeitsverteilung von X gegeben die Bedingung $Y = b_j$, $j = 1, \dots, m$, ist durch die relativen Häufigkeiten

$$f_X(a_1|b_j) := \frac{h_{1j}}{h_{.j}}, \dots, f_X(a_k|b_j) := \frac{h_{kj}}{h_{.j}} \tag{2.12}$$

definiert. Man setzt dabei voraus, dass die in den Nennern auftretenden Randhäufigkeiten nicht identisch 0 sind.

Beispiel 2.24 Von 100.000 Versicherungsnehmern ist jeweils das Geschlecht Y (Ausprägungen: b_1 := weiblich und b_2 := männlich) und der berufliche Status X in den Ausprägungen:

$$a_1 := \text{ohne Beruf},\ a_2 := \text{angestellt},\ a_3 := \text{selbständig}$$

gegeben. Die bivariate Stichprobe sei in der folgenden Kontingenztabelle der absoluten Häufigkeiten zusammengefasst.

	ohne Beruf	angestellt	selbständig	$\sum$
weiblich	2400	28.910	12.460	43.770
männlich	2320	31.470	22.440	56.230
$\sum$	4720	60.380	34.900	100.000

Als bedingte relative Häufigkeitsverteilungen von X unter der Bedingung $Y = b_1$ bzw. unter der Bedingung $Y = b_2$ ergibt sich

$$f_X(a_1|b_1) = \frac{2400}{43.770} \approx 0{,}055 \text{ bzw. } f_X(a_1|b_2) = \frac{2320}{56.230} \approx 0{,}041,$$
$$f_X(a_2|b_1) = \frac{28.910}{43.770} \approx 0{,}660 \text{ bzw. } f_X(a_2|b_2) = \frac{31.410}{56.230} \approx 0{,}559,$$
$$f_X(a_3|b_1) = \frac{12.460}{43.770} \approx 0{,}285 \text{ bzw. } f_X(a_3|b_2) = \frac{22.440}{56.230} \approx 0{,}398.$$

Aufgrund der Werte kann man einen potentiellen Zusammenhang zwischen dem beruflichen Status und dem Geschlecht vermuten, da z. B. der Selbständigen-Anteil unter den Frauen deutlich geringer ist, als bei den Männern. □

Besteht zwischen den beiden einer Kontingenztabelle zugrundeliegenden Merkmalen X und Y kein Zusammenhang, würde man erwarten, dass für die bedingten relativen Häufigkeiten gilt

$$f_Y(b_j|a_i) \approx f_Y(b_j|a_l) \approx \frac{h_{.j}}{n} \quad \forall i, l = 1, \ldots, k \text{ und } j = 1, \ldots, m$$

und

$$f_X(a_i|b_j) \approx f_X(a_i|b_r) \approx \frac{h_{i.}}{n} \quad \forall j, r = 1, \ldots, m \text{ und } i = 1, \ldots, k.$$

D.h die bedingte relative Häufigkeit einer Ausprägung hängt nicht von der Wahl der Ausprägung ab, bzgl. der man die Häufigkeit bedingt. Diese Überlegung führt zu der folgenden Definition.

Definition 2.25 *Eine bivariate Stichprobe* (x_i, y_i), $i = 1, \ldots, n$, *zweier mindestens nominal skalierter Merkmale* X *und* Y *sei in einer* $k \times m$*-Kontingenztabelle der absoluten Häufigkeiten mit den Randhäufigkeiten* $h_{i.}$ *und* $h_{.j}$, $i = 1, \ldots, k$, $j = 1, \ldots, m$, *zusammengefasst. Unter der Annahme, dass zwischen den Merkmalen* X *und* Y *kein Zusammenhang besteht, heißt*

$$\widetilde{h}_{ij} := \frac{h_{i.} h_{.j}}{n}$$

die ***erwartete Häufigkeit bei Unabhängigkeit*** *für die Merkmalskombination* (a_i, b_j), $i = 1, \ldots, k$, $j = 1, \ldots, m$.

2.3 Lage- und Streuungsmaße

In diesem Abschnitt werden die am häufigsten verwendeten Maßzahlen für die zentrale Lage und die Streuung einer Stichprobe $\mathbf{x} = (x_1, \ldots, x_n)^\top$ vorgestellt.

2.3.1 Lagemaße einer Stichprobe

Im Folgenden sei $\mathbf{x} = (x_1, \ldots, x_n)^\top$ eine Stichprobe eines Merkmals X und $A := \{a_1, \ldots, a_m\}$ die Menge aller Ausprägungen in der Stichprobe.

Definition 2.26 (Arithmetisches Mittel) *Ist X ein metrisches Merkmal, dann heißt*

$$\overline{x} := \frac{1}{n} \sum_{i=1}^{n} x_i \tag{2.13}$$

*das **arithmetische Mittel** (oder auch **empirischer Mittelwert**) der Stichprobe $\mathbf{x}$.*

Für eine Stichprobe $\mathbf{x} = (x_1, \ldots, x_n)^\top$ mit arithmetischem Mittel $\overline{x}$ gilt für das arithmetische Mittel $\overline{y}$ der linear transformierten Stichprobe

$$y_i := a x_i + b,\ i = 1, \ldots, n, \ \text{mit}\ a, b \in \mathbb{R},$$

die Beziehung

$$\overline{y} = a\overline{x} + b.$$

Definition 2.27 (Modus) *Besitzt das Merkmal X mindestens nominales Skalenniveau, dann heißt*

$$x_{Mod} := \arg\max_{a \in A} \sum_{i=1}^{n} 1_{\{a\}}(x_i)$$

*der **Modus (Modalwert)** der Stichprobe $\mathbf{x}$.*

Der Modus x_{Mod} ist demnach jede Ausprägung der Stichprobe, die maximale Häufigkeit besitzt. Man beachte, dass der Modus nicht eindeutig bestimmt sein kann.

Ein weiteres wichtiges Lagemaß, dass nur ordinales Skalenniveau voraussetzt, ist der **empirische Median** $x_{\frac{1}{2}}$ einer Stichprobe, der bereits in Abschn. 2.2.3 als Spezialfall eines empirischen Quantils eingeführt wurde. Für ungeradzahligen Stichprobenumfang n gilt

$$x_{\frac{1}{2}} = x_{\left(\frac{n+1}{2}\right)}$$

und im Fall eines geradzahligen Stichprobenumfangs n erhält man das Medianintervall

$$x_{\frac{1}{2}} \in \left[x_{(\frac{n}{2})}, x_{(\frac{n}{2}+1)}\right].$$

Im Fall einer metrischen Stichprobe kann der empirische Median auch eindeutig als

$$x_{\frac{1}{2}} := \frac{x_{(\frac{n}{2})} + x_{(\frac{n}{2}+1)}}{2}$$

definiert werden.

Während der Median die zentrale Lage einer Stichprobe als empirisches 50 %-Quantil beschreibt, bildet das arithmetische Mittel den Schwerpunkt der Stichprobenwerte als Lagemaß der Stichprobe.

Satz 2.28 (Eigenschaften des arithmetischen Mittels) *Sei* $\mathbf{x} = (x_1, \ldots, x_n)^\top$ *eine Stichprobe eines metrischen Merkmals, dann gilt die Schwerpunktseigenschaft*

$$\sum_{i=1}^{n} (x_i - \overline{x}) = 0 \tag{2.14}$$

und die Minimierungseigenschaft

$$\arg\min_{z \in \mathbb{R}} \sum_{i=1}^{n} (x_i - z)^2 = \overline{x}. \tag{2.15}$$

Beweis Die Eigenschaft (2.14) folgt sofort aus der Defintion (2.13) und einfachem Nachrechnen. Zum Nachweis der Minimierungseigenschaft (2.15) bildet man die Ableitung

$$\frac{d}{dz} \sum_{i=1}^{n} (x_i - z)^2 = -2 \sum_{i=1}^{n} (x_i - z)$$

und erhält dann über die Bedingung

$$-2 \sum_{i=1}^{n} (x_i - z) = 0$$

die Behauptung. □

Der empirische Median einer Stichprobe minimiert die Betragsabstände zu den Beobachtungswerten.

Satz 2.29 (Minimierungseigenschaften des Medians) *Sei* $\mathbf{x} = (x_1, \ldots, x_n)^\top$ *eine Stichprobe eines metrischen Merkmals, dann gilt*

$$\arg\min_{z\in\mathbb{R}} \sum_{i=1}^{n} |z - x_i| = x_{\frac{1}{2}}.$$

Beweis Für alle $z \neq x_i$, $i = 1, \ldots, n$, besitzt die Funktion

$$h : \mathbb{R} \to \mathbb{R},\ h(z) := \sum_{i=1}^{n} |z - x_i|,$$

die Ableitung

$$\frac{d}{dz}h(z) = \sum_{i=1}^{n} \operatorname{sgn}(z - x_i).$$

Ist n ungeradzahlig, gilt für alle $z \neq x_i$, $i = 1, \ldots, n$,

$$\frac{d}{dz}h(z) \begin{cases} < 0\,, & \text{falls } z < x_{\left(\frac{n+1}{2}\right)} \\ > 0\,, & \text{falls } z > x_{\left(\frac{n+1}{2}\right)} \end{cases}$$

Da h stetig auf ganz $\mathbb{R}$ ist, folgt mit dem Mittelwertsatz der Differentialrechnung, dass h in $(-\infty, x_{\left(\frac{n+1}{2}\right)}]$ streng monoton fallend und in $[x_{\left(\frac{n+1}{2}\right)}, \infty)$ streng monoton wachsend ist, d. h. h besitzt an der Stelle $z = x_{\left(\frac{n+1}{2}\right)}$ ein globales Minimum.

Ist n geradzahlig, gilt für alle $z \neq x_i$, $i = 1, \ldots, n$,

$$\frac{d}{dz}h(z) \begin{cases} < 0\,, & \text{falls } z < x_{(\frac{n}{2})} \\ > 0\,, & \text{falls } z > x_{(\frac{n}{2}+1)} \\ = 0\,, & \text{falls } z \in \left[x_{(\frac{n}{2})}, x_{(\frac{n}{2}+1)}\right] \end{cases}$$

Da h stetig auf ganz $\mathbb{R}$ ist folgt wieder mit dem Mittelwertsatz der Differentialrechnung, dass h in $(-\infty, x_{(\frac{n}{2})}]$ streng monoton fallend und in $[x_{(\frac{n}{2}+1)}, \infty)$ streng monoton wachsend ist. D. h. alle $z \in [x_{(\frac{n}{2})}, x_{(\frac{n}{2}+1)}]$ sind Stellen globaler Minima von h, insbesondere auch $z = \frac{1}{2}\left(x_{(\frac{n}{2})} + x_{(\frac{n}{2}+1)}\right)$. □

Der Modus x_{Mod} einer Stichprobe $\mathbf{x} = (x_1, \ldots, x_n)^\top$ mit der Ausprägungsmenge A besitzt die Minimierungseigenschaft

$$x_{Mod} = \arg\min_{z\in A} \sum_{i=1}^{n} \left(1 - 1_{\{z\}}(x_i)\right).$$

Bemerkung 2.30

a) Für die Berechnung des Modus wird nur nominales Skalenniveau vorausgesetzt, während der empirische Median erst bei mindestens ordinal skalierten Merkmalen verwendet werden kann. Das arithmetische Mittel setzt ein kardinales Skalenniveau in den Daten voraus.
b) Das arithmetische Mittel $\overline{x}$ reagiert sehr sensibel auf das Auftreten von extremen Werten innerhalb einer Stichprobe und kann durch Ausreißerwerte oder falsche Werte in einem Datensatz verzerrt werden. Der empirische Median $x_{\frac{1}{2}}$ hingegen verhält sich robust bzgl. extremer Werte.
c) Bei der Stichprobe eines kardinal skalierten Merkmals werden in der Anwendung oft alle drei Lagemaße, d. h. arithmetisches Mittel $\overline{x}$, empirischer Median $x_{\frac{1}{2}}$ und der Modus x_{Mod}, berechnet. Durch die Lage der drei Maßzahlen zueinander kann die Schiefe bzw. Symmetrie einer Stichprobenverteilung charakterisiert werden. Bei unimodalen Verteilungen gilt

$$\begin{aligned} \text{symmetrische Verteilung} &: x_{Mod} \approx x_{\frac{1}{2}} \approx \overline{x}, \\ \text{rechtsschiefe Verteilung} &: x_{Mod} < x_{\frac{1}{2}} < \overline{x}, \\ \text{linksschiefe Verteilung} &: x_{Mod} > x_{\frac{1}{2}} > \overline{x}. \end{aligned}$$

Eine große Abweichung von $\overline{x}$ und $x_{\frac{1}{2}}$ kann auch ein Hinweis auf das Vorliegen von extremen Stichprobenwerten, eventuellen Ausreißern oder auch von falschen Datenwerten sein.
Unterscheiden sich die Lagemaße stark, muss je nach Anwendung entschieden werden, welches Lagemaß mit seiner eigenen Interpretation der zentralen Lage einer Stichprobe die geeignete Kennzahl für die Beschreibung der zentralen Lage der Stichprobe darstellt.
d) Bei unimodalen Häufigkeitsverteilungen verwendet man als deskriptive Maßzahlen für die Form (Schiefe und Wölbung) der Verteilung die **Schiefe** und den **Exzess (Kurtosis),** vgl. z. B. Hartung et al. [10], S. 47–49.

Im Fall von i. i. d. Stichprobenvariablen $X_1, \ldots, X_n$ mit Erwartungswert $\mu := E(X_1)$ und existierender Varianz $Var(X_1)$ ist das arithmetische Mittel

$$\widehat{\mu}_n := \frac{1}{n} \sum_{i=1}^{n} X_i$$

ein erwartungstreuer und konsistenter Schätzer für μ, vgl. z. B. Pruscha [13], S. 19.

2.3.2 Streuungsmaße einer Stichprobe

Streuungsmaße sind Kennzahlen einer Stichprobe, die die Schwankung bzw. Variabilität der Stichprobenwerte charakterisieren. Neben der empirischen Varianz, die die Streuung der Stichprobenwerte als quadratische Abweichung vom arithmetischen Mittelwert beschreibt, gibt es noch weitere Maßzahlen, die die Streuung auf andere Weise messen.

Definition 2.31 *Sei $\mathbf{x} = (x_1, \ldots, x_n)^\top$ eine Stichprobe eines metrischen Merkmals mit arithmetischem Mittel $\overline{x}$, Median $x_{\frac{1}{2}}$, den empirischen Quartilen $x_{\frac{1}{4}}$ bzw. $x_{\frac{3}{4}}$, minimalem Stichprobenwert $x_{(1)}$ und maximalem Stichprobenwert $x_{(n)}$, dann heißt*

$$s^2 := \frac{1}{n-1} \sum_{i=1}^{n} (x_i - \overline{x})^2 \; die \; \textbf{empirische Varianz,}$$

$$\delta := \frac{1}{n} \sum_{i=1}^{n} |x_i - \overline{x}| \; die \; \textbf{mittlere absolute Abweichung vom Mittelwert,}$$

$$\delta_M := \frac{1}{n} \sum_{i=1}^{n} |x_i - x_{\frac{1}{2}}| die \; \textbf{mittlere absolute Abweichung vom Median,}$$

$$MAD := Median \; der \; Stichprobe \left(|x_1 - x_{\frac{1}{2}}|, \ldots, |x_n - x_{\frac{1}{2}}|\right)^\top$$

$$die \; \textbf{Median-Deviation,}$$

$$R := x_{(n)} - x_{(1)} die \; \textbf{Spannweite (range),}$$

$$IQD := x_{\frac{3}{4}} - x_{\frac{1}{4}} \text{ die } \textbf{Inter-Quartil-Distanz}$$

der Stichprobe $\mathbf{x}$.

In rein deskriptiven Anwendungen (speziell bei der Betrachtung von Grundgesamtheiten) wird die empirische Varianz manchmal auch in der modifizierten Form

$$\tilde{s}^2 := \frac{n-1}{n} s^2 = \frac{1}{n} \sum_{i=1}^{n} (x_i - \overline{x})^2$$

verwendet.

Die Quadratwurzel der empirischen Varianz

$$s := \sqrt{s^2} \text{ bzw. } \tilde{s} := \sqrt{\tilde{s}^2}$$

wird als **empirische Standardabweichung** bezeichnet.

Eine Stichprobe $\mathbf{x} = (x_1, \ldots, x_n)^\top$ mit empirischer Varianz $s^2 = 0$ bzw. empirischer Standardabweichung $s = 0$ besitzt minimale Streuung, d. h. alle Stichprobenwerte x_i, $i = 1, \ldots, n$, sind identisch.

Die Spannweite R einer Stichprobe ist als Differenz von maximaler und minimaler Ausprägung innerhalb der Stichprobe ein sehr anschauliches Streuungsmaß, allerdings ist sie sehr anfällig für den Einfluß extremer Stichprobenwerte. Die Inter-Quartil-Distanz IQD gibt den Abstand der in der geordneten Stichprobe zentral gelegenen 50 % der Stichprobenwerte an und verhält sich weit robuster gegenüber extremen Stichprobenwerten.

Die Streuungsmaße δ_M, MAD, R und IQD können auch im Fall ordinal skalierter Daten verwendet werden. Falls die Daten noch nicht in Zahlenwerten vorliegen, muss dazu zunächst eine streng monotone Transformation auf eine Zahlenskala durchgeführt werden. Bei der Interpretation der Streuungsmaße muss allerdings beachtet werden, dass auch nach einer Transformation auf eine Zahlenskala Abstände weiterhin nicht interpretierbar sind.

Die besondere Rolle der empirischen Varianz s^2 in der induktiven Statistik zeigt der folgende Satz, vgl. z. B. Pruscha [13], S. 20.

Satz 2.32 (Eigenschaften des Varianz-Schätzers) *Im Fall von i. i. d. Stichprobenvariablen* $X_1, \ldots, X_n$ *mit existierendem Erwartungswert* $\mu = E(X_1)$ *und Varianz* $\sigma^2 = Var(X_1) > 0$ *ist der Varianz-Schätzer*

$$\widehat{\sigma}_n^2 := \frac{1}{n-1} \sum_{i=1}^{n} (X_i - \overline{X})^2 ,$$

wobei $\overline{X} := \frac{1}{n} \sum\limits_{i=1}^{n} X_i$, *erwartungstreu und konsistent für* σ^2.

Der entsprechend der modifizierten empirischen Varianz $\tilde{s}^2 := \frac{n-1}{n} s^2$ gebildete Varianz-Schätzer ist ebenfalls konsistent, aber nur asymptotisch erwartungstreu für σ^2, d. h.

$$\lim_{n \to \infty} E \left(\frac{1}{n} \sum_{i=1}^{n} (X_i - \overline{X})^2 \right) = \sigma^2 \text{ für alle } \sigma^2 > 0,$$

wobei die Erwartungswertbildung auf der linken Seite der Gleichung unter dem Parameter σ^2 erfolgt.

Für die empirische Varianz s^2 einer Stichprobe $\mathbf{x} = (x_1, \ldots, x_n)^\top$ mit arithmetischen Mittel $\overline{x}$ gilt die **Verschiebungsformel**

$$(n-1)s^2 = \sum_{i=1}^{n} (x_i - c)^2 - n\,(\overline{x} - c)^2 ,$$

für beliebige $c \in \mathbb{R}$.

Für eine Stichprobe $\mathbf{x} = (x_1, \ldots, x_n)^\top$ mit empirischer Varianz s_x^2 gilt für die empirische Varianz s_y^2 der affin linear transformierten Stichprobe

$$y_i := ax_i + b, \; i = 1, \ldots, n, \; \text{mit } a, b \in \mathbb{R},$$

die Beziehung

$$s_y^2 = a^2 s_x^2.$$

Bei multiplikativen Maßstabsumrechnungen durch einen Faktor $a \in \mathbb{R}$ muss also beachtet werden, dass die empirische Varianz entsprechend maßstabsabhängig ist, während sich die empirische Varianz einer Stichprobe nicht verändert, wenn alle Stichprobenwerte nur um eine additive Konstante $b \in \mathbb{R}$ verschoben werden.

Für den Vergleich der Streuungen von Stichproben mit unterschiedlichen arithmetischen Mitteln verwendet man den **Variationskoeffizienten.** Der Variationskoeffizient ist ein relatives Streuungsmaß und ist invariant bzgl. Stichprobentransformationen, bei denen die Stichprobenwerte mit einem konstanten Faktor multipliziert werden.

Definition 2.33 (Variationskoeffizient) *Sei* $\mathbf{x} = (x_1, \ldots, x_n)^\top$ *mit* $x_i > 0,\ i = 1, \ldots, n$, *eine Stichprobe eines verhältnisskalierten Merkmals mit arithmetischem Mittel* $\overline{x}$ *und empirischer Varianz* s^2, *dann nennt man*

$$v := \frac{s}{\overline{x}}$$

den Variationskoeffizienten von $\mathbf{x}$.

Der Variationskoeffizient misst die empirische Standardabweichung s in Einheiten des arithmetischen Mittels $\overline{x}$. Oft wird der Variationskoeffizient auch als prozentuale Größe, z. B. $v = \frac{2}{10} = 20\,\%$ angegeben.

Bemerkung 2.34 Neben Lage-, Streuungsmaßen und Maßzahlen zur Schiefe und Wölbung einer Häufigkeitsverteilung werden in der Anwendung häufig **Konzentrationsmaße** verwendet. Konzentrationsmaße quantifizieren für eine Stichprobe $\mathbf{x} = (x_1, \ldots, x_n)^\top$ mit $x_i > 0,\ i = 1, \ldots, n$, eines metrisch skalierten Merkmals, wie sich die Stichprobensumme $\sum_{i=1}^{n} x_i$ auf die n Untersuchungseinheiten aufteilt. Neben der grafischen Darstellung der relativen Konzentration mithilfe der **Lorenzkurve** verwendet man hier häufig als Maßzahl den (aus der Lorenzkurve abgeleiteten) **Gini-Koeffizienten (Gini Index),** vgl. z. B. Hartung et al. [10], S. 50–55. Konzentrationsmaße beschreiben z. B. wie sich der Gesamtschadenbedarf in einem Kollektiv auf die einzelnen Versicherungsverträge aufteilt oder ob eine Kreditausfallsumme auf einzelne Kreditverträge konzentriert ist. Liegt eine gleichmäßige Aufteilung der Stichprobensumme auf die Untersuchungseinheiten vor, spricht man von einer Null-Konzentration.

2.4 Grafische und explorative Methoden

Neben der Beschreibung einer Stichprobe mittels Kennzahlen werden oft grafische Darstellungsformen verwendet. Mit speziellen Grafiken können nicht nur die Charakteristika von Stichproben visualisiert werden, sondern auch Hypothesen abgeleitet werden, die dann mit induktiven Verfahren weiter untersucht werden. Als Standardwerk für explorative Datenanalyse gilt Tukey [19]. Einen Überblick zu grafischen Verfahren in der statistischen Datenanalyse geben z. B. auch Chambers et al. [2].

2.4.1 Streudiagramm

Gegeben sei eine bivariate Stichprobe $(x_i, y_i)^\top$, $i = 1\ldots, n$, zweier metrischer oder ordinaler Merkmale mit den ersten und zweiten Teilstichproben

$$\mathbf{x} = (x_1, \ldots, x_n)^\top \text{ und } \mathbf{y} = (y_1, \ldots, y_n)^\top.$$

Die Darstellung der Punkte (x_i, y_i), $i = 1\ldots, n$, in einem kartesischen Koordinatensystem nennt man **Streudiagramm** oder auch **Scatter-Plot** der bivariaten Stichprobe.

Der folgenden Abb. 2.8 liegt eine bivariate Stichprobe zugrunde, in der für verschiedene Versicherungsnehmer jeweils das Alter und die Schadensumme in einem bestimmten Zeitintervall erfasst sind. Ein Scatter-Plot gibt Hinweise auf den möglichen Zusammenhang zweier Merkmale bzw. der zugrundeliegenden Zufallsvariablen. Bei ordinal skalierten Merkmalen kann ein Streudiagramm nur einen monotonen Zusammenhang der Merkmale verdeutlichen, während für eine bivariate Stichprobe metrischer Merkmale auch ein funktionaler Zusammenhang der Merkmale erkannt werden kann. Von besonderem Interesse ist oft die Frage, ob ein linearer Zusammenhang besteht. In diesem Fall spricht man von **Korrelation** der Merkmale oder der Teilstichproben (bzw. der Stichprobenvariablen).

2.4.2 Box-Whisker-Plot

Ein **Box-Plot** oder **Box-Whisker-Plot** ist eine explorative Methode, um den Median $x_{\frac{1}{2}}$, das untere und obere Quartil ($x_{\frac{1}{4}}$ und $x_{\frac{3}{4}}$) und den Minimal- und Maximalwert ($x_{(1)}$ und $x_{(n)}$) einer Stichprobe $\mathbf{x}$ innerhalb einer Grafik darzustellen. Der Bereich zwischen den Quartilen, d. h. der Bereich der mittleren 50 % der Daten, wird als Kasten (Box) visualisert. Der Median ist in einem Box-Whisker-Plot als eine Linie (manchmal auch als Kreis) dargestellt, die den Kasten zwischen den Quartilen in zwei Bereiche aufteilt. Die Form der Darstellung des Bereichs zwischen Minimal- und Maximalwert erinnert an einen Schnurrbart (engl.: whisker). In der Regel ist ein Box-Whisker-Plot mit einer Skala versehen, die die Zahlenwerte der dargestellten Größen erkennen lässt.

In modifizierten Formen des Box-Whisker-Plots werden anstelle des Minimalwerts $x_{(1)}$ und Maximalwerts $x_{(n)}$ der Stichprobe andere Grenzen für die Definition der Schnurrbartenden verwendet und Extremwerte, d. h. potentielle Ausreisserwerte, in der Grafik gesondert ausgewiesen. Eine oft verwendete Variante als Ersatz für $x_{(1)}$ und $x_{(n)}$ ist der kleinste Stichprobenwert größer als $x_{\frac{1}{4}} - c \cdot IQD$ und der größte Stichprobenwert kleiner

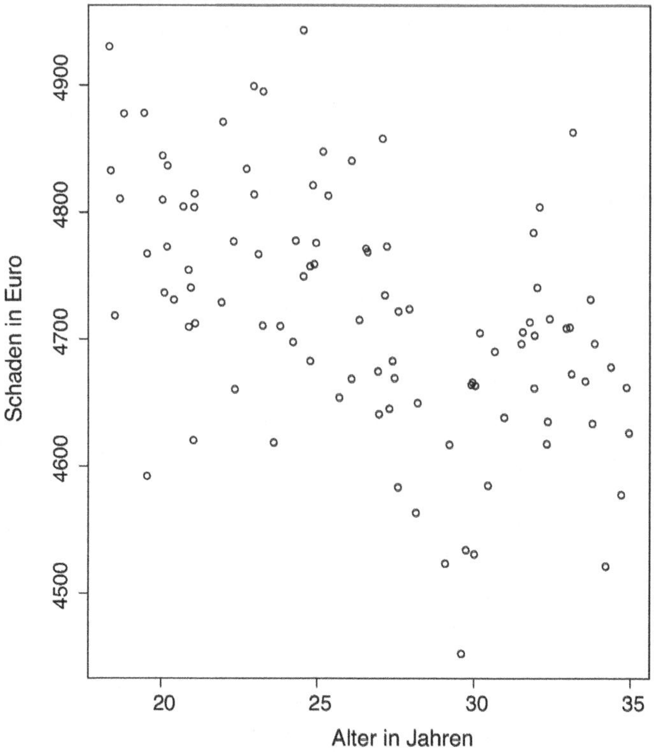

Abb. 2.8 Streudiagramm einer bivariaten Stichprobe, die das Alter und die Schadensumme von 100 Versicherungsnehmern beinhaltet

als $x_{\frac{3}{4}} + c \cdot IQD$, mit $c = \frac{3}{2}$ oder auch $c = 3$. Das Intervall

$$\left[x_{\frac{1}{4}} - \frac{3}{2} \cdot IQD,\ x_{\frac{3}{4}} + \frac{3}{2} \cdot IQD\right]$$

stellt einen Bereich der unauffälligen Streuung dar. Die Stichprobenwerte, die außerhalb der Schurrbartenden liegen, werden im Box-Whisker-Plot als mögliche Ausreisser z. B. durch Kreise gekennzeichnet. Manchmal werden zur Definition des Bereichs der unauffälligen Streuung auch die Dezile $x_{\frac{1}{10}}$ und $x_{\frac{9}{10}}$ verwendet und dann die Stichprobenwerte, die nicht im Intervall $\left[x_{\frac{1}{10}}, x_{\frac{9}{10}}\right]$ liegen, gesondert gekennzeichnet.

Die Abb. 2.9 zeigt schematisch einen Box-Whisker-Plot, in dem der kleinste Stichprobenwert größer als $x_{\frac{1}{4}} - \frac{3}{2} \cdot IQD$ und der größte Stichprobenwert kleiner als $x_{\frac{3}{4}} + \frac{3}{2} \cdot IQD$ zur Festlegung der Schnurrbartenden verwendet werden und die so definierten Extremwerte mit Kreissymbolen gesondert gekennzeichnet sind.

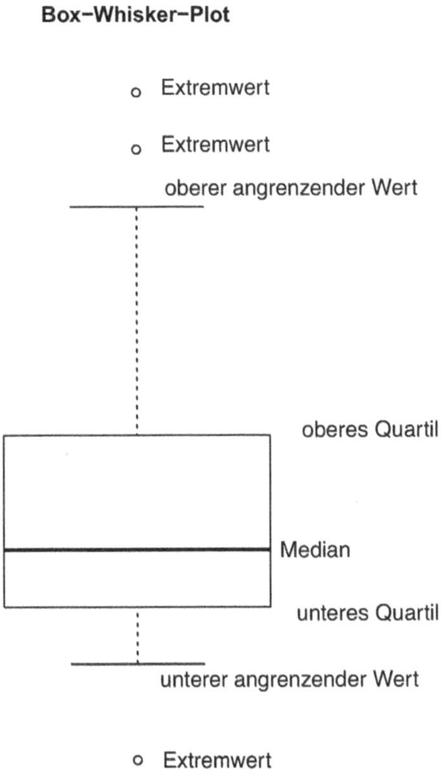

Abb. 2.9 Schematische Darstellung: Box-Whisker-Plot mit oberer angrenzender Wert := größter Stichprobenwert kleiner als $x_{\frac{3}{4}} + \frac{3}{2} \cdot IQD$, unterer angrenzender Wert := kleinster Stichprobenwert größer als $x_{\frac{1}{4}} - \frac{3}{2} \cdot IQD$

Ein Box-Whisker-Plot eignet sich nicht nur zur Darstellung der Verteilung einer Stichprobe, sondern besonders für den Vergleich mehrere Stichprobenverteilungen hinsichtlich Lage und Streuung.

Man betrachtet z. B. eine bivariate Stichprobe $(x_i, y_i)^\top$, $i = 1, \ldots, n$, bestehend aus Werten eines metrischen Merkmals X (z. B. die Schadensumme eines Versicherungsnehmers) und eines nominalen Merkmals Y (z. B. der Beruf eines Versicherungsnehmers). Aufgeteilt nach den k Ausprägungen des nominalen Merkmals (man spricht hier auch von den Stufen eines Faktors) erhält man k Teilstichproben des metrischen Merkmals X. Nun ist die Fragestellung von Interesse, ob sich die Verteilungen der k Teilstichproben des metrischen Merkmals hinsichtlich Lage bzw. Streuung unterscheiden.

Die Abb. 2.10 zeigt Box-Whisker-Plots für die (Teil-)Stichproben $\mathbf{x}$, $\mathbf{y}$ und $\mathbf{z}$, die aus jeweils 100 simulierten Zufallszahlen bestehen. Für $\mathbf{x}$ wurde eine Standardnormalverteilung, für $\mathbf{y}$ eine $\mathcal{N}(0, 5)$-Verteilung und für $\mathbf{z}$ eine $\mathcal{N}(5, 1)$-Verteilung zur Erzeugung

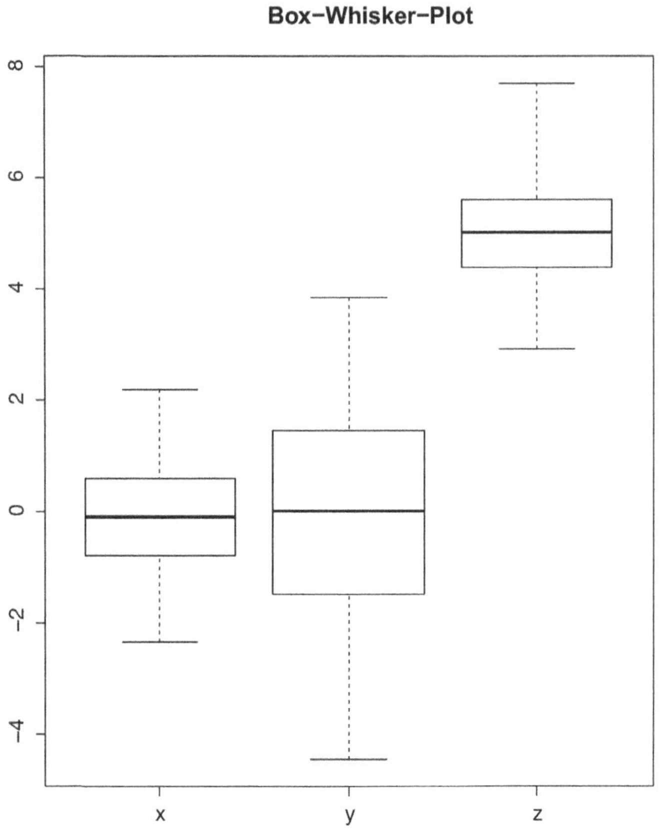

Abb. 2.10 Box-Whisker-Plot von drei Teilstichproben **x** (100 simulierte Realisationen einer $\mathcal{N}(0, 1)$-verteilten Zufallsvariablen), **y** (100 simulierte Realisationen einer $\mathcal{N}(0, 5)$-verteilten Zufallsvariabeln) und **z** (100 simulierte Realisationen einer $\mathcal{N}(5, 1)$-verteilten Zufallsvariablen)

der Zufallszahlen verwendet. Box-Whisker-Plots wie in der Abb. 2.10 lassen dem Anwender Streuungs- und Lageunterschiede in den Teilstichproben vermuten. Mit Methoden der **Varianzanalyse,** vgl. z. B. Sachs und Hedderich [17], S. 577 ff., werden Hypothesen zu Lageunterschieden in den Teilstichproben dann in induktiver Weise weiter untersucht.

Durch Box-Whisker-Plots erhält man auch Hinweise auf die Schiefe einer Stichprobenverteilung. Dazu betrachtet man u. a. die Lage des Medians innerhalb der Box.

Alternativ können die Stichprobenverteilungen mehrerer Teilstichproben auch grafisch durch Diagramme, die die arithmetischen Mittel und z. B. die empirischen Standardabweichungen der Teilstichproben enthalten, dargestellt und verglichen werden. Dabei ist allerdings zu beachten, dass diese Lage- und Streuungsmaße nicht robust gegenüber extremen Werten in den Stichproben sind. Für den Fall von symmetrischen Stichprobenverteilungen (ohne extreme Werte) sind der empirische Median und das arithmetische Mittel für große

Stichprobenumfänge mit hoher Wahrscheinlichkeit annähernd identisch. Grafiken, die die arithmetischen Mittel und Vielfache von den empirischen Standardabweichungen verwenden, orientieren sich an entsprechend konstruierten Konfidenzintervallen für die unbekannten Erwartungswerte der den Teilstichproben zugrundeliegenden Stichprobenvariablen, die z. B. im Fall von unabhängig und normalverteilten Stichprobenvariablen diese Form besitzen.

2.4.3 Mosaik-Plot

In einem **Mosaik-Plot** wird die Häufigkeitsverteilung einer p-variaten Stichprobe $(x_{i1}, \ldots, x_{ip})^\top$, $i = 1 \ldots, n$, von $p \geq 2$ nominalen Merkmalen $X_1, \ldots, X_p$ grafisch dargestellt. Für den Fall einer bivariaten Stichprobe (d. h. $p = 2$) bildet der Mosaik-Plot eine Visualisierung der entsprechenden 2-dimensionalen Kontingenztafel. Ein Mosaik-Plot gibt dem Anwender Hinweise, ob zwischen den betrachteten Merkmalen Zusammenhänge zu vermuten sind. Dazu betrachtet man wie in Beispiel 2.24 das Verhalten der bedingten Häufigkeiten.

Beispiel 2.35 Die Abb. 2.11 zeigt einen Mosaik-Plot zu der 2-dimensionalen Kontingenztafel aus Beispiel 2.24. Die Ausprägungen des Merkmals *Geschlecht* sind am oberen Rand der Grafik angetragen und alle Daten werden nach den Ausprägungen *männlich* und *weiblich* in zwei Blöcke aufgeteilt. Die Aufteilung der Blöcke erfolgt dabei nach der Häufigkeit der Ausprägungen und führt daher hier zu unterschiedlichen Breiten der Teilblöcke. Man sieht, dass die Ausprägung *männlich* eine größere Häufigkeit besitzt, als die Ausprägung *weiblich*. Die Ausprägungen des Merkmals *Beruf* sind am linken Rand der Grafik angeordnet. In jedem der beiden durch das Merkmal *Geschlecht* bestimmten vertikalen Teilblöcke erfolgt eine weitere horizontale Unterteilung, die jeweils durch die entsprechenden bedingten Häufigkeiten definiert wird. Insgesamt erhält man eine Aufteilung in $2 \cdot 3 = 6$ Mosaik-Teile, deren Flächen proportional zu den Häufigkeiten der Ausprägungskombinationen der beiden Merkmale sind. □

Mosaik-Plots können prinzipiell für beliebige p-variate Stichproben, $p \geq 2$, nominaler Merkmale erstellt werden. Allerdings werden die resultierenden Grafiken bei hoher Merkmalsanzahl p schnell unübersichtlich. Die Abb. 2.12 zeigt den Mosaik-Plot einer trivariaten Stichprobe mit $p = 3$ Merkmalen, der noch sehr gut interpretierbar ist.

Beispiel 2.36 In einer trivariaten Stichprobe $(x_i, y_i, z_i)^\top$, $i = 1, \ldots, 10.000$, seien für $n = 10.000$ Versicherungsnehmer die Merkmale $X :=$ *Geschlecht* (mit den Ausprägungen: *männlich* und *weiblich*), $Y :=$ *Berufsgruppe* (mit den Ausprägungen: A, B, C) und $Z :=$ *Schaden* (mit den Ausprägungen: *Ja* und *Nein*) in einer festgelegten Zeitperiode erfasst. Der zugehörige Mosaik-Plot ist in der Abb. 2.12 dargestellt. Als Erweiterung zum

Abb. 2.11 Mosaik-Plot zu der bivariaten Stichprobe aus Beispiel 2.24

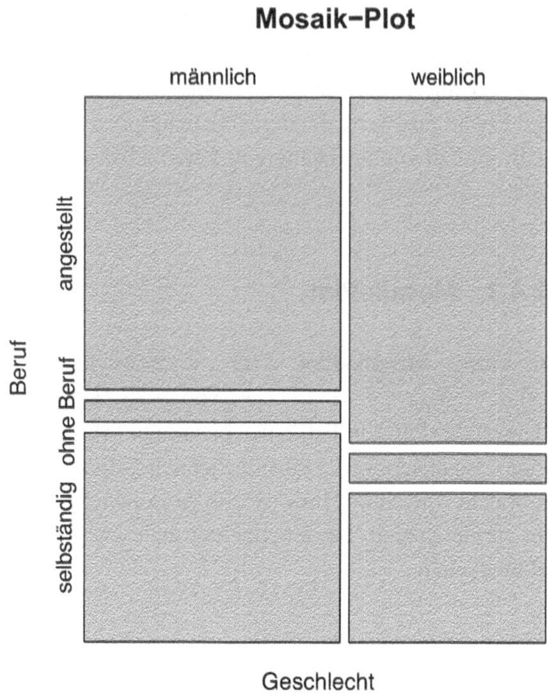

2-dimensionalen Mosaik-Plot in Beispiel 2.35 wird nun noch die bedingte Häufigkeitsverteilung eines dritten Merkmals $Z = \textit{Schaden}$ in die Grafik integriert. Das Merkmal *Schaden* wird zusätzlich an der oberen Seite der Grafik angeordnet und die, aus der Aufteilung nach den Häufigkeitsverteilungen der ersten beiden Merkmale X und Y resultierenden, Mosaik-Bereiche werden entsprechend der Häufigkeitsverteilung des dritten Merkmals Z jeweils in zwei Teilbereiche unterteilt. Man erkennt z. B., dass in der Gruppe der Männer in der Berufsgruppe A weniger Schaden-Fälle vorliegen, als in der Berufsgruppe B. □

Weitere Ausführungen zu Mosaik-Plots kann man z. B. bei Friendly [8] finden.

2.4.4 Quantile-Quantile-Plot

Ein **Quantile-Quantile-Plot** (kurz: Q-Q-Plot) ist eine grafische Methode zur Beurteilung von Verteilungsannahmen. Dazu werden in ein kartesisches Koordinatensystem die empirischen Quantile zweier Stichproben oder die empirischen Quantile einer Stichprobe und die theoretischen Quantile einer hypothetischen Verteilung gegeneinander angetragen. Eine sinnvolle Anwendung von Q-Q-Plots setzt Stichproben mit großen Stichprobenumfängen voraus.

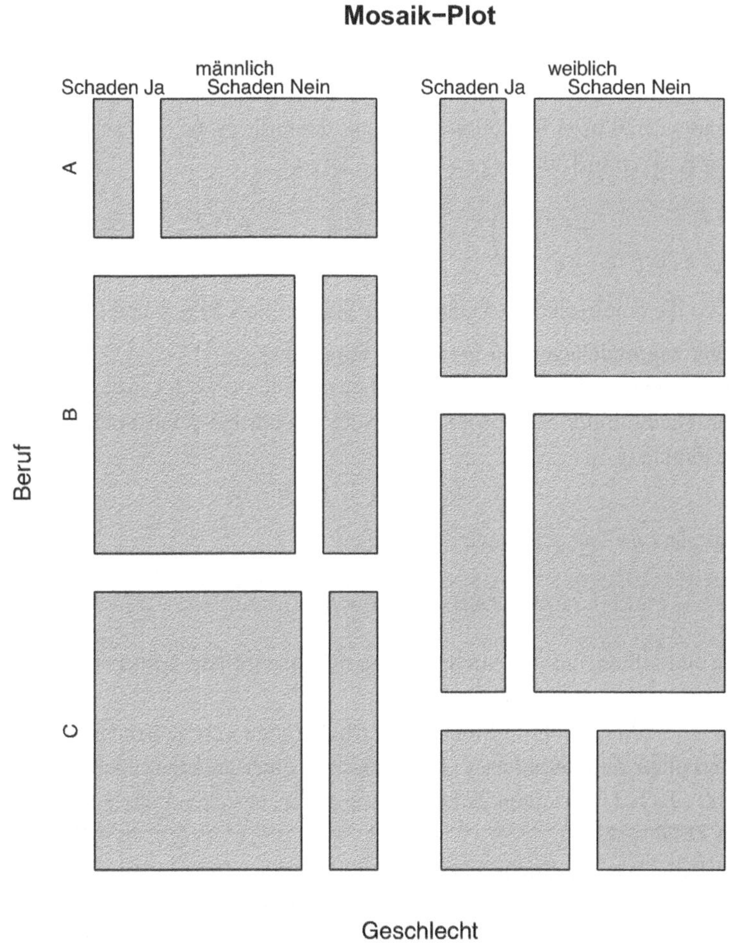

Abb. 2.12 Mosaik-Plot einer trivariaten Stichprobe

Mit einem Q-Q-Plot kann für zwei Stichproben $\mathbf{x} = (x_1, \ldots, x_n)^\top$ und $\mathbf{y} = (y_1, \ldots, y_m)^\top$ metrischer Merkmale untersucht werden, ob die den beiden Stichproben zugrundeliegenden Stichprobenvariablen X_i, $i = 1, \ldots, n$, bzw. Y_j, $i = j, \ldots, m$, identisch verteilt sind.

Die zweite, wichtige Anwendung des Q-Q-Plots ist die Frage, ob die Stichprobenvariablen einer gegebenen Stichprobe eine spezielle, hypothetische Verteilung (z. B. eine Normalverteilung) besitzen. Man spricht in diesem Fall auch von einem **Wahrscheinlichkeits-Plot.**

Wir betrachten zunächst den Fall zweier Stichproben

$$\mathbf{x} = (x_1, \ldots, x_n)^\top \text{ und } \mathbf{y} = (y_1, \ldots, y_m)^\top, \; n \leq m.$$

Wir nehmen an, dass die zugrundeliegenden Stichprobenvariablen X_i, $i = 1, \ldots, n$, und Y_j, $j = 1, \ldots, m$, alle identisch verteilt sind mit der stetigen, streng monotonen Verteilungsfunktion F.

Nach Lemma 2.20 bzw. Bemerkung 2.22 gilt dann für große Stichprobenumfänge n, m und alle $i = 1, \ldots, n-1$, dass

$$x_{\frac{i}{n}} \approx F^{-1}\left(\frac{i}{n}\right) = \kappa_{\frac{i}{n}} \text{ und auch } y_{\frac{i}{n}} \approx F^{-1}\left(\frac{i}{n}\right) = \kappa_{\frac{i}{n}},$$

wobei $x_{\frac{i}{n}}$, $y_{\frac{i}{n}}$ die empirischen $\frac{i}{n}$-Quantile der Stichprobe $\mathbf{x}$ bzw. $\mathbf{y}$ und $\kappa_{\frac{i}{n}}$ das theoretische $\frac{i}{n}$-Quantil der zugrundeliegenden Verteilung bezeichnet.

Für den Fall identisch verteilter Stichprobenvariablen erwartet man also, dass sich die empirischen Quantile der Stichprobe $\mathbf{x}$ und der Stichprobe $\mathbf{y}$ entsprechen. Im Q-Q-Plot werden die Punkte

$$(x_{\frac{i}{n}}, y_{\frac{i}{n}}),\ i = 1, \ldots, n-1,$$

oder im Fall, dass $n = m$, z. B. auch die Punkte

$$(x_{(i)}, y_{(i)}),\ i = 1, \ldots, n,$$

eingetragen und sollten, falls die Stichprobenvariablen wirklich identisch verteilt sind, annähernd auf der Identitätsgeraden liegen.

Die Abb. 2.13 beinhaltet Q-Q-Plots für die Stichproben $\mathbf{x}$, bestehend aus 100 simulierten $\mathcal{N}(1, 1)$-verteilten Zufallszahlen, $\mathbf{y}$, bestehend aus einer anderen, unabhängigen Simulation von 100 $\mathcal{N}(1, 1)$-verteilten Zufallszahlen und $\mathbf{z}$, bestehend aus 100 $\mathcal{E}(1)$-verteilten, simulierten Zufallszahlen.

Für den Fall, dass die Stichprobenvariablen Y_i eine affin lineare Transformation der Stichprobenvariablen X_i, $i = 1, \ldots, n$ sind, liegen die Punkte im Q-Q-Plot nicht mehr entlang der Identitätsgeraden, sondern sind um eine andere Sollgerade verteilt.

Lemma 2.37 (Lineare Transformation) *Seien X_i, $i = 1, \ldots, n$, i. i. d. Zufallsvariablen mit stetiger, streng monotoner Verteilungsfunktion F. Für die Zufallsvariablen $Y_1, \ldots, Y_n$ mit Verteilungsfunktion G gelte*

$$Y_i = a + bX_i,\ a \in \mathbb{R}, b \in \mathbb{R} \setminus \{0\},\ \text{für alle } i = 1, \ldots, n.$$

Dann gilt für die p-Quantile y_p, $0 < p < 1$, von G

$$y_p = \begin{cases} a + bx_p & , \text{falls } b > 0 \\ a + bx_{1-p} & , \text{falls } b < 0 \end{cases}$$

wobei $x_p = F^{-1}(p)$ das p-Quantil von F bezeichnet.

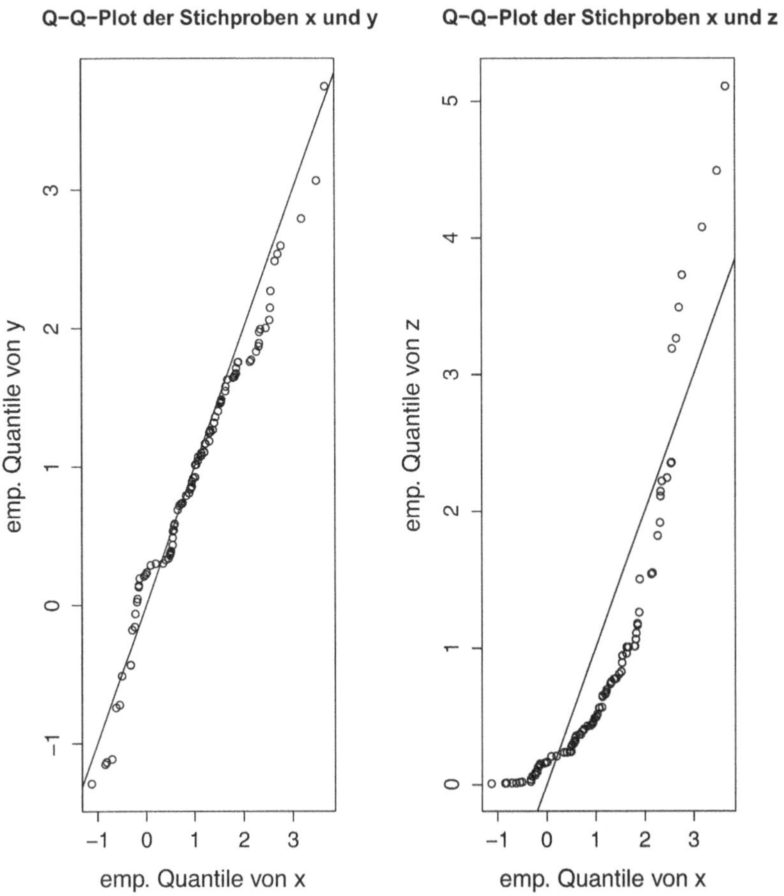

Abb. 2.13 Links: Q-Q-Plot der $\mathcal{N}(1, 1)$-verteilten Stichproben **x** und **y**. Rechts: Q-Q-Plot von **x** und der standardexponentialverteilten Stichprobe **z**. Im Fall identischer Verteilungen sollten die Punkte annähernd auf der eingezeichneten Identitätsgeraden liegen. Im rechten Q-Q-Plot erkennt man eine deutliche Abweichung der Punkte von der Identitätsgeraden

Beweis Für alle $0 < p < 1$, $i = 1, \ldots, n$, und $a \in \mathbb{R}$, $b \in \mathbb{R}$, $b > 0$, gilt

$$G(y_p) = P(Y_i \le y_p) = P(a + bX_i \le a + bx_p) = P(X_i \le x_p) = F(x_p) = p.$$

Für den Fall, dass $b < 0$, rechnet man entsprechend

$$P(a + bX_i \le a + bx_{1-p}) = P(X_i \ge x_{1-p}) = 1 - F(x_{1-p}) = p.$$

□

Gilt in Lemma 2.37 zusätzlich, dass X_i, $i = 1, \ldots, n$, stetige Zufallsvariablen mit um $s \in \mathbb{R}$ symmetrischer Dichte f sind, das heißt es existiert ein $s \in \mathbb{R}$ mit

$$f(s - x) = f(s + x) \text{ für alle } x \in \mathbb{R},$$

dann erhält man für $x \in \mathbb{R}$ die Gleichung

$$F(s - x) = 1 - F(s + x).$$

Daraus folgt für die Quantile von F der Zusammenhang

$$x_{1-p} = 2s - x_p$$

und schließlich als Beziehung der Quantile von G und F für $p \in]0, 1[$

$$y_p = a + 2bs - bx_p. \tag{2.16}$$

Im Spezialfall, dass die Dichte f symmetrisch um $s = 0$ ist, erhält man

$$y_p = a - bx_p.$$

Man beachte, dass daher im Fall einer symmetrischen Dichte auch für $b < 0$ ein affin linearer Zusammenhang zwischen den Quantilen besteht und für den Koeffizienten $-b$ bei x_p gilt, dass $-b > 0$.

Mit Lemma 2.37 folgert man für Stichprobenvariablen der Form

$$Y_i = a + bX_i, \; a \in \mathbb{R}, b \in \mathbb{R}, b > 0, \text{ für alle } i = 1, \ldots, n,$$

dass hier die Punkte im Q-Q-Plot entsprechend entlang einer Sollgeraden mit Steigung b und Ordinatenabschnitt a ausgerichtet sind. Lageunterschiede werden demnach als Verschiebung der Sollgeraden zur Identitätsgeraden angezeigt und Skalenunterschiede sind an der zu 1 verschiedenen Steigung der Sollgeraden zu erkennen. Für den Fall, dass die zugrundeliegende Dichte der Stichprobenvariablen symmetrisch ist, existiert gemäß Gl. (2.16) auch für $b < 0$ eine Sollgerade, um die die Punkte im Q-Q-Plot ausgerichtet sind.

Für den Fall, dass man für eine Stichprobe $\mathbf{x} = (x_1, \ldots, x_n)^\top$ eine hypothetische Verteilungsannahme mit stetiger, streng monotoner Verteilungsfunktion F der i. i. d. Stichprobenvariablen X_i, $i = 1, \ldots, n$, überprüfen will, werden in einem Wahrscheinlichkeits-Plot die Punkte

$$\left(F^{-1}\left(\frac{i}{n}\right), x_{(i)}\right), \; i = 1, \ldots n - 1,$$

oder auch

$$\left(F^{-1}\left(\frac{i}{n+1}\right), x_{(i)}\right), \; i = 1, \ldots n,$$

betrachtet. In der Praxis werden meist Punkte verwendet, die noch um eine Randkorrektur ergänzt sind, z. B.

$$\left(F^{-1}\left(\frac{i-\frac{1}{2}}{n}\right), x_{(i)}\right) \text{ für } n > 10 \text{ bzw. } \left(F^{-1}\left(\frac{i-\frac{3}{8}}{n+\frac{1}{4}}\right), x_{(i)}\right) \text{ für } n \leq 10.$$

Besitzen die Stichprobenvariablen X_i, $i = 1, \ldots, n$, die identische Verteilungsfunktion F, erwartet man wieder, dass die Punkte im Q-Q-Plot bei großem Stichprobenumfang n approximativ auf der Identitätsgeraden liegen.

In der Praxis bildet man Wahrscheinlichkeits-Plots oft mit einer standardisierten hypothetischen Verteilung der Stichprobenvariablen. So wird z. B. ein Q-Q-Plot zur Überprüfung einer Normalverteilungsannahme der Stichprobenvariablen oft mit der Standardnormalverteilung als hypothetische Verteilung gebildet. In vielen Anwendungen (z. B. bei der Überprüfung der Voraussetzungen für Signifikanztests) steht nur die Frage im Mittelpunkt, ob die Stichprobenvariablen als normalverteilt angenommen werden können, die Parameter der Normalverteilung sind hier nur von sekundärer Bedeutung.

Ist die wahre Verteilung der Stichprobenvariablen X_i, $i = 1, \ldots, n$, über eine affin lineare Transformation auf die hypothetische Verteilung zurückzuführen, so ergibt sich im Q-Q-Plot für genügend großen Stichprobenumfang approximativ ebenfalls ein linearer Trend der Punkte im Q-Q-Plot. Allerdings ist dann bei tatsächlichem Vorliegen der hypothetischen Verteilung im Allgemeinen nicht mehr die Identitätsgerade die Sollgerade, an der die Punkte ausgerichtet sind. Gilt für die Stichprobenvariablen

$$X_i = a + bY_i,\ a \in \mathbb{R}, b \in \mathbb{R}, b > 0, \text{ für alle } i = 1, \ldots, n,$$

wobei die Zufallsvariablen Y_i die hypothetische Verteilung besitzen sollen, erwartet man mit Lemma 2.37, dass die Punkte des Q-Q-Plots bei großem Stichprobenumfang entlang einer Sollgeraden mit Steigung b und Ordinatenabschnitt a ausgerichtet sind. Für den Fall, dass die zugrundeliegende Dichte der Zufallsvariablen Y_i symmetrisch ist, erhält man mit Gl. (2.16) auch für $b < 0$ eine entsprechende Sollgerade, an der die Punkte im Q-Q-Plot ausgerichtet sind.

In der praktischen Anwendung wird die Sollgerade in Q-Q-Plots aus den Punkten des Q-Q-Plots z. B. über eine einfache, lineare Regression oder, um den Einfluss von extremen Werten zu reduzieren, durch robuste Regressionsverfahren geschätzt.

Für den wichtigen Spezialfall, dass die hypothetische Verteilung die Standarnormalverteilung ist und die unabhängigen Stichprobenvariablen tatsächlich $\mathcal{N}(\mu, \sigma^2)$-verteilt sind, folgt wegen

$$X_i = \mu + \sigma Z_i,\ i = 1, \ldots, n,$$

wobei $Z_i, i = 1, \ldots, n$, unabhängige, standardnormalverteilte Zufallsvariablen bezeichnen, dass hier die Punkte eines Wahrscheinlichkeits-Plots entlang einer Sollgeraden mit Steigung $\sigma > 0$ und Ordinatenabschnitt $\mu \in \mathbb{R}$ liegen.

Man nennt in diesem Spezialfall den Q-Q-Plot auch **Normal Q-Q-Plot** oder **Normal-Wahrscheinlichkeits-Plot.**

In der Regel sind der Erwartungswert μ und die Standardabweichung σ unbekannt. Man könnte die Sollgerade durch Verwendung der üblichen Schätzwerte $\widehat{\mu} := \overline{x}$ (arithmetisches Mittel) für μ und $\widehat{\sigma} = s$ (empirische Standardabweichung) für σ approximieren oder mittels einfacher linearer Regression eine Schätzung der Sollgeraden bestimmen. In der Praxis verwendet man allerdings meist als robuste Schätzung der Sollgerade diejenige Gerade, die durch die unteren und oberen empirischen und theoretischen Quartile verläuft. D. h. die Gerade mit der Gleichung

$$y(x) = \frac{x_{\frac{3}{4}} + x_{\frac{1}{4}}}{2} + \frac{x_{\frac{3}{4}} - x_{\frac{1}{4}}}{\Phi^{-1}\left(\frac{3}{4}\right) - \Phi^{-1}\left(\frac{1}{4}\right)} \cdot x,$$

wobei Φ die Verteilungsfunktion der Standardnormalverteilung bezeichnet. Das arithmetische Mittel des unteren und oberen emprischen Quartils

$$\frac{x_{\frac{3}{4}} + x_{\frac{1}{4}}}{2}$$

ist für symmetrische Verteilungen ein robuster Schätzwert für den Median, der im Fall der Normalverteilung mit dem Erwartungswert μ übereinstimmt. Der empirische Quartilsabstand $x_{\frac{3}{4}} - x_{\frac{1}{4}}$ ist nach Lemma 2.20 ein Schätzwert für den theoretischen Quartilsabstand $F_X^{-1}(\frac{3}{4}) - F_X^{-1}(\frac{1}{4})$, wobei F_X die Verteilungsfunktion der $\mathcal{N}(\mu, \sigma^2)$−verteilten Stichprobenvariablen $X_1, \ldots, X_n$ ist. Da weiter

$$\begin{aligned} F_X^{-1}\left(\frac{3}{4}\right) - F_X^{-1}\left(\frac{1}{4}\right) &= \left(\sigma\Phi^{-1}\left(\frac{3}{4}\right) + \mu\right) - \left(\sigma\Phi^{-1}\left(\frac{1}{4}\right) + \mu\right) \\ &= \sigma\left(\Phi^{-1}\left(\frac{3}{4}\right) - \Phi^{-1}\left(\frac{1}{4}\right)\right), \end{aligned}$$

gilt, dass die Steigung der approximierten Sollgeraden einen geeigneten Schätzwert für die Standardabweichung σ darstellt.

In der Abb. 2.14 sind Normal-Wahrscheinlichkeits-Plots (mit der Standardnormalverteilung als hypothetische Verteilung) für vier simulierte Stichproben **w**, **x**, **y**, **z** jeweils vom Umfang $n = 1000$ dargestellt. Als Verteilung bei der Erzeugung der Zufallszahlen wurde bei der Stichprobe **w** eine Standardnormalverteilung, bei **x** eine $\mathcal{N}(5, 1)$-Verteilung, für **y** eine $\mathcal{N}(0, 9)$-Verteilung und bei der Stichprobe **z** eine $\mathcal{N}(5, 9)$-Verteilung verwendet.

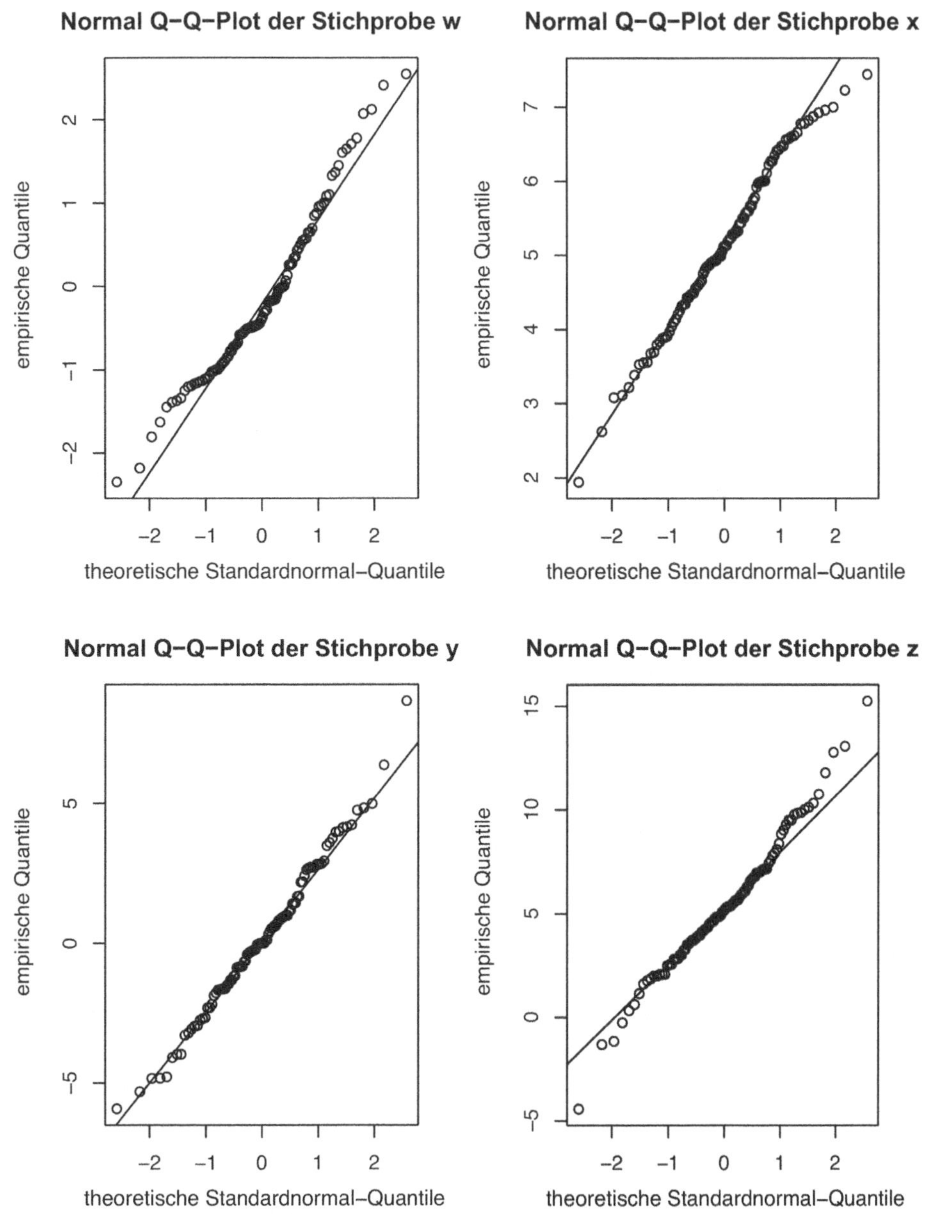

Abb. 2.14 Normal Q-Q-Plots der $\mathcal{N}(0, 1)$-verteilten Stichprobe **w**, $\mathcal{N}(5, 1)$-verteilten Stichprobe **x**, $\mathcal{N}(0, 9)$-verteilten Stichprobe **y** und der $\mathcal{N}(5, 9)$-verteilten Stichprobe **z**. Der Ordinatenabschnitt der eingezeichneten Sollgeraden ist ein Schätzwert für den Erwartungswert und die Geradensteigung ein Schätzwert für die Standardabweichung der Stichprobenverteilungen. SRMfig2.14

In der folgenden Aufzählung sind die Anwendungsmöglichkeiten von Q-Q-Plots zur explorativen Analyse einer Stichprobe mit großem Stichprobenumfang zusammengefasst, vgl. Chambers [3], S. 90.

a) Verteilungsannahme: Stimmt die Verteilung der (linear transformierten) Stichprobenvariablen mit der hypothetischen Verteilung überein, zeigen die Punkte des Q-Q-Plots einen linearen Verlauf entlang einer Sollgeraden.
b) Lage- und Skalenunterschiede: Besitzen die Stichprobenvariablen nach einer linearen Transformation tatsächlich die hypothetische Verteilung, können mit dem Ordinatenabschnitt und der Steigung der Sollgeraden grafisch Lage- und Skalierungsparameter der Stichprobenverteilung geschätzt werden.
c) Ausreißer: Entsprechen die Punkte des Q-Q-Plots mehrheitlich einem approximativ linearen Verlauf, so können einzelne abweichende Punkte als potentielle Ausreißer identifiziert werden.
d) Unterschiede in Form und Schiefe: Ein systematisches Abweichen der Punkte im Q-Q-Plot von der Sollgeraden an den Rändern ist ein Hinweis auf Unterschiede an den Rändern der hypothetischen Verteilung und der tatsächlichen Stichprobenverteilung. Besitzt die Stichprobenverteilung im Vergleich zur hypothetischen Verteilung z. B. stärker (schwächer) besetzte Verteilungsränder, verlaufen die Punkte im Q-Q-Plot an den Rändern horizontal (vertikal) von der Sollgeraden weg, vgl. Abb. 2.15.

Mit Q-Q-Plots können Verteilungsannahmen insbesondere auch hinsichtlich ihrer Gültigkeit an den Rändern explorativ untersucht werden. Dies ist z. B. im Hinblick auf eine geeignete Modellierung von Schadenverteilungen mit möglichen Großschäden eine wichtige Anwendung. Bei der Interpretation von Q-Q-Plots an den Randbereichen sollte allerdings berücksichtigt werden, dass in Abhängigkeit von der vorliegenden Verteilung an den Rändern größere Abweichungen von der Sollgeraden, auch für den Fall, dass die Stichprobenvariablen (bzw. ihre lineare Transformation) wirklich die hypothetische Verteilung besitzen, vorliegen können. Dieses Verhalten kann z. B. durch wiederholte Simulationen von Normal Q-Q-Plots mit normalverteilten Stichproben verdeutlicht werden, vgl. Thas [18], S. 56 ff.

Für die angemessene Interpretation eines Q-Q-Plots, vor allem auch bzgl. des Verhaltens an den Rändern, können Konfidenzintervalle, die die Sollgerade bzw. die Quantile der Stichprobenverteilung (das sind die Ordinatenkoordinaten der Punkte im Q-Q-Plot) zu Bereichsschätzern erweitern, sehr hilfreich sein.

In der Abb. 2.16 ist ein Normal Q-Q-Plot für eine simulierte Stichprobe vom Umfang $n = 100$ standardnormalverteilter Zufallszahlen dargestellt. Weiter beinhaltet die Abbildung einen Q-Q-Plot mit der Standardexponential-Verteilung als hypothetische Verteilung (kurz: **Exponential Q-Q-Plot**) für eine simulierte Stichprobe vom Umfang $n = 100$ standardexponential-verteilter Zufallszahlen. Beide Q-Q-Plots sind mit punktweisen Konfidenzintervallen zum Konfidenzniveau 99 % (jeweils verbunden zu einem Konfidenzband) ergänzt. Die variierenden Breiten der Konfidenzbänder über den Abszissenbereich zeigen die besonderen Randcharakteristika. Bei beiden Q-Q-Plots sind z. B. am rechten Rand erst

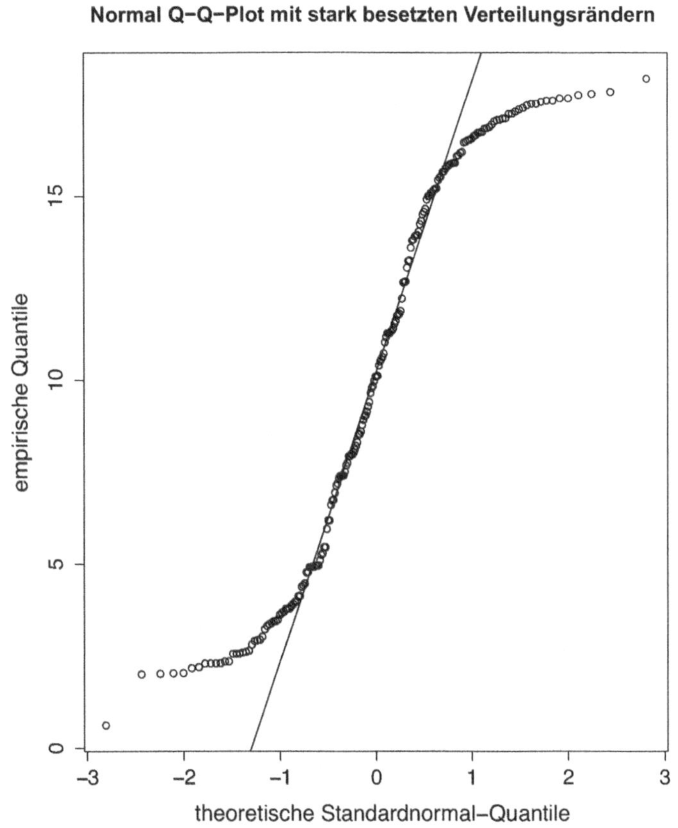

Abb. 2.15 Normal Q-Q-Plot einer simulierten Stichprobe **x** vom Umfang $n = 200$, die aus 100 $\mathcal{N}(10, 2)$-verteilten Zufallszahlen und je 50 $\mathcal{U}[2, 5]$- und $\mathcal{U}[15, 18]$-verteilten Zufallszahlen erzeugt wurde. Man erkennt deutlich die horizontalen Abweichungen der Punkte an den Rändern, die mit den im Vergleich zur hypothetischen Standardnormalverteilung stärker besetzten Verteilungsrändern korrespondieren

relativ große Abweichungen der Punkte von der Sollgeraden als signifikante Abweichungen von der Sollgeraden zu interpretieren.

2.4.5 Kerndichteschätzer

Wie bereits in Abschn. 2.2.1 erläutert, besitzen Histogramme als Schätzer für Wahrscheinlichkeitsdichten zwei große Nachteile. Zum einen ist das Histogramm abhängig von der gewählten Intervalleinteilung, zum anderen liefert ein Histogramm immer eine unstetige Funktion (Treppenfunktion) als Dichteschätzung. Viele für die Anwendung relevanten Wahrscheinlichkeitsdichten sind allerdings stetige Funktionen.

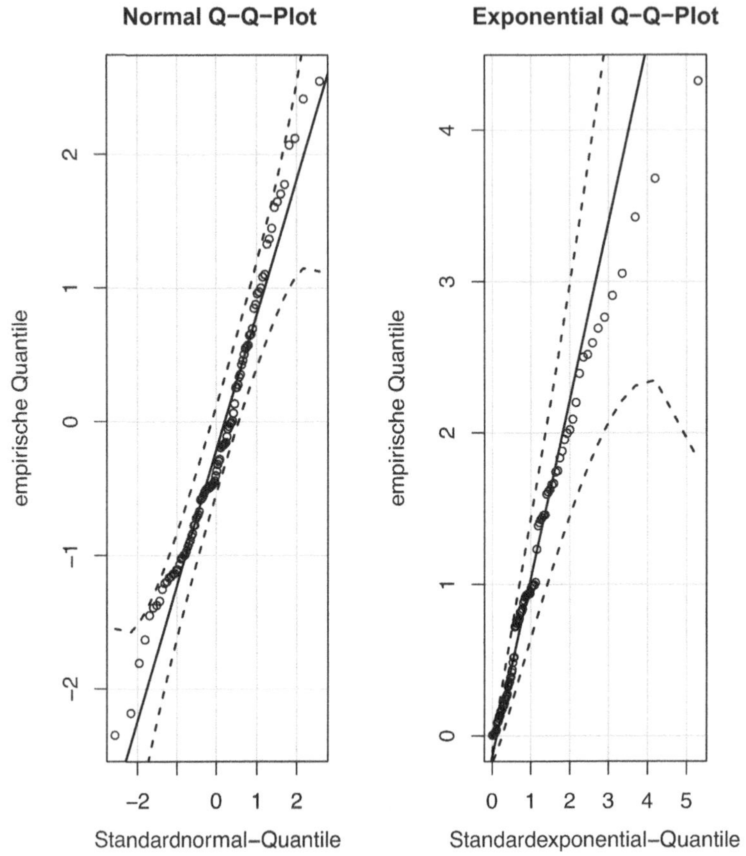

Abb. 2.16 Links: Normal Q-Q-Plot einer simulierten Stichprobe von $n = 100$ standardnormalverteilten Zufallszahlen. Rechts: Exponential Q-Q-Plot einer simulierten Stichprobe von $n = 100$ standardexponentialverteilten Zufallszahlen. Zusätzlich zu der Sollgeraden (durchgezeichnete Linie) sind die punktweisen Konfidenzintervalle verbunden als gestrichelte Linie markiert. SRMfig2.16

Ein **Kerndichteschätzer** ist eine Schätzfunktion einer Dichte f von i. i. d. Stichprobenvariablen $X_1, \ldots, X_n$, die als Schätzung eine stetige Funktion bereitstellt. Mit einem sogenannten **Kern** (oder auch als **Fenster** bezeichnet) $K : \mathbb{R} \to \mathbb{R}$, z. B. dem **Epanechnikov-Kern**

$$K(x) = \begin{cases} \frac{3}{4}(1 - x^2), & \text{für } |x| \leq 1 \\ 0 & , \text{ sonst} \end{cases}$$

und einer zu wählenden **Bandbreite** (man sagt auch **Fensterbreite**) $h \in (0, \infty)$ ist der Kerndichteschätzer $\widehat{f_{n,h}}$ von f über die Abbildungsvorschrift

$$\widehat{f}_{n,h}(x) = \frac{1}{nh} \sum_{i=1}^{n} K\left(\frac{x - X_i}{h}\right)$$

definiert. Konkrete Schätzwerte ergeben sich dann wieder, indem man die Stichprobenvariablen X_i durch die Stichprobenwerte x_i, $i = 1, \ldots, n$, ersetzt. Eine exakte Definition der geforderten Eigenschaften an eine Funktion $K : \mathbb{R} \to \mathbb{R}$, die einen Kern (bzw. ein Fenster) darstellt, gibt z. B. Pruscha [13], S. 302.

Kernschätzverfahren sind unabhängig von einer speziellen Intervalleinteilung, allerdings bestimmen der verwendete Kern K und die gewählte Bandbreite h die Form der Dichteschätzung. Vor allem die Wahl der Bandbreite beeinflusst stark den Grad der Glattheit der resultierenden Schätzfunktion. Kerndichteschätzer sind heute weit verbreitet in der statistischen Analysesoftware und werden oft kombiniert mit einem Histogramm verwendet.

Einen knappen Einblick zu Kerndichteschätzern findet man bei Fahrmeir et al. [6] S. 97–101. Bei Pruscha [13], S. 293–311, werden allgemein Dichteschätzer und im speziellen Kerndichteschätzer sehr ausführlich behandelt.

Die Abb. 2.17 zeigt für eine simulierte Stichprobe von 10.000 standardnormalverteilten Zufallszahlen das zugehörige Histogramm und die Approximation der Dichte durch einen Kerndichteschätzer.

2.5 Assoziationsmaße

In diesem Abschnitt werden bivariate Stichproben zweier Merkmale bzw. Stichprobenvariablen X und Y betrachtet. Die jetzt interessierende Fragestellung ist, ob die Stichprobe einen Zusammenhang (eine Assoziation) der Merkmale vermuten lässt. Für verschiedene Skalenniveaus der Merkmale werden unterschiedliche Zusammenhangsformen und Maßzahlen betrachtet. Im folgenden Abschnitt werden die Maßzahlen zur Beurteilung von Zusammenhangsstrukturen vorgestellt, die in der Anwendung sehr häufig zum Einsatz kommen.

2.5.1 Korrelationskoeffizienten

Zunächst wird der Zusammenhang zweier metrischer Merkmale betrachtet. In einem Streudiagramm kann eine bivariate Stichprobe metrischer Merkmale durch eine Punktwolke visualisiert werden. Die folgende Kennzahl ist ein Maß für die lineare Ausrichtung einer solchen Punktwolke.

Definition 2.38 (Empirischer Korrelationskoeffizient) *Sei $(x_i, y_i)^\top$, $i = 1, \ldots, n$, eine bivariate Stichprobe zweier kardinal skalierter Merkmale mit den arithmetischen Mitteln $\overline{x} = \frac{1}{n}\sum_{i=1}^{n} x_i$ und $\overline{y} = \frac{1}{n}\sum_{i=1}^{n} y_i$ der Teilstichproben $\boldsymbol{x} = (x_1, \ldots, x_n)^\top$ bzw.*

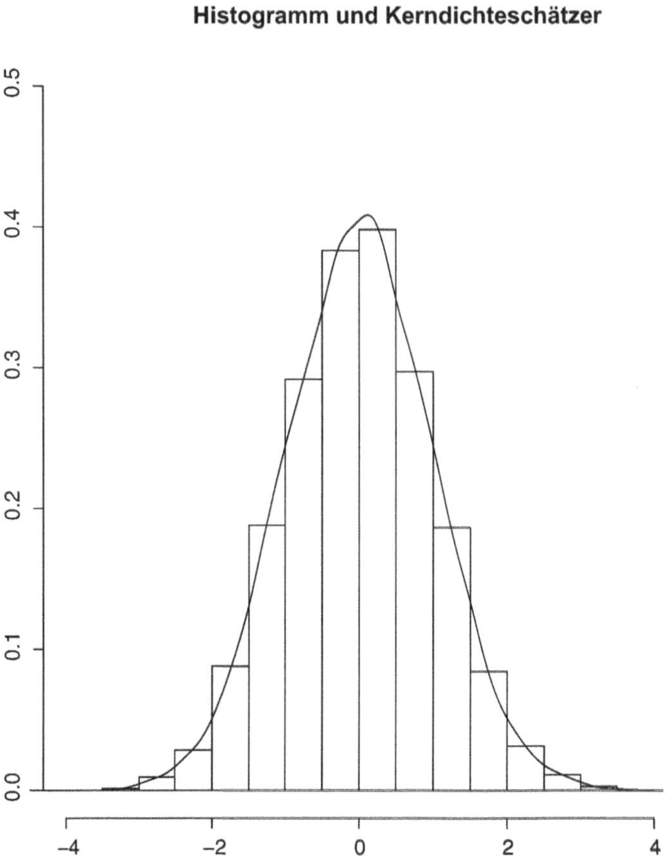

Abb. 2.17 Histogramm und Kerndichteschätzung einer simulierten Stichprobe von 10.000 standardnormal-verteilten Zufallszahlen

$\boldsymbol{y} = (y_1, \ldots, y_n)^\top$. *Für die empirischen Varianzen* $s_x^2 = \frac{1}{n-1}\sum_{i=1}^{n}(x_i - \overline{x})^2$ *und* $s_y^2 = \frac{1}{n-1}\sum_{i=1}^{n}(y_i - \overline{y})^2$ *der Teilstichproben gelte* $s_x^2 s_y^2 \neq 0$. *Dann ist durch*

$$r_{x,y} := \frac{\sum_{i=1}^{n}(x_i - \overline{x})(y_i - \overline{y})}{\sqrt{\sum_{i=1}^{n}(x_i - \overline{x})^2 \sum_{i=1}^{n}(y_i - \overline{y})^2}} \tag{2.17}$$

der ***empirische Korrelationskoeffizient*** *(auch* ***Pearson-Korrelationskoeffizient*** *oder* ***gewöhnlicher Korrelationskoeffizient****) der bivariaten Stichprobe definiert.*

Die Voraussetzung $s_x^2 s_y^2 \neq 0$ ist äquivalent dazu, dass weder die Stichprobenwerte $x_1, \ldots, x_n$ der ersten Teilstichprobe $\mathbf{x}$, noch die Stichprobenwerte $y_1, \ldots, y_n$ der zweiten Teilstichprobe $\mathbf{y}$ alle identisch sind. Mit der **empirischen Kovarianz**

$$s_{x,y} := \frac{1}{n-1} \sum_{i=1}^{n} (x_i - \overline{x})(y_i - \overline{y})$$

und den empirischen Standardabweichungen der Teilstichproben $\mathbf{x}$ und $\mathbf{y}$

$$s_x = \sqrt{\frac{1}{n-1} \sum_{i=1}^{n} (x_i - \overline{x})^2} \text{ und } s_y = \sqrt{\frac{1}{n-1} \sum_{i=1}^{n} (y_i - \overline{y})^2}$$

gilt die Darstellung

$$r_{x,y} = \frac{s_{x,y}}{s_x s_y}.$$

Der empirische Korrelationskoeffizient mit den i. i. d. Stichprobenvariablen X_i bzw. Y_i, $i = 1, \ldots, n$, anstelle der Stichprobenwerte x_i bzw. y_i, $i = 1, \ldots, n$, ist ein Schätzer für den theoretischen Korrelationskoeffizienten $\varrho(X_i, Y_i)$ der Stichprobenvariablen X_i und Y_i. Ebenso bildet die empirische Kovarianz eine Schätzfunktion für die Kovarianz $Cov(X_i, Y_i)$. Entsprechend der Bedeutung des theoretischen Korrelationskoeffizienten können die Schätzwerte des empirischen Korrelationskoeffizienten interpretiert werden.

Rein deskriptiv kann die empirische Kovarianz als eine Maßzahl für die Ausrichtung der Punktwolke (x_i, y_i), $i = 1, \ldots, n$, im Streudiagramm um den gemeinsamen Schwerpunkt $(\overline{x}, \overline{y})$ verstanden werden. Wählt man für das Streudiagramm ein kartesisches Koordinatensystem mit dem Ursprung $(\overline{x}, \overline{y})$, so besitzt die Größe $(x_i - \overline{x})(y_i - \overline{y})$ (das ist das Produkt der vertikalen und horizontalen Abstände des Punktes (x_i, y_i) zum Schwerpunkt $(\overline{x}, \overline{y})$) in Abhängigkeit des Quadranten, in dem der Punkt (x_i, y_i) liegt, entweder ein positives oder ein negatives Vorzeichen. In der emprischen Kovarianz wird die Summe aller solcher Abweichungsprodukte gebildet. Liegt die Punktwolke z. B. gleichmäßig um den Schwerpunkt verteilt, so ergibt sich (aufgrund der gleichmäßig auftretenden positiven und negativen Summanden) eine empirische Kovarianz nahe 0. Der empirische Korrelationskoeffizient ist dann, ganz analog zum theoretischen Korrelationskoeffizienten, die um eine Normierung im Nenner ergänzte empirische Kovarianz. Eine ausführliche Darstellung der geometrischen Interpretation des empirischen Korrelationskoeffizienten findet man z. B. bei Fahrmeir et al. [6], S. 134–135.

Im folgenden Satz sind die grundlegenden Eigenschaften des empirischen Korrelationskoeffizienten zusammengefasst.

Satz 2.39 (Eigenschaften des empirischen Korrelationskoeffizienten) *Gegeben sei eine bivariate Stichprobe $(x_i, y_i)^\top$, $i = 1, \ldots, n$, metrischer Merkmale. Für die empirischen Varianzen der ersten Teilstichprobe $\mathbf{x} = (x_1, \ldots, x_n)^\top$ und der zweiten Teilstichprobe $\mathbf{y} =$*

$(y_1, \ldots, y_n)^\top$ gelte $s_x^2 s_y^2 \neq 0$. Dann gilt für den empirischen Korrelationskoeffizienten $r_{x,y}$ der bivariaten Stichprobe

a) Symmetrie: $r_{x,y} = r_{y,x}$

b) Maßstabsunabhängigkeit: Sei $a, b, c, d \in \mathbb{R}$, $b, d \neq 0$, dann gilt für die affin linear transformierte Stichprobe $(x_i^t, y_i^t)^\top$ mit $x_i^t := a + bx_i$ und $y_i^t := c + dy_i$, $i = 1, \ldots, n$, dass

$$r_{x^t,y^t} = \frac{bd}{|b||d|} r_{x,y}.$$

Sind $b, d > 0$ oder $b, d < 0$, dann gilt $r_{x^t,y^t} = r_{x,y}$.

c) Wertebereich: $-1 \leq r_{x,y} \leq 1$.

d) Extremwerte:

$$r_{x,y} = 1 \Leftrightarrow \exists\, a, b \in \mathbb{R},\ b > 0 : y_i = a + bx_i \quad \forall i = 1, \ldots, n.$$
$$r_{x,y} = -1 \Leftrightarrow \exists\, a, b \in \mathbb{R},\ b < 0 : y_i = a + bx_i \quad \forall i = 1, \ldots, n.$$

Beweis Die Aussagen a) und b) folgen sofort durch Nachrechnen aus der Definitionsgleichung (2.17).

Für die Beweise der Aussagen c) und d) verwendet man die **Ungleichung von Cauchy-Schwarz** für das Standardskalarprodukt $< \mathbf{a}, \mathbf{b} >$, $\mathbf{a}, \mathbf{b} \in \mathbb{R}^n$.

Bezeichne $\mathbf{x} = (x_1, \ldots, x_n)^\top$ und $\mathbf{y} = (y_1, \ldots, y_n)^\top$ die beiden Teilstichproben der bivariaten Stichprobe $(x_i, y_i)^\top$, $i = 1, \ldots, n$, mit den arithmetischen Mitteln $\overline{x}$, $\overline{y}$ und den empirischen Varianzen s_x^2, s_y^2.

Zu c): Mit den n-dimensionalen Vektoren

$$\mathbf{x}_0 := \mathbf{x} - \overline{x} \cdot \mathbf{1} = \begin{pmatrix} x_1 - \overline{x} \\ \vdots \\ x_n - \overline{x} \end{pmatrix} \quad \text{und } \mathbf{y}_0 := \mathbf{y} - \overline{y} \cdot \mathbf{1} = \begin{pmatrix} y_1 - \overline{y} \\ \vdots \\ y_n - \overline{y} \end{pmatrix}$$

schreibt man

$$r_{x,y} = \frac{< \mathbf{x}_0, \mathbf{y}_0 >}{|\mathbf{x}_0||\mathbf{y}_0|}.$$

Man beachte, dass wegen $s_x^2 s_y^2 \neq 0$ schon $|\mathbf{x}_0||\mathbf{y}_0| \neq 0$ gilt. Damit erhält man mit der Ungleichung von Cauchy-Schwarz

$$\left| r_{x,y} \right| = \frac{|< \mathbf{x}_0, \mathbf{y}_0 >|}{|\mathbf{x}_0||\mathbf{y}_0|} \leq \frac{|\mathbf{x}_0||\mathbf{y}_0|}{|\mathbf{x}_0||\mathbf{y}_0|} = 1$$

und somit die Behauptung c)

$$-1 \leq r_{x,y} \leq 1.$$

Zu d): Wir zeigen zunächst, dass aus

$$y_i = a + bx_i \quad \forall i = 1, \ldots, n \text{ mit } a, b \in \mathbb{R},\ b \neq 0, \tag{2.18}$$

schon

$$r_{x,y} = sgn\,(b) \tag{2.19}$$

folgt. Es gelte also (2.18), dann folgt $\overline{y} = a + b\overline{x}$. Damit erhält man, dass

$$\mathbf{y}_0 := \mathbf{y} - \overline{y} \cdot \mathbf{1} = \begin{pmatrix} y_1 - \overline{y} \\ \vdots \\ y_n - \overline{y} \end{pmatrix} = \begin{pmatrix} a + bx_1 - \overline{y} \\ \vdots \\ a + bx_n - \overline{y} \end{pmatrix} = \begin{pmatrix} b(x_1 - \overline{x}) \\ \vdots \\ b(x_n - \overline{x}) \end{pmatrix} = b \cdot \mathbf{x}_0,$$

mit dem n-dimensionalen Vektor

$$\mathbf{x}_0 := \mathbf{x} - \overline{x} \cdot \mathbf{1} = \begin{pmatrix} x_1 - \overline{x} \\ \vdots \\ x_n - \overline{x} \end{pmatrix}.$$

Somit folgt

$$r_{x,y} = \frac{< \mathbf{x}_0, \mathbf{y}_0 >}{|\mathbf{x}_0||\mathbf{y}_0|} = \frac{b \cdot < \mathbf{x}_0, \mathbf{x}_0 >}{|\mathbf{x}_0| \cdot |b| \cdot |\mathbf{x}_0|} = \frac{b}{|b|} = sgn(b),$$

d. h. (2.19).

Sei nun $|r_{x,y}| = 1$, dann gilt mit den n-dimensionalen Vektoren

$$\mathbf{x}_0 := \mathbf{x} - \overline{x} \cdot \mathbf{1} \text{ und } \mathbf{y}_0 := \mathbf{y} - \overline{y} \cdot \mathbf{1},$$

dass

$$|r_{x,y}| = \frac{|< \mathbf{x}_0, \mathbf{y}_0 >|}{|\mathbf{x}_0||\mathbf{y}_0|} = 1 \Leftrightarrow |< \mathbf{x}_0, \mathbf{y}_0 >| = |\mathbf{x}_0||\mathbf{y}_0|.$$

Nach der Ungleichung von Cauchy-Schwarz und unter Beachtung, dass $\mathbf{x}_0 \neq \mathbf{0}$ und $\mathbf{y}_0 \neq \mathbf{0}$ ist dies äquivalent dazu, dass ein $\lambda \in \mathbb{R} \setminus \{0\}$ existiert mit

$$\mathbf{y}_0 = \lambda \cdot \mathbf{x}_0.$$

Man erhält also, dass

$$\mathbf{y} = (\overline{y} - \lambda\overline{x}) \cdot \mathbf{1} + \lambda \cdot \mathbf{x},$$

wobei nach dem ersten Teil des Beweises zu d) weiter gilt

$$sgn\,(\lambda) = sgn\left(r_{x,y}\right).$$

□

Der empirische Korrelationskoeffizient ist eine Maßzahl für die Stärke und die Ausrichtung (positiv, d. h. gleichsinnig oder negativ, d. h. gegensinnig) des linearen Zusammenhangs der Teilstichproben $(x_1, \ldots, x_n)^\top$ und $(y_1, \ldots, y_n)^\top$. Je deutlicher die Punkte (x_i, y_i) im Streudiagramm auf einer Geraden mit positiver Steigung liegen, umso größer ist $r_{x,y}$. Umso mehr sich die Punkte einer Geraden mit negativer Steigung annähern, umso kleiner ist der Wert $r_{x,y}$. Die Stärke des linearen Zusammenhangs wird also durch $|r_{x,y}|$ beschrieben, während das Vorzeichen von $r_{x,y}$ die Ausrichtung des Zusammenhangs angibt.

Ein positiv (negativ) linearer Zusammenhang der Stichproben wird auch als **positive (negative) Korrelation** der Stichproben bezeichnet. Im Fall $r_{x,y} = 0$ liegt kein linearer Zusammenhang der Stichprobenwerte vor, man sagt auch die Teilstichproben sind **unkorreliert.**

In der Literatur finden sich verschiedene Vorschläge, ab welchem Wert von $|r_{x,y}|$ man von einer schwachen, mittleren oder starken Korrelation spricht. Fahrmeir et al. [6], S. 136, schlagen z. B. vor, den Fall von $|r_{x,y}| < \frac{1}{2}$ als **schwache Korrelation** zu bezeichnen und ordnen dem Fall $\frac{1}{2} \leq |r_{x,y}| < \frac{4}{5}$ eine **mittlere Korrelation** zu. Für Stichproben mit $|r_{x,y}| \geq \frac{4}{5}$ spricht man dann von einer **starken Korrelation.**

In der Abb. 2.18 sind zu vier verschiedenen bivariaten Stichproben, jeweils mit Stichprobenumfang $n = 200$, die zugehörigen Streudiagramme und die empirischen Korrelationskoeffizienten (gerundet auf zwei Nachkommastellen) angegeben. Man beachte, dass die Stichprobe mit offensichtlich vorliegendem quadratischen Zusammenhang der Teilstichproben einen empirischen Korrelationskoeffizienten von nahe Null besitzt. Dies verdeutlicht, dass der empirische Korrelationskoeffizient nur den linearen Zusammenhang zweier Stichproben und nicht einen allgemeinen Zusammenhang misst.

In dem Fall, dass nicht beide der bivariaten Stichprobe $(x_i, y_i)^\top$, $i = 1, \ldots, n$, zugrundeliegenden Merkmale kardinal skaliert sind, kann der empirische Korrelationskoeffizient nicht sinnvoll verwendet werden. Sind allerdings beide Merkmale mindestens ordinal skaliert, kann man den empirischen Korrelationskoeffizient für die Stichprobe der zugeordneten Rangzahlen $(rg(x_i), rg(y_i))^\top$, $i = 1, \ldots, n$, berechnen. Die resultierende Maßzahl beschreibt dann die Stärke und Ausrichtung des monotonen Zusammenhangs der beiden Teilstichproben der bivariaten Stichprobe.

Dabei ist für eine geordnete Stichprobe (eines mindestens ordinal skalierten Merkmals) $(x_{(1)}, \ldots, x_{(n)})^\top$ die **Rangzahl** (kurz: **Rang**) definiert als

$$rg(x_{(i)}) := i, \text{ falls kein } k \in \{1, \ldots, n\}, k \neq i, \text{ existiert mit } x_{(i)} = x_{(k)}.$$

Liegen in der Stichprobe **Bindungen** vor, d. h. es gibt $N > 1$ identische Stichprobenwerte

$$x_{(k)} = x_{(i)}, \; k \in B \subset \{1, \ldots, n\}$$

wird $rg(x_{(i)})$ als **Durchschnittsrang**

$$rg(x_{(i)}) := \frac{1}{|B|} \sum_{k \in B} rg(x_{(k)}) = \frac{1}{N} \sum_{k \in B} k$$

definiert.

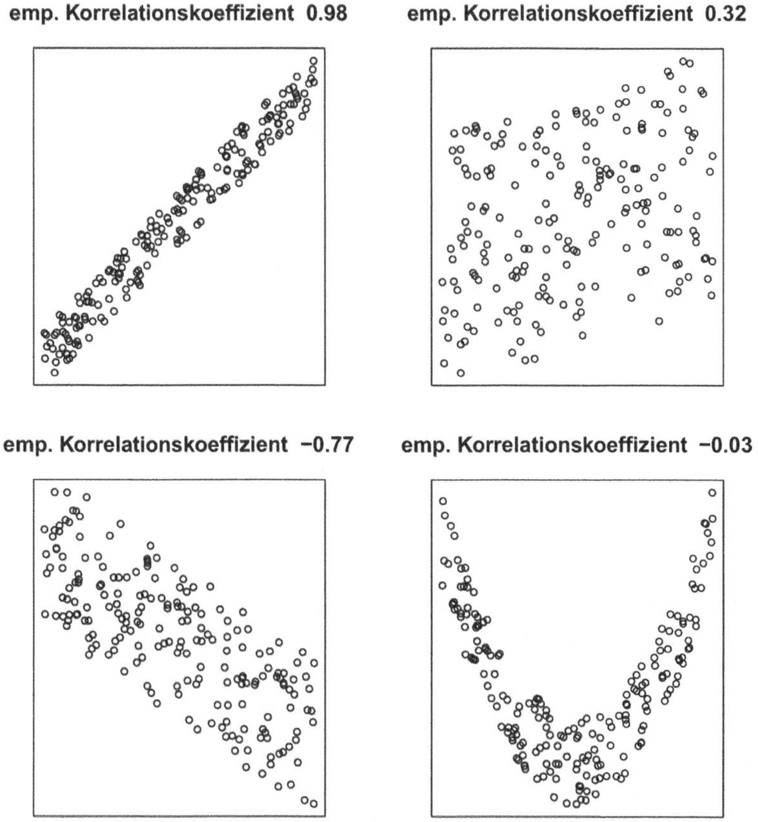

Abb. 2.18 Streudiagramme und empirische Korrelationskoeffizienten zu vier bivariaten Stichproben

Beispiel 2.40 Für die bereits geordnete Stichprobe

$$\mathbf{x} = (x_1, x_2, x_3, x_4, x_5, x_6, x_7)^\top = (-1, 1, 1, 1, 2, 5, 5)^\top$$

reeller Zahlen erhält man den Rang-Vektor

$$\begin{aligned}
&(rg(x_1), rg(x_2), rg(x_3), rg(x_4), rg(x_5), rg(x_6), rg(x_7))^\top \\
&= \left(rg(x_{(1)}), rg(x_{(2)}), rg(x_{(3)}), rg(x_{(4)}), rg(x_{(5)}), rg(x_{(6)}), rg(x_{(7)})\right)^\top \\
&= \left(1, 3, 3, 3, 5, \frac{13}{2}, \frac{13}{2}\right)^\top .
\end{aligned}$$

□

Definition 2.41 (Rang-Korrelationskoeffizient nach Spearman) *Sei* $(x_i, y_i)^\top$, $i = 1, \ldots, n$, *eine bivariate Stichprobe zweier kardinal oder ordinal skalierter Merkmale. Weder die Teilstichprobenwerte* $x_1, \ldots, x_n$, *noch die Teilstichprobenwerte* $y_1, \ldots, y_n$ *seien alle* *identisch. Dann ist der (Spearman) Rang-Korrelationskoeffizient definiert als*

$$r^S_{x,y} := \frac{\sum_{i=1}^{n} (rg(x_i) - \overline{rg_x})\left(rg(y_i) - \overline{rg_y}\right)}{\sqrt{\sum_{i=1}^{n} (rg(x_i) - \overline{rg_x})^2}\sqrt{\sum_{i=1}^{n} \left(rg(y_i) - \overline{rg_y}\right)^2}},$$

mit $\overline{rg_x} := \frac{1}{n}\sum_{i=1}^{n} rg(x_i) = \frac{n+1}{2}$ *und* $\overline{rg_y} := \frac{1}{n}\sum_{i=1}^{n} rg(y_i) = \frac{n+1}{2}$.

Der Spearman Rang-Korrelationskoeffizient ist also identisch dem empirischen Korrelationskoeffizient der Rang-Stichprobe $(rg(x_i), rg(y_i))^\top$, $i = 1, \ldots, n$, wobei die Ränge $rg(x_i)$ und $rg(y_i)$, $i = 1, \ldots, n$, jeweils getrennt für jede der beiden Teilstichproben **x** und **y** gebildet werden.

Aufgrund der Definition 2.41 und mit Satz 2.39 ergeben sich folgende Eigenschaften für den Rang-Korrelationskoeffizienten.

Korollar 2.42 (Eigenschaften des Rang-Korrelationskoeffizienten) *Für den Rang-Korrelationskoeffizienten* $r^S_{x,y}$ *einer bivariaten Stichprobe* $(x_i, y_i)^\top$, $i = 1, \ldots, n$, *metrischer oder ordinaler Merkmale gilt*

a) Symmetrie: $r^S_{x,y} = r^S_{y,x}$

b) Maßstabsunabhängigkeit bei kardinal skalierten Merkmalen: Seien $a, b, c, d \in \mathbb{R}$, $b, d \neq 0$, *dann gilt für die linear transformierte Stichprobe* $(x^t_i, y^t_i)^\top$ *mit* $x^t_i := a + bx_i$ *und* $y^t_i := c + dy_i$, $i = 1, \ldots, n$

$$r^S_{x^t,y^t} = \frac{bd}{|b||d|} r^S_{x,y}$$

Allgemeiner gilt für jede streng monoton wachsende Transformation t_w *und jede streng monoton fallende Transformation* t_f *der Teilstichproben* **x** *und* **y**, *dass*

$$r^S_{x,y} = r^S_{t_f(x),t_f(y)} = r^S_{t_w(x),t_w(y)}$$
$$-r^S_{x,y} = r^S_{t_f(x),t_w(y)} = r^S_{t_w(x),t_f(y)},$$

wobei z. B. $t_f(x)$ *die transformierte Stichprobe* $(t_f(x_1), \ldots, t_f(x_n))^\top$ *bezeichnet.*

c) Wertebereich: $-1 \leq r^S_{x,y} \leq 1$.

d) Extremwerte:

$$r^S_{x,y} = 1 \Leftrightarrow rg(x_i) = rg(y_i) \quad \forall i = 1, \ldots, n.$$
$$r^S_{x,y} = -1 \Leftrightarrow rg(x_i) + rg(y_i) = n + 1 \quad \forall i = 1, \ldots, n.$$

Man beachte zu Korollar 2.42 d), dass der Rang-Korrelationskoeffizient der Stichprobe $(x_i, y_i)^\top$, $i = 1, \ldots, n$, z. B. genau dann identisch 1 ist, falls der empirische Korrelationskoeffizient der Rang-Stichprobe $(rg(x_i), rg(y_i))^\top$ identisch 1 ist, d. h. falls die Punkte $(rg(x_i), rg(y_i))$, $i = 1, \ldots, n$, alle exakt auf einer Geraden mit positiver Steigung liegen. Der Rang-Korrelationskoeffizient besitzt demnach genau dann den Wert 1, falls zwischen den Teilstichproben ein eindeutig positiv monotoner Zusammenhang besteht, während der Extremwert -1 genau dann angenommen wird, wenn die Teilstichproben sich in einem eindeutig negativ monotonen Zusammenhang befinden. Ganz analog zum empirischen Korrelationskoeffizienten kann die Größe $|r_{x,y}^S|$ als Maßzahl für die Stärke des monotonen Zusammenhangs verwendet werden.

Die Abb. 2.19 zeigt das Streudiagramm einer bivariaten Stichprobe mit eindeutig positiv monotonem Zusammenhang der Teilstichproben **x** und **y**. Die Teilstichproben besitzen keinen strikt linearen Zusammenhang. Entsprechend erhält man für die resultierenden Korrelationskoeffizienten das Ergebnis

$$r_{x,y} < r_{x,y}^S = 1.$$

Bemerkung 2.43

a) Vor allem bei kleinen Stichprobenumfängen ist der empirische Korrelationskoeffizient sehr anfällig hinsichtlich Extremwerten in der Stichprobe. Der Rang-Korrelationskoeffizient stellt dagegen ein robustes Korrelationsmaß dar.
b) Ein weiterer bekannter Rangkorrelationskoeffizient für ordinal skalierte, bivariate Stichproben $(x_i, y_i)^\top$, $i = 1, \ldots, n$, ist der **Rangkorrelationskoeffizient nach Kendall** r_τ, vgl. etwa Sachs und Hedderich [17], S. 67–68. Der Korrelationskoeffizient r_τ wird über sogenannte **Inversionen** gebildet. Dazu werden die Stichprobenpaare $(x_i, y_i)^\top$ nach der ersten Teilstichprobe **x** geordnet und die Rangpaare $(rg(x_i), rg(y_i))^\top$, $i = 1, \ldots, n$ betrachtet. Eine Inversion liegt vor, falls

$$rg(y_i) > rg(y_j) \text{ für } rg(x_i) < rg(x_j).$$

Der Rangkorrelationskoeffizient nach Kendall ist definiert als

$$r_\tau := 1 - \frac{4 \cdot A}{n(n-1)},$$

wobei A die Anzahl der vorliegenden Inversionen bezeichnet.
c) In der induktiven Statistik werden für die theoretischen Korrelationskoeffizienten sowohl Konfidenzintervalle, vgl. etwa Sachs und Hedderich [17], S. 297 ff., als auch Signifikanztests, vgl. z. B. Sachs und Hedderich [17], S. 544 ff. und 557 ff., verwendet. Die induktiven Verfahren basieren dabei jeweils auf den oben eingeführten, empirischen Korrelationskoeffizienten, der als Schätzer (mit den zugrundeliegenden Stichprobenvariablen anstelle der Stichprobenwerte) für den theoretischen Korrelationskoeffizienten dient.

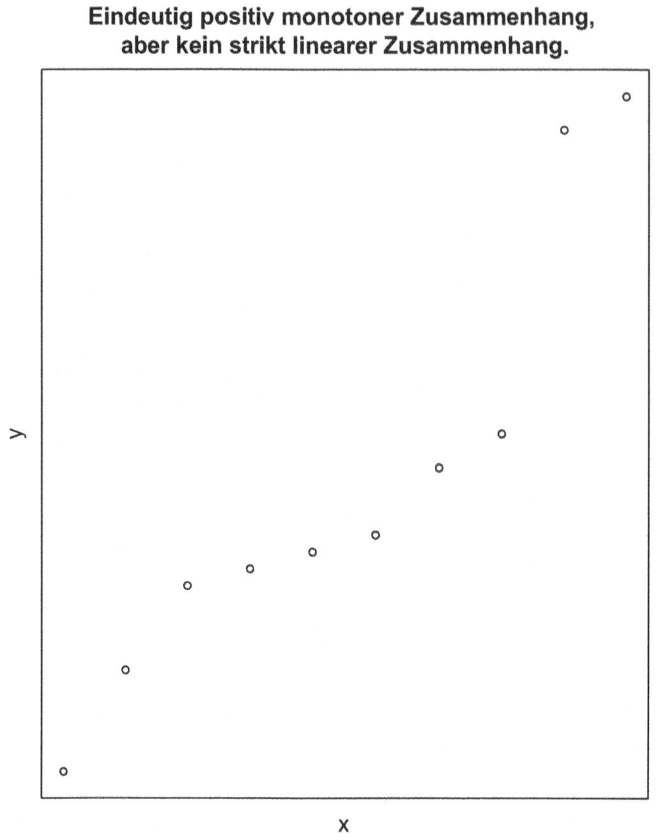

Abb. 2.19 Streudiagramm einer bivariaten Stichprobe (x_i, y_i), $i = 1, \ldots, 10$, reeller Zahlen mit Spearman Rangkorrelationskoeffizienten $r^S_{x,y} = 1$ und empirischen Korrelationskoeffizienten $r_{x,y} \approx \frac{9}{10}$.

2.5.2 Empirischer χ^2-Koeffizient und Kontingenzkoeffizienten

Man betrachtet eine bivariate Stichprobe $(x_i, y_i)^\top$, $i = 1, \ldots, n$, vom Umfang n zweier diskreter Merkmale X, Y und die zugehörige 2-dimensionale $k \times m$ Kontingenztafel $\mathbf{K}$ der absoluten Häufigkeiten der Merkmalskombinationen. Wir setzen voraus, dass alle Randhäufigkeiten positiv sind. In der anschließenden Definition werden die Häufigkeitsbezeichnungen aus Abschn. 2.2.4 verwendet.

Definition 2.44 (Empirischer χ^2-Koeffizient)

$$\widehat{\chi}^2 := \sum_{i=1}^{k}\sum_{j=1}^{m} \frac{\left(h_{ij} - \frac{h_{i.}h_{.j}}{n}\right)^2}{\frac{h_{i.}h_{.j}}{n}}. \tag{2.20}$$

Der empirische χ^2-Koeffizient ist die gewichtete Summe der Quadratabstände der tatsächlich vorliegenden Häufigkeiten h_{ij} zu den erwarteten Häufigkeiten bei Unabhängigkeit (vgl. Definition 2.25) über alle $k \cdot m$ Zellen der Kontingenztabelle. Die Gewichtung der Häufigkeitsabweichungen (Nenner in (2.20)) erfolgt je Zelle der Kontingenztabelle über die jeweilige erwartete Häufigkeit bei Unabhängigkeit.

Aufgrund der Definition des empirischen χ^2-Koeffizienten folgt sofort, dass

$$0 \leq \widehat{\chi}^2 < \infty.$$

Kleine Werte von $\widehat{\chi}^2$ unterstützen die Hypothese, dass die zugrundeliegenden Merkmale keinen Zusammenhang aufweisen. Je größer der empirische χ^2-Koeffizient ausfällt, umso deutlicher liegt in der Stichprobe eine Abweichung von der empirischen Unabhängigkeit vor.

Die Werte des empirischen χ^2-Koeffizienten sind von der Dimension der Kontingenztafel (d. h. der Anzahl der unterschiedlichen Ausprägungen beider Merkmale) und vom Stichprobenumfang n abhängig. Daher ist ein reiner Zahlenwert des empirischen χ^2-Koeffizienten für die Bewertung der Stärke des Zusammenhangs zweier Merkmale nur schwer zu interpretieren. Ebenso sind Vergleiche der Zusammenhangstendenzen bei mehreren Kontingenztafeln mit unterschiedlichen Stichprobenumfängen oder Dimensionen der Tafeln alleine über die Grössenverhältnisse der χ^2-Koeffizienten nicht möglich.

Mithilfe des empirischen χ^2-Koeffizienten (dann auch **χ^2-Teststatistik** genannt) wird in der induktiven Statistik der asymptotische **χ^2-Unabhängigkeitstest** durchgeführt. Der χ^2-Unabhängigkeitstest wird z. B. bei Pruscha [14], S. 45–46, oder auch bei Fahrmeir et al. [6], S. 465–467, vorgestellt. Für einen geeignet großen Stichprobenumfang prüft der Signifikanztest die Unabhängigkeits-Nullhypothese

$$H_0 \,:\, P\left(X = a_i, Y = b_j\right) = P\left(X = a_i\right) \cdot P\left(Y = b_j\right),\ \forall i = 1, \ldots, k \text{ und } j = 1, \ldots, m,$$

wobei a_i, $i = 1, \ldots, k$, die Ausprägungen von X und b_j, $j = 1, \ldots, m$, die Ausprägungen von Y bezeichnen.

Für eine rein deskriptive bzw. explorative Bewertung des Grades der Abhängigkeit von X und Y (man sagt auch **Straffheit des Zusammenhangs**) verwendet man die folgenden Kontingenzkoeffizienten, die jeweils hinsichtlich der Interpretierbarkeit verbesserte Modifikationen des empirischen χ^2-Koeffizienten darstellen.

Definition 2.45 (Kontingenzkoeffizienten) *Für eine bivariate Stichprobe* $(x_i, y_i)^\top$, $i = 1, \dots, n$, *zweier Merkmale* X *und* Y *vom Umfang* n *mit* $k \times m$ *Kontingenztafel* $\boldsymbol{K}$ *der absoluten Häufigkeiten und empirischen* χ^2*-Koeffizienten* $\widehat{\chi}^2$ *definiert man den* ***Kontingenzkoeffizienten nach Pearson***

$$K := \sqrt{\frac{\widehat{\chi}^2}{n + \widehat{\chi}^2}},$$

den ***korrigierten Kontingenzkoeffizienten nach Pearson***

$$K_{korr} := \sqrt{\frac{M}{M-1} \cdot \frac{\widehat{\chi}^2}{n + \widehat{\chi}^2}}$$

und den ***Kontingenzkoeffizienten nach Cramér***

$$V := \sqrt{\frac{\widehat{\chi}^2}{n \cdot (M-1)}},$$

wobei $M := \min\{k, m\}$ *das Minimum der Spalten- und Zeilenanzahl der zugrundeliegenden Kontingenztabelle* $\boldsymbol{K}$ *bezeichnet.*

Je größer die Kontingenzkoeffizienten sind, umso stärker ist der Zusammenhang der Merkmale in der Stichprobe ausgeprägt. Für den Wertebereich des Kontingenzkoeffizienten nach Pearson K gilt

$$0 \leq K \leq \sqrt{\frac{M-1}{M}},$$

daher folgt für den Wertebereich des korrigierten Kontingenzkoeffizienten nach Pearson K_{korr} aufgrund seiner Konstruktion

$$0 \leq K_{korr} \leq 1.$$

Der Kontingenzkoeffizient nach Cramér besitzt als Maximum den Wert 1.

Beispiel 2.46 Für die im Beispiel 2.24 betrachtete bivariate Stichprobe mit der gegebenen Kontingenztafel der absoluten Häufigkeiten rechnet man, dass

$$\widehat{\chi}^2 \approx 1433{,}5 \text{ und } K_{korr} = \sqrt{\frac{2}{2-1} \cdot \frac{\widehat{\chi}^2}{n + \widehat{\chi}^2}} \approx 0{,}17. \qquad \square$$

Für quadratische $k \times k$ Kontingenztafeln lässt sich die maximal straffe Zusammenhangsstruktur einer bivariaten Stichprobe bzw. zweier Merkmale X und Y sehr einfach charakterisieren. In diesem Fall besitzt die quadratische Kontingenztafel der absoluten Häufigkeiten in jeder Spalte und in jeder Zeile nur genau eine Zellen-Häufigkeit $h_{ij} \neq 0$. D. h. die Stichprobe besitzt die extreme Eigenschaft, dass durch die Ausprägung des einen Merkmals die Ausprägung des zweiten Merkmals schon eindeutig bestimmt ist. Der korrigierte Kontingenzkoeffizient nach Pearson K_{korr} ist genau dann identisch 1, falls eine quadratische Kontingenztafel diese spezielle Form des maximal straffen Zusammenhangs besitzt.

Die Werte des korrigierten Kontingenzkoeffizienten nach Pearson K_{korr} sind unabhängig von der Zeilen- und Spaltenanzahl der zugrundeliegenden Kontingenztafel. Damit sind auch Kontingenztafeln mit unterschiedlichen Zeilen- bzw. Spaltenanzahlen über die entsprechenden, korrigierten Kontingenzkoeffizienten nach Pearson hinsichtlich der in den Stichproben vorliegenden Stärke des Zusammenhangs der Merkmale vergleichbar.

In der praktischen Anwendung kann man so etwa mehrere, nominale Merkmale mit unterschiedlich mächtigen Ausprägungsmengen hinsichtlich ihrer Zusammenhangsstärke bzgl. eines speziellen nominalen Ziel-Merkmals vergleichen. Wie der empirische χ^2-Koeffizient hängen die Kontingenzkoeffizienten allerdings weiterhin vom Stichprobenumfang ab. Daher ist bei einem Vergleich der Zusammenhangsstärke für unterschiedliche Kontingenztafeln auf Basis von Kontingenzkoeffizienten darauf zu achten, dass die den Kontingenztafeln zugrundeliegenden Stichproben ungefähr gleiche Umfänge besitzen.

Bemerkung 2.47 Sowohl Korrelationskoeffizienten, als auch Kontingenzkoeffizienten messen nur die Stärke einer Zusammenhangsstruktur in den Stichproben, sie geben aber keine Wirkungsrichtung in der Zusammenhangsstruktur (z. B. große Ausprägungen des einen Merkmals X führen zu großen Ausprägungen des anderen Merkmals Y) an. Weiter beweisen Assoziationsmaße alleine keine kausal-logischen Zusammenhänge zwischen Merkmalen, sondern interpretieren nur die datenstrukturellen Gegebenheiten. Für die praktische Anwendung ist in diesem Zusammenhang besonders auf die typischen Interpretationsfehler bei vorliegender **Scheinkorrelation** oder **verdeckter Korrelation** zu achten, vgl. ausführlicher bei Fahrmeir et al. [6], S. 145 ff.

2.6 Daten

Die Grundlage einer praktischen Datenanalyse sind Daten, die entweder als eine Datei oder im Allgemeinen meist zunächst als mehrere Dateien in eventuell unterschiedlichen Datei-Formaten und aus unterschiedlichen Datenquellen vorliegen. In einem ersten Schritt, dem **ETL Prozess** (Extract, Transform, Load) werden die Informationen aus den unterschiedlichen Datenquellen mithilfe von Datenbanktechniken wie z. B. SQL strukturell zusammengeführt und in einem geeigneten Format abgespeichert. Nach Zusammenführen und Aufbereiten der Daten wird ein geeigneter Analysedatensatz in Statistik-Software-Paketen, wie z. B. R, weiterverarbeitet. Je nach der statistischen Methode, die angewendet werden soll, muss eine geeignete Datenstruktur vorhanden sein bzw. muss diese zunächst hergestellt werden. Ergebnisse von Verfahren des statistischen und maschinellen Lernens hängen stark von der Qualität der Lernstichproben ab. Daher ist eine kritische Betrachtung der Daten, eine Vorverarbeitung der Daten und ein **Data Cleaning Prozess** unbedingt nötig. Neben möglichen falschen Werten und extremen Werten sind fehlende Werte in den Daten eine Problematik, der sich der Anwender vor der eigentlichen Datenanalyse stellen muss. Für die Anwendung in der statistischen Modellbildung oder für Methoden des maschinellen Lernens müssen in der Regel numerische Daten vorliegen. Daher ist für nominale Merkmale meist eine geeignete Kodierung notwendig.

2.6.1 Datentypen und Datenstrukturen

In Programmiersprachen sind die atomaren **Datentypen numerisch** und **character** ein grundlegendes Konzept. Vereinfacht dargestellt, können in numerischen Datenvektoren Zahlen und in character Datenvektoren Zeichenketten (strings), also z. B. Worte, aber auch Zahlenzeichen, abgelegt sein. Für eine detaillierte Darstellung von Datentypen am Beispiel der Statistik-Programmiersprache R siehe z. B. Ligges [11], S. 31–34.

Im Kontext zur Statistik ergeben sich damit zwischen dem numerischen Datentyp und kardinalskalierten Merkmalen und zwischen dem character Datentyp und nominalskalierten Merkmalen natürliche Korrespondenzen. Beispielsweise wird eine Stichprobe des Merkmals Beruf mit verschiedenen Berufen wie Lehrer, Arzt etc. als Ausprägungen typischerweise in einem character-Datenvektor gespeichert, während eine Stichprobe von ganzzahligen Schadenanzahlen einem numerischen Datenvektor zugeordnet wird. Man beachte aber, dass diese natürlichen Zuordnungen in den Quelldateien nicht immer gegeben sein müssen und hier eine Fehlerquelle liegen kann. Es könnten z. B. die unterschiedlichen Berufe in einer Datenbank auch numerisch in einer Zahlen-Kodierung abgelegt sein und dann fälschlich der Mittelwert der Stichprobe berechnet werden oder allgemein Verfahren verwendet werden, die eigentlich metrische Merkmale voraussetzen.

Neben den allgemein in Programmiersprachen bekannten Datentypen numerisch und character gibt es in statistischer Analyse-Software, wie z. B. R, eine besondere Klasse **factor,** die namentlich an den aus der Varianzanalyse bekannten Begriff **Faktor** angelehnt ist, vgl. Ligges [11], S. 33. Der nicht-atomare Datentyp bzw. die Klasse factor weist einem üblicherweise character-Datenvektor spezielle Eigenschaften zu. Die Ausprägungen eines Datenvektors der Klasse factor werden in **levels** (Stufen) unterteilt. Bei der Anwendung weiterführender Methoden werden oft für faktorielle Größen typische Verfahren zum Teil automatisiert ausgeführt. Rechner-intern werden die levels eines Faktors als Nummern verwaltet. Für nominale (kategoriale) Merkmale werden typischerweise Datenvektoren der Klasse factor verwendet.

In Analogie zu den aus der mathematischen Notation bekannten Strukturen erhält man die **Datenstrukturen Datenvektor** und **Datenmatrix.** Die Komponenten von Datenvektoren und Datenmatrizen sind jeweils vom selben Datentyp. So besteht also z. B. ein numerischer Datenvektor der Länge n aus n Komponenten mit Zahleneinträgen und repräsentiert eine Stichprobe $\mathbf{x} = (x_1, \ldots, x_n)^\top$ reeller Zahlen vom Umfang n. Weiter entwickelte Datenstrukturen sind **Arrays** und die sehr flexible Datenstruktur **Liste,** vgl. Ligges [11], S. 34 ff. In Listen können insbesondere Objekte (z. B. Datenvektoren) unterschiedlicher Datentypen strukturell zusammengefasst werden. In Statistik-Software stellt meist eine spezielle Liste die grundlegende Datenstruktur dar, auf die man für Analysen zurückgreift. In R ist das z. B. die Datenstruktur **data frame.** Ein data frame ist eine Datentabelle, in der ein Datensatz organisiert ist. In den Spalten der Datentabelle stehen Datenvektoren, die vom Datentyp numerisch oder character sein können bzw. als Faktoren festgelegt wurden. Alle Datenvektoren einer Datentabelle müssen die gleiche Länge (Dimension) besitzen. Die Zeilenanzahl einer Datentabelle entspricht dann dem Stichprobenumfang einer Analysedatei.

Beispiel 2.48 Eine Datentabelle mit den drei Merkmalen
`Merkmal1` (metrisch), `Merkmal2` (nominal), `Merkmal3` (metrisch)
und einem Stichprobenumfang $n = 5$ besitzt beispielhaft folgende Form

```
   Merkmal1 Merkmal2 Merkmal3
1         1        A      1.2
2         3        B      4.5
3         1        B      3.3
4         0        C      6.7
5         5        A      0.3
```

In den Zeilen der Datentabelle stehen die Stichprobenwerte (Beobachtungen, Individuen, Fälle) der Merkmalsträger. Jede Zeile könnte z. B. einem Versicherungsvertrag zugeordnet sein oder jede Zeile entspricht einem Probanden in einer medizinischen Studie. □

Für Verfahren des überwachten statistischen und maschinellen Lernens werden die Spalten einer Datentabelle unterteilt in Responsevariable (Kriteriumsvariable, Zielvariable, abhängige Variable) und Kovariablen (Kovariaten, unabhängig Variablen, Einflussgrößen, features). Im Fall einer metrischen Responsevariable spricht man von einem Regressionsproblem, während man die Modellbildung bei einer kategorialen Responsevariablen als Klassifikationsproblem bezeichnet. Für die Risikomodellierung im Tarifierungsprozess einer Sachversicherung, wie z. B. der Automobilversicherung, bilden solche Datentabellen die geeignete Datenbasis für z. B. verallgemeinerte lineare Modelle (generalisierte lineare Modelle, GLM) oder auch Verfahren des maschinellen Lernens wie Random Forest (Breiman [1]).

Bemerkung 2.49 Neben den Datenstrukturen aus Sicht der Informatik spielen für statistische Verfahren auch die inhaltliche Struktur und Form des zu modellierenden Prozesses eine wichtige Rolle. Insbesondere wenn Daten auf einem Prozess basieren, der eine zeitliche Dimension besitzt, werden in der Statistik spezielle Datenschemata und Verfahren betrachtet. Z.B. ergeben tägliche Beobachtungen der Höchsttemperatur über einen Zeitraum von 365

Tagen eine **Zeitreihe,** vgl. z. B. Pruscha [14], S. 317 ff., oder führen Messwiederholungen (Repeated Measurement) bei Individuen zu **Longitudinaldaten,** bei denen Korrelationsstrukturen zu berücksichtigen sind. Eine ausführliche Beschreibung der Modellierung von Longitudinaldaten findet man bei Fahrmeir und Tutz [7], S. 241 ff. Auch in der **Überlebenszeitanalyse** (Survival Analyse), vgl. z. B. Sachs und Hedderich [17], S. 609 ff., ergeben sich spezielle Datenschemata, die als Grundlage zur statistischen Inferenz dienen.

2.6.2 Kodierung nominaler Merkmale

Um nominale (kategoriale) Merkmale, die in einem character Datenvektor gespeichert sind, in statistische Verfahren einbinden zu können, müssen diese im Allgemeinen zunächst auf Datenvektoren mit einem numerischen Datentyp umkodiert werden. So können z. B. kategoriale Kovariablen nicht direkt in GLM oder in andere Algorithmen des statistischen und maschinellen Lernens einbezogen werden. Die Kodierungen werden mithilfe **dichotomer Ersatzvariablen** (0-1-wertige numerische Variablen), die man auch als **Dummy-Variablen** oder **Kontrastvariablen** bezeichnet, durchgeführt.

Beispiel 2.50 Man betrachte das Modell der einfachen linearen Regression

$$Y_i = \alpha + \beta x_i + e_i, i = 1, 2, 3,$$

mit unabhängig und identisch verteilten zentrierten Fehlervariablen e_i mit $Var(e_i) > 0$. Der Datenvektor $\mathbf{z}$ einer kategorialen Kovariablen besitzt die Form

$$\mathbf{z} = (z_1, z_2, z_3)^\top = (\text{Ja, Nein, Nein})^\top,$$

wobei die Ausprägungen etwa die Antworten auf die Frage, ob man eine Garage besitzt, sind. Als character Datenvektor $\mathbf{z}$ kann die Kovariable nicht direkt als Regressor-Vektor $\mathbf{x}$ in das Modell eingebunden werden. Führt man aber eine Umkodierung in eine dichotome Ersatzvariable (Dummyvariable) durch, die für Ja den Wert 1 und für Nein den Wert 0 erhält, gelangt man zu einem numerischen Datenvektor

$$\mathbf{x} = (1, 0, 0)^\top,$$

mit dem die üblichen Minimum-Quadrat-Schätzer $\widehat{\alpha}$ für α und $\widehat{\beta}$ für β bestimmt werden können. Der Schätzwert $\widehat{\beta}$ für den Regressionskoeffizienten kann dann als geschätzter Unterschied auf den zu erwarteten Response bei einer Antwort Ja im Unterschied zu einer Antwort Nein interpretiert werden. Der Schätzwert $\widehat{\alpha}$ für den Intercept entspricht der Schätzung des erwarteten Response bei der Antwort Nein. Die zugehörige erweiterte Datentabelle besitzt die Form

```
  y    z x
1 y1   Ja 1
2 y2 Nein 0
3 y3 Nein 0
```

wobei y1, y2, y3 die metrischen Responsewerte bezeichnen. Für die Berechnung der einfachen linearen Regression verwendet man dann neben den Responsewerten den numerischen Datenvektor **x**. □

Das Prinzip, kategoriale Kovariablen (mit zugehörigen character Datenvektoren) durch dichotome Dummyvariablen umzukodieren, kann auf Kovariablen mit $p > 2$ Ausprägungen (Stufen) ausgeweitet werden.

Bei der **Dummy-Kodierung** eines kategorialen Merkmals mit $p > 2$ Ausprägungen $a_1, \ldots, a_p$ werden $p - 1$ dichotome Dummyvariablen-Vektoren $\mathbf{D}_1, \ldots, \mathbf{D}_{p-1}$ als numerische Ersatz-Datenvektoren verwendet. Bezeichne $\mathbf{z} = (z_1, \ldots, z_n)^\top$ (Stichprobenumfang $n > p$) den character Datenvektor eines kategorialen Merkmals, dann definiert man für $j = 1, \ldots, n$ und $i = 1, \ldots, p - 1$ die j-te Komponente des numerischen Datenvektors der Dummyvariablen $\mathbf{D}_i$ als

$$d_{ij} := 1_{\{a_i\}}(z_j)$$

D. h. $\mathbf{D}_i$ besitzt genau dann die j-te Komponente identisch 1, falls der j-te Stichprobenwert z_j des kategorialen Merkmals gleich der Ausprägung a_i ist, ansonsten hat sie den Wert 0. Nach der obigen Festlegung besitzen alle $p - 1$ Dummyvariablen-Vektoren Komponenten identisch 0, falls das kategoriale Merkmal den Wert a_p besitzt. In diesem Fall bildet die Ausprägung a_p die **Referenzkategorie.** Es kann auch jede andere Ausprägung des Merkmals als Referenzkategorie festgelegt werden. Entscheidend ist, dass die Anzahl der Dummyvariablen-Vektoren immer um die um eins reduzierte Anzahl der Ausprägungen des Merkmals ist.

Wir erweitern das Beispiel 2.50 um den Fall, dass neben den Antwortmöglichkeiten Ja und Nein auch noch eine dritte Ausprägung, Keine Angabe, in den Daten enthalten ist.

Beispiel 2.51 Man betrachte wieder das Modell der einfachen linearen Regression

$$Y_i = \alpha + \beta x_i + e_i, i = 1, \ldots, 4$$

mit unabhängig und identisch verteilten zentrierten Fehlervariablen e_i mit $Var(e_i) > 0$. Der Datenvektor **z** der kategorialen Kovariablen besitzt die Form

$$\mathbf{z} = (z_1, z_2, z_3, z_4)^\top = (\text{Ja, Nein, Nein, Keine Angabe})^\top.$$

Als character Datenvektor **z** kann die Kovariable nicht direkt als Regressor-Vektor **x** in das Modell eingebunden werden. Eine Dummy-Kodierung mit zwei Dummyvariablen-Vektoren **D-Ja** und **D-Nein** ergibt die Datentabelle

```
   y              z D-Ja D-Nein
1 y1             Ja    1      0
2 y2           Nein    0      1
3 y3           Nein    0      1
4 y4 Keine Angabe    0      0
```

wobei y1, y2, y3, y4 die metrischen Responsewerte bezeichnen. Die Ausprägung Keine Angabe ist hier die Referenzkategorie. Wir können jetzt ein multiples lineares Regressionsmodell mit den beiden Dummyvariablen D-Ja und D-Nein als Regressoren erstellen

$$Y_i = \alpha + \beta_1(\text{D-Ja})_i + \beta_2(\text{D-Nein})_i + e_i, i = 1, \ldots, 4$$

und so die kategoriale Kovariable in das Modell einbeziehen. Mit dem Parametervektor $(\alpha, \beta_1, \beta_2)^\top$ besteht die 4×3 Designmatrix des linearen Modells dann aus der ersten Spalte $(1, 1, 1, 1)^\top$, der zweiten Spalte **D-Ja** und der dritten Spalte **D-Nein.** Es können die üblichen Minimum-Quadrat-Schätzer $\widehat{\alpha}$ für α, $\widehat{\beta_1}$ für β_1 und $\widehat{\beta_2}$ für β_2 bestimmt werden. Die Schätzwerte $\widehat{\beta_i}$, $i = 1, 2$, können als Abweichungen des geschätzten erwarteten Response bei einer Antwort Ja bzw. Nein vom geschätzten erwarteten Response bei einer Antwort Keine Angabe (Referenzkategorie) interpretiert werden. Der Schätzwert $\widehat{\alpha}$ entspricht der Schätzung des erwarteten Response bei der Antwort Keine Angabe. Man beachte, dass das Modell jetzt drei zu schätzende Modellparameter besitzt. □

Bemerkung 2.52

a) In Regressionsmodellen wie z. B. GLM ist die Dummy-Kodierung einer kategorialen Kovariablen in der Anwendung sehr weit verbreitet. Ein Vorteil der Kodierung ist die gute Interpretierbarkeit der Parameterschätzer hinsichtlich der Auswirkungen der kategorialen Variable auf den Response. In Software-Paketen wird die Dummy-Kodierung meist gut unterstützt. In R wird z. B. für Kovariablen, denen man die Klasse factor zuweist, automatisiert die Dummy-Kodierung umgesetzt und in Regressionsmodelle aufgenommen. In der Anwendung setzt man oft, anders als im Beispiel 2.51, diejenige Ausprägung mit der größten Häufigkeit als Referenzkategorie.
b) Das Prinzip, dass eine Dummyvariable weniger als Stufen einer faktoriellen Kovariablen zur Kodierung verwendet werden, ist bei Regressionsmodellen mit Intercept unbedingt zu beachten. Würde man für p Stufen auch p Dummyvariablen kodieren, würden z. B. die Minimum-Quadrat-Schätzungen im linearen Regressionsmodell mit Intercept aus den Normalgleichungen nicht mehr eindeutig bestimmbar sein und ihre Erwartungstreue

verlieren. Der Grund ist eine Überparametrisierung, die zu Designmatrizen mit nicht vollem Rang führt. Bei GLM mit Intercept führt eine Überparametrisierung dazu, dass die Hessematrix der log-Likelihoodfunktion nicht mehr negativ definit ist und es ergeben sich Schwierigkeiten bei der iterativen Berechnung der Maximum-Likelihood-Schätzer für die Modellparameter.
Verwendet man für die Kodierung einer nominalen Kovariablen mit p Stufen auch p Dummyvariablen, spricht man von der **One-Hot-Kodierung.** Hier wird dann jede Stufe durch einen eigenen Dummyvariablen-Vektor repräsentiert. Im Rahmen des linearen Modells und im GLM ist diese Kodierung unüblich und auf Modelle ohne Intercept eingeschränkt.

c) Ein Nachteil der Dummy-Kodierung ist die Tatsache, dass je nach Anzahl der unterschiedlichen Ausprägungen einer kategorialen Kovariablen die Anzahl der Modellparameter stark ansteigen kann. Dies kann zu hohen Rechenzeiten und hoher Speicherbelastung führen. Daher ist man bemüht, im Vorfeld der Modellbildung die Stufen geeignet zusammenzulegen, um damit die Parameteranzahl in den Modellen zu reduzieren.
d) Eine in Regressionsmodellen ebenfalls häufig verwendete Alternative zur Dummy-Kodierung stellt die **Effekt-Kodierung** dar, vgl. z. B. Sachs und Hedderich [17], S. 579–580. Bei der Effekt-Kodierung wird für jede der p Stufen eines Faktors ein Parameter in das Modell aufgenommen, d. h. es werden formal p Kontrastvariablen verwendet. Mithilfe einer zusätzlichen Restriktion für die Modellparameter wird eine Überparametrisierung verhindert. Auch diese Kodierung ist sehr gut interpretierbar.

Integer-Kodierung ist eine sehr einfache numerische Kodierung einer nominalen Kovariablen mit den p Ausprägungen $a_1, \ldots, a_p$. Es wird eine eindeutige Zuordnung der Stufen auf die natürlichen Zahlen definiert, d. h. man kodiert z. B. mithilfe der bijektiven Abbildung

$$k : \{a_1, \ldots a_p\} \to \{1, \ldots, p\} \subset \mathbb{N}, k(a_i) = i$$

die character Daten auf numerische Daten um. Innerhalb von Regressionsmodellen ist diese Art der Kodierung sehr kritisch zu sehen, da man der nominalen Kovariablen fälschlich eine metrische Skala zuschreibt und diese in den Modellen (z. B. im linearen Prädiktor eines GLM) entsprechend falsch einbezogen werden könnte. Für andere Verfahren des maschinellen und statistischen Lernens, wie z. B. Entscheidungsbaumverfahren oder Random Forest, ist diese Kodierungsvariante aber durchaus sinnvoll einzusetzen, da hier methodenbedingt die künstliche metrische Skala nicht zu falschen Ergebnissen führt. Im Unterschied zur Dummy-Kodierung ist die Integer-Kodierung sparsam bzgl. Modellparameteranzahl, Speicherbedarf und Rechenaufwand.

Bei der **Impact-Kodierung** wird der in einer Lernstichprobe vorhandene Zusammenhang der nominalen Kovariable mit der Responsevariable verwendet. Die Grundidee ist hier, dass für eine metrische Responsevariable (Regressionsproblem) den Stufen der kategorialen Kovariablen jeweils die Mittelwerte der Responsewerte in der jeweiligen Stufe als numerische Ersatzgröße zugeordnet werden. Für Klassifikationsprobleme werden die Stufen über die zugehörigen Klassenhäufigkeiten der Responsevariablen in numerische Werte umgerechnet. Auch diese Art der Kodierung ist für Regressionsmodelle hinsichtlich der künstlichen metrischen Skala eher kritisch zu sehen. Zusätzlich muss beachtet werden, dass die Kodierung über die Responsevariable (wenn auch nur auf einer Lernstichprobe) eventuell Informationen in eine Kovariable einbringt, die für die weitere Anwendung des Modells (Prognosen) dann nicht zur Verfügung stehen. Allerdings hat dieses Verfahren auch wieder den Vorteil der Sparsamkeit bzgl. Modellparameteranzahl, Speicherbedarf und Rechenaufwand.

Bemerkung 2.53

a) Weitere Kodierungsmethoden sind Hash-Kodierung, Leaf-Kodierung, Frequency-Kodierung und GLMM-Kodierung. Eine Zusammenstellung und eine Einordnung der Kodierungsverfahren insbesondere hinsichtlich ihrer Performanz findet man in Pargent et al. [12].
b) In der praktischen Modellbildung, z. B. mittels GLM, werden oft eigentlich metrische Kovariablen künstlich in nominale Kovariablen (Faktoren) umkodiert. Man sagt, eine metrische Einflussgröße wird **diskretisiert.** D. h. aus numerischen Datenvektoren werden character Datenvektoren bzw. Vektoren der Klasse factor gebildet und dann z. B. mittels Dummy-Kodierung in die Modellbildung einbezogen. Der Hintergrund ist hier, dass mithilfe diskretisierter Kovariablen (z. B. Alter einer versicherten Person mit 10 definierten aneinandergrenzenden Altersklassen) auch nichtlineare Einflüsse auf den Response modelliert werden können, während eine metrische Einflussgröße z. B. innerhalb des linearen Prädiktors eines GLM nur linear wirkt. Man beachte aber, dass die Diskretisierung die Anzahl der Modellparameter erhöht.
c) Für ordinal skalierte Kovariablen gibt es Modifikationen der Dummy-Kodierung, die Informationen zur Ordnung der Ausprägungen berücksichtigen. Diese Kodierungen können auch für diskretisierte, metrische Kovariablen verwendet werden, da hier nach der Diskretisierung in der Regel ein ordinales Skalenniveau (z. B. bei Altersklassen) vorliegt.

2.6.3 Extreme Werte, Ausreißer und falsche Werte

Als **extreme Werte** einer Stichprobe $\mathbf{x} = (x_1, \ldots, x_n)^\top$ eines metrischen Merkmals bezeichnet man Stichprobenwerte, die nur mit geringer Häufigkeit auftreten und weit entfernt vom Zentrum, am Rand der Stichprobenwerte liegen. Ein Beispiel für extreme Werte im Versicherungsumfeld sind etwa Großschäden in einer Stichprobe von Schäden. Großschäden können die Folge von extremen Wetterereignissen, wie z. B. Starkregen oder Stürmen sein. Im Zuge der Klimaveränderung spielen solche Extremereignisse auch vermehrt in aktuariellen Risikomodellierungen eine wichtige Rolle.

Die in der Literatur angegebenen Definitionen für einen extremen Wert sind nicht einheitlich. In der explorativen Datenanalyse werden oft Stichprobenwerte, die nicht in dem Intervall

$$\left[x_{\frac{1}{4}} - c \cdot IQD,\ x_{\frac{3}{4}} + c \cdot IQD\right],$$

liegen, wobei $c = \frac{3}{2}$ oder auch $c = 3$ gesetzt wird, als extreme Werte bezeichnet. Diese Festlegung eines Bereichs von unauffälliger Streuung bzw. dann außerhalb des Intervalls eines Bereichs von auffälliger Streuung mithilfe der Inter-Quartil-Distanz IQD und dem auf Erfahrungswerten basierenden Wert c, wurde bereits in Abschn. 2.4.2 im Zusammenhang mit dem Box-Whisker-Plot beschrieben. Man beachte, dass extreme Werte in Stichproben zunächst eine völlig normale Erscheinung sind. Es sind nur Werte, die am Rand des Beobachtungsbereichs liegen.

Die **Extremwertstatistik** ist ein Teilgebiet der mathematischen Statistik und Wahrscheinlichkeitstheorie, in dem extreme Werte und seltene Ereignisse mathematisch formal behandelt werden, vgl. Embrechts et al. [5] oder Coles [4]. Insbesondere werden hier grundlegende Definitionen eingeführt, Ergebnisse zu Grenzverteilungen für Prozesse extremer Werte hergeleitet und Methoden zur statistischen Inferenz dargestellt.

Der Begriff **Ausreißer** wird oft synonym für die Bezeichnung extremer Wert verwendet. Etwas differenzierter kann man einen Ausreißer aber als einen Stichprobenwert bezeichnen, der nicht einer der Stichprobe zugrundeliegenden (angenommenen) speziellen Verteilung entstammt. Dies kann z. B. auftreten, wenn die angenommene (z. B. für Modellvoraussetzungen wichtige) Stichprobenverteilung in der Realität durch eine weitere Verteilung vermischt bzw. überdeckt wird. In der statistischen Modellbildung, z. B. mit GLM, muss insbesondere auch auf Ausreißer in den Daten der Responsevariable geachtet werden.

Beispiel 2.54 In der Risikomodellierung für die Tarifentwicklung in der Kraftfahrzeugversicherung werden Extremschäden (Großschäden) in der Praxis aus dem Analysedatensatz zunächst entfernt und erst nach der Modellierung wieder in die Schadendaten aufgenommen. Man nennt dieses Vorgehen eine **Schadenkappung** oder **Schadenkupierung.** Hintergrund ist die Einschätzung, dass normale (nicht extreme) Schäden (die z. B. mittels GLM modelliert werden) Zusammenhängen entsprechen, die durch Regressionsverfahren mit bekannten Verteilungen geschätzt werden können. Extremschäden entziehen sich aber dem Regelwerk und würden die Modellbildung stark erschweren oder unmöglich machen. Sie müssen gesondert in eigenen Modellen z. B. mit Methoden der Extremwertstatistik betrachtet werden. Der Schwellenwert, ab wann ein Schaden als Extremschaden gilt, wird in den Unternehmen meist aus Erfahrungswerten abgeleitet. Alternativ können auch Methoden der Extremwertstatistik zur Festlegung eines Schwellenwerts angewandt werden. □

In der Literatur findet man unterschiedliche statistische Signifikanztests zur Ausreißerdetektion, die aber meist eine Normalverteilungsannahme beinhalten, vgl. z. B. Hartung [10], S. 343 ff.

Extreme Werte und auch Ausreißer können allerdings auch Indizien auf das eventuelle Vorliegen von **falschen Werten** sein. Ein Stichprobenwert kann falsch sein, da es sich um einen Datenfehler (Messfehler, Übertragungsfehler etc.) handelt. Falsche Werte sollten bei statistischen Analysen unbedingt entfernt werden bzw., falls möglich, berichtigt werden, da sie statistische Kennzahlen oder auch Schätzer innerhalb einer statistischen Modellbildung stark verzerren können. Wenn es möglich ist, sollten sachlogische Kriterien oder Regelwerke zur Detektion falscher Werte eingesetzt werden. Das Alter einer versicherten Person kann z. B. nicht 1000 Jahre sein, dieser Wert ist sachlogisch sicher falsch. Man beachte, dass falsche Werte aber nicht unbedingt immer extreme Werte oder Ausreißer sein müssen. Auch ein Alterswert von z. B. 25 Jahren kann falsch sein. Solche unauffällig falschen Werte können schwer lokalisiert werden. Ein Ansatz in mehrdimensionalen Datensätzen ist die Prädiktion von Datenwerten auf Basis anderer Kovariablen und die Betrachtung auffälliger Abweichungen der Prognosewerte von den gemessenen Stichprobenwerten (Residuenanalyse). Ein weitere Möglichkeit sind Methoden des unüberwachten Lernens (Clusteranaylsen), die auffällige Beobachtungen bzw. Muster, die nicht in der Norm liegen, aufzeigen können.

Die Verwendung von robusten statistischen Kennzahlen bzw. robusten statistischen Verfahren ist eine weitere geeignete Vorgehensweise, um den verzerrenden Effekt falscher Werte zu reduzieren.

In der Praxis hat es sich auch bewährt, statistische Modelle wie z. B. GLM mit allen zur Verfügung stehenden Daten zu berechnen und die Ergebnisse mit Modellen zu vergleichen, bei deren Entwicklung kritische Daten ausgeschlossen wurden. Treten dann größere Differenzen und Unterschiede in den Modellen auf, sollte man die Lernstichprobe nochmals bzgl. eventueller falscher Werte hinterfragen und eventuell abändern. Bei Regressionsmodellen können mithilfe der Residuenanalyse kritische Werte auch im Nachgang einer Modellbildung detektiert und dann aus der Lernstichprobe entfernt werden.

2.6.4 Fehlende Werte

Man spricht von einem **fehlenden Wert (missing value),** falls in einem Datensatz für ein Merkmal kein Eintrag gegeben ist. In der folgenden Datentabelle mit den Merkmalen `Merkmal1` (metrisch), `Merkmal2` (nominal), `Merkmal3` (metrisch) und einem Stichprobenumfang $n = 5$ befinden sich z. B. zwei fehlende Werte, die an dem Eintrag `NA` (Not Available) erkennbar sind.

```
  Merkmal1 Merkmal2 Merkmal3
1        1        A      1.2
2        3        B       NA
3        1        B      3.3
4        0       NA      6.7
5        5        A      0.3
```

In der zweiten Beobachtung gibt es hier für das `Merkmal3` keinen Eintrag und in der vierten Beobachtung fehlt der Wert von `Merkmal2`.

Es ist wichtig, bereits im ETL-Prozess darauf zu achten, wie fehlende Werte in den Quelldaten kodiert wurden. Neben der Ausprägung `NA`, die z. B. standardmäßig in R verwendet wird, finden sich viele Varianten. Fehlende Werte in numerischen Datenvektoren werden etwa als inhaltlich unlogische Werte, z.B für das Alter einer versicherten Person der Wert −999 oder 1000, gesetzt. Der Datenvektor besitzt so weiterhin einen numerischen Datentyp. Bei solchen Kodierungen besteht aber die Gefahr, dass z. B. über alle Stichprobenwerte das arithmetische Mittel gebildet wird und so fälschlich die fehlenden Werte zur Berechnung mitverwendet werden. Andere oft verwendete Kodierungen sind z. B. das Zeichen . oder einfach ein Leerzeichen. Je nach missing-Zeichen besitzt der Datenvektor dann einen numerischen oder character Datentyp.

In manchen Fällen, in denen das Auftreten von fehlenden Werten auf einem reinen Zufallsmechanismus basiert, können vereinzelt auftretende Beobachtungen mit fehlenden Werten einfach aus der weiteren Analyse ausgeschlossen werden. Dieses einfache Vorgehen des Ausschließens von Beobachtungen mit fehlenden Werten kommt allerdings schnell an seine Grenzen. Denn würde man alle Beobachtungen, also Zeilen der Datentabelle, löschen, in denen mindestens ein fehlender Wert vorhanden ist, kann sich der Stichprobenumfang und damit der Informationsgehalt in den Daten drastisch reduzieren. In Extremfällen könnte diese Strategie sogar dazu führen, dass dann keine Daten für die Analysen mehr zur Verfügung stehen. Eine Reduktion des Stichprobenumfangs führt immer zu einer geringeren Stärke der statistischen Inferenzmethoden, also z. B. zu größeren Standardfehlern und Konfidenzintervallen. Treten fehlende Werte in einer Originalstichprobe rein zufällig auf, kann die nach dem Ausschluss der Beobachtungen mit fehlenden Werten resultierende Stichprobe als eine reine Zufallsstichprobe der Originalstichprobe betrachtet werden. Allerdings trifft die Annahme eines reinen Zufallsmechanismus für das Auftreten von fehlenden Werten bei realen Datensätzen eher selten zu.

Vielmehr muss bedacht werden, dass fehlende Werte oft nicht rein zufällig in den Stichproben auftreten, sondern ein struktureller Mechanismus für fehlende Werte zugrunde liegt. Würde man dann Beobachtungen mit strukturell auftretenden fehlenden Werten einfach aus der Stichprobe entfernen, kann dies zu einer Stichprobenverzerrung, Einschränkungen der Repräsentativität der Stichprobe und ganz allgemein zu Informationsverlust führen. In medizinischen Daten könnten z. B. gewisse Patienteninformationen systematisch und nicht zufällig fehlen, wenn aufgrund des Gesundheitszustandes bei einigen Patienten bestimmte Untersuchungen nicht durchgeführt werden konnten und so bei diesen Patienten diese Untersuchungsergebnisse nicht in den Datensatz eingehen konnten. Ein anderes Beispiel ist eine auf Basis von Vertragsdaten erstellte Analysedatei für z. B. Marketingfragestellungen in einem Versicherungsunternehmen, in der aus den bestehenden Verträgen Informationen auf Kundenebene zusammengeführt werden. Wird die Information für ein bestimmtes Merkmal z. B. ausschließlich über einen bestehenden Lebensversicherungsvertrag generiert, so ist ein fehlender Wert bei diesem Merkmal kein zufälliger Effekt, sondern tritt systematisch bei allen Kunden auf, die keine Lebensversicherung bei diesem Unternehmen abgeschlossen haben. Dies kann eine wertvolle Information sein und sollte nicht einfach durch Ausschluss der Beobachtung aus der Analyse verloren gehen.

In der Modellbildung mit Verfahren des maschinellen und statistischen Lernens treten fehlende Werte in der Praxis sehr häufig auf. Bei kategorialen Kovariablen mit fehlenden Werten hat es sich als praktikabel erwiesen, für die fehlenden Werte zusätzliche Stufen (Klassen) einzuführen und diese ganz analog zu den anderen Stufen z. B. in einem GLM zu verwenden. Stellt sich die missing-Stufe als prädiktiv heraus, ist das ein Indiz dafür, dass die fehlenden Werte bei der Kovariablen nicht als zufällig angesehen werden können. Auch für metrische Kovariablen mit fehlenden Werten kann die Einführung dichotomer Hilfsvariablen, die bei missing den Wert 1 besitzen, eine adäquate Vorgehensweise sein, um fehlende Werte in die Modellierung einzubinden. Anstelle der fehlenden Werte werden in den Datenvektoren der metrischen Kovariablen dann z. B. jeweils der Wert 0 eingetragen und die modifizierten Datenvektoren werden zusammen mit den dichotomen missing-Hilfsvariablen in die Modellbildung, z. B. in ein GLM, aufgenommen.

Die Strategien zum Umgang mit fehlenden Werten orientieren sich stark an der Art des Mechanismus, der die fehlenden Werte erzeugt. Zurückgehend auf die Arbeit von Rubin [15] unterscheidet man zwischen den drei Mechanismen **Missing completeley at random (MCAR)**, **Missing at random (MAR)** und **Missing not at random (MNAR).** In der Literatur sind die Definitionen und Beschreibungen der Mechanismen leider nicht immer eindeutig.

Für die Definition der Mechanismen in der Situation einer Lernstichprobe mit Umfang n zur statistischen Modellbildung betrachten wir einen n-dimensionalen Responsevektor $\mathbf{Y}$ und eine $n \times p$-Matrix $\mathbf{X}$, in der die p Kovariablen zusammengefasst sind. Die Komponente x_{ij} von $\mathbf{X}$ entspricht dem Wert der j-ten Kovariablen bei der i-ten Beobachtung. Einige der Komponenten von $\mathbf{X}$ können fehlende Werte sein. Bezeichne $\mathbf{x}_b$ einen Vektor aus denjenigen Komponenten von $\mathbf{X}$, die keine fehlende Werte sind. Weiter sei $\mathbf{M}$ eine $n \times p$ Indikatoren-Matrix mit den Einträgen $m_{ij} = 1$, falls x_{ij} ein fehlender Wert ist und $m_{ij} = 0$, falls x_{ij} kein fehlender Wert ist.

Definition 2.55 *Den Mechanismus für fehlende Werte in den Daten nennt man*

a) MCAR, falls die Verteilung von $\mathbf{M}$ *unabhängig von* $\mathbf{Y}$, $\mathbf{x}_b$ *und* $\mathbf{X}$ *ist,*
b) MAR, falls die Verteilung von $\mathbf{M}$ *unabhängig von* $\mathbf{Y}$ *ist und nur über* $\mathbf{x}_b$ *von* $\mathbf{X}$ *abhängt und*
c) MNAR, falls weder MCAR noch MAR vorliegt.

Dabei sollen die Eigenschaften jeweils für alle möglichen Parameter der Verteilung von $\mathbf{M}$ *gelten.*

Offensichtlich ist MCAR eine strengere Bedingung als MAR. Wenn der Mechanismus der fehlenden Werte als MCAR angenommen werden kann, können verschiedene Methoden zum Umgang mit fehlenden Werten angewandt werden. Nach Hastie et al. [9], S. 294, sind dann z. B. folgende Vorgehensweisen möglich.

- Beobachtungen mit mindestens einem fehlenden Wert aus der Lernstichprobe ausschließen.
- Ersetzen der fehlenden Werte (**Imputation**).
- Anwendung von bzgl. fehlender Werte robusten Verfahren des maschinellen und statistischen Lernens, die fehlende Werte einbeziehen können.

Die Imputation fehlender Werte kann z. B. sehr einfach durch das arithmetische Mittel oder den empirischen Median der nicht fehlenden Stichprobenwerte des entsprechenden Merkmals erfolgen. Aufwendigere Verfahren sind Schätzungen der Werte mittels Regressionsmodellen oder auch Verfahren des maschinellen Lernens auf Basis der anderen Merkmale einer Datentabelle. Nach der Imputation werden die ersetzten Werte so wie die vormals nicht fehlenden Daten für z. B. statistische Modellbildungen weiterverwendet. Man beachte aber, dass durch die Imputation zusätzliche Unsicherheiten in die Schätzungen eingehen und daher Standardfehler, Konfidenzintervalle oder Signifikanztests angepasst werden müssen.

Lernalgorithmen, die robust bzgl. fehlender Werte sind und diese effektiv verarbeiten können, sind z.B. CART, MARS und PRIM, vgl. Hastie et al. [9], S. 294. Diese Verfahren sind daher auch gut zur Imputation geeignet.

Eine ausführliche, mathematisch formale Darstellung der Thematik von fehlenden Werten und der statistischen Inferenz unter Beachtung fehlender Werte findet man bei Little und Rubin [16].

Bemerkung 2.56

a) Fehlende Werte können auch bei Responsevariablen auftreten. Hier müssen andere Vorgehensweisen als bei Kovariablen angewandt werden. Bei der Modellierung von Schadenfrequenzen mittels einem GLM werden z. B. Beobachtungen mit fehlendem Response (Schadenanzahl) aus der Analyse ausgeschlossen. Es gibt aber statistische Fragestellungen, bei denen fehlende Werte in der Responsevariable in ganz natürlicher Weise auftreten und ein wesentlicher Teil des zu modellierenden Prozesses sind. Ein wichtiges Beispiel hierfür ist die **Überlebenszeitanalyse** (Survival Analyse), bei der **Zensierungen** (nicht beobachtbare Ereignisse) eine wichtige Rolle spielen, vgl. z.B. Sachs und Hedderich [17], S. 612.

b) Wie in Abschn. 2.6.2 ausgeführt sollten nachweislich falsche Werte aus einem Analysedatensatz entfernt werden. Anstelle der falschen Werte erhält man in einem ersten Schritt wieder fehlende Werte. Im zweiten Schritt können dann unter geeigneten Voraussetzungen Techniken für fehlende Werte, wie z. B. Imputation, angewandt werden.

Literatur

1. Breiman, L.: Random forests. Machine Learning, **45**, 5–32, (2001)
2. Chambers, J. M., Cleveland, W. S., Kleiner, B., Tukey, P. A.: Graphical Methods for Data Analysis. Wadsworth International Group, Belmont, California (1983)
3. Chambers, J. M.: Computional Methods for Data Analysis. Wiley, New York (1977)
4. Coles, S. G.: An Introduction to Statistical Modeling of Extreme Values. Springer, Berlin (2001)
5. Embrechts, P., Klüppelberg, C., Mikosch, T.: Modelling Extremal Events for Insurance and Finance. Springer, Berlin (1997)
6. Fahrmeir, L., Künstler, R., Pigeot, I., Tutz, G.: Statistik: der Weg zur Datenanalyse. Springer, Berlin (2003)
7. Fahrmeir, L., Tutz, G.: Multivariate Statistical Modelling Based on Generalized Linear Models. Springer, New York (2001)
8. Friendly, M.: Mosaic displays for multi-way contingency tables. Journal of the American Statistical Association, **89**, 190–200 (1994)
9. Hastie, T., Tibshirani, R., Friedman, J.: The Elements of Statistical Learning: Data Mining, Inference, and Prediction. Springer, New York (2001)
10. Hartung, J., Elpelt, B., Klösener, K.-H.: Statistik: Lehr- und Handbuch der angewandten Statistik. Oldenbourg, München (2009)
11. Ligges, U.: Programmieren mit R. Springer, Berlin (2008)
12. Pargent, F., Pfisterer, F., Thomas, J., Bischl, B.: Regularized target encoding outperforms traditional methods in supervised machine learning with high cardinality features. Computional Statistics, **37**, 2671–2692 (2022)
13. Pruscha, H.: Vorlesungen über Mathematische Statistik. Teubner, Stuttgart (2000)
14. Pruscha, H.: Statistisches Methodenbuch: Verfahren, Fallstudien, Programmcodes. Springer, Berlin (2006)
15. Rubin, D. B.: Inference and Missing Data. Biometrika, **63**, 581–592 (1976)
16. Little, R. J. A., Rubin, D. B.: Statistical Analysis with Missing Data. John Wiley & Sons, New Jersey (2002)
17. Sachs, L., Hedderich, J.: Angewandte Statistik: Methodensammlung mit R. Springer, Berlin (2006)
18. Thas, O.: Comparing Distributions. Springer, New York (2010)
19. Tukey, J. W.: Exploratory Data Analysis. Addison-Weseley, Reading, Massachusetts (1977)
20. Witting, H. und Müller-Funk, U.: Mathematische Statistik II. Teubner, Stuttgart (1995)

3 Punktschätzung

Zusammenfassung

Im Folgenden untersuchen wir Verfahren mit denen man aufgrund von Ergebnissen eines Zufallsexperiments Rückschlüsse auf die zugrunde liegende Verteilung ziehen kann. Die in Frage kommenden Verteilungen werden durch geeignete Wahrscheinlichkeitsmaße beschrieben, die von Parametern abhängen, die aus einer Stichprobe geschätzt werden. In diesem Kapitel stellen wir insbesondere die Konsistenz und die asymptotische Normalverteilung von Maximum Likelihood Schätzern dar, die man beispielsweise für die Herleitung von Konfidenzintervallen benötigt. Mit Bootstrap-Verfahren können Eigenschaften von Schätzern mit Simulationstechniken untersucht werden.

Die grundlegende Aufgabe der Statistik kann wie folgt beschrieben werden: Gegebenen sei eine Stichprobe $\mathbf{x} = (x_1, \ldots, x_n)^\top$, die Realisierung des Zufallsvektors $\mathbf{X} = (X_1, \ldots, X_n)^\top : \Omega \longrightarrow \mathbb{R}^n$ ist. Aus dieser Stichprobe sollen nun Rückschlüsse auf die unbekannte Verteilung $P_{\mathbf{X}}$ des Zufallsvektors gezogen werden. Oft sind die Komponenten von $\mathbf{X}$ unabhängig und identisch verteilt, $\mathbf{x}$ ergibt sich also aus der n-fachen unabhängigen Wiederholung eines Zufallsexperiments.

Wir gehen dabei vom folgenden statistischen Modell aus: Für die Verteilung $P_{\mathbf{X}}$ sei nur bekannt, dass sie in einer Familie $\{P_\vartheta\}_{\vartheta \in \Theta}$ von Wahrscheinlichkeitsmaßen auf $(\mathbb{R}^n, \mathscr{B}^n)$ liegt, die von Parametern $\vartheta \in \Theta \subset \mathbb{R}^k$, $k \in \mathbb{N}$ abhängen, also

$$\mathbf{X} \sim P_\vartheta \quad \text{für ein } \vartheta \in \Theta. \tag{3.1}$$

Wir setzen zusätzlich voraus, dass für alle ϑ Lebesgue- bzw. Zähldichten f_ϑ von P_ϑ existieren mit

T. Becker et al., *Stochastische Risikomodellierung und statistische Methoden*, Statistik und ihre Anwendungen, https://doi.org/10.1007/978-3-662-69532-6_3

$$f_\vartheta \text{ ist Lebesguedichte von } P_\vartheta \text{ für alle } \vartheta \in \Theta \text{ bzw.} \tag{3.2}$$

$$f_\vartheta \text{ ist Zähldichte von } P_\vartheta \text{ für alle } \vartheta \in \Theta. \tag{3.3}$$

Die Menge $\mathscr{X} := \mathbf{X}(\Omega)$ heißt **Stichprobenraum.** Man kann $f_\vartheta > 0$ auf $\mathscr{X}$ voraussetzen, da $P_\vartheta(\mathscr{X}) = 1$ gilt. Im Falle unabhängiger und identisch verteilter $X_1, \ldots, X_n$ mit Verteilung Q_ϑ ergibt sich das Produktmodell $\mathbf{X} \sim Q_\vartheta^{\otimes n}$, wobei $Q_\vartheta^{\otimes n}$ das von Q_ϑ induzierte Produktmaß sei. Besitzt Q_ϑ eine Lebesgue- bzw. Zähldichte g_ϑ, dann gilt in (3.2) bzw. (3.3)

$$f_\vartheta(x_1, \ldots, x_n) = \prod_{i=1}^{n} g_\vartheta(x_i).$$

Beispiel 3.1 (Dänische Feuerschäden) Es werden dänische Feuerschäden betrachtet. Der entsprechende Datensatz ist in mehreren R-Packages zu finden, beispielsweise im R-Package `QRM` [11]. Hierbei handelt es sich um 2167 Feuerschäden der Jahre 1980 bis 1990, die größer als 1 Mio. Dänische Kronen (DKK) waren. Die Schäden sind inflationsbereinigt und spiegeln die Wertverhältnisse des Jahres 1985 wider.

Es überschreiten $n = 36$ Schäden den Betrag von $t = 20$ Millionen (Mio.) DKK. Diese Daten finden sich in Tab. 3.1.

Häufig werden Schäden, die eine Großschadengrenze t überschreiten, mit der Pareto-Verteilung $\mathscr{P}a(t, \alpha)$ modelliert, d. h. für $X \sim \mathscr{P}a(t, \alpha)$ gilt $P(X \leq x) = 1 - \left(\frac{t}{x}\right)^\alpha, x > t$. Diese Verteilungsannahme kann man mit Ergebnissen der Extremwertstatistik begründen, vergleiche etwa McNeil et al. [10], 7.2.

Tab. 3.1 Dänische Feuerschäden in Mio. DKK, die größer als 20 Mio. sind, geordnet nach Anfalljahr. Der Rang ist die Stelle des jeweiligen Schadens, wenn die Schäden der Größe nach aufsteigend geordnet werden

Jahr	Rang	Schaden	Jahr	Rang	Schaden	Jahr	Rang	Schaden
1980	36	263,25	1985	32	57,41	1988	14	25,95
1980	15	26,21	1985	28	46,5	1988	13	25,29
1980	6	21,96	1985	7	22,14	1988	11	24,58
1981	31	56,23	1986	20	29,03	1988	2	20,45
1981	30	50,07	1987	24	32,47	1989	35	152,41
1981	25	34,14	1987	21	29,04	1989	27	42,09
1981	5	20,97	1987	18	27,83	1989	23	32,39
1982	33	65,71	1987	9	23,28	1989	10	24,56
1982	16	27,26	1988	29	47,02	1989	4	20,86
1982	12	24,97	1988	26	38,15	1990	34	144,66
1982	8	22,26	1988	22	31,06	1990	19	28,63
1982	1	20,05	1988	17	27,34	1990	3	20,83

Für eine weitere graphische Analyse der Verteilungsannahme merken wir an, dass für eine Zufallsvariable X, die Pareto-verteilt $\mathscr{P}a(t, \alpha)$ ist, die Zufallsvariable $\ln\left(\frac{X}{t}\right)$ exponentialverteilt $\mathscr{E}(\alpha)$ ist. Da die Exponentialverteilung $\mathscr{E}(\alpha)$ eine reine Skalenfamilie in $\frac{1}{\alpha}$ ist (s. Abschn. A.3.1), können wir die Verteilungsannahme mit einem Q-Q-Plot für $\ln\left(\frac{X}{t}\right)$ überprüfen. Die Daten x_i werden zunächst mittels $y_i := \ln(x_i/t)$, $t = 20$ Mio. DKK transformiert und dann der Q-Q-Plot

$$\left(-\ln(1-u_i), y_{(i)}\right), \ u_i = \frac{i-0{,}5}{36}, \ i = 1, \ldots, 36$$

für die Standardexponentialverteilung $\mathscr{E}(1)$ erstellt, siehe Abb. 3.1. Der Q-Q-Plot bestätigt die Annahme, und der Kehrwert der Steigung der Ausgleichsgeraden durch den Ursprung $\hat{\alpha}$ ist ein erster Anhaltspunkt für die Größenordnung des Parameters α. Ausgehend von der

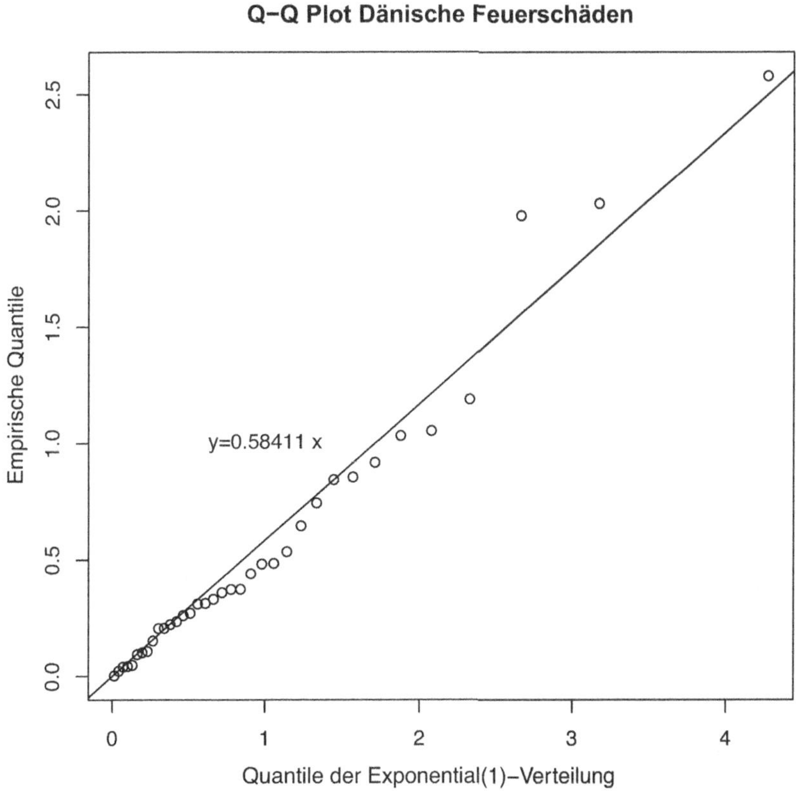

Abb. 3.1 Q-Q-Plot und Ausgleichsgerade durch den Ursprung für die dänischen Feuerschäden für die Pareto-Verteilung. Die Anpassung ist akzeptabel. Der Kehrwert der Steigung entspricht einem Parameter von $\alpha \approx 1{,}71$

Erkenntnis, dass der Q-Q-Plot das Vorliegen einer Pareto-Verteilung plausibel erscheinen lässt, sind in der Praxis folgende Fragestellungen relevant:

a) Schätzwerte für die Parameter bestimmen (siehe Beispiel 3.3 d) und 3.6 d)).
b) Asymptotische Verteilungen für Schätzer ermitteln (siehe Beispiel 3.29 b)).
c) Konfidenzintervalle für die Parameter angeben (siehe Beispiel 3.37).
d) Schätzwerte und Konfidenzintrevalle für Größen, die von den Parametern abhängen wie z. B. Erwartungswert, VaR_ε usw. bestimmen, hier also die Größen

$$E(X) = \frac{t\alpha}{\alpha - 1}, \qquad \mathrm{VaR}_\varepsilon = t\varepsilon^{-1/\alpha}$$

□

In den weiteren Überlegungen werden folgende Notationen verwendet:

- Sei $U \subset \mathbb{R}^n$ offen und $f : U \longrightarrow \mathbb{R}$ hinreichend oft partiell differenzierbar. Wir bezeichnen
  - die partielle Ableitung von f nach der i-ten Variablen x_i mit $\partial_i f$ oder auch $\partial_{x_i} f$
  - den Gradienten von f mit

$$\nabla f := \frac{\partial}{\partial \mathbf{x}} f := \begin{pmatrix} \partial_1 f \\ \vdots \\ \partial_n f \end{pmatrix} = (\partial_i f)_{i=1,\ldots,n},$$

  - die Hesse-Matrix von f mit

$$\mathbf{H}_f := \nabla^2 f := \frac{\partial^2}{\partial \mathbf{x} \partial \mathbf{x}^\top} f := \begin{pmatrix} \partial_{11} f & \ldots & \partial_{1n} f \\ \vdots & \ldots & \vdots \\ \partial_{n1} f & \ldots & \partial_{nn} f \end{pmatrix} = (\partial_{ij} f)_{i,j=1,\ldots,n}.$$

- Sei $U \subset \mathbb{R}^n$ offen und $g : U \longrightarrow \mathbb{R}^k$ differenzierbar. Die Funktionalmatrix $\mathbf{D_x} g$ von g an der Stelle $\mathbf{x} \in U$ sei

$$\mathbf{D_x} g := \begin{pmatrix} \partial_1 g_1(\mathbf{x}) & \ldots & \partial_1 g_k(\mathbf{x}) \\ \vdots & \ldots & \vdots \\ \partial_n g_1(\mathbf{x}) & \ldots & \partial_n g_k(\mathbf{x}). \end{pmatrix}$$

- Für einen Zufallsvektor $\mathbf{X} = (X_1, \ldots, X_n)^\top$ sei

$$\mathbf{V}(\mathbf{X}) := (\mathrm{Cov}(X_i, X_j))_{i,j=1,\ldots,n}$$

  die Kovarianz-Matrix von $\mathbf{X}$ (falls existent).

- Die Werte $f_\vartheta(\mathbf{x})$ der Dichten in (3.2)–(3.3) notieren wir auch oft als Funktion mit zwei Argumenten, also $f(\mathbf{x}, \vartheta) := f_\vartheta(\mathbf{x})$.

3.1 Maximum Likelihood Schätzer

Wir betrachten das statistische Modell (3.1)–(3.3), wobei mit f_ϑ wieder die Dichte von P_ϑ bezeichnet wird.

Definition 3.2 (Likelihoodfunktion) *Die Funktion* $L : \mathbb{R}^n \times \Theta \longrightarrow [0, \infty)$, $(\mathbf{x}, \vartheta) \longmapsto f(\mathbf{x}, \vartheta)$ *heißt* ***Likelihoodfunktion*** *(kurz* ***Likelihood****). Die Funktion* $\ell : \mathbb{R}^n \times \Theta \longrightarrow \mathbb{R}$

$$\ell(\mathbf{x}, \vartheta) := \begin{cases} \ln f(\mathbf{x}, \vartheta) & falls\, f(\mathbf{x}, \vartheta) > 0 \\ -\infty & sonst \end{cases}$$

heißt ***Log-Likelihood****(funktion). Wenn keine Verwechslungen zu befürchten sind, dann wird die Stichprobe* $\mathbf{x}$ *auch weggelassen, wir schreiben also*

$$L(\vartheta)\; bzw.\; \ell(\vartheta).$$

Beispiel 3.3 (Likelihood- und Log-Likelihoodfunktionen)

a) Sei $X \sim B(n, \vartheta)$ mit $\vartheta \in (0, 1)$. Dann gilt

$$f_\vartheta(x) = \binom{n}{x} \vartheta^x (1 - \vartheta)^{n-x},$$

$$L(\vartheta) = \binom{n}{x} \vartheta^x (1 - \vartheta)^{n-x},$$

$$\ell(\vartheta) = \ln \binom{n}{x} + x \ln \vartheta + (n - x) \ln(1 - \vartheta).$$

b) $X_i \overset{iid}{\sim} \mathcal{N}(\mu, \sigma^2)$, $i = 1, \ldots, n$, mit $\mu \in \mathbb{R}$, $\sigma^2 > 0$.

$$\begin{aligned} f_{\mu,\sigma^2}(x_1, \ldots, x_n) &= \prod_{i=1}^{n} \frac{1}{\sqrt{2\pi\sigma^2}} \exp\left(-\frac{1}{2}\left(\frac{x_i - \mu}{\sigma}\right)^2\right) \\ &= \frac{1}{(2\pi\sigma^2)^{n/2}} \exp\left(-\frac{1}{2\sigma^2} \sum_{i=1}^{n} (x_i - \mu)^2\right), \end{aligned}$$

$$L(\mathbf{x}, \mu, \sigma^2) = \frac{1}{(2\pi\sigma^2)^{n/2}} \exp\left(-\frac{1}{2\sigma^2} \sum_{i=1}^{n} (x_i - \mu)^2\right),$$

$$\ell(\mathbf{x}, \mu, \sigma^2) = -\frac{n}{2}\ln(2\pi\sigma^2) - \frac{1}{2\sigma^2}\sum_{i=1}^{n}(x_i - \mu)^2 .$$

c) $X_i \overset{iid}{\sim} U(0, \vartheta), i = 1, \ldots, n$, mit $\vartheta > 0$. Dann gilt mit $x_{(n)} := \max_i x_i$

$$L(x_1, \ldots, x_n; \vartheta) = \frac{1}{\vartheta^n} 1_{(x_{(n)}, \infty)}(\vartheta),$$

denn die Dichte ist gegeben durch $f_\vartheta(\mathbf{x}) = \prod_{i=1}^{n}\left(\frac{1}{\vartheta} 1_{(0,\vartheta)}(x_i)\right)$ und es gilt

$$\prod_{i=1}^{n} 1_{(0,\vartheta)}(x_i) = 1 \iff \forall i = 1, \ldots n : x_i \in (0, \vartheta) \iff \max_i x_i < \vartheta,$$

$$\prod_{i=1}^{n} 1_{(0,\vartheta)}(x_i) = 0 \iff \exists i = 1, \ldots n : x_i \geq \vartheta \iff \max_i x_i \geq \vartheta.$$

d) $X_i \overset{iid}{\sim} \mathscr{P}a(t, \alpha), i = 1, \ldots, n$, mit $\alpha, t > 0$.

$$f_\alpha(x_1, \ldots, x_n) = \prod_{i=1}^{n} \alpha t^\alpha x_i^{-(\alpha+1)},$$

$$L(\mathbf{x}, \alpha) = \alpha^n t^{n\alpha} \prod_{i=1}^{n} x_i^{-(\alpha+1)},$$

$$\ell(\mathbf{x}, \alpha) = n \ln \alpha + n\alpha \ln t - (\alpha + 1)\sum_{i=1}^{n} \ln x_i .$$ □

Dem Maximum-Likelihood Verfahren liegt die folgende Idee zugrunde: Bei diskreten Verteilungen entspricht die Likelihoodfunktion der Wahrscheinlichkeitsfunktion. Bei einer beobachteten Stichprobe ist es plausibel diejenige Verteilung zu wählen, die die größte Eintrittswahrscheinlichkeit für die Beobachtung aufweist. Diese Überlegung kann man auf stetige Verteilungen verallgemeinern, indem man die Wahrscheinlichkeitsfunktion durch die Dichte ersetzt.

Definition 3.4 (Maximum Likelihood Schätzer) *L sei die Likelihoodfunktion. Eine messbare Funktion* $T : \mathbb{R}^n \longrightarrow \mathbb{R}^k$ *heißt* ***Maximum Likelihood Schätzer*** *bzw.* ***ML-Schätzer*** *für* ϑ*, wenn* $T(\mathbf{x})$ *die Likelihoodfunktion maximiert, wenn also*

$$L(\mathbf{x}, T(\mathbf{x})) = \max_{\vartheta \in \Theta} L(\mathbf{x}, \vartheta), \quad \mathbf{x} \in \mathbb{R}^n$$

gilt.

Bemerkung 3.5

a) Der Schätzer wird üblicherweise mit $\hat{\vartheta}$ bezeichnet. Für eine Stichprobe $\mathbf{x}$ gilt also

$$L(\hat{\vartheta}) = \max_{\vartheta \in \Theta} L(\vartheta).$$

b) Da ln monoton wächst, gilt auch

$$\ell(\hat{\vartheta}) = \max_{\vartheta \in \Theta} \ell(\vartheta).$$

c) Ist Θ offen und L nach ϑ differenzierbar, dann löst $\hat{\vartheta}$ notwendigerweise die **ML-Gleichungen**

$$\frac{\partial}{\partial \vartheta} L(\vartheta) = 0$$

bzw.

$$\frac{\partial}{\partial \vartheta} \ell(\vartheta) = 0.$$

Wir setzen obige Beispiele 3.3 und 3.1 fort:

Beispiel 3.6 (ML-Schätzer) Für die Verteilungen in den Beispielen 3.3 und 3.1 ergeben sich die folgenden ML-Schätzer:

$$
\begin{aligned}
&a) \quad && \hat{\vartheta} = \frac{x}{n}, \\
&b) \quad && \hat{\mu} = \frac{1}{n}\sum_{i=1}^{n} x_i,\ \hat{\sigma}^2 = \frac{1}{n}\sum_{i=1}^{n}(x_i - \hat{\mu})^2, \\
&c) \quad && \hat{\vartheta} = x_{(n)}, \\
&d) \quad && \hat{\alpha} = \frac{n}{\sum_{i=1}^{n} \ln(x_i/t)}.
\end{aligned}
\tag{3.4}
$$

In Beispiel 3.1 erhält man mit (3.4) den Schätzwert $\hat{\alpha} = 1{,}81$, also ein etwas anderer Wert als in der graphischen Analyse in Abb. 3.1.

Beweis

a) Aus Beispiel 3.3 ergibt sich für die Log-Likelihoodfunktion ℓ

$$\ell(\vartheta) = \ln \binom{n}{x} + x \ln \vartheta + (n - x) \ln(1 - \vartheta).$$

Falls $x = 0$ ist, dann liegt offensichtlich in $\hat{\vartheta} = 0$ ein Maximum von ℓ vor. Sei also $x > 0$. Es folgt:

$$\ell'(\vartheta) = \frac{x}{\vartheta} - \frac{n-x}{1-\vartheta} = \frac{x - n\vartheta}{\vartheta(1-\vartheta)},$$

$$\ell'(\hat{\vartheta}) = 0 \Longleftrightarrow x = n\hat{\vartheta} \Longleftrightarrow \hat{\vartheta} = \frac{x}{n},$$

$$\ell''(\vartheta) = -\frac{n\vartheta(1-\vartheta) + (1-2\vartheta)(x - n\vartheta)}{\vartheta^2(1-\vartheta)^2},$$

$$\ell''(\hat{\vartheta}) = -\frac{n\hat{\vartheta}(1-\hat{\vartheta}) + (1-2\hat{\vartheta})(x - x)}{\hat{\vartheta}^2(1-\hat{\vartheta})^2} = -\frac{n}{\hat{\vartheta}(1-\hat{\vartheta})} < 0.$$

b)

$$\ell(\mu, \sigma^2) = -\frac{n}{2}\ln(2\pi) - \frac{n}{2}\ln\sigma^2 - \frac{1}{2\sigma^2}\sum_{i=1}^{n}(x_i - \mu)^2,$$

$$\partial_\mu \ell(\mu, \sigma^2) = \frac{1}{\sigma^2}\sum_{i=1}^{n}(x_i - \mu),$$

$$\partial_{\sigma^2} \ell(\mu, \sigma^2) = -\frac{n}{2\sigma^2} + \frac{1}{2\sigma^4}\sum_{i=1}^{n}(x_i - \mu)^2,$$

$$\mathbf{H}_\ell(\mu, \sigma^2) = \begin{pmatrix} -\frac{n}{\sigma^2} & -\frac{1}{\sigma^4}\sum_{i=1}^{n}(x_i - \mu) \\ -\frac{1}{\sigma^4}\sum_{i=1}^{n}(x_i - \mu) & \frac{n}{2\sigma^4} - \frac{1}{\sigma^6}\sum_{i=1}^{n}(x_i - \mu)^2 \end{pmatrix}.$$

Aus den ML-Gleichungen ergeben sich die Lösungen

$$\hat{\mu} = \frac{1}{n}\sum_{i=1}^{n} x_i,$$

$$\hat{\sigma}^2 = \frac{1}{n}\sum_{i=1}^{n}(x_i - \hat{\mu})^2.$$

Die zugehörige Hesse-Matrix der Log-Likelihood

$$\mathbf{H}_\ell(\hat{\mu}, \hat{\sigma}^2) = \begin{pmatrix} -\frac{n}{\hat{\sigma}^2} & 0 \\ 0 & -\frac{n}{2\hat{\sigma}^4} \end{pmatrix},$$

ist negativ definit. Somit liegt ein lokales Maximum vor. Wegen

$$\ell(\mu, \sigma^2) \longrightarrow -\infty \text{ falls } (\mu, \sigma^2) \longrightarrow (\pm\infty, 0).$$

ist es auch global, $(\hat{\mu}, \hat{\sigma}^2)$ sind die gesuchten ML-Schätzer.

c) Laut Beispiel 3.3c) ist die Likelihood auf $(x_{(n)}, \infty)$ streng monoton fallend in ϑ.

d) Wegen

$$\partial_\alpha \ell(\alpha) = \frac{n}{\alpha} + n \ln t - \sum_{i=1}^{n} \ln x_i = \frac{n}{\alpha} + \sum_{i=1}^{n} \ln\left(\frac{t}{x_i}\right)$$

ergibt sich die Gl. (3.4). Da $\partial_\alpha \ell$ streng monoton fällt und in $\hat{\alpha}$ das Vorzeichen wechselt, folgt die Behauptung. □

3.2 Qualität von Schätzern

Mit den ML-Schätzern verfügt man über ein Schätzprinzip (vgl. Definition 3.4). Es stellt sich die Frage wie man die Qualität der sich ergebenden Schätzer (oder auch anderer Schätzer) beurteilen kann.

3.2.1 Grundbegriffe

Zunächst wiederholen wir zentrale Begriffe für Schätzer sowie deren Eigenschaften.

Definition 3.7 (Erwartungstreue, Bias, mse) *Sei* $T : \mathbb{R}^n \longrightarrow \mathbb{R}^k$ *ein Schätzer für* $\Theta \subset \mathbb{R}^k$.

a) T heißt ***erwartungstreu*** *für einen Parameter* ϑ, *wenn für alle* $\vartheta \in \Theta$

$$E_\vartheta(T(\mathbf{X})) = \vartheta$$

gilt. Hierbei bezeichnet E_ϑ *den Erwartungswert bezüglich des Maßes* P_ϑ,

b) Die Größe

$$E_\vartheta(T(\mathbf{X})) - \vartheta$$

heißt ***Bias*** *(auch* ***Verzerrung****) von* T.

c) Der ***mittlere quadratische Fehler*** *(mean squared error) von T wird definiert durch*

$$mse(T(\mathbf{X})) := E_\vartheta([T(\mathbf{X}) - \vartheta]^2) = Var_\vartheta(T(\mathbf{X})) + [E_\vartheta(T(\mathbf{X})) - \vartheta]^2 .$$

Die Größe Var_ϑ *bezeichnet die Varianz bezüglich des Maßes* P_ϑ.

Definition 3.8 (Konsistenz) *Für jedes* $n \in \mathbb{N}$ *sei* $T_n : \mathbb{R}^n \longrightarrow \mathbb{R}^k$ *ein Schätzer von* ϑ. *Die Schätzer-Folge* $\{T_n\}_{n\in\mathbb{N}}$ *heißt* ***konsistent,*** *wenn gilt*

$$T_n(X_1, \ldots, X_n) \xrightarrow{P} \vartheta \quad (n \to \infty),$$

d. h.

$$\forall \varepsilon > 0 : \lim_{n\to\infty} P_\vartheta(|T_n(X_1, \ldots, X_n) - \vartheta| > \varepsilon) = 0.$$

3.2.2 Reguläre Verteilungen und Fisher-Information

Aussagen über die Qualität von Schätzern sind allgemein für sogenannte reguläre Verteilungsklassen möglich. Bei diesen erhält man mit dem ML-Verfahren reguläre Schätzer. In diesem Abschnitt stellen wir die benötigten Definitionen und Ergebnisse zur Verfügung.

Definition 3.9 (Reguläre Verteilungen) *Das statistische Modell* (3.1)–(3.3) *heißt* ***regulär****, wenn gilt:*

a) $\Theta \subset \mathbb{R}^k$ *ist offen*
b) Die Dichten f_ϑ *besitzen alle denselben Träger.*
c) Für alle $\mathbf{x} \in \mathbb{R}^n$ *ist* $f(\mathbf{x}, \cdot)$ *zweimal stetig partiell nach* ϑ *differenzierbar und es gelten die Vertauschbarkeitsbedingungen*

$$\partial_{\vartheta_i} \int f(\mathbf{x}, \vartheta)\, d\mathbf{x} = \int \partial_{\vartheta_i} f(\mathbf{x}, \vartheta)\, d\mathbf{x}, \qquad i = 1, \ldots, k \tag{3.5}$$

$$\partial^2_{\vartheta_i \vartheta_j} \int f(\mathbf{x}, \vartheta)\, d\mathbf{x} = \int \partial^2_{\vartheta_i \vartheta_j} f(\mathbf{x}, \vartheta)\, d\mathbf{x}, \qquad i, j = 1, \ldots, k. \tag{3.6}$$

Hierbei sei $\int \ldots d\mathbf{x}$ *im stetigen Fall das Lebesgueintegral* $\int_{\mathbb{R}^n} \ldots d(x_1, \ldots, x_n)$ *bzw. im diskreten Fall eine Summe oder Reihe.*
d) Für $\vartheta \in \Theta$ *sei*

$$\begin{aligned} U_\vartheta : \mathbb{R}^n &\longrightarrow \mathbb{R}^k \\ \mathbf{x} &\longmapsto \partial_\vartheta \ell(\mathbf{x}, \vartheta) = \frac{\partial_\vartheta f(\mathbf{x}, \vartheta)}{f(\mathbf{x}, \vartheta)} \end{aligned} \tag{3.7}$$

die ***Score-Funktion.*** *Die Kovarianzmatrix (bezüglich* P_ϑ*)* $\mathbf{I}_n(\vartheta) := \mathbf{V}_\vartheta(U_\vartheta(\mathbf{X}))$ *ist wohldefiniert, und ist für alle* ϑ *positiv definit.* $\mathbf{I}_n(\vartheta)$ *heißt* ***(Fisher-) Information*** *des Modells, bzw.* ***(Fisher-) Informationsmatrix.*** *Im Fall* $n = 1$ *wird kürzer* $I(\vartheta) := I_1(\vartheta)$ *geschrieben.*

Zur Motivation der Bezeichnung „Information" betrachten wir den einparametrigen Fall. Die Score-Funktion in (3.7) gibt die relative Veränderung der Dichte f_ϑ in ϑ an. Verschwindet die Informationsmatrix auf einem Intervall $\Theta_0 \subset \Theta$, also $I(\vartheta) = 0$, $\vartheta \in \Theta_0$, dann ist die Likelihood fast sicher konstant auf Θ_0. Damit kann man für keine Stichprobe die Parameter in Θ_0 unterscheiden, es liegt „keine Information" vor. Je größer der Wert $I(\vartheta)$ ist, desto stärker differenziert $\ell(\mathbf{x}, \vartheta)$ bei einem festen $\mathbf{x}$ zwischen unterschiedlichen Parameterwerten ϑ. Das Modell enthält somit viel Information hinsichtlich möglicher Parameter ϑ.

Auch für die im Folgenden dargestellten Ergebnisse spielt die Informationsmatrix eine wichtige Rolle. Erfüllt f_ϑ unter Anderem a)–d), dann sind die ML-Schätzer asymptotisch normalverteilt (Abschn. 3.4.2). Die Kovarianzmatrix dieser Grenzverteilung ist die Inverse der Informationsmatrix, gibt also Auskunft über die Schwankung des ML-Schätzers. Mit der Informationsmatrix kann man auch die Varianz von Schätzern nach unten abschätzen (Ungleichung von Cramer-Rao, Satz 3.15).

Lemma 3.10 (Bestimmung von $\mathbf{I}_n$) *Unter den Voraussetzungen von Definition 3.9 gilt für alle $\vartheta \in \Theta$*

a) $E_\vartheta(U_\vartheta(\mathbf{X})) = 0$,
b) $\mathbf{I}_n(\vartheta) = -E_\vartheta\left(\mathbf{H}_\ell(\mathbf{X}, \vartheta)\right) = E_\vartheta(U_\vartheta(\mathbf{X}) \cdot U_\vartheta(\mathbf{X})^\top)$.

Beweis Wir beschränken uns auf den Fall $k = 1$.

a) Es gilt nach der Definition der Score-Funktion und den Vertauschbarkeitsbedingungen von Integration und Differentiation

$$\begin{aligned} E_\vartheta(U_\vartheta(\mathbf{X})) &\overset{(3.7)}{=} E_\vartheta\left(\frac{\partial_\vartheta f(\mathbf{X}, \vartheta)}{f(\mathbf{X}, \vartheta)}\right) = \int \partial_\vartheta f(\mathbf{x}, \vartheta) d\mathbf{x} \\ &\overset{(3.5)}{=} \partial_\vartheta \underbrace{\int f(\mathbf{x}, \vartheta) d\mathbf{x}}_{=1} = 0. \end{aligned}$$

b) In ähnlicher Weise schließt man in b). Es gilt

$$\begin{aligned} \partial_\vartheta U_\vartheta(\mathbf{X}) &\overset{(3.7)}{=} \frac{\partial^2_{\vartheta\vartheta} f(\mathbf{X}, \vartheta) \cdot f(\mathbf{X}, \vartheta) - \partial_\vartheta f(\mathbf{X}, \vartheta)^2}{f(\mathbf{X}, \vartheta)^2}, \\ E_\vartheta\left(\partial_\vartheta U_\vartheta(\mathbf{X})\right) &= \int \frac{\partial^2_{\vartheta\vartheta} f(\mathbf{x}, \vartheta) \cdot f(\mathbf{x}, \vartheta) - \partial_\vartheta f(\mathbf{x}, \vartheta)^2}{f(\mathbf{x}, \vartheta)} d\mathbf{x} \\ &= \underbrace{\int \partial^2_{\vartheta\vartheta} f(\mathbf{x}, \vartheta) d\mathbf{x}}_{\overset{(3.5)}{=} 0} - \int \frac{\partial_\vartheta f(\mathbf{x}, \vartheta)^2}{f(\mathbf{x}, \vartheta)} d\mathbf{x} \\ &= -\int \frac{\partial_\vartheta f(\mathbf{x}, \vartheta)^2}{f(\mathbf{x}, \vartheta)} d\mathbf{x}. \end{aligned} \tag{3.8}$$

Hieraus und mit a) folgt

$$\begin{aligned} Var_\vartheta(U_\vartheta(\mathbf{X})) &\overset{a)}{=} E_\vartheta(U_\vartheta(\mathbf{X})^2) \overset{(3.7)}{=} E_\vartheta\left(\frac{\partial_\vartheta f_\vartheta(\mathbf{X})^2}{f_\vartheta(\mathbf{X})^2}\right) \\ &= \int \frac{\partial_\vartheta f(\mathbf{x},\vartheta)^2}{f(\mathbf{x},\vartheta)} d\mathbf{x} \overset{(3.8)}{=} -E_\vartheta(\partial_\vartheta U_\vartheta(\mathbf{X})). \end{aligned}$$

□

Beispiel 3.11 (Informationsmatrix für Normal- und Paretoverteilung)

a) Sei $X \sim \mathcal{N}(\mu, \sigma^2)$. Wie in Beispiel 3.6 b) mit $n = 1$ gilt

$$\mathbf{H}_\ell(\mu, \sigma^2, x) = \begin{pmatrix} -\frac{1}{\sigma^2} & -\frac{x-\mu}{\sigma^4} \\ -\frac{x-\mu}{\sigma^4} & \frac{1}{2\sigma^4} - \frac{(x-\mu)^2}{\sigma^6} \end{pmatrix}.$$

Wegen $E\left(\frac{X-\mu}{\sigma^4}\right) = \frac{1}{\sigma^4}E(X-\mu) = 0$ und $E\left(\frac{(X-\mu)^2}{\sigma^6}\right) = \frac{\sigma^2}{\sigma^6} = \frac{1}{\sigma^4}$ folgt

$$\mathbf{I}(\mu, \sigma^2) = -E(\mathbf{H}_\ell) = -\begin{pmatrix} -\frac{1}{\sigma^2} & 0 \\ 0 & -\frac{1}{2\sigma^4} \end{pmatrix} = \begin{pmatrix} \frac{1}{\sigma^2} & 0 \\ 0 & \frac{1}{2\sigma^4} \end{pmatrix}.$$

b) Sei $X \sim \mathscr{P}a(t, \alpha)$ Pareto-verteilt. Es gilt $\ell'(\alpha) = \frac{1}{\alpha} + \ln t - \ln x$ sowie $\ell''(\alpha) = -\frac{1}{\alpha^2}$ und damit

$$I(\alpha) = \frac{1}{\alpha^2}. \tag{3.9}$$

□

Im obigen Beispiel wurde die Informationsmatrix für $n = 1$ bestimmt. Der Informationsgehalt eines Modells nimmt mit steigendem Stichprobenumfang n zu, wie das folgende Korollar zeigt.

Korollar 3.12 (Informationsmatrix des Produktmodells) *Sei* $\mathbf{X} := (X_1, \ldots, X_n)^\top$ *und* X_i *unabhängig und identisch verteilt mit Verteilung* Q_ϑ. *Die Dichte von* Q_ϑ *sei* g_ϑ, U_ϑ *die Score-Funktion und* $\mathbf{I}$ *die Fisher-Information von* Q_ϑ. *Dann gilt für die Fisher-Information* $\mathbf{I}_n$ *des Produktmodells* $\{Q_\vartheta^{\otimes n}\}_{\vartheta \in \Theta}$

$$\mathbf{I}_n(\vartheta) = n \cdot \mathbf{I}(\vartheta).$$

Beweis Sei U_n die Score-Funktion des Produktmodells. Es gilt

$$U_n(\mathbf{X}) = \sum_{i=1}^{n} U_\vartheta(X_i)$$

Da die X_i unabhängig sind, folgt die Unabhängigkeit der $U_\vartheta(X_i)$ und es gilt für die Kovarianzmatrix

$$V_\vartheta(U_n(\mathbf{X})) = V_\vartheta\left(\sum_{i=1}^{n} U_\vartheta(X_i)\right) = \sum_{i=1}^{n} V_\vartheta\left(U_\vartheta(X_i)\right) = n\mathbf{I}(\vartheta).$$ □

Beispiel 3.13 (Normalverteilung) Sei $X_i \overset{iid}{\sim} \mathcal{N}(\mu, \sigma^2)$, $i = 1, \ldots, n$. Dann gilt für das Produktmodell

$$\mathbf{I}_n(\mu, \sigma) = \begin{pmatrix} \frac{n}{\sigma^2} & 0 \\ 0 & \frac{n}{2\sigma^4} \end{pmatrix}.$$

Dies folgt mit dem Korollar 3.12 und Beispiel 3.11 bzw. direkt aus Beispiel 3.6. □

3.2.3 Beste Schätzer

Oft stehen mehrere Schätzer zur Verfügung. Gütekriterien können beispielsweise Erwartungstreue und der mittlere quadratische Fehler sein. In diesem Abschnitt geben wir untere Schranken für letzteren an. Hieraus ergibt sich auch eine Motivation für die Einführung von Exponentialfamilien.

Gegeben sei das reguläre Modell aus (3.1)–(3.3) also

$$\mathbf{X} \sim P_\vartheta, \ \vartheta \in \Theta$$

mit Dichten f_ϑ von P_ϑ und Information $\mathbf{I}_n$.

Definition 3.14 (reguläre Schätzer) *Ein Schätzer $T : \mathbb{R}^n \longrightarrow \mathbb{R}^k$ heißt* **regulär**, *wenn $E_\vartheta(T(\mathbf{X}))$ für alle ϑ existiert, nach ϑ_i, $i = 1, \ldots, k$ partiell differenzierbar ist und für alle $\vartheta \in \Theta$ die Vertauschbarkeitsbedingung*

$$\partial_{\vartheta_i} \int T(\mathbf{x}) f(\mathbf{x}, \vartheta) d\mathbf{x} = \int \partial_{\vartheta_i} T(\mathbf{x}) f(\mathbf{x}, \vartheta) d\mathbf{x}$$

gilt.

Für reguläre Schätzer kann man die Varianz nach unten abschätzen.

Satz 3.15 (Cramer-Rao) *Sei* $T : \mathbb{R}^n \longrightarrow \mathbb{R}^k$ *ein regulärer Schätzer mit Erwartungswert* $\tau(\vartheta) := E_\vartheta(T(\mathbf{X}))$. *Dann gilt*

$$k = 1 \qquad Var_\vartheta(T(\mathbf{X})) \geq \frac{\tau'(\vartheta)^2}{I_n(\vartheta)} \tag{3.10}$$

$$k > 1 \qquad \mathbf{V}_\vartheta(T(\mathbf{X})) - \mathbf{D}_\vartheta \tau^\top \cdot \mathbf{I}_n(\vartheta)^{-1} \cdot \mathbf{D}_\vartheta \text{ ist positiv definit.}$$

Beweis Pruscha, [12], S. 178, Satz. □

Die Ungleichung (3.10) gibt im einparametrigen Fall mit $\frac{1}{I(\vartheta)}$ eine untere Schranke für die Varianz von erwartungstreuen, regulären Schätzern an, die von der Fisher-Information abhängt. Wird diese Schranke angenommen, dann spricht man von **besten Schätzern,** da es keine erwartungstreue Schätzer mit einer kleineren Varianz gibt. Für die Parameter der im nächsten Abschnitt eingeführten Exponentialfamilien können beste Schätzer konstruiert werden.

3.3 Exponentialfamilien

Exponentialfamilien spielen in der Statistik eine zentrale Rolle. Viele mathematische Sätze der statistischen Schätz- und Testtheorie basieren auf solchen Verteilungsannahmen. Darüber hinaus sind sie bei den Verallgemeinerten Linearen Modellen, die in der modernen Versicherungsmathematik inzwischen zum Standard gehören, von grundlegender Bedeutung. Dieser Abschnitt orientiert sich an Pruscha, [12] II.2.

Wir betrachten stets eine Familie von Wahrscheinlichkeitsmaßen $\{P_\gamma\}_{\gamma \in \Gamma}$ auf $(\mathbb{R}^n, \mathscr{B}^n)$ mit Lebesgue- bzw. Zähldichten f_γ, also ein Modell der Form (3.1)–(3.3). Ferner setzen wir

$$f_\gamma > 0 \text{ auf } \mathscr{X} = \mathbf{X}(\Omega)$$

voraus. Wir verwenden wieder die Bezeichnung

$$f(\mathbf{x}, \gamma) := f_\gamma(\mathbf{x}).$$

Wie im vorherigen Abschnitt sei $\int \ldots d\mathbf{x}$ das Lebesgueintegral $\int_{\mathbb{R}^n} \ldots d(x_1, \ldots, x_n)$ im stetigen Fall bzw. eine Summe oder Reihe im diskreten Fall.

3.3.1 Grundlegende Eigenschaften

Definition 3.16 (einparametrige Exponentialfamilie) *Die Familie* $\{P_\gamma\}_{\gamma \in \Gamma}$ *heißt* ***(einparametrige) Exponentialfamilie,*** *wenn gilt*

a) $\Gamma \subset \mathbb{R}$
b) *die Dichten* $f(\mathbf{x}, \gamma)$ *besitzen die Form*

$$f(\mathbf{x}, \gamma) = c_0(\gamma) \cdot \exp(c(\gamma)\, t(\mathbf{x})) \cdot h(\mathbf{x}), \quad \mathbf{x} \in \mathscr{X}, \quad \gamma \in \Gamma.$$

Dabei sind $c_0 : \Gamma \longrightarrow (0, \infty)$, $c : \Gamma \longrightarrow \mathbb{R}$ *beliebige Funktionen und* $t : \mathbb{R}^n \longrightarrow \mathbb{R}$, $h : \mathbb{R}^n \longrightarrow [0, \infty)$ *messbare Funktionen (mit* $h > 0$ *auf* $\mathscr{X}$*).*

Mit der Setzung

$$a(\mathbf{x}) := \ln(h(\mathbf{x}))\,, \quad \mathbf{x} \in \mathscr{X}, \quad b(\gamma) := -\ln(c_0(\gamma))\,, \quad \gamma \in \Gamma \tag{3.11}$$

erhält man die äquivalente Darstellung

$$f(\mathbf{x}, \gamma) = \exp(c(\gamma)\, t(\mathbf{x}) + a(\mathbf{x}) - b(\gamma))\,, \quad \mathbf{x} \in \mathscr{X}, \quad \gamma \in \Gamma. \tag{3.12}$$

Bemerkung 3.17

a) Bei der Darstellung (3.12) spricht man auch von einer Exponentialfamilie in $c(\gamma)$ und $t(\mathbf{x})$.
b) Für den Fall $\mathscr{X} = \mathbb{R}$ und $t = id$ spricht man von einer Exponentialfamilie in kanonischer Form.
c) Der reellwertige Parameter $\vartheta = c(\gamma)$ heißt **natürlicher Parameter,** die Menge

$$\Theta = \left\{ \vartheta \in \mathbb{R} \;\middle|\; \int \exp(\vartheta t(\mathbf{x}))\, h(\mathbf{x})\, d\mathbf{x} < \infty \right\}$$

der natürliche Parameterraum.

Beispiel 3.18 (Binomial- und Paretoverteilung)

a) Die $B(n, p)$-Verteilung mit $n \in \mathbb{N}$, $0 < p < 1$, $x \in \mathscr{X} = \{0, 1, \ldots, n\}$ ist gegeben durch

$$\begin{aligned} f(x, p) &= \binom{n}{x} p^x (1-p)^{n-x} = \exp\left(x \ln p + (n-x)\ln(1-p) + \ln\binom{n}{x}\right) \\ &= \exp\left(x \ln\left(\frac{p}{1-p}\right) + n\ln(1-p) + \ln\binom{n}{x}\right). \end{aligned}$$

Setzt man $\vartheta = \ln\left(\frac{p}{1-p}\right)$, folgt wegen $1 + e^{\vartheta} = \dfrac{1}{1-p}$

$$f(x, \vartheta) = \exp\left(x\vartheta - n\ln\left(1 + e^{\vartheta}\right) + \ln\binom{n}{x}\right).$$

Damit erhalten wir die Darstellung einer Exponentialfamilie mit dem natürlichen Parameter $\vartheta \in \Theta = \mathbb{R}$,

$$a(x) = \ln \binom{n}{x}, \quad b(\vartheta) = n \ln \left(1 + e^{\vartheta}\right), \quad x \in \mathscr{X}, \quad \vartheta \in \Theta. \tag{3.13}$$

b) Die Pareto-Verteilung gehört ebenfalls zu einer Exponentialfamilie, denn

$$f(x, \alpha) = \alpha t^{\alpha} x^{-(\alpha+1)} = \exp\left(\alpha \ln \frac{t}{x} + \ln \alpha - \ln x\right).$$

Damit erhalten wir die Darstellung einer Exponentialfamilie mit dem natürlichen Parameter $\alpha > 0$, $t(x) = \ln \frac{t}{x}$, $a(x) = -\ln x$ und $b(\alpha) = -\ln \alpha$. □

Definition 3.19 (mehrparametrige Exponentialfamilie) *Die Familie $\{P_{\boldsymbol{\gamma}}\}_{\boldsymbol{\gamma} \in \Gamma}$ von Wahrscheinlichkeitsmaßen auf $(\mathbb{R}^n, \mathscr{B}^n)$ heißt* ***k-parametrige Exponentialfamilie*** *(für $k \in \mathbb{N}$) in $c(\boldsymbol{\gamma}) = (c_1(\boldsymbol{\gamma}), \ldots, c_k(\boldsymbol{\gamma}))^\top$ und $t(\mathbf{x}) = (t_1(\mathbf{x}), \ldots, t_k(\mathbf{x}))^\top$, wenn gilt:*

a) $\Gamma \subset \mathbb{R}^k$
b) die zugehörigen (auf $\mathscr{X}$ strikt positiven) Dichten $f(\mathbf{x}, \boldsymbol{\gamma})$ besitzen die Form

$$\begin{aligned} f(\mathbf{x}, \boldsymbol{\gamma}) &= c_0(\boldsymbol{\gamma}) \cdot \exp\left(c(\boldsymbol{\gamma})^\top t(\mathbf{x})\right) \cdot h(\mathbf{x}) \\ &= \exp\left(c(\boldsymbol{\gamma})^\top t(\mathbf{x}) + a(\mathbf{x}) - b(\boldsymbol{\gamma})\right), \quad \mathbf{x} \in \mathscr{X}, \quad \boldsymbol{\gamma} \in \Gamma \end{aligned}$$

mit a, b wie in (3.11)
c) Die Abbildungen $1, c_1, \ldots, c_k$ sind linear unabhängig
d) Die Abbildungen $1, t_1, \ldots, t_k$ sind linear unabhängig.

Die Begriffe natürlicher Parameter(vektor) und natürlicher Parameterraum übertragen sich entsprechend.

Beispiel 3.20 (Normal- und Lognormalverteilung)

a) Betrachte die Normalverteilung $\mathscr{N}(\mu, \sigma^2)$. Für $(\mu, \sigma^2) \in \mathbb{R} \times (0, \infty)$ lautet die Dichte

$$\begin{aligned} f(\mathbf{x}, (\mu, \sigma^2)) &= \frac{1}{\sqrt{2\pi\sigma^2}} \exp\left(-\frac{1}{2}\left(\frac{x-\mu}{\sigma}\right)^2\right) \\ &= \exp\left(-\frac{x^2}{2\sigma^2} + \frac{2x\mu}{2\sigma^2} - \frac{\mu^2}{2\sigma^2} - \frac{1}{2}\ln\left(2\pi\sigma^2\right)\right) \quad x \in \mathbb{R}. \end{aligned}$$

Setzen wir

$$\vartheta = \begin{pmatrix} \frac{\mu}{\sigma^2} \\ -\frac{1}{2\sigma^2} \end{pmatrix} \in \Theta = \mathbb{R} \times \mathbb{R}^-, \qquad \text{(natürlicher Parameter)}$$

$$t(x) = \begin{pmatrix} x \\ x^2 \end{pmatrix},\ a(x) = 0,\ b(\vartheta) = -\frac{\vartheta_1^2}{4\vartheta_2} - \frac{1}{2}\ln\left(-\frac{\vartheta_2}{\pi}\right),\quad x \in \mathscr{X},\ \vartheta \in \Theta,$$

ergibt sich

$$f(x, \vartheta) = \exp(\vartheta \cdot t(x) + a(x) - b(\vartheta)).$$

b) Die t- Verteilung mit Dichte

$$f(x) = \frac{\Gamma\left(\frac{m+1}{2}\right)}{\sqrt{m\pi}\,\Gamma\left(\frac{m}{2}\right)}\left(1 + \frac{x^2}{m}\right)^{-\frac{m+1}{2}},\ x \in \mathbb{R}$$

und Parameter m gehört nicht zu einer Exponentialfamilie, da $\ln\left(1 + \frac{x^2}{m}\right)$ nicht als Produkt einer Funktion in x und einer Funktion in m geschreiben werden kann.

c) Die Gleichverteilungen $\mathscr{U}[a, b]$ mit Parametern a, b gehören nicht zu einer Exponentialfamilie, da sie keinen gemeinsamen Träger besitzen. □

Wie im einparametrigen Fall auch, wird der **natürliche Parameterraum** einer k-parametrigen Exponentialfamilie definiert:

$$\Theta = \left\{\vartheta \in \mathbb{R}^k \;\middle|\; \int \exp\left(\vartheta^\top t(\mathbf{x})\right) h(\mathbf{x})\, d\mathbf{x} < \infty\right\}.$$

ϑ heißt **natürlicher Parameter.** Man kann zeigen, dass das Innere $\overset{\circ}{\Theta}$ des natürlichen Parameterraums nicht leer ist, vergleiche Pruscha [12], S. 69, Lemma.

Der folgende Satz enthält die für konkrete Berechnungen wichtige Gl. (3.14). Bei Exponentialfamilien mit natürlichem Parameter reduziert sich die Bestimmung von Erwartungswert und Varianz bzw. Kovarianzmatrix von $t(\mathbf{X})$ auf die Berechnung von Ableitungen.

Satz 3.21 (Bestimmung von Momenten) *Gegeben sei eine Exponentialfamilie mit dem natürlichen Parameter* $\vartheta \in \Theta \subset \mathbb{R}^k$. *Die Funktion* $b : \Theta \longrightarrow \mathbb{R}$ *aus der Dichte*

$$f(\mathbf{x}, \vartheta) = \exp\left(\vartheta^\top t(\mathbf{x}) + a(\mathbf{x}) - b(\vartheta)\right),\quad \mathbf{x} \in \mathscr{X},\quad \vartheta \in \Theta$$

ist in $\overset{\circ}{\Theta}$ *beliebig oft differenzierbar und es gilt:*

$$E_\vartheta\,(t\,(\mathbf{X})) = \partial_\vartheta b(\vartheta),\quad \mathbf{V}_\vartheta\,(t\,(\mathbf{X})) = \mathbf{H}_b(\vartheta)\ \textit{für alle}\ \vartheta \in \overset{\circ}{\Theta}\,. \tag{3.14}$$

Beweis Wegen

$$1 = \int f(\mathbf{x}, \vartheta) d\mathbf{x} = e^{-b(\vartheta)} \int \exp\left(\vartheta^\top t(\mathbf{x}) + a(\mathbf{x})\right) d\mathbf{x}$$

gilt

$$e^{b(\vartheta)} = \int \exp\left(\vartheta^\top t(\mathbf{x}) + a(\mathbf{x})\right) d\mathbf{x}.$$

Aufgrund dieser Darstellung, kann man schließen, dass b beliebig oft differenzierbar ist und, dass man auf der rechten Seite Integration und Differentiation vertauschen kann, vergleiche Pruscha [12], S. 70–71. Differenziert man auf beiden Seiten der Gleichung ein- bzw. zweimal partiell, folgt für $i, j = 1, \ldots, n$

$$\begin{aligned} e^{b(\vartheta)} \partial_{\vartheta_i} b(\vartheta) &= \int t_i(\mathbf{x}) \exp\left(\vartheta^\top t(\mathbf{x}) + a(\mathbf{x})\right) d\mathbf{x}, \\ e^{b(\vartheta)} \left(\partial_{\vartheta_i \vartheta_j} b(\vartheta) + \partial_{\vartheta_i} b(\vartheta) \partial_{\vartheta_j} b(\vartheta)\right) &= \int t_i(\mathbf{x}) t_j(\mathbf{x}) \exp\left(\vartheta^\top t(\mathbf{x}) + a(\mathbf{x})\right) d\mathbf{x}. \end{aligned}$$

Damit ergibt sich für $i, j = 1, \ldots, n$

$$\begin{aligned} E_\vartheta\left(t_i(\mathbf{X})\right) &= e^{-b(\vartheta)} \int t_i(\mathbf{x}) \exp\left(\vartheta^\top t(\mathbf{x}) + a(\mathbf{x})\right) d\mathbf{x} = e^{-b(\vartheta)} e^{b(\vartheta)} \partial_{\vartheta_i} b(\vartheta) \\ &= \partial_{\vartheta_i} b(\vartheta), \\ E_\vartheta(t_i(\mathbf{X}) t_j(\mathbf{X})) &= e^{-b(\vartheta)} \int t_i(\mathbf{x}) t_j(\mathbf{x}) \exp\left(\vartheta^\top t(\mathbf{x}) + a(\mathbf{x})\right) d\mathbf{x} \\ &= e^{-b(\vartheta)} e^{b(\vartheta)} \left(\partial_{\vartheta_i \vartheta_j} b(\vartheta) + \partial_{\vartheta_i} b(\vartheta) \partial_{\vartheta_j} b(\vartheta)\right) \\ &= \partial_{\vartheta_i \vartheta_j} b(\vartheta) + \partial_{\vartheta_i} b(\vartheta) \partial_{\vartheta_j} b(\vartheta) \\ &= \partial_{\vartheta_i \vartheta_j} b(\vartheta) + E_\vartheta\left(t_i(\mathbf{X})\right) E_\vartheta\left(t_j(\mathbf{X})\right). \end{aligned}$$

□

Beispiel 3.22 (Momente der Binomial- und Normalverteilung)

a) Sei $X \sim B(n, p)$. Nach (3.13) gilt für den natürlichen Parameter $\vartheta = \ln\left(\frac{p}{1-p}\right)$, $b(\vartheta) = n \ln\left(1 + e^\vartheta\right)$ und mit Satz 3.21 folgt

$$\begin{aligned} E(X) &= b'(\vartheta) = \frac{n e^\vartheta}{1 + e^\vartheta} = np, \\ V(X) &= b''(\vartheta) = \frac{n e^\vartheta}{\left(1 + e^\vartheta\right)^2} = np(1-p). \end{aligned}$$

b) Sei $X \sim \mathcal{N}\left(\mu, \sigma^2\right)$. Nach Beispiel 3.20 gilt für den natürlichen Parameter $\boldsymbol{\vartheta} = \begin{pmatrix} \frac{\mu}{\sigma^2} \\ -\frac{1}{2\sigma^2} \end{pmatrix}$ und $b(\vartheta_1, \vartheta_2) = -\frac{\vartheta_1^2}{4\vartheta_2} - \frac{1}{2}\ln\left(-\frac{\vartheta_2}{\pi}\right)$ und somit

$$\frac{\partial}{\partial\vartheta} b(\vartheta) = \begin{pmatrix} -\frac{\vartheta_1}{2\vartheta_2} \\ \frac{\vartheta_1^2}{4\vartheta_2^2} - \frac{1}{2\vartheta_2} \end{pmatrix} = \begin{pmatrix} \mu \\ \mu^2 + \sigma^2 \end{pmatrix} = E\begin{pmatrix} X \\ X^2 \end{pmatrix},$$

$$\nabla^2 b(\vartheta) = \begin{pmatrix} -\frac{1}{2\vartheta_2} & \frac{\vartheta_1}{2\vartheta_2^2} \\ \frac{\vartheta_1}{2\vartheta_2^2} & -\frac{\vartheta_1^2}{2\vartheta_2^3} + \frac{1}{2\vartheta_2^2} \end{pmatrix} = \begin{pmatrix} \sigma^2 & 2\mu\sigma^2 \\ 2\mu\sigma^2 & 2\sigma^2\left(2\mu^2 + \sigma^2\right) \end{pmatrix}$$

$$= \begin{pmatrix} Var(X) & Cov\left(X, X^2\right) \\ Cov\left(X, X^2\right) & Var\left(X^2\right) \end{pmatrix}.$$

□

3.3.2 Regularität und Schätzer in Exponentialfamilien

Es stellt sich heraus, dass Exponentialfamilien im Sinne der Definition 3.9 regulär sind und, dass man bei einparametrigen Exponentialfamilien beste Schätzer für $E_\vartheta(t(X))$ erhält.

Satz 3.23 (Regularität von Exponentialfamilien) *Sei $\{P_\vartheta\}_{\vartheta\in\Theta}$ eine k-parametrige Exponentialfamilie mit natürlichem Parameter $\vartheta \in \Theta \subset \mathbb{R}^k$, die Dichte f_ϑ von P_ϑ sei*

$$f_\vartheta(x) = h(\mathbf{x}) \exp\left(\vartheta^\top t(\mathbf{x}) - b(\vartheta)\right).$$

Dann gilt:

a) $\{P_\vartheta\}_{\vartheta\in\Theta}$ *ist regulär.*
b) Für die Fisher-Information gilt

$$\mathbf{I}(\vartheta) = \mathbf{H}_b(\vartheta).$$

c) $\mathbf{V}_\vartheta(t(\mathbf{X})) = \mathbf{I}(\vartheta)$.

Beweis

a) Pruscha, [12], S. 180.
b) Es gilt für $\mathbf{x} \in \mathcal{X}$, $t = (t_1, \ldots, t_n)$

$$\ell(\mathbf{x}, \vartheta) = \vartheta^\top t(\mathbf{x}) - b(\vartheta) + \ln(h(\mathbf{x})),$$
$$\partial_{\vartheta_i}\ell(\mathbf{x}, \vartheta) = t_i(\mathbf{x}) - \partial_{\vartheta_i} b(\vartheta),$$
$$\partial_{\vartheta_i\vartheta_j}\ell(\mathbf{x}, \vartheta) = -\partial_{\vartheta_i\vartheta_j} b(\vartheta).$$

Wegen Lemma 3.10 b) folgt

$$\mathbf{I}(\vartheta) = \mathbf{H}_b(\vartheta).$$

c) Dies ist eine Folgerung aus Satz 3.21, (3.14) und b):

$$\mathbf{V}_\vartheta(t(\mathbf{X})) = \mathbf{H}_b(\vartheta) = \mathbf{I}(\vartheta).$$ □

Für den Fall identisch verteilter, unabhängiger Zufallsvariablen ergibt sich daraus das

Korollar 3.24 (Beste Schätzer bei Exponentialfamilien) *Sei $\{Q_\vartheta\}_{\vartheta\in\Theta}$ eine einparametrige Exponentialfamilie mit natürlichem Parameter $\vartheta \in \Theta \subset \mathbb{R}$, Dichte $g_\vartheta : \mathbb{R} \longrightarrow [0, \infty)$,*

$$g_\vartheta(x) = \exp(\vartheta t(x) - b(\vartheta) + a(x))$$

von Q_ϑ und Informationsmatrix $I(\vartheta)$. Seien $X_1, \ldots, X_n$ identisch und unabhängig verteilte Zufallsvariablen mit Verteilung Q_ϑ mit unbekanntem Parameter $\vartheta \in \Theta$. Dann ist $T : \mathbb{R}^n \longrightarrow \mathbb{R}$, $T(\mathbf{x}) = \frac{1}{n}\sum_{i=1}^n t(x_i)$ regulär und bester Schätzer für $b'(\vartheta) = E_\vartheta(t(\mathbf{X}))$ mit

$$Var_\vartheta(T(\mathbf{X})) = \frac{b''(\vartheta)}{n} = \frac{1}{n} I(\vartheta).$$

Beweis Die Regularität von T folgt aus Satz 3.21. Die gemeinsame Dichte der $X_1, \ldots, X_n$ ist

$$f_\vartheta(\mathbf{x}) = \prod_{i=1}^n g_\vartheta(x_i) = \exp\left(\vartheta \sum_{i=1}^n t(x_i) + \sum_{i=1}^n a(x_i) - nb(\vartheta)\right).$$

Für das Produktmodell $Q_\vartheta^{\otimes n}$ gilt wegen Korollar 3.12 und Satz 3.23

$$\begin{aligned}
I_n(\vartheta) &= nb''(\vartheta), \\
Var_\vartheta(T(\mathbf{X})) &= \frac{1}{n^2}\sum_{i=1}^n Var_\vartheta(t(X_i)) = \frac{1}{n}b''(\vartheta), \\
E_\vartheta(T(\mathbf{X})) &= b'(\vartheta).
\end{aligned}$$

Damit wird die untere Schranke in der Ungleichung von Cramer Rao (3.10) angenommen, denn es gilt

$$Var_\vartheta(T(\mathbf{X})) \geq \frac{b''(\vartheta)^2}{nb''(\vartheta)} = \frac{b''(\vartheta)}{n}.$$ □

Im einparametrigen Fall kann man zeigen, dass in der Ungleichung von Cramer-Rao (3.10) die Gleichheit die Exponentialfamilien charakterisiert, vergleiche Georgii [5], S. 212, (7.19) Satz und Pruscha [12], S. 181, Satz 1 und Satz 2. Existiert der ML-Schätzer $\hat{\vartheta}$ für ϑ, dann erfüllt er im Übrigen die Gleichung $b'(\hat{\vartheta}) = \frac{1}{n}\sum_{i=1}^{n} t(x_i) = T(\mathbf{x})$ mit T aus obigem Korollar. Es sei darauf hingewiesen, dass $\hat{\vartheta}$ selbst nicht notwendigerweise bester Schätzer für ϑ ist.

3.4 Eigenschaften von ML-Schätzern

In der Regel sind die Verteilungen von Schätzern für endliches n schwer zu ermitteln. Diese wären aber nötig um Tests und Konfidenzintervalle zu entwickeln. Man versucht daher asymptotische Ergebnisse zu verwenden, d. h. Grenzwertverhalten und Verteilungsaussagen, die für $n \to \infty$ gelten. Zentral in diesem Abschnitt sind die Konsistenz und die asymptotische Normalität.

Wir gehen von einem regulären (laut Definition 3.9) Produktmodell aus: Die Komponenten des Zufallsvektor $\mathbf{X} = (X_1, \ldots, X_n)^\top$ sind unabhängig und identisch verteilt mit Dichte $g(x, \vartheta)$ und Fisher-Information $\mathbf{I}(\vartheta)$. Ferner formulieren wir die folgenden Bedingung für g:

$$\begin{aligned}&g \text{ ist dreimal partiell differenzierbar nach } \vartheta, \text{ und es gibt messbare}\\&\text{Funktionen } M_{ijl} : \mathbb{R}^n \longrightarrow [0, \infty) \text{ mit } E_\vartheta(M_{ijl}(\mathbf{X})) < \infty \text{ und}\\&\forall \mathbf{x} \in \mathcal{X}\ \forall \vartheta \in \Theta : \left|\partial_{\vartheta_i \vartheta_j \vartheta_l} (\ln g(\mathbf{x}, \vartheta))\right| \leq M_{ijl}(\mathbf{x}).\end{aligned} \tag{3.15}$$

Die gemeinsame Dichte von $(X_1, \ldots, X_n)$ lautet

$$f(x_1, \ldots, x_n, \vartheta) = \prod_{i=1}^{n} g(x_i, \vartheta).$$

Wir bezeichnen die Log-Likelihoodfunktion im Modell mit

$$\ell_n(x_1, \ldots, x_n, \vartheta) = \sum_{i=1}^{n} \ln g(x_i, \vartheta)$$

und verwenden den Index n, um die Abhängigkeit vom Stichprobenumfang n zu verdeutlichen.

3.4.1 Konsistenz

In der Folge zeigen wir die Konsistenz von ML-Schätzern. Wir betrachten hierzu eine Folge $\left\{\hat{\vartheta}_n\right\}$ von Schätzern, die Lösungen der ML-Gleichungen sind. Zunächst ist jedoch nicht klar, ob diese für jede Stichprobe existieren. Asymptotisch existieren sie fast sicher und sind konsistent.

Satz 3.25 (Konsistenz) *Die Dichte g sei regulär und im Fall $k > 1$ erfülle g zusätzlich die Bedingung (3.15). Dann gibt es eine Folge $\left\{\hat{\vartheta}_n\right\}_{n\in\mathbb{N}}$ von Schätzern von ϑ mit folgenden Eigenschaften:*

a) Für alle $\delta > 0$ gilt

$$P_\vartheta\left(\left|\hat{\vartheta}_n - \vartheta\right| \leq \delta,\, \partial_\vartheta \ell_n(\mathbf{x}, \vartheta) = 0\right) \longrightarrow 1 \quad (n \to \infty), \tag{3.16}$$

so dass die Existenz von Lösungen der ML-Gleichungen für $n \to \infty$ mit Wahrscheinlichkeit 1 gesichert ist.

b) Die Folge $\left\{\hat{\vartheta}_n\right\}_{n\in\mathbb{N}}$ ist konsistent, d. h. $\hat{\vartheta}_n \xrightarrow{P} \vartheta$ für $n \to \infty$.

Beweisidee Wir behandeln nur den Fall $k = 1$. Sei $\bar{\vartheta} \neq \vartheta$.

$$\begin{aligned}\frac{1}{n}(\ell_n(\mathbf{X}, \bar{\vartheta}) - \ell_n(\mathbf{X}, \vartheta)) &= \frac{1}{n}\sum_{i=1}^{n}\left(\ln(g(X_i, \bar{\vartheta})) - \ln(g(X_i, \vartheta))\right)\\ &= \frac{1}{n}\sum_{i=1}^{n}\ln\left(\frac{g(X_i, \bar{\vartheta})}{g(X_i, \vartheta)}\right).\end{aligned}$$

Da die X_i iid. sind, folgt mit dem starken Gesetz der großen Zahlen, dass die rechte Summe f.s. konvergiert, und zwar

$$\frac{1}{n}(\ell_n(\mathbf{X}, \bar{\vartheta}) - \ell_n(\mathbf{X}, \vartheta)) \xrightarrow{f.s.} E_\vartheta\left(\ln\frac{g(X_1, \bar{\vartheta})}{g(X_1, \vartheta)}\right) \quad (n \to \infty).$$

Da ln strikt konkav ist, folgt mit der Jensenschen Ungleichung

$$E_\vartheta\left(\ln\frac{g(X_1, \overline{\vartheta})}{g(X_1, \vartheta)}\right) < \ln E_\vartheta\left(\frac{g(X_1, \overline{\vartheta})}{g(X_1, \vartheta)}\right) = \ln\int g(x, \overline{\vartheta})dx = \ln 1 = 0.$$

Somit gilt

$$\ell_n(\mathbf{X}, \vartheta) - \ell_n(\mathbf{X}, \overline{\vartheta}) \xrightarrow{f.s.} \infty \quad (n \to \infty),$$

d. h. $\ell_n(\mathbf{X}, \vartheta)$ ist fast sicher für große n sehr viel größer als $\ell_n(\mathbf{X}, \bar{\vartheta})$ für $\bar{\vartheta} \neq \vartheta$. Löst also $\hat{\vartheta}_n$ bei gegebener Stichprobe $\mathbf{x}$ die ML-Gleichungen, kann aufgrund dieser Asymptotik für $n \to \infty$ keine systematische Verzerrung hin zu einem falschen Parameterwert $\overline{\vartheta}$ vorliegen. Daraus kann man auf a) schließen. Die Konsistenz folgt direkt aus (3.16), da für alle $\delta > 0$

$$P_\vartheta\left(\left|\hat{\vartheta}_n - \vartheta\right| \leq \delta,\, \partial_\vartheta \ell_n(\mathbf{x}, \vartheta) = 0\right) \leq P_\vartheta\left(\left|\hat{\vartheta}_n - \vartheta\right| \leq \delta\right)$$

gilt.

Beweis Lehmann und Casella [9], S. 447, Theorem 3.7 und S. 463, Theorem 5.1. Für weitere heuristische Betrachtungen Azzalini, [1], S. 80–81. □

Bemerkung 3.26 Die $\hat{\vartheta}_n$ können so gewählt werden, dass dort lokale Maxima der Log-Likelihoodfunktionen ℓ_n vorliegen, siehe Pruscha [12], S. 192, Bemerkung 3.

3.4.2 Asymptotische Verteilung

Wir wenden uns nun der asymptotischen Verteilung der ML-Schätzer $\hat{\vartheta}_n$ zu. In diesem Abschnitt wird die Konvergenz von $\sqrt{n}(\hat{\vartheta}_n - \vartheta)$ betrachtet. Diese Form ist auch im zentralen Grenzwertsatz zu finden: Sind $X_1, X_2, \ldots$ unabhängige, identisch verteilte Zufallsvariablen mit Erwartungswert μ, Varianz σ^2, und fasst man $\hat{\mu}_n = \frac{1}{n}\sum_{i=1}^n X_i$ als Schätzer für den Erwartungswert μ auf, dann gilt $E(\hat{\mu}_n) = \mu$ und $Var(\hat{\mu}_n) = \frac{\sigma^2}{n}$. Mit dem zentralen Grenzwertsatz folgt

$$\frac{\hat{\mu}_n - \mu}{\sqrt{\frac{\sigma^2}{n}}} \xrightarrow{d} \mathcal{N}(0, 1) \quad (n \to \infty).$$

Durch Umformulierung erhält man daraus die Aussage

$$\sqrt{n}\left(\hat{\mu}_n - \mu\right) \xrightarrow{d} \mathcal{N}\left(0, \sigma^2\right) \quad (n \to \infty).$$

Anstelle von $\hat{\mu}_n$ werden nun ML-Schätzer $\hat{\vartheta}_n$ für ϑ betrachtet und analoge Ergebnisse formuliert.

Satz 3.27 (Asymptotische Normalverteilung, $k = 1$) *Sei $k = 1$. Neben den Regularitätsbedingungen aus Definition 3.9 erfülle g die Bedingung (3.15). Dann gilt für die konsistente Folge $\left\{\hat{\vartheta}_n\right\}_{n\in\mathbb{N}}$ in Satz 3.25*

$$\sqrt{n}(\hat{\vartheta}_n - \vartheta) \xrightarrow{d} N\left(0, \frac{1}{I(\vartheta)}\right) \quad (n \to \infty).$$

Beweisidee Der Beweis basiert auf dem Zentralen Grenzwertsatz und dem starken Gesetz der großen Zahl. Die Taylorentwicklung von $\ell_n'(\cdot, \mathbf{x})$ im Entwicklungspunkt ϑ lautet ($\ell' := \partial_\vartheta \ell, \ell'' := \partial^2_{\vartheta\vartheta}\ell, \ldots$)

$$\ell_n'(\bar{\vartheta}) = \ell_n'(\vartheta) + \ell_n''(\vartheta)(\bar{\vartheta} - \vartheta) + \ell_n'''(\tilde{\vartheta})\frac{(\bar{\vartheta} - \vartheta)^2}{2}$$

wobei $\tilde{\vartheta}$ zwischen ϑ und $\bar{\vartheta}$ liegt. Für eine Lösung $\hat{\vartheta}_n$ der Likelihood Gleichung ergibt sich

$$-\ell_n'(\vartheta) = (\hat{\vartheta}_n - \vartheta)\left(\ell_n''(\vartheta) + \frac{\ell_n'''(\tilde{\vartheta})}{2}(\hat{\vartheta}_n - \vartheta)\right).$$

Dabei liegt $\tilde{\vartheta}$ zwischen ϑ und $\hat{\vartheta}_n$. Es ergibt sich

$$\sqrt{n}(\hat{\vartheta}_n - \vartheta) = \frac{-\frac{1}{\sqrt{n}}\ell_n'(\vartheta)}{\left(\frac{1}{n}\ell_n''(\vartheta) + \frac{\ell_n'''(\tilde{\vartheta})}{2n}(\hat{\vartheta}_n - \vartheta)\right)}. \tag{3.17}$$

Im Zähler erhalten wir

$$\ell_n'(\mathbf{X}, \vartheta) = \sum_{i=1}^{n} \frac{\partial_\vartheta g(X_i, \vartheta)}{g(X_i, \vartheta)} = \sum_{i=1}^{n} U(X_i, \vartheta)$$

mit $U = \frac{\partial_\vartheta g}{g}$. Mit Lemma 3.10 gilt $E_\vartheta(U(X_i, \vartheta)) = 0$ und $Var_\vartheta(U(X_i, \vartheta)) = I(\vartheta)$. Mit dem Zentralen Grenzwertsatz folgt für $n \to \infty$

$$\frac{\ell_n'(\vartheta)}{\sqrt{nI(\vartheta)}} \xrightarrow{d} \mathcal{N}(0, 1), \text{ also } -\frac{\ell_n'(\vartheta)}{\sqrt{n}} \xrightarrow{d} \mathcal{N}(0, I(\vartheta)). \tag{3.18}$$

Wir betrachten nun den Nenner der rechten Seite von (3.17): Aus

$$\frac{1}{n}\ell_n''(\mathbf{X}, \vartheta) = \frac{1}{n}\sum_{i=1}^{n} \partial_\vartheta U(X_i, \vartheta)$$

folgt für $n \to \infty$ mit dem starken Gesetz der großen Zahl und Lemma 3.10 b)

$$\frac{1}{n}\ell_n''(\mathbf{X}, \vartheta) \xrightarrow{f.s.} E_\vartheta(\partial_\vartheta U(X_1, \vartheta)) = -I(\vartheta). \tag{3.19}$$

Der zweite Summand des Nenners ist wegen der Voraussetzung (3.15) stochastisch beschränkt. Da $\left\{\hat{\vartheta}_n\right\}_{n\in\mathbb{N}}$ konsistent ist, gilt $\hat{\vartheta}_n \xrightarrow{P} \vartheta$ für $n \to \infty$. Somit folgt

$$\frac{\ell'''(\tilde{\vartheta})}{n}(\hat{\vartheta}_n - \vartheta) \xrightarrow{P} 0 \quad (n \to \infty). \tag{3.20}$$

Damit ist die Konvergenz von Nenner und Zähler der rechten Seite von (3.17) gezeigt. Fasst man (3.18)–(3.20) zusammen ergibt sich mit den Konvergenzsätzen im Abschn. A.4

$$\sqrt{n}(\hat{\vartheta}_n - \vartheta) \xrightarrow{d} -\frac{1}{I(\vartheta)}X \; (n \to \infty) \text{ mit } X \sim N\left(0, I(\vartheta)\right).$$

Für die rechte Seite des Grenzübergangs gilt

$$-\frac{1}{I(\vartheta)}X \sim N\left(0, \frac{I(\vartheta)}{I(\vartheta)^2}\right) = N\left(0, \frac{1}{I(\vartheta)}\right).$$

Auch für $k > 1$ gilt obiges Ergebnis. □

Satz 3.28 (Asymptotische Normalverteilung, $k > 1$) *Neben den Regularitätsbedingungen aus Definition 3.9 erfülle g die Bedingung (3.15). Dann gilt für die konsistente Folge* $\left\{\hat{\vartheta}_n\right\}_{n\in\mathbb{N}}$ *von Satz 3.25*

$$\sqrt{n}(\hat{\vartheta}_n - \vartheta) \xrightarrow{d} \mathcal{N}(0, \mathbf{I}(\vartheta)^{-1}) \quad (n \to \infty).$$

Siehe dazu Lehmann und Casella [9], S. 463, Theorem 5.1.(b).

Beispiel 3.29 (Asymptotik für die Exponential- und Paretoverteilung)

a) Seien $X_1, \ldots, X_n \overset{iid}{\sim} \mathscr{E}(\lambda)$ mit $\lambda > 0$. Es gilt

$$\ell_n(\lambda) = n \ln \lambda - \lambda \sum_{i=1}^{n} x_i,$$

$$\ell_n'(\lambda) = \frac{n}{\lambda} - \sum_{i=1}^{n} x_i,$$

$$\ell_n''(\lambda) = -\frac{n}{\lambda^2}.$$

Dann ist der ML-Schätzer gegeben durch

$$\hat{\lambda}_n = \frac{n}{\sum_{i=1}^{n} X_i} = \frac{1}{\overline{X}} \text{ mit } \overline{X} := \frac{1}{n}\sum_{i=1}^{n} X_i.$$

Die Informationsmatrix der Exponentialverteilung ist $I(\lambda) = \frac{1}{\lambda^2}$. Damit ergibt sich für $\sqrt{n}(\hat{\lambda}_n - \lambda)$ asymptotisch die Verteilung $\mathcal{N}(0, \lambda^2)$.

b) Sind $X_1, \ldots, X_n \overset{iid}{\sim} \mathscr{P}a(t, \alpha)$ mit $\alpha > 0$, dann ist der ML-Schätzer gegeben durch

$$\hat{\alpha}_n \overset{(3.4)}{=} \frac{n}{\sum_{i=1}^{n} \ln \frac{X_i}{t}}.$$

Die Informationsmatrix der Pareto-Verteilung ist $I(\alpha) = \frac{1}{\alpha^2}$ (siehe (3.9)) und damit gilt

$$\sqrt{n}(\hat{\alpha}_n - \alpha) \xrightarrow{d} \mathcal{N}(0, \alpha^2).$$

□

Beispiel 3.30 (Exponentialfamilien) Sei $\mathbf{X} := (X_1, \ldots, X_n)$ mit $X_1, \ldots, X_n \overset{iid}{\sim} X_1$, X_1 gehöre zu einer einparametrigen Exponentialfamilie mit natürlichem Parameter ϑ, d. h. X_1 besitzt die Dichte

$$f(\vartheta, \mathbf{x}) = \exp(\vartheta t(\mathbf{x}) - b(\vartheta))h(\mathbf{x}), \; \vartheta \in \Theta \subset \mathbb{R} \text{ offen}$$

und die Information

$$I(\vartheta) = b''(\vartheta).$$

Angenommen es gilt $b''(\vartheta) > 0$ für alle $\vartheta \in \Theta$ und der ML-Schätzer $\hat{\vartheta}_n$ existiere. Dann gilt

$$\sqrt{n}(\hat{\vartheta}_n - \vartheta) \xrightarrow{d} N\left(0, \frac{1}{b''(\vartheta)}\right) \quad (n \to \infty).$$ □

3.5 Parametertransformation

Die Ergebnisse des Abschn. 3.4 übertragen sich auf transformierte Parameter.

Wir gehen von einem regulären (laut Definition 3.9) Modell aus: Für $\vartheta \in \Theta$ sei f_ϑ die Dichte des Zufallsvektors $(X_1, \ldots, X_n)^\top$ und $\mathbf{I}(\vartheta)$ die Fisher-Information. Ferner sei die Paramtertransformation

$$h : \Theta \longrightarrow \mathbb{R}^p, \; p \le k$$

gegeben. Die Konsistenz und Asymptotik lassen sich übertragen, im folgenden Satz betrachten wir zunächst das Produktmodell.

Satz 3.31 (Konsistenz und asymptotische Verteilung) *Seien $X_1, \ldots, X_n$ unabhängig und identisch verteilte Zufallsvariablen.*

a) Sei $\{\hat{\vartheta}_n\}_{n\in\mathbb{N}}$ eine konsistente Folge von Schätzern laut Satz 3.25. Ist h stetig, dann ist $\{h(\hat{\vartheta}_n)\}_{n\in\mathbb{N}}$ konsistent, d. h.

$$h(\hat{\vartheta}_n) \xrightarrow{P} h(\vartheta) \quad (n \to \infty).$$

b) Die Voraussetzungen von Satz 3.27 seien erfüllt, h sei stetig differenzierbar, $\mathbf{D}_\vartheta h$ mit vollem Rang und $\{\hat{\vartheta}_n\}_{n\in\mathbb{N}}$ eine Folge von Schätzern laut Satz 3.27. Dann gilt

$$\sqrt{n}\left(h(\hat{\vartheta}_n) - h(\vartheta)\right) \xrightarrow{d} \mathcal{N}(0, (\mathbf{D}_\vartheta h^\top \mathbf{I}(\vartheta)^{-1} \mathbf{D}_\vartheta h)) \quad (n \to \infty)$$

Beweis Anwendung der Konvergenzsätze im Abschn. A.4: Continuous Mapping Theorem (Satz A.8) für a) und δ-Methode (Satz A.12 und A.13) für b). □

Beispiel 3.32 (Asymptotische Verteilung des VaR_ε) Seien $X_1, \ldots, X_n \stackrel{iid}{\sim} \mathscr{E}(\lambda)$ mit $\lambda > 0$. Laut Beispiel 3.29 gilt $\sqrt{n}(\hat{\lambda}_n - \lambda) \stackrel{d}{\longrightarrow} \mathscr{N}(0, \lambda^2)$, wobei $\hat{\lambda}_n = \frac{n}{\sum_{i=1}^n X_i}$ der ML-Schätzer von λ ist.

Betrachte für $\varepsilon \in (0, 1)$ fest die Parametertransformation $\psi := h(\lambda) = VaR_\varepsilon$, also $h(\lambda) = -\dfrac{\ln(1-\varepsilon)}{\lambda}$. Dann ist

$$\hat{\psi}_n = -\ln(1-\varepsilon)\frac{1}{n}\sum_{i=1}^n X_i$$

ein Schätzer für den VaR_ε, $\{\hat{\psi}_n\}_{n\in\mathbb{N}}$ ist konsistent. Die asymptotische Verteilung erhält man mit Satz 3.31:

$$\sqrt{n}\left(h(\hat{\lambda}_n) - h(\lambda)\right) \stackrel{d}{\longrightarrow} \mathscr{N}\left(0, h'(\lambda) \cdot \frac{1}{I(\lambda)} \cdot h'(\lambda)\right) \quad (n \to \infty).$$

Wegen

$$h'(\lambda) = \frac{\ln(1-\varepsilon)}{\lambda^2}$$

folgt

$$h'(\lambda) \cdot \frac{1}{I(\lambda)} \cdot h'(\lambda) = \frac{(\ln(1-\varepsilon))^2}{\lambda^4} \cdot \lambda^2 = \frac{(\ln(1-\varepsilon))^2}{\lambda^2}$$

also näherungsweise

$$\sqrt{n}\left(h(\hat{\lambda}_n) - h(\lambda)\right) \sim \mathscr{N}\left(0, \frac{\ln^2(1-\varepsilon)}{\lambda^2}\right).$$

bzw.

$$h(\hat{\lambda}_n) \sim \mathscr{N}\left(h(\lambda), \frac{\ln^2(1-\varepsilon)}{n\lambda^2}\right).$$

Alternativ kann man auf $h(\hat{\lambda}_n)$ direkt den Zentralen Grenzwertsatz anwenden und erhält die gleiche asymptotische Verteilung.

Es bleibt zu klären, ob $\hat{\psi}_n$ ein ML-Schätzer ist für ψ und wie man die Informationsmatrix bestimmt. □

Wir wenden uns nun der Situation zu, dass die Parametertransformation h injektiv mit $p = k$ ist und setzen

$$\Psi := h(\Theta), \quad \psi := h(\vartheta).$$

Wir untersuchen nun das Modell in Abhängigkeit des neuen Parameters ψ:

$$\mathbf{X} \sim P_\psi, \quad \psi \in \Psi. \tag{3.21}$$

Die Dichte $\tilde{f}_\psi : \mathbb{R}^n \longrightarrow [0, \infty)$ von P_ψ ist gegeben durch

$$\tilde{f}_\psi(\mathbf{x}) = f(\mathbf{x}, h^{-1}(\psi)). \tag{3.22}$$

Somit ergibt sich die induzierte Likelihood

$$L_h : \mathbb{R}^n \times \Psi \longrightarrow [0, \infty), \quad L_h(\mathbf{x}, \psi) = L(\mathbf{x}, h^{-1}(\psi)).$$

Nun beweisen wir, dass eine Parametertransformation sich auf die ML-Schätzer überträgt und untersuchen die Konsistenz und die asymptotische Verteilung dieser Schätzer.

Satz 3.33 (ML-Schätzer bei Parametertransformation) *Sei $\hat{\vartheta}$ ein ML-Schätzer von ϑ. Dann ist $\hat{\psi} := h(\hat{\vartheta})$ ein ML-Schätzer von $h(\vartheta)$.*

Beweis Offensichtlich gilt laut Definition $L_h(\hat{\psi}) = L(\hat{\vartheta})$. Sei $\psi \in \Psi$. Dann gilt

$$L_h(\psi) = L(h^{-1}(\psi)) \leq L(\hat{\vartheta}) = L(h^{-1}(h(\hat{\vartheta}))) = L_h(\hat{\psi}).$$ □

Unter geeigneten Regularitätsbedingungen kann man die Informationsmatrix auch bei Parametertransformationen angeben.

Satz 3.34 (Informationsmatrix bei Parametertransformation) *Ist $h : \Theta \longrightarrow \Psi$ stetig differenzierbar und invertierbar, dann ist die Informationsmatrix $\mathbf{I}_h(\psi)$ des Modells (3.21)–(3.22) gegeben durch*

$$I_h(\psi) = (\mathbf{D}_{h^{-1}(\psi)}h)^{-1}\mathbf{I}(h^{-1}(\psi))((\mathbf{D}_{h^{-1}(\psi)}h)^{-1})^\top.$$

Beweis Mit $\ell_h(\mathbf{x}, \psi) = \ell(\mathbf{x}, h^{-1}(\psi))$ und der Kettenregel gilt

$$\partial_\psi \ell_h(\mathbf{x}, \psi) = \mathbf{D}_\psi h^{-1} \cdot \partial_\vartheta \ell(\mathbf{x}, h^{-1}(\psi)) = \left(\mathbf{D}_{h^{-1}(\psi)}h\right)^{-1} \cdot \partial_\vartheta \ell(\mathbf{x}, h^{-1}(\psi)).$$

Es folgt

$$\begin{aligned}\mathbf{V}(\partial_\psi(\ell \circ h^{-1})(\mathbf{X}, \psi)) &= (\mathbf{D}_\vartheta h)^{-1}\, \mathbf{V}(\partial_\vartheta \ell(\mathbf{X}, h^{-1}(\psi)))\, \left((\mathbf{D}_\vartheta h)^{-1}\right)^\top \\ &= (\mathbf{D}_\vartheta h)^{-1}\mathbf{I}(h^{-1}(\psi))((\mathbf{D}_\vartheta h)^{-1})^\top.\end{aligned}$$

Die erste Gleichung gilt wegen $\mathbf{V}(\mathbf{A}Y) = \mathbf{A}\mathbf{V}(Y)\mathbf{A}^\top$ für $\mathbf{A} \in \mathbb{R}^{n \times n}$ und jeden Zufallsvektor $Y : \Omega \longrightarrow \mathbb{R}^n$ für den $\mathbf{V}(Y)$ existiert. □

Beispiel 3.35 (Informationsmatrix des VaR_ε) Wir betrachten wie in Beispiel 3.32 für die Exponentialverteilung $\mathscr{E}(\lambda)$ den neuen Parameter

$$\psi := -\frac{\ln(1-\varepsilon)}{\lambda} =: h(\lambda) \tag{3.23}$$

wobei $\varepsilon \in (0,1)$ gilt. Es handelt sich um den VaR_ε. Für $X_1, \ldots, X_n \stackrel{iid}{\sim} \mathscr{E}(\lambda)$ ist laut Satz 3.33

$$\hat{\psi}_n =: -\frac{\ln(1-\varepsilon)}{\hat{\lambda}_n} = -\ln(1-\varepsilon)\frac{1}{n}\sum_{i=1}^{n} X_i$$

ein ML-Schätzer von ψ, da h streng monoton fällt. Nun bestimmen wir mit Satz 3.34 die Informationsmatrix $I(\psi)$. Wir verwenden die Informationsmatrix $I_{\mathscr{E}}(\lambda) = \frac{1}{\lambda^2}$ der Exponentialverteilung $\mathscr{E}(\lambda)$. Mit der Definition von h in (3.23) folgt

$$\begin{aligned}
h^{-1}(\psi) &= -\frac{\ln(1-\varepsilon)}{\psi}, \\
h'(\lambda) &= \frac{\ln(1-\varepsilon)}{\lambda^2}, \\
\frac{1}{h'(h^{-1}(\psi))} &= \frac{\ln(1-\varepsilon)}{\psi^2}, \\
I(\psi) &= \frac{1}{h'(h^{-1}(\psi))} I_{\mathscr{E}}(h^{-1}(\psi)) \frac{1}{h'(h^{-1}(\psi))} = \frac{1}{\psi^2}.
\end{aligned}$$

Dasselbe Ergebnis erhält man auch bei der direkten Berechnung von $I(\psi)$ aus der Verteilungsfunktion von X mit Parameter ψ

$$P(X \leq x) = 1 - (1-\varepsilon)^{\frac{x}{\psi}}. \qquad \square$$

3.6 Konfidenzintervalle

Gilt für eine konsistente Folge $\left\{\hat{\vartheta}_n\right\}_{n \in \mathbb{N}}$ von ML-Schätzern

$$\sqrt{n}(\hat{\vartheta}_n - \vartheta) \xrightarrow{d} \mathscr{N}(\mathbf{0}, \mathbf{I}(\vartheta)^{-1}) \ (n \to \infty),$$

lässt sich daraus für ein Signifikanzniveau $\alpha \in (0,1)$ (α klein, z. B. $\alpha = 0{,}05, \alpha = 0{,}01, \ldots$) mit Hilfe der Sätze 3.27 und 3.28 ein asymptotisches Konfidenzintervall für ϑ konstruieren.

Wir übernehmen die Notation und Voraussetzungen der Abschn. 3.4.1 und 3.4.2.

3.6.1 Der einparametrige Fall

Aufgrund von Satz 3.27 gilt

$$\lim_{n\to\infty} P(-u_{1-\alpha/2} < \sqrt{n}(\hat{\vartheta}_n - \vartheta)\sqrt{I(\vartheta)} < -u_{1-\alpha/2}) = 1-\alpha$$

und somit für große n

$$P(-u_{1-\alpha/2} < \sqrt{n}(\hat{\vartheta}_n - \vartheta)\sqrt{I(\vartheta)} < u_{1-\alpha/2}) \approx 1-\alpha.$$

Dabei ist $u_{1-\alpha/2}$ das $1-\alpha/2$-Quantil der Standardnormalverteilung. Löst man nun nach ϑ auf, folgt zunächst

$$1-\alpha \approx P\left(\hat{\vartheta}_n - \frac{u_{1-\alpha/2}}{\sqrt{n}\sqrt{I(\vartheta)}} < \vartheta < \hat{\vartheta}_n + \frac{u_{1-\alpha/2}}{\sqrt{n}\sqrt{I(\vartheta)}}\right).$$

$I(\vartheta)$ wird durch $I(\hat{\vartheta}_n)$ geschätzt („plug in" Methode). Ist I stetig, dann ist das aufgrund der Konsistenz von $\{\hat{\vartheta}_n\}_{n\in\mathbb{N}}$ und dem Continuous Mapping Theorem (Satz A.8 im Abschn. A.4) gerechtfertigt. Somit ergibt sich

$$\left(\hat{\vartheta}_n - \frac{u_{1-\alpha/2}}{\sqrt{n}\sqrt{I(\hat{\vartheta}_n)}}, \hat{\vartheta}_n + \frac{u_{1-\alpha/2}}{\sqrt{n}\sqrt{I(\hat{\vartheta}_n)}}\right)$$

als (asymptotisches) Konfidenzintervall zum Niveau $1-\alpha$.

Beispiel 3.36 (Fortsetzung von Bsp. 3.29, 3.30, 3.32*)*

a) Seien $X_1, \ldots, X_n \overset{iid}{\sim} \mathscr{E}(\lambda)$ mit $\lambda > 0$. Dann ist

$$\hat{\lambda} = \frac{n}{\sum_{i=1}^n X_i} = \frac{1}{\overline{X}} \text{ mit } \overline{X} = \frac{1}{n}\sum_{i=1}^n X_i$$

und $I(\lambda) = \dfrac{1}{\lambda^2}$. Damit ergibt sich mit der „plug in" Methode das Konfidenzintervall zum Niveau $1-\alpha$

$$\left(\hat{\lambda} - u_{1-\alpha/2}\frac{\hat{\lambda}}{\sqrt{n}}, \hat{\lambda} + u_{1-\alpha/2}\frac{\hat{\lambda}}{\sqrt{n}}\right) = \left(\frac{1}{\overline{X}} - \frac{u_{1-\alpha/2}}{\overline{X}\sqrt{n}}, \frac{1}{\overline{X}} + \frac{u_{1-\alpha/2}}{\overline{X}\sqrt{n}}\right)$$

b) Im Falle der Exponentialfamilien mit natürlichem Parameter ϑ ergibt sich mit Hilfe der „plug in" Methode und Beispiel 3.30

$$\left(\hat{\vartheta}_n - \frac{u_{1-\alpha/2}}{\sqrt{nb''(\hat{\vartheta}_n)}}, \hat{\vartheta}_n + \frac{u_{1-\alpha/2}}{\sqrt{nb''(\hat{\vartheta}_n)}}\right)$$

c) Im Falle von Parametertransformationen erhalten wir im Bsp. 3.32 für den $VaR_\varepsilon = h(\lambda) := -\frac{\ln(1-\varepsilon)}{\lambda}$ einer exponentialverteilten Zufallsvariablen das Konfidenzintervall

$$\left(h(\hat{\lambda}_n) - u_{1-\alpha/2}\frac{-\ln(1-\varepsilon)}{\sqrt{n}\hat{\lambda}_n}, h(\hat{\lambda}_n) + u_{1-\alpha/2}\frac{-\ln(1-\varepsilon)}{\sqrt{n}\hat{\lambda}_n}\right)$$
$$= \left(-\ln(1-\varepsilon)\overline{X}\left(1 - \frac{u_{1-\alpha/2}}{\sqrt{n}}\right), -\ln(1-\varepsilon)\overline{X}\left(1 + \frac{u_{1-\alpha/2}}{\sqrt{n}}\right)\right) \qquad \square$$

Beispiel 3.37 (Konfidenzintervall,Pareto-Verteilung, Fortsetzung Beispiel 3.1*)* Abschließend betrachten wir wieder das Beispiel der dänischen Feuerschäden, die größer als $t = 20$ Mio. DKK sind. Mit dem Modell der Pareto-Verteilung bestimmen wir asymptotische Schätzintervalle zum Konfidenzniveau von 95 % für den Parameter α und für den Erwartungswert $E(X) = \dfrac{\alpha t}{\alpha - 1}$. Die numerischen Angaben sind in Millionen DKK.

Wegen $I(\alpha) = \frac{1}{\alpha^2}$ (siehe (3.9)) und Beispiel 3.29 ergibt sich als asymptotisches Konfidenzintervall

$$\left(\hat{\alpha} - u_{0,975}\frac{\hat{\alpha}}{\sqrt{n}}, \hat{\alpha} + u_{0,975}\frac{\hat{\alpha}}{\sqrt{n}}\right).$$

Mit $\hat{\alpha} = 1{,}81$ (s. (3.4)), $n = 36$ und $u_{0,975} = 1{,}96$ ergibt sich als Schätzintervall für α

$$(1{,}22;\ 2{,}40).$$

Für den Erwartungswert erhalten wir mittels der Parametertransformation

$$h(\alpha) = \frac{\alpha t}{\alpha - 1},$$

$\hat{\alpha} = 1{,}81$ und $t = 20$ als ML-Schätzwert für den Erwartungswert $\widehat{E(X)} = h(\hat{\alpha}) = 44{,}69$. Wegen

$$h'(\alpha) = -\frac{t}{(\alpha - 1)^2}$$

ergibt sich das asymptotische Konfidenzintervall

$$\left(h(\hat{\alpha}) - u_{0,975}\frac{t\hat{\alpha}}{(\hat{\alpha} - 1)^2\sqrt{n}}, h(\hat{\alpha}) + u_{0,975}\frac{t\hat{\alpha}}{(\hat{\alpha} - 1)^2\sqrt{n}}\right)$$

und somit als Schätzintervall für $E(X)$

$$(26{,}67;\ 62{,}71).$$

In analoger Weise könnte man auch Schätzintervalle für den Value at Risk bestimmen. Aufgrund der kleinen Anzahl von Beobachtungen ist die Aussagekraft der Schätzintervalle in diesem Beispiel jedoch gering. $\square$

3.6.2 Univariate Konfidenzintervalle für mehrere Parameter

Jede Komponente von $\hat{\vartheta}_n$ ist asymptotisch normalverteilt. Mit obigen Überlegungen kann man für jeden einzelnen der k Parameter ein Konfidenzintervall konstruieren. Die benötigten Varianzen erhält man aus der Diagonalen der Inversen der Informationsmatrix. Das Vorgehen wird am Beispiel der Lognormal-Verteilung illustriert.

Beispiel 3.38 (Konfidenzintervalle bei der Lognormal-Verteilung, Fortsetzung von Bsp. 3.1*)* Wir betrachten die dänischen Feuerschäden des Beispiels 3.1, die größer als d =20 Mio. (DKK) sind. Diesmal untersuchen wir die Parametrisierung mit einer Lognormal-Verteilung für die Überschäden, also

$$X_i - d \sim \mathscr{L}N(\mu, \sigma^2),\ i = 1, \ldots, 36.$$

Es ergeben sich die folgenden ML-Schätzer für μ bzw. σ^2 (in Mio. bzw. Mio.^{2})

$$\hat{\mu} = \frac{1}{n}\sum_{i=1}^{n} \ln(x_i - d) = 2{,}058 \text{ bzw.}$$

$$\hat{\sigma}^2 = \frac{1}{n}\sum_{i=1}^{n} \left(\ln(x_i - d) - \hat{\mu}\right)^2 = 2{,}718.$$

Die Informationsmatrix von $\mathscr{L}N(\mu, \sigma^2)$ bestimmt man wie in Beispiel 3.11, es ergibt sich

$$\mathbf{I}(\mu, \sigma^2) = \begin{pmatrix} \frac{1}{\sigma^2} & 0 \\ 0 & \frac{1}{2\sigma^4} \end{pmatrix}$$

also

$$\mathbf{I}^{-1}(\mu, \sigma^2) = \begin{pmatrix} \sigma^2 & 0 \\ 0 & 2\sigma^4 \end{pmatrix}.$$

Damit erhalten wir mit der „plug in“ Methode die $1 - \alpha$-Konfidenzintervalle ($\alpha \in (0, 1)$)

$$\left(\hat{\mu} - u_{1-\alpha/2}\frac{\sqrt{\hat{\sigma}^2}}{\sqrt{n}}, \hat{\mu} + u_{1-\alpha/2}\frac{\sqrt{\hat{\sigma}^2}}{\sqrt{n}}\right) \qquad \text{(für } \mu\text{)},$$

$$\left(\hat{\sigma}^2 - u_{1-\alpha/2}\frac{\sqrt{2}\hat{\sigma}^2}{\sqrt{n}}, \hat{\sigma}^2 + u_{1-\alpha/2}\frac{\sqrt{2}\hat{\sigma}^2}{\sqrt{n}}\right). \qquad \text{(für } \sigma^2\text{)}$$

Konkret erhalten wir hier für $\alpha = 0{,}05$ und $n = 36$ die Intervalle (1,519; 2,597) für μ und (1,504; 4,087) für σ^2. □

3.7 Bootstrap

Mit Bootstrap-Verfahren untersucht man Eigenschaften von Schätzern, wie z. B. Varianz, Bias, Konfidenzintervalle, Quantile, Verteilung, usw. Sie werden mit Hilfe von Simulationen geschätzt, vor allem, wenn für die betreffenden Teststatistiken diese Größen unbekannt oder zu aufwändig zu berechnen sind. Das Bootstrap-Verfahren ist eine Resampling-Methode und geht auf Efron [3] zurück.

Die Idee besteht darin, aus einer Stichprobe $\mathbf{x} = (x_1, \ldots, x_n)$ neue Stichproben zu erzeugen, indem man aus der vorhanden Stichprobe n-mal mit Zurücklegen zieht und damit den Schätzvorgang durchführt. Dies wird K-mal wiederholt. Aus den gewonnenen Schätzwerten kann man dann beispielsweise Verteilungseigenschaften der Schätzer quantifizieren.

Wir geben hier nur eine kurze Einführung in die Bootstrap-Verfahren. Ausführliche Darstellungen sind in Dikta und Scheer [2] sowie Efron und Tibshirani [3] zu finden.

3.7.1 Klassisches Bootstrap

Wir illustrieren das Verfahren am Beispiel der dänischen Feuerschäden.

Beispiel 3.39 (Forts. Beispiel 3.1*)* Exemplarisch werden fünf dänische Feuerschäden als Stichprobe betrachtet, vgl. Tab. 3.2 erste Zeile. Daraus werden drei Bootstrap-Stichproben gezogen, vgl. Tab. 3.2 die letzten drei Zeilen. Die erste Bootstrap-Stichprobe besteht nur aus den ersten beiden Schäden der Originalstichprobe, die zweite aus den Schäden 4, 5, 3, 5, 2 usw. In der letzten Spalte wird jeweils der Schätzer $\hat{\alpha} = \dfrac{n}{\sum_{i=1}^{n} \ln\left(\frac{x_i}{t}\right)}$ ausgewertet, mit $n = 5, t = 20$. □

Allgemein sei $\mathbf{x} = (x_1, \ldots, x_n) \in \mathbb{R}^n$ eine Stichprobe und $\hat{\theta} : \mathbb{R}^n \to \mathbb{R}$ eine Schätzfunktion. Das Bootstrap-Verfahren lässt sich algorithmisch wie folgt beschreiben:

Tab. 3.2 Die Bootstrap-Methode auf einer kleinen Stichprobe bestehend aus $n = 5$ Schäden. Jeder Bootstrap-Datensatz enthält n Schäden, die mit Zurückziehen aus dem Originaldatensatz gezogen wurden. Für jeden Bootstrap-Datensatz wurde der Parameter $\hat{\alpha}^{*,j}$ bestimmt

	x_1	x_2	x_3	x_4	x_5	
Originalstichprobe	26,2	22,0	263,3	34,1	21,0	
	$x_1^{*,j}$	$x_2^{*,j}$	$x_3^{*,j}$	$x_4^{*,j}$	$x_5^{*,j}$	$\hat{\alpha}^{*,j}$
Bootstrap-Stichprobe 1	26,2	22,0	22,0	26,2	22,0	6,08
Bootstrap-Stichprobe 2	34,1	21,0	263,3	21,0	22,0	1,51
Bootstrap-Stichprobe 3	26,2	263,3	263,3	21,0	26,2	0,87

Bootstrap-Verfahren

1. Ziehe $K \in \mathbb{N}$ Stichproben $\mathbf{x}^{*,j} \in \mathbb{R}^n$, $j = 1, \ldots, K$ aus der Menge $\{x_1, \ldots, x_n\}$ vom Umfang n mit Zurücklegen.
2. Werte $\hat{\theta}$ für jedes $x^{*,j}$ aus, also $\hat{\theta}_j^* := \hat{\theta}(x_1^{*,j}, \ldots, x_n^{*,j})$, $j = 1, \ldots, K$.
3. Bestimme aus $\hat{\theta}_j^*$, $j = 1, \ldots, K$
   a) den Bootstrap-Schätzer $\hat{\theta}_{boot} := \frac{1}{K} \sum_{j=1}^{K} \hat{\theta}_j^*$,
   b) den Bootstrap-Schätzer für den Standardfehler des Schätzers $\hat{\theta}$
   $$s_{boot}(\hat{\theta}) := \sqrt{\frac{1}{K} \sum_{j=1}^{K} (\hat{\theta}_j^* - \hat{\theta}_{boot})^2}$$
   c) Bootstrap-Konfidenzintervalle mit Hilfe der empirischen Quantile der Realisationen $\hat{\theta}_j^*$, $j = 1, \ldots, K$,
   d) weitere Verteilungseigenschaften des Schätzers $\hat{\theta}(X_1, \ldots, X_n)$.

Beispiel 3.40 (Forts. Beispiel 3.1, *(Bootstrap)* Für die dänischen Feuerschäden aus Beispiel 3.1 bestimmen wir mit dem Modell der Pareto-Verteilung einen Bootstrap-Schätzer und ein 95 % Bootstrap-Konfidenzintervall für den Parameter α. Es werden $K = 1000$ Bootstrap-Stichproben gezogen. Für die Realisationen der $\hat{\alpha}^{*,j}$, wobei wir den ML-Schätzer (3.4) verwenden, ergibt sich das Histogramm in Abb. 3.2. Der Mittelwert beträgt

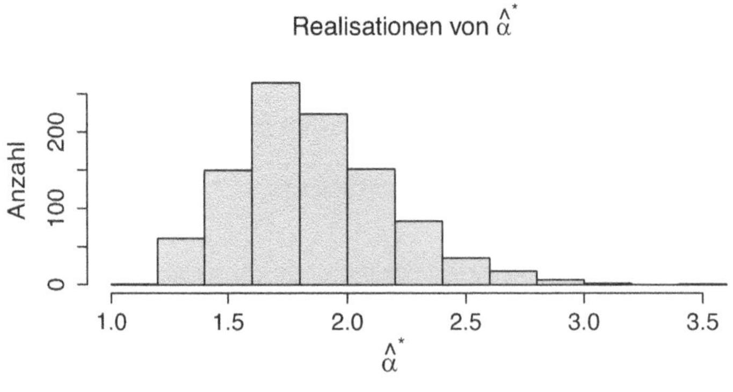

Abb. 3.2 Histogramm der Realisationen von $\hat{\alpha}^{*,j}$ für 1000 Bootstrap-Stichproben der dänischen Feuerschäden in Beispiel 3.39

$$\hat{\alpha}_{boot} = 1{,}86$$

das 95 % Bootstrap-Konfidenzintervall ist

$$(1{,}33,\ 2{,}62)\,,$$

also etwas andere Werte als bei der ML-Schätzung und den asymptotischen Konfidenzintervallen, vgl. Beispiel 3.37. Insbesondere ist das Intervall nicht symmetrisch um $\hat{\alpha}_{boot}$. Die asymptotische Normalität scheint nicht gegeben zu sein, da das Histogramm nicht symmetrisch ist. Grund ist vermutlich die nicht sehr umfangreiche Originalstichprobe.

Der Bootstrapschätzer des Standardfehlers beträgt $s_{boot}(\hat{\alpha}) = 0{,}33$. Im Beispiel 3.37 erhält man $\frac{\hat{\alpha}}{\sqrt{\sqrt{n}}} \approx 0{,}30$, ein ähnlicher Wert. Als symmetrisches Bootstrap-Konfidenzintervall ergibt sich $(1{,}21,\ 2{,}50)$. □

3.7.2 Einfache lineare Regression und Bootstrap

Ein weiteres Beispiel ist die einfache lineare Regression. Wir gehen vom Modell

$$Y_i = \alpha + \beta x_i + \varepsilon_i\,, i = 1, \ldots, n \tag{3.24}$$

aus, wobei ε_i identisch und unabhängig verteilt sind, mit $Var(\varepsilon_i) = \sigma^2 > 0$ und $E(\varepsilon_i) = 0$.

Liegt eine bivariate Originalstichprobe $(x_1, y_1), \ldots, (x_n, y_n)$ vor, kann man wie im Abschn. 3.7.1 vorgehen und aus der Originalstichprobe bivariate Bootstrap-Stichproben $(x_1^{*,j}, y_1^{*,j}), \ldots, (x_n^{*,j}, y_n^{*,j})$, $j = 1, \ldots, K$ mit Zurücklegen ziehen.

Es gibt aber eine weitere Möglichkeit, indem man Residuen verwendet. Im Rahmen des Modells (3.24) kann man die Ausgleichsgerade bilden und dann mithilfe der Residuen Bootstrap-Stichproben ziehen, vgl. Dikta und Scheer [2, S. 78]:

Einfache lineare Regression

1. Bestimme aus den Beobachtungen $(x_1, y_1), \ldots, (x_n, y_n)$ den Achsenabschnitt $\hat{\alpha}$ und die Steigung $\hat{\beta}$ der Ausgleichsgeraden (kleinste Quadrate)
2. Bestimme die Residuen $\tilde{\varepsilon}_i := y_i - (\hat{\alpha} + \hat{\beta} x_i), i = 1, \ldots, n$
3. Bestimme aus den Residuen $(\tilde{\varepsilon}_1, \ldots, \tilde{\varepsilon}_n)$ Bootstrap-Stichproben $(\varepsilon_1^{*,j}, \ldots, \varepsilon_n^{*,j})$, $j = 1, \ldots, K$ vom Umfang n und setze

$$Y_i^{*,j} := \hat{\alpha} + \hat{\beta} x_i + \varepsilon_i^{*,j}$$

4. Bestimme für $j = 1, \ldots, K$ Achsenabschnitt $\hat{\alpha}^{*,j}$ und Steigung $\hat{\beta}^{*,j}$ der Ausgleichsgeraden der Punkte $(x_1, y_1^{*,j}), \ldots, (x_n, y_n^{*,j})$, $j = 1, \ldots, K$ (kleinsten Quadrate).
5. Bestimme aus $\hat{\alpha}^{*,1}, \ldots, \hat{\alpha}^{*,K}$ und $\hat{\beta}^{*,1}, \ldots, \hat{\beta}^{*,K}$ Bootstrap-Schätzer $\hat{\alpha}_{boot}, \hat{\beta}_{boot}$ Bootstrap-Konfidenzintervalle, usw.

Beispiel 3.41 Wir betrachten die Simulation einer bivariaten Stichprobe vom Umfang $n = 50$, wie in (3.24), vgl. Abb. 3.4. Als Ausgleichsgerade wird $y = 1{,}83 + 3{,}73x$ bestimmt. Es werden aus den Residuen $K = 1000$ Bootstrap-Stichproben gezogen und jeweils die Parameter der Ausgleichsgeraden $\hat{\alpha}^{*,j}, \hat{\beta}^{*,j}$, $j = 1, \ldots, K$ bestimmt. Es ergeben sich die Histogramme in Abb. 3.3. Wir erhalten

Parameter	α	β
Bootstrap-Schätzwerte	$\hat{\alpha}_{boot} = 1{,}83$	$\hat{\beta}_{boot} = 3{,}77$
Bootstrap-Konfidenzintervalle	(0,94; 2,75)	(2,18; 5,41).

Man beachte, dass die Normalverteilungsvoraussetzung für das lineare Modell nicht erfüllt ist, es wurde simuliert mit $\varepsilon_i := \gamma - \frac{\alpha}{\lambda}$, $\gamma \sim \Gamma(\alpha, \lambda)$ mit $\alpha = 1$, $\lambda = \frac{1}{4}$. Es gilt also $E(\varepsilon_i) = 0$, $Var(\varepsilon_i) = 16$.

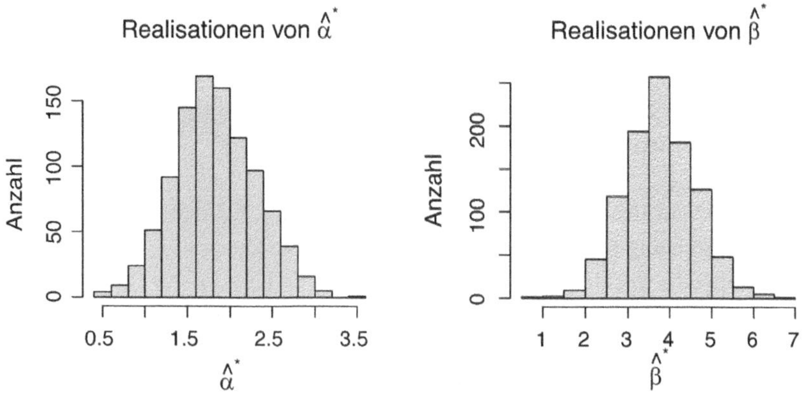

Abb. 3.3 Histogramm von 1000 Bootstrap-Achsenabschnitten (links) und Bootstrap-Steigungen (rechts) der Ausgleichsgeraden in Beispiel 3.41

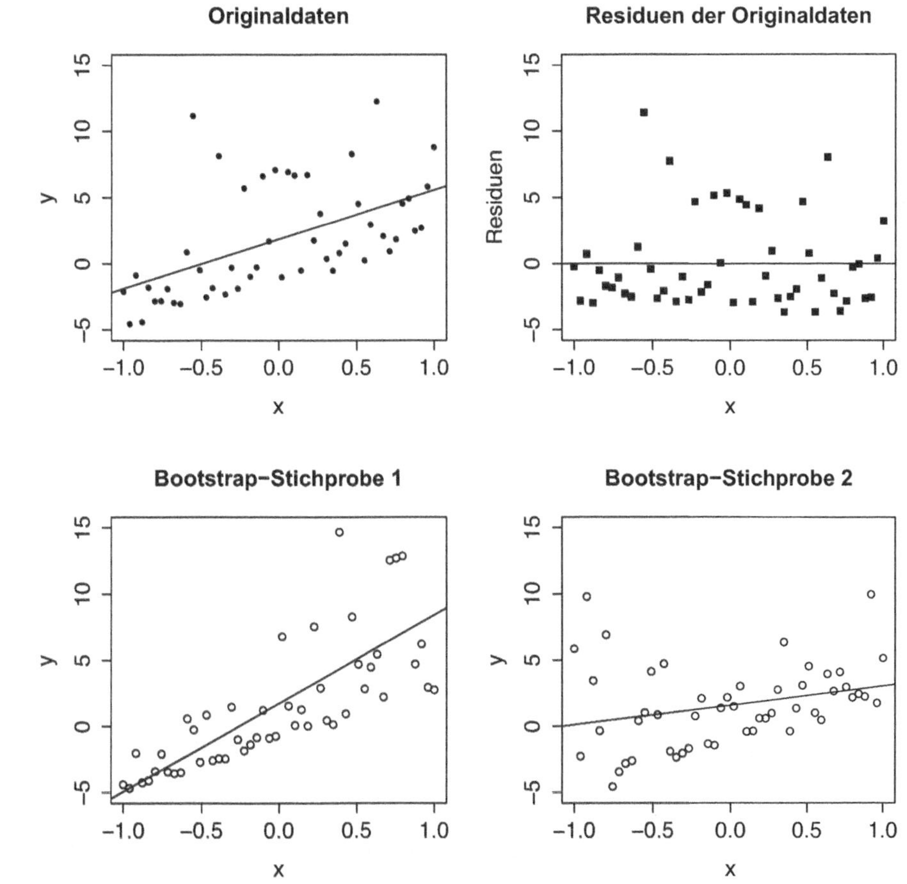

Abb. 3.4 Links oben: Simulation einer bivariaten Stichprobe mit $n = 50$ in Beispiel 3.41 mit der dazugehörigen Ausgleichsgeraden. Rechts oben: die Residuen, die sich ergeben, also $y - \hat{y}$. Unten: zwei bivariate Bootstrap-Stichproben von insgesamt $K = 1000$ mit den zugehörigen Ausgleichsgeraden, links: $y = 1{,}74 + 6{,}67x$ und rechts: $y = 1{,}58 + 1{,}45y$. Es handelt sich dabei um die Bootstrap-Stichproben mit der größten bzw. kleinsten Steigung

3.7.3 Weiterführende Themen

Das in Abschn. 3.7.2 vorgestellt Bootstrap-Verfahren kann auf multilineare Regression und auf verallgemeinerte lineare Modelle (GLM) erweitert werden, vgl. Dikta und Scheer [2, Kap. 5, 6]. Eine Anwendung mit GLMs ist bei IBNR-Verfahren in der Schadenversicherung zu finden, vgl. Kaas et al. [8, S. 285 ff.]. Die Voraussetzung von identisch verteilten bzw. unabhängigen ε_i in (3.24) kann abgeschwächt werden, vgl. Dikta und Scheer [2, Kap. 5, 6].

Bootstrap spielt eine zentrale Rolle in den sogenannten Ensemble Methoden des statistischen Lernens, wie z. B. Bagging, Random Forest, etc. Hierbei werden auf mehreren

Bootstrap-Stichproben je ein Entscheidungsbaum angepasst und dann das Ergebnis gemittelt. Eine Einführung ins Thema findet man in James et al. [7, Abschn. 8.2], ausführlicher ist das Thema in Hastie, Tibshirani, Friedman [6, Kap. 8, 15] behandelt.

Zu den Bootstrap-Schätzern gibt es auch theoretische Ergebnisse über die Asymptotik. Die im Abschn. 3.7.1 vorgestellten, klassischen Bootstrap-Schätzer, für die Verteilung einer Statistik, sind asymptotisch (für $n \to \infty$) normalverteilt und (stark) konsistent, vgl. Pruscha [12, S. 203 ff.]. Die Boostrap-Schätzer im linearen Modell sind ebenfalls asymptotisch normalverteilt, vgl. Dikta und Scheer [2, Kap. 5].

Es gibt einige R-packages zum Bootstrap, z. B. das Package `bootstrap` [13] zum Buch von Efron und Tibshirani [4]

Literatur

1. Azzalini, A.: Statistical Inference – Based on the Likelihood. Chapman & Hall, Boca Raton (1996)
2. Dikta, G., Scheer, M.: Bootstrap Methods – With Applications in R. Springer, Cham (2021)
3. Efron, B.: Bootstrap Methods: Another Look at the Jackknife. The Annals of Statistics , Vol. 7, No. 1. (Jan., 1979), pp. 1–26.
4. Efron, B., Tibshirani, R: An introduction to the bootstrap. Vol 57, Monographs on statistics and applied probability, Chapman and Hall, New York (1993)
5. Georgii, H.-O.: Stochastik, 3. Aufl. de Gruyter, Berlin (2007)
6. Hastie, T., Tibshirani, R., Friedman, J.: The Elements of Statistical Learning, 2nd. ed. Springer (2013)
7. James, G., Witten, D., Hastie, T., Tibshirani, R.: An Introduction to Statistical Learning, Springer (2014)
8. Kaas, R., Goovaerts, M., Dhaene, J., Denuit, M.: Modern Actuarial Risk Theory, 2nd. ed. Springer, Berlin (2009)
9. Lehmann, E. L., Casella, G.: Theory of Point Estimation, 2nd ed. Springer, New York (1998)
10. McNeil, A., Frey, R., Embrechts, P.: Quantitative Risk Management, Princeton University Press, Princeton (2008)
11. Pfaff, B., McNeil, A.: QRM: Provides R-Language Code to Examine Quantitative Risk Management Concepts, R package version 0.4-31, https://CRAN.R-project.org/package=QRM (2020)
12. Pruscha, H.: Vorlesungen über mathematische Statistik. Teubner, Stuttgart (2000)
13. Tibshirani, R.: R-package bootstrap, original S, Functions for the Book „An Introduction to the Bootstrap". R package version 2019.6, https://CRAN.R-project.org/package=bootstrap (2019)

Hypothesentests

4

Zusammenfassung

Hypothesentests bilden einen der Kernbereiche der Statistik. Zunächst werden einige grundlegende Begriffe der Testtheorie wiederholt. Für Parametertests bei Normalverteilungsannahme wird der Stichprobenumfang untersucht, der notwendig ist, um vorgegebene Schranken für den Fehler zweiter Art einzuhalten. Für die Situation in der nicht die Normalverteilung vorliegt, wird der Likelihood Quotienten Test beschrieben. Abschließend werden nicht parametrische Verfahren dargestellt.

4.1 Grundbegriffe der Testtheorie

Wir betrachten die Stichprobe $\mathbf{x} = (x_1, \ldots, x_n)^\top$, die Realisation eines Zufallsvektors $\mathbf{X} = (X_1, \ldots, X_n)^\top$, der die Dichte $f_{\boldsymbol{\vartheta}} : \mathbb{R}^n \longrightarrow [0, \infty)$ besitzt. Hierbei ist der Parameter $\boldsymbol{\vartheta} \in \Theta \subset \mathbb{R}^k$ unbekannt. Liegt eine Vermutung für den Wert $\boldsymbol{\vartheta}$ vor, wird dies als **Nullhypothese** formuliert:

$$H_0 : \boldsymbol{\vartheta} \in \Theta_0, \Theta_0 \subset \Theta.$$

Die **Alternativhypothese** lautet

$$H_1 : \boldsymbol{\vartheta} \in \Theta_1 \text{ mit } \Theta_1 := \Theta \setminus \Theta_0.$$

Bei der Beurteilung von Hypothesen kann man Fehlentscheidungen treffen:

Fehler 1. Art H_0 wird verworfen, obwohl H_0 zutrifft.
Fehler 2. Art H_0 wird nicht verworfen, obwohl H_1 zutrifft.

T. Becker et al., *Stochastische Risikomodellierung und statistische Methoden*, Statistik und ihre Anwendungen, https://doi.org/10.1007/978-3-662-69532-6_4

	H_0 wird angenommen	H_1 wird angenommen
H_0 trifft zu	korrekt	Fehler 1. Art
H_1 trifft zu	Fehler 2. Art	korrekt

H_0 wird in der Regel so gewählt, dass der Fehler 1. Art schwerwiegender ist. Aus diesem Grund werden Hypothesenstests so aufgebaut, dass die Wahrscheinlichkeit einen Fehler 1. Art zu begehen eine Schranke $\alpha \in (0, 1)$ nicht übersteigt.

Die Überprüfung von H_0 geschieht mit einer Prüfgröße T, das ist eine messbare Abbildung $T : \mathbb{R}^n \longrightarrow \mathbb{R}$, die Zufallsvariable $T(\mathbf{X})$ heißt **Teststatistik.** Bei der Durchführung eines Hypothesentests geht man wie folgt vor:

a) Man wählt das **(Signifikanz)Niveau** $\alpha \in (0, 1)$. Typische Werte sind $\alpha = 5\,\%, \alpha = 1\,\%$.
b) Man bestimmt einen Verwerfungsbereich $B \subset \mathbb{R}$ für H_0, so dass

$$P_{\boldsymbol{\vartheta}}(T(\mathbf{X}) \in B) \leq \alpha \tag{4.1}$$

für alle $\boldsymbol{\vartheta} \in \Theta_0$ gilt.
c) H_0 wird verworfen, wenn $T(\mathbf{x}) \in B$ gilt. Wegen b) ist die Wahrscheinlichkeit einen Fehler 1. Art zu begehen, kleiner oder gleich α.

4.1.1 *p*-Werte

In der Praxis wird statistische Software eingesetzt. Bei Hypothesentests wird meist keine Testentscheidung mitgeteilt sondern es wird der ***p*-Wert** $p(\mathbf{x})$ berechnet.

Angenommen $T(\mathbf{x}) \notin B$, d. h. H_0 wird zum Niveau α nicht verworfen. Dann wird H_0 auch zu einem niedrigeren Signifikanzniveau $\tilde{\alpha}$ mit $\tilde{\alpha} < \alpha$ nicht verworfen. Für ein $\tilde{\alpha} > \alpha$ kann jedoch beides eintreten, Verwerfung oder nicht. Der p-Wert ist das höchste Niveau, so dass H_0 nicht verworfen wird.

Der Verwerfungsbereich B hängt, wie aus (4.1) ersichtlich, von α ab, deshalb schreiben wir auch B_α. Nimmt man $B_{\alpha_1} \subset B_{\alpha_2}$ für $\alpha_1 < \alpha_2$ an (das ist bei den Tests, die später vorgestellt werden der Fall), dann erfüllt der p-Wert $p(\mathbf{x})$

$$p(\mathbf{x}) = \sup\{\tilde{\alpha} \in (0, 1) : T(\mathbf{x}) \notin B_{\tilde{\alpha}}\} = \inf\{\tilde{\alpha} \in (0, 1) : T(\mathbf{x}) \in B_{\tilde{\alpha}}\}.$$

Gibt man sich das Signifikanzniveau α vor und gilt $p(\mathbf{x}) < \alpha$, dann wird H_0 verworfen.

Anders formuliert, ist der p-Wert die Wahrscheinlichkeit unter H_0, dass die Teststatistik $T(\mathbf{X})$ so extrem oder extremer in Richtung der Alternative ausfällt als der aktuelle Wert von $T(\mathbf{x})$.

Beispiel 4.1 (Dänische Feuerschäden, Lognormal-Verteilung) Wir betrachten wie in Beispiel 3.1 dänische Feuerschäden, die 20 Mio. DKK überschreiten. Diesmal nehmen wir an, dass die Überschäden (Schaden−20 Mio.) Lognormal-verteilt $\mathscr{LN}(\mu, \sigma^2)$ sind. Für die *logarithmierten* Überschäden ergibt sich der Mittelwert $\overline{x} = 2{,}058$ Mio. und die empirische Standardabweichung $s = 1{,}672$ Mio. Wir untersuchen die Hypothese $\mu = 2{,}3$ Mio.

Die Nullhypothese lautet $H_0 : \mu = 2{,}3$. Wir wenden den t-Test an. Testgröße ist

$$T(\mathbf{X}) = \frac{\overline{\mathbf{X}} - \mu_0}{S}\sqrt{n}, \qquad \overline{\mathbf{X}} = \frac{1}{n}\sum_{i=1}^{n} X_i, \qquad S = \sqrt{\frac{1}{n-1}\sum_{i=1}^{n}(X_i - \overline{\mathbf{X}})^2}.$$

In unserem Beispiel ist

$$T(\mathbf{x}) = \frac{2{,}058 - 2{,}3}{1{,}672}\sqrt{36} = -0{,}868.$$

Der Verwerfungsbereich ist (s. 4.1.3)

$$B = (-\infty, -t_{n-1,1-\alpha/2}) \cup (t_{n-1,1-\alpha/2}, \infty),$$

wobei $t_{n-1,1-\alpha/2}$ das $1 - \alpha/2$-Quantil der t-Verteilung mit $n - 1$ Freiheitsgraden ist. Für unterschiedliche α ergeben sich somit mit 35 Freiheitsgraden folgende Verwerfungsbereiche (vergleiche Abb. 4.1):

α	B	H_0 wird
0,50	$(-\infty, -0{,}68) \cup (0{,}68, \infty)$	verworfen
0,25	$(-\infty, -1{,}17) \cup (1{,}17, \infty)$	nicht verworfen
0,10	$(-\infty, -1{,}69) \cup (1{,}69, \infty)$	nicht verworfen
0,05	$(-\infty, -2{,}03) \cup (2{,}03, \infty)$	nicht verworfen

H_0 wird somit zu einem Niveau von $\alpha = 5\,\%$ nicht verworfen. Der p-Wert beträgt 0,391.

□

4.1.2 Gütefunktion, Teststärke

Seien das Signifikanzniveau α und der Verwerfungsbereich $B \subset \mathbb{R}$ fest. Die **Gütefunktion** $G : \Theta \longrightarrow \mathbb{R}$,

$$G(\vartheta) := P_\vartheta(T(\mathbf{X}) \in B)$$

gibt für jeden Wert ϑ die Wahrscheinlichkeit an, dass H_0 abgelehnt wird. Für $\vartheta \in \Theta_0$ ist $G(\vartheta)$ also die Wahrscheinlichkeit des Fehlers erster Art, und laut (4.1) gilt $G(\vartheta) \leq \alpha$. Für $\vartheta \in \Theta_1$ heißt $G(\vartheta)$ die **Teststärke.** In diesem Fall ist

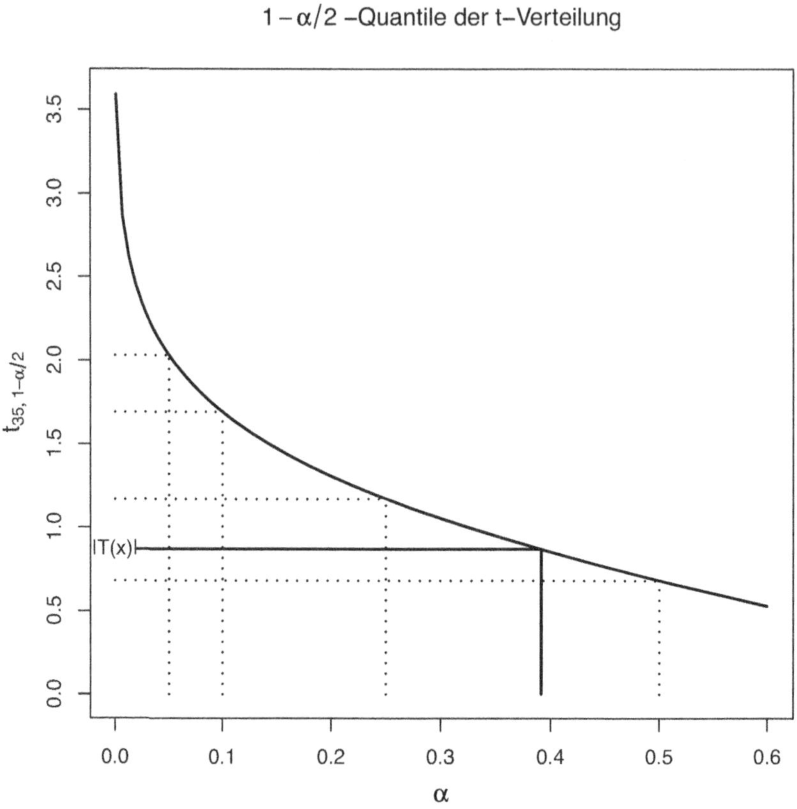

Abb. 4.1 Im Beispiel 4.1 ergibt sich der p – Wert $= P_{H_0}(|T(\mathbf{X})| > 0{,}868) = 0{,}391$

$$\beta(\vartheta) := 1 - G(\vartheta) = P_\vartheta(T(\mathbf{X}) \notin B),\ \vartheta \in \Theta_1$$

die Wahrscheinlichkeit des Fehlers zweiter Art. Die Teststärke erhöht sich mit dem Stichprobenumfang.

Beispiel 4.2 (Fortsetzung Beispiel 4.1*)* Für die Situation in Beispiel 4.1 ergibt sich Abb. 4.2. Nimmt man bei sonst gleichen Angaben an, dass der Stichprobenumfang $n = 121$ ist, dann wird bei gleichem Signifikanzniveau α die Teststärke größer, vergleiche Abb. 4.3 □

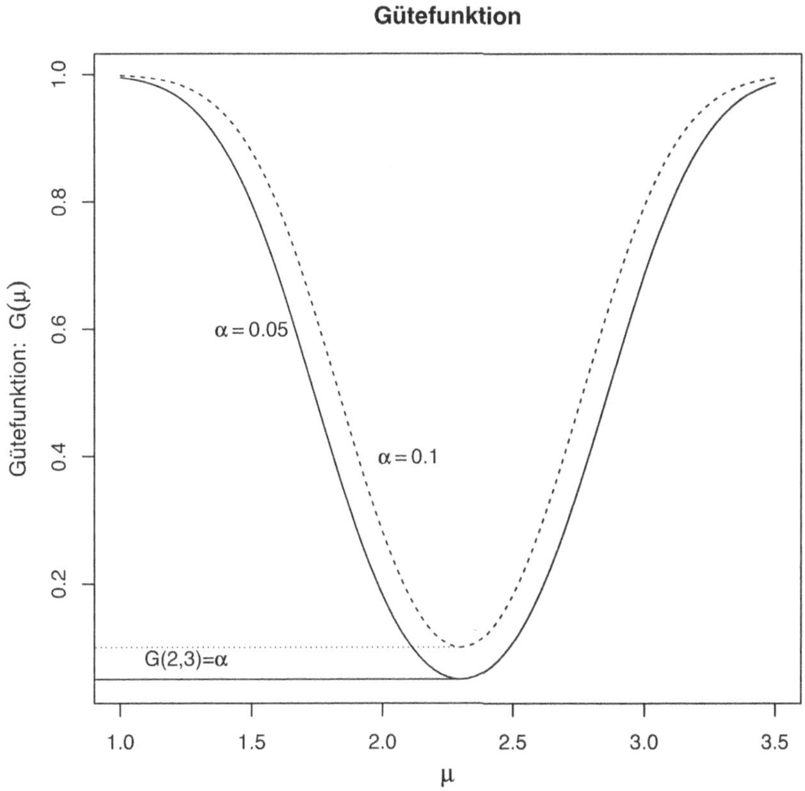

Abb. 4.2 Es gilt $\beta(\mu) = t(t_{n-1,1-\alpha/2}, n-1, \lambda(\mu)) - t(-t_{n-1,1-\alpha/2}, n-1, \lambda(\mu))$ mit $\lambda(\mu) := \frac{\mu-\mu_0}{s}\sqrt{n}$ mit $\mu_0 = 2,3$ und $t(\cdot, n-1, \lambda(\mu))$ die Verteilungsfunktion der dezentralen t-Verteilung mit $n-1$ Freiheitsgraden, vergleiche Pruscha [4], Seite 34. SRMfig4.2

4.1.3 Hypothesentests bei Normalverteilungsannahme

Wir skizzieren das Vorgehen beim Gauß- und beim t-Test. Beide Tests prüfen Hypothesen zum Erwartungswert. Beim zwei- bzw. einseitigen Test werden die Hypothesen

$$H_0 : \mu = \mu_0 \qquad H_1 : \mu \neq \mu_0 \text{ bzw.} \tag{4.2}$$

$$H_0 : \mu \leq \mu_0 \qquad H_1 : \mu > \mu_0 \tag{4.3}$$

zum Niveau $\alpha \in (0, 1)$ (α klein) geprüft. In der Folge betrachten wir die Realisierung $\mathbf{x} = (x_1, \ldots, x_n)^\top$ des Zufallsvektors $\mathbf{X} = (X_1, \ldots, X_n)^\top$ mit unabhängig, normalverteilten $\mathcal{N}(\mu, \sigma^2)$ Komponenten.

Beim **Gaußtest** wird angenommen, dass μ unbekannt und σ^2 bekannt ist. Dann ist die Testgröße

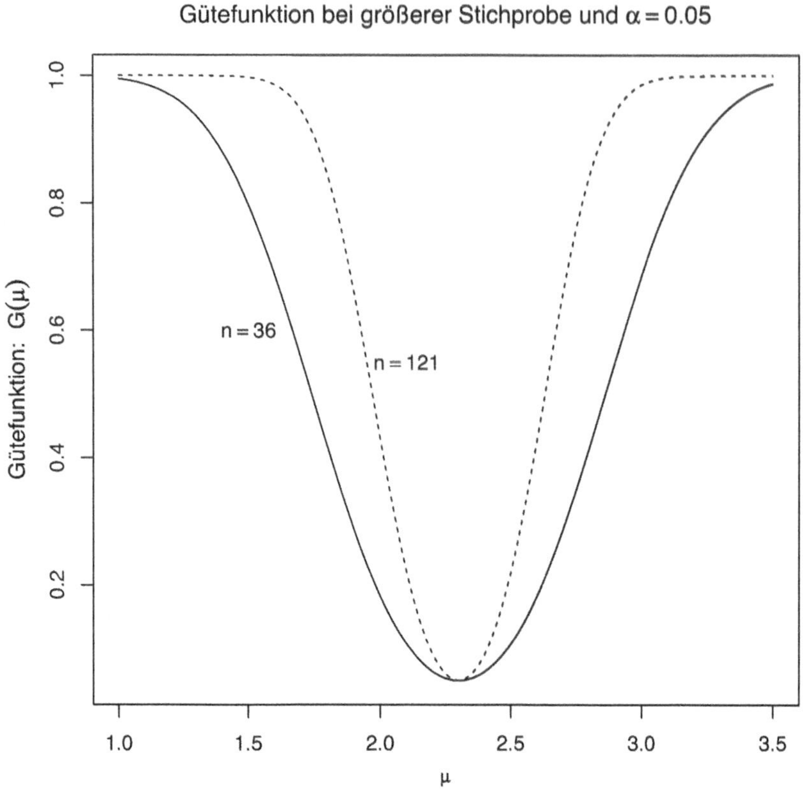

Abb. 4.3 Die Wahrscheinlichkeit des Fehlers zweiter Art wird bei größerem Stichprobenumfang kleiner

$$T(\mathbf{X}) := \frac{\overline{X} - \mu_0}{\sigma}\sqrt{n}, \qquad \overline{X} = \frac{1}{n}\sum_{i=1}^{n} X_i$$

normalverteilt $\mathcal{N}\left(\frac{\mu - \mu_0}{\sigma^2}, 1\right)$. Die Nullhypothese in (4.2) bzw. (4.3) wird abgelehnt, wenn

$$|T(\mathbf{x})| > u_{1-\alpha/2} \text{ bzw. } T(\mathbf{x}) > u_{1-\alpha}$$

gilt, wobei $u_{1-\alpha}$ das $1 - \alpha$-Quantil der Standardnormalverteilung bezeichnet.

Wird hingegen angenommen, dass sowohl μ als auch σ^2 unbekannt sind, wird der t**-Test** eingesetzt. Es wird die Testgröße

$$T(\mathbf{X}) := \frac{\overline{X} - \mu_0}{S}\sqrt{n}, \qquad \overline{X} = \frac{1}{n}\sum_{i=1}^{n} X_i, \quad S = \sqrt{\frac{1}{n-1}\sum_{i=1}^{n}(X_i - \overline{X})^2}.$$

betrachtet. Die Nullhypothese in (4.2) bzw. (4.3) wird abgelehnt, wenn

$$|T(\mathbf{x})| > t_{n-1,1-\alpha/2} \text{ bzw. } T(\mathbf{x}) > t_{n-1,1-\alpha}$$

gilt, wobei $t_{n-1,1-\alpha}$ das $1-\alpha$-Quantil der t-Verteilung mit $n-1$ Freiheitsgraden bezeichnet.

4.1.4 χ^2 Anpassungstest

Gegeben sei die Realisierung $\mathbf{x} = (x_1, \ldots, x_n)^\top$ des Zufallsvektors $\mathbf{X} = (X_1, \ldots, X_n)^\top$ mit unabhängig und identisch verteilten Komponenten und unbekannter Verteilungsfunktion F. Mit dem χ^2-Anpassungstest wird die Hypothese $H_0 : F = F_0$ für eine bestimmte Verteilungsfunktion F_0 überprüft.

Hierzu wird der Wertebereich von X_1 wird in r disjunkte Intervalle $I_1 \ldots, I_r$ zerlegt und

$$P_F(X_1 \in I_i) =: p_i, \text{ sowie } p_i^{(0)} := P_{F_0}(X_1 \in I_i) \quad i = 1, \ldots, r \tag{4.4}$$

definiert. Das Problem der Überprüfung ob $F = F_0$ gilt, wird auf die die Prüfung der Hypothesen

$$H_0 : (p_1, \ldots, p_r) = \left(p_1^{(0)}, \ldots, p_r^{(0)}\right) \tag{4.5}$$

$$H_1 : (p_1, \ldots, p_r) \neq \left(p_1^{(0)}, \ldots, p_r^{(0)}\right). \tag{4.6}$$

reduziert. Aus $X_1, \ldots, X_n$ werden die Häufigkeiten

$$Y_i = |\{X_k : x_k \in I_k\}|, \quad i = 1, \ldots, r$$

bestimmt. Die Testgröße

$$T(\mathbf{Y}) = \sum_{i=1}^{r} \frac{\left(Y_i - np_i^{(0)}\right)^2}{np_i^{(0)}}$$

ist unter H_0 für $n \to \infty$ asymptotisch χ^2_{r-1}-verteilt. Die Nullhypothese wird abgelehnt, wenn $T(\mathbf{y}) > \chi^2_{r-1,1-\alpha}$ gilt, wobei $\chi^2_{r-1,1-\alpha}$ das $1-\alpha$-Quantil der χ^2_{r-1}-Verteilung bezeichnet.

4.1.5 χ^2-Unabhängigkeitstest

Für einen zweidimensionalen Zufallsvektor $(X, Y)^\top$ soll überprüft werden, ob seine Komponenten X und Y unabhängig sind. Entsprechend dem Vorgehen beim χ^2-Anpassungstest zerlegen wir den Wertebereich von X bzw. Y in disjunkte Intervalle $I_1, \ldots, I_k$ bzw. $J_1, \ldots, J_l$ und definieren für $i \in \{1, \ldots, k\}$ und $j \in \{1, \ldots, l\}$

$$p_{ij} := P(X \in I_i, Y \in J_j),$$
$$p_{i\bullet} := P(X \in I_i) = \sum_{j=1}^{l} p_{ij},$$
$$p_{\bullet j} := P(Y \in J_j) = \sum_{i=1}^{k} p_{ij}.$$

Sind X und Y unabhängig, dann gilt für alle $i \in \{1, \ldots, k\}$ und $j \in \{1, \ldots, l\}$

$$p_{ij} = p_{i\bullet} \cdot p_{\bullet j}.$$

Die Eigenschaft der Unabhängigkeit von X und Y wird auf die Gültigkeit dieser Gleichungen reduziert.

Seien $(x_1, y_1), \ldots, (x_n, y_n)$ unabhängige Realisierungen von (X, Y),

$$n_{ij} := \left|\{(x_p, y_p) \in I_i \times J_j\}\right|, \quad \text{für } i \in \{1, \ldots, k\},\ j \in \{1, \ldots, l\}$$

die Anzahl der Realisierungen in $I_i \times J_j$ und

$$n_{i\bullet} := \sum_{j=1}^{l} n_{ij} \text{ bzw. } n_{\bullet j} := \sum_{i=1}^{k} n_{ij}$$

die Anzahl der Realisierungen mit erster bzw. zweiter Komponente in I_i bzw. J_j. Entsprechend definiert man von $(X_1, Y_1), \ldots, (X_n, Y_n)$ iid wie (X, Y) verteilt ausgehend, die Zufallsvariablen N_{ij}, $N_{i\bullet}$ und $N_{\bullet j}$. Geprüft wird

$H_0 : p_{ij} = p_{i\bullet} \cdot p_{\bullet j}$ für alle Paare (i, j) bei der Alternativhypothese
$H_1 : p_{ij} \neq p_{i\bullet} \cdot p_{\bullet j}$ für mindestens ein Paar (i, j).

Aus der Testgröße des χ^2-Anpassungstests ergibt sich als Testgröße

$$T((x_1, y_1), \ldots, (x_n, y_n)) := \sum_{i=1}^{k} \sum_{j=1}^{l} \frac{(n \cdot n_{ij} - n_{i\bullet} \cdot n_{\bullet j})^2}{n \cdot n_{i\bullet} \cdot n_{\bullet j}}.$$

$T((X_1, Y_1), \ldots, (X_n, Y_n))$ ist unter H_0 für großes n näherungsweise $\chi^2_{(k-1)(l-1)}$-verteilt. H_0 wird abgelehnt, wenn $T((x_1, y_1), \ldots, (x_n, y_n)) > \chi^2_{(k-1)(l-1),1-\alpha}$ gilt.

4.2 Stichprobenumfänge für klassische Testverfahren

Wir betrachten den Fehler 2. Art, insbesondere soll der Stichprobenumfang so bestimmt werden, dass die Wahrscheinlichkeit einen Fehler 2. Art zu begehen kleiner als $\beta \in (0, 1)$ ist:

$$P_{\boldsymbol{\vartheta}}(T(\mathbf{X}) \notin B) \leq \beta \text{ für alle } \boldsymbol{\vartheta} \in \Theta_1 \tag{4.7}$$

4.2.1 Gauß-Test, zweiseitig

Seien $X_i, i = 1, \ldots, n$ unabhängig, normalverteilt $\mathcal{N}(\mu, \sigma^2)$, wobei μ unbekannt und σ^2 bekannt sei. Wir prüfen

$$H_0 : \mu = \mu_0 \qquad H_1 : \mu \neq \mu_0.$$

Die Testgröße ist

$$T(\mathbf{X}) = \frac{\overline{\mathbf{X}} - \mu_0}{\sigma}\sqrt{n}, \qquad \overline{\mathbf{X}} = \frac{1}{n}\sum_{i=1}^{n} X_i.$$

Der Verwerfungsbereich ist

$$B = (-\infty, -u_{1-\alpha/2}) \cup (u_{1-\alpha/2}, \infty).$$

Lemma 4.3 *Die Ungleichung* (4.7) *ist erfüllt für*

$$n \geq \frac{\sigma^2(u_{1-\alpha/2} + u_{1-\beta})^2}{(\mu - \mu_0)^2}.$$

Beweis Es gilt

$$\begin{aligned}
&\text{unter } H_0 : T(\mathbf{X}) \sim \mathcal{N}(0, 1) \\
&\text{unter } H_1 : T(\mathbf{X}) \sim \mathcal{N}\left(\frac{\mu - \mu_0}{\sigma}\sqrt{n}, 1\right).
\end{aligned}$$

Die Wahrscheinlichkeit eines Fehlers 2. Art ist

$$\begin{aligned}
P_\mu(T(\mathbf{X}) \notin B) &= P_\mu(T(\mathbf{X}) \in [-u_{1-\alpha/2}, u_{1-\alpha/2}]) \\
&= \Phi\left(u_{1-\alpha/2} - \frac{\mu - \mu_0}{\sigma}\sqrt{n}\right) - \Phi\left(-u_{1-\alpha/2} - \frac{\mu - \mu_0}{\sigma}\sqrt{n}\right) \\
&= \Phi\left(u_{1-\alpha/2} + \frac{\mu - \mu_0}{\sigma}\sqrt{n}\right) - \Phi\left(\frac{\mu - \mu_0}{\sigma}\sqrt{n} - u_{1-\alpha/2}\right)
\end{aligned}$$

$$\leq \begin{cases} \Phi\left(u_{1-\alpha/2} - \frac{\mu-\mu_0}{\sigma}\sqrt{n}\right) & \mu > \mu_0 \\ \Phi\left(u_{1-\alpha/2} + \frac{\mu-\mu_0}{\sigma}\sqrt{n}\right) & \mu < \mu_0 \end{cases}.$$

(4.7) ist erfüllt, wenn

$$u_{1-\alpha/2} - \frac{\mu-\mu_0}{\sigma}\sqrt{n} \leq -u_{1-\beta} \text{ falls } \mu > \mu_0,$$
$$u_{1-\alpha/2} + \frac{\mu-\mu_0}{\sigma}\sqrt{n} \leq -u_{1-\beta} \text{ falls } \mu < \mu_0$$

gilt. Auflösen nach n ergibt in beiden Fällen

$$n \geq \frac{\sigma^2(u_{1-\alpha/2} + u_{1-\beta})^2}{(\mu-\mu_0)^2}.$$

□

4.2.2 Gauß-Test, einseitig

Mit den Bezeichnungen von vorher ist zu prüfen

$$H_0 : \mu \leq \mu_0 \qquad H_1 : \mu > \mu_0.$$

Die Testgröße ist

$$T(\mathbf{X}) = \frac{\overline{\mathbf{X}} - \mu_0}{\sigma}\sqrt{n}, \qquad \overline{\mathbf{X}} = \frac{1}{n}\sum_{i=1}^{n} \mathbf{X}_i.$$

Der Verwerfungsbereich ist

$$B = (u_{1-\alpha}, \infty).$$

Lemma 4.4 *Die Ungleichung* (4.7) *ist erfüllt für*

$$n \geq \frac{\sigma^2(u_{1-\alpha} + u_{1-\beta})^2}{(\mu-\mu_0)^2}.$$

Beweis Es gilt

$$P_\mu(T(\mathbf{X}) \notin B) = P_\mu(T(\mathbf{X}) \leq u_{1-\alpha}) = \Phi\left(u_{1-\alpha} - \frac{\mu-\mu_0}{\sigma}\sqrt{n}\right).$$

Die Ungleichung (4.7) ist erfüllt, falls für alle $\mu > \mu_0$

$$\Phi\left(u_{1-\alpha} - \frac{\mu - \mu_0}{\sigma}\sqrt{n}\right) \leq \beta$$

gilt. Die Behauptung folgt durch Auflösen nach n. □

Die gleiche untere Schranke des Stichprobenumfangs ergibt sich bei $H_0 : \mu \geq \mu_0$ und $H_1 : \mu < \mu_0$.

4.2.3 *t*-Test

Wie beim Gauß-Test seien X_i, $i = 1, \ldots, n$ unabhängig und normalverteilt $\mathcal{N}(\mu, \sigma^2)$ wobei μ und σ^2 unbekannt sind. Wir prüfen

$$\begin{aligned}&\text{zweiseitig } H_0 : \mu = \mu_0,\ H_1 : \mu \neq \mu_0,\\ &\text{einseitig } \quad H_0 : \mu \leq \mu_0,\ H_1 : \mu > \mu_0.\end{aligned}$$

Die Testgröße ist

$$T(\mathbf{X}) = \frac{\overline{\mathbf{X}} - \mu_0}{S}\sqrt{n}, \qquad \overline{X} = \frac{1}{n}\sum_{i=1}^{n} X_i, \quad S = \sqrt{\frac{1}{n-1}\sum_{i=1}^{n}(X_i - \overline{\mathbf{X}})^2}.$$

Die Verwerfungsbereiche sind gegeben durch

$$\begin{aligned}&\text{zweiseitig } B = (-\infty, -t_{n-1,1-\alpha/2}) \cup (t_{n-1,1-\alpha/2}, \infty)\\ &\text{einseitig } \quad B = (t_{n-1,1-\alpha}, \infty).\end{aligned}$$

Da n als groß vorausgesetzt wird, ersetzt man an dieser Stelle die Quantile der t-Verteilung durch die Quantile der Standardnormalverteilung und erhält

$$n \geq \frac{s^2(u_{1-\alpha/2} + u_{1-\beta})^2}{(\mu - \mu_0)^2}, \qquad \text{(zweiseitig)}$$

$$n \geq \frac{s^2(u_{1-\alpha} + u_{1-\beta})^2}{(\mu - \mu_0)^2}. \qquad \text{(einseitig)}$$

Diese Schranken erhält man wie in Lemma 4.3 und 4.4 mit der Modifikation, dass $T(\mathbf{X})$ t-verteilt $t_{n-1}\left(\frac{\mu-\mu_0}{\sigma}\sqrt{n}\right)$ ist, d. h. dezentral t-verteilt mit $n-1$ Freiheitsgraden und Dezentralitätsparameter $\frac{\mu-\mu_0}{\sigma}\sqrt{n}$ (s. Pruscha [4], S. 59).

4.3 Der Likelihood Quotienten Test

In diesem Abschnitt definieren wir Testgrößen mit Hilfe der Likelihoodfunktion und untersuchen deren asymptotische Verteilungseigenschaften. Daraus ergibt sich der Likelihood Quotienten Test (LQT), ein asymptotischer Hypothesentest. Wir bezeichnen wie in Abschn. 3.1 mit L bzw. ℓ die betreffende Likelihood- bzw. Log-Likelihoodfunktion.

Beispiel 4.5 (Binomialverteilung) Sei $X \sim B(50, \vartheta)$ und $\vartheta \in (0, 1)$. Eine Realisierung von X sei $x = 4$. Wir betrachten die Likelihoodfunktion $L : (0, 1) \longrightarrow (0, 1)$,

$$L(\vartheta) = \vartheta^4(1-\vartheta)^{46}.$$

Der ML Schätzer ist $\hat{\vartheta} = 0{,}08$ und

$$L(\hat{\vartheta}) = \left(\frac{4}{50}\right)^4 \left(\frac{46}{50}\right)^{46}.$$

Die relative Likelihoodfunktion $\tilde{L} : (0, 1) \longrightarrow (0, 1]$,

$$\tilde{L}(\vartheta) = \frac{L(\vartheta)}{L(\hat{\vartheta})} = 50^{50}\left(\frac{\vartheta}{4}\right)^4 \left(\frac{1-\vartheta}{46}\right)^{46}$$

nimmt an der Stelle $\hat{\vartheta}$ ihr Maximum 1 an, siehe Abb. 4.4. Der plausibelste Wert für ϑ ist $\hat{\vartheta} = 0{,}08$. Aber auch andere Werte in einer Umgebung von $\hat{\vartheta}$ sind plausibel. Angenommen es wird $\vartheta = 0{,}1$ vermutet. Dann ergibt sich

$$\tilde{L}(0, 1) = 0{,}88,$$

was auch plausibel erscheint. Eine Hypothese

$$H_0 : \vartheta = \vartheta_0$$

würde im Fall $\tilde{L}(\vartheta_0) < c$ verworfen, wobei c geeignet zu wählen ist, d. h. H_0 wird für alle $\vartheta_0 \in \{\tilde{L} < c\}$ verworfen. Daraus lässt sich auch ein Konfidenzintervall gewinnen. In Abb. 4.4 ist für die willkürliche Wahl von $c = 0{,}2$ der Verwerfungsbereich und das Konfidenzintervall skizziert. □

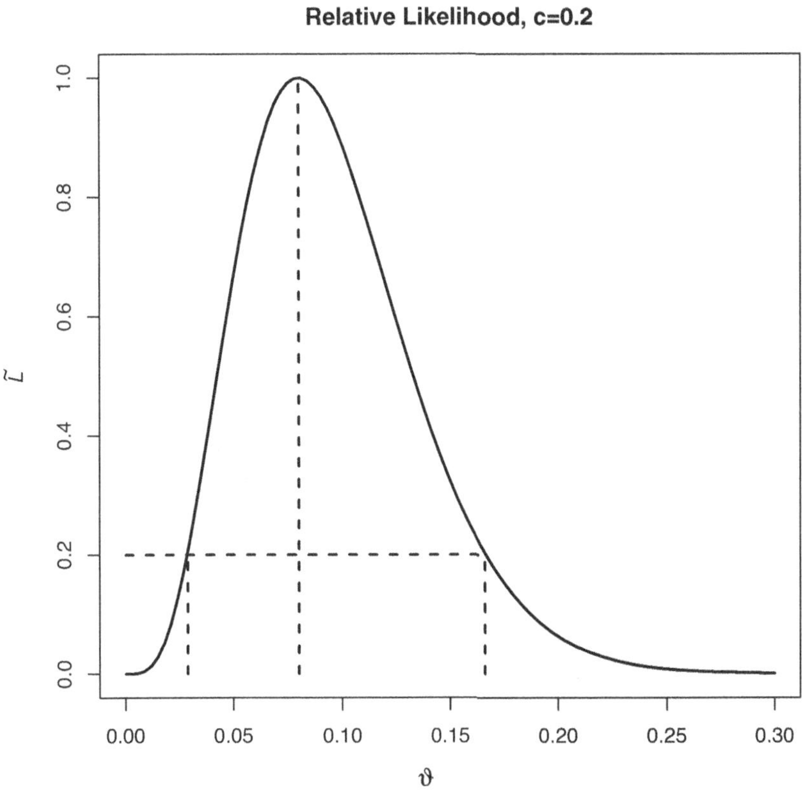

Abb. 4.4 Relative Likelihoodfunktion in Abhängigkeit des Parameters ϑ der $B(50, \vartheta)$ Verteilung für Beispiel 4.5

4.3.1 Der Test

In diesem Abschnitt seien $X_1, \ldots, X_n$ unabhängig und identisch wie X_1 verteilt, X_1 besitze die Dichte $g(x_1, \boldsymbol{\vartheta})$, die Score-Funktion $u(\boldsymbol{\vartheta})$ und die Informationsmatrix $\mathbf{I}(\boldsymbol{\vartheta})$. Zusätzlich erfülle die gemeinsame Dichte f von $\mathbf{X} := (X_1, \ldots, X_n)^\top$ die Regularitätsbedingungen in Definition 3.9 (a)–(d) und (3.15).

Gegeben seien $\Theta_0, \Theta_1 \subset \Theta$ disjunkt, $\Theta_0 \cup \Theta_1 = \Theta$. Zu testen ist die

$$\begin{aligned} &\text{Nullhypothese } H_0 : \boldsymbol{\vartheta} \in \Theta_0 \\ &\text{Alternative } \quad H_1 : \boldsymbol{\vartheta} \in \Theta_1 \end{aligned}$$

zum Niveau α. Als Testgröße verwenden wir den **Likelihood Quotienten**

$$\lambda : \mathscr{X} \longrightarrow [0, 1],$$
$$\lambda(\mathbf{x}) = \frac{\sup_{\boldsymbol{\vartheta} \in \Theta_0} L(\boldsymbol{\vartheta}, \mathbf{x})}{\sup_{\boldsymbol{\vartheta} \in \Theta} L(\boldsymbol{\vartheta}, \mathbf{x})} = \frac{\sup_{\boldsymbol{\vartheta} \in \Theta_0} L(\boldsymbol{\vartheta}, \mathbf{x})}{L(\hat{\boldsymbol{\vartheta}}, \mathbf{x})},$$

wobei L eine Likelihoodfunktion, $\mathscr{X}$ der Stichprobenraum und $\hat{\boldsymbol{\vartheta}}$ ein ML-Schätzer für $\boldsymbol{\vartheta}$ sei. Im Fall $\Theta_0 = \{\boldsymbol{\vartheta}_0\}$ gilt

$$\lambda(\mathbf{x}) = \frac{L(\boldsymbol{\vartheta}_0, \mathbf{x})}{L(\hat{\boldsymbol{\vartheta}}, \mathbf{x})}.$$

Wählt man λ_α so, dass für alle $\boldsymbol{\vartheta} \in \Theta_0$

$$P_{\boldsymbol{\vartheta}}(\lambda(\mathbf{X}) \leq \lambda_\alpha) \leq \alpha \tag{4.8}$$

gilt, ergibt sich der Verwerfungsbereich

$$B = [0, \lambda_\alpha]. \tag{4.9}$$

Äquivalent kann man man für $\mathbf{x} \in \mathscr{X}$ mit $\lambda(\mathbf{x}) \in (0, 1)$

$$W(\mathbf{x}) := -2 \ln \lambda(\mathbf{x})$$

als Testgröße verwenden, hier ergibt sich der Verwerfungsbereich

$$B = [-2 \ln \lambda_\alpha, \infty). \tag{4.10}$$

Im Fall $\Theta_0 = \{\boldsymbol{\vartheta}_0\}$ erhalten wir

$$W(\mathbf{x}) = -2 \left(\ell(\boldsymbol{\vartheta}_0, \mathbf{x}) - \ell(\hat{\boldsymbol{\vartheta}}, \mathbf{x}) \right)$$

und den Verwerfungsbereich aus (4.10) bestimmt man wie in Abb. 4.5, rechts angedeutet. Verwendet man hingegen (4.9), dann entspricht das dem Vorgehen in Abb. 4.5, links. Um λ_α so zu bestimmen, dass (4.8) erfüllt ist, muss man die Verteilung von $\lambda(\mathbf{X})$ kennen. Es gelten folgende Aussagen:

Satz 4.6 (Wilks) *Es mögen die Regularitätsbedingungen in Definition* 3.9 *(a)–(d) und* (3.15) *gelten. Sei* $\varphi : \Theta \longrightarrow \mathbb{R}^m$, $m \leq k$ *mit Rang* $(\mathbf{D}\varphi) = m$ *und* Θ_0 *gegeben durch*

$$\Theta_0 = \varphi^{-1}(\mathbf{0}).$$

Es sei $(\hat{\boldsymbol{\vartheta}}_n)_{n \in \mathbb{N}}$ *eine Folge von Schätzern wie in Satz* 3.25 *und* 3.28 *(insbesondere konsistent und asymptotisch normalverteilt). Dann gilt unter* H_0

$$-2 \ln \lambda(\mathbf{X}) \xrightarrow{d} \chi^2_m \quad (n \to \infty).$$

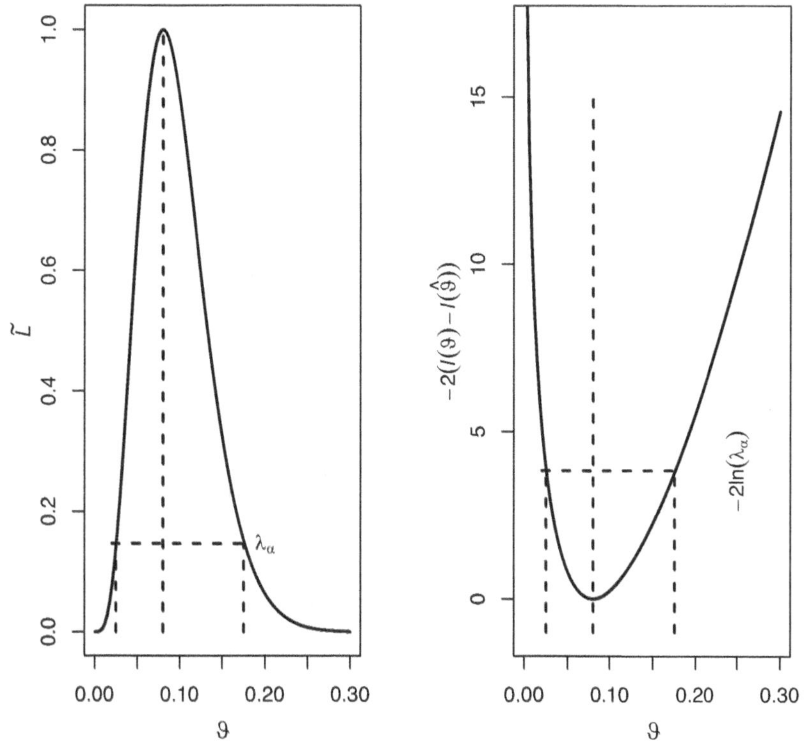

Abb. 4.5 Konstruktion des Verwerfungsbereichs. Links: relative Likelihoodfunktion. Rechts: Logarithmus der relativen Likelihoodfunktion falls $H_0 : \vartheta = \vartheta_0$

Folgerung: Likelihood Quotienten Test (LQT)
Das asymptotische Resultat von Satz 4.6 rechtfertigt folgendes Vorgehen:

- Zu einem Signifikanzniveau α wird H_0 verworfen, wenn gilt:

$$W(\mathbf{x}) \geq \chi^2_{m,1-\alpha} \text{ bzw. äquivalent}$$
$$\lambda(\mathbf{x}) \leq \exp\left(-\frac{\chi^2_{m,1-\alpha}}{2}\right) = \lambda_\alpha.$$

- Sei $\chi^2_m(x)$ der Wert in $x \geq 0$ der Verteilungsfunktion einer χ^2_m verteilten Zufallsvariablen. Dann ergibt sich der p-Wert zu

$$p(\mathbf{x}) = 1 - \chi^2_m(W(\mathbf{x})).$$

Beweis von Satz 4.6: Lehmann und Romano[2], S. 515, Theorem 12.4.2

Beweisidee für $k = 1$ und $H_0 : \vartheta = \vartheta_0$. Es gilt

$$\lambda(\mathbf{X}) = \frac{L(\vartheta_0, \mathbf{X})}{L(\hat{\vartheta}_n, \mathbf{X})}$$

also

$$W(\mathbf{X}) = -2(\ell(\vartheta_0, \mathbf{X}) - \ell(\hat{\vartheta}_n, \mathbf{X})).$$

Mit der Taylorentwicklung von ℓ in $\hat{\vartheta}_n$ ergibt sich

$$\begin{aligned} W(\mathbf{X}) &= -2\left(\underbrace{\ell'(\hat{\vartheta}_n)}_{=0}(\hat{\vartheta}_n - \vartheta_0) + \frac{\ell''(\tilde{\vartheta}_n)}{2}(\hat{\vartheta}_n - \vartheta_0)^2\right) \\ &= -\left\{n(\hat{\vartheta}_n - \vartheta_0)^2\right\}\left\{\frac{\ell''(\tilde{\vartheta}_n)}{n}\right\}, \end{aligned}$$

wobei $\tilde{\vartheta}_n$ zwischen $\hat{\vartheta}_n$ und ϑ_0 liegt. Für den ersten Faktor gilt laut Voraussetzung $\sqrt{n}(\hat{\vartheta}_n - \vartheta_0) \xrightarrow{d} \mathcal{N}(0, 1/I_n(\vartheta_0))$ für $n \to \infty$. Da $\hat{\vartheta}_n$ konsistent ist, folgt auch $\tilde{\vartheta}_n \xrightarrow{p} \vartheta_0\ (n \to \infty)$. Wie im Beweis von Satz 3.27 schließt man

$$\frac{\ell''(\hat{\vartheta}_n)}{n} \longrightarrow -I(\vartheta_0) \text{ f.s.} \quad (n \to \infty)$$

und mit (3.15)

$$\frac{\ell''(\tilde{\vartheta}_n)}{n} \xrightarrow{p} -I(\vartheta_0) \quad (n \to \infty).$$

Dies ergibt zusammen

$$\sqrt{n}(\hat{\vartheta}_n - \vartheta_0)\sqrt{\frac{\ell''(\tilde{\vartheta}_n)}{n}} \xrightarrow{d} \mathcal{N}(0, 1) \quad (n \to \infty)$$

und folglich mit dem continuous mapping Theorem (Satz A.8)

$$n(\hat{\vartheta}_n - \vartheta_0)^2 \frac{\ell''(\tilde{\vartheta}_n)}{n} \xrightarrow{d} \mathcal{N}(0, 1)^2 = \chi_1^2 \quad (n \to \infty).$$

□

Bemerkung 4.7 In Satz 4.6 ist Θ_0 in einer allgemeinen Form gegeben. Bei einer zweiparametrigen Verteilung wie z. B. $\mathcal{N}(\mu, \sigma^2)$ und $H_0 : \mu = \mu_0$ ist $\varphi : \mathbb{R} \times (0, \infty) \longrightarrow \mathbb{R}$ gegeben durch $\varphi(\mu, \sigma^2) = \mu - \mu_0$ und $\Theta_0 = \{\mu_0\} \times (0, \infty)$.

Beispiel 4.8 (Normalverteilung)

a) Seien $X_1, \dots, X_n \overset{iid}{\sim} \mathcal{N}(\mu, \sigma^2)$, σ^2 sei bekannt, $H_0 : \mu = \mu_0$ sei zu prüfen. Dann gilt

$$W(\mathbf{x}) = \frac{n}{\sigma^2}(\overline{x} - \mu_0)^2 \text{ mit } \overline{x} = \frac{1}{n}\sum_{i=1}^{n} x_i. \tag{4.11}$$

b) Seien $X_1, \dots, X_n \overset{iid}{\sim} \mathcal{N}(\mu, \sigma^2)$, sowohl μ als auch σ^2 seien unbekannt. $H_0 : \mu = \mu_0$ sei zu prüfen. Dann gilt

$$W(\mathbf{x}) = n \ln\left(1 + \frac{n}{n-1} \cdot \frac{(\overline{x} - \mu_0)^2}{s^2}\right) \tag{4.12}$$

$$\text{mit } \overline{\mathbf{x}} = \frac{1}{n}\sum_{i=1}^{n} x_i,\ s^2 = \frac{1}{n-1}\sum_{i=1}^{n}(x_i - \overline{\mathbf{x}})^2.$$

Beweis (a) Da die Varianz bekannt ist, gilt $\Theta = \mathbb{R}$, $\Theta_0 = \{\mu_0\}$. Wie in Beispiel 3.6 ist $\hat{\mu} = \frac{1}{n}\sum_{i=1}^{n} x_i = \overline{\mathbf{x}}$, der ML-Schätzer für μ. Mit Beispiel 3.3 (b) folgt weiter

$$\begin{aligned} W(\mathbf{x}) &= -2(\ell(\mu_0) - \ell(\hat{\mu})) = -2(\ell(\mu_0) - \ell(\overline{\mathbf{x}})) \\ &= -2\left(-\frac{1}{2\sigma^2}\sum_{i=1}^{n}(x_i - \mu_0)^2 + \frac{1}{2\sigma^2}\sum_{i=1}^{n}(x_i - \overline{\mathbf{x}})^2\right) \\ &= \frac{n}{\sigma^2}(\overline{\mathbf{x}} - \mu_0)^2. \end{aligned}$$

(b) Wir betrachten die Likelihoodfunktion

$$L(\mu, \sigma^2) = \frac{1}{(2\pi\sigma^2)^{n/2}} \exp\left(-\frac{1}{2\sigma^2}\sum_{i=1}^{n}(x_i - \mu)^2\right).$$

Die ML-Schätzer für μ und σ^2 sind laut Beispiel 3.3 (b)

$$\hat{\mu} = \overline{\mathbf{x}} = \frac{1}{n}\sum_{i=1}^{n} x_i, \qquad \hat{\sigma}^2 = \frac{1}{n}\sum_{i=1}^{n}(x_i - \overline{\mathbf{x}})^2.$$

Eingesetzt ergibt das

$$L(\hat{\mu}, \hat{\sigma}^2) = \frac{1}{(2\pi\hat{\sigma}^2)^{n/2}} \exp\left(-\frac{n}{2}\right).$$

Mit $\Theta = \mathbb{R} \times (0, \infty)$, $\Theta_0 = \{\mu_0\} \times (0, \infty)$ gilt

$$\sup_{\sigma^2 > 0} L(\mu_0, \sigma^2) = L(\mu_0, \hat{\sigma}_0^2), \qquad \hat{\sigma}_0^2 := \frac{1}{n}\sum_{i=1}^{n}(x_i - \mu_0)^2,$$

also

$$L(\mu_0, \hat{\sigma}_0^2) = \frac{1}{(2\pi\hat{\sigma}_0^2)^{n/2}} \exp\left(-\frac{n}{2}\right).$$

Für den Likelihood Quotienten ergibt sich somit

$$\begin{aligned}
\lambda(\mathbf{x}) &= \left(\frac{\sum_{i=1}^n (x_i - \mu_0)^2}{\sum_{i=1}^n (x_i - \overline{\mathbf{x}})^2}\right)^{-n/2} = \left(\frac{\sum_{i=1}^n (x_i - \overline{\mathbf{x}} + \overline{\mathbf{x}} - \mu_0)^2}{\sum_{i=1}^n (x_i - \overline{\mathbf{x}})^2}\right)^{-n/2} \\
&= \left(\frac{\sum_{i=1}^n (x_i - \overline{\mathbf{x}})^2 + n(\overline{\mathbf{x}} - \mu_0)^2 + 2(\overline{\mathbf{x}} - \mu_0)\sum_{i=1}^n (x_i - \overline{\mathbf{x}})}{\sum_{i=1}^n (x_i - \overline{\mathbf{x}})^2}\right)^{-n/2} \\
&= \left(1 + \left(\frac{\sqrt{n}(\overline{\mathbf{x}} - \mu_0)}{\sqrt{\frac{1}{n-1}\sum_{i=1}^n (x_i - \overline{\mathbf{x}})^2}}\right)^2 \frac{1}{n-1}\right)^{-n/2}
\end{aligned}$$

Es folgt

$$-2\ln\lambda(\mathbf{x}) = n\ln\left(1 + \frac{T_n^2(\mathbf{x})}{n-1}\right) \text{ mit } T_n(\mathbf{x}) := \frac{\sqrt{n}(\hat{\mu} - \mu_0)}{\sqrt{\frac{1}{n-1}\sum_{i=1}^n (x_i - \overline{\mathbf{x}})^2}}$$

□

Bemerkung 4.9

a) Im Falle der Normalverteilung enthalten (4.11) bzw. (4.12) die Teststatistiken von Gauß- bzw. t-Test:

$$\begin{aligned}
&(4.11) \Longrightarrow W(\mathbf{x}) = T_n^2(\mathbf{x}) && \text{mit } T_n(\mathbf{x}) = \frac{\overline{\mathbf{x}} - \mu_0}{\sigma}\sqrt{n} \\
&(4.12) \Longrightarrow W(\mathbf{x}) = n\ln\left(1 + \frac{T_n^2(\mathbf{x})}{n-1}\right) && \text{mit } T_n(\mathbf{x}) = \frac{\overline{\mathbf{x}} - \mu_0}{s}\sqrt{n}
\end{aligned} \tag{4.13}$$

b) Mit den Darstellungen (4.11) bzw. (4.12) des Beispiels 4.8 erhält man die Konvergenzaussage von Satz 4.6, bei Vorliegen der Normalverteilung auch direkt.

   (i) Bei bekannter Varianz folgt dies aus $\frac{\overline{\mathbf{X}} - \mu_0}{\sigma}\sqrt{n} \sim \mathcal{N}(0, 1)$.

   (ii) Bei unbekannter Varianz gilt $T_n(\mathbf{X}) \sim t_{n-1} \xrightarrow{d} \mathcal{N}(0, 1)$ und für $X_n := \frac{T_n^2}{n-1}$

$$nX_n \xrightarrow{d} \chi_1^2 \quad (n \to \infty).$$

   Insbesondere folgt also $X_n = O_p(1/n)$ wegen Satz A.10. Mit Satz A.11 angewendet auf X_n und $f(x) = \ln(1 + x)$ gilt

$$f(X_n) = X_n + o_p(1/n)$$

und somit für $n \to \infty$

$$n \ln\left(1 + \frac{T_n(\mathbf{X})^2}{n-1}\right) = n\left(\frac{T_n(\mathbf{X})^2}{n-1} + o_P(1/n)\right) = n\frac{T_n(\mathbf{X})^2}{n-1} + o_P(1) \xrightarrow{d} \chi_1^2.$$

□

Beispiel 4.10 (Dänische Feuerschäden) In Beispiel 4.1 ergibt sich für

$$H_0 : \mu = 2,3$$

mit dem Likelihood Quotienten Test

$$W(\mathbf{x}) \overset{(4.13)}{=} 36 \ln\left(1 + \frac{1}{35} \cdot (-0{,}8682)^2\right) = 0{,}767.$$

Wegen $\chi^2_{1,\frac{95}{100}} = 3{,}842$ wird H_0 nicht verworfen. Der p-Wert $p(\mathbf{x})$ ergibt sich aus $p(\mathbf{x}) = 1 - \chi_1^2(0{,}767) = 0{,}381$ (im Vergleich zu $p(\mathbf{x}) = 0{,}391$ in Beispiel 4.1). □

Beispiel 4.11 (Binomialverteilung, Fortsetzung von Bsp. 4.5*)* Verwendet man den LQT zum Überprüfen von $H_0 : \vartheta = 0{,}1$ zum Niveau 10 %, dann wird die Nullhypothese nicht verworfen: Es ergibt sich $\tilde{L}(0, 1) = 0{,}888$ und

$$W(\mathbf{x}) = -2\ln(\tilde{L}(0, 1)) = 0{,}237 < \chi^2_{1,\frac{9}{10}} = 2{,}706.$$

Als p-Wert erhalten wir

$$p(\mathbf{x}) = 1 - \chi_1^2(0{,}237) = 0{,}626.$$

□

Beispiel 4.12 (Gegenbeispiel zum Satz 4.6*)* Seien $X_1, \ldots, X_n \overset{iid}{\sim} X_1$ mit Dichte

$$g(t) = \begin{cases} e^{-(t-\vartheta)} & t > \vartheta \\ 0 & \text{sonst}\,. \end{cases}$$

Dann gilt unter H_0: $\vartheta = \vartheta_0$

$$W(\mathbf{X}) \sim \chi_2^2$$

und nicht $W(\mathbf{X}) \sim \chi_1^2$ wie die Anzahl der Parameter $k = 1$ erwarten ließe. Die Dichten g_ϑ besitzen nicht alle denselben Träger, damit sind die Voraussetzungen von Satz 4.6 nicht erfüllt.

Beweis Es gilt

$$L(\mathbf{x}, \vartheta) = 1_{(-\infty, x_{(1)})}(\vartheta) \exp\left(n\vartheta - \sum_{i=1}^{n} x_i\right), \qquad x_{(1)} := \min\{x_1, \ldots, x_n\},$$

also $L(\mathbf{x}, \vartheta) = 0$ für $\vartheta > x_{(1)}$ und $L(\mathbf{x}, \cdot)$ wächst monoton auf $(-\infty, x_{(1)})$. Damit ist $\hat{\vartheta} = \min\{X_1, \ldots, X_n\} =: X_{(1)}$ ML-Schätzer. Es gilt

$$\lambda(\mathbf{x}) = e^{n(\vartheta - \hat{\vartheta})}$$

und somit

$$W(\mathbf{X}) = 2n(\hat{\vartheta} - \vartheta) = 2n(X_{(1)} - \vartheta).$$

Unter H_0 folgt schließlich nach kurzer Rechnung $W(\mathbf{X}) \sim \mathcal{E}(1/2) = \chi_2^2$. □

4.3.2 Konfidenzbereiche

Erfüllt das statistische Modell die Voraussetzungen des vorigen Abschnitts, dann ist

$$f_{\mathbf{X}}(\boldsymbol{\vartheta}) := 2(\ell(\mathbf{X}, \hat{\boldsymbol{\vartheta}}) - \ell(\mathbf{X}, \boldsymbol{\vartheta}))$$

für große n näherungsweise χ_m^2 verteilt. Dann ist

$$K(\mathbf{X}) := \{\boldsymbol{\vartheta} \in \Theta \,|\, 2(\ell(\mathbf{X}, \hat{\boldsymbol{\vartheta}}) - \ell(\mathbf{X}, \boldsymbol{\vartheta})) \leq \chi^2_{m,1-\alpha}\} = f_{\mathbf{X}}^{-1}\left((0, \chi^2_{m,1-\alpha}]\right)$$

ein Konfidenzbereich von $\boldsymbol{\vartheta}$ zum Niveau α, da

$$P_{\boldsymbol{\vartheta}}(\boldsymbol{\vartheta} \in K(\mathbf{X})) = P_{\boldsymbol{\vartheta}}(f_{\mathbf{X}}(\boldsymbol{\vartheta}) \in (0, \chi^2_{m,1-\alpha})) \approx 1 - \alpha$$

gilt. Es gilt auch (s. (4.10))

$$K(\mathbf{X}) = \left\{\boldsymbol{\vartheta} \in \Theta \,\middle|\, \frac{L(\boldsymbol{\vartheta})}{L(\hat{\boldsymbol{\vartheta}})} \geq \exp\left(-\frac{\chi^2_{m,1-\alpha}}{2}\right)\right\}.$$

Für Verteilungen mit einem Parameter, also $k = 1$, erhält man auf diese Weise Intervalle.

Beispiel 4.13 (Binomialverteilung, Fortsetzung Bsp. 4.5*)* Wie lauten die Konfidenzintervalle zum Niveau $\alpha = 5\,\%$ bzw. $\alpha = 10\,\%$?

Konkret gilt mit obigen Bezeichnungen (s. auch Beispiel 4.5)

$$f_{\mathbf{X}}(\vartheta) = 8 \ln\left(\frac{\hat{\vartheta}}{\vartheta}\right) - 92 \ln\left(\frac{1 - \hat{\vartheta}}{1 - \vartheta}\right)$$

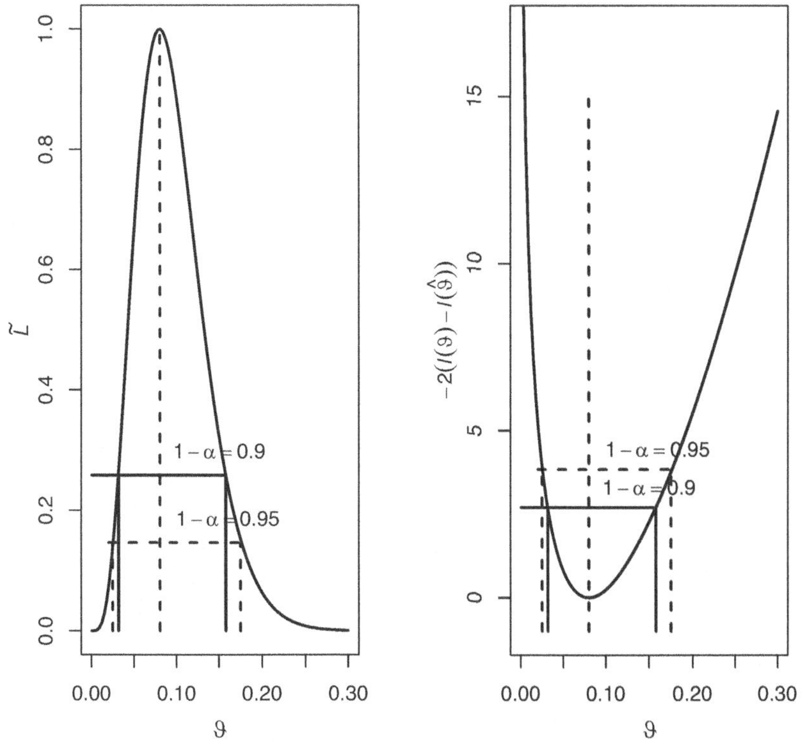

Abb. 4.6 Bestimmung von Konfidenzintervallen im Fall $k = 1$ im Beispiel 4.13: Links mit der relativen Likelihoodfunktion, rechts mit der logarithmierten relativen Likelihoodfunktion. SRMfig4.6

und mit $\hat{\vartheta} = 0{,}08$, $\chi^2_{1,\frac{95}{100}} = 3{,}84$ bzw. $\chi^2_{1,\frac{9}{10}} = 2{,}71$ ergibt sich (mit numerischen Methoden oder graphisch, vgl. Abb. 4.6)

$$f_{\mathbf{X}}^{-1}\left((0\,;\ 3{,}84)\right) = (0{,}026\,;\ 0{,}176) \text{ bzw.}$$
$$f_{\mathbf{X}}^{-1}\left((0\,;\ 2{,}71)\right) = (0{,}032\,;\ 0{,}158).$$

□

4.4 Verteilungsunabhängige Tests

Im Folgenden werden Testverfahren vorgestellt, die ohne Verteilungsannahmen auskommen. Diese Verfahren heißen **verteilungsunabhängig** (auch **nicht parametrisch**) und werden in Abschn. 9.7 verwendet.

Zunächst skizzieren wir den exakten Binomialtest, der bei einigen der nicht parametrischen Verfahren angewendet wird.

4.4.1 Der exakte Binomialtest

Sei $X \sim B(n, p)$. Wir betrachten in der folgenden Tabelle die Verwerfungsbereiche B für ein- bzw. zweiseitige Tests für p mit $p_0 \in (0, 1)$:

$$\begin{array}{rlll} & (i) & (ii) & (iii) \\ H_0: & p \geq p_0 & p \leq p_0 & p = p_0, \\ H_1: & p < p_0 & p > p_0 & p \neq p_0, \\ B: & \{0, \ldots, k\} & \{k, \ldots, n\} & \{0, \ldots, k_1\} \cup \{k_2, \ldots, n\}. \end{array}$$

Zum Signifikanzniveau $\alpha \in (0, 1)$ werden k bzw. k_1, k_2 so gewählt, dass

$$\begin{array}{ll} \text{zu } (i) & P_{p_0}(X \leq k) \leq \alpha < P_{p_0}(X \leq k+1) \\ \text{zu } (ii) & P_{p_0}(X \leq k-2) \leq 1-\alpha < P_{p_0}(X \leq k-1) \\ \text{zu } (iii) & P_{p_0}(X \leq k_1) \leq \frac{\alpha}{2} < P_{p_0}(X \leq k_1+1) \text{ und} \\ & P_{p_0}(X \leq k_2-2) \leq 1-\frac{\alpha}{2} < P_{p_0}(X \leq k_2-1) \end{array}$$

gilt. Im Spezialfall $p_0 = 0{,}5$ gilt $k_2 = n - k_1$ wegen der Symmetrie der $B\left(n, \frac{1}{2}\right)$-Verteilung. Für große Stichprobenumfänge n kann man die „Normalapproximation“ zur Bestimmung der kritischen Werte verwenden.

Beispiel 4.14 (Binomialverteilung) Sei $X \sim B(50, p)$ und $p \in (0, 1)$. Eine Realisierung von X sei $x = 4$ und $p_0 = 0{,}1$. Für die Verteilungsfunktion von $B\left(50, \frac{1}{10}\right)$ gilt

x	0	1	2	7	8	9
$P(X \leq x)$	0,0052	0,0338	0,1117	0,8779	0,9421	0,9754

Bei $\alpha = 0{,}05$ ergeben sich die folgenden Verwerfungsbereiche:

$$\begin{array}{rlll} & (i) & (ii) & (iii) \\ H_0: & p \geq 0{,}1 & p \leq 0{,}1 & p = 0{,}1 \\ H_1: & p < 0{,}1 & p > 0{,}1 & p \neq 0{,}1 \\ B: & \{0,1\} & \{10, \ldots, 50\} & \{0\} \cup \{10, \ldots, 50\}. \end{array}$$

Bei $x = 4$ wird keine der Hypothesen verworfen. □

Um die unbefriedigende Situation des vorigen Beispiels, dass keine der drei sehr unterschiedlichen Hypothesen verworfen wird, zu mildern, müsste man einen größeren Stichprobenumfang n verwenden. Wie in Abschn. 4.2 verwendet man den Fehler $\beta \in (0, 1)$ zweiter Art zur Bestimmung des Mindeststichprobenumfangs. Nach Hedderich und Sachs [1], S. 435, (7.44) ergibt sich mit Hilfe der Normalverteilungsapproximation der Binomialverteilung

$$n \geq \frac{(u_{1-\alpha} + u_{1-\beta})^2}{(p - p_0)^2}(p(1-p) + p_0(1-p_0)) \qquad \text{für einseitige Tests und}$$

$$n \geq \frac{(u_{1-\alpha/2} + u_{1-\beta})^2}{(p - p_0)^2}(p(1-p) + p_0(1-p_0)) \qquad \text{für zweiseitige Tests.}$$

Falls der wahre Wert p um mindestens $\delta = p - p_0$ abweicht, dann wird dies bei einer Stichprobe vom Umfang n mit einer Wahrscheinlichkeit $1 - \beta$ erkannt.

Beispiel 4.15 Sei $X \sim B(n, p)$. Es soll $p \leq 0{,}1$ mit $\alpha = 0{,}05$ und $\beta = 0{,}2$ getestet werden. Gilt $p = 0{,}2$, dann folgt

$$n \geq \frac{(1{,}64 + 0{,}84)^2}{0{,}1^2} \cdot 0{,}25 = 153{,}76 \Longrightarrow n \geq 154.$$

Der Verwerfungsbereich bei $n = 154$ für $H_0 : p \geq 0{,}1$ ist $B = \{0, \ldots, 9\}$, der Test verwirft relative Häufigkeiten bis $\frac{9}{154} \approx 5{,}8\,\%$. □

4.4.2 Der Vorzeichentest

Die Beispiele dieses Abschnitts sind Lehn und Wegmann [3] S. 163-168 entnommen. Eine Anwendung findet man auch in Abschn. 9.7.1.

Beispiel 4.16 (Wirkung von Medikamenten, Lehn und Wegmann [3]*, S. 163, Beispiel 3.53).* 20 Patienten werden jeweils mit Medikament A und B gegen Schlafstörungen behandelt und geben an, ob A oder B wirksamer ist. Gesucht ist eine Regel, um zu entscheiden, ob A und B gleich wirksam sind.

Seien die unabhängigen Zufallsvariablen $D_1, \ldots, D_{20}$ die Antworten der Patienten, mit den Werten 1 bzw. 0 für „A wirksamer“ bzw. „B wirksamer“. Zu prüfen ist

$$H_0 : P(D_i = 0) = P(D_i = 1) = \frac{1}{2} \text{ für alle } i = 1, \ldots, 20.$$

Unter H_0 gilt $V := \sum_{i=1}^{n} D_i \sim B\left(20, \frac{1}{2}\right)$. Mit dem exakten Binomialtest ergibt sich für das Niveau $\alpha = 5\,\%$ der Verwerfungsbereich $\{0, \ldots, 5\} \cup \{15, \ldots, 20\}$, wegen

$$0{,}5^{20} \sum_{i=0}^{5} \binom{20}{i} = 0{,}021 \text{ und } 0{,}5^{20} \sum_{i=0}^{6} \binom{20}{i} = 0{,}058.$$

Die Medikamente werden als nicht gleichwertig angesehen, wenn sich mehr als 14 oder weniger als 6 Patienten für Medikament A aussprechen. □

Das Vorgehen in Beispiel 4.16 wird wie folgt verallgemeinert: Es seien $D_1, \ldots, D_n : \Omega \longrightarrow \{0, 1\}$ unabhängige Zufallsvariable (Patient i spricht sich für Medikament A aus) und

$$V = \sum_{i=1}^{n} D_i .$$

Unter der Nullhypothese

$$H_0 : P(D_i = 1) = P(D_i = 0) = \frac{1}{2}, \; i = 1, \ldots, n$$

ist $V \sim B\left(n, \frac{1}{2}\right)$-verteilt. Mit dem Binomialtest von Abschn. 4.4.1 ergibt sich der Verwerfungsbereich zum Niveau α

$$B = \{0, 1, 2, \ldots, k\} \cup \{n - k, \ldots, n\}. \tag{4.14}$$

Dieses Testverfahren kann auch angewendet werden, wenn die zu analysierenden Daten nicht als Ja-Nein-Antworten (bzw. A besser als B oder B besser als A) sondern als reelle Zahlen vorliegen.

i	x_i	y_i	$x_i - y_i$	+/-
1	44,6	44,7	$-0,1$	$-$
2	55,0	54,8	0,2	+
3	52,5	55,6	$-3,1$	$-$
4	50,2	55,2	$-5,0$	$-$
5	45,2	45,6	$-0,4$	$-$
6	46,0	47,7	$-1,7$	$-$
7	52,0	53,0	$-1,0$	$-$
8	50,2	49,9	0,3	+
9	50,7	52,2	$-1,5$	$-$
10	49,2	50,6	$-1,4$	$-$
11	47,3	46,1	1,2	+
12	50,1	52,3	$-2,2$	$-$
13	51,6	53,9	$-2,3$	$-$
14	48,7	47,1	1,6	+
15	54,2	57,2	$-3,0$	$-$
16	46,1	52,7	$-6,6$	$-$
17	49,9	49,0	0,9	+
18	52,3	54,9	$-2,6$	$-$
19	48,7	51,4	$-2,7$	$-$
20	56,9	56,1	0,8	+

Beispiel 4.17 (Vergleich von Bremswirkungen, Lehn und Wegmann, [3], *S. 165, Beispiel 3.54)* Die Bremswirkung zweier Reifenprofile A und B sollen auf Gleichwertigkeit geprüft werden. Hierzu werden 20 Fahrzeuge einmal mit Profil A und einmal mit Profil B bestückt und bei jeweils gleichen Bedingungen abgebremst. Es ergaben sich folgende Bremswege:

Der Bremsweg des i-ten Fahrzeugs mit Profil A bzw. B sei die Zufallsvariable X_i bzw. Y_i, $i = 1, \ldots, 20$. Man kann die Paare (X_i, Y_i) als unabhängig annehmen, nicht aber die X_i und Y_i bei gleichem i. Die Zufallsvariablen $D_i = X_i - Y_i$, $i = 1, \ldots, 20$ (die Differenzen der Bremswege) können jedoch als unabhängig angenommen werden. Zusätzlich seien die D_i , $i = 1, \ldots, 20$ stetig verteilt, also $P(D_i = 0) = 0$. Die Profile sind gleichwertig, wenn

$$H_0 : \; P(D_i > 0) = P(D_i < 0) = \frac{1}{2} \text{ für alle } i = 1, \ldots, 20$$

gilt. Unter H_0 ist die Zufallsvariable

$$V = \sum_{i=1}^{n} 1_{\{D_i > 0\}}$$

$B\left(20, \frac{1}{2}\right)$-verteilt. V ist die Anzahl der Fahrzeuge, deren Bremsweg mit Reifenprofil A länger ist als mit Reifenprofil B. Es kann erneut der exakte Binomialtest verwendet werden. Wie im Beispiel 4.16 wird H_0 abgelehnt, wenn $v \in \{0, \ldots, 5\} \cup \{15, \ldots, 20\}$ gilt. Hier ist $v = 6$, H_0 wird nicht abgelehnt. □

Seien $(X_i, Y_i)^\top, i = 1, \ldots, n$ unabhängig, $D_i := X_i - Y_i$ seien stetig und identisch verteilt. Wir verwenden die Testgröße V, die Anzahl der positiven Differenzen

$$V = \sum_{i=1}^{n} 1_{\{D_i > 0\}}.$$

Unter

$$H_0 : P(D_i > 0) = P(D_i < 0) = \frac{1}{2} \text{ für alle } i = 1, \ldots, n \tag{4.15}$$

gilt $V \sim B(n, \frac{1}{2})$. Darum kann (4.14) ebenfalls zu einem Niveau-α-Test zum Prüfen der Nullhypothese H_0 verwendet werden.

Da bei dieser Entscheidungsregel lediglich die Vorzeichen der beobachteten Differenzen berücksichtigt werden, heißt sie **Vorzeichentest,** und wegen der paarweisen Zusammenfassung der Beobachtungsdaten spricht man vom Vorzeichentest bei **verbundenen Stichproben.** Die Nullhypothese in (4.15) besagt, dass 0 der Median von D_i ist, es handelt sich also um einen **Median-Test.**

4.4.3 Der Vorzeichen-Rang-Test

Das Testergebnis in Beispiel 4.17 ist nicht überzeugend. Die Bremswegunterschiede in den sechs Fällen, in denen mit der Profilsorte A längere Bremswege gemessen wurden, sind gering (maximal 1,6), während in den 14 anderen Fällen die Unterschiede teilweise deutlich größer sind (bis zu 6,6). Die verwendete Testgröße benutzt nur das Vorzeichen und nicht die Größenordnungen der Differenzen.

Man muss also eine Nullhypothese formulieren und eine Testgröße verwenden, bei der die Differenzen $D_1, \ldots, D_n$, berücksichtigt werden, etwa:

$$H_0 : \text{Die Differenzen } D_1, \ldots, D_n \text{ sind symmetrisch zum Ursprung verteilt}$$

oder, was äquivalent ist,

$$H_0 : P(D_i < -x) = P(D_i > x) \text{ für alle } x > 0,\ i = 1, \ldots, n.$$

Die Werte $|D_1|, \ldots, |D_n|$ werden aufsteigend sortiert und die Platznummer $rg(|D_i|)$ von $|D_i|$ bestimmt. Der signierte Rang R_i von $|D_i|$ ist $rg(|D_i|)$ mit dem Vorzeichen von D_i. Aus der Tabelle des Beispiels 4.17 ergeben sich die folgenden signierten Rangzahlen:

i	1	2	3	4	5	6	7	8	9	10	11	12	13	14	15	16	17	18	19	20
r_i	−1	+2	−18	−19	−4	−12	−7	+3	−10	−9	+8	−13	−14	+11	−17	−20	+6	−15	−16	+5

Die Teststatistik U ist die Summe aller $rg(|D_i|)$ mit $D_i > 0$, also die Summe der positiven signierten Ränge:

$$U = \sum_{i, R_i > 0} R_i.$$

U ist eine diskrete Zufallsvariable mit Werten in $\{0, \ldots, \frac{n(n+1)}{2}\}$. Im Beispiel ergibt sich die Realisierung

$$u = 2 + 3 + 8 + 11 + 6 + 5 = 35$$

der Testgröße. Die Summe aller negativen Rangzahlen

$$\sum_{i, R_i < 0} R_i = -\left(\sum_{i=1}^{20} R_i - u \right) = -(210 - 35) = -175$$

ist dem Betrag nach wesentlich größer als 35. Bei einer einigermaßen symmetrischen Anordnung der Daten würde man für u Werte in der Nähe von 210/2 = 105 erwarten.

H_0 wird verworfen, wenn u zu klein oder zu groß ist, der Verwerfungsbereich ist also

$$B = \{0, \ldots, k\} \cup \left\{ \frac{n(n+1)}{2} - k, \ldots, \frac{n(n+1)}{2} \right\}$$

wobei k die Ungleichung

$$P(U \leq k) \leq \frac{\alpha}{2} < P(U \leq k + 1)$$

erfüllt. Hierbei wird verwendet, dass unter H_0

$$P(U = u) = P\left(U = \frac{n(n+1)}{2} - u \right), \; u \in \left\{ 0, \ldots, \frac{n(n+1)}{2} \right\}$$

gilt. Um den Verwerfungsbereich zu bestimmen, muss die Verteilung der Testgröße U unter H_0 ermittelt werden. Dies ist prinzipiell möglich (siehe Lehn und Wegmann [3], S. 167) aber für große n aufwändig. Man kann zeigen, dass die Zufallsvariable U für große n, näherungsweise normalverteilt ist (siehe Pruscha [4], S. 170 ff. Abschn. 3.5) und, dass

$$E(U) = \frac{n(n+1)}{4}, \qquad Var(U) = \frac{n(n+1)(2n+1)}{24}$$

gilt (siehe Pruscha [4], S. 146, Korollar). Daher erhalten wir näherungsweise

$$P(U \leq k) \approx \Phi\left(\frac{k - E(U)}{\sqrt{Var(U)}} \right) = \Phi\left(\frac{k - \frac{n(n+1)}{4}}{\sqrt{\frac{n(n+1)(2n+1)}{24}}} \right).$$

Mit der Gleichung $P(U \leq k) = \frac{\alpha}{2}$ ergibt sich daraus der Näherungswert

$$k \leq \frac{n(n+1)}{4} - u_{1-\alpha/2}\sqrt{\frac{n(n+1)(2n+1)}{24}}$$

für die kritische Schranke.

Beispiel 4.18 Im Beispiel 4.17 ist $n = 20$ und daher

$$E(U) = 105, \quad Var(U) = 717{,}5 = 26{,}79^2.$$

Damit erhält man bei einem Niveau $\alpha = 0{,}05$ die kritische Schranke $k = 52$. Der beobachtete Wert $u = 35$ führt demnach zur Ablehnung der Nullhypothese. □

Bemerkung 4.19 Es wurde vorausgesetzt, dass die $|D_i| = |X_i - Y_i|$, $i = 1, \ldots, n$, alle verschieden und ungleich 0 sind. Damit kann jedem Paar (X_i, Y_i) eindeutig ein signierter Rang R_i zugeordnet werden. Diese Annahme ist bei praktischen Anwendungen häufig unrealistisch. Wegen begrenzter Messgenauigkeit, ist nicht auszuschließen, dass Messwerte x_i und y_i übereinstimmen oder dass $|x_i - y_i| = |x_j - y_j|$ gilt. In diesen Fällen spricht man von **Bindungen.** Der Vorzeichen-Rang-Test lässt sich aber in modifizierter Form auch auf Messreihen mit Bindungen anwenden (siehe Lehn und Wegmann [3], S. 169).

Literatur

1. Hedderich, J., Sachs, L.: Angewandte Statistik, 14. Aufl. Springer, Heidelberg (2012)
2. Lehmann, E. L., Romano, P. J.: Testing Statistical Hypotheses, 3. Aufl. Springer, Heidelberg (2005)
3. Lehn, J., Wegmann, H.: Einführung in die Statistik, 3. Aufl. Teubner, Stuttgart (2000)
4. Pruscha, H.: Vorlesungen über mathematische Statistik. Teubner, Stuttgart (2000)

Lineare und verallgemeinerte lineare Regression 5

Zusammenfassung

Regression stellt das klassische Instrument der Statistik dar, um eine beobachtete abhängige Variable durch Kovariaten zu modellieren. In linearen Modellen werden die Kovariaten in einer Designmatrix zusammengeführt, mit der die Regressionsgleichung formuliert wird. Klassische lineare Modelle gehen dabei, bis auf eine ggf. vorgegebene Gewichtung, von einer für alle Beobachtungen einheitlichen Varianz aus. Die Parameterschätzung kann durch die Methode der kleinsten Quadrate bzw. mit der Maximum-Likelihood-Methode unter Normalverteilungsannahme erfolgen. Verallgemeinerte lineare Modelle erlauben den flexibleren Ansatz einer Varianz, die Funktion des Erwartungswerts der abhängigen Variable ist, und vermeiden die Normalverteilungsannahme. Die wesentlichen Schritte der Modellanpassung sind eine explorative Analyse zur Identifikation der Varianzfunktion, die Maximum-Likelihood-Schätzung der Parameter und die Analyse der Residuen. Verallgemeinerte lineare Modelle stellen aufgrund ihrer hohen Flexibilität aktuell das Standardmodell in der Tarifkalkulation dar, können aber auch für zahlreiche andere Fragestellungen aus der aktuariellen Praxis genutzt werden.

5.1 Einführung

5.1.1 Regressionsanalyse in der Versicherungsmathematik

Ziel der Regressionsanalyse ist es, eine **abhängige Zufallsvariable** Y (synonym: Responsevariable) durch eine oder mehrere **Kovariaten** (synonym: Kovariablen, Regressoren, Faktoren) $x_1, \ldots, x_m$ zu erklären. Dies gehört zu den typischen Aufgabenstellungen in der Versicherungsmathematik, wie folgende Beispiele zeigen:

T. Becker et al., *Stochastische Risikomodellierung und statistische Methoden*, Statistik und ihre Anwendungen, https://doi.org/10.1007/978-3-662-69532-6_5

Beispiel 5.1 (Anwendungen der Regressionsanalyse im Versicherungskontext)

a) **Tarifkalkulation:** Responsevariable ist hier der sogenannte Schadenbedarf

$$Y := \text{Schadenaufwand in Euro/Versicherungsdauer in Jahren}$$

von versicherten Risiken beispielsweise in der Kfz-Versicherung. Bei der Tarifkalkulation soll die Abhängigkeit des Schadenbedarfs von Kovariaten wie z. B. Typklasse, Regionalklasse, Schadenfreiheitsklasse, ...berücksichtigt werden. Ziel ist es dabei, die adäquate Jahresnettoprämie $E(Y)$ für einen Versicherungsnehmer mit gegebenen Ausprägungen $x_1, x_2, x_3, \ldots$ der Typklasse, Regionalklasse, Schadenfreiheitsklasse, ...zu ermitteln.

b) **Stornoanalyse:** Die Stornohäufigkeit unter n Versicherten ist gegeben durch

$$Y := \text{Anzahl der Storni/n}.$$

Um Kundensegmente mit erhöhter Stornogefährdung zu identifizieren, wird die Abhängigkeit der Stornowahrscheinlichkeit $E(Y)$ von Kovariaten wie Tarifgeneration, Prämienhöhe, bisherige Vertragslaufzeit und anderen Kundenmerkmalen analysiert.

c) **Sterblichkeit:** Eine ähnliche Situation wie in b) tritt in der Personenversicherung auf, wo die Sterblichkeit

$$Y := \text{Anzahl der Sterbefälle/n}$$

unter n Menschen in Abhängigkeit von Kovariaten wie Alter und Geschlecht betrachtet wird.

d) **Beitragsanpassung:** Bei der Beitragsanpassung in der Krankenversicherung gemäß Versicherungsaufsichtsgesetz (VAG) §12b(2) wird als Responsevariable die Quote

$$Y := \text{tatsächlich gezahlte Schäden/rechnungsmäßige Schäden}$$

im Zeitverlauf betrachtet. Kovariate ist hier das jeweilige Beobachtungsjahr. Für die Zulässigkeit einer Beitragsanpassung (im Jahr t) ist entscheidend, ob sich aus dem Verlauf der Quoten Y in den Beobachtungsjahren $t-2, t-1, t$ für das Jahr $t+2$ ein Erwartungswert $E(Y) < 90\,\%$ oder $> 110\,\%$ ergibt.

e) **Schadenabwicklung/Reservierung:** Schadenzahlungen, z. B. in der Haftpflichtversicherung, werden in der Regel über mehrere Abwicklungsjahre $x = 1, 2, \ldots$ hinweg geleistet. Das Abwicklungsverhalten wird dabei durch die Abwicklungsfaktoren

$$Y := \text{Zahlungen im nächsten Abwicklungsjahr}x/\text{bisher geleistete Zahlungen}$$

beschrieben. Zur Einschätzung der zukünftig zu erwartenden Schadenzahlungen wird die Responsevariable Y in Abhängigkeit von Kovariaten wie dem Abwicklungsjahr x modelliert. □

Im Rahmen der klassischen Analysis lassen sich diese Aufgabenstellungen nur modellieren, wenn die vorliegenden Kovariaten $x_1, \ldots, x_m$ einen vollständigen Erklärungsgehalt besitzen, d. h. ein deterministischer funktionaler Zusammenhang der Form

$$Y = f(x_1, \ldots, x_m)$$

besteht. In realen Anwendungen ergeben sich in der Regel Abweichungen von dieser idealtypischen Form, weil über die modellierten Kovariaten hinaus zusätzliche nicht beobachtete Einflussgrößen bestehen, die Y beeinflussen, und nicht weiter erklärbare „natürliche" Zufallsschwankungen vorliegen. Aus diesem Grund geht die Regressionsanalyse davon aus, dass

$$Y = f(x_1, \ldots, x_m) + \epsilon \tag{5.1}$$

mit einer **Regressionsfunktion** f und einer zufälligen Störgröße ϵ mit $E(\epsilon) = 0$. Der Erwartungswert $E(Y)$ der Responsevariablen ergibt sich somit aus der Regressionsfunktion:

$$E(Y) = f(x_1, \ldots, x_m). \tag{5.2}$$

Ziel der Regressionsanalyse ist es, die in der Praxis unbekannte Regressionsfunktion f auf Basis von beobachteten Daten zu schätzen. Die dazu vorliegenden Daten bestehen aus den jeweils vorgegebenen Kovariaten $x_{i1}, \ldots, x_{im}$ und den Realisierungen der Responsevariablen Y_i zu den Beobachtungsobjekten $i = 1, \ldots, n$. Mit (5.2) erhält man aus der geschätzten Regressionsfunktion auch eine Schätzung von $E(Y)$ bei gegebenen Kovariaten $x_1, \ldots, x_m$, also etwa in Beispiel 5.1 die gesuchte Jahresnettoprämie, die Stornowahrscheinlichkeit, etc.

Bemerkung 5.2 (Zufällige Kovariaten) Die Kovariaten wurden bislang als deterministische Größen aufgefasst und entsprechend mit Kleinbuchstaben notiert. Dies entspricht einem Datengenerierungsprozess, bei dem die Kovariaten zunächst auf vorgegebene Werte $x_1, \ldots, x_m$ fixiert werden und *anschließend* eine zufällige Realisierung der Response Y beobachtet wird. In der Versicherungsmathematik werden die Daten in der Regel auf andere Weise generiert. Üblicherweise werden hier für ein Kollektiv von Individuen die Responsevariable und die Kovariaten *gleichzeitig* erhoben. Bei der Tarifkalkulation in Beispiel 5.1 wird der Schadenbedarf Y der Einzelkunden aus dem Versicherungskollektiv in Abhängigkeit von ihren verschiedenen Tarifmerkmalen ausgewertet. Die Tarifmerkmale nehmen dabei aus Sicht der Versicherung bei jedem Kunden zufällige Ausprägungen $x_{i1}, \ldots, x_{im}$ an und haben somit den Charakter von Zufallsvariablen $X_1, \ldots, X_m$. Die Kovariaten werden damit selbst zu stochastischen Größen. In diesem Kontext ist (5.1) als Aussage über die bedingte Verteilung von Y zu verstehen. Die Bedingung ist dabei, dass die zufälligen Kovariaten $X_1, \ldots, X_m$ gegebene Werte $x_1, \ldots, x_m$ annehmen (vgl. [1], Bemerkung 5.2.8, und [3], Abschn. 2.1.2). Gl. (5.2) beschreibt in diesem Sinn den bedingten Erwartungswert von Y bei gegebenen Kovariaten (vgl. Abschn. A.1) und lautet in ausführlicher Schreibweise

$$E[Y|X_1, \dots, X_m] = f(X_1, \dots, X_m).$$

5.1.2 Grundlegende Konzepte der Regressionsanalyse

Bei der Schätzung der Regressionsfunktion f aus Beobachtungsdaten werden zwei Fälle unterschieden, die sogenannte parametrische und die nichtparametrische Regressionsanalyse.

Bei der **parametrischen Regressionsanalyse** wird mittels eines oder mehrerer Parameter ein Suchraum aus potenziellen Regressionsfunktionen f gebildet. Anschließend wird diejenige Parameterkonfiguration bestimmt, welche eine optimale Anpassungsgüte für die beobachteten Werte der Responsevariablen und die Kovariaten gewährleistet. Hauptvertreter der parametrischen Regressionsanalyse sind lineare und verallgemeinerte lineare Modelle. „Linearität" bezieht sich in beiden Fällen darauf, dass die Regressionsfunktion eine Funktion eines sogenannten **linearen Prädiktors**

$$\sum_{i=1}^{m} x_i \beta_i$$

ist, der aus den Kovariaten $x_1, \dots, x_m$ und festen, aber unbekannten **Regressionsparametern** $\beta_1, \dots, \beta_m$ gebildet wird. Welche Kovariaten sich zur Bildung von linearen Prädiktoren eignen, wird in Abschn. 5.2 näher beleuchtet.

Lineare Modelle setzen einen besonders einfachen Zusammenhang zwischen der Regressionsfunktion f und dem linearen Prädiktor voraus,

$$f(x_1, \dots x_m) = \sum_{i=1}^{m} x_i \beta_i.$$

Die Schätzung der noch unbekannten Parameter β_i aus den beobachteten Daten ist Gegenstand von Abschn. 5.3. **Verallgemeinerte lineare Modelle** gehen dagegen allgemeiner davon aus, dass der Erwartungswert $E(Y)$ erst nach Transformation durch eine geeignete invertierbare **Linkfunktion** g die Form eines linearen Prädiktor annimmt, d. h.

$$g(E(Y)) = \sum_{i=1}^{m} x_i \beta_i.$$

Mit (5.2) und der inversen Linkfunktion g^{-1} ergibt sich die Regressionsfunktion in diesem Fall als

$$f(x_1, \dots x_m) = g^{-1}\left(\sum_{i=1}^{m} x_i \beta_i\right).$$

Abschn. 5.4. geht ausführlicher auf die Spezifikation verallgemeinerter linearer Modelle ein. Die Wahl einer geeigneten Linkfunktion und die Schätzung der Parameter β_i wird in Abschn. 5.5 behandelt.

An dieser Stelle soll die **nichtparametrische Regressionsanalyse** nicht unerwähnt bleiben. Bei ihr wird auf eine parametrische Spezifikation von f verzichtet. Stattdessen werden die einzelnen Funktionswerte von f unmittelbar aus den beobachteten Werten der Responsevariablen und der Kovariaten geschätzt. Ein typisches Beispiel für eine nichtparametrische Regressionsmethode ist der sogenannte **Kernschätzer,** bei dem $f(x_1, \ldots, x_m)$ durch gewichtete Mittelung über die beobachteten Daten geschätzt wird,

$$\hat{f}(x_1, \ldots, x_m) = \sum_{i=1}^{n} Y_i \cdot K(|\mathbf{x} - \mathbf{x}_i|) / \sum_{i=1}^{n} K(|\mathbf{x} - \mathbf{x}_i|).$$

K ist dabei eine geeignete Kernfunktion, zum Beispiel $K(d) := \exp(-const. \cdot d^2)$. Diese stellt sicher, dass eine Beobachtung Y_i umso höher gewichtet wird, je geringer der euklidische Abstand $|\mathbf{x} - \mathbf{x}_i|$ der Kovariaten $\mathbf{x}_i := (x_{i1}, \ldots, x_{im})$ von der betrachteten Merkmalskombination $\mathbf{x} := (x_1, \ldots, x_m)$ ist. Eine Aussage über den Einfluss von einzelnen Kovariaten ist damit kaum möglich, im Vordergrund steht eine Vorhersage von Y durch $E(Y)$.

In der Versicherungsmathematik wird parametrischen Modellen meist der Vorzug vor nichtparametrischen Modellen gegeben. Das vorliegende Kapitel beschränkt sich dementsprechend ausschließlich auf Methoden der parametrischen Regressionsanalyse. Die Dominanz der parametrischen Regressionsanalyse speziell bei der Tarifkalkulation in der Schadenversicherung liegt in verschiedenen Sachverhalten begründet:

a) Eine parametrische Struktur ermöglicht eine Prämienkalkulation, die für Außendienst und Kunden einfach nachvollziehbar ist. Sie kann auf Basis der in klassischen Tarifbüchern niedergelegten Tarifparametern für die verschiedenen Merkmalsausprägungen erfolgen. Nichtparametrische Modelle werden dagegen weitestgehend als „Blackbox" empfunden, in denen die Wirkung einzelner Merkmalsausprägungen nicht transparent wird.
b) Die Modellparameter können statistischen Tests unterzogen werden, was Aussagen über die statistische Signifikanz der zugehörigen Tarifmerkmale ermöglicht. Dies ist nicht nur zur statistischen Absicherung der Tarifstruktur wünschenswert, sondern zum Teil auch aus rechtlichen Erwägungen heraus notwendig. So führt §20(2) (Zulässige unterschiedliche Behandlung) des Allgemeinen Gleichbehandlungsgesetzes (AGG, Fassung vom 03.04.2013) in Bezug auf privatrechtliche Versicherungsverhältnisse aus: *„Kosten im Zusammenhang mit Schwangerschaft und Mutterschaft dürfen auf keinen Fall zu unterschiedlichen Prämien oder Leistungen führen. Eine unterschiedliche Behandlung wegen der Religion, einer Behinderung, des Alters oder der sexuellen Identität ist im Falle des §19 Abs. 1 Nr. 2 [privatrechtliche Versicherungen] nur zulässig, wenn diese auf anerkannten Prinzipien risikoadäquater Kalkulation beruht, insbesondere auf*

einer versicherungsmathematisch ermittelten Risikobewertung unter Heranziehung statistischer Erhebungen." Der Europäische Gerichtshof hat die Tarifdifferenzierung nach Geschlecht in einem viel beachteten Urteil ab Ende 2012 untersagt. Altersdifferenzierungen werden unter den Maßgaben des AGG in deutschen Versicherungstarifen nach wie vor vorgenommen.
Eine Reihe möglicher Testverfahren für lineare und verallgemeinerte lineare Modelle werden in Abschn. 5.6 behandelt. Für nichtparametrische Modelle bestehen demgegenüber nur eingeschränkte Testmöglichkeiten, da die Effekte einzelner Ausprägungen von Tarifmerkmalen in der Regel nicht separiert werden.

Klassische lineare Modelle gehören zum Standardrepertoire der mathematischen Statistik in allen Anwendungsfeldern. Eine Übersicht über die Theorie und praktische Anwendung findet man zum Beispiel in Johnston und DiNardo [8]. Verallgemeinerte lineare Modelle gehen zurück auf Nelder und Wedderburn [12]. Nach wie vor stellt McCullagh und Nelder [10] das Standardwerk auf diesem Gebiet dar. Einführungen finden sich auch in Dobson [2], Fahrmeir und Tutz [3] und Azzalini [1]. Verallgemeinerte lineare Modelle sind derzeit das Zugpferd in weiten Bereichen der Schadenversicherungsmathematik, finden aber auch in der Personenversicherung Beachtung. Schon McCullagh und Nelder [10] enthält zahlreiche Beispiele aus der Kfz-Versicherung. Eine systematische Darstellung des Einsatzes von verallgemeinerten linearen Modellen bei der Tarifierung in der Sachversicherung bieten Ohlsson und Johansson [13]. Eine Zusammenstellung weiterer, über die Schadenversicherung hinaus gehender Anwendungen findet sich z. B. in Haberman und Renshaw [5]. Eine Darstellung der verallgemeinerten linearen Modelle im aktuariellen Kontext bietet auch de Jong und Heller [9].

5.2 Design von linearen und verallgemeinerten linearen Modellen

5.2.1 Komponenten des Modelldesigns

Lineare und verallgemeinerte lineare Modelle gehen davon aus, dass der Erwartungswert der Responsevariablen Y bei gegebenen Kovariaten $x_1, \ldots, x_m$ aus einem **linearen Prädiktor** und einer invertierbaren **Linkfunktion** g gewonnen werden kann. Der lineare Prädiktor ist dabei eine Linearkombination $\sum_{i=1}^{m} x_i \beta_i$ aus den Regressionsparametern $\beta_1, \ldots, \beta_m$ und den Kovariaten. Die Linkfunktion g dient der Umrechnung zwischen linearem Prädiktor und dem Erwartungswert von Y, so dass insgesamt

$$g(E(Y)) = \sum_{i=1}^{m} x_i \beta_i .$$

Im Folgenden wird davon ausgegangen, dass für n Beobachtungsobjekte (z. B. Versicherungsnehmer oder Beobachtungsjahre) jeweils m Kovariaten und eine zugehörige Realisierung der Responsevariablen beobachtet wurden. Die Kovariaten des i-ten Beobachtungsobjekts werden mit $x_{i1}, \ldots, x_{im}$ bezeichnet, Y_i sei die zugehörige Responsevariable. In Matrixschreibweise lässt sich das Modell somit in der Form

$$\begin{pmatrix} g(E(Y_1)) \\ \vdots \\ g(E(Y_i)) \\ \vdots \\ g(E(Y_n)) \end{pmatrix} = \begin{pmatrix} x_{11} & \cdots & x_{1m} \\ \vdots & & \vdots \\ x_{i1} & \cdots & x_{im} \\ \vdots & & \vdots \\ x_{n1} & \cdots & x_{nm} \end{pmatrix} \cdot \begin{pmatrix} \beta_1 \\ \vdots \\ \beta_m \end{pmatrix}$$

bzw. noch kompakter als

$$g(E(\mathbf{Y})) = \mathbf{X}\boldsymbol{\beta} \tag{5.3}$$

zusammenfassen. Dabei ist $\mathbf{Y} = (Y_1, \ldots, Y_n)^\top$ der Vektor der Responsevariablen, auf den der Erwartungswert E und die Linkfunktion g komponentenweise angewandt werden. $\mathbf{X}$ ist die sogenannte $n \times m$ **Designmatrix.** Diese enthält in der i-ten Zeile die m Ausprägungen $x_{i1}, \ldots, x_{im}$ der Kovariaten zur Beobachtung Y_i. Im Folgenden wird die Notation $\mathbf{x}_i := (x_{i1}, \ldots, x_{im})^\top$ verwendet. Der Vektor $\boldsymbol{\beta} = (\beta_1, \ldots, \beta_m)^\top$ umfasst die Regressionsparameter.

Abgesehen von der Linkfunktion g wird das Modelldesign bislang vollständig von der Wahl der Designmatrix bestimmt. Der Wahl der Designmatrix kommt somit zentrale Bedeutung zu und wird daher im nächsten Abschnitt eingehender untersucht.

5.2.2 Konstruktion der Designmatrix

Die Bildung einer Designmatrix zu vorliegenden Daten ist nicht eindeutig. So können offenbar Spalten der Designmatrix durch eine Linearkombination anderer Spalten ersetzt werden, wenn man gleichzeitig die Regressionsparameter entsprechend modifiziert. Für Zwecke der Schätzung ist es jedoch vorteilhaft, mit einer Designmatrix zu operieren, welche vollen Rang m besitzt (vgl. z. B. Satz 5.8 aus Abschn. 5.3.1). Grundsätzlich kann zur Bildung einer Designmatrix wie folgt vorgegangen werden. Dabei sind verschiedene Typen von Kovariaten zu unterscheiden, was ihre Ausprägungen und ihre Wirkungsweise im linearen Prädiktor angeht:

a) In der Regel wird man in den linearen Prädiktor einen sogenannten **Intercept-Term** (synonym: Achsenabschnitt) aufnehmen. Der Intercept wird in der Designmatrix durch eine Spalte mit den Einträgen „1" repräsentiert.

   Im linearen Prädiktor bewirkt der Intercept-Term einen allen Beobachtungen gemeinsamen Summanden. Mit diesem wird ein Grundniveau des linearen Prädiktors festgelegt, von dem ausgehend Abweichungen aufgrund einzelner Merkmalsausprägungen modelliert werden können.

b) Dann können in der Designmatrix die **diskreten Kovariaten** erfasst werden. Diskrete Kovariaten können nur endlich viele Ausprägungen annehmen.
Eine diskrete Kovariate habe zum Beispiel k Ausprägungen $a_1, \ldots, a_k$. In der Designmatrix schließen sich für diese Kovariate $k - 1$ Spalten an. In der j-ten Spalte wird dabei eine „1“ gesetzt, wenn für die betrachtete Beobachtung die Ausprägung a_j zutrifft. Ansonsten wird eine „0“ gesetzt (sogenannte Dummy-Codierung). Zu beachten ist dabei, dass es ausreicht, das Vorliegen der letzten Ausprägung a_k implizit dadurch zu erfassen, dass für a_1 bis a_{k-1} nur Nullen gesetzt wurden (vgl. Beispiel 5.3).
Diskrete Kovariaten bewirken im linearen Prädiktor einen von der Ausprägung $(a_1, \ldots, a_{k-1})$ abhängigen Summanden. Für die Ausprägung a_k wird kein eigener Summand erzeugt – der Summand ist in dem durch den Intercept erzeugten Summanden mit enthalten.

c) Anschließend erfasst man die **stetigen Kovariaten** in der Designmatrix. Stetige Kovariaten können prinzipiell alle Werte in einem Intervall reeller Zahlen annehmen.
Für jede stetige Kovariate wird in der Designmatrix eine Spalte angefügt, in der zeilenweise die Ausprägung x der Kovariaten für die betrachtete Beobachtung übernommen wird (vgl. Beispiel 5.5). Stetige Kovariaten bewirken im linearen Prädiktor einen linearen Term $\beta_i x$.

d) Abschließend kann das Design um weitere Kovariaten angereichert werden, welche aus **Interaktionen** zwischen den bislang berücksichtigten Kovariaten erwachsen. Eine Interaktion zwischen Kovariaten liegt vor, wenn das Zusammentreffen bestimmter, für die Interaktion „verantwortlicher“ Merkmalsausprägungen von zwei oder mehreren Kovariaten die Wirkung der einzelnen Kovariaten im linearen Prädiktor verstärkt oder abschwächt.
In der Designmatrix berücksichtigt man Interaktionen zwischen diskreten Kovariaten durch Anfügen einer weiteren Spalte, welche „1“ genau dann enthält, wenn die für die Interaktion verantwortlichen Merkmalsausprägungen zusammentreffen. Ansonsten wird eine „0“ gesetzt (vgl. Beispiel 5.4). Dies bewirkt im linearen Prädiktor einen zusätzlichen Summanden jeweils dann, wenn die für die Interaktion verantwortlichen Merkmalsausprägungen zusammentreffen.
Die Interaktionen zwischen diskreten Kovariaten und einer stetigen Kovariaten können in einer weiteren Spalte berücksichtigt werden, welche die Ausprägung x der stetigen Kovariaten enthält, wenn die für die Interaktion verantwortlichen diskreten Merkmalsausprägungen zusammentreffen. Ansonsten wird wiederum eine „0“ gesetzt (vgl. Beispiel 5.6). Dies bewirkt im linearen Prädiktor einen in x linearen Term, bei dem die Steigung von den diskreten Kovariaten abhängt.

Das hier geschilderte Vorgehen wird anhand der folgenden vier Beispiele illustriert:

Beispiel 5.3 (Diskrete Kovariaten) Betrachtet werden hier zwei diskrete Kovariate: Fahrzeugwert (Ausprägungen „niedrig"/ „hoch") und Jahresfahrleistung (Ausprägungen „wenig"/ „mittel"/ „viel"). In der folgenden Tabelle sind die gegebenen Beobachtungen mit ihren Merkmalskombinationen, sowie eine mögliche Designmatrix **X** aufgeführt.

Beobachtung Nr.	Fahrzeugwert	Jahresfahrleistung	Designmatrix **X**
1	niedrig	wenig	1 0 0 0
2	niedrig	mittel	1 0 0 1
3	niedrig	viel	1 0 1 0
4	hoch	wenig	1 1 0 0
5	hoch	mittel	1 1 0 1
6	hoch	viel	1 1 1 0

In diesem und den folgenden Beispielen wird davon ausgegangen, dass zu jeder möglichen Merkmalskombination genau eine Beobachtung vorliegt. In der Praxis werden zu manchen Merkmalskombinationen mehrere Beobachtungen vorliegen (in der Designmatrix erscheint dann die entsprechende Zeile mehrfach) bzw. Beobachtungen zu einzelnen Merkmalskombinationen fehlen (die entsprechende Zeile fehlt dann in der Designmatrix).

Die erste Spalte der obigen Designmatrix **X** erzeugt den Intercept, in der zweiten Spalte wird kodiert, ob es sich um ein hochwertiges Fahrzeug handelt, die dritte bzw. vierte Spalte gibt an, ob die Fahrleistung „viel" bzw. „mittel" vorliegt. Mit dieser Designmatrix ergeben sich als lineare Prädiktoren:

Beobachtung Nr.	Fahrzeugwert	Jahresfahrleistung	Linearer Prädiktor
1	niedrig	wenig	β_1
2	niedrig	mittel	$\beta_1 + \beta_4$
3	niedrig	viel	$\beta_1 + \beta_3$
4	hoch	wenig	$\beta_1 + \beta_2$
5	hoch	mittel	$\beta_1 + \beta_2 + \beta_4$
6	hoch	viel	$\beta_1 + \beta_2 + \beta_3$

Die Regressionsparameter können somit wie folgt interpretiert werden:

- β_1 stellt den Intercept dar und bestimmt das allen Beobachtungen gemeinsame Grundniveau des linearen Prädiktors,
- β_2 bildet den Unterschied zwischen niedrigem und hohem Fahrzeugwert ab,
- β_3 bildet den Unterschied zwischen Jahresfahrleistung „wenig" und „viel" ab,
- β_4 bildet den Unterschied zwischen Jahresfahrleistung „wenig" und „mittel" ab.

Hierzu vergleiche man Abb. 5.1 (linkes Schaubild), bei der auf der horizontalen Achse die Ausprägungen der Kovariaten Fahrleistung und auf der vertikalen Achse der lineare Prädiktor abgetragen ist. Jeweils ein Graph wird für den Fall erzeugt, dass ein Fahrzeug vom Wert her in die Klasse „niedrig" bzw. „hoch" eingestuft ist. □

Beispiel 5.4 (Diskrete Interaktionen) In Beispiel 5.3 wurde angenommen, dass der Unterschied zwischen niedrigem und hohem Fahrzeugwert (β_2) für alle Jahresfahrleistungen identisch ist. Ist dies nicht der Fall, liegen Interaktionen zwischen den diskreten Kovariaten Fahrzeugwert und Jahresfahrleistung vor. Im Folgenden wird angenommen, dass sich der lineare Prädiktor gegenüber Beispiel 5.3 zusätzlich um den Betrag β_5 bzw. β_6 erhöht, wenn die Ausprägungen „Fahrzeugwert hoch" und „Jahresfahrleistung mittel" bzw. „Fahrzeugwert hoch" und „Jahresfahrleistung viel" aufeinandertreffen (vgl. Abb. 5.1, rechtes Schaubild). Als lineare Prädiktoren bzw. Designmatrix **X** kann man dann ansetzen:

Beobachtung Nr.	Linearer Prädiktor	Designmatrix **X**
1	β_1	1 0 0 0 0 0
2	$\beta_1 + \beta_4$	1 0 0 1 0 0
3	$\beta_1 + \beta_3$	1 0 1 0 0 0
4	$\beta_1 + \beta_2$	1 1 0 0 0 0
5	$\beta_1 + \beta_2 + \beta_4 + \beta_5$	1 1 0 1 1 0
6	$\beta_1 + \beta_2 + \beta_3 + \beta_6$	1 1 1 0 0 1

Die Designmatrix **X** ergibt sich dabei durch Ergänzung der Matrix aus Beispiel 5.3. Die beiden letzten Spalten dienen der Erfassung der Interaktionen und bewirken, dass sich bei den von den Interaktionen betroffenen Beobachtungen Nr. 5 und 6 die entsprechende Erhöhung des linearen Prädiktors einstellt. □

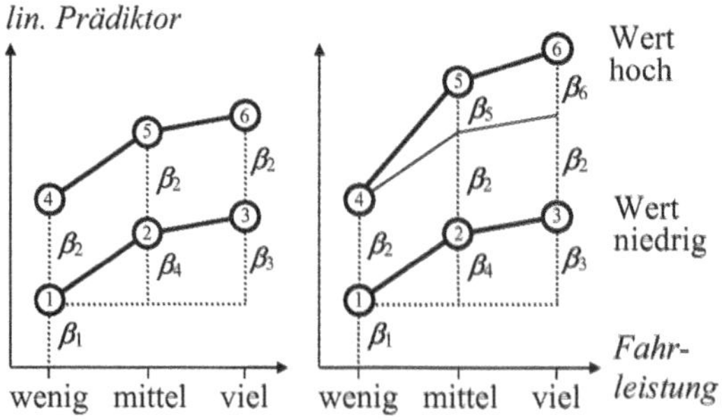

Abb. 5.1 Grafische Darstellung der linearen Prädiktoren und der Regressionsparameter aus Beispiel 5.3 (links) und Beispiel 5.4 (rechts). Die rechte Grafik geht aus der linken Grafik hervor, indem durch β_5 und β_6 zusätzliche Interaktionen eingeführt werden

Beispiel 5.5 (Diskrete und stetige Kovariaten) Beispiel 5.3 wird dahingehend modifiziert, dass die Jahresfahrleistung als stetige Kovariate behandelt wird. Beobachtungen und eine zugehörige Designmatrix $\mathbf{X}$ sind hier:

Beobachtung Nr.	Fahrzeugwert	Jahresfahrleistung	Designmatrix $\mathbf{X}$
1	niedrig	10.000 km	$\begin{pmatrix} 1 & 0 & 10.000 \\ 1 & 0 & 15.000 \\ 1 & 0 & 30.000 \\ 1 & 1 & 12.000 \\ 1 & 1 & 20.000 \\ 1 & 1 & 25.000 \end{pmatrix}$
2	niedrig	15.000 km	
3	niedrig	30.000 km	
4	hoch	12.000 km	
5	hoch	20.000 km	
6	hoch	25.000 km	

Die erste Spalte von $\mathbf{X}$ erzeugt wiederum den Intercept, und in der zweiten Spalte wird kodiert, ob es sich um ein hochwertiges Fahrzeug handelt. Die dritte Spalte enthält die Beobachtungswerte für die Jahresfahrleistung. Dann gilt:

Beobachtung Nr.	Fahrzeugwert	Jahresfahrleistung	Linearer Prädiktor
1	niedrig	10.000 km	$\beta_1 + 10.000 \cdot \beta_3$
2	niedrig	15.000 km	$\beta_1 + 15.000 \cdot \beta_3$
3	niedrig	30.000 km	$\beta_1 + 30.000 \cdot \beta_3$
4	hoch	12.000 km	$\beta_1 + \beta_2 + 12.000 \cdot \beta_3$
5	hoch	20.000 km	$\beta_1 + \beta_2 + 20.000 \cdot \beta_3$
6	hoch	25.000 km	$\beta_1 + \beta_2 + 25.000 \cdot \beta_3$

Die Parameter haben hier folgende Interpretation (vgl. Abb. 5.2, linkes Schaubild):

- β_1 bestimmt das Grundniveau des linearen Prädiktors (Intercept),
- β_2 bildet den Unterschied zwischen niedrigem und hohem Fahrzeugwert ab,
- β_3 ist die Steigung des linearen Prädiktors pro Kilometer Jahresfahrleistung. □

Beispiel 5.6 (Stetige Interaktionen) In Beispiel 5.5 wurde für hohe und niedrige Fahrzeugwerte dieselbe Steigung des linearen Prädiktors in Bezug auf die Fahrleistung angenommen. Hängt die Steigung dagegen vom Fahrzeugwert ab, so liegt eine Interaktion zwischen der diskreten Kovariaten Fahrzeugwert und der stetigen Kovariaten Fahrleistung vor. Die Steigung für hohe Fahrzeugwerte soll dabei um den Betrag β_4 von der Steigung β_3 für niedrige Fahrzeugwerte abweichen (vgl. Abb. 5.2, rechtes Schaubild). Um dies abzubilden, erweitert man die Designmatrix:

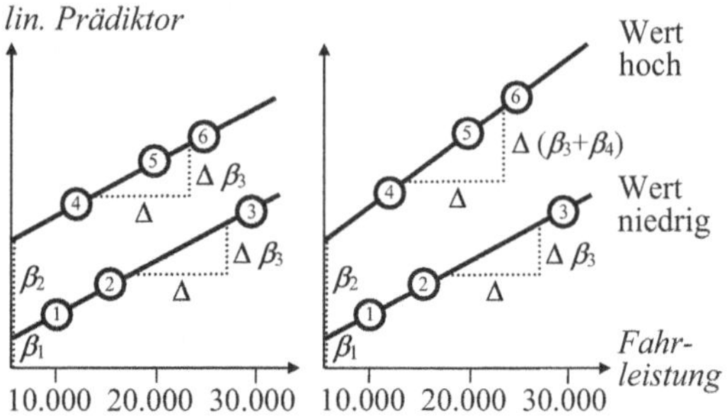

Abb. 5.2 Grafische Darstellung der linearen Prädiktoren und der Regressionsparameter aus Beispiel 5.5 (links) und Beispiel 5.6 (rechts). Die rechte Grafik geht aus der linken Grafik hervor, indem durch β_4 eine zusätzliche Interaktion eingeführt wird

Beobachtung Nr.	Linearer Prädiktor	Designmatrix **X**
1	$\beta_1 + 10.000 \cdot \beta_3$	1 0 10.000 0
2	$\beta_1 + 15.000 \cdot \beta_3$	1 0 15.000 0
3	$\beta_1 + 30.000 \cdot \beta_3$	1 0 30.000 0
4	$\beta_1 + \beta_2 + 12.000 \cdot (\beta_3 + \beta_4)$	1 1 12.000 12.000
5	$\beta_1 + \beta_2 + 20.000 \cdot (\beta_3 + \beta_4)$	1 1 20.000 20.000
6	$\beta_1 + \beta_2 + 25.000 \cdot (\beta_3 + \beta_4)$	1 1 25.000 25.000

Die letzte Spalte von **X** dient dabei der Erfassung der Interaktion. □

5.3 Parameterschätzung in linearen Modellen

5.3.1 Das klassische lineare Modell

Das klassische lineare Modell stellt das grundlegende Modell der statistischen Regressionsanalyse dar. Einen umfangreichen Einblick in die Theorie und Anwendung klassischer linearer Modelle geben zum Beispiel Johnston und DiNardo [8], wo sich auch zahlreiche Resultate dieses Abschnittes finden.

Definition 5.7 (Klassisches lineares Modell) *Unter einem klassischen linearen Modell versteht man ein Modell der Form*

$$\mathbf{Y} = \mathbf{X}\boldsymbol{\beta} + \boldsymbol{\epsilon}. \tag{5.4}$$

Dabei sind:

- $\mathbf{Y}$ *ein n-dimensionaler Zufallsvektor bestehend aus den beobachteten Responsevariablen,*
- $\mathbf{X}$ *eine zugehörige* $n \times m$ *- Designmatrix (*$m \leq n$*) mit vollem Rang m,*
- $\boldsymbol{\beta}$ *ein m-dimensionaler Vektor aus den unbekannten Regressionsparametern und*

- $\boldsymbol{\epsilon}$ *eine Störgröße in Form eines n-dimensionalen Zufallsvektors mit dem Erwartungswert* $E(\boldsymbol{\epsilon}) = \mathbf{0}$ *und der Kovarianzmatrix* $V(\boldsymbol{\epsilon}) = \sigma^2\mathbf{E}$ *mit* $\sigma^2 > 0$ *und der* $n \times n$*-Einheitsmatrix* $\mathbf{E}$.

Aus der Definition des klassischen linearen Modells folgt unmittelbar, dass $E(\mathbf{Y}) = \mathbf{X}\boldsymbol{\beta}$. Der Vergleich mit Gl. (5.3) aus Abschn. 5.2.1 zeigt, dass dem klassischen linearen Modell also die Identitätsfunktion als Linkfunktion zugrunde liegt. Außerdem gilt $Var(Y_i) = Var(\epsilon_i) = \sigma^2$ und $Cov(Y_i, Y_j) = Cov(\epsilon_i, \epsilon_j) = 0$ für $i \neq j$, d. h. die zu den einzelnen Beobachtungsobjekten gehörigen Responsevariablen sind unkorreliert und besitzen eine einheitliche Varianz σ^2.

Man beachte, dass dem klassischen linearen Modell keine explizite Verteilungsannahme zugrunde liegt. Zur Schätzung von $\boldsymbol{\beta}$ ist man somit auf ein verteilungsfreies Verfahren angewiesen. Üblicherweise verwendet man hierzu die **Methode der kleinsten Quadrate,** bei dem man die Summe der quadrierten Abweichungen zwischen den Beobachtungswerten Y_i und den linearen Prädiktoren $(\mathbf{X}\boldsymbol{\beta})_i$ durch geeignete Wahl von $\boldsymbol{\beta}$ minimiert. Der auf diese Weise erhaltene Schätzer hat wünschenswerte Eigenschaften, wie der folgende Satz zeigt.

Satz 5.8 (Methode der kleinsten Quadrate) *Der Schätzer* $\hat{\boldsymbol{\beta}}$*, welcher die Summe der quadrierten Abweichungen (Residual Sum of Squares)*

$$RSS(\boldsymbol{\beta}) := |\mathbf{Y} - \mathbf{X}\boldsymbol{\beta}|^2 = \sum_{i=1}^{n} \left(Y_i - \sum_{j=1}^{m} x_{ij} \cdot \beta_j \right)^2$$

minimiert, hat folgende Eigenschaften:

a) Linearität in den Beobachtungen: Es gilt

$$\hat{\boldsymbol{\beta}} = (\mathbf{X}^\top\mathbf{X})^{-1}\mathbf{X}^\top\mathbf{Y}. \tag{5.5}$$

b) Erwartungstreue: Es gilt $E(\hat{\boldsymbol{\beta}}) = \boldsymbol{\beta}$.

Beweis a) Für den Spaltenvektor der ersten Ableitungen von $RSS(\boldsymbol{\beta})$ gilt

$$\begin{aligned}
\frac{\partial}{\partial\boldsymbol{\beta}} RSS(\boldsymbol{\beta}) &= \frac{\partial}{\partial\boldsymbol{\beta}} (\mathbf{Y} - \mathbf{X}\boldsymbol{\beta})^\top (\mathbf{Y} - \mathbf{X}\boldsymbol{\beta}) \\
&= \frac{\partial}{\partial\boldsymbol{\beta}} (\mathbf{Y}^\top\mathbf{Y} - 2\boldsymbol{\beta}^\top\mathbf{X}^\top\mathbf{Y} + \boldsymbol{\beta}^\top\mathbf{X}^\top\mathbf{X}\boldsymbol{\beta}) \\
&= 2\mathbf{X}^\top\mathbf{X}\boldsymbol{\beta} - 2\mathbf{X}^\top\mathbf{Y}.
\end{aligned}$$

Für die Matrix der zweiten Ableitungen gilt

$$\frac{\partial^2}{\partial\beta_i\partial\beta_j}RSS(\boldsymbol{\beta}) = 2(\mathbf{X}^\top\mathbf{X})_{ij}. \tag{5.6}$$

Da $\mathbf{X}$ vollen Rang m hat, ist $\mathbf{X}^\top\mathbf{X}$ positiv definit, und das Minimierungsproblem kann durch Nullsetzen der ersten Ableitung gelöst werden. Dies ergibt $\mathbf{X}^\top\mathbf{X}\hat{\boldsymbol{\beta}} = \mathbf{X}^\top\mathbf{Y}$. Positiv definite Matrizen sind invertierbar, so dass $\hat{\boldsymbol{\beta}} = (\mathbf{X}^\top\mathbf{X})^{-1}\mathbf{X}^\top\mathbf{Y}$ folgt. b) Mit (5.5) und $E(\mathbf{Y}) = \mathbf{X}\boldsymbol{\beta}$ erhält man aus

$$E(\hat{\boldsymbol{\beta}}) = (\mathbf{X}^\top\mathbf{X})^{-1}\mathbf{X}^\top E(\mathbf{Y}) = (\mathbf{X}^\top\mathbf{X})^{-1}\mathbf{X}^\top\mathbf{X}\boldsymbol{\beta} = \boldsymbol{\beta}$$

die behauptete Erwartungstreue. □

Der folgende Satz von Gauß-Markov zeigt zudem, dass der mit der Methode der kleinsten Quadrate konstruierte Schätzer unter allen linearen erwartungstreuen Schätzern die kleinste Varianz besitzt. Mit diesem Satz erhält der Kleinste-Quadrate-Schätzer seine wahrscheinlichkeitstheoretische Rechtfertigung.

Satz 5.9 (Satz von Gauß-Markov) *Der sich aus (5.5) für β_i ergebende Schätzer $\hat{\beta}_i$ ist unter allen erwartungstreuen Schätzern der Form $\mathbf{a}^\top\mathbf{Y}$ mit $\mathbf{a} \in \mathbb{R}^n$ derjenige mit der minimalen Varianz.*

Beweisskizze: Zum Beweis minimiert man $Var(\mathbf{a}^\top\mathbf{Y}) = \mathbf{a}^\top V(\mathbf{Y})\mathbf{a} = \sigma^2\mathbf{a}^\top\mathbf{a}$ unter der Nebenbedingung $\mathbf{a}^\top\mathbf{X} = \mathbf{e}_i^\top$, welche $E(\mathbf{a}^\top\mathbf{Y}) = \mathbf{a}^\top\mathbf{X}\boldsymbol{\beta} = \beta_i$ sicherstellt ($\mathbf{e}_i$ ist dabei der i-te Einheitsvektor). Mittels der Lagrange-Multiplikatorregel ergibt sich nach kurzer Rechnung (vgl. [8], Abschn. 3.4.4.) die Lösung $\mathbf{a}^\top = \mathbf{e}_i^\top(\mathbf{X}^\top\mathbf{X})^{-1}\mathbf{X}^\top$, also $\mathbf{a}^\top\mathbf{Y} = \mathbf{e}_i^\top\hat{\boldsymbol{\beta}} = \beta_i$. □

Neben der Schätzung der Regressionsparameter ist in der Praxis oftmals auch eine Schätzung der Varianz σ^2 von Interesse. So wird man zum Beispiel zur Kalkulation von Sicherheitszuschlägen an einer Schätzung der Varianz interessiert sein (vgl. Beispiel 5.11). Aus der Summe der quadrierten Residuen $RSS(\hat{\boldsymbol{\beta}})$ lässt sich ein sinnvoller Schätzer für σ^2 gewinnen:

Satz 5.10 (Schätzung von σ^2) *Das sich aus der Summe der quadrierten Residuen ergebende*

$$\hat{\sigma}^2 := \frac{RSS(\hat{\boldsymbol{\beta}})}{n-m} \tag{5.7}$$

ist ein erwartungstreuer Schätzer für σ^2.

Beweis Es gilt

$$\begin{aligned}\mathbf{Y} - \mathbf{X}\hat{\boldsymbol{\beta}} &= (\mathbf{E} - \mathbf{X}(\mathbf{X}^\top\mathbf{X})^{-1}\mathbf{X}^\top)\mathbf{Y} = (\mathbf{E} - \mathbf{X}(\mathbf{X}^\top\mathbf{X})^{-1}\mathbf{X}^\top)(\mathbf{X}\boldsymbol{\beta} + \boldsymbol{\epsilon})\\ &= (\mathbf{E} - \mathbf{X}(\mathbf{X}^\top\mathbf{X})^{-1}\mathbf{X}^\top)\boldsymbol{\epsilon} = \mathbf{A}\boldsymbol{\epsilon}\end{aligned}$$

mit $\mathbf{A} = \mathbf{E} - \mathbf{X}(\mathbf{X}^\top\mathbf{X})^{-1}\mathbf{X}^\top = (a_{ij})_{i,j}$. Es lässt sich leicht nachrechnen, dass $\mathbf{A}^\top\mathbf{A} = \mathbf{A}$, so dass $RSS(\hat{\boldsymbol{\beta}}) = \boldsymbol{\epsilon}^\top\mathbf{A}^\top\mathbf{A}\boldsymbol{\epsilon} = \boldsymbol{\epsilon}^\top\mathbf{A}\boldsymbol{\epsilon}$. Aufgrund von $E(\boldsymbol{\epsilon}) = \mathbf{0}$ und $V(\boldsymbol{\epsilon}) = \sigma^2\mathbf{E}$ ergibt sich somit

$$\begin{aligned} E(RSS(\hat{\boldsymbol{\beta}})) &= \sum_{i,j} a_{ij} E(\epsilon_i \cdot \epsilon_j) \\ &= \sum_{i,j} a_{ij} Cov(\epsilon_i, \epsilon_j) = \sum_i a_{ii}\sigma^2. \end{aligned}$$

Darin ist

$$\begin{aligned} \sum_i a_{ii} &= \sum_i \mathbf{E}_{ii} - \sum_i (\mathbf{X}(\mathbf{X}^\top\mathbf{X})^{-1}\mathbf{X}^\top)_{ii} = n - \sum_i \sum_j x_{ij}((\mathbf{X}^\top\mathbf{X})^{-1}\mathbf{X}^\top)_{ji} \\ &= n - \sum_j \sum_i ((\mathbf{X}^\top\mathbf{X})^{-1}\mathbf{X}^\top)_{ji}\, x_{ij} = n - \sum_j ((\mathbf{X}^\top\mathbf{X})^{-1}\mathbf{X}^\top\mathbf{X})_{jj} = n - m, \end{aligned}$$

da $(\mathbf{X}^\top\mathbf{X})^{-1}\mathbf{X}^\top\mathbf{X}$ die $m \times m$-Identitätsmatrix ist. Damit folgt $E(RSS(\hat{\boldsymbol{\beta}})) = (n-m)\sigma^2$. □

Beispiel 5.11 (Sicherheitszuschlag auf die Nettoprämie) Sind $Y_1, \ldots, Y_n$ die Jahresgesamtschäden der n Versicherten eines Kollektivs, so ist $\mathbf{X}\hat{\boldsymbol{\beta}}$ eine Schätzung für die Jahresnettoprämien der einzelnen Versicherungsnehmer. Wie aus der Ruintheorie bekannt ist, reicht die Nettoprämie nicht aus, um das Versicherungsunternehmen vor dem langfristigen Ruin zu bewahren. Aus diesem Grund ist ein **Sicherheitszuschlag** auf die im Kollektiv eingenommene Jahresnettoprämie notwendig. Der pro Versicherungsnehmer erhobene Sicherheitszuschlag wird im Folgenden mit $c > 0$ bezeichnet.

Sei $\mathbf{1} = (1, \ldots, 1)^\top$ der aus n Einsen gebildete Spaltenvektor. Ist nun $\mathbf{Y}'$ der Gesamtschaden der einzelnen Versicherungsnehmer im neuen Versicherungsjahr, so ergibt sich eine Schadenbelastung in Höhe von $\mathbf{1}^\top\mathbf{Y}'$ für das Versicherungsunternehmen. Der Sicherheitszuschlag c wird so bemessen, dass die im Bestand eingenommene Gesamtprämie $\mathbf{1}^\top\mathbf{X}\hat{\boldsymbol{\beta}} + nc$ nur mit einer vorgegebenen Wahrscheinlichkeit α nicht ausreicht, um die Schadenbelastung zu kompensieren. Annahme ist dabei, dass $\mathbf{Y}'$ unabhängig von $\mathbf{Y}$ und identisch wie $\mathbf{Y}$ verteilt ist, so dass $\mathbf{Y}' = \mathbf{X}\boldsymbol{\beta} + \boldsymbol{\epsilon}'$.

Die Bestimmungsungleichung für c ist somit (mit $\mathbf{A} := \mathbf{X}(\mathbf{X}^\top\mathbf{X})^{-1}\mathbf{X}^\top$):

$$\begin{aligned} \alpha &\geq P(\mathbf{1}^\top\mathbf{Y}' > \mathbf{1}^\top\mathbf{X}\hat{\boldsymbol{\beta}} + nc) = P(\mathbf{1}^\top\mathbf{Y}' > \mathbf{1}^\top\mathbf{A}\mathbf{Y} + nc) \\ &= P(\mathbf{1}^\top(\mathbf{X}\boldsymbol{\beta} + \boldsymbol{\epsilon}') > \mathbf{1}^\top\mathbf{A}(\mathbf{X}\boldsymbol{\beta} + \boldsymbol{\epsilon}) + nc) = P(\mathbf{1}^\top(\boldsymbol{\epsilon}' - \mathbf{A}\boldsymbol{\epsilon})/n > c), \end{aligned} \tag{5.8}$$

denn $\mathbf{A}\mathbf{X}\boldsymbol{\beta} = \mathbf{X}\boldsymbol{\beta}$. Unter der zusätzlichen Annahme, dass $\boldsymbol{\epsilon}$ und $\boldsymbol{\epsilon}'$ unabhängig $\mathcal{N}(\mathbf{0}, \sigma^2\mathbf{E})$-verteilt sind, gilt $\mathbf{1}^\top\boldsymbol{\epsilon}' \sim \mathcal{N}(0, n\sigma^2)$ und $\mathbf{1}^\top\mathbf{A}\boldsymbol{\epsilon} \sim \mathcal{N}(0, \sigma^2\mathbf{1}^\top\mathbf{A}\mathbf{A}^\top\mathbf{1}) = \mathcal{N}(0, \sigma^2\mathbf{1}^\top\mathbf{A}\mathbf{1})$. Daraus folgt

$$\frac{\mathbf{1}^\top(\boldsymbol{\epsilon}' - \mathbf{A}\boldsymbol{\epsilon})}{n} \sim \mathcal{N}\left(0, \frac{\sigma^2}{n} + \frac{\sigma^2\mathbf{1}^\top\mathbf{A}\mathbf{1}}{n^2}\right).$$

Aus (5.8) ergibt sich somit der Sicherheitszuschlag

$$c = \sqrt{\frac{\sigma^2}{n} + \frac{\sigma^2 \mathbf{1}^\top \mathbf{A} \mathbf{1}}{n^2}} \cdot \Phi^{-1}(1 - \alpha)$$

mit der inversen Verteilungsfunktion Φ^{-1} der Standardnormalverteilung. Der erste Summand unter der Wurzel erfasst die natürliche Volatilität im Schadengeschehen, während der zweite Summand potenzielle Schätzfehler für $\hat{\boldsymbol{\beta}}$ erfasst.

σ^2 kann darin durch den Schätzer aus Satz 5.10 geschätzt werden. In der Praxis wird das Gesamtvolumen nc der Sicherheitszuschläge meist proportional zur jeweiligen Nettoprämie $(\mathbf{X}\hat{\boldsymbol{\beta}})_i$ auf die einzelnen Versicherungsnehmer i verteilt. □

5.3.2 Das klassische lineare Modell mit Gewichten

Bei Regressionproblemen im aktuariellen Kontext ist man regelmäßig mit dem Sachverhalt konfrontiert, dass die Annahme einer einheitlichen Varianz aller beobachteten Responsevariablen Y_i verletzt ist, wenn die Beobachtungen aus Kollektiven unterschiedlicher Größe abgeleitet sind. Dies verdeutlicht das folgende Beispiel.

Beispiel 5.12 (Varianz im kollektiven Modell) Die beobachteten Responsevariablen Y_i seien die jährlichen Durchschnittsschäden aus verschiedenen Tarifzellen mit jeweils w_i Versicherungsnehmern. Sind die Jahresschäden $S_1, \ldots, S_{w_i}$ der Versicherungsnehmer innerhalb der Tarifzelle i unabhängig und identisch verteilt mit einer einheitlichen Varianz $Var(S_i) = \sigma^2$, so ergibt sich für den jährlichen Durchschnittsschaden $Y_i := \frac{1}{w_i} \sum_{j=1}^{w_i} S_j$ die Varianz

$$Var(Y_i) = \frac{1}{w_i^2} \sum_{j=1}^{w_i} Var(S_j) = \frac{1}{w_i^2} \sum_{j=1}^{w_i} \sigma^2 = \frac{\sigma^2}{w_i}. \tag{5.9}$$

Hieraus ist ersichtlich, dass bei unterschiedlichen Volumengrößen w_i die Annahme einer für alle Responsevariablen Y_i einheitlichen Varianz verletzt ist. □

Das klassische lineare Modell lässt sich auf natürliche Weise auf Situationen ausdehnen, wie sie durch Gl. (5.9) gegeben sind:

Definition 5.13 (Gewichtetes lineares Modell) *Unter einem gewichteten linearen Modell versteht man ein Modell der Form*

$$\mathbf{Y} = \mathbf{X}\boldsymbol{\beta} + \boldsymbol{\epsilon} \ \textit{mit} \ E(\boldsymbol{\epsilon}) = \mathbf{0} \ \textit{und} \ V(\boldsymbol{\epsilon}) = \sigma^2 \mathbf{W}^{-1}. \tag{5.10}$$

$\mathbf{X}$ *und* $\boldsymbol{\beta}$ *sind dabei wie im klassischen linearen Modell. Abweichend vom klassischen linearen Modell ergibt sich die Kovarianzmatrix jedoch aus einer diagonalen Gewichtsmatrix* $\mathbf{W} =$

$diag(w_1, \ldots, w_n)$ mit Gewichten $w_i > 0$ und einem Parameter $\sigma^2 > 0$, welcher die Varianz pro Gewichtseinheit darstellt.

Die aus dem klassischen linearen Modell aus Abschn. 5.3.1 bekannten Schätzer können nicht unmittelbar auf das gewichtete lineare Modell übertragen werden. Das folgende Beispiel zeigt, dass diese Schätzer im Fall eines gewichteten linearen Modells suboptimal sind.

Beispiel 5.14 (Varianzminimaler Schätzer für den Erwartungswert) Seien $Y_1, \ldots, Y_n$ Beobachtungen mit identischem Erwartungswert $\mu = E(Y_i)$ und Varianz gemäß (5.9). Der Erwartungswert μ kann durch Regression mit der Designmatrix $\mathbf{X} = (1, \ldots, 1)^\top$ geschätzt werden. (5.5) liefert in diesem Fall das gleichgewichtete arithmetische Mittel $\frac{1}{n}\sum_{i=1}^n Y_i$ als Schätzer für μ. Dieser Schätzer ist zwar linear und erwartungstreu, es gibt jedoch andere lineare erwartungstreue Schätzer, welche geringere Varianz besitzen. Der allgemeine Ansatz für einen solchen Schätzer lautet

$$\hat{\mu} := \sum_{i=1}^n \lambda_i Y_i$$

mit Gewichten λ_i und $\sum_{i=1}^n \lambda_i = 1$. Aus (5.9) folgt

$$Var(\hat{\mu}) = \sum_{i=1}^n \lambda_i^2 \cdot Var(Y_i) = \sigma^2 \sum_{i=1}^n \frac{\lambda_i^2}{w_i}.$$

Die Gewichte werden nun so bestimmt, dass sich für den Schätzer eine minimale Varianz ergibt. Dazu bildet man die Lagrange-Funktion

$$f(\lambda_1, \ldots, \lambda_n, \alpha) := \sigma^2 \sum_{i=1}^n \frac{\lambda_i^2}{w_i} - \alpha \left(\sum_{i=1}^n \lambda_i - 1 \right)$$

mit Lagrange-Multiplikator α. Nullsetzen der Ableitungen liefert

$$0 = \frac{\partial f}{\partial \lambda_i} = 2\sigma^2 \frac{\lambda_i}{w_i} - \alpha, \text{ bzw. } \lambda_i = \frac{\alpha w_i}{2\sigma^2}.$$

Mit der Nebenbedingung $\sum_{i=1}^n \lambda_i = 1$ ergibt sich für die Gewichte $\lambda_i = w_i / \sum_{j=1}^n w_j$. Den varianzminimalen, erwartungstreuen linearen Schätzer erhält man somit als *gewichtetes* Mittel

$$\hat{\mu} = \frac{\sum\limits_{i=1}^n w_i \cdot Y_i}{\sum\limits_{i=1}^n w_i}.$$

Die Gewichte der einzelnen Beobachtungen werden dabei umgekehrt proportional zu den Varianzen der Beobachtungen gewählt. Dies entspricht der Intuition, nach der Beobachtungen mit hoher Varianz als unsicher gelten und daher nur mit geringem Gewicht in die Schätzung eingehen sollten. □

Um im Sinn des Satzes von Gauß-Markov (Satz 5.9) optimale Schätzer für die Parameter des gewichteten linearen Modells zu gewinnen, wird (5.10) durch Multiplikation mit der Diagonalmatrix $\mathbf{W}^{1/2} := diag(\sqrt{w_1}, \ldots, \sqrt{w_n})$ in ein klassisches lineares Modell überführt:

$$\mathbf{W}^{1/2}\mathbf{Y} = \mathbf{W}^{1/2}\mathbf{X}\boldsymbol{\beta} + \boldsymbol{\epsilon}' \tag{5.11}$$

mit $V(\boldsymbol{\epsilon}') = \mathbf{W}^{1/2}V(\boldsymbol{\epsilon})(\mathbf{W}^{1/2})^\top = \sigma^2\mathbf{E}$. Die Anwendung von (5.5) liefert für $\boldsymbol{\beta}$ den Schätzer

$$\hat{\boldsymbol{\beta}} = ((\mathbf{W}^{1/2}\mathbf{X})^\top(\mathbf{W}^{1/2}\mathbf{X}))^{-1}(\mathbf{W}^{1/2}\mathbf{X})^\top(\mathbf{W}^{1/2}\mathbf{Y}) = (\mathbf{X}^\top\mathbf{W}\mathbf{X})^{-1}\mathbf{X}^\top\mathbf{W}\mathbf{Y}.$$

Zur Schätzung von σ^2 ermittelt man gemäß Satz 5.10 die Summe der quadrierten Residuen,

$$\begin{aligned} RSS(\hat{\boldsymbol{\beta}}) &= (\mathbf{W}^{1/2}\mathbf{Y} - \mathbf{W}^{1/2}\mathbf{X}\hat{\boldsymbol{\beta}})^\top(\mathbf{W}^{1/2}\mathbf{Y} - \mathbf{W}^{1/2}\mathbf{X}\hat{\boldsymbol{\beta}}) \\ &= (\mathbf{Y} - \mathbf{X}\hat{\boldsymbol{\beta}})^\top\mathbf{W}(\mathbf{Y} - \mathbf{X}\hat{\boldsymbol{\beta}}) = \sum_{i=1}^{n} w_i(Y_i - \hat{\mu}_i)^2, \end{aligned}$$

mit dem linearen Prädiktor $\hat{\boldsymbol{\mu}} := \mathbf{X}\hat{\boldsymbol{\beta}}$. Die Varianz σ^2 pro Gewichtseinheit kann dann durch

$$\hat{\sigma}^2 = \frac{RSS(\hat{\boldsymbol{\beta}})}{n-m} = \frac{1}{n-m}\sum_{i=1}^{n} w_i(Y_i - \hat{\mu}_i)^2$$

geschätzt werden. Diese Ergebnisse fasst der folgende Satz zusammen.

Satz 5.15 (Schätzer im gewichteten linearen Modell) *Der im Sinn des Satzes von Gauß-Markov (Satz* 5.10*) optimale Schätzer für* $\boldsymbol{\beta}$ *im gewichteten linearen Modell* (5.10) *ist gegeben durch:*

$$\hat{\boldsymbol{\beta}} = (\mathbf{X}^\top\mathbf{W}\mathbf{X})^{-1}\mathbf{X}^\top\mathbf{W}\mathbf{Y}. \tag{5.12}$$

Ein erwartungstreuer Schätzer für die Varianz σ^2 *pro Gewichtseinheit ist*

$$\hat{\sigma}^2 = \frac{1}{n-m}\sum_{i=1}^{n} w_i(Y_i - \hat{\mu}_i)^2,$$

mit $\hat{\boldsymbol{\mu}} = \mathbf{X}\hat{\boldsymbol{\beta}}$.

Man beachte, dass die quadrierten Residuen mit den entsprechenden Gewichtsfaktoren versehen werden. Nach wie vor wird jedoch durch die Anzahl der Freiheitsgrade $n-m$ dividiert und nicht etwa durch die Summe der Gewichte w_i.

Beispiel 5.16 (Beispiel 5.14 rekapituliert) Für die in Beispiel 5.14 geschilderte Situation ist die Designmatrix $\mathbf{X} = (1, \ldots, 1)^\top$ mit $m = 1$. In diesem Spezialfall kann man $\mu = E(Y_i)$ gemäß Satz 5.15 durch

$$\hat{\mu} = \hat{\boldsymbol{\beta}} = (\mathbf{X}^\top \mathbf{W} \mathbf{X})^{-1} \mathbf{X}^\top \mathbf{W} \mathbf{Y} = \frac{\sum\limits_{i=1}^{n} w_i \cdot Y_i}{\sum\limits_{i=1}^{n} w_j}$$

schätzen. Des Weiteren ist

$$\hat{\sigma}^2 = \frac{1}{n-1} \sum_{i=1}^{n} w_i (Y_i - \hat{\mu})^2$$

ein erwartungstreuer Schätzer für die Varianz σ^2 pro Gewichtseinheit. □

Beispiel 5.17 (Beitragsanpassung in der Krankenversicherung) In der Krankenversicherung nach Art der Lebensversicherung wird der Summe der Versicherungsleistungen des Bestandes durch $S = \sum_x L_x \cdot k_x \cdot G$ modelliert, wobei G der sogenannte Grundkopfschaden ist, der mit den Profilwerten k_x nach dem Alter x ausdifferenziert wird. L_x ist die Anzahl der x-Jährigen im Bestand. Nach der Kalkulationsverordnung (KalV) §14(2, Anhang II.A) wird der Grundkopfschaden empirisch aus

$$G = \frac{S}{\sum_x L_x \cdot k_x}$$

bestimmt.

Um eine Beitragsanpassung gemäß Versicherungsaufsichtsgesetz (VAG, Fassung vom 10.12.2014) §12b vorzunehmen, werden die erforderlichen Versicherungsleistungen mit den kalkulierten Versicherungsleistungen verglichen. Die erforderlichen Versicherungsleistungen werden dabei auf Grundlage der tatsächlichen Grundkopfschäden G_{t-2}, G_{t-1} und G_t der letzten drei Beobachtungsjahre $t-1, t-2$ und t ermittelt und auf das Jahr $t+2$ extrapoliert. Die KalV §14(3, Anhang II.B) verwendet dazu standardmäßig die Extrapolationsformel

$$G_{t+2} = \frac{3}{2}(G_t - G_{t-2}) + \frac{1}{3}(G_{t-2} + G_{t-1} + G_t) = \frac{\sum\limits_{i=-2}^{0} \lambda_{t+i} G_{t+i}}{\sum\limits_{i=-2}^{0} \lambda_{t+i}} \tag{5.13}$$

mit den Faktoren $\lambda_{t-2} := -7$, $\lambda_{t-1} = 2$ und $\lambda_t = 11$.

Wie man mit Hilfe von Satz 5.8 leicht nachrechnet, ergibt sich diese Formel im Kontext einer klassischen linearen Regression zur Designmatrix $\mathbf{X}$ und zum Beobachtungsvektor $\mathbf{Y}$ mit

$$\mathbf{X} = \begin{pmatrix} 1 & -2 \\ 1 & -1 \\ 1 & 0 \end{pmatrix} \text{ und } \mathbf{Y} = \begin{pmatrix} G_{t-2} \\ G_{t-1} \\ G_t \end{pmatrix}.$$

Der extrapolierte Grundkopfschaden G_{t+2} ist der lineare Prädiktor für die Kovariate (1; 2). Die implizite Annahme ist dabei, dass die Varianz der Grundkopfschäden im Zeitverlauf konstant ist.

Vor dem Hintergrund von Beispiel 5.12 ist diese Annahme nicht gerechtfertigt, wenn sich die Bestandsgrößen in den Beobachtungsjahren stark unterscheiden. Hier bietet sich eine Gewichtung mit den Bestandsvolumina $w_t = \sum_x L_x(t) \cdot k_x$ an. Satz 5.15 liefert dann für (5.13) die adjustierten Faktoren $\lambda_{t-2} = -(3w_{t-1} + 4w_t)w_{t-2}$, $\lambda_{t-1} = 2(2w_{t-2} - w_t)w_{t-1}$ und $\lambda_t = (8w_{t-2} + 3w_{t-1})w_t$. □

Wie bereits erwähnt, verzichtet das klassische lineare Modell auf Verteilungsannahmen und ist somit dem Prinzip nach ein verteilungsfreies Verfahren. Betrachtet man jedoch das Maximum Likelihood-Prinzip als führendes Schätzprinzip, ergibt sich die Methode der kleinsten Quadrate als Spezialfall, welcher (lediglich) unter Normalverteilungsannahme Gültigkeit besitzt, wie folgende Überlegungen zeigen.

Bemerkung 5.18 (Methode der kleinsten Quadrate und Maximum Likelihood) Im Fall einer normalverteilten Störgröße $\boldsymbol{\epsilon}$ gilt $\mathbf{Y} \sim \mathcal{N}(\mathbf{X}\boldsymbol{\beta}, \sigma^2\mathbf{E})$. Die Beobachtungen Y_i sind unabhängig normalverteilt mit Erwartungswert $E(Y_i) = (\mathbf{X}\boldsymbol{\beta})_i$ und Varianz $Var(Y_i) = \sigma^2$, so dass sich die Likelihood der Beobachtungen als Produkt der Einzeldichten ergibt:

$$\prod_{i=1}^{n} \frac{1}{(2\pi\sigma^2)^{1/2}} \exp\left(-\frac{(Y_i - (\mathbf{X}\boldsymbol{\beta})_i)^2}{2\sigma^2}\right) = \frac{1}{(2\pi\sigma^2)^{n/2}} \exp\left(-\frac{RSS(\boldsymbol{\beta})}{2\sigma^2}\right).$$

Die Likelihood wird somit maximiert, wenn $RSS(\boldsymbol{\beta})$ minimiert wird. Dies zeigt, dass im Normalverteilungsfall der Schätzer (5.5) identisch mit dem Maximum Likelihood Schätzer ist. Ebenso ergibt sich der Schätzer (5.12) als Maximum Likelihood Schätzer unter der Normalverteilungsannahme $\mathbf{Y} \sim \mathcal{N}(\mathbf{X}\boldsymbol{\beta}, \sigma^2\mathbf{W}^{-1})$.

Die Einbettung der Methode der kleinsten Quadrate in die Maximum Likelihood Theorie ermöglicht es insbesondere, die aus der Maximum Likelihood Theorie bekannten Testverfahren (zum Beispiel den Likelihood-Quotiententest) anzuwenden, um Regressionparameter auf Signifikanz zu testen. Dies wird in Abschn. 5.6 nochmals aufgegriffen .

5.4 Verallgemeinerte lineare Modelle

5.4.1 Kritik des klassischen linearen Modells

Das klassische lineare Modell (5.4) bzw. (5.10) besitzt eine Reihe von Eigenschaften, welche der Natur vieler Problemstellungen im versicherungsmathematischen Kontext zuwiderlaufen:

a) Wertebereich der Response: Aus $E(\mathbf{Y}) = \mathbf{X}\boldsymbol{\beta}$ ergibt sich, dass der Erwartungswert der Responsevariablen im Allgemeinen jeden beliebigen reellen Wert, insbesondere auch negative Werte annehmen kann. Werden mit $\mathbf{Y}$ zum Beispiel Schadenhöhen modelliert, ist dies keine realistische Annahme.
b) Konstanz der Varianz: Aus $Var(Y_i) = \sigma^2/w_i$ folgt, dass die Varianz unabhängig vom Erwartungswert $E(Y_i)$ ist. Dies schränkt die Flexibilität bezüglich der modellierbaren Verteilungen ein. Sollen zum Beispiel Schadenanzahlen Y_i mittels einer Poisson-Verteilung $\mathscr{P}(\lambda_i)$ modelliert werden, so gilt $E(Y_i) = \lambda_i = Var(Y_i)$, und die Varianz der Responsevariable ist umso größer, je größer der zugehörige Erwartungswert ist.
c) Verteilungsannahme: Der bereits erwähnte Sachverhalt, dass die Schätzung mittels der Methode der kleinsten Quadrate auf dieselben Schätzer führt, wie sie sich als Maximum-Likelihood-Schätzung im Fall einer Normalverteilung ergeben, macht deutlich, dass sich das klassische lineare Modell in gewisser Weise an der Struktur der Normalverteilung orientiert.

Das Diagramm in Abb. 5.3 veranschaulicht das Vorgehen bei der Maximum-Likelihood-Schätzung klassischer linearer Modelle.

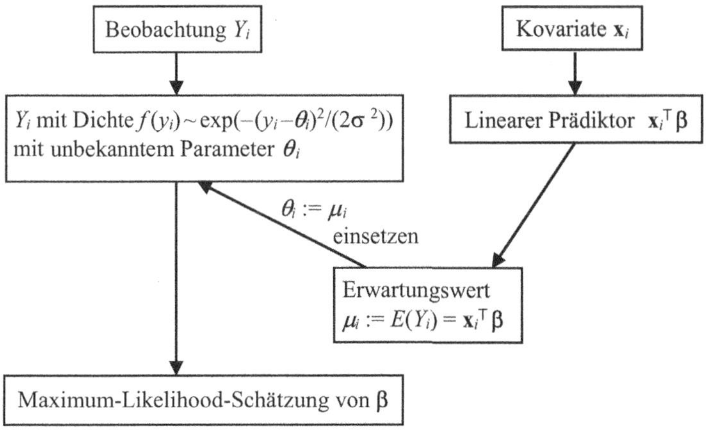

Abb. 5.3 Vorgehen bei der Parameterschätzung im klassischen linearen Modell

Mit zwei relativ einfachen Erweiterungen dieses Ablaufschemas lassen sich die oben genannten Einschränkungen des klassischen linearen Modells überwinden:

a) Um den Wertebereich des Erwartungswerts μ_i zu steuern, führt man eine invertierbare Funktion g ein, für die $\mu_i = g^{-1}(\mathbf{x}_i^\top \boldsymbol{\beta})$ gelten soll. $\mathbf{x}_i^\top$ ist darin die zur i-ten Beobachtung gehörige Zeile aus der Designmatrix. Die Funktion g bezeichnet man als **Linkfunktion,** weil sie den Zusammenhang zwischen linearem Prädiktor und Erwartungswert vermittelt. Wählt man zum Beispiel $g = \ln$, so ergeben sich stets positive Erwartungswerte $\mu_i = \exp(\mathbf{x}_i^\top \boldsymbol{\beta}) > 0$.
b) Von der Normalverteilungsannahme löst man sich, indem man anstelle der Normalverteilung allgemeinere Dichten $f(y_i)$ zulässt, welche über einen nicht direkt beobachteten Parameter θ_i parametrisiert sind. Der Zusammenhang zwischen dem Erwartungswert μ_i und dem Parameter θ_i werde dabei in der Form $\mu_i = b'(\theta_i)$ mit einer geeigneten Funktion b dargestellt.

Wird das Ablaufschema ansonsten beibehalten, erhält man ein sogenanntes **verallgemeinertes lineares Modell** mit dem in Abb. 5.4 dargestellten Flussdiagramm.

5.4.2 Verallgemeinerte lineare Modelle

Grundsätzlich ist man in den Überlegungen des vorigen Abschnitts nicht auf bestimmte Dichten $f(y_i)$ eingeschränkt. Um die Maximum-Likelihood-Schätzung jedoch handhabbar zu halten, beschränkt man sich in der Regel auf die in der folgenden Definition dargestellte Exponentialfamilie. Diese kann man leicht in die aus Abschn. 3.3 bekannte Form überführen.

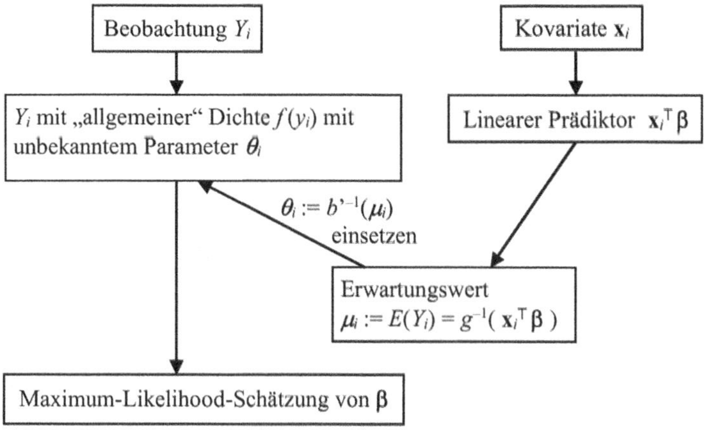

Abb. 5.4 Vorgehen bei der Parameterschätzung im verallgemeinerten linearen Modell

Definition 5.19 (Verallgemeinertes lineares Modell) $\mathbf{Y} = (Y_1, \ldots, Y_n)^\top$ *ist gemäß einem* **verallgemeinerten linearen Modell** *verteilt, wenn die* Y_i *unabhängige Zufallsvariablen mit Dichte* f *von der Form*

$$f(y_i) = \exp\left\{\frac{w_i}{\psi}(y_i\theta_i - b(\theta_i)) + c(y_i, \psi/w_i)\right\} \tag{5.14}$$

sind und sich der Erwartungswert von Y_i *aus den Kovariaten* $\mathbf{x}_i$ *gemäß*

$$E(Y_i) = g^{-1}(\mathbf{x}_i^\top \boldsymbol{\beta}) \tag{5.15}$$

ergibt. Dabei sind

- y_i *die Beobachtungswerte (bekannt),*
- w_i *die zugehörigen Gewichte (bekannt) wie in Abschn.* 5.3.2,
- b *eine zweifach differenzierbare Funktion (bekannt),*
- θ_i *der reellwertige Verteilungsparameter der Dichte (unbekannt),*
- ψ eine *Konstante, der sogenannte* **Dispersionsparameter** *(bekannt),*
- c *eine geeignete Funktion, welcher der Normierung der Dichte dient (bekannt),*
- g *die invertierbare Linkfunktion (bekannt),*
- $\mathbf{X}$ *die Designmatrix mit Zeilen* $\mathbf{x}_i^\top$ *(bekannt) und*
- $\boldsymbol{\beta}$ *der zugehörige Vektor der Regressionsparameter (unbekannt).*

Die Wahl einer bestimmten Verteilung innerhalb der verallgemeinerten linearen Modelle steuert man im Wesentlichen durch die Funktion b und den Parameter θ_i. Die Konstante ψ und die Funktion c beeinflussen die Maximum-Likelihood-Schätzung nicht, so dass die Kenntnis ihres genauen Wertes für die Modellanpassung nicht zwingend ist. Für die Varianz von Y_i spielt der Wert von ψ dagegen eine wichtige Rolle, wie der folgende Satz zeigt:

Satz 5.20 (Momente im verallgemeinerten linearen Modell) *Ist* $\mathbf{Y}$ *gemäß einem verallgemeinerten linearen Modell wie in Definition* 5.19 *verteilt, so gilt:*

$$E(Y_i) = b'(\theta_i) \tag{5.16}$$

$$Var(Y_i) = \frac{\psi}{w_i} b''(\theta_i). \tag{5.17}$$

Beweisskizze. Die kumulantengenerierende Funktion $cgf_{Y_i}(t) := \ln E(\exp(tY_i))$ in einem verallgemeinerten linearen Modell ist durch

$$cgf_{Y_i}(t) = \frac{w_i}{\psi}\left(b\left(\theta_i + \frac{\psi}{w_i}t\right) - b(\theta_i)\right)$$

gegeben. Man nutzt dann die allgemeine Eigenschaften der kumulantengenerierenden Funktion, nach denen Erwartungswert und Varianz durch $E(Y_i) = cgf_{Y_i}{}'(0)$ bzw. $Var(Y_i) = cgf_{Y_i}{}''(0)$ berechnet werden können. □

Löst man (5.16) nach θ_i auf (dazu beachte man, dass in nicht degenerierten Fällen wegen (5.17) $b''(\theta_i) > 0$ gilt) und setzt dies in (5.17) ein, so erhält man:

Satz 5.21 (Varianzfunktion im verallgemeinerten linearen Modell) *Ist* **Y** *gemäß einem verallgemeinerten linearen Modell wie in Definition* 5.19 *verteilt, so gilt:*

$$Var(Y_i) = \frac{\psi}{w_i} V(E(Y_i)) \tag{5.18}$$

mit der Varianzfunktion $V(\cdot) := b''(b'^{-1}(\cdot))$.

Vergleicht man (5.18) mit Beispiel 5.12, so wird deutlich, dass als Gewichte üblicherweise die Volumengrößen gewählt werden, auf die sich die Beobachtungen beziehen. Die Varianzfunktion vermittelt den Zusammenhang zwischen Erwartungswert und Varianz im verallgemeinerten linearen Modell. Die Gl. (5.15) und (5.18) stellen die Essenz eines verallgemeinerten linearen Modells dar. In Abschn. 5.5 werden diese beiden Gleichungen bestimmend sein für die Modellanpassung – sowohl was die Wahl einer geeigneten Verteilung und einer geeigneten Linkfunktion, als auch die Maximum-Likelihood-Schätzung selbst angeht.

Bemerkung 5.22 (Kanonische Linkfunktion) Die Linkfunktion g ist – bis auf die Forderung, dass sie invertierbar ist – grundsätzlich beliebig. Eine besondere Rolle spielt jedoch die sogenannte **kanonische Linkfunktion.** Diese ist definiert durch

$$g(\mu) := b'^{-1}(\mu).$$

Aus (5.15) und (5.16) ergibt sich, dass in diesem Fall linearer Prädiktor und Verteilungsparameter zusammenfallen: $\theta_i = \mathbf{x}_i^\top \boldsymbol{\beta}$. Wie später deutlich werden wird, vereinfachen sich die Schätzer bei Verwendung der kanonischen Linkfunktion erheblich. Man beachte auch, dass die durch $g = b'^{-1}$ definierte kanonische Linkfunktion skaliert werden kann, ohne die Eigenschaft zu verlieren, dass der Parameter θ_i mit dem linearen Prädiktor zusammenfällt. Für die Linkfunktion $c \cdot g$ erhält man aus $c \cdot g(\mu) = \mathbf{X}\tilde{\boldsymbol{\beta}}$ die Beziehung $\theta_i = \mathbf{x}_i^\top \tilde{\boldsymbol{\beta}}$ mit einem skalierten Parametervektor $\tilde{\boldsymbol{\beta}} = c \cdot \boldsymbol{\beta}$. Im Folgenden wird die kanonische Linkfunktion jeweils in einer geeigneten Skalierung von b'^{-1} verwendet.

Beispiel 5.23 (Verteilungen aus der Familie der verallgemeinerten linearen Modelle) Die in folgender Tabelle gegebenen Größen zeigen, dass sich Normalverteilung, Poissonverteilung, Binomialverteilung, Gammaverteilung und inverse Gaußverteilung in die Klasse der verallgemeinerten linearen Modelle einbetten lassen. Ähnliche Übersichten finden sich auch in [1], [3] und [10].

	Normalverteilung	Skalierte Poissonverteilung	Skalierte Binomialverteilung
Dichte	$\mathcal{N}(\mu, \sigma^2)$ $\frac{1}{\sqrt{2\pi\sigma^2}} e^{-\frac{(y-\mu)^2}{2\sigma^2}}$	$\mathcal{P}(n\lambda)/n$ $\frac{(n\lambda)^{ny}}{(ny)!} e^{-n\lambda}$	$B(n, p)/n$ $\binom{n}{ny} p^{ny} (1-p)^{n-ny}$
θ	μ	$\ln \lambda$	$\ln(p/(1-p))$
ψ	σ^2	1	1
w	1	n	n
$b(\theta)$	$\theta^2/2$	e^θ	$\ln(1+e^\theta)$
$c(y, \psi/w)$	$-\frac{1}{2}\left(\frac{y^2}{\psi} + \ln(2\pi\psi)\right)$	$ny \ln(n) - \ln((ny)!)$	$\ln \binom{n}{ny}$
$\mu(\theta)$	θ	e^θ	$e^\theta/(1+e^\theta)$
$V(\mu)$	1	μ	$\mu(1-\mu)$
kan. Link $g(\mu)$	μ	$\ln(\mu)$	$\ln(\mu/(1-\mu))$

Fortsetzung	Skalierte negative Binomialverteilung	Gammaverteilung	Inverse Gauß-Verteilung
Dichte	$NB(r, 1-p)/r$ $\binom{r+ry-1}{ry} p^{ry} (1-p)^r$	$Gamma(\mu, \nu)$ $(\frac{\nu}{\mu})^\nu \frac{y^{\nu-1}}{\Gamma(\nu)} e^{-\nu y/\mu}$	$InvN(\mu, \sigma^2)$ $\sqrt{\frac{\mu^3}{2\pi\sigma^2 y^3}} e^{-\frac{(y-\mu)^2 \mu}{2\sigma^2 y}}$
θ	$\ln(p)$	$-1/\mu$	$-1/(2\mu^2)$
ψ	1	$1/\nu$	σ^2/μ^3
w	r	1	1
$b(\theta)$	$-\ln(1-e^\theta)$	$-\ln(-\theta)$	$-\sqrt{-2\theta}$
$c(y, \psi/w)$	$\ln \binom{r+ry-1}{ry}$	$\nu \ln(\nu y) - \ln(\Gamma(\nu) y)$	$-\frac{1}{2}(\ln(2\pi\psi y^3) + \frac{1}{\psi y})$
$\mu(\theta)$	$e^\theta/(1-e^\theta)$	$-1/\theta$	$1/\sqrt{-2\theta}$
$V(\mu)$	$\mu(1+\mu)$	μ^2	μ^3
$g(\mu)$	$\ln(\mu/(1+\mu))$	$1/\mu$	$1/\mu^2$

Man beachte insbesondere, dass die konstante, lineare, quadratische und kubische Varianzfunktion durch ein verallgemeinertes lineares Modell erfasst werden kann. Zusätzliche Flexibilität erhält man durch die Wahl des Dispersionsparameters: Für die Poissonverteilung gilt z. B. in ihrer ursprünglichen Form ($n = 1$ in obiger Tabelle) stets Varianz = Erwartungswert. Dies entspricht der Wahl $\psi = 1$. Wird dagegen $\psi > 1$ gewählt, so kann man ein Modell erzeugen, in dem Varianz > Erwartungswert. Man spricht dann von einem poissonverteilten verallgemeinerten Modell mit **Überdispersion,** obwohl streng genommen keine Poissonverteilung mehr in der ursprünglichen Form vorliegt. Entsprechend erhält man mit $\psi < 1$ ein Modell mit **Unterdispersion.**

Die Herleitung, dass die oben genannten Verteilungen Vertreter verallgemeinerter linearer Modelle sind, sei am Beispiel der Gamma-Verteilung demonstriert. Setzt man $\lambda = \nu/\mu$, so hat die $Gamma(\mu, \nu)$-Verteilung die Dichte

$$\begin{aligned} f(y) &= \lambda^\nu \frac{y^{\nu-1}}{\Gamma(\nu)} \exp(-\lambda y) = \exp\{-\lambda y + \nu \ln \lambda + (\nu - 1) \ln y - \ln \Gamma(\nu)\} \\ &= \exp\left\{\nu \left(-\frac{\lambda}{\nu} y - (\ln \nu - \ln \lambda)\right) + \nu \ln \nu + (\nu - 1) \ln y - \ln \Gamma(\nu)\right\}. \end{aligned}$$

Mit $\theta = -\lambda/\nu$ ergibt sich

$$f(y) = \exp\{\nu(\theta y - \ln(-1/\theta)) + c(\nu, y)\}.$$

Daraus liest man ab, dass $b(\theta) = \ln(-1/\theta) = -\ln(-\theta)$ und $\psi = 1/\nu$. Bei der Gamma-Verteilung beachte man, dass $b'^{-1}(\mu) = -1/\mu$. In der Regel weist man als kanonische Linkfunktion jedoch die skalierte Version $g(\mu) = 1/\mu$ aus. □

Beispiel 5.24 (Logistische Regression) Die **logistische Regression** findet in der aktuariellen Praxis insbesondere bei der Schätzung von Austrittswahrscheinlichkeiten (z. B. durch Storno bzw. Sterblichkeit) aus einem Kollektiv Anwendung. Ziel ist es dabei, die Abhängigkeit der Austrittswahrscheinlichkeit von Kovariaten (z. B. der Höhe vorangegangener Beitragsanpassungen bei Stornoanalysen bzw. dem Alter bei Sterblichkeitsanalysen) zu beschreiben.

Das beobachtete Kollektiv bestehe dabei zu Anfang der Beobachtungsperiode aus n Teilkollektiven. Das i-te Teilkollektiv ($i = 1, \ldots, n$) besitze zu Anfang n_i Mitglieder, die identische Ausprägungen $x_{i1}, \ldots, x_{im}$ der Kovariaten haben und deren Austritte voneinander stochastisch unabhängig sind. Die Zufallsvariable Y_i beschreibe die relative Häufigkeit der Austritte aus dem i-ten Teilkollektiv während der Beobachtungsperiode,

$$Y_i := \frac{\text{Anzahl ausgetretener Mitglieder des Teilkollektivs } i}{\text{Anzahl } n_i \text{ der Mitglieder des Teilkollektivs}}.$$

Ist p_i die Austrittswahrscheinlichkeit im i-ten Teilkollektiv, so folgt Y_i der skalierten Binomialverteilung $B(n_i, p_i)/n_i$ mit Dichte

$$f(y_i) = \binom{n_i}{n_i y_i} p_i^{n_i y_i} (1 - p_i)^{n_i - n_i y_i}.$$

Nach der Tabelle in Beispiel 5.23 kann die Modellierung von Y_i im Rahmen eines verallgemeinerten linearen Modells mit $\theta_i = \ln(p_i/(1 - p_i))$ und $b(\theta_i) = \ln(1 + \exp(\theta_i))$ erfolgen. Die kanonische Linkfunktion g ist in diesem Fall gegeben durch den **logit**

$$logit(p) := \ln\left(\frac{p}{1 - p}\right).$$

Die Umkehrfunktion des logits ist die **logistische Funktion**

$$F_{logistisch}(s) := \frac{\exp(s)}{1 + \exp(s)}.$$

Für die Austrittswahrscheinlichkeit gilt daher

$$p_i = E(Y_i) = g^{-1}\left(\sum_{j=1}^{m} x_{ij}\beta_j\right) = F_{logistisch}\left(\sum_{j=1}^{m} x_{ij}\beta_j\right).$$

In diesem Kontext wird $\sum_{j=1}^{m} x_{ij}\beta_j$ (bzw. der auf Basis von Schätzwerten $\hat{\beta}_j$ gewonnene Wert) häufig als Scorewert im i-ten Teilkollektiv bezeichnet, der mit der logistischen Funktion in die Austrittswahrscheinlichkeit

$$p_i = F_{logistisch}(\text{Scorewert im } i\text{-ten Teilkollektiv}) \in (0, 1)$$

umgerechnet werden kann.

Hier zeigt sich die Überlegenheit der verallgemeinerten linearen Modelle gegenüber den klassischen linearen Modellen, was die Möglichkeit angeht, den Wertebereich von $E(Y_i)$ einzuschränken. □

Neben den Standardverteilungen aus der Tabelle in Beispiel 5.23 lassen sich noch wesentlich mehr Verteilungen in die Klasse der verallgemeinerten linearen Modelle einbetten, darunter auch weitere Verteilungen mit hoher Relevanz im aktuariellen Kontext, wie folgendes Beispiel zeigt:

Beispiel 5.25 (Tweedie's Compound Poisson Modell) Im kollektiven Modell der Versicherungsmathematik (vgl. Abschn. 6.4.2) wird der Gesamtschaden S häufig durch eine $\mathcal{P}(\lambda)$-verteilte Schadenanzahl N und den sowohl von N als auch untereinander unabhängigen $Gamma(\mu, \nu)$-verteilten Schadenhöhen $X_1, X_2, \ldots$ beschrieben. Somit gilt $E(N) = Var(N) = \lambda$, $E(X_i) = \mu$ und $Var(X_i) = \mu^2/\nu$. Der Gesamtschaden S folgt dann einer Poissonschen Summenverteilung (Compound Poisson Modell) mit Erwartungswert (vgl. (6.23))

$$E(S) = E(E[S|N]) = E(N\mu) = \lambda\mu$$

und Varianz (vgl. (6.24))

$$\begin{aligned} Var(S) &= E(Var[S|N]) + Var(E[S|N]) = E(N\mu^2/\nu) + Var(N\mu) \\ &= \lambda\mu^2/\nu + \mu^2\lambda = \mu^2\lambda(1 + 1/\nu). \end{aligned}$$

Tweedie's Compound Poisson Modell (vgl. [7]) besteht aus den Poissonschen Summenveteilungen, für die zwischen λ und μ der Zusammenhang

$$\lambda = d\mu^c$$

mit Konstanten $c, d > 0$ besteht. Durch geeignete Wahl von c und d lässt sich jede Poissonsche Summenverteilung hierin einbetten.

In Tweedie's Compound Poisson Modell gilt somit $E(S) = d\mu^{c+1}$ und $Var(S) = d(1 + 1/\nu)\mu^{c+2}$, also

$$Var(S) = d^{-1/(c+1)}(1 + 1/\nu)E(S)^{(c+2)/(c+1)} = const. \cdot E(S)^{\xi}$$

mit $\xi \in (1, 2)$. Diese Varianzfunktion erhält man im Kontext der verallgemeinerten linearen Modelle aus

$$b(\theta) := a(b - \theta)^{-c},$$

mit geeigneten Konstanten a und b. Aus $b'(\theta) = ac(b - \theta)^{-(c+1)}$ und $b''(\theta) = ac(c + 1)(b - \theta)^{-(c+2)}$ folgt nämlich unmittelbar, dass

$$V(E(S)) = b''((b')^{-1}(E(S))) = const. \cdot E(S)^{(c+2)/(c+1)}$$

gilt. □

5.5 Anpassung verallgemeinerter linearer Modelle

5.5.1 Explorative Analyse von Link und Varianzfunktion

Bevor ein verallgemeinertes lineares Modell an die beobachteten Daten angepasst werden kann, müssen grundlegende Festlegungen zum Modelldesign getroffen werden. Dazu gehören neben der Auswahl von geeigneten Kovariaten und der Wahl einer geeigneten Linkfunktion auch die Diagnose einer geeigneten Verteilung innerhalb der Klasse der verallgemeinerten linearen Modelle (vgl. [10], Abschn. 2.1.1). Diese Festlegungen können im Rahmen einer explorativen Analyse getroffen werde, welche die Beobachtungsdaten geeignet in Gruppen zusammenfasst, aggregiert und grafisch aufbereitet. Die Kovariaten und die Linkfunktion werden dabei durch Analyse der in den gebildeten Gruppen beobachteten Mittelwerte identifiziert. Eine zur Modellierung geeignete Verteilungsklasse kann anhand der Varianzfunktion, das heißt der Abhängigkeit der (empirischen) Varianzen von den (empirischen) Erwartungswerten in den Gruppen, erkannt werden. Dazu wird wie folgt vorgegangen:

a) *Gruppierung der Beobachtungen:* Zunächst betrachte man ein festes („führendes") Tarifmerkmal. Dieses durchlaufe seine möglichen Ausprägungen $a_1, a_2, \ldots$. Die anderen („nicht-führenden") Tarifmerkmale bilden ihrerseits die Ausprägungskombinationen $b_1, b_2, \ldots$. Jede Beobachtung lässt sich nun einer eindeutigen Tarifzelle (a_j, b_k) zuordnen.
b) *Aggregation der Beobachtungen:* Über alle zur Tarifzelle (a_j, b_k) zugehörigen Beobachtungen y_i bildet man das gewichtete Gruppenmittel

$$\hat{\mu}_{jk} = \frac{\sum_i w_i \cdot y_i}{\sum_i w_i}$$

und die gewichtete empirische Gruppenvarianz

$$\hat{\sigma}_{jk}^2 = \frac{1}{m_{jk} - 1} \sum_i w_i (y_i - \hat{\mu}_{jk})^2,$$

wobei m_{jk} die Anzahl der zur Tarifzelle (a_j, b_k) zugehörigen Beobachtungen y_i ist.

c) *Grafische Darstellung der aggregierten Werte:* Hierzu dienen zwei Arten von Schaubildern, die sogenannten Mittelwertplots und der Varianz-Mittelwert-Plot. Die Konstruktion dieser beiden Typen von Schaubildern und deren Interpretation wird im Folgenden näher erläutert.

Mittelwertplots Auf der horizontalen Achse werden die Ausprägungen $a_1, a_2, \ldots$ des führenden Tarifmerkmals abgetragen, auf der vertikalen Achse die Werte, die sich durch Anwendung der Linkfunktion auf die Gruppenmittelwerte ergeben. Für jedes b_k ergibt sich in diesem Schaubild ein separater Graph, bei dem $g(\hat{\mu}_{jk})$ über a_j abgetragen wird (vgl. Abb. 5.5). Die weiteren Mittelwertplots werden erzeugt, wenn auch jedes der bislang nicht-führenden Tarifmerkmale als führendes Tarifmerkmal behandelt wird.

Bei der Analyse der Mittelwertplots gleicht man diese mit den idealtypischen Plots aus Abschn. 5.2.2 (vgl. Abb. 5.1 und 5.2) ab. Dabei gilt: Besteht eine erkennbare Abhängigkeit der transformierten Gruppenmittelwerte von einem führenden Tarifmerkmal, so stellt dies eine Kovariate mit hohem Erklärungspotenzial dar. Operiert man zudem mit einer geeigneten Linkfunktion, so erzeugt die Transformation der Gruppenmittelwerte mit der Linkfunktion eine näherungsweise lineare Struktur. Diese kann man als linearen Prädiktor aus einer geeigneten Designmatrix generieren. Man beachte, dass es sich hierbei um eine explorative Datenanalyse handelt, bei der mehrere Interpretationen möglich sein können. Nichtlinearitäten im Mittelwertplot können beispielsweise Ausdruck einer suboptimal gewählten Linkfunktion sein oder auf das Vorhandensein von Interaktionstermen hindeuten. Die Wahl von Linkfunktion und Kovariaten sollte vor diesem Hintergrund dazu dienen, ein stimmiges Gesamtbild zu erzeugen.

Abb. 5.5 Konstruktion eines Mittelwertplots

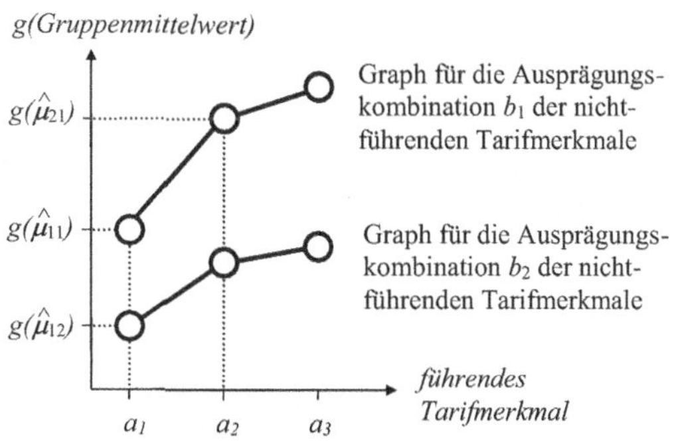

Varianz-Mittelwert-Plot Auf der horizontalen Achse werden die Gruppenmittelwerte $\hat{\mu}_{jk}$ aus sämtlichen Tarifzellen abgetragen, auf der vertikalen Achse die zugehörigen empirischen Gruppenvarianzen $\hat{\sigma}_{jk}^2$ (vgl. Abb. 5.6).

Da $\hat{\sigma}_{jk}^2$ ein erwartungstreuer Schätzer für $\psi \cdot V(\mu_{jk})$ ist (μ_{jk} ist der Erwartungswert der zur Tarifzelle (a_j, b_k) gehörigen Beobachtungen), vermag man mit dem Varianz-Mittelwert-Plot eine für die Modellierung geeignete Varianzfunktion $V(\mu)$ zu identifizieren. Darüber hinaus erhält man eine Schätzung für den Dispersionsparameter ψ.

Der Verlauf des Varianz-Mittelwert-Plots in Abb. 5.6 legt beispielsweise eine lineare Varianzfunktion $V(\mu) = \mu$ nahe, also die Modellierung durch ein Poissonverteiltes verallgemeinertes lineares Modell. Wohlgemerkt ist die Folgerung nicht, dass die Daten tatsächlich aus einer Poisson-Verteilung stammen (die Daten könnten auch reellwertig sein). Vielmehr ist die Folgerung, dass ein verallgemeinertes lineares Modell zugrundegelegt werden kann, welches dieselbe Varianzfunktion wie eine Poissonverteilung mit Überdispersion aufweist. Wir werden im weiteren Verlauf sehen, dass sich die Parameterschätzung über die Varianzfunktion aufbauen lässt, ohne eine explizite Verteilungsannahme. Der Dispersionsparameter ψ lässt sich aus der Steigung einer Ausgleichsgeraden durch die abgetragenen Punkte schätzen.

5.5.2 Maximum-Likelihood-Schätzung

Aus der in Gl. (5.14) gegebenen Dichte verallgemeinerter linearer Modelle,

$$f(y_i) = \exp\left\{\frac{w_i}{\psi}(y_i\theta_i - b(\theta_i)) + c(y_i, \psi/w_i)\right\},$$

ergibt sich die log-likelihood der Beobachtungen als

$$\ell_{(y_1,\ldots,y_n)}(\boldsymbol{\beta}) = \sum_{i=1}^{n} \ln f(y_i) = \sum_{i=1}^{n} \frac{w_i}{\psi}(y_i\theta_i - b(\theta_i)) + \sum_{i=1}^{n} c(y_i, \psi/w_i). \tag{5.19}$$

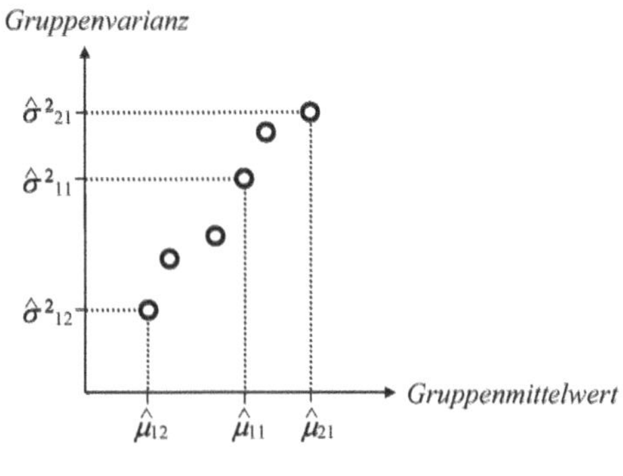

Abb. 5.6 Konstruktion des Varianz-Mittelwert-Plots

Zu beachten ist, dass die zu schätzenden Regressionsparameter $\boldsymbol{\beta}$ darin indirekt über die Beziehungen

$$\mathbf{x}_i^\top \boldsymbol{\beta} = g(\mu_i) \tag{5.20}$$

und

$$\mu_i = b'(\theta_i) \tag{5.21}$$

in die Verteilungsparameter θ_i eingehen. Für die Maximierung der log-likelihood (5.19) nach $\boldsymbol{\beta}$ ist der letzte Summand irrelevant, und die Ableitung nach $\boldsymbol{\beta}$ erfolgt mit Hilfe der Kettenregel in mehreren Teilschritten:

$$\frac{\partial}{\partial \boldsymbol{\beta}} = \frac{\partial}{\partial \theta_i} \frac{\partial \theta_i}{\partial \mu_i} \frac{\partial \mu_i}{\partial g(\mu_i)} \frac{\partial g(\mu_i)}{\partial \boldsymbol{\beta}} \tag{5.22}$$

Mit (5.21) ergibt sich für den zweiten Differenzialquotienten $1/b''(\theta_i) = 1/V(\mu_i)$. Der dritte Differenzialquotient ist gleich $1/g'(\mu_i)$. Der vierte Differenzialquotient schließlich ist wegen (5.20) gleich $\mathbf{x}_i^\top$. Insgesamt ergibt sich somit

$$\frac{\partial}{\partial \boldsymbol{\beta}} = \frac{\mathbf{x}_i^\top}{V(\mu_i)g'(\mu_i)} \frac{\partial}{\partial \theta_i}.$$

Als Normalengleichungen ergeben sich somit

$$\begin{aligned}
\mathbf{0}^\top &= \frac{\partial \ell_{(y_1,\ldots,y_n)}(\boldsymbol{\beta})}{\partial \boldsymbol{\beta}} = \sum_{i=1}^n \frac{w_i}{\psi} \frac{\partial}{\partial \boldsymbol{\beta}} (y_i \theta_i - b(\theta_i)) \\
&= \sum_{i=1}^n \frac{w_i}{\psi} \frac{\mathbf{x}_i^\top}{V(\mu_i)g'(\mu_i)} \frac{\partial}{\partial \theta_i} (y_i \theta_i - b(\theta_i)) \\
&= \sum_{i=1}^n \frac{w_i}{\psi} \frac{\mathbf{x}_i^\top}{V(\mu_i)g'(\mu_i)} (y_i - \mu_i).
\end{aligned} \tag{5.23}$$

(5.23) ist komponentenweise zu lesen, so dass sich für jede Spalte der Designmatrix eine Normalengleichung ergibt. Dabei ist $\mathbf{0} := (0, \ldots, 0)^\top$.

Satz 5.26 (Normalengleichungen) *Die mit der Maximum-Likelihood-Methode angepassten Erwartungswerte μ_i der Responsevariablen ergeben sich aus den Normalgleichungen*

$$\sum_{i=1}^n w_i \frac{x_{ij}}{V(\mu_i)g'(\mu_i)} (y_i - \mu_i) = 0$$

für alle j.

Aus den μ_i ergeben sich die Regressionsparameter $\boldsymbol{\beta}$ gemäß (5.20). Zu den Details der numerischen Lösung von (5.23) sei auf [1], Abschn. 6.2.5, verwiesen. Man beachte, dass die

Normalengleichungen nur von der Varianz- und der Linkfunktion abhängen. In diesem Sinne stellen Varianz- und Linkfunktion sozusagen die Essenz eines verallgemeinerten linearen Modells dar.

Beispiel 5.27 (Klassisches lineares Modell) Das klassische lineare Modell erhält man im Fall der Varianzfunktion $V(\mu) = 1$ und Linkfunktion $g = id$. Die Normalengleichungen lauten in diesem Fall $\mathbf{0} = \sum_i w_i \mathbf{x}_i^\top (y_i - \mu_i)$. Diese sind in der Tat identisch mit den Gleichungen, die man aus Satz 5.15 erhält, aus dem

$$\mathbf{X}^\top \mathbf{W}(\mu_1, \ldots, \mu_n)^\top = \mathbf{X}^\top \mathbf{W}\mathbf{X}\hat{\boldsymbol{\beta}} = \mathbf{X}^\top \mathbf{W}\mathbf{X}(\mathbf{X}^\top \mathbf{W}\mathbf{X})^{-1}\mathbf{X}^\top \mathbf{W}\mathbf{Y} = \mathbf{X}^\top \mathbf{W}\mathbf{Y}$$

folgt. □

Beispiel 5.28 (Kanonische Linkfunktion und Marginalsummenbedingungen) Für die kanonische Linkfunktion vereinfachen sich die Normalengleichungen erheblich. Die kanonische Linkfunktion g ist definiert durch $g(\mu_i) = \theta_i$. Somit gilt

$$\frac{\partial \theta_i}{\partial \mu_i} \frac{\partial \mu_i}{\partial g(\mu_i)} = 1$$

und in (5.22) ergibt sich

$$\frac{\partial}{\partial \boldsymbol{\beta}} = \mathbf{x}_i^\top \frac{\partial}{\partial \theta_i}.$$

Die Normalengleichungen reduzieren sich auf $\sum_i w_i x_{ij}(y_i - \mu_i) = 0$ oder

$$\sum_i w_i x_{ij} y_i = \sum_i w_i x_{ij} \mu_i$$

bzw. mit den Regressionsparametern $\boldsymbol{\beta}$ ausgedrückt

$$\sum_i w_i x_{ij} y_i = \sum_i w_i x_{ij} g^{-1}(\mathbf{x}_i^\top \boldsymbol{\beta})$$

für alle j. Für jede Spalte der Designmatrix ergibt sich somit eine sogenannte **Marginalsummenbedingung,** dass nämlich die gewichtete Summe der zugehörigen Beobachtungswerte gleich der gewichteten Summe ihrer geschätzten Erwartungswerte ist. □

Beispiel 5.29 (Poisson-Modell und multiplikative Tarifstruktur) Besonderer Beliebtheit erfreut sich in der Tarifierung die Verwendung des logarithmischen Links $g = \ln$. Dieser bringt den Vorzug mit sich, dass sich eine multiplikative Tarifstruktur ergibt, indem

$$\mu_i = g^{-1}(\mathbf{x}_i^\top \boldsymbol{\beta}) = \exp(\sum_j x_{ij}\beta_j) = \prod_j \exp(x_{ij}\beta_j) = \prod_j b_j^{x_{ij}}$$

mit $b_j := \exp(\beta_j)$. Die Nettoprämie μ_i ergibt sich somit aus einer multiplikativen Verknüpfung einer Reihe von Zu- und Abschlagsfaktoren b_j für jede Ausprägung der Tarifmerkmale. Dies ermöglicht eine für den Kunden transparente Ermittlung der Nettoprämie.

Legt man zudem ein Poisson-Modell zugrunde, so stellt ln die kanonische Linkfunktion dar. Im Fall von Beispiel 5.3 aus Abschn. 5.2.2 lauten dann die Marginalsummenbedingungen

$$\begin{aligned}
\sum_{i=1,2,3,4,5,6} w_i y_i &= w_1 b_1 + w_2 b_1 b_4 + w_3 b_1 b_3 + w_4 b_1 b_2 + w_5 b_1 b_2 b_4 + w_6 b_1 b_2 b_3 \\
\sum_{i=4,5,6} w_i y_i &= w_4 b_1 b_2 + w_5 b_1 b_2 b_4 + w_6 b_1 b_2 b_3 \\
\sum_{i=3,6} w_i y_i &= w_3 b_1 b_3 + w_6 b_1 b_2 b_3 \\
\sum_{i=2,5} w_i y_i &= w_2 b_1 b_4 + w_5 b_1 b_2 b_4.
\end{aligned}$$

Die erste Gleichung gewährleistet, dass das gesamte beobachtete Schadenaufkommen (linke Seite) auf die Prämie des Gesamtkollektivs (rechte Seite) umgelegt wird. Die zweite bis vierte Gleichung gewährleistet dies jeweils für die Teilkollektive mit Fahrzeugwert „hoch“, Fahrleistung „viel“ bzw. Fahrleistung „mittel“. Bei der Anpassung des verallgemeinerten linearen Modells wird somit das gesamte Schadenaufkommen pro Merkmalsausprägung umgelegt, ohne dass Schadenaufkommen verloren geht. Dies gewährleistet die Auskömmlichkeit der ermittelten Prämie und die sachgerechte Umlegung auf die Teilkollektive. Diese Eigenschaften erklärt – in Verbindung mit der relativ einfachen Lösbarkeit der Gleichungen – die Popularität des **Marginalsummenverfahrens** in der aktuariellen Tarifierung, wie z. B. bei Tarifempfehlungen des Gesamtverbandes der Deutschen Versicherungswirtschaft. □

5.6 Weiterführende Themen

5.6.1 Analyse der Residuen und der Dispersion

Die Betrachtung von Residuen ist ein unverzichtbarer Bestandteil einer jeden Modelldiagnose, mit der die Anpassungsgüte des Modells beurteilt werden soll, vgl. [10], Kap. 12, und [3], Kap. 4. Da die Abweichungen $Y_i - \mu_i$ im allgemeinen unterschiedliche Varianzen $(\psi/w_i)V(\mu_i)$ aufweisen, werden die Residuen auf die einheitliche Varianz ψ standardisiert. Auf diese Weise erhält man die sogenannten **Pearson-Residuen**

$$\epsilon_{i,Pearson} := \sqrt{\frac{w_i}{V(\hat{\mu}_i)}}(Y_i - \hat{\mu}_i).$$

Der Erwartungswert μ_i wird dabei durch den im angepassten verallgemeinerten linearen Modell erhaltenen Schätzwert $\hat{\mu}_i$ ersetzt.

Pearson-Residuen können zur **Schätzung des Dispersionsparameters** ψ verwendet werden. Für großen Stichprobenumfang n besitzt nämlich die mit ψ^{-1} skalierte Summe der quadrierten Pearson-Residuen (scaled Pearson X^2)

$$X^2 := \frac{1}{\psi} \sum_{i=1}^{n} \epsilon_{i,Pearson}^2$$

asymptotisch eine χ^2-Verteilung mit $n - m$ Freiheitsgraden. m ist darin die Anzahl der im Modell angesetzten Regressionsparameter $(\beta_1, \ldots, \beta_m)$. Insbesondere gilt somit $E(X^2) = n - m$. Einen erwartungstreuen Schätzer $\hat{\psi}$ erhält man somit nach der Momentenmethode durch Auflösen der Gleichung $X^2 = n - m$ nach ψ:

$$\hat{\psi} = \frac{1}{n-m} \sum_{i=1}^{n} \frac{w_i}{V(\hat{\mu}_i)} (Y_i - \hat{\mu}_i)^2$$

Zur Überprüfung der Modellanpassung ist eine **Analyse der Residuen** empfehlenswert, bei der man die Pearson-Residuen $\epsilon_{i,Pearson}$ auf der vertikalen Achse gegen die geschätzten Erwartungswerte $\hat{\mu}_i$ auf der horizontalen Achse abträgt. Bei guter Modellanpassung streuen die Pearson-Residuen um die horizontale Achse, ohne dass ein Trend der Residuen oder eine Abhängigkeit ihrer Streuungsbreite vom Erwartungswert erkennbar wäre (vgl. Abb. 5.7, linkes Schaubild). Bei der Situation im rechten Schaubild wächst die Varianz der Residuen dagegen offensichtlich mit dem Erwartungswert an. Dies deutet darauf hin, dass eine Varianzfunktion gewählt werden sollte, die bei großen Erwartungswerten höhere Werte liefert als die ursprünglich gewählte Varianzfunktion. Als Faustregel kann hierbei auch verwendet werden, dass lediglich 5 % der Pearson-Residuen außerhalb des Intervalls $[-1,96\hat{\psi};\ 1,96\hat{\psi}]$ liegen sollten. Dies setzt streng genommen eine Normalverteilungsannahme voraus, oder zumindest die Verwendung einer adjustierten Definition der Residuen, welche diese der Normalverteilung möglichst ähnlich macht (Anscombe-Residuen, vgl. [1], Abschn. 6.3.2, oder [10], Abschn. 2.4.2).

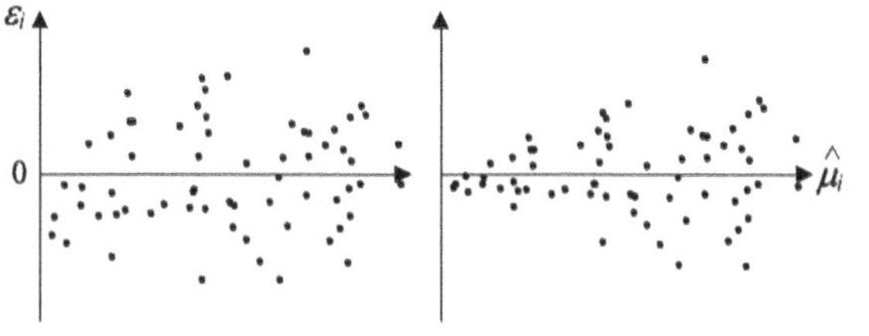

Abb. 5.7 Beispielhafte Darstellungen der Pearson-Residuen über den geschätzten Erwartungswerten

5.6.2 Testverfahren für verallgemeinerte lineare Modelle

In Abschn. 5.5.1 wurde der Mittelwertplot als exploratives Instrument vorgestellt, um mögliche Kovariaten zu identifizieren. Ob der Einfluss einer bestimmte Kovariaten auf den Erwartungswert statistisch signifikant ist, kann der Mittelwertplot nicht aufzeigen. Dazu bedarf es statistischer Testverfahren, vgl. z. B. [3], Abschn. 2.2.2.

Üblicherweise vergleichen die Testverfahren zwei **geschachtelte Modelle,** von denen eines (das sog. „eingeschränkte Modell") eine durch eine Nullhypothese eingeschränkte Version des anderen Modells („uneingeschränktes Modell") ist. Das uneingeschränkte Modell umfasse dabei die Regressionsparameter $(\beta_1, \ldots, \beta_m)$. Getestet werden soll, ob die n beobachteten Daten Anlass zu berechtigtem Zweifel an der Nullhypothese $\beta_{k+1} = 0, \ldots, \beta_m = 0$ geben. Das eingeschränkte Modell schränkt das uneingeschränkte Modell dementsprechend auf die Teilmenge $(\beta_1, \ldots, \beta_k, 0, \ldots, 0)$ möglicher Regressionsparameter ein. Allgemeiner gefasst entsteht das eingeschränkte Modell aus dem uneingeschränkten Modell durch die Einführung von $m - k$ unabhängigen Restriktionen.

Basiert die Parameterschätzung auf der Maximum-Likelihood-Methode, dann steht das entsprechende Instrumentarium für das Testen von Parametern und die Konstruktion von Konfidenzintervallen zur Verfügung. Die wichtigsten Vefahren sind hier der **Likelihood-Quotiententest** und der **F-Test.**

a) Likelihood-Quotiententest: Der Likelihood-Quotiententest verwendet gemäß Abschn. 4.3 die Teststatistik

$$W := -2(\ell^{max}_{eing.} - \ell^{max}_{uneing.}), \tag{5.24}$$

wobei ℓ^{max} die im jeweiligen Modell erzielte maximale log-Likelihood gemäß (5.19) ist. Unter der Nullhypothese ist die Teststatistik asymptotisch χ^2_{m-k}-verteilt. Die Nullhypothese wird somit zum Niveau α abgelehnt, falls der beobachtete Wert von W größer als das $(1-\alpha)$-Quantil der χ^2_{m-k}-Verteilung ist.

Beispiel 5.30 (Likelihood-Quotiententest bei Poisson-Modell) Bei einem Poisson-verteilten verallgemeinertem linearen Modell ist die log-Likelihood der i-ten Beobachtung bis auf den Summanden $c(y_i, \psi/w_i)$ gegeben durch

$$\frac{w_i}{\psi}(y_i\theta_i - b(\theta_i)) = \frac{w_i}{\psi}(y_i\theta_i - \exp(\theta_i)) = \frac{w_i}{\psi}(y_i \ln(\mu_i) - \mu_i).$$

Um die Signifikanz des durch die Parameter $\beta_{k+1}, \ldots \beta_m$ modellierten Tarifmerkmals zu testen, kann man somit die Teststatistik

$$\frac{2}{\psi}\sum_{i=1}^{n} w_i \left(Y_i \ln\left(\frac{\mu_i^{uneing.}}{\mu_i^{eing.}}\right) - (\mu_i^{uneing.} - \mu_i^{eing.})\right),$$

verwenden, worin $\mu_i^{eing.}$ bzw. $\mu_i^{uneing.}$ die sich im eingeschränkten Modell (also ohne das zu testende Tarifmerkmal) bzw. im uneingeschränkten Modell (also mit dem zu testenden Tarifmerkmal) ergebenden Erwartungswerte (Nettoprämien) sind. □

b) F-Test: Alternativ kann man anhand der Residuen entscheiden, inwieweit das uneingeschränkte Modell dem eingeschränkten Modell vorzuziehen ist. Dies führt auf den sogenannten F-Test. Grundgedanke ist, dass das eingeschränkte Modell aufgrund seiner kleineren Parameterzahl gegenüber dem uneingeschränkten Modell eine geringere Anpassungsgüte, also in der Summe größere Residuen mit sich bringt.
Im klassischen linearen Modell bewertet die F-Statistik

$$F := \frac{(RSS_{eing.} - RSS_{uneing.})/RSS_{uneing.}}{(dof_{eing.} - dof_{uneing.})/dof_{uneing.}} \tag{5.25}$$

den relativen Unterschied der Summe der quadrierten Residuen RSS (Zähler) gegenüber der unterschiedlichen Parameteranzahl in beiden Modellen (Nenner). Darin ist $dof_{uneing.} := n - m$ die Anzahl der Freiheitsgrade im uneingeschränkten Modell und $dof_{eing.} := n - k$ die Anzahl der Freiheitsgrade im eingeschränkten Modell.
Im verallgemeinerten linearen Modell besitzt (5.25) die Entsprechung

$$F := \frac{(D_{eing.} - D_{uneing.})/D_{uneing.}}{(dof_{eing.} - dof_{uneing.})/dof_{uneing.}},$$

mit der (skalierten) **Devianz** D. Diese wird im jeweiligen Modell aus

$$D := -2(\ell_{\mathbf{Y}}(\boldsymbol{\mu}) - \ell_{\mathbf{Y}}(\mathbf{Y}))$$

bestimmt (vgl. [1], Abschn. 6.3.1). Darin ist $\ell_{\mathbf{y}}(\boldsymbol{\mu})$ die log-likelihood der Daten $\mathbf{y} = (y_1, \ldots, y_n)$, bei welcher die Parameter θ_i mittels $\theta_i = (b')^{-1}(\mu_i)$ durch die Erwartungswerte $\boldsymbol{\mu} = (\mu_1, \ldots, \mu_n)$ ausgedrückt wurden. $\ell_{\mathbf{y}}(\mathbf{y})$ ist die log-likelihood des sogenannten saturierten Modells, bei dem als Mittelwerte die Beobachtungswerte selbst angesetzt wurden.

Beispiel 5.31 (F-Test bei Poisson-Modell) Analog zu Beispiel 5.30 ergibt sich

$$\ell_{\mathbf{y}}(\boldsymbol{\mu}) = \sum_{i=1}^{n} \frac{w_i}{\psi}(y_i \ln(\mu_i) - \mu_i) + c(y_i, \psi/w_i).$$

Damit errechnet man die Devianz

$$D = \frac{2}{\psi} \sum_{i=1}^{n} w_i \left(Y_i \ln\left(\frac{Y_i}{\mu_i}\right) - (Y_i - \mu_i) \right).$$

Sind $\mu_i^{eing.}$ bzw. $\mu_i^{uneing.}$ wieder die Nettoprämien im Modell ohne bzw. mit dem zu testenden Tarifmerkmal, so kann man mit der F-Statistik

$$F = \frac{(n-m)\sum_{i=1}^{n} w_i (Y_i \ln(\mu_i^{uneing.}/\mu_i^{eing.}) - (\mu_i^{uneing.} - \mu_i^{eing.}))}{(m-k)\sum_{i=1}^{n} w_i (Y_i \ln(Y_i/\mu_i^{uneing.}) - (Y_i - \mu_i^{uneing.}))}$$

die Signifikanz des zu untersuchenden Tarifmerkmals testen. □

Zur Durchführung des F-Tests ist es im obigen Beispiel und ganz allgemein notwendig, die Verteilung der Teststatistik unter der Nullhypothese zu kennen. Diese ist Gegenstand des folgenden Satzes.

Satz 5.32 (Verteilung der Teststatistik im F-Test) *Unter der Nullhypothese, dass das eingeschränkte Modell Gültigkeit besitzt, ist*

$$F := \frac{(D_{eing.} - D_{uneing.})/D_{uneing.}}{(dof_{eing.} - dof_{uneing.})/dof_{uneing.}} \tag{5.26}$$

asymptotisch F-verteilt mit $dof_{eing.} - dof_{uneing.}$ und $dof_{uneing.}$ Freiheitsgraden.

Beweisskizze Nach Wilks Theorem (Satz 4.6) gilt asymptotisch

$$\frac{D_{eing.} - D_{uneing.}}{dof_{eing.} - dof_{uneing.}} \sim \frac{1}{dof_{eing.} - dof_{uneing.}} \cdot \chi^2_{dof_{eing.} - dof_{uneing.}}. \tag{5.27}$$

Betrachtet man das uneingeschränkte Modell als eingeschränke Version des saturierten Modells, so folgt aus (5.27)

$$\frac{D_{uneing.}}{dof_{uneing.}} \sim \frac{1}{dof_{uneing.}} \cdot \chi^2_{dof_{uneing.}}, \tag{5.28}$$

denn gemäß der Definition des saturierten Modells ist die Devianz $D_{saturiert} = 0$ und die Anzahl der Freiheitsgrade $dof_{saturiert} = 0$. Dividiert man nun (5.27) durch (5.28), so ergibt sich – mit einem zusätzlichen Argument zur Unabhängigkeit von Zähler und Nenner – die angegebene F-Verteilung. □

Beim F-Test wird die Nullhypothese zum Niveau α abgelehnt, falls der beobachtete Wert von F größer als das $(1-\alpha)$-Quantil der $F(dof_{eing.} - dof_{uneing.}, dof_{uneing.})$-Verteilung ist. Die Teststatistik (5.26) des F-Tests besitzt dabei gegenüber der Teststatistik (5.24) des Likelihood-Quotiententests den praktischen Vorteil, dass sich der Dispersionsparameter ψ herauskürzt, so dass dieser nicht separat geschätzt werden muss.

5.6.3 Generalisierte additive Modelle (GAM)

Das Ziel von Regressionsverfahren ist die Modellierung des bedingten Erwartungswertes $E(Y|X)$ der Responsevariablen Y mittels Kovariablen $X_1, \ldots, X_p$, $(X = (X_1, \ldots, X_p))$ und einer geeigneten Responsefunktion h. Für das i-te Individuum mit Beobachtungen $(y_i, \mathbf{x}_i)$, $\mathbf{x}_i = (x_{i1}, \ldots, x_{ip})$ gilt

$$\mu_i = E(y_i|x_i) = h(\eta_i) = h(\mathbf{x}_i'\boldsymbol{\beta}) \,. \tag{5.29}$$

Der Prädiktor η ist eine Linearkombination von Kovariablen und dem unbekannten Parametervektor $\boldsymbol{\beta}$. Die Variablen $X_1, \ldots, X_p$ unterliegen keiner Einschränkung, ganz im Gegenteil, der erfahrene Anwender mit Fachexpertise wird geeignete Transformationen vornehmen, um von Rohdaten $X_1', \ldots, X_p'$ zu den Features alias Kovariablen $X_1, \ldots, X_p$ (sogenanntes feature engineering) zu gelangen. Es hat sich allerdings gezeigt, dass dieser parametrische Ansatz nicht immer hinreichend gut geeignet ist, einen in der Praxis unbekannten nichtlinearen Einfluss $f_j(X_j)$ einer Kovariable X_j zu modellieren. Eine naheliegende Erweiterung der Modellierung besteht daher darin, die unbekannten Funktionen f_j mit B-Splines zu approxmieren. B-Splines haben numerisch günstige Eigenschaften und sind im Gegensatz zu (globalen) Polynomen geeignet zu lokalen Approximationen. Eine derartige Modellierung wird gelegentlich als semi-parametrische Modellierung bezeichnet.

$$f_j = \sum_{k=1}^{m} \beta_k B_k(x_j) \,. \tag{5.30}$$

Die Basisfunktionen $B_k(x_j)$ sind oft Polynome dritten Grades, definiert auf einem Intervall I_k, d. h. der Wertebereich von x_j ist partitioniert in disjunkte Intervalle I_k - daraus resultiert auch die Fähigkeit zu einer lokalen Approximation. Mit $\eta = \sum_{j=1}^{p} f(x_j)$ folgt

$$\mu_i = E(y_i|x_i) = h(\eta_i) = h\left(\sum_{j=1}^{p} f_j(x_{ij})\right) = h\left(\sum_{j=1}^{p}\sum_{k=1}^{m} \beta_{jk} B_{jk}(x_{ij})\right) \,. \tag{5.31}$$

Man könnte die unbekannten Regressionsparameter β_{jk} ganz naiv mit der Maximum Likelihood Methode schätzen. Allerdings sind komplexe Modelle nicht unbedingt besser geeignet für die Prognose (Stichworte: Varianz-Bias Dilemma, Überanpassung). Es gilt daher die Komplexität von f_j zu bestrafen, z. B. basierend auf der Totalvariation oder den Ableitungen, letzteres ist üblicher. Da man insbesondere den nichtlinearen Teil von f_j bestrafen möchte ist f_j' nicht geeignet, dafür aber die zweite Ableitung f_j''. Um zu vermeiden, dass sich positive und negative Werte von f_j'' ausgleichen, verwendet man den nicht-negativen Term $(f_j'')^2$, genauer gesagt dessen Integral über den gesamten Wertebereich von x_j. Man erhält dann pro Individuum i die penalisierte log-Likelihood $pl_i(y_i, \eta_i)$

$$pl_i(y_i, \eta_i) = l_i(y_i, \eta_i) - \frac{1}{2}\sum_{j=1}^{p} \lambda_j \int f_j''(u)^2 du \,. \tag{5.32}$$

Die Maximierung der penalisierten log-Likelihood (über alle Individuen) unterscheidet sich von der log-likelihood Schätzung dadurch, dass man neben den Regressionsparametern β_{jk} zusätzlich noch die Glattheits- bzw. Komplexitätsparameter λ_j schätzen muss, z. B. mittels Kreuzvalidierung. Folgende Eigenschaften der additiven Modelle können wir festhalten:

- Bei der Verwendung von B-Splines reduziert sich der Strafterm zu einer Matrix mit Bandstruktur, daher sind die Modelle auch für größere Datenmengen geeignet.
- Die Anzahl der Intervalle I_k und damit die Anzahl der Basisfunktionen B_k beeinflusst die Glattheit der Schätzung $\hat{f}_j$.
- In der Praxis besteht der Prädiktor aus parametrischen und semi-parametrischen Komponenten, d. h. z. B. $\eta_i = z_i'\beta + \sum_{j=1}^{p} f_j(x_{ij})$, wobei z_i linear modellierte Terme und kategoriale Kovariablen enthalten kann.
- Der Prädiktor hat immer noch eine additive Struktur, daher spricht man auch von additiven Modellen.
- Die Parameter λ_j steuern die Glattheit der Schätzungen $\hat{f}_j$, d. h. je größer $\hat{\lambda}_j$, desto glatter (linearer) wird die Schätzung $\hat{f}_j$.
- Da die Parameterschätzungen für λ_j von den Daten abhängen, ist die additive Modellierung datengesteuert.
- Meistens handelt es sich bei f_j um ein-dimensionale Funktionen, es gibt aber auch Fälle mit zwei-dimensionalen Anwendungen, z. B. bei der Modellierung der Sterblichkeit.
- Additive Modelle fokussieren auf die Modellierung der Haupteffekte ohne Berücksichtigung von Interaktionen zwischen Kovariablen. Der Anwender sollte daher im Vorfeld die Korrelation- bzw. Abhängigkeit der X_j analysieren. Insbesondere im Fall von komplexen Abhängigkeiten (z. B. Alter und Geschlecht im Bereich Krankenversicherung) können baumartige Verfahren des maschinellen Lernens (z. B. Random Forest) eine sinnvolle Alternative darstellen. Sensitivitätsanalysen sind zu empfehlen.

5.7 Ausblick zu Machine Learning

Verfahren des Machine Learning oder **statistical learning** [6] können durch datenangepasste Vorgehensweisen ohne den Hintergrund eines konkreten (parametrischen) statistischen Modells (z. B. eines linearen Modells) Zusammenhänge in den Daten erkennen (sofern diese vorhanden sind). Die Verfahren oder Algorithmen gehen dabei oft iterativ vor und verbessern die Anpassung an die Daten schrittweise. Im Gegensatz zu statistischen Standardmodellen liefern Machine Learning Verfahren manchmal keine geschätzten Parameter (und deren geschätzte Standardfehler), so dass statistische Inferenz nur eingeschränkt möglich ist. Wenn die Prädiktion des Zielmerkmals im Vordergrund steht, wird dies in der

Regel akzeptiert, wenngleich auch hier die Schätzung der Unsicherheit der Prädiktion von Interesse sein kann (z. B. Prädiktionsintervalle).

Supervised Learning

Supervised Learning setzt das Vorhandensein eines Zielmerkmals (oft auch als Target oder Label bezeichnet) voraus. Bei metrischen Zielmerkmalen entspricht ein Machine Learning Verfahren im Prinzip einer Regression, bei diskreten Zielmerkmalen einer Klassifikation. Ziel ist die Minimierung einer Verlustfunktion $L(Y_i, \hat{Y}_i)$ bzw. ihres Erwartungswerts (Risikofunktion). Dabei ist Y_i das Zielmerkmal und $\hat{Y}_i$ ein durch das Verfahren aufgrund der zugehörigen Kovariablen X_i prädiktierter Wert. Dabei gilt $L(Y_i, \hat{Y}_i) \geq 0$ und $L(Y_i, \hat{Y}_i) = 0$, wenn $Y_i = \hat{Y}_i$. Dies erfolgt durch die Minimierung der sogenannten empirischen Risikofunktion (arithmetisches Mittel der fallweisen beobachteten Verlustfunktionen). Die Verlustfunktion kann situationsbedingt variieren. Daher sind die Verfahren sehr flexibel anwendbar. Supervised Learning zielt in der Regel auf Prognosen ab. Zur realistischen Einschätzung des Prognosefehlers werden die Daten in Trainings- und Testdaten aufgeteilt, wobei das Verfahren mittels der Trainingsdaten trainiert und der Fehler auf den Testdaten evaluiert wird. Alternativ wird eine Kreuzvalidierung durchgeführt. Komplexere Verfahren, bei denen zur Optimierung der Prognosequalität eine umfangreiche Optimierung von Tuning-Parametern erforderlich ist, benötigen oft zusätzliche Schritte. In diesem Fall können zusätzliche Validierungsdaten notwendig sein oder beispielsweise eine genestete Kreuzvalidierung. Bekannte Verfahren sind baumbasierte Verfahren (CART classification and regression trees, random forests), Support Vector machine (SVM), gradient boosting Verfahren (XGBoost, CatBoost), neuronale Netze und tiefe neuronale Netze (Deep Learning), die überwiegend für unstrukturierte Daten verwendet werden, z. B. für Modelle der Bilderkennung und Verarbeitung von Texten oder Sprache. Die Interpretierbarkeit der Modelle ist in der Anwendung wichtig, aber nicht immer unbedingt gegeben und bedarf oft weiterer Schritte um diesem Ziel näher zu kommen [11].

Als Schweizer Taschenmesser für strukturierte Daten dürfte der **Random Forest** angesehen werden. Es bedarf meist keiner Hyperparameter Optimierung, die Prädiktionsgüte ist oft nur unwesentlich schlechter als bei boosting Verfahren. Die Prädiktion des Random Forest basiert auf einem Ensemble von Bäumen. Dies verschlechtert zwar die Interpretierbarkeit gegenüber einem einzelnen optimalen Baum, dafür ist die Ensemble Schätzung geschützt vor Überanpassung (großer Nachteil der Bäume) und liefert Informationen über die Relevanz einzelner Kovariablen (Features), d. h. die Variablenselektion, die bei Regressionsmodellen notwendig ist, erübrigt sich. Es existieren Varianten des Random Forest für spezielle Anwendungen: Isolation forest (Erkennung von Ausreißern, Betrugserkennung), Mondrian forest (Online Daten), Survival Forest (Lebensdauerdaten), Quantile Forest (anstelle des Erwartungswertes von Y_i werden die Quantile modelliert). Erwähnenswert ist noch das Verfahren Rulefit [4]. Es kombiniert Baumverfahren mit parametrischen Regressionsmodellen, mit dem Ziel die Features automatisch zu generieren (anhand der Bäume) und diese dann für die Regression zu verwenden.

Unsupervised Learning

Unsupervised Learning arbeitet ohne Zielmerkmal. Es versucht, Strukturen und Muster in den Daten zu erkennen und gegebenenfalls ähnliche Objekte zu strukturieren. Ein typisches Verfahren ist die Clusteranalyse, bei der interessante Gruppen von Objekten anhand der erhobenen Variablen entdeckt werden sollen (zeilenweise Anwendung). Die Gruppen (Cluster) selbst und deren Anzahl sind im Gegensatz zum Supervised Learning nicht vorgegeben. Interessant können Clusterverfahren daher sein, um die Populationsheterogenität zu untersuchen und gegebenenfalls Subgruppen datengestützt zufinden. Es empfiehlt sich vorher zu evaluieren, ob Ausreißer in den Daten vorhanden sind, da es meist nicht das Ziel der Clusteranalyse ist, dass jeder Ausreißer als ein eigener Cluster erkannt wird. Desweiteren können Clusterverfahren auch verwendet werden um die Abhängigkeit der Kovariablen zueinander zu analysieren - jenseits einer einfachen Korrelationsanalyse (spaltenweise Anwendung). Beide Anwendungen sind daher sehr nützlich für eine der eigentlichen Modellierung vorgeschalteten, explorativen Datenanalyse.

Literatur

1. Azzalini, A.: Statistical Inference Based on the Likelihood. Chapman & Hall, London (1996)
2. Dobson, A.J.: An Introduction to Generalized Linear Models. Chapman & Hall, London (2002)
3. Fahrmeir, L., Tutz, G.: Multivariate Statistical Modelling Based on Generalized Linear Models. Springer, New York (2001)
4. Friedman, J.H., and Bogdan E.P.: Predictive learning via rule ensembles. The Annals of Applied Statistics **2 (3)**, 916–954, https://www.jstor.org/stable/30245114 (2008)
5. Haberman S., Renshaw, A.E.: Actuarial Applications of Generalised Linear Models. In: Hand, D., Jacka, S. (Hrsg.) Statistics in Finance. Arnold, London (1998)
6. Hastie, T., Tibshirani, R.,, Friedman, J.: The elements of statistical learning: data mining, inference and prediction. Springer (2009)
7. Jørgensen, B., Paes de Souza, M.C.: Fitting Tweedie's compound Poisson model to insurance claims data. Scandinavian Actuarial Journal **1**, 69–93 (1994)
8. Johnston, J., DiNardo, J.: Econometric Methods. McGraw-Hill/Irwin, New York (1996)
9. de Jong, P., Heller, G.Z.: Generalized Linear Models for Insurance Data. Cambridge University Press, Cambridge (2008)
10. McCullagh, P., Nelder, J.A.: Generalized Linear Models. Chapman & Hall, London (1989)
11. Molnar, C.: Interpretable Machine Learning: A Guide for Making Black Box Models Explainable (2. Aufl.), https://christophm.github.io/interpretable-ml-book/ (2022)
12. Nelder, J., Wedderburn, R.: Generalized linear models. Journal of the Royal Statistical Society **A 135**, 370–384 (1972)
13. Ohlsson, E., Johansson, B.: Non-Life Insurance Princing with Generalized Linear Models. Springer, Berlin (2010)

Stochastische Prozesse und Modelle 6

Zusammenfassung

Um die Dynamik von Zufallsvariablen im Zeitverlauf zu modellieren, bedient man sich stochastischer Prozesse. Endliche Markov-Ketten und endliche Markov-Prozesse sind stochastische Prozesse in einem endlichen Zustandsraum und diskreter bzw. stetiger Zeit, welche durch die Eigenschaft der Gedächtnislosigkeit charakterisiert sind. Bestimmend für deren Langzeitverhalten sind die Eigenwerte der zugehörigen Übergangs- bzw. Fundamentalmatrizen. Mit allgemeinen (nicht notwendigerweise endlichen) Markov-Prozessen verfügt man über eine Klasse von stochastischen Prozessen, die mit dem Wiener-Prozess, der Brownsche Bewegung mit Drift, dem Poisson-Prozess sowie dem zusammengesetzten Poisson-Prozess wichtige Modellansätze für die aktuarielle und finanzmathematische Anwendung umfasst. In diesem Kontext stellt sich insbesondere die Frage nach Ruinwahrscheinlichkeiten in Markov-Prozessen. Diese kann aus einer fundamentalen Grenzwertbeziehung abgeleitet werden und besitzt im Fall der Brownschen Bewegung mit Drift eine explizite Darstellung bzw. im Fall des zusammengesetzten Poisson-Prozesses eine Reihendarstellung.

6.1 Einführung

Risiken, die sich dynamisch im Zeitablauf entwickeln, beschreibt man üblicherweise durch **stochastische Prozesse.** Ein stochastischer Prozess ist eine Familie $\{X_t\}_{t \in T}$ von reellwertigen Zufallsvariablen $X_t : (\Omega, \mathscr{A}) \to (\mathbb{R}, \mathscr{B})$ über einem geordneten Zeitbereich $T \subseteq [0, \infty)$. Die Realisierungen des stochastischen Prozesses sind seine Pfade $t \mapsto X_t(\omega)$ für $\omega \in \Omega$.

T. Becker et al., *Stochastische Risikomodellierung und statistische Methoden*, Statistik und ihre Anwendungen, https://doi.org/10.1007/978-3-662-69532-6_6

In diesem Kapitel wird mit Markov-Prozessen eine sehr allgemeine Klasse von stochastischen Prozessen behandelt, welche die Mehrzahl der in der aktuariellen Praxis relevanten Prozesse beinhaltet. In Abschn. 6.2 werden zunächst Prozesse mit Markov-Eigenschaft betrachtet, denen ein diskreter Zeitbereich zu Grunde liegt und die nur endlich viele Werte annehmen können (endliche Markov-Ketten). Diese Konzeption wird in Abschn. 6.3 auf einen stetigen Zeitbereich ausgedehnt (endliche Markov-Prozesse). Besonderes Augenmerk wird dabei in den Abschn. 6.2.2 und 6.3.2 auf das Langzeitverhalten von endlichen Markov-Ketten bzw. Markov-Prozessen gelegt. Abschn. 6.4 behandelt schließlich das allgemeine Konzept von (nicht endlichen) Markov-Prozessen. Diese bilden den Ausgangspunkt für zahlreiche in der finanzmathematischen und aktuariellen Praxis hochrelevante Prozesse, unter anderem die geometrische Brownsche Bewegung und den (zusammengesetzten) Poisson-Prozess. Letzterer hat sich innerhalb des „kollektiven Modells" als Standardansatz für typische versicherungsmathematische Fragestellungen etabliert (Abschn. 6.4.2). In Abschn. 6.4.3 wird schließlich vertiefend auf die klassische Aufgabenstellung der Risikotheorie, die Berechnung von Ruinwahrscheinlichkeiten, eingegangen. Abgerundet wird das Kapitel mit einer Zusammenfassung der wichtigsten Ergebnisse zu stationären Prozessen in Abschn. 6.5.

Klassische Referenzen für die Theorie stochastischer Prozesse sind Karlin und Taylor [8], [9] und Ross [13], [14]. Stochastische Prozesse mit dem Fokus auf die Finanz- und Versicherungsmathematik behandeln Rolski et al. [12], wo sich auch zahlreiche Resultate aus dem vorliegenden Kapitel finden. Darstellungen der speziell in der aktuariellen Risikotheorie zur Anwendung kommenden Prozesse geben z. B. Bühlmann [3], Grandell [6], Hipp und Michel [7] oder Gatto [5]. In diesen Referenzen finden sich insbesondere die grundlegenden Resultate zum zusammengesetzten Poisson-Prozess und den zugehörigen Ruinwahrscheinlichkeiten.

6.2 Endliche Markov-Ketten

Markov-Ketten sind stochastische Prozesse in diskreter Zeit, die sich dadurch auszeichnen, dass ihre zukünftige Entwicklung nur von der Gegenwart, nicht aber von der Vergangenheit bestimmt wird. In diesem Zusammenhang spricht man von der **Gedächtnislosigkeit** des Prozesses: Vom Zeitpunkt $n-1$ aus gesehen ist für die Stochastik der nächsten zukünftigen (zufälligen) Beobachtung X_n lediglich der aktuelle Prozesszustand $X_{n-1} = x_{n-1}$ relevant, nicht aber, über welchen Pfad der Prozess in der Vergangenheit in diesen Zustand gelangt ist. Das Konzept der Gedächtnislosigkeit wird in folgender Definition formalisiert. Dabei beschränken wir uns in diesem Abschnitt auf Markov-Ketten, die nur endlich viele Werte annehmen können.

Definition 6.1 (Endliche Markov-Kette) *Unter einer* **endlichen Markov-Kette** *versteht man eine Folge* $\{X_n\}_{n=0,1,...}$ *von Zufallsvariablen mit Werten in einer endlichen Menge* S *(dem sogenannten* **Zustandsraum***), so dass*

$$P(X_n = x_n | X_0 = x_0, \ldots, X_{n-1} = x_{n-1}) = P(X_n = x_n | X_{n-1} = x_{n-1})$$

für alle n und alle Zustände $x_0, \ldots, x_n \in S$.

Ohne Einschränkung der Allgemeinheit sei im Folgenden der Zustandsraum von der Form $S = \{1, 2, \ldots, m\}$. Die Übergangswahrscheinlichkeiten $p_{ij}(n) := P(X_n = j | X_{n-1} = i)$ lassen sich dann in sogenannten **Übergangsmatrizen**

$$\mathbf{P}_n := \left(p_{ij}(n)\right)_{i,j=1,\ldots,m}$$

zusammenfassen. Dabei setzt man $\mathbf{P}_0 := \mathbf{E}$, die $m \times m$-Einheitsmatrix. Der Zeilenvektor

$$\mathbf{p}(n) := (P(X_n = i))_{i=1,\ldots,m}$$

beschreibt die Verteilung der Markov-Kette zum Zeitpunkt n. $\mathbf{p}(0)$ ist dabei die Ausgangsverteilung der Markov-Kette zum Zeitpunkt 0.

Aus obigen Definitionen folgt unmittelbar, dass sich die Verteilung der Markov-Kette gemäß

$$\mathbf{p}(n) = \mathbf{p}(n-1) \cdot \mathbf{P}_n = \ldots = \mathbf{p}(0) \cdot \mathbf{P}_1 \cdot \mathbf{P}_2 \cdot \ldots \cdot \mathbf{P}_n \tag{6.1}$$

entwickelt. In der Tat gilt nach der Formel von der totalen Wahrscheinlichkeit

$$\begin{aligned} P(X_n = i) &= \sum_{j=1}^{m} P(X_n = i | X_{n-1} = j) \cdot P(X_{n-1} = j) \\ &= \sum_{j=1}^{m} p_{ji}(n) \cdot P(X_{n-1} = j) = \mathbf{p}(n-1) \cdot i - \text{te Spalte von } \mathbf{P}_n. \end{aligned}$$

Beispiel 6.2 (Sterbe- und Überlebenswahrscheinlichkeiten) Zur Modellierung der Lebensdauer einer jetzt x-jährigen Person wird $X_n := 0$ gesetzt, wenn die Person nach n Jahren verstorben ist, bzw. $X_n := 1$, wenn sie noch am Leben ist. $\{X_n\}_{n=0,1,\ldots}$ stellt dann eine endliche Markov-Kette dar. Deren Übergangsmatrizen sind

$$\mathbf{P}_n := \begin{pmatrix} 1 & 0 \\ q_{x+n-1} & 1 - q_{x+n-1} \end{pmatrix},$$

wobei q_z die einjährige Sterbewahrscheinlichkeit einer z-jährigen Person gemäß Sterbetafel ist. Wegen

$$\prod_{i=1}^{n} \mathbf{P}_i = \begin{pmatrix} 1 & 0 \\ 1 - \prod_{i=1}^{n}(1 - q_{x+i-1}) & \prod_{i=1}^{n}(1 - q_{x+i-1}) \end{pmatrix},$$

gilt für die Überlebenswahrscheinlichkeit nach Ablauf von n Jahren $P(X_n = 1 | X_0 = 1) = \prod_{i=1}^{n}(1 - q_{x+i-1})$. □

Übergangsmatrizen werden häufig auch dazu verwendet, die dynamische Entwicklung von Populationen zu beschreiben. Dies wird im folgenden Beispiel illustriert.

Beispiel 6.3 (Populationsmodell) Sei q_x bzw. s_x die Wahrscheinlichkeit, dass eine x-jährige Person ($x = 0, \ldots, 121$) im Verlauf des nächsten Jahres aufgrund Tod bzw. aufgrund von Storno aus einem Versicherungsbestand ausscheidet (wobei $q_{121} = 1$). In der Altersklasse $x = 122$ werden alle aus dem Bestand ausgeschiedenen Personen erfasst.

$$\mathbf{P} = (p_{ij})_{i,j=0,\ldots,122}$$
$$:= \begin{pmatrix} 0 & (1-q_0-s_0) & & & (q_0+s_0) \\ \vdots & & \ddots & & \vdots \\ 0 & & & (1-q_{120}-s_{120}) & (q_{120}+s_{120}) \\ 0 & \cdots & \cdots & 0 & 1 \\ 0 & \cdots & \cdots & 0 & 1 \end{pmatrix}$$

ist dann die Übergangswahrscheinlichkeitsmatrix in einem Markov-Prozess, mit dem die Übergänge einzelner Versicherungsnehmer zwischen den Altersklassen bzw. in die Klasse 122 der Ausgeschiedenen beschrieben wird.

Die erwartete Anzahl der Versicherungsnehmer in den einzelnen Altersklassen werde durch den Vektor $\mathbf{n}(t) = (n_0(t), \ldots, n_{121}(t))$ beschrieben. Der Vektor $\mathbf{v} = (v_0, \ldots, v_{121})$ beschreibe das jährliche Neugeschäft in den einzelnen Altersklassen. Mit der Teilmatrix $\tilde{\mathbf{P}} := (p_{ij})_{i,j=0,\ldots,121}$ gilt dann $\mathbf{n}(t+1) = \mathbf{n}(t)\cdot\tilde{\mathbf{P}}+\mathbf{v}$. Hieraus ergibt sich für die Entwicklung des Bestandes die Formel

$$\mathbf{n}(t+1) = \mathbf{n}(0)\cdot\tilde{\mathbf{P}}^{t+1} + \mathbf{v}\sum_{i=0}^{t}\tilde{\mathbf{P}}^{i} = \mathbf{n}(0)\cdot\tilde{\mathbf{P}}^{t+1} + \mathbf{v}\cdot(\mathbf{E}-\tilde{\mathbf{P}})^{-1}\cdot(\mathbf{E}-\tilde{\mathbf{P}}^{t+1}).$$

Dabei beachte man, dass sich durch Ausmultiplizieren tatsächlich

$$(\mathbf{E}-\tilde{\mathbf{P}})\cdot\sum_{i=0}^{t}\tilde{\mathbf{P}}^{i} = (\mathbf{E}-\tilde{\mathbf{P}}^{t+1})$$

ergibt. Aufgrund der Tatsache, dass jede Person für $t \to \infty$ mit Wahrscheinlichkeit 1 aus dem Bestand ausscheidet, gilt $\lim\limits_{t\to\infty}\tilde{\mathbf{P}}^{t+1} = \mathbf{0}$. Den langfristigen Bestand kann man daher mittels

$$\lim_{t\to\infty}\mathbf{n}(t+1) = \mathbf{v}\cdot(\mathbf{E}-\tilde{\mathbf{P}})^{-1}$$

berechnen. □

6.2.1 Endliche homogene Markov-Ketten

In Beispiel 6.2 wurde eine Markov-Kette $\{X_n\}_{n=0,1,\dots}$ betrachtet, bei der aufgrund der Altersabhängigkeit der Sterbewahrscheinlichkeiten zu jedem Zeitpunkt n unterschiedliche Übergangswahrscheinlichkeiten $P(X_n = x_n | X_{n-1} = x_{n-1})$ wirken. Die Stochastik der Markov-Kette ist somit im Zeitverlauf gesehen „inhomogen“. Ändern sich die Übergangswahrscheinlichkeiten dagegen im Zeitverlauf nicht, spricht man von einer homogenen Markov-Kette.

Definition 6.4 (Endliche homogene Markov-Kette) *Eine endliche Markov-Kette heißt* **homogen,** *wenn die Übergangswahrscheinlichkeiten* $p_{ij} := P(X_n = j | X_{n-1} = i)$ *für alle* $i, j \in S$ *unabhängig von n sind.*

Für die zeitliche Entwicklung von endlichen homogenen Markov-Ketten gilt nach (6.1)

$$\mathbf{p}(n) = \mathbf{p}(0) \cdot \mathbf{P}^n \tag{6.2}$$

mit der Übergangsmatrix $\mathbf{P} := \mathbf{P}_1 = \mathbf{P}_2 = \dots$ und deren n-ten Potenz $\mathbf{P}^n$. Der folgende Satz fasst die elementaren Eigenschaften der Übergangsmatrix $\mathbf{P}$ zusammen.

Satz 6.5 (Eigenschaften der Übergangsmatrix)

a) $\mathbf{P}$ *ist eine* **stochastische Matrix,** *d. h. für jede Zeile i ergibt sich die Zeilensumme* $\sum_{j=1}^{m} p_{ij} = 1$.
b) $\lambda = 1$ *ist ein Eigenwert von* $\mathbf{P}$ *zum Rechtseigenvektor* $(1, \dots, 1)^\top$.
c) *Für jeden (ggf. komplexen) Eigenwert* λ *von* $\mathbf{P}$ *gilt* $|\lambda| \leq 1$.

Beweis

a) Für die i-te Zeile von $\mathbf{P}$ gilt $\sum_{j=1}^{m} p_{ij} = \sum_{j=1}^{m} P(X_1 = j | X_0 = i) = 1$, da die Summation alle möglichen Zustände j abdeckt.
b) folgt unmittelbar aus a).
c) Sei $\mathbf{x}$ Eigenvektor von $\mathbf{P}$ zum Eigenwert λ. Mit der Vektor- bzw. Matrixnorm $\|\mathbf{x}\|_\infty := \max_{i=1,\dots,m} |x_i| > 0$ und $\|\mathbf{P}\|_\infty := \max_{i=1,\dots,m} \sum_{j=1}^{m} |p_{ij}| \overset{a)}{=} 1$ ergibt sich, dass $|\lambda| \cdot \|\mathbf{x}\|_\infty = \|\lambda \cdot \mathbf{x}\|_\infty = \|\mathbf{P}\mathbf{x}\|_\infty \leq \|\mathbf{P}\|_\infty \cdot \|\mathbf{x}\|_\infty = \|\mathbf{x}\|_\infty$, also $|\lambda| \leq 1$. □

Die praktische Berechnung der Potenzen $\mathbf{P}^n$ vereinfacht sich erheblich, wenn $\mathbf{P}$ diagonalisierbar ist, also eine Darstellung

$$\mathbf{P} = \mathbf{A}\mathbf{D}\mathbf{A}^{-1}$$

mit einer Diagonalmatrix $\mathbf{D} = diag(\lambda_1, \ldots, \lambda_m)$ und einer invertierbaren Matrix $\mathbf{A}$ besitzt. Dies ist zum Beispiel der Fall, wenn alle Eigenwerte von $\mathbf{P}$ paarweise verschieden sind. Dann ergibt sich

$$\mathbf{P}^n = \mathbf{ADA}^{-1} \cdot \mathbf{ADA}^{-1} \cdot \ldots \cdot \mathbf{ADA}^{-1} = \mathbf{AD}^n\mathbf{A}^{-1}, \tag{6.3}$$

mit $\mathbf{D}^n = diag(\lambda_1^n, \ldots, \lambda_m^n)$.

Beispiel 6.6 (Bonus-Malus-System) Es wird ein vereinfachtes Bonus-Malus-System mit den Schadenfreiheitsklassen (SF-Klassen) 1, 2 und 3 betrachtet. Für die Übergangswahrscheinlichkeiten zwischen den Klassen wird angenommen, dass

$$\mathbf{P} = \begin{pmatrix} 0{,}8 & 0{,}2 & 0 \\ 0{,}1 & 0{,}5 & 0{,}4 \\ 0{,}1 & 0{,}2 & 0{,}7 \end{pmatrix}.$$

$\mathbf{P}$ besitzt die Eigenwerte $\lambda_1 = 1$, $\lambda_2 = 0{,}7$ und $\lambda_3 = 0{,}3$ sowie eine Darstellung

$$\mathbf{P} = \mathbf{ADA}^{-1} = \begin{pmatrix} 1 & -2 & 2 \\ 1 & 1 & -5 \\ 1 & 1 & 2 \end{pmatrix} \cdot \begin{pmatrix} 1 & 0 & 0 \\ 0 & 0{,}7 & 0 \\ 0 & 0 & 0{,}3 \end{pmatrix} \cdot \begin{pmatrix} 0{,}3333 & 0{,}2857 & 0{,}3810 \\ -0{,}3333 & 0 & 0{,}3333 \\ 0 & -0{,}1429 & 0{,}1429 \end{pmatrix}.$$

Hieraus ergibt sich gemäß (6.3)

$$\mathbf{P}^n = \mathbf{AD}^n\mathbf{A}^{-1} = \begin{pmatrix} 1 & -2 & 2 \\ 1 & 1 & -5 \\ 1 & 1 & 2 \end{pmatrix} \cdot \begin{pmatrix} 1 & 0 & 0 \\ 0 & 0{,}7^n & 0 \\ 0 & 0 & 0{,}3^n \end{pmatrix} \cdot \begin{pmatrix} 0{,}3333 & 0{,}2857 & 0{,}3810 \\ -0{,}3333 & 0 & 0{,}3333 \\ 0 & -0{,}1429 & 0{,}1429 \end{pmatrix}.$$

Ist $\mathbf{p}(0) = (10\,\%, 60\,\%, 30\,\%)$ die Verteilung der Versicherungsnehmer auf die SF-Klassen zum Zeitpunkt 0, so ergibt sich nach n Jahren die Verteilung

$$\begin{aligned} \mathbf{p}(n) &= \mathbf{p}(0) \cdot \mathbf{P}^n = \mathbf{p}(0) \cdot \mathbf{AD}^n\mathbf{A}^{-1} \\ &= \left(1; 0{,}7 \cdot 0{,}7^n; -2{,}2 \cdot 0{,}3^n\right) \cdot \begin{pmatrix} 0{,}3333 & 0{,}2857 & 0{,}3810 \\ -0{,}3333 & 0 & 0{,}3333 \\ 0 & -0{,}1429 & 0{,}1429 \end{pmatrix}. \end{aligned}$$

Sind die Beitragssätze (bezogen auf einen bestimmten Grundbeitrag) in den SF-Klassen 1, 2 und 3 durch die Elemente des Vektors $\mathbf{b} := (200\,\%, 100\,\%, 50\,\%)^\top$ gegeben, so kann man den erwarteten Beitragssatz für das $(n+1)$-te Jahr aus

$$\mathbf{p}(n) \cdot \mathbf{b} = 114{,}29\,\% - 35{,}00\,\% \cdot 0{,}7^n + 15{,}71\,\% \cdot 0{,}3^n$$

ermitteln. □

6.2.2 Langzeitverhalten endlicher homogener Markov-Ketten

Die zeitliche Entwicklung endlicher homogener Markov-Ketten folgt nach (6.2) der Beziehung $\mathbf{p}(n) = \mathbf{p}(0) \cdot \mathbf{P}^n$. In diesem Abschnitt wird das Langzeitverhalten der Verteilung $\mathbf{p}(n)$ für $n \to \infty$ untersucht. Neben der grundsätzlichen Frage der Konvergenz stellt sich die Frage, welchen Einfluss die Ausgangsverteilung $\mathbf{p}(0)$ auf die ggf. existierende Grenzverteilung hat. Hierzu nimmt der folgende Satz Stellung:

Satz 6.7 (Konvergenzsatz für endliche homogene Markov-Ketten) *Sei* $\mathbf{P}$ *die Übergangsmatrix einer endlichen homogenen Markov-Kette.* $\lambda = 1$ *sei der einzige Eigenwert von* $\mathbf{P}$ *vom Betrag 1 und habe die (algebraische) Vielfachheit 1. Dann existiert die asymptotische Verteilung*

$$\mathbf{p}^* := \lim_{n\to\infty} \mathbf{p}(n)$$

für jede Ausgangsverteilung $\mathbf{p}(0)$. *Die asymptotische Verteilung* $\mathbf{p}^*$ *ist dieselbe für jedes* $\mathbf{p}(0)$ *und genügt für alle n der Gleichung*

$$\mathbf{p}^* = \mathbf{p}^* \cdot \mathbf{P}^n. \tag{6.4}$$

Beweis Zur Vermeidung technischer Details gehen wir im Folgenden davon aus, dass $\mathbf{P}$ diagonalisierbar ist, d. h. dass eine Darstellung $\mathbf{P} = \mathbf{ADA}^{-1}$ mit einer Diagonalmatrix $\mathbf{D} = diag(\lambda_1, \ldots, \lambda_m)$ und einer invertierbaren Matrix $\mathbf{A}$ existiert. Darin sind λ_i die Eigenwerte von $\mathbf{P}$, und die Spalten von $\mathbf{A}$ enthalten einen Satz von zugehörigen Rechtseigenvektoren. Der Beweis kann in ähnlicher Weise auf Basis der (ggf. komplexen) Jordan-Normalform von $\mathbf{P}$ durchgeführt werden.

Nach Satz 6.5 b) ist 1 Eigenwert von $\mathbf{P}$ zum Eigenvektor $(1, \ldots, 1)^\top$, so dass ohne Einschränkung der Allgemeinheit $\lambda_1 = 1$ und die erste Spalte $\mathbf{a}_1$ von $\mathbf{A}$ von der Form $\mathbf{a}_1 = (1, \ldots, 1)^\top$ ist. Nach (6.3) gilt $\mathbf{P}^n = \mathbf{A} \cdot diag(\lambda_1^n, \ldots, \lambda_m^n) \cdot \mathbf{A}^{-1}$. Ist $\lambda_1 = 1$ einziger Eigenwert mit Betrag 1, so folgt aus Satz 6.5 c), dass $|\lambda_i| < 1$ für alle $i > 1$. Hieraus ergibt sich

$$\begin{aligned}
\mathbf{P}^* &= \lim_{n\to\infty} \mathbf{P}^n = \mathbf{A} \cdot diag(1, 0, \ldots, 0) \cdot \mathbf{A}^{-1} \\
&= \left(\mathbf{a}_1 \left| \begin{matrix} 0 \cdots 0 \\ \vdots \ddots \vdots \\ 0 \cdots 0 \end{matrix} \right. \right) \cdot \mathbf{A}^{-1} = \begin{pmatrix} 1 & 0 & \cdots & 0 \\ \vdots & \vdots & \ddots & \vdots \\ 1 & 0 & \cdots & 0 \end{pmatrix} \mathbf{A}^{-1} = \begin{pmatrix} \pi_1 & \cdots & \pi_m \\ \vdots & & \vdots \\ \pi_1 & \cdots & \pi_m \end{pmatrix}
\end{aligned}$$

mit identischen Zeilen $(\pi_1, \ldots, \pi_m)$, welche der ersten Zeile von $\mathbf{A}^{-1}$ entsprechen. Aufgrund dieser speziellen Struktur von $\mathbf{P}^*$ gilt für die Grenzverteilung $\mathbf{p}^*$

$$p_j^* = \lim_{n\to\infty} \sum_{i=1}^{m} p_i(0) \cdot \mathbf{P}_{ij}^n = \sum_{i=1}^{m} p_i(0) \cdot \mathbf{P}_{ij}^* = \sum_{i=1}^{m} p_i(0) \cdot \pi_j = \pi_j,$$

unabhängig von der Ausgangsverteilung $\mathbf{p}(0)$. Zum Nachweis von (6.4) beachte man, dass mit $\mathbf{p}^* = (\pi_1, \ldots, \pi_m) = (1, 0, \ldots, 0) \cdot \mathbf{A}^{-1}$

$$\mathbf{p}^* \cdot \mathbf{P}^n = (1, 0, \ldots, 0) \cdot \mathbf{A}^{-1} \cdot \mathbf{A}\mathbf{D}^n\mathbf{A}^{-1} = (1, 0, \ldots, 0) \cdot \mathbf{D}^n\mathbf{A}^{-1} = (1, 0, \ldots, 0) \cdot \mathbf{A}^{-1} = \mathbf{p}^*$$

gilt, wobei man nutzt, dass $\mathbf{D}^n = diag(1, \lambda_2^n, \ldots, \lambda_m^n)$. □

Aufgrund von (6.4) bezeichnet man $\mathbf{p}^*$ auch als **stationäre Verteilung** der Markov-Kette. Wird nämlich $\mathbf{p}^*$ als Ausgangsverteilung gewählt, so behält die Markov-Kette im gesamten Zeitverlauf diese Verteilung bei. Setzt man in (6.4) $n = 1$, so ist zudem ersichtlich, dass man $\mathbf{p}^*$ unter den Voraussetzungen des Konvergenzsatzes besonders einfach als den auf Zeilensumme 1 normierte Linkseigenvektor von $\mathbf{P}$ zum Eigenwert 1 bestimmen kann.

Beispiel 6.8 (Fortsetzung von Beispiel 6.6) Die Voraussetzungen des Konvergenzsatzes sind für Beispiel 6.6 erfüllt, und man rechnet leicht nach, dass der auf Zeilensumme 1 normierte Linkseigenvektor von $\mathbf{P}$ zum Eigenwert 1 durch $\mathbf{p}^* = (0{,}3333;\, 0{,}2857;\, 0{,}3810)$ gegeben ist. Somit ist $\mathbf{p}^*$ stationäre Verteilung und gleichzeitig asymptotische Verteilung für jede Ausgangsverteilung $\mathbf{p}(0)$.

Dies erhält man kontrollweise auch aus den Ergebnissen von Beispiel 6.6, da

$$\lim_{n\to\infty} \mathbf{P}^n = \begin{pmatrix} 1 & -2 & 2 \\ 1 & 1 & -5 \\ 1 & 1 & 2 \end{pmatrix} \cdot \begin{pmatrix} 1 & 0 & 0 \\ 0 & 0 & 0 \\ 0 & 0 & 0 \end{pmatrix} \cdot \begin{pmatrix} 0{,}3333 & 0{,}2857 & 0{,}3810 \\ -0{,}3333 & 0 & 0{,}3333 \\ 0 & -0{,}1429 & 0{,}1429 \end{pmatrix}$$

gilt, so dass

$$\lim_{n\to\infty} \mathbf{P}^n = \begin{pmatrix} 0{,}3333 & 0{,}2857 & 0{,}3810 \\ 0{,}3333 & 0{,}2857 & 0{,}3810 \\ 0{,}3333 & 0{,}2857 & 0{,}3810 \end{pmatrix}.$$

Für den langfristig zu erwartenden Beitragssatz ergibt sich $\mathbf{p}^* \cdot \mathbf{b} = 114{,}29\,\%$. □

Bemerkung 6.9 (Irreduzible, aperiodische Markov-Ketten) Der Prozess mit Übergangsmatrix

$$P = \begin{pmatrix} 0 & 1 \\ 1 & 0 \end{pmatrix}$$

erfüllt mit den Eigenwerten ± 1 die Voraussetzungen des Konvergenzsatzes nicht. Vielmehr ist er **periodisch** in dem Sinn, dass er zwischen den beiden möglichen Zuständen alterniert. Der Prozess ist jedoch **irreduzibel,** d. h. er kann mit positiver Wahrscheinlichkeit in einem oder mehreren Schritten von jedem Zustand in jeden anderen Zustand wechseln (allgemein formuliert: für alle i, j gibt es ein n, so dass $P(X_n = j | X_0 = i) > 0$ gilt).

Für irreduzible (aber unter Umständen periodische) endliche Markov-Ketten gilt die schwächere Konvergenzaussage, dass der Zeitanteil

$$\frac{1}{N}\sum_{n=1}^{N} 1_{\{X_n=j\}},$$

den der Prozess im Zustand j verbringt, für $N \to \infty$ fast sicher gegen p_j^* konvergiert. Dabei ergeben sich die p_j^* aus der Lösung von $\mathbf{p}^* = \mathbf{p}^*\mathbf{P}$ unter der Bedingung $\sum_j p_j^* = 1$ (siehe [14], Abschn. 4.4). Im obigen periodischen irreduziblen Prozess gilt für die Zeitanteile zum Beispiel $\mathbf{p}^* = (1/2, 1/2)$.

Mit dem Satz von Perron-Frobenius über die Vielfachheit betragsmaximaler Eigenwerte kann man darüber hinaus zeigen, dass aperiodische irreduzible endliche Markov-Ketten konvergent im Sinn des Satzes 6.7 sind. Man spricht in diesem Fall auch von einer **ergodischen** Markov-Kette (vgl. [12], Abschn. 7.2, oder [14], Abschn. 4.4). Ob eine Markov-Kette irreduzibel und aperiodisch ist, kann man oftmals direkt an der Übergangmatrix erkennen, ohne dass eine Ermittlung der Eigenwerte erfolgen muss. Eine irreduzible endliche Markov-Kette, bei der $p_{jj} > 0$ für einen beliebigen Zustand j gilt, ist zum Beispiel auch aperiodisch.

6.3 Endliche Markov-Prozesse

Die im vorigen Abschnitt betrachteten endlichen Markov-Ketten beruhen auf einem Zeitverlauf in diskreten, zum Beispiel jährlichen Schritten. Dies ist für viele aktuarielle Anwendungen angemessen, nicht jedoch wenn auch das unterjährige Prozessverhalten von Relevanz ist. Hier ist für die Modellierung die Betrachtung eines stetigen Zeitverlaufs notwendig. Endliche Markov-Prozesse stellen in diesem Zusammenhang eine natürliche Verallgemeinerung der endlichen Markov-Ketten für einen stetigen Zeitverlauf dar.

6.3.1 Endliche homogene Markov-Prozesse

Die Definition endlicher (homogener) Markov-Prozesse baut in natürlicher Weise auf der Definition endlicher (homogener) Markov-Ketten auf. Wie schon in Abschn. 6.2 beschränken wir uns dabei auf Markov-Prozesse, deren Zustandsraum endlich mit m verschiedenen Zuständen ist.

Definition 6.10 (Endlicher homogener Markov-Prozess) *Ein stochastischer Prozess* $\{X_t\}_{t\geq 0}$ *heißt* **endlicher Markov-Prozess**, *wenn für jede Folge von Zeitpunkten* $0 \leq t_0 < t_1 < t_2 < \ldots$ *durch* $\{X_{t_i}\}_{i=0,1,\ldots}$ *eine endliche Markov-Kette mit Zustandsraum S gegeben ist. Der Markov-Prozess heißt zudem* **homogen**, *falls die Übergangswahrscheinlichkeiten* $P(X_{t+\Delta} = j|X_t = i)$ *für alle* $i, j \in S$ *lediglich von der Länge* $\Delta \geq 0$ *des betrachteten Zeitintervalls, nicht aber von* $t \geq 0$ *abhängen.*

Für einen endlichen homogenen Markov-Prozess existiert somit eine Familie $\{\mathbf{P}^{(t)}\}_{t\geq 0}$ stochastischer $m \times m$-Matrizen **(Übergangsmatrizen)** mit Elementen $p_{ij}^{(t)}$, die das Übergangsverhalten des Prozesses vermöge

$$p_{ij}^{(t-s)} = P(X_t = j | X_s = i)$$

für $0 \leq s \leq t$ beschreiben. Für die Verteilung $\mathbf{p}(t)$ des Markov-Prozesses zum Zeitpunkt t besteht damit die Beziehung

$$\mathbf{p}(t) = \mathbf{p}(0) \cdot \mathbf{P}^{(t)}, \tag{6.5}$$

wobei $\mathbf{p}(t)$ und die Ausgangsverteilung $\mathbf{p}(0)$ wieder als m-elementige Zeilenvektoren notiert werden.

Aus (6.5) und der Gedächtnislosigkeit ergibt sich, dass die Übergangsmatrizen der sogenannten **Chapman-Kolmogorov-Gleichung**

$$\mathbf{P}^{(t+s)} = \mathbf{P}^{(t)} \cdot \mathbf{P}^{(s)} \tag{6.6}$$

für alle $s, t \geq 0$ genügen.

Ziel dieses Abschnittes ist es, eine Darstellungsform der Übergangsmatrizen $\mathbf{P}^{(t)}$ zu finden, welche die praktische Berechnung für beliebiges t ermöglicht. Wir gehen dabei im Folgenden davon aus, dass sich die Übergangsmatrizen in der Form

$$\mathbf{P}^{(t)} = \sum_{k=0}^{\infty} \mathbf{Q}_k \cdot t^k \tag{6.7}$$

mit Matrizen $\mathbf{Q}_k \in \mathbb{R}^{m\times m}$ darstellen lassen und die sich ergebende Abbildung $t \longmapsto \mathbf{P}^{(t)} \in \mathbb{R}^{m\times m}$ stetig ist (Regularitäts- und Stetigkeitsbedingung). Dabei ist $\mathbf{Q}_0 := \mathbf{E}$ (Einheitsmatrix) und die Konvergenz der Reihe ist elementweise zu verstehen. Die Matrizen $\mathbf{Q}_k$ lassen sich aus der Chapman-Kolmogorov-Gleichung bestimmen, wie ein Analogieschluss zur reellen Analysis nahelegt. Dort ist mit der Funktionalgleichung $f(x+y) = f(x) \cdot f(y)$ eine Entsprechung zu (6.6) bekannt, welche durch die Exponentialfunktion $f(x) = \exp(xa)$ mit der Reihenentwicklung $\sum_{k=0}^{\infty}(x^k/k!) \cdot a^k$ gelöst wird. Entsprechendes gilt für die matrixwertige Funktionalgleichung (6.6), wie der folgende Satz zeigt.

Satz 6.11 (Lösungen der Chapman-Kolmogorov-Gleichung) *Unter der Regularitäts- und Stetigkeitsbedingung* (6.7) *sind die Lösungen der Chapman-Kolomogorov-Gleichung* (6.6) *durch die Potenzreihen*

$$\mathbf{P}^{(t)} := \sum_{k=0}^{\infty} \frac{t^k}{k!} \mathbf{Q}^k \quad (t \geq 0) \tag{6.8}$$

mit einer Matrix $\mathbf{Q} \in \mathbb{R}^{m\times m}$ *gegeben. In der Darstellung* (6.8) *bezeichnet man* $\mathbf{Q}$ *als* **Fundamentalmatrix** *von* $\mathbf{P}^{(t)}$.

Dabei ist $\mathbf{Q}^0 := \mathbf{E}$. Aufgrund der Analogie zur Reihenentwicklung der reellen Exponentialfunktion schreibt man auch

$$\mathbf{P}^{(t)} = \exp(t\mathbf{Q}) := \sum_{k=0}^{\infty} \frac{t^k}{k!}\mathbf{Q}^k.$$

Beweis Die Konvergenz der Reihe (6.8) folgt aus dem Sachverhalt, dass die Restglieder der Reihe gegen die Nullmatrix konvergieren. Dies ist daraus ersichtlich, dass sich auf Basis der Zeilensummennorm $\|\mathbf{Q}\|_\infty := \max_{i=1,\ldots,m} \sum_{j=1}^{m} |q_{ij}|$

$$\left\| \sum_{k=n}^{\infty} \frac{t^k}{k!}\mathbf{Q}^k \right\|_\infty \le \sum_{k=n}^{\infty} \frac{t^k}{k!} \left\|\mathbf{Q}^k\right\|_\infty \le \sum_{k=n}^{\infty} \frac{t^k}{k!} \|\mathbf{Q}\|_\infty^k \to 0$$

ergibt, wegen der Konvergenz der Reihe $\sum_{k=0}^{\infty}(t^k/k!) \cdot \|\mathbf{Q}\|_\infty^k = \exp(t\,\|\mathbf{Q}\|_\infty) < \infty$. Dass Reihen der Form (6.8) die Chapman-Kolmogorov-Gleichung (6.6) erfüllen, ergibt sich aus

$$\left(\sum_{k=0}^{\infty} \frac{t^k}{k!}\mathbf{Q}^k\right) \cdot \left(\sum_{j=0}^{\infty} \frac{s^j}{j!}\mathbf{Q}^j\right) = \sum_{n=0}^{\infty}\sum_{k=0}^{n} \left(\frac{t^k}{k!}\mathbf{Q}^k\right) \cdot \left(\frac{s^{n-k}}{(n-k)!}\mathbf{Q}^{n-k}\right)$$
$$= \sum_{n=0}^{\infty} \frac{1}{n!}\mathbf{Q}^n \sum_{k=0}^{n} \binom{n}{k} \cdot t^k \cdot s^{n-k} = \sum_{n=0}^{\infty} \frac{(t+s)^n}{n!}\mathbf{Q}^n.$$

Folgt umgekehrt eine Lösung $\mathbf{P}^{(t)}$ von (6.6) der Reihenentwicklung (6.7), so gilt

$$\sum_{k=0}^{\infty} \mathbf{Q}_k \cdot (t+s)^k = \left(\sum_{k=0}^{\infty} \mathbf{Q}_k \cdot t^k\right) \cdot \left(\sum_{k=0}^{\infty} \mathbf{Q}_k \cdot s^k\right).$$

Potenzen der Form $t^{n-1}s$ entstehen dabei auf der linken Seite ausschließlich innerhalb des Summanden $\mathbf{Q}_n(t+s)^n = \mathbf{Q}_n(t^n + nt^{n-1}s + \ldots) = \mathbf{Q}_n nt^{n-1}s + \ldots$. Auf der ausmultiplizierten rechten Seite wiederum ergeben sich diese Potenzen nur durch die Produkte $\left(\mathbf{Q}_{n-1}t^{n-1}\right) \cdot (\mathbf{Q}_1 s) = \mathbf{Q}_{n-1}\mathbf{Q}_1 t^{n-1}s$. Der Vergleich der Koeffizienten ergibt die Rekursionsformel $\mathbf{Q}_n = \frac{1}{n}\mathbf{Q}_{n-1}\mathbf{Q}_1$. Hieraus folgt $\mathbf{Q}_n = \frac{1}{n!}\mathbf{Q}_1^n$ und somit die Behauptung für die Wahl $\mathbf{Q} = \mathbf{Q}_1$. □

Die wichtigsten mit der Fundamentalmatrix $\mathbf{Q} = (q_{ij})_{ij}$ verbundenen Eigenschaften sind:

a) Die Fundamentalmatrix $\mathbf{Q}$ lässt sich aus $\mathbf{P}^{(t)}$ durch Ableitung an der Stelle $t = 0$ gewinnen, denn

$$\left.\frac{d}{dt}\mathbf{P}^{(t)}\right|_{t=0} = \left.\frac{d}{dt}\sum_{k=0}^{\infty} \frac{t^k}{k!}\mathbf{Q}^k\right|_{t=0} = \sum_{k=0}^{\infty} \left.\frac{d}{dt}\frac{t^k}{k!}\right|_{t=0} \mathbf{Q}^k = \mathbf{Q}. \qquad (6.9)$$

Die Ableitung der Matrix $\mathbf{P}^{(t)}$ an jeder anderen Stelle $t > 0$ ergibt sich aus der Fundamentalmatrix $\mathbf{Q}$ gemäß

$$\begin{aligned}\frac{d}{dt}\mathbf{P}^{(t)} &= \lim_{dt\to 0^+} \frac{\mathbf{P}^{(t+dt)} - \mathbf{P}^{(t)}}{dt} \overset{(6.6)}{=} \lim_{dt\to 0^+} \frac{\mathbf{P}^{(dt)} \cdot \mathbf{P}^{(t)} - \mathbf{P}^{(t)}}{dt} \\ &= \lim_{dt\to 0^+} \frac{\mathbf{P}^{(dt)} - \mathbf{E}}{dt} \cdot \mathbf{P}^{(t)} \overset{(6.9)}{=} \mathbf{Q} \cdot \mathbf{P}^{(t)}. \end{aligned} \tag{6.10}$$

Aufgrund dieser Beziehung bezeichnet man die Elemente q_{ij} der Fundamentalmatrix $\mathbf{Q} = \left(q_{ij}\right)_{ij}$ auch als **Übergangsraten.**

b) Bei gegebener Matrix $\mathbf{Q}$ kann die Berechnung von $\mathbf{P}^{(t)} = \exp(t\mathbf{Q})$ oftmals durch Diagonalisierung erfolgen, anstatt die Reihe (6.8) auszuwerten. Ist nämlich $\mathbf{Q}$ diagonalisierbar, d. h. gibt es eine Darstellung $\mathbf{Q} = \mathbf{ADA}^{-1}$ mit einer Diagonalmatrix $\mathbf{D} = diag(\nu_1, \ldots, \nu_m)$ und einer invertierbaren Matrix $\mathbf{A}$, dann gilt

$$\begin{aligned}\mathbf{P}^{(t)} = \exp(t\mathbf{Q}) &= \sum_{k=0}^{\infty} \frac{t^k}{k!}(\mathbf{ADA}^{-1})^k = \mathbf{A}\left(\sum_{k=0}^{\infty} \frac{t^k}{k!}\mathbf{D}^k\right)\mathbf{A}^{-1} \\ &= \mathbf{A} \cdot diag(\exp(t\nu_1), \ldots, \exp(t\nu_m)) \cdot \mathbf{A}^{-1}, \end{aligned} \tag{6.11}$$

da $(\mathbf{ADA}^{-1})^k = \mathbf{ADA}^{-1} \cdot \mathbf{ADA}^{-1} \cdot \ldots \cdot \mathbf{ADA}^{-1} = \mathbf{AD}^k\mathbf{A}^{-1}$.

Aus Satz 6.11 folgt, dass jeder endliche homogene Markov-Prozess (unter der Regularitätsbedingung (6.7)) in der Form $\exp(t\mathbf{Q})$ dargestellt werden kann. Umgekehrt ist bei gegebenem $\mathbf{Q}$ durch $\exp(t\mathbf{Q})$ eine Lösung der Chapman-Kolmogorov-Gleichung gegeben. Man beachte aber, dass der Satz keine Aussage darüber trifft, ob die Matrizen $\exp(t\mathbf{Q})$ stochastische Matrizen sind und damit potenziell einen homogenen Markov-Prozess definieren. Offensichtlich führt zum Beispiel die Wahl von $\mathbf{Q}$ als Identitätsmatrix nicht auf stochastische Matrizen.

Eine *notwendige* Bedingung dafür, dass $\mathbf{Q}$ einen endlichen homogenen Markov-Prozess mit Übergangsmatrizen $\mathbf{P}^{(t)} = \exp(t\mathbf{Q})$ definiert, ist die Bedingung

$$q_{ii} \leq 0 \text{ und } q_{ij} \geq 0 \text{ für } i \neq j \text{ mit } \sum_{j=1}^{m} q_{ij} = 0 \tag{6.12}$$

für alle i. Ist nämlich die Matrix $\mathbf{P}^{(dt)}$ stochastisch, so kann $\mathbf{P}^{(dt)} - \mathbf{E}$ keine echt positiven Diagonalelemente aufweisen und sämtliche Zeilensummen von $\mathbf{P}^{(dt)} - \mathbf{E}$ betragen Null. Diese Eigenschaften vererben sich gemäß (6.9) auf

$$\mathbf{Q} = \lim_{dt\to 0^+} (\mathbf{P}^{(dt)} - \mathbf{E})/dt.$$

Eine *hinreichende* Bedingung dafür, dass $\mathbf{Q}$ einen endlichen homogenen Markov-Prozess mit Übergangsmatrizen $\mathbf{P}^{(t)} = \exp(t\mathbf{Q})$ definiert, gibt der folgende Satz:

Satz 6.12 (Existenz- und Struktursatz) *Sei* $\mathbf{Q} \in \mathbb{R}^{m \times m}$ *eine Matrix mit* $q_{ii} < 0$ *und* $q_{ij} \geq 0$ $(i \neq j)$ *sowie* $\sum_{j=1}^{m} q_{ij} = 0$ *für alle* i. *Dann existiert ein endlicher homogener Markov-Prozess* $\{X_t\}_{t \geq 0}$ *derart, dass seine Übergangsmatrizen durch* $\mathbf{P}^{(t)} = \exp(t\mathbf{Q})$ *für alle* $t \geq 0$ *gegeben sind.*

Beweis Der gesuchte Markov-Prozess kann kanonisch wie folgt dargestellt werden. Ausgehend vom Zustand i verweilt der Prozess eine zufällige, $\mathcal{E}(-q_{ii})-$verteilte Zeit in diesem Zustand. Danach springt er in einen neuen, zufälligen Zustand $j \neq i$, wobei die Wahrscheinlichkeit eines Überganges von i nach j durch $-q_{ij}/q_{ii}$ gegeben ist. Anschließend verweilt der Prozess eine $\mathcal{E}(-q_{jj})-$verteilte Zeit im Zustand j, bevor er gemäß den Sprungwahrscheinlichkeiten $-q_{jk}/q_{jj}$ einen neuen Zustand $k \neq j$ annimmt, etc.

Für die Gedächtnislosigkeit des so konstruierten Prozesses ist es entscheidend, dass die Exponentialverteilung selbst gedächtnislos ist. Für jede exponentialverteilte Zufallsvariable Z gilt

$$P(Z > s + t | Z > s) = P(Z > t),$$

so dass die Verteilung der Zeit bis zum nächsten Sprung nicht davon abhängt, wie lange der Prozess bereits in einem Zustand verweilt hat.

Um die zum oben beschriebenen Prozess zugehörige Übergangsmatrix $\mathbf{P}^{(t)}$ zu ermitteln, beachte man zunächst, dass aufgrund der Exponentialverteilung der Verweildauern

$$\begin{aligned}
&P(\text{kein Sprung während } [0, dt) | X_0 = i) = \exp(q_{ii} dt) = 1 + q_{ii} dt + o(dt), \\
&P(\text{genau ein Sprung während } [0, dt) | X_0 = i) = -q_{ii} dt + o(dt), \\
&P(\text{zwei oder mehr Sprünge während } [0, dt) | X_0 = i) = o(dt).
\end{aligned}$$

$o(dt)$ sind dabei nicht genauer spezifizierte Terme, für die

$$\lim_{t \to 0^+} o(dt)/dt = 0$$

gilt. Hierfür rechnet man zum Beispiel nach, dass sich aus

$$\begin{aligned}
&P(\text{genau ein Sprung während } [0, dt) | X_0 = i) \\
&\quad = \sum_{j \neq i} P(\text{genau ein Sprung von } i \text{ nach } j \text{ während } [0, dt) | X_0 = i)
\end{aligned}$$

und unabhängigen $\mathcal{E}(-q_{jj})-$verteilten Verweildauern T_j ergibt, dass

$$\begin{aligned}
&P(\text{genau ein Sprung während } [0, dt) | X_0 = i) \\
&\quad = \sum_{j \neq i} (-q_{ij}/q_{ii}) P(T_i < dt, T_i + T_j > dt)
\end{aligned}$$

$$
\begin{aligned}
&= \sum_{j\neq i}(-q_{ij}/q_{ii}) \int\limits_0^{dt} \int\limits_{dt-t_i}^{\infty} q_{ii}q_{jj} \exp(q_{ii}t_i) \exp(q_{jj}t_j)\, dt_j\, dt_i \\
&= \sum_{j\neq i}(-q_{ij}) \int\limits_0^{dt} \exp(q_{ii}t_i) \int\limits_{dt-t_i}^{\infty} q_{jj} \exp(q_{jj}t_j)\, dt_j\, dt_i \\
&= \sum_{j\neq i} q_{ij} \int\limits_0^{dt} \exp(q_{ii}t_i) \exp(q_{jj}(dt-t_i))\, dt_i \\
&= \sum_{j\neq i} q_{ij} \exp(q_{jj}dt) h(dt) \\
&= \sum_{j\neq i} q_{ij}(1 + q_{jj}dt + o(dt))(dt + o(dt)) \\
&= \sum_{j\neq i} q_{ij}dt + o(dt) \overset{(6.12)}{=} -q_{ii}dt + o(dt),
\end{aligned}
$$

wobei man

$$
h(t) := \int\limits_0^{dt} \exp((q_{ii} - q_{jj})t_i)\, dt_i = \frac{\exp((q_{ii} - q_{jj})dt) - 1}{q_{ii} - q_{jj}} = dt + o(dt)
$$

für $q_{ii} \neq q_{jj}$ nutzt, was offensichtlich auch für $q_{ii} = q_{jj}$ gilt.

Dass sich der Prozess im Zeitpunkt dt nach wie vor im Zustand i befindet, kann dadurch entstehen, dass im Zeitintervall $[0, dt)$ kein Sprung auftritt bzw. mehrere Sprünge, die letztendlich wieder in den Zustand i zurück führen. Letzteres tritt nach obigen Vorüberlegungen mit einer Wahrscheinlichkeit der Ordnung $o(dt)$ auf, so dass insgesamt

$$
p_{ii}^{(dt)} = P(X_{dt} = i | X_0 = i) = 1 + q_{ii}dt + o(dt).
$$

Ein Übergang in den Zustand $j \neq i$ kann dadurch entstehen, dass im Zeitintervall $[0, dt)$ genau ein Sprung auftritt, der in den Zustand j führt, bzw. der Zustand j nach mehreren Sprüngen angenommen wird. Genau ein Sprung ergibt sich mit Wahrscheinlichkeit $-q_{ii}dt + o(dt)$, wobei der Sprung mit Wahrscheinlichkeit $-q_{ij}/q_{ii}$ in den Zustand j führt. Mehrere Sprünge treten lediglich mit einer Wahrscheinlichkeit der Ordnung $o(dt)$ auf, so dass insgesamt

$$
\begin{aligned}
p_{ij}^{(dt)} &= P(X_{dt} = j | X_0 = i) \\
&= (-q_{ii}dt + o(dt)) \cdot \left(-q_{ij}/q_{ii}\right) + o(dt) = q_{ij}dt + o(dt)
\end{aligned}
$$

für $j \neq i$. Die Diagonaleinträge der Fundamentalmatrix kann man nach (6.9) aus

$$\lim_{dt\to 0^+} (p_{ii}^{(dt)} - 1)/dt = \lim_{dt\to 0^+} (q_{ii}dt + o(dt))/dt = q_{ii}$$

berechnen. Die Einträge außerhalb der Diagonalen ergeben sich aus

$$\lim_{dt\to 0^+} p_{ij}^{(dt)}/dt = \lim_{dt\to 0^+} (q_{ij}dt + o(dt))/dt = q_{ij}.$$

Somit ist tatsächlich $\mathbf{P}^{(t)} = \exp(t\mathbf{Q})$. □

Bemerkung 6.13 (Absorbierende Zustände) In dem im Beweis von Satz 6.12 konstruierten homogenen Markov-Prozess kann man einen Zustand i zu einem **absorbierenden Zustand** machen, indem man in der Fundamentalmatrix in der i-ten Zeile eine Nullzeile setzt. Ist nämlich $q_{ij} = 0$ für alle j, so ist in jeder Potenz $\mathbf{Q}^k$ der Fundamentalmatrix ($k \geq 1$) die i-te Zeile eine Nullzeile und aus (6.8) ergibt sich $p_{ii}^{(t)} = 1$ sowie $p_{ij}^{(t)} = 0$ für $i \neq j$. Der Zustand i wird also, einmal angenommen, mit Wahrscheinlichkeit 1 nicht mehr verlassen.

Beispiel 6.14 (Krankheitsverhalten) Der stochastische Prozess $\{X_t\}_{t\geq 0}$ beschreibe das Krankheitsverhalten einer Person dadurch, dass $X_t := 0$ falls die Person zum Zeitpunkt t krank und in stationärer Behandlung ist. Die Dauer einer stationären Behandlung sei dabei $\mathscr{E}(\lambda)$−verteilt. An die stationäre Behandlung schließt sich mit Wahrscheinlichkeit p bis zur vollständigen Gesundung eine ambulante Behandlung an, deren Dauer $\mathscr{E}(\mu)$-verteilt sei. In der Zeit der ambulanten Behandlung wird $X_t := 1$ gesetzt. Mit Wahrscheinlichkeit $1 - p$ wird ein Patient geheilt aus der stationären Behandlung entlassen, ohne dass eine ambulante Behandlung erforderlich ist. Die Phasen, in denen die Person gesund ist, werden mit $X_t := 2$ gekennzeichnet. Ihre Dauer sei $\mathscr{E}(\nu)$−verteilt. Dabei sind $\lambda, \mu, \nu > 0$. Grafisch lässt sich dies wie in Abb. 6.1 darstellen.

Gemäß Satz 6.12 ist $\{X_t\}_{t\geq 0}$ ein homogener Markov-Prozess mit Fundamentalmatrix

$$\mathbf{Q} = \begin{pmatrix} -\lambda & p\lambda & (1-p)\lambda \\ 0 & -\mu & \mu \\ \nu & 0 & -\nu \end{pmatrix}.$$

Sei im Folgenden $\lambda = 5$, $\mu = 10$, $\nu = 0,1$ und $p = 0,5$. Dann besitzt $\mathbf{Q}$ die Eigenwerte 0 sowie $-5,1516$ und $-9,9484$. Außerdem existiert eine Zerlegung

$$\mathbf{Q} = \mathbf{ADA}^{-1} = \begin{pmatrix} 1 & -50{,}5156 & -98{,}4844 \\ 1 & 2{,}0625 & 193{,}9375 \\ 1 & 1 & 1 \end{pmatrix} \cdot \begin{pmatrix} 0 & 0 & 0 \\ 0 & -5{,}1516 & 0 \\ 0 & 0 & -9{,}9484 \end{pmatrix}$$

$$\cdot \begin{pmatrix} 0{,}0195 & 0{,}0049 & 0{,}9756 \\ -0{,}0196 & -0{,}0101 & 0{,}0297 \\ 0{,}0001 & 0{,}0052 & -0{,}0053 \end{pmatrix}.$$

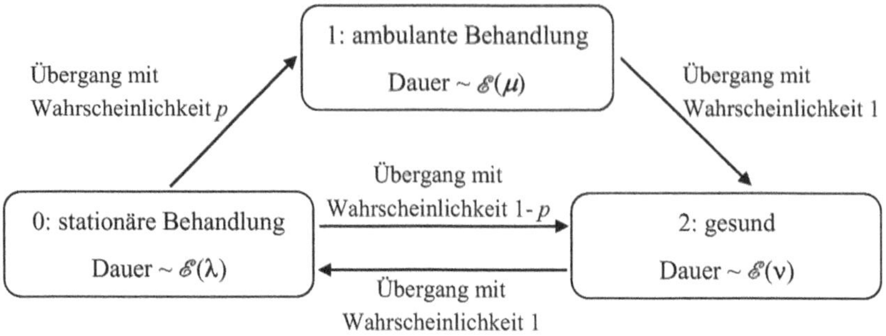

Abb. 6.1 Graph des endlichen Markov-Prozesses aus Beispiel 6.14

Nach (6.11) gilt $\mathbf{P}^{(t)} = \mathbf{A} \cdot diag\,(1, \exp(-5{,}1516 \cdot t), \exp(-9{,}9484 \cdot t)) \cdot \mathbf{A}^{-1}$. Ist die betrachtete Person zu Beginn des Prozesses gesund, d. h. $\mathbf{p}(0) = (0, 0, 1)$, so entwickeln sich die Wahrscheinlichkeiten für die einzelnen Zustände im weiteren Zeitverlauf gemäß

$$\begin{aligned} \mathbf{p}(t) &= \mathbf{p}(0) \cdot \mathbf{P}^{(t)} \\ &= (1, \exp(-5{,}1516 \cdot t), \exp(-9{,}9484 \cdot t)) \cdot \begin{pmatrix} 0{,}0195 & 0{,}0049 & 0{,}9756 \\ -0{,}0196 & -0{,}0101 & 0{,}0297 \\ 0{,}0001 & 0{,}0052 & -0{,}0053 \end{pmatrix}. \end{aligned}$$

Hieraus kann man duch Grenzwertbildung $t \to \infty$ die langfristige Verteilung des Prozesses ermitteln. Der folgende Abschnitt wird näher auf das Langzeitverhalten endlicher homogener Markov-Prozesse eingehen. □

6.3.2 Langzeitverhalten endlicher homogener Markov-Prozesse

Ausgehend von der Ausgangsverteilung $\mathbf{p}(0)$ entwickeln sich endliche homogene Markov-Prozesse gemäß $\mathbf{p}(t) = \mathbf{p}(0) \cdot \mathbf{P}^{(t)}$. Wie in Abschn. 6.2.2 stellt sich die Frage nach dem Langzeitverhalten von $\mathbf{p}(t)$. Der folgende Satz formuliert Bedingungen an die Fundamentalmatrix $\mathbf{Q}$, nach denen die asymptotische Verteilung $\mathbf{p}^* := \lim_{t\to\infty} \mathbf{p}(t)$ existiert. Er stellt die Entsprechung zu Satz 6.7 für Markov-Ketten dar.

Satz 6.15 Konvergenzsatz für endliche homogene Markov-Prozesse) *Für die Fundamentalmatrix* $\mathbf{Q}$ *eines endlichen homogenen Markov-Prozesses sei* $\nu = 0$ *der einzige Eigenwert mit Realteil 0 und habe die (algebraische) Vielfachheit 1. Dann existiert die asymptotische Verteilung*

$$\mathbf{p}^* := \lim_{t\to\infty} \mathbf{p}(t)$$

für jede Ausgangsverteilung $\mathbf{p}(0)$. *Die asymptotische Verteilung* $\mathbf{p}^*$ *ist dieselbe für jedes* $\mathbf{p}(0)$ *und genügt für alle t der Gleichung*

$$\mathbf{p}^* = \mathbf{p}^* \cdot \mathbf{P}^{(t)}. \tag{6.13}$$

Beweis Der Beweis verläuft weitgehend analog zum Beweis von Satz 6.7 für Markov-Ketten. Wiederum beschränken wir uns auf den Fall, dass $\mathbf{Q} = \mathbf{ADA}^{-1}$ mit einer invertierbaren Matrix $\mathbf{A}$ und einer Diagonalmatrix $\mathbf{D} = diag(\nu_1, \ldots, \nu_m)$. Darin sind ν_i die (ggf. komplexen) Eigenwerte von $\mathbf{Q}$, und die Spalten von $\mathbf{A}$ enthalten einen Satz von zugehörigen Rechtseigenvektoren.

Wegen (6.12) ist 0 Eigenwert von $\mathbf{Q}$ zum Eigenvektor $(1, \ldots, 1)^\top$, so dass ohne Einschränkung der Allgemeinheit $\nu_1 = 0$ und die erste Spalte $\mathbf{a}_1$ von $\mathbf{A}$ von der Form $\mathbf{a}_1 = (1, \ldots, 1)^\top$ ist. Nach (6.11) ist auch $\mathbf{P}^{(t)}$ diagonalisierbar mit der Darstellung $\mathbf{P}^{(t)} = \mathbf{A}\exp(t\mathbf{D})\mathbf{A}^{-1}$, wobei $\exp(t\mathbf{D}) = diag(\exp(t\nu_1), \ldots, \exp(t\nu_m))$, so dass die Eigenwerte von $\mathbf{P}^{(t)}$ durch $\exp(t\nu_i)$ mit $i = 1, \ldots, n$ gegeben sind. $\mathbf{P}^{(t)}$ ist stochastische Matrix und hat damit nur Eigenwerte betragsmäßig kleiner gleich 1. Der Realteil aller ν_i ist daher kleiner oder gleich Null. Gibt es außer $\nu = 0$ keine weiteren Eigenwerte von $\mathbf{Q}$ mit Realteil 0, so gilt $|\exp(t\nu_i)| < 1$ für alle $i > 1$. Hieraus folgt

$$\mathbf{P}^* = \lim_{t\to\infty} \mathbf{P}^{(t)} = \mathbf{A} \cdot diag(1, 0, \ldots, 0) \cdot \mathbf{A}^{-1},$$

und die restlichen Behauptungen folgen analog zum Beweis von Satz 6.7, wo $\mathbf{P}^n$ durch $\mathbf{P}^{(t)}$ ersetzt wird. □

In der Situation von Satz 6.15 wird der „konvergente" Markov-Prozess mitunter auch als **ergodisch** bezeichnet. Angesichts der Gl. (6.13) spricht man bei $\mathbf{p}^*$ wieder von der **stationären Verteilung** des Prozesses. Von besonderer praktischer Bedeutung ist die Folgerung, dass unter Beachtung von (6.10)

$$\mathbf{0} = \frac{d}{dt}\mathbf{p}^* = \frac{d}{dt}\mathbf{p}^* \cdot \mathbf{P}^{(t)} = \mathbf{p}^* \cdot \frac{d}{dt}\mathbf{P}^{(t)} = \mathbf{p}^* \cdot \mathbf{Q} \cdot \mathbf{P}^{(t)}.$$

Setzt man $t = 0$, so erhält man die Beziehung

$$\mathbf{0} = \mathbf{p}^* \cdot \mathbf{Q}, \tag{6.14}$$

so dass sich die asymptotische Verteilung $\mathbf{p}^*$ unter den Voraussetzungen des Konvergenzsatzes als der auf Zeilensumme 1 normierte Linkseigenvektor der Fundamentalmatrix $\mathbf{Q}$ zum Eigenwert 0 ermitteln lässt.

Beispiel 6.16 (Fortsetzung von Beispiel 6.14*)* Die Voraussetzungen des Konvergenzsatzes sind im obigen Zahlenbeispiel erfüllt, und es gilt

$$\lim_{t\to\infty} \mathbf{P}^{(t)}$$

$$= \begin{pmatrix} 1 & -50{,}5156 & -98{,}4844 \\ 1 & 2{,}0625 & 193{,}9375 \\ 1 & 1 & 1 \end{pmatrix} \cdot \begin{pmatrix} 1 & 0 & 0 \\ 0 & 0 & 0 \\ 0 & 0 & 0 \end{pmatrix} \cdot \begin{pmatrix} 0{,}0195 & 0{,}0049 & 0{,}9756 \\ -0{,}0196 & -0{,}0101 & 0{,}0297 \\ 0{,}0001 & 0{,}0052 & -0{,}0053 \end{pmatrix}$$

$$= \begin{pmatrix} 0{,}0195 & 0{,}0049 & 0{,}9756 \\ 0{,}0195 & 0{,}0049 & 0{,}9756 \\ 0{,}0195 & 0{,}0049 & 0{,}9756 \end{pmatrix}.$$

Somit ist

$$\mathbf{p}^* = (0{,}0195;\, 0{,}0049;\, 0{,}9756)$$

stationäre Verteilung. Diese ist asymptotische Verteilung für jede Ausgangsverteilung $\mathbf{p}(0)$. Ohne die aufwändige Diagonalisierung erhält man die stationäre Verteilung einfacher durch Lösung von (6.14), wo man schon nach wenigen Rechenschritten erhält, dass

$$\mathbf{p}^* = \frac{1}{1/\lambda + p/\mu + 1/\nu} \cdot \left(\frac{1}{\lambda}, \frac{p}{\mu}, \frac{1}{\nu}\right).$$

Sind k_0 und k_1 die auf Jahresdauer bezogenen Heilkosten einer stationären bzw. ambulanten Behandlung, so ergibt sich als langfristige Prämie

$$b^* = \frac{k_0/\lambda + k_1 p/\mu}{1/\lambda + p/\mu + 1/\nu},$$

welche noch um Sicherheits- und Kostenzuschläge zu ergänzen ist. □

Bemerkung 6.17 (Parameterschätzung in ergodischen Markov-Prozessen) Zum Abschluss dieses Abschnittes sei noch bemerkt, dass unter den Voraussetzungen des Konvergenzsatzes 6.15 die stationäre Verteilung $\mathbf{p}^*$ aus dem Verlauf des Prozesses bis zum Zeitpunkt T (hinreichend groß) durch

$$\hat{p}_j^* := \frac{1}{T} \cdot \text{Zeitdauer, die der Prozess bisher insgesamt im Zustand } j \text{ verbracht hat},$$

geschätzt werden kann (siehe [14], Abschn. 6.5). Hierzu vergleiche man auch Bemerkung 6.9, die denselben Sachverhalt für Markov-Ketten formuliert.

Eine Schätzung $\hat{\mathbf{Q}}$ der Fundamentalmatrix kann man unter Beachtung des Struktursatzes 6.12 erhalten. Dabei sei h_{ij} die Anzahl von Übergängen $i \to j$, die im bisherigen Prozessverlauf auftraten. Aufgrund des im Beweis zu Satz 6.12 gegebenen Zusammenhangs der Sprungwahrscheinlichkeiten mit den Elementen der Fundamentalmatrix verfolgt man für $\hat{\mathbf{Q}}$ den Ansatz

$$\hat{q}_{ij} := -\hat{q}_{ii} \cdot \frac{h_{ij}}{\sum_j h_{ij}}.$$

Die Diagonalelemente $\hat{q}_{ii}$ sind darin noch zu schätzen. Diese können aus den für den Zustand i beobachteten, $\mathscr{E}(-q_{ii})$−verteilten Verweildauern gewonnen werden. Alternativ kann man $\hat{q}_{ii}$ mit einer Schätzung der stationären Verteilung aus der Bedingung $\mathbf{0} = \hat{\mathbf{p}}^* \cdot \hat{\mathbf{Q}}$ gewinnen.

6.4 Allgemeine Markov-Prozesse

In Abschn. 6.3 wurden Markov-Prozesse mit einem endlichen Zustandsraum betrachtet. In der aktuariellen Praxis treten jedoch regelmäßig Prozesse auf, deren mögliche Zustände aus einer abzählbaren Menge stammen oder sogar ein Kontinuum innerhalb der reellen Zahlen annehmen können. Aus diesem Grund wird im folgenden Abschnitt das Konzept der Markov-Prozesse auf reellwertige Prozesse ausgedehnt (Abschn. 6.4.1). Diese bilden den Ausgangspunkt für zahlreiche in der finanzmathematischen und aktuariellen Praxis hochrelevante Prozesse, unter anderem die geometrische Brownsche Bewegung und den (zusammengesetzten) Poisson-Prozess. Letzterer stellt mit dem „kollektiven Modell" (Abschn. 6.4.2) den Standardansatz für typische versicherungsmathematische Fragestellungen dar. In diesem Zusammenhang wird vertiefend auf die klassische Fragestellung der Risikotheorie nach der Berechnung von Ruinwahrscheinlichkeiten in Markov-Prozessen eingegangen (Abschn. 6.4.3).

6.4.1 Homogene Markov-Prozesse

Markov-Prozesse in den reellen Zahlen können wieder anhand der Eigenschaft der Gedächtnislosigkeit definiert werden. Um die Dynamik von Markov-Prozessen zu beschreiben, benötigt man bedingte Verteilungen. Definition und wichtige Eigenschaften von bedingten Verteilungen sind in Abschn. A.1 zusammengestellt. Wenn in den folgenden Abschnitten an verschiedenen Stellen Teilmengen $B \subseteq \mathbb{R}$ gewählt werden, wird dabei implizit angenommen, dass B eine messbare Menge ist.

Definition 6.18 (Homogener Markov-Prozess) *Ein reellwertiger stochastischer Prozess* $\{X_t\}_{t\geq 0}$ *mit Startwert* $X_0 = x_0$ *heißt* **Markov-Prozess,** *wenn*

$$P(X_{t_n} \in B | X_{t_1} = x_{t_1}, \ldots, X_{t_{n-1}} = x_{t_{n-1}}) = P(X_{t_n} \in B | X_{t_{n-1}} = x_{t_{n-1}}) \tag{6.15}$$

für jede Folge von Zeitpunkten $0 \leq t_1 < t_2 < \ldots$, *jede Folge* $x_{t_i} \in \mathbb{R}$ *und jedes* $B \subseteq \mathbb{R}$.

Hängen die Übergangswahrscheinlichkeiten auf der rechten Seite von (6.15) außer von $x_{t_{n-1}}$ *und* B *lediglich von der Zeitdifferenz* $t_n - t_{n-1}$ *ab, so spricht man von einem* **homogenen Markov-Prozess** *mit Übergangswahrscheinlichkeiten*

$$q^{(s)}(x, B) := P(X_{t+s} \in B | X_t = x) \quad (s, t \geq 0).$$

$q^{(s)}(x, B)$ ist somit die Wahrscheinlichkeit, dass der Prozess in einem Zeitintervall der Länge s vom Zustand x in einen Zustand in der Menge B übergeht. Für $s = 0$ ergibt sich mit der Indikatorfunktion

$$q^{(0)}(x, B) = 1_B(x). \tag{6.16}$$

Die Verteilung des Markov-Prozesses zum Zeitpunkt $t > 0$ ist durch

$$P(X_t \in B | X_0 = x_0) = q^{(t)}(x_0, B) \tag{6.17}$$

gegeben.

Die aus Abschn. 6.3 bekannte **Chapman-Kolmogorov-Gleichung** nimmt hier folgende Form an:

Satz 6.19 (Chapman-Kolmogorov-Gleichung) *Für die Übergangswahrscheinlichkeiten* $q^{(t)}(x, \cdot)$ *eines homogenen Markov-Prozesses gilt*

$$q^{(s+t)}(x, B) = \int q^{(s)}(y, B) q^{(t)}(x, dy) \tag{6.18}$$

für alle $s, t \geq 0, x \in \mathbb{R}$ *und alle* $B \subseteq \mathbb{R}$.

Beweis Die Behauptung folgt mit der Gedächtnislosigkeit und den Rechenregeln für bedingte Verteilungen aus Abschn. A.1. Zunächst gilt wegen (A.1)

$$\begin{aligned} P(X_{t+s+r} \in B, X_r \in A) &= P(X_{t+s+r} \in B, X_{t+r} \in \mathbb{R}, X_r \in A) \\ &= \int_{\mathbb{R} \times A} P_{X_{t+s+r} | (X_{t+r}, X_r) = (y,x)}(B) P_{(X_{t+r}, X_r)}(dy, dx). \end{aligned}$$

Mit (6.15) und (A.3) ergibt sich hieraus

$$\begin{aligned} &P(X_{t+s+r} \in B, X_r \in A) \\ &= \int_{\mathbb{R} \times A} q^{(s)}(y, B) P_{(X_{t+r}, X_r)}(dy, dx) = \int_A \int_{\mathbb{R}} q^{(s)}(y, B) P_{X_{t+r} | X_r = x}(dy) P_{X_r}(dx) \\ &= \int_A \int_{\mathbb{R}} q^{(s)}(y, B) q^{(t)}(x, dy) P_{X_r}(dx). \end{aligned}$$

Die Behauptung folgt aus der Definition der bedingten Verteilung gemäß (A.1). □

Die Chapman-Kolmogorov-Gleichung (6.18) wird oftmals in der kompakteren Form

$$q^{(s+t)} = q^{(s)} * q^{(t)} \tag{6.19}$$

notiert, nach der sich $q^{(s+t)}$ als Faltung der Verteilungen $q^{(s)}$ und $q^{(t)}$ darstellen lässt. Genügt eine Familie von Wahrscheinlichkeitsmaßen $q^{(s)}(x, \cdot)$ auf $\mathbb{R}$ ($s \geq 0, x \in \mathbb{R}$) der Randbedingung (6.16) und der Faltungseigenschaft (6.19), spricht man auch von einer **Markovschen**

Halbgruppe von Übergangswahrscheinlichkeitsmaßen. Der folgende Existenzsatz gibt an, dass jede Markovsche Halbgruppe einen homogenen Markov-Prozess definiert. Er stellt somit die Entsprechung zu Satz 6.12 für endliche Markov-Prozesse dar.

Satz 6.20 (Existenzsatz) *Sei $q^{(s)}(x,\cdot)$ eine Markovsche Halbgruppe von Wahrscheinlichkeitsmaßen auf $\mathbb{R}$. Dann existiert ein homogener Markov-Prozess $\{X_t\}_{t\geq 0}$ in den reellen Zahlen mit Übergangswahrscheinlichkeiten $P(X_{t+s}\in B|X_t=x)=q^{(s)}(x,B)$.*

Auf den Beweis wird an dieser Stelle verzichtet, es sei auf [1], Kap. VIII §42, verwiesen.

Man beachte, dass jeder Prozess, dessen **Zuwächse** $X_t - X_s$ für disjunkte Zeitintervalle $[s,t]$ unabhängig sind, ein Markov-Prozess ist. Nicht jeder Markov-Prozess hat dagegen unabhängige Zuwächse. Hierfür gibt der folgende Satz eine einfach abprüfbare hinreichende Bedingung.

Satz 6.21 (Verteilung und Unabhängigkeit der Zuwächse) *Sind die Übergangswahrscheinlichkeiten $q^{(t)}$ eines homogenen Markov-Prozesses translationsinvariant, d. h.*

$$q^{(t)}(x,B)=q^{(t)}(x+y,B+y) \tag{6.20}$$

für alle $t\geq 0$, $x,y\in\mathbb{R}$ und alle $B\subseteq\mathbb{R}$, dann gilt für die Verteilung der Zuwächse

$$P(X_t - X_s\in B)=q^{(t-s)}(0,B) \tag{6.21}$$

mit $t>s$. Für alle $0=t_0<t_1<t_2<\ldots<t_n$ sind die zugehörigen Zuwächse $X_{t_1}-X_{t_0}, X_{t_2}-X_{t_1},\ldots,X_{t_n}-X_{t_{n-1}}$ zudem unabhängig.

Beweis Die Unabhängigkeit der Zuwächse wird im Folgenden exemplarisch für zwei Zuwächse gezeigt. Ohne Beschränkung der Allgemeinheit sei dabei $X_{t_0}=0$. Mit den Rechenregeln für bedingte Verteilungen und der Translationsinvarianz gilt

$$\begin{aligned}
&P(X_{t_1}-X_{t_0}\in A, X_{t_2}-X_{t_1}\in B)=P(X_{t_1}\in A, X_{t_2}-X_{t_1}\in B)\\
&\overset{(A.1)}{=}\int_A P_{X_{t_2}-X_{t_1}|X_{t_1}=x}(B)P_{X_{t_1}}(dx)\overset{(A.2)}{=}\int_A P_{X_{t_2}|X_{t_1}=x}(B+x)P_{X_{t_1}}(dx)\\
&=\int_A q^{(t_2-t_1)}(x,B+x)P_{X_{t_1}}(dx)\overset{(6.20)}{=}\int_A q^{(t_2-t_1)}(0,B)P_{X_{t_1}}(dx)\\
&=q^{(t_2-t_1)}(0,B)\cdot P(X_{t_1}\in A)=q^{(t_2-t_1)}(0,B)\cdot P(X_{t_1}-X_{t_0}\in A).
\end{aligned}$$

Setzt man für den Moment $A=\mathbb{R}$, so erhält man für die Verteilung der Zuwächse

$$P(X_{t_2}-X_{t_1}\in B)=q^{(t_2-t_1)}(0,B),$$

so dass $P(X_{t_1}-X_{t_0}\in A, X_{t_2}-X_{t_1}\in B)=P(X_{t_2}-X_{t_1}\in B)\cdot P(X_{t_1}-X_{t_0}\in A)$. □

In den folgenden Beispielen 6.22 bis 6.24 werden mit dem Wiener-Prozess, der Brownschen Bewegung mit Drift und dem Poisson-Prozess wichtige homogene Markov-Prozesse definiert.

Beispiel 6.22 (Wiener Prozess) Durch $W_0 := 0$ und die aus der Normalverteilung abgeleiteten Übergangswahrscheinlichkeiten

$$q^{(s)}(x, B) := P(Z \in B - x) \text{ mit } Z \sim \mathcal{N}(0, s)$$

wird ein reellwertiger homogener Markov-Prozess mit unabhängigen Zuwächsen definiert. Hierfür überzeugt man sich durch Nachrechnen, dass $q^{(s)}(x, \cdot)$ tatsächlich eine Markovsche Halbgruppe darstellt und wendet die Sätze 6.20 und 6.21 an. Der entstehende Prozess W_t wird als **Wiener-Prozess** oder **Standard-Brownsche Bewegung** bezeichnet. Für die Verteilung des Prozesses zum Zeitpunkt $t > 0$ gilt gemäß (6.17) $W_t \sim \mathcal{N}(0, t)$. Die Zuwächse des Prozesses sind nach (6.21) normalverteilt mit $W_t - W_s \sim \mathcal{N}(0, t - s)$ für $t > s$.

Der Wiener-Prozess findet zahlreichen Gebieten der Natur- und Wirtschaftswissenschaften Anwendung, um erratische Phänomene zu modellieren. Besondere Bedeutung kommt dem Wiener-Prozess als Ausgangspunkt der stochastischen Differenzialrechnung zu. Dabei werden stochastische Integrale

$$Z_t = \int Y_t dW_t \tag{6.22}$$

bezüglich des Wiener-Prozesses definiert, indem man den zu integrierenden Prozess Y_t im L^2-Sinn durch stückweise konstante Prozesse $Y_t^* := \sum_i Y_{t_{i-1}}^* \cdot 1_{(t_{i-1}, t_i]}(t)$ mit immer feiner werdenden Intervallen $(t_{i-1}, t_i]$ approximiert und den L^2-Grenzwert von

$$Z_t^* = \int Y_t^* dW_t := \sum_i Y_{t_{i-1}}^* \cdot \left(W_{t_i} - W_{t_{i-1}}\right)$$

bildet. Für Gl. (6.22) verwendet man auch die Differenzialschreibweise $dZ_t = Y_t dW_t$. Eine Einführung in die stochastische Differenzialrechnung mit finanzmathematischem Fokus geben zum Beispiel Korn [10] oder Franke et al. [4]. In Kap. 7 wird ausführlicher auf die stochastische Differenzialrechnung eingegangen. □

Abb. 6.2 veranschaulicht beispielhafte Pfade für den Wiener-Prozesses und die Prozesse aus den folgenden Beispielen. Der Vollständigkeit halber sei dabei erwähnt, dass unter sehr schwachen Bedingungen davon ausgegangen werden kann, dass die Pfade von Markov-Prozessen rechtsseitig stetig sind (vgl. z. B. [9], Abschn. 15.1 oder [1], Kap. VIII §39).

Beispiel 6.23 (Brownsche Bewegung mit Drift) Verallgemeinert man Beispiel 6.22 durch

$$q^{(s)}(x, B) := P(Z \in B - x) \text{ mit } Z \sim \mathcal{N}(\mu s, \sigma^2 s),$$

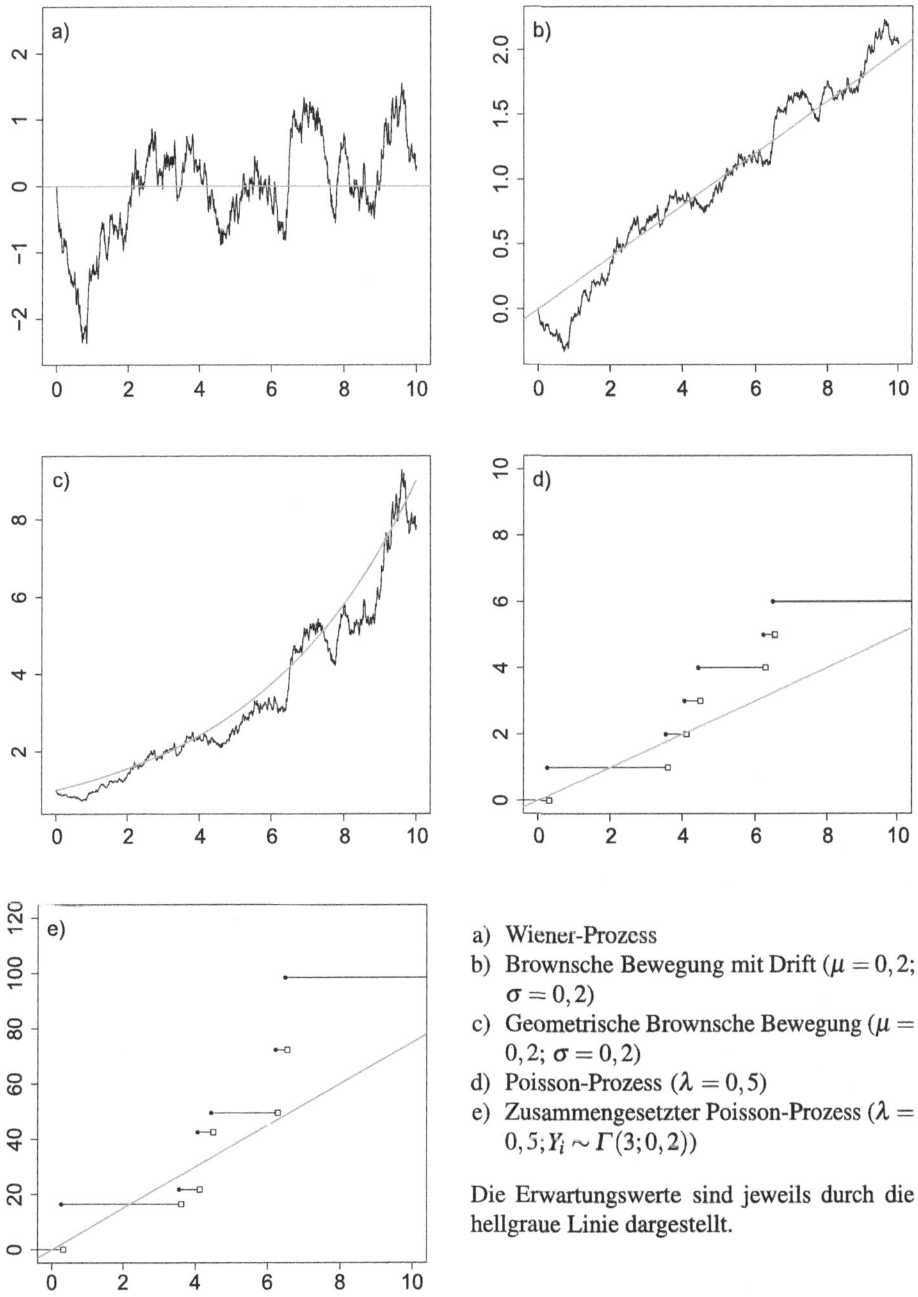

a) Wiener-Prozess
b) Brownsche Bewegung mit Drift ($\mu = 0,2$; $\sigma = 0,2$)
c) Geometrische Brownsche Bewegung ($\mu = 0,2$; $\sigma = 0,2$)
d) Poisson-Prozess ($\lambda = 0,5$)
e) Zusammengesetzter Poisson-Prozess ($\lambda = 0,5; Y_i \sim \Gamma(3; 0,2)$)

Die Erwartungswerte sind jeweils durch die hellgraue Linie dargestellt.

Abb. 6.2 Typische Pfade zu den Markov-Prozessen aus den Beispielen 6.22 bis 6.24

so erhält man die **Brownsche Bewegung B_t mit Drift μ und Volatilität σ**. Für sie gilt $B_t \sim \mathcal{N}(\mu t, \sigma^2 t)$. Die unabhängigen Zuwächse sind für $(t > s)$ gemäß $B_t - B_s \sim \mathcal{N}(\mu(t-s), \sigma^2(t-s))$ verteilt. Aus der Brownschen Bewegung mit Drift kann die **geometrische Brownsche Bewegung** $S_t := S_0 \cdot \exp(B_t)$ abgeleitet werden, welche das klassische Modell für Kursentwicklungen an Aktienmärkten darstellt, und auf dem die Black-Scholes-Markttheorie beruht (vgl. [4] oder [10]). □

Beispiel 6.24 (Poisson-Prozess) Durch $N_0 := 0$ und die aus der Poisson-Verteilung abgeleiteten Übergangswahrscheinlichkeiten

$$q^{(s)}(n, \{m\}) := P(Z = m - n) \text{ mit } Z \sim \mathcal{P}(\lambda s)$$

für $m \geq n \in \mathbb{N}_0$ wird nach Satz 6.20 ein homogener Markov-Prozess mit Werten in den natürlichen Zahlen definiert. Für $m < n$ setzt man dabei $q^{(s)}(n, \{m\}) := 0$. Der entstehende Prozess N_t wird als **Poisson-Prozess** mit Intensität $\lambda > 0$ bezeichnet. Dieser folgt zum Zeitpunkt $t > 0$ einer Poisson-Verteilung, $N_t \sim \mathcal{P}(\lambda t)$. Zugleich sind die Zuwächse des Prozesses nach Satz 6.21 unabhängig mit $N_t - N_s \sim \mathcal{P}(\lambda(t-s))$ für alle $t > s$. □

Der Poisson-Prozess mit Intensität $\lambda > 0$ kann, wie der folgende Satz zeigt, alternativ durch eine Familie von Zufallsvariablen N_t definiert werden, wobei N_t die Anzahl der im Zeitintervall $[0, t]$ aufgetretenen Ereignisse (z. B. Schadensereignisse) angibt, wenn die Zeitdauern zwischen Ereignissen unabhängig und $\mathcal{E}(\lambda)$-verteilt sind. Der Poisson-Prozess ist in diesem Sinn ein Zählprozess, der bei jedem Ereignis einen Zuwachs um 1 verzeichnet.

Satz 6.25 (Zwischenankunftszeiten im Poisson-Prozess) *$\{N_t\}_{t\geq 0}$ sei ein Poisson-Prozess mit Intensität $\lambda > 0$. Seien zudem $T_n := \inf\{t : N_t \geq n\}$ für $n = 1, 2, \ldots$ die „Sprungzeiten", zu denen der Poisson-Prozess einen Zuwachs („Sprung") verzeichnet, sowie $T_0 := 0$. Die Zeitdauern zwischen zwei Sprüngen* (**„Zwischenankunftszeiten"**) *seien definiert durch $Z_n := T_n - T_{n-1}$. Die Zwischenankunftszeiten $Z_1, Z_2, \ldots$ bilden dann eine Folge von unabhängigen $\mathcal{E}(\lambda)$-verteilten Zufallsvariablen.*

Beweis Seien $z_1, \ldots, z_{n-1}$ mögliche Zwischenankunftszeiten und $s_i := \sum_{j=1}^{i} z_j$ die zugehörigen Sprungzeiten. Dann gilt

$$\begin{aligned}
&P(Z_n > z | Z_{n-1} = z_{n-1}, \ldots, Z_1 = z_1) \\
&\overset{(A.4)}{=} \lim_{\Delta \to 0^+} P(N_{s_{n-1}+z} - N_{s_{n-1}} = 0 | N_{s_i} - N_{s_i - \Delta} = 1, N_{s_i - \Delta} - N_{s_{i-1}} = 0 \ \forall i \leq n-1) \\
&= \lim_{\Delta \to 0^+} P(N_{s_{n-1}+z} - N_{s_{n-1}} = 0) \\
&= \exp(-\lambda z),
\end{aligned}$$

wobei die vorletzte Gleichheit aus der Unabhängigkeit der Zuwächse und die letzte Gleichheit aufgrund der Poisson-Verteilung der Zuwächse folgt. Damit ist Z_n exponentialverteilt, denn

$$\begin{aligned} P(Z_n > z) &= \int P(Z_n > z | Z_{n-1} = z_{n-1}, \ldots, Z_1 = z_1) P_{(Z_{n-1},\ldots,Z_1)}(dz_{n-1}, \ldots, dz_1) \\ &= \exp(-\lambda z). \end{aligned}$$

Mit (A.5) folgt gleichzeitig, dass Z_n und der Zufallsvektor $(Z_{n-1}, \ldots, Z_1)$ unabhängig sind, d. h. für alle $B_i \subseteq \mathbb{R}$ gilt

$$P(Z_n \in B_n, Z_{n-1} \in B_{n-1}, \ldots, Z_1 \in B_1) = P(Z_n \in B_n) \cdot P(Z_{n-1} \in B_{n-1}, \ldots, Z_1 \in B_1).$$

Die Unabhängigkeit aller $Z_n, Z_{n-1}, \ldots, Z_1$ ergibt sich daraus durch Induktion. □

Bemerkung 6.26 (Gedächtnislosigkeit der Exponentialverteilung) Dass in einem Poisson-Prozess die Zwischenankunftszeiten einer Exponentialverteilung folgen, ist nicht überraschend. Intuitiv ist unmittelbar nachvollziehbar, dass sich die Gedächtnislosigkeit des Prozesses N_t in der Gedächtnislosigkeit der Zwischenankunftszeiten Z niederschlägt. Demnach hängt die Verteilung der weiteren Wartezeit bis zum nächsten Sprung nicht davon ab, wie lange man bereits auf den Sprung gewartet hat, mathematisch ausgedrückt

$$P(Z > s + t | Z > s) = P(Z > t).$$

Dies führt eindeutig auf die Exponentialverteilung mit $P(Z > t) = \exp(-\lambda t)$.

Aufbauend auf einem Poisson-Prozess N_t und einer Folge $Y_1, Y_2, \ldots$ von unabhängigen und identisch verteilten Zufallsvariablen kann der **zusammengesetzte Poisson-Prozess** durch

$$S_t := \sum_{i=1}^{N_t} Y_i$$

definiert werden. Dieser Prozess stellt im Rahmen des „kollektiven Modells" das Standardmodell der Schadenversicherungsmathematik dar. Auf die Eigenschaften des kollektiven Modells wird in Abschn. 6.4.2 vertiefend eingegangen.

Bemerkung 6.27 (Parameterschätzung in homogenen Markov-Prozessen) Bei den homogenen Markov-Prozessen aus den Beispielen 6.23 und 6.24 hängen die Übergangswahrscheinlichkeiten $q^{(s)}(x, B)$ von Parametern ab (z. B. μ, σ, λ), die man in der praktischen Anwendung aus Beobachtungsdaten schätzen muss. Sind die Übergangswahrscheinlichkeiten wie in den Beispielen translationsinvariant, kann man wegen Satz 6.21 aus den Zuwächsen $X_{\Delta t} - X_0, X_{2\Delta t} - X_{\Delta t}, X_{3\Delta t} - X_{2\Delta t}, \ldots$ über disjunkte Zeitintervalle der Länge Δt eine Folge von unabhängigen und identisch verteilten Beobachtungen aus der

Verteilung $q^{(\Delta t)}(0, \cdot)$ gewinnen. Auf Grundlage dieser Beobachtungen ist eine Maximum-Likelihood-Schätzung der unbekannten Parameter möglich. Im Poisson-Prozess (Beispiel 6.24) ist zudem über die Anpassung der unabhängigen Zwischenankunftszeiten an eine Exponentialverteilung (Satz 6.25) eine alternative Methode zur Schätzung der Intensität λ gegeben.

6.4.2 Das kollektive Modell der Risikotheorie

Im **kollektiven Modell** wird der kumulierte Gesamtschaden eines Versicherungsunternehmens bis zur Zeit t durch

$$S_t := \sum_{i=1}^{N_t} Y_i$$

beschrieben. N_t ist dabei eine $\mathbb{N}_0$-wertige Zufallsvariable, welche die kumulierte Schadenanzahl bis zur Zeit t modelliert. Die Y_i stellen unabhängige Einzelschadenhöhen dar, die einer gemeinsamen Schadenhöhenverteilung P_Y folgen und von N_t unabhängig sind. Hier und im Folgenden wird zur Abkürzung $Y := Y_1$ gesetzt.

Erwartungwert und Varianz von S_t sind gemäß (A.6) und (A.7)

$$E(S_t) = E\left(E\left[\,S_t|\,N_t\right]\right) = E\left(N_t \cdot E(Y)\right) = E(N_t) \cdot E(Y) \tag{6.23}$$

und

$$\begin{aligned} Var(S_t) &= E\left(Var\left[\,S_t|\,N_t\right]\right) + Var\left(E\left[\,S_t|\,N_t\right]\right) = E\left(N_t \cdot Var(Y)\right) + Var\left(N_t \cdot E(Y)\right) \\ &= E(N_t) \cdot Var(Y) + E(Y)^2 \cdot Var(N_t). \end{aligned} \tag{6.24}$$

Der wichtigste Spezialfall des kollektiven Modells ist der zusammengesetzte Poisson-Prozess, für den die Zeiten zwischen aufeinanderfolgenden Schäden unabhängig und $\mathcal{E}(\lambda)$-verteilt sind:

Definition 6.28 (Zusammengesetzter Poisson-Prozess) *S_t folgt einem* **zusammengesetzten Poisson-Prozess** *mit Intensität $\lambda > 0$ und Schadenhöhenverteilung P_Y, falls*

$$S_t := \sum_{i=1}^{N_t} Y_i \tag{6.25}$$

mit einem Poisson-Prozess N_t mit Intensität $\lambda > 0$ und unabhängigen Einzelschäden $Y_i \sim P_Y$, die auch von N_t unabhängig sind.

Bemerkung 6.29 (Verteilungsfreie Definition des Poisson-Prozesses) Die mit der Annahme eines zusammengesetzten Poisson-Prozesses einhergehende Annahme, dass die Schäden in einem Poisson-Prozess auftreten und somit exponentialverteilte Zwischenankunftszeiten aufweisen, mag auf den ersten Blick als eine sehr restriktive Einschränkung hinsichtlich der Verteilung für die Zwischenankunftszeiten erscheinen. Dies relativiert sich jedoch dahingehend, dass der Poisson-Prozess verteilungsfrei durch die Beziehungen

$$\begin{aligned}
&P(\text{kein Schaden im Zeitintervall } [t+dt, dt)) = 1 - \lambda dt + o(dt),\\
&P(\text{genau ein Schaden im Zeitintervall } [t, t+dt)) = \lambda dt + o(dt),\\
&P(\text{zwei oder mehr Schüden im Zeitintervall } [t, t+dt)) = o(dt)
\end{aligned}$$

charakterisiert werden kann (vgl. [1], §41 oder [15], Abschn. 9.3B). Der Poisson-Prozess ergibt sich somit natürlich in den Situationen, bei denen die Wahrscheinlichkeit, dass zwei Schäden zur „selben" Zeit auftreten, asymptotisch vernachlässigt werden kann.

Die sich im zusammengesetzten Poisson-Prozess ergebende Verteilung von S_t kürzen wir im Folgenden mit $PSV(\lambda t, P_Y)$ ab, wobei „PSV" für **Poissonsche Summenverteilung** steht. Der folgende Satz fasst die elementaren Eigenschaften der Poissonschen Summenverteilung zusammen.

Satz 6.30 (Eigenschaften der Poissonschen Summenverteilung) *Sei S_t eine Zufallsvariable, die der Poissonschen Summenverteilung $PSV(\lambda t, P_Y)$ folgt. Dann gilt:*

a) *Verteilungsfunktion:* $P(S_t \leq x) = \sum_{n=0}^{\infty} P(N_t = n) \cdot P_Y^{*n}(-\infty, x]$,
b) *Erwartungswert:* $E(S_t) = \lambda t \cdot E(Y)$,
c) *Varianz:* $Var(S_t) = \lambda t \cdot E(Y^2)$,
d) *Momentengenerierende Funktion:* $mgf_{S_t}(x) = \exp\big((mgf_Y(x) - 1) \cdot \lambda t\big)$.

Beweis Für a) beachtet man, dass

$$\begin{aligned}
P(S_t \leq x) &= E\left(E[1_{[S_t \leq x]} | N_t]\right)\\
&= \sum_{n=0}^{\infty} P(N_t = n) \cdot P\left(\sum_{i=0}^{n} Y_i \leq x\right) = \sum_{n=0}^{\infty} P(N_t = n) \cdot P_Y^{*n}(-\infty, x].
\end{aligned}$$

Dabei wird $P_Y^{*0} = \delta_0$ gesetzt, das Dirac-Maß mit Punktmasse 1 auf $\{0\}$. Die Punkte b) und c) folgen unmittelbar aus (6.23) und (6.24). Für d) berechnet man

$$\begin{aligned}
mgf_{S_t}(x) &= E\left(\exp(x \cdot S_t)\right) = E\left(E\left[\exp(x \cdot S_t)\,|N_t\right]\right)\\
&= E\left(\prod_{i=1}^{N_t} E\left(\exp(x \cdot Y_i)\right)\right) = E\left(mgf_Y(x)^{N_t}\right) = pgf_{N_t}(mgf_Y(x)),
\end{aligned}$$

worin man die wahrscheinlichkeitserzeugende Funktion (s. Abschn. A.2) der Schadenanzahl

$$pgf_{N_t}(x) = E\left(x^{N_t}\right) = \sum_{n=0}^{\infty} x^n \cdot P(N_t = n) = \sum_{n=0}^{\infty} x^n \cdot \frac{(\lambda t)^n}{n!} \exp(-\lambda t)$$
$$= \exp\left((x-1)\cdot\lambda t\right) \sum_{n=0}^{\infty} \frac{(\lambda t \cdot x)^n}{n!} \exp(-\lambda t \cdot x) = \exp\left((x-1)\cdot\lambda t\right)$$

einsetzt. □

Bemerkung 6.31 (Alternative Definition zusammengesetzter Poisson-Prozesse) Alternativ zur Definition 6.28 kann man den zusammengesetzten Poisson-Prozess auch als homogenen Markov-Prozess mit Übergangswahrscheinlichkeiten

$$q^{(t)}(x, B) := PSV\,(\lambda t, P_Y)\,(B - x) = \exp(-\lambda t) \cdot \sum_{n=0}^{\infty} \frac{(\lambda t)^n}{n!} \cdot P_Y^{*n}(B - x) \qquad (6.26)$$

definieren. Die als Voraussetzung für den Existenzsatz 6.20 nachzuweisende Faltungseigenschaft $q^{(s+t)} = q^{(s)} * q^{(t)}$ ist Konsequenz von Satz 6.30 d), denn es gilt $mgf_{S_{s+t}}(x) = mgf_{S_s}(x) \cdot mgf_{S_t}(x)$.

Die analytische Auswertung der Poissonschen Summenverteilung mit der in Satz 6.30 a) gegebenen Formel ist aufgrund der zahlreichen Faltungen sehr rechenintensiv. Aus diesem Grund bestehen diverse alternative Auswertungsverfahren, deren prominentester Vertreter die **Panjer-Rekursion** ist (vgl. z. B. [7], Kap. 3, oder [12], Abschn. 4.4.2). Mit zunehmenden IT- und Rechnerkapazitäten treten analytische Verfahren zunehmend zugunsten der Simulation der empirischen Verteilungsfunktion auf der Basis von (6.25) in den Hintergrund. Auf die Aspekte der analytischen Berechnung der Poissonschen Summenverteilung soll daher an dieser Stelle nicht weiter eingegangen werden.

Der zusammengesetzte Poisson-Prozess erfasst die für das Geschäftsmodell der Versicherung zentralen Eigenschaften des **Ausgleichs im Kollektiv** und des **Ausgleichs über die Zeit.** Wegen $N_t \sim \mathscr{P}(\lambda t)$ kann die Intensität des Prozesses $\lambda = E(N_t)/t$ als Schadenhäufigkeit im Kollektiv interpretiert werden. Für ein homogenes Kollektiv von n unabhängigen Versicherungsnehmern gilt insbesondere $\lambda = \lambda(n) \sim n$, so dass der Variationskoeffizient für $n \to \infty$ bzw. $t \to \infty$ gemäß

$$\frac{\sqrt{Var(S_t)}}{E(S_t)} = \frac{\sqrt{\lambda(n)t \cdot E(Y^2)}}{\lambda(n)t \cdot E(Y)} = \frac{1}{\sqrt{\lambda(n)t}} \cdot \frac{\sqrt{E(Y^2)}}{E(Y)} \sim \frac{1}{\sqrt{nt}}$$

gegen Null strebt.

Der zusammengesetzte Poisson-Prozess besitzt zudem die für die aktuarielle Anwendung angenehme Eigenschaft, dass die Kollektivbildung (=Überlagerung unabhängiger zusammengesetzter Poisson-Prozesse) und die Risikoteilung (=Ausdünnung eines zusammengesetzten Poisson-Prozesses) wieder auf einen zusammengesetzten Poisson-Prozess führt. Die Technik hierzu formuliert der folgende Satz aus Sicht der Poissonschen Summenverteilung.

Satz 6.32 (Überlagerung und Ausdünnung) *Seien für* $k = 1, \ldots, n$

$$S_t^{(k)} = \sum_{i=1}^{N_t^{(k)}} Y_i^{(k)}$$

unabhängige zusammengesetzte Poisson-Prozesse mit Intensitäten $\lambda^{(k)} > 0$ *und Schadenhöhenverteilungen* $P_{Y^{(k)}}$. *Dann gilt:*

a) *Der durch* **Überlagerung** *dieser Prozesse entstehende aggregierte Prozess*

$$\tilde{S}_t := \sum_{k=1}^{n} S_t^{(k)}$$

hat die Verteilung

$$\tilde{S}_t \sim PSV\left(\tilde{\lambda}t, \tilde{P}\right) \quad mit \ \tilde{\lambda} = \sum_{k=1}^{n} \lambda^{(k)} \quad und \ \tilde{P} = \sum_{k=1}^{n} \frac{\lambda^{(k)}}{\tilde{\lambda}} \cdot P_{Y^{(k)}}.$$

b) *Der durch* **Ausdünnung** *des k-ten Prozesses entstehende Prozess*

$$\bar{S}_t := \sum_{i=1}^{N_t} Y_i \cdot 1_{[Y_i > y]}$$

(wir verzichten auf den Index „(k)") hat die Verteilung

$$\bar{S}_t \sim PSV\left(\bar{\lambda}t, \bar{P}\right) \quad mit \ \bar{\lambda} = \lambda \cdot P(Y > y) \quad und \ \bar{P} = P_{Y|Y>y}.$$

Beweis Der Beweis identifiziert die Poissonschen Summenverteilungen anhand ihrer momentengenerierenden Funktion. Teil a) folgt mit Satz 6.30 d) aus

$$\begin{aligned} mgf_{\sum_{k=1}^{n} S_t^{(k)}}(x) &= \prod_{k=1}^{n} mgf_{S_t^{(k)}}(x) = \exp\left(\sum_{k=1}^{n} (mgf_{Y_1^{(k)}}(x) - 1) \cdot \lambda^{(k)} t\right) \\ &= \exp\left(\left(\sum_{k=1}^{n} \frac{\lambda^{(k)}}{\tilde{\lambda}} \cdot mgf_{Y_1^{(k)}}(x) - 1\right) \cdot \tilde{\lambda} t\right). \end{aligned}$$

Für Teil b) beachtet man, dass

$$\begin{aligned} mgf_{Y\cdot 1_{[Y>y]}}(x) &= E\left(\exp(xY \cdot 1_{[Y>y]})\right) = E\left(\exp(xY)\,|Y>y\right)\cdot P(Y>y) + 1\cdot P(Y\le y) \\ &= 1 + \left(mgf_{Y|Y>y}(x) - 1\right)\cdot P(Y>y). \end{aligned}$$

Eingesetzt in Satz 6.30 d) ergibt sich

$$mgf_{\tilde{S}_t}(x) = \exp\Big((mgf_{Y\cdot 1_{[Y>y]}}(x) - 1)\cdot \lambda t\Big) = \exp\left(\left(mgf_{Y|Y>y}(x) - 1\right)\cdot P(Y>y)\lambda t\right).$$

□

Die Ausdünnung eines zusammengesetzten Poisson-Prozesses tritt auf, wenn Schäden im Rahmen eines Rückversicherungsprogramms zwischen einem Erst- und einem Rückversicherer geteilt werden. Dies illustriert das folgende Beispiel.

Beispiel 6.33 (Risikoteilung durch Rückversicherung) Treten die Schäden bei einem Erstversicherungsunternehmen in einem zusammengesetzten Poisson-Prozess $S_t := \sum_{i=1}^{N_t} Y_i$ mit Intensität $\lambda > 0$ und Schadenhöhenverteilung P_Y auf, so teilen sich die Schäden unter einer Schadenexzedenten-Rückversicherung mit Selbstbehalt y gemäß

$$S_t^{EV} := \sum_{i=1}^{N_t} \min\{Y_i, y\} \sim PSV\left(\lambda t, P_{\min\{Y_i, y\}}\right)$$

und

$$S_t^{RV} := \sum_{i=1}^{N_t} (Y_i - y)\cdot 1_{[Y_i>y]} \sim PSV\left(\lambda t\cdot P(Y>y), P_{Y-y|Y>y}\right)$$

auf den Erstversicherer (EV) und den Rückversicherer (RV) auf, welche beide aus ihrer Sicht einen zusammengesetzten Poisson-Prozess beobachten. □

6.4.3 Ruinwahrscheinlichkeit in homogenen Markov-Prozessen

Sei X_t ein Markov-Prozess mit Startwert $X_0 = x$. Mit der Vorstellung, dass X_t das Vermögen eines Investors (Versicherungsunternehmen oder ähnliches) nach t Jahren ist, wenn anfänglich das Eigenkapital x vorhanden ist, sprechen wir von „Ruin“, falls $X_t < 0$ für ein $t \ge 0$. Ziel dieses Abschnittes ist die Berechnung der **Ruinwahrscheinlichkeit**

$$\psi(x) := P\left(\inf_{t\ge 0} X_t < 0 \middle| X_0 = x\right).$$

Zunächst wird der Prozess dazu in festen Zeitpunkten $i\cdot \Delta t (i = 0, 1, 2, \ldots)$ inspiziert. Die Ruinwahrscheinlichkeit zu den ersten n Zeitpunkten bezeichnen wir mit

$$\psi_{n,\Delta t}(x) = P\left(\exists i \in \{0, \ldots, n\} : X_{i \cdot \Delta t} < 0 | \, X_0 = x\right).$$

Wegen der Gedächtnislosigkeit des Prozesses bzw. der Chapman-Kolmogorov-Gleichung ergibt sich zunächst

$$\psi_{n,\Delta t}(x) = q^{(\Delta t)}\left(x, (-\infty, 0)\right) + \int_{[0,\infty)} \psi_{n-1,\Delta t}(y) q^{(\Delta t)}(x, dy), \tag{6.27}$$

denn ein Ruin in den ersten n Schritten kann im ersten Schritt auftreten, oder (je nach Wert des Prozesses nach dem ersten Schritt) in den folgenden $n-1$ Schritten. Wegen $\psi_{n-1,\Delta t}(y) = 1$ für $y < 0$ kann man die Summe in (6.27) durch

$$\psi_{n,\Delta t}(x) = \int \psi_{n-1,\Delta t}(y) q^{(\Delta t)}(x, dy) \tag{6.28}$$

zusammenfassen. Hier und im Folgenden wird, soweit nicht anders vermerkt, über die reellen Zahlen integriert. $\psi_{n,\Delta t}(x)$ konvergiert für $n \to \infty$ monoton wachsend gegen die Ruinwahrscheinlichkeit

$$\psi_{\infty,\Delta t}(x) := P\Big(\inf_{i=0,1,\ldots} X_{i \cdot \Delta t} < 0 \Big| X_0 = x\Big).$$

Aus (6.28) ergibt sich für $n \to \infty$ die Gleichung

$$\int \big(\psi_{\infty,\Delta t}(y) - \psi_{\infty,\Delta t}(x)\big)\, q^{(\Delta t)}(x, dy) = 0.$$

Hieraus folgt

$$\begin{aligned} &\int (\psi(y) - \psi(x))\, q^{(\Delta t)}(x, dy) \qquad (6.29)\\ &= \int \big(\psi(y) - \psi_{\infty,\Delta t}(y)\big)\, q^{(\Delta t)}(x, dy) + \int \big(\psi_{\infty,\Delta t}(x) - \psi(x)\big)\, q^{(\Delta t)}(x, dy). \end{aligned}$$

Unter der Annahme, dass X_t rechtsseitig stetige Pfade besitzt, konvergiert $\psi_{\infty,\Delta t}(x)$ für $\Delta t \to 0$ gegen $\psi(x)$. Im Folgenden wird davon ausgegangen, dass ψ stetig ist. Da ψ und $\psi_{\infty,\Delta t}$ monotone und beschränkte Funktionen sind, liegt sogar gleichmäßige Konvergenz vor (vgl. [11], Theorem 1.11). Somit konvergiert die rechte Seite von (6.29) für $\Delta t \to 0^+$ gegen Null, und die Ruinwahrscheinlichkeit $\psi(\cdot)$ lässt sich als Lösung der Gleichung

$$\lim_{\Delta t \to 0^+} \int (\psi(y) - \psi(x))\, q^{(\Delta t)}(x, dy) = 0 \tag{6.30}$$

bestimmen. In den folgenden Beispielen 6.34 und 6.36 wird es sich als zweckmäßig erweisen, anstelle von (6.30) die Gleichung

$$\lim_{\Delta t \to 0^+} \frac{1}{\Delta t} \int (\psi(y) - \psi(x))\, q^{(\Delta t)}(x, dy) = 0 \tag{6.31}$$

zu lösen, welche (6.30) impliziert. Wie diese Gleichung zur Berechnung der Ruinwahrscheinlichkeit herangezogen werden kann, illustrieren die folgenden Beispiele.

Beispiel 6.34 (Ruinwahrscheinlichkeit in Brownscher Bewegung mit Drift) Für die Brownsche Bewegung mit Drift μ und Volatilität σ ist $q^{(\Delta t)}(x, dy)$ die Verteilung der Zufallsvariablen $x + Y_{\Delta t}$ mit $Y_{\Delta t} \sim \mathcal{N}(\mu \cdot \Delta t, \sigma^2 \cdot \Delta t)$. Unter der Annahme, dass $\psi(x)$ unendlich oft differenzierbar ist, erhält man durch Taylorentwicklung

$$\frac{1}{\Delta t}\int (\psi(y) - \psi(x))q^{(\Delta t)}(x, dy)$$
$$= \sum_{k=1}^{\infty} \frac{\psi^{(k)}(x)}{k!} \cdot \frac{1}{\Delta t}\int (y-x)^k q^{(\Delta t)}(x, dy) = \sum_{k=1}^{\infty} \frac{\psi^{(k)}(x)}{k!} \cdot \frac{1}{\Delta t} E\left(Y_{\Delta t}^k\right).$$

Man kann nachrechnen, dass $\frac{1}{\Delta t}E\left(Y_{\Delta t}^1\right) = \mu$, $\lim\limits_{\Delta t \to 0^+} \frac{1}{\Delta t}E\left(Y_{\Delta t}^2\right) = \lim\limits_{\Delta t \to 0^+} \frac{1}{\Delta t}(\sigma^2 \cdot \Delta t + \mu^2 \Delta t^2) = \sigma^2$ sowie $\lim\limits_{\Delta t \to 0^+} \frac{1}{\Delta t}E\left(Y_{\Delta t}^k\right) = 0$ für $k > 2$. Die Grenzwertbeziehung (6.31) führt somit auf die Differenzialgleichung 2. Ordnung

$$0 = \mu \cdot \psi'(x) + \frac{\sigma^2}{2} \cdot \psi''(x), \tag{6.32}$$

welche für $\mu > 0$ unter den (strenggenommen zu beweisenden, aus Stetigkeitserwägungen aber intuitiven) Nebenbedingungen $\lim\limits_{x \to \infty} \psi(x) = 0$ und $\lim\limits_{x \to 0^+} \psi(x) = 1$ eindeutig durch

$$\psi(x) = \exp\left(-\frac{2\mu}{\sigma^2} \cdot x\right)$$

gelöst wird. Für $\mu \leq 0$ ergibt sich $\psi(x) = 1$. Eine alternative Herleitung für diese Ergebnisse findet sich in [14], Abschn. 10.5. □

Beispiel 6.35 (Mindestverzinsung eines Fondsinvestments) Eine Beitragstranche b in einer fondsgebundenen Lebensversicherung wird in einen Fonds investiert, dessen Wertentwicklung einer geometrischen Brownschen Bewegung $S_t = b \cdot \exp(B_t)$ folgt. Die zugrunde liegende Brownsche Bewegung B_t habe dabei die Drift μ, die Volatilität σ und den Startwert $B_0 = 0$. Abzüglich eines Kostenanteils α erwachse aus der Beitragstranche eine den Kunden gegenüber garantierte Verzinsungsverpflichtung in Höhe von $v(t) = b \cdot (1 - \alpha) \cdot \exp(rt)$ mit einem Zinssatz $r > 0$.

Die Wertentwicklung des Fonds bleibt hinter dem Verzinsungsanspruch zurück, falls $S_t < v(t)$ bzw. äquivalent $B_t - rt - \ln(1 - \alpha) < 0$. Die linke Seite dieser Ungleichung ist eine Brownsche Bewegung mit Drift $\mu - r$, Volatilität σ und Startwert $-\ln(1-\alpha) > 0$. Nach Beispiel 6.34 ergibt sich für $\mu > r$

$$P(S_t < v(t) \text{ für ein } t \geq 0) = \exp\left(\frac{2(\mu - r)}{\sigma^2} \cdot \ln(1-\alpha)\right) = (1-\alpha)^{2(\mu-r)/\sigma^2}.$$

Die Wahrscheinlichkeit, die geforderte Mindestverzinsung zu unterschreiten, kann somit durch die Auswahl eines Fonds mit entsprechend hoher Drift μ bzw. entsprechend geringer Volatilität σ auf ein vorgegebenes Maß begrenzt werden. □

Beispiel 6.36 (Ruinwahrscheinlichkeit in zusammengesetzten Poisson-Prozessen) Der kumulierte Gesamtschaden einer Sachversicherung folge einem zusammengesetzten Poisson-Prozess

$$S_t = \sum_{i=1}^{N_t} Y_i$$

mit Intensität $\lambda > 0$ und Einzelschäden $Y_i \geq 0$ mit Dichte f. Die Prämienrate pro Zeiteinheit betrage $p > 0$, so dass das Versicherungsunternehmen in einem Zeitintervall der Länge t die Prämie pt vereinnahmt. Das Versicherungsunternehmen verfüge zudem über das anfängliche Eigenkapital x. Zum Zeitpunkt t verfügt das Versicherungsunternehmen somit über eine **freie Reserve** in Höhe von

$$X_t = x + pt - S_t.$$

X_t ist ein Markov-Prozess mit Startwert x, und der Ruin tritt für das Versicherungsunternehmen ein, sobald $X_t < 0$.

Notwendige Bedingung für eine Ruinwahrscheinlichkeit $\psi(x) < 1$ ist $p > \lambda \cdot \mu$, wobei $\mu := E(Y_i)$ der Erwartungswert der Einzelschäden ist (vgl. z. B. [5], Abschn. 4.2).

Gl. (6.31) kann man auch für die Non-Ruinwahrscheinlichkeit $\phi(x) := 1 - \psi(x)$ formulieren:

$$\lim_{\Delta t \to 0^+} \frac{1}{\Delta t} \int (\phi(y) - \phi(x)) q^{(\Delta t)}(x, dy) = 0. \tag{6.33}$$

Da S_t einer Poissonschen Summenverteilung folgt, erhält man mit (6.26)

$$q^{(\Delta t)}(x, dy) = (1 - \lambda \cdot \Delta t + o(\Delta t)) \cdot \delta_{x+p\Delta t}(dy) + (\lambda \cdot \Delta t + o(\Delta t)) \cdot f(x + p\Delta t - y)dy,$$

worin $\delta_{x+p\Delta t}$ das Dirac-Maß mit Punktmasse 1 auf $x + p\Delta t$ ist. Für die linke Seite von (6.33) ergibt sich damit

$$\begin{aligned}
\lim_{\Delta t\to 0^+} &\left\{(1-\lambda\cdot\Delta t+o(\Delta t))\cdot p\cdot\frac{\phi(x+p\Delta t)-\phi(x)}{p\Delta t}\right.\\
&\left.+\left(\lambda+\frac{o(\Delta t)}{\Delta t}\right)\cdot\int(\phi(y)-\phi(x))f(x+p\Delta t-y)dy\right\}\\
&=p\cdot\phi'(x)+\lambda\cdot\int(\phi(y)-\phi(x))f(x-y)dy\\
&=p\cdot\phi'(x)+\lambda\cdot\int_0^x\phi(y)f(x-y)dy-\lambda\cdot\phi(x),
\end{aligned}$$

letzteres wegen $\int f(x-z)dz = 1$ und $f(x) = 0$ bzw. $\phi(y) = 0$ für $x, y < 0$. Die Non-Ruinwahrscheinlichkeit genügt somit für $x > 0$ der Integro-Differenzialgleichung

$$\phi'(x)=\frac{\lambda}{p}\cdot\phi(x)-\frac{\lambda}{p}\cdot\int_0^x\phi(y)f(x-y)dy \tag{6.34}$$

(für eine alternative Herleitung vgl. [6], Abschn. 1.1, oder [5], Abschn. 4.4). Definiert man auf Basis der Verteilungsfunktion F der Schadenhöhenverteilung die neue Verteilungsfunktion

$$H(x):=\frac{1}{\mu}\int_0^x(1-F(y))dy,$$

so kann die Lösung von (6.34) für $q := \lambda\mu/p < 1$ in der Form

$$\phi(x)=(1-q)\sum_{n=0}^{\infty}q^nH^{*n}(x) \tag{6.35}$$

dargestellt werden (**Formel von Beekman,** vgl. z. B. [3], Abschn. 6.2.6, [7], Kap. 8 und 10). H^{*n} bezeichnet darin die n-fache Faltung der Verteilungsfunktion H, wobei $H^{*0}(x) := 1_{[x\geq 0]}$.

Beweisskizze für (6.35)*.* Setzt man (6.35) in (6.34) ein, so wird deutlich, dass man die Behauptung auf

$$\mu\frac{d}{dx}H^{*n}(x)=H^{*(n-1)}(x)-\int_0^x H^{*(n-1)}(y)f(x-y)dy$$

zurückführen kann. Dies zeigt man durch Induktion mit dem folgenden Induktionsschluss: Nach Definition der Faltung und mit der Leibnitzregel für die Ableitung von Parameterintegralen ist

$$\begin{aligned}
\mu\frac{d}{dx}H^{*(n+1)}(x) &= \mu\frac{d}{dx}\int_0^x H^{*n}(x-y)H(y)dy \\
&= \mu H^{*n}(x-x)H(x) + \mu\int_0^x \frac{d}{dx}H^{*n}(x-y)H(y)dy \\
&= \mu\int_0^x \frac{d}{dx}H^{*n}(x-y)H(y)dy.
\end{aligned}$$

Mit der Induktionsannahme folgt

$$\begin{aligned}
&\frac{d}{dx}H^{*n}(x) \\
&= \int_0^x H^{*(n-1)}(x-y)H(y)dy - \int_0^x\int_0^{x-y} H^{*(n-1)}(z)f(x-y-z)H(y)dz\,dy.
\end{aligned}$$

Der erste Summand ist $H^{*n}(x)$. Für den zweiten Summanden substituiert man im inneren Integral $w := y + z$ und erhält mit der Regel von Fubini

$$\begin{aligned}
&-\int_0^x\int_y^x H^{*(n-1)}(w-y)f(x-w)H(y)dw\,dy \\
&= -\int_0^x\int_0^w H^{*(n-1)}(w-y)f(x-w)H(y)dy\,dw = -\int_0^x H^{*n}(w)f(x-w)dw,
\end{aligned}$$

was den Induktionsschluss beendet. □

Bemerkung 6.37 Praktische Auswertung von Ruinwahrscheinlichkeiten im zusammengesetzten Poisson-Prozess) Gl. (6.35) ist in der Regel schwierig analytisch auszuwerten. Eine Ausnahme bildet die Situation mit exponentiell verteilten Einzelschäden, bei der sich

$$\phi(x) = 1 - q \cdot \exp\left(-\frac{1-q}{\mu}x\right)$$

ergibt (vgl. [7], Kap. 10). Für allgemeine Schadenhöhenverteilungen kann man auf Simulationsverfahren zurückgreifen. Dazu wird ϕ gemäß (6.35) als Verteilungsfunktion einer **zusammengesetzten geometrischen Verteilung** interpretiert. Diese entsteht, wenn man zunächst N aus der geometrischen Verteilung $P(N = n) = (1 - q) \cdot q^n$ simuliert und anschließend die Summe aus N Simulationen von unabhängigen Zufallsvariablen mit Verteilungsfunktion H bildet. Mögliche Simulationsverfahren werden in Kap. 11 betrachtet. $\phi(x)$ kann dann aus der entstehenden empirischen Verteilungsfunktion geschätzt werden, ohne dass hierfür die Pfade des zu Grunde liegenden zusammengesetzten Poisson-Prozesses über einen unendlichen Zeithorizont ($t \to \infty$) simuliert werden müssen.

6.5 Weiterführende Themen: Stationäre Prozesse

In diesem Abschnitt wird zur Abrundung von Kap. 6 eine Zusammenfassung der wichtigsten Resultate für stationäre Prozesse gegeben. Stationäre Prozesse spielen in der Theorie der stochastischen Prozesse neben den Markov-Ketten eine wichtige Rolle. Dabei werden insbesondere die Vorhersage, Asymptotik und Parameterschätzung beleuchtet. Der Abschnitt ist auch als Ausgangspunkt für weiteres Literaturstudium zum Beispiel in Karlin und Taylor [8], Brockwell und Davis [2] und Franke et al. [4] gedacht.

Definition 6.38 (Stationärer Prozess) *Ein Prozess* $\{X_n\}_{n=0,1,\ldots}$ *heißt* **stationärer Prozess,** *wenn sich seine Verteilung im Zeitverlauf nicht ändert, das heißt wenn*

$$P_{(X_{n_0},X_{n_1},\ldots,X_{n_k})} = P_{(X_{n_0+h},X_{n_1+h},\ldots,X_{n_k+h})}$$

für alle $k, n_0 < n_1 < \ldots < n_k$ *und* $h \in \mathbb{N}_0$ *gilt.*

Hier und im Folgenden beschränken wir uns auf zeitdiskrete Prozesse (Zeitreihen). Entsprechende Definitionen und Sachverhalte gelten jedoch auch für Prozesse in stetiger Zeit. Beispiele für stationäre Prozesse sind Folgen von unabhängigen, identisch verteilten Zufallsvariablen, aber auch Markov-Ketten, deren Ausgangsverteilung der stationären Verteilung entspricht.

Stationäre Prozesse haben einen im Zeitverlauf konstanten Erwartungswert

$$\mu := E(X_n) = E(X_0) \tag{6.36}$$

für alle $n \in \mathbb{N}_0$. Die Abhängigkeitsstruktur innerhalb des Prozesses wird durch die ebenfalls nicht von der Zeit abhängige **Autokovarianzfunktion**

$$\gamma(h) := Cov(X_n, X_{n+h}) = Cov(X_0, X_h) \tag{6.37}$$

für $h \in \mathbb{N}_0$ beschrieben. Dabei wird vorausgesetzt, dass die beteiligten Momente existieren. Im Folgenden bezeichnen wir die sich aus den Autokovarianzen ergebende Matrix mit $\mathbf{V}_n := (\gamma(|i-j|))_{i,j=1,\ldots,n}$ und setzen $\boldsymbol{\gamma}_n := (\gamma(1), \ldots, \gamma(n))^\top$.

Einen Prozess, der nicht notwendigerweise stationär ist, für den aber (6.36) und (6.37) gelten, nennt man **schwach stationären Prozess.**

Beispiel 6.39 (Schwach stationäre Prozesse) Wichtige Beispiele für schwach stationäre Prozesse sind weißes Rauschen, Moving Average Prozesse und autoregressive Prozesse.

a) *Weißes Rauschen:* Einen Prozess $\{X_n\}_{n=0,1,\ldots}$ bezeichnet man als **weißes Rauschen,** wenn er den Erwartungswert $\mu = 0$ und die Autokovarianzfunktion $\gamma(0) = \sigma^2 > 0$ und $\gamma(h) = 0$ für $h > 0$ besitzt.
b) *Moving Average Prozesse:* Auf Basis eines weißen Rauschens ε_n ist ein **Moving Average Prozess** der Ordnung q ($MA(q)$-Prozess) durch

$$X_n := \beta_0 \varepsilon_n + \beta_1 \varepsilon_{n-1} + \ldots + \beta_q \varepsilon_{n-q}$$

mit reellen Koeffizienten $\beta_0, \ldots \beta_q$ definiert. In diesem Fall ergibt sich $E(X_n) = 0$ und die Autokovarianzfunktion $\gamma(h) = \sigma^2 \sum_{j=0}^{q-h} \beta_j \beta_{j+h}$ für $h = 0, \ldots, q$ und $\gamma(h) = 0$ für $h > q$.
c) *Autoregressive Prozesse:* Ein **autoregressiver Prozess** der Ordnung p ($AR(p)$-Prozess) löst die stochastische Rekursionsgleichung

$$X_n = \alpha_1 X_{n-1} + \ldots + \alpha_p X_{n-p} + \varepsilon_n \tag{6.38}$$

mit reellen Koeffizienten $\alpha_1, \ldots \alpha_p$ und weißem Rauschen ε_n mit Varianz σ^2. Falls die charakteristische Gleichung $1 - \alpha_1 z - \ldots - \alpha_p z^p = 0$ keine (ggf. komplexen) Lösungen mit $|z| \leq 1$ besitzt, existiert eine eindeutige schwach stationäre Lösung von (6.38), vgl. hierfür zum Beispiel [2], §3.1.
Für den $AR(p)$-Prozess gilt $E(X_n) = 0$. Aus den Parametern $\boldsymbol{\alpha} := (\alpha_1, \ldots \alpha_p)^\top$ und σ^2 kann man die ersten $p + 1$ Autokovarianzen $\gamma(0), \ldots, \gamma(p)$ aus den sogenannten **Yule-Walker-Gleichungen**

$$\mathbf{V}_p \boldsymbol{\alpha} = \boldsymbol{\gamma}_p$$

und

$$\sigma^2 + \boldsymbol{\gamma}_p^\top \boldsymbol{\alpha} = \gamma(0)$$

ermitteln (vgl. [2], §8.1). Für $h > p$ ergibt sich die Autokovarianzfunktion rekursiv aus

$$\gamma(h) = \alpha_1 \gamma(h-1) + \alpha_2 \gamma(h-2) + \ldots + \alpha_p \gamma(h-p).$$

Zur Herleitung der Yule-Walker-Gleichungen multipliziert man (6.38) mit X_{i-j} für $j = 0, \ldots, p$ und bildet Erwartungswerte. □

Im Folgenden wird auf die Vorhersage und die Parameterschätzung in schwach stationären Prozessen eingegangen.

Vorhersage in schwach stationären Prozessen Die Autokovarianzfunktion spielt eine zentrale Rolle bei der Vorhersage zukünftiger Realisierungen von schwach stationären Prozessen. Die beste lineare Vorhersage $\hat{X}_n$ von X_n ist lineare Funktion der Beobachtungen $X_0, \ldots, X_{n-1}$ und minimiert den mittleren quadratischen Vorhersagefehler $E\left((\hat{X}_n - X_n)^2\right)$. Sie ist durch

$$\hat{X}_n = (X_{n-1}, \ldots, X_0)\mathbf{V}_n^{-1}\boldsymbol{\gamma}_n$$

gegeben (vgl. [2], §5.1). In einem $AR(p)$-Prozess ergibt sich die beste lineare Vorhersage direkt aus Gl. (6.38).

Schätzung von Mittelwert und Autokovarianzfunktion Es ist bemerkenswert, dass es zur Parameterschätzung in schwach stationären Prozessen nicht notwendig ist, die Realisierungen des Prozesses für eine große Anzahl von Pfaden zu beobachten, sondern dass es in vielen Fällen ausreichend ist, *einen* Pfad über einen langen Zeitraum zu beobachten. Dieses besondere asymptotische Verhalten ist Inhalt sogenannter **Ergodensätze,** wie zum Beispiel des folgenden L_2-Ergodensatzes (vgl. [8], Kap. 5):

Satz 6.40 **(L_2-Ergodensatz)** *Sei* $\{X_n\}_{n=0,1,\ldots}$ *ein schwach stationärer Prozess mit* $\lim_{h\to\infty} \gamma(h) = 0$. *Dann konvergiert der zeitliche Mittelwert*

$$\overline{X}_n := \frac{1}{n}\sum_{i=0}^{n-1} X_i$$

im quadratischen Mittel gegen $\mu = E(X_0)$, *das heißt es gilt*

$$\lim_{n\to\infty} E\left((\overline{X}_n - \mu)^2\right) = 0.$$

Beweis Die Behauptung folgt aus $E(\overline{X}_n) = \mu$ und

$$Var(\overline{X}_n) = \frac{1}{n^2}\sum_{i,j=0}^{n-1} Cov(X_i, X_j) = \frac{1}{n}\gamma(0) + \frac{2}{n^2}\sum_{k=1}^{n-1}(n-k)\gamma(k). \tag{6.39}$$

Der erste Summand geht für $n \to \infty$ gegen Null. Sei nun $\varepsilon > 0$ beliebig klein und n_ε so groß, dass $|\gamma(k)| < \varepsilon$ für alle $k \geq n_\varepsilon$. Den letzten Summanden in (6.39) kann man dann als

$$\frac{2}{n}\sum_{k=1}^{n_\varepsilon - 1}\left(1 - \frac{k}{n}\right)\gamma(k) + \frac{2}{n}\sum_{k=n_\varepsilon}^{n-1}\left(1 - \frac{k}{n}\right)\gamma(k)$$

schreiben, wo der erste Summand für $n \to \infty$ gegen Null strebt und der zweite Summand betragsmäßig kleiner als 2ε ist. □

Angesichts des L_2-Ergodensatzes ist es naheliegend, den Mittelwert μ und die Autokovarianzfunktion $\gamma(h)$ eines schwach stationären Prozesses durch den zeitlichen Mittelwert

$$\hat{\mu}_n := \overline{X}_n = \frac{1}{n}\sum_{i=0}^{n-1} X_i$$

und die **empirische Autokovarianzfunktion**

$$\hat{\gamma}_n(h) := \frac{1}{n} \sum_{i=0}^{n-h-1} (X_i - \overline{X}_n)(X_{i+h} - \overline{X}_n)$$

zu schätzen. Aus Satz 6.40 folgt, dass $\hat{\mu}_n$ ein konsistenter Schätzer für μ ist, wenn $\lim_{h\to\infty} \gamma(h) = 0$. Damit $\hat{\gamma}_n(h)$ ein konsistenter Schätzer für $\gamma(k)$ ist, muss man Bedingungen an die höheren Momente des Prozesses stellen. Für Gaußsche Prozesse, d. h. Prozesse bei denen alle $(X_{n_1}, X_{n_2}, \ldots, X_{n_k})$ multivariat normalverteilt sind, ist $\lim_{h\to\infty} \gamma(h) = 0$ hinreichend auch für die Konsistenz von $\hat{\gamma}_n(h)$. Hierzu und zur asymptotischen Verteilung der Schätzer vergleiche man neben Karlin und Taylor [8], Kap. 5, auch Brockwell und Davis [2], Kap. 7.

Parameterschätzung für schwach stationäre Prozesse Mit einer Schätzung der Autokovarianzfunktion kann man die Parameter des zugrundeliegenden schwach stationären Prozesses mittels der Momentenmethode schätzen, indem man die Parameter so wählt, dass die geschätzte Autokovarianzfunktion repliziert wird. Für einen $AR(p)$-Prozess bedeutet dies zum Beispiel, dass man in den Yule-Walker-Gleichungen die Autokovarianzen $\gamma(h)$ durch die Schätzwerte $\hat{\gamma}_n(h)$ ersetzt und die sich ergebenden Gleichungen nach den gesuchten Parametern $\alpha_1, \ldots \alpha_p$ und σ^2 auflöst. Dies führt auf

$$\hat{\boldsymbol{\alpha}} := \hat{\mathbf{V}}_p^{-1} \boldsymbol{\gamma}_p$$

und

$$\hat{\sigma}^2 := \hat{\gamma}_n(0) - \hat{\boldsymbol{\gamma}}_p^\top \hat{\boldsymbol{\alpha}}.$$

Dabei ist $\hat{\boldsymbol{\gamma}}_p := (\hat{\gamma}_n(1), \ldots, \hat{\gamma}_n(p))^\top$. Die Matrix $\hat{\mathbf{V}}_p := (\hat{\gamma}_n(|i-j|))_{i,j=1,\ldots,p}$ ist invertierbar, falls $\hat{\gamma}_n(0) > 0$ (vgl. [2], §7.1).

Neben den $AR(p)$- und $MA(q)$-Prozessen existiert eine Vielzahl von weiteren Modellen, die in der Analyse von Zeitreihen zum Einsatz kommen. Diese betreffen unter Anderem eine Kombination von $AR(q)$- und $MA(q)$-Prozessen, sowie Prozesse, die eine stochastische Modellierung der Varianz ermöglichen. In diesem Zusammenhang sind insbesondere $ARCH(p)$-Modelle ($ARCH$ = autoregressive conditional heteroscadisticity) zu nennen, bei denen die bedingte Varianz $Var(X_i|X_{i-1}, X_{i-2}, \ldots)$ autoregressiv von den vergangenen Realisierungen von $X_{i-1}^2, \ldots, X_{i-p}^2$ abhängt. Einen sehr guten Überblick über diese und weitere Modellerweiterungen gibt zum Beispiel Franke et al. [4].

Literatur

1. Bauer, H.: Wahrscheinlichkeitstheorie (4. Aufl.). De Gruyter, New York (1991)
2. Brockwell, P., Davis, R.: Time Series: Theory and Methods (2. Aufl.). Springer, New York (1991)

3. Bühlmann, H.: Mathematical Methods in Risk Theory. Springer, Berlin (1970)
4. Franke, J., Härdle, W., Hafner, C.: Statistics of Financial Markets. Springer, Berlin (2015)
5. Gatto, R.: Stochastische Modelle der aktuariellen Risikotheorie. Springer, Berlin (2014)
6. Grandell, J.: Aspects of Risk Theory. Springer, Berlin (1991)
7. Hipp, C., Michel, R.: Risikotheorie: Stochastische Modelle und Statistische Methoden. Verlag Versicherungswirtschaft, Karlsruhe (1990)
8. Karlin, S., Taylor, H.M.: A First Course in Stochastic Processes (2. Aufl.). Academic Press, San Diego (1975)
9. Karlin, S., Taylor, H.M.: A Second Course in Stochastic Processes. Academic Press, San Diego (1981)
10. Korn, R., Korn, E.: Optionsbewertung und Portfolio-Optimierung. Vieweg, Braunschweig (1999)
11. Petrov, V.V.: Limit Theorems of Probability Theory. Clarendon Press, Oxford (1995)
12. Rolski, T., Schmidli, H., Schmidt, V., Teugels, J.: Stochastic Processes for Insurance and Finance. Wiley, Chichester (1999)
13. Ross, S.M.: Stochastic Processes (2. Aufl.). Wiley, New York (1996)
14. Ross, S.M.: Introduction to Probability Models (11. Aufl.). Academic Press, San Diego (2014)
15. Williams, D.: Weighing the Odds. Cambridge University Press, Cambridge (2001)

Stochastische Differenzialrechnung 7

Zusammenfassung

Die stochastische Differenzialrechnung und stochastische Differenzialgleichungen stellen das Fundament der Modellierung zeitabhängiger Prozesse insbesondere in der modernen Finanzmathematik dar. Pricing-Modelle für Finanzinstrumente und die Modellierung von Kapitalmärkten sind ohne stochastische Differenzialgleichungen kaum mehr denkbar. Vor diesem Hintergrund werden in diesem Kapitel in einer kompakten Weise die Grundlagen der stochastischen Differenzialrechnung dargestellt, beginnend mit dem Wiener-Prozess, der Definition des stochastischen Integrals nach Itô sowie seinen Rechenregeln, insbesondere der berühmten Itô-Formel. Darauf aufbauend werden stochastische Differenzialgleichungen betrachtet und verschiedene analytische Lösungsstrategien vorgestellt. Sind analytische Lösungsverfahren nicht möglich, so kann auf Simulationsmethoden zurückgegriffen werden, deren Darstellung das vorliegende Kapitel abrundet.

7.1 Der Wiener-Prozess

Der **Wiener-Prozess** $(W_t)_{t\geq 0}$ wurde bereits in Abschn. 6.4 eingeführt. Wir wollen nun in die tiefere Analyse eintreten, mit dem Ziel, die nötigen Grundlagen für die stochastische Differentialrechnung zu legen. Zunächst soll die Definition wiederholt werden:

Definition 7.1 (Wiener-Prozess) *Ein stochastischer Prozess $(W_t)_{t\geq 0}$ auf einem W-Raum (Ω, F, P) heißt Wiener-Prozess, falls er folgende Vorgaben erfüllt:*

(W1) $W_0 = 0$ P-fast sicher.
(W2) Der Prozess hat unabhängige und stationäre Zuwächse.
(W3) $W_t - W_s \sim \mathcal{N}(0, t-s)$ für alle $0 \leq s < t$.

T. Becker et al., *Stochastische Risikomodellierung und statistische Methoden*, Statistik und ihre Anwendungen, https://doi.org/10.1007/978-3-662-69532-6_7

(W4) Die Pfade des Prozesses sind P-fast sicher stetig.

Einige Bemerkungen sind angebracht:

- Die Existenz eines W-Raums und eines solchen darauf definierten Prozesses zu zeigen ist keine triviale Aufgabe. Erstmals gelang dies Norbert Wiener 1923. Man kann den Wiener-Prozess heuristisch als einen Grenzwert von Zufallsspaziergängen erhalten, was auch den historischen Ursprung des Prozesses widerspiegelt: Die ziellose Bewegung von mikroskopischen Teilchen in einer Suspension, wie sie der Botaniker Robert Brown unter dem Mikroskop beobachtete. Man verwendet daher auch den Namen **Brownsche Bewegung.**
- Wir benötigen zuweilen noch ein allgemeineres Existenzresultat: Es gibt auf Ω nicht nur einen, sondern beliebig viele Wiener-Prozesse, die stochastisch unabhängig voneinander sind.[1]

In Abb. 7.1 sind drei Pfade (d. h. die Graphen der Funktion $t \mapsto W_t(\omega)$ für drei verschiedene $\omega \in \Omega$) eines Wiener-Prozesses über dem Zeitbereich $0 \leq t \leq 1$ zu sehen. Es handelt sich natürlich um Approximationen, da der Pfad nur an endlich vielen Zeitpunkten ausgewertet und geplottet werden kann.

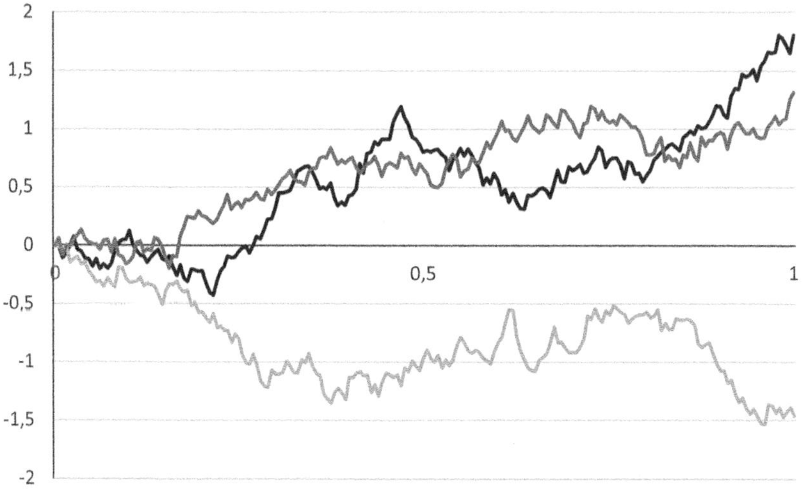

Abb. 7.1 Drei Pfade der Brownschem Bewegung

[1] Zwei stochstische Prozesse (X_t) und (Y_t) heißen stochastisch unabhängig, falls für jede Wahl von Zeitpunkten $t_1, \ldots, t_n$ und $s_1, \ldots, s_m$ die Zufallsvektoren $(X_{t_1}, \ldots, X_{t_n})^\top$ und $(Y_{s_1}, \ldots, Y_{s_m})^\top$ stochastisch unabhängig sind.

Wir listen erste Eigenschaften eines Wiener-Prozesses auf:

a) (W_t) ist ein homogener Markov-Prozess. Die Gedächtnislosigkeit ist einfach zu zeigen: Wir wählen eine Folge von Zeitpunkten $0 < t_1 < t_2 < \ldots$ und betrachten die Kette $\{W_{t_k} : k = 1, 2, \ldots\}$. Da $W_{t_n} - W_{t_{n-1}}$ wegen Eigenschaft (W2) unabhängig ist von allen $W_{t_k} - W_{t_{k-1}}, k = 1, \ldots, n-1$, ist für eine Borelmenge $B \subseteq \mathbb{R}$

$$P(W_{t_n} \in B \mid W_{t_{n-1}} = x_{n-1}, \ldots, W_{t_1} = x_1)$$

auch nur abhängig von x_{n-1}.

b) Für $t > 0$ gilt $W_t \sim N(0, t)$. Das folgt sofort aus den Bedingungen (W1) und (W3), wonach $W_t = W_t - W_0 \sim \mathcal{N}(0, t - 0)$.

c) Die Pfade sind P-fast sicher nirgendwo differenzierbare Funktionen. Dies suggerieren auch die drei Beispielpfade aus der obigen Abbildung.

d) Sind $0 < t_1 < \ldots < t_n$ ausgewählte Zeitpunkte, dann ist der Zufallsvektor

$$(W_{t_1}, \ldots, W_{t_n})^\top \sim \mathcal{N}_n(\mathbf{0}, \mathbf{\Sigma})$$

n-variat normalverteilt mit $\mathbf{\Sigma}_{ij} = Cov(W_{t_i}, W_{t_j}) = \min\{t_i, t_j\}$. Wir wollen dies für den einfachsten Fall $n = 2$ und $0 < t_1 < t_2$ herleiten: Da $W_{t_2} - W_{t_1}$ und W_{t_1} $(= W_{t_1} - W_0)$ unabhängige Normalverteilungen sind, gilt nach (W2) und (W3)

$$\begin{pmatrix} W_{t_2} - W_{t_1} \\ W_{t_1} \end{pmatrix} \sim \mathcal{N}_2\left(\begin{pmatrix} 0 \\ 0 \end{pmatrix}, \begin{pmatrix} t_2 - t_1 & 0 \\ 0 & t_1 \end{pmatrix}\right)$$

Da

$$\begin{pmatrix} W_{t_2} \\ W_{t_1} \end{pmatrix} = \begin{pmatrix} 1 & 1 \\ 0 & 1 \end{pmatrix} \cdot \begin{pmatrix} W_{t_2} - W_{t_1} \\ W_{t_1} \end{pmatrix}$$

kann folgender Sachverhalt aus Abschn. A.3.9 (mit $B = \left(\begin{smallmatrix} 1 & 1 \\ 0 & 1 \end{smallmatrix}\right)$) angewendet werden:

$$\begin{aligned} \begin{pmatrix} W_{t_2} \\ W_{t_1} \end{pmatrix} &\sim \mathcal{N}_2\left(\begin{pmatrix} 1 & 1 \\ 0 & 1 \end{pmatrix} \cdot \begin{pmatrix} 0 \\ 0 \end{pmatrix}, \begin{pmatrix} 1 & 1 \\ 0 & 1 \end{pmatrix} \cdot \begin{pmatrix} t_2 - t_1 & 0 \\ 0 & t_1 \end{pmatrix} \cdot \begin{pmatrix} 1 & 0 \\ 1 & 1 \end{pmatrix}\right) \\ &= \mathcal{N}_2\left(\begin{pmatrix} 0 \\ 0 \end{pmatrix}, \begin{pmatrix} t_2 & t_1 \\ t_1 & t_1 \end{pmatrix}\right) \end{aligned}$$

Daraus folgt insbesondere $Cov(W_{t_1}, W_{t_2}) = t_1 = \min\{t_1, t_2\}$.

In Bezug auf die letzte Eigenschaft soll bemerkt werden, dass diese Verteilungseigenschaft auch charakteristisch ist für den Wiener-Prozess. Tatsächlich findet man in einigen Quellen die folgende äquivalente Definition von $(W_t)_{t \geq 0}$:

Definition 7.2 *Ein stochastischer Prozess $(W_t)_{t \geq 0}$ auf einem W-Raum (Ω, F, P) heißt Wiener-Prozess, falls er folgende Vorgaben erfüllt:*

(W1) $W_0 = 0$ *P-fast sicher.*
(W4) Die Pfade des Prozesses sind P-fast sicher stetig.
(W5) Für alle $0 < t_1 < \ldots < t_n$ *ist der Zufallsvektor*

$$(W_{t_1}, \ldots, W_{t_n})^\top \sim \mathcal{N}_n(0, \Sigma)$$

n-variat normalverteilt mit $\Sigma_{ij} = \min\{t_i, t_j\}$.

Das große Ziel für die folgenden Abschnitte ist die Einführung eines Integrals der Form $\int_a^b X_t\, dW_t$ für stochastische Prozesse (X_t) mit gewissen Regularitätsbedingungen. Ein dafür wichtiger Begriff ist die **Variation** des Wiener-Prozesses. Dazu fixieren wir ein Intervall $[a, b] \subseteq [0, \infty)$. Durch die $n+1$ Punkte $a, a + \Delta t, a + 2\Delta t, \ldots, b$ mit $\Delta t := \frac{b-a}{n}$ zerlegen wir $[a, b]$ in n Teilintervalle. Mit

$$\Delta W_t := W_{t+\Delta t} - W_t$$

sei die Differenz des Wiener-Prozesses in zwei Zeitpunkten mit Abstand Δt bezeichnet. Man beachte, dass ΔW_t eine Zufallsvariable auf (Ω, F, P) ist; wird ein $\omega \in \Omega$ ausgewählt, dann ist $t \mapsto \Delta W_t(\omega)$ eine reelle Funktion.

Für $p > 0$ betrachten wir die Zufallsvariable

$$V_{\Delta t}^p := \sum_{k=0}^{n-1} |\Delta W_{a+k\Delta t}|^p$$

mit zugehörigen pfadweisen Werten

$$V_{\Delta t}^p(\omega) = \sum_{k=0}^{n-1} |\Delta W_{a+k\Delta t}(\omega)|^p.$$

Wir interessieren uns für das Verhalten dieser Größen bei $\Delta t \to 0$ (und damit $n \to \infty$). Man nennt diesen Grenzwert – falls er existiert – die ***p*-Variation auf [*a*, *b*]**. Entscheidend ist, in welchem Sinne der Grenzwert ausgeführt wird. Die folgenden Resultate sind für die Entwicklung des Itô-Integrals von Bedeutung.

Der erste Satz betrifft die pfadweise p-Variation des Wiener-Prozesses. Für festes $\omega \in \Omega$ ist $V_{\Delta t}^p(\omega)$ eine reelle Zahl und der Grenzübergang $\Delta t \to 0$ von rein analytischer Natur:

Satz 7.3 (Endliche pfadweise *p*-Variation) *Es gilt für P-fast alle* $\omega \in \Omega$

$$\lim_{\Delta t \to 0} V_{\Delta t}^p(\omega) < \infty$$

genau dann, wenn $p > 2$.

Für einen Beweis siehe [9]. Diese Aussage hat Konsequenzen bei der Suche nach einem Integralbegriff für stochastische Prozesse; sie zeigt, dass das sog. Stieltjes-Integral kein geeigneter Kandidat ist. Das Stieltjes-Integral, bei dem eine Funktion f gegen eine weitere Funktion g integriert wird, ist definiert als

$$\int_a^b f(x)\,dg(x) := \lim_{\Delta t\to 0} \sum_{k=0}^{n-1} f(a+k\Delta t)\cdot (g(a+(k+1)\Delta t) - g(a+k\Delta t)).$$

Das Riemann-Integral erhält man als Spezialfall für $g(x) = x$. Ein zentrales Resultat dieser Integrationstheorie ist ([2], Kap. 92):

Satz 7.4 (Existenz des Stieltjes-Integrals) *Das Stieltjes-Integral $\int_a^b f(x)\,dg(x)$ existiert für alle auf $[a, b]$ stetigen Funktionen f, falls*

$$\lim_{\Delta t\to 0} \sum_{k=0}^{n} |g(a+(k+1)\Delta t) - g(a+k\Delta t)| < \infty.$$

Im Sinne der Definition der p-Variation (die oben speziell für den Wiener-Prozess gegeben wurde, aber allgemein für jede reellwertige Funktion sinnvoll ist) ist das Stieltjes-Integral ein genügend reichhaltiger Integralbegriff, falls g von beschränkter p-Variation mit $p = 1$ ist. Da nun die Pfade des Wiener-Prozesses – also die Funktionen $t \mapsto W_t(\omega)$ – keine endliche 1-Variation besitzen, kann man auf diese Weise kein Integral der Form $\int_a^b f(t)\,dW_t(\omega)$ für alle stetigen Funktionen f und (fast) alle $\omega \in \Omega$ definieren, insbesondere existiert $\int_a^b X_t(\omega)\,dW_t(\omega)$ für Prozesse (X_t) mit stetigen Pfaden nicht zwangsläufig. Eine pfadweise Definition von $\int_a^b X_t\,dW_t$ ist somit nicht möglich.

Das negative Ergebnis, das eben formuliert wurde, impliziert, dass ein anderer Zugang zu einem geeigneten Integralbegriff zu suchen ist. Der folgende Satz bereitet dazu den Weg und betrifft die Konvergenz im quadratischen Mittel:

Satz 7.5 (Quadratische Variation des Wiener-Prozesses) *Für jedes Intervall $[a, b]$ gilt*

$$\lim_{\Delta t\to 0} E\left(V_{\Delta t}^2 - (b-a)\right)^2 = 0.$$

Mit anderen Worten: Die 2-Variation im quadratischen Mittel des Wiener-Prozesses über $[a, b]$ entspricht der Intervalllänge $b - a$.

Beweis Zunächst beachte man, dass

$$\sum_{t=a,a+\Delta t,\ldots,b} (\Delta W_t)^2 = \frac{\Delta t}{b-a} \sum_{t=a,a+\Delta t,\ldots,b} \left(\frac{W_{t+\Delta t} - W_t}{\sqrt{\Delta t}}\right)^2 (b-a). \tag{7.1}$$

Darin sind die $\left(\frac{W_{t+\Delta t}-W_t}{\sqrt{\Delta t}}\right)^2$ unabhängige und identisch χ_1^2-verteilte Zufallsvariablen mit Erwartungswert 1 und Varianz 2. Daraus folgt

$$E\left(\frac{\Delta t}{b-a}\sum_{t=a,a+\Delta t,\ldots,b}\left(\frac{W_{t+\Delta t}-W_t}{\sqrt{\Delta t}}\right)^2\right)=1$$

und

$$Var\left(\frac{\Delta t}{b-a}\sum_{t=a,a+\Delta t,\ldots,b}\left(\frac{W_{t+\Delta t}-W_t}{\sqrt{\Delta t}}\right)^2\right)=\frac{2\Delta t}{b-a}\to 0,$$

und aus (7.1) ergibt sich für $\Delta t \to 0$

$$\sum_{t=a,a+\Delta t,\ldots,b}(\Delta W_t)^2 \to 1\cdot(b-a)=b-a$$

im L^2-Limes. □

7.2 Itô-Prozesse und das Itô-Integral

Ziel der stochastischen Differenzialrechnung ist es, die Inkremente dX_t eines stochastischen Prozesses X_t während einer infinitesimalen Zeitdauer dt auf eine zeitliche Drift D_t und eine Volatilitätskomponente V_t zurückzuführen, welche auf den Inkrementen dW_t eines Wienerprozesses basiert. Intuitiv schreibt man dafür

$$dX_t = D_t dt + V_t dW_t. \tag{7.2}$$

Der erste Summand $D_t dt$ beschreibt dabei einen „Trend", welcher proportional zu dt ist, der zweite Summand eine „Störung", welche proportional zu $dW_t = W_{t+dt} - W_t$ ist.

Darin sind D_t und V_t stochastische Prozesse, welche gewissen technischen Regularitätsbedingungen genügen. Im Einzelnen wird gefordert, dass

- die Prozesse D_t und V_t progressiv messbar sind. Ein Prozess V_t heißt dabei **progressiv messbar,** wenn für jedes $t \geq 0$ die Abbildung

$$[0,t]\times\Omega \to \mathbb{R} : (s,\omega) \to V_s(\omega)$$

  $\mathscr{B}([0,t]) \times \sigma(W_s : s \leq t) - \mathscr{B}(\mathbb{R})$ messbar ist. $\mathscr{B}([0,t])$ bzw. $\mathscr{B}(\mathbb{R})$ bezeichnet dabei die Borelmengen auf $[0,t]$ bzw. $\mathbb{R}$ und $\sigma(W_s : s \leq t)$ die von allen W_s mit $s \leq t$ erzeugte Sigma-Algebra.

- die **stochastische Integrale** von $|D_t|$ und V_t^2 endlichen Erwartungswert haben, das heißt $E\left(\int_0^t |D_s|ds\right) < \infty$ und $E\left(\int_0^t V_s^2 ds\right) < \infty$. Wie diese Integrale definiert sind, wird im weiteren Verlauf dieses Abschnittes erläutert.

Zunächst soll die Eigenschaft der progressiven Messbarkeit vertieft werden.

Bemerkung 7.6 (Progressive Messbarkeit) Die Eigenschaft der progressiven Messbarkeit eines Prozesses V_t besagt, dass die Information, die V_t trägt, nicht über die in den W_s für $s \leq t$ enthaltenen Informationen hinausgeht. Das hat wichtige Konsequenzen für die Abhängigkeiten der involvierten stochastischen Prozesse (siehe [3], Abschn. 3.2). Insbesondere sind dann V_{t_1} und künftige Zuwächse $W_{t_2} - W_{t_1}$ des Wiener-Prozesses ($t_2 > t_1$) unabhängig, denn

$$\begin{aligned} P\left(V_{t_1} \in A, W_{t_2} - W_{t_1} \in B\right) &= E\left(1_A(V_{t_1}) \cdot 1_B(W_{t_2} - W_{t_1})\right) \\ &= E\left(E\left[1_A(V_{t_1}) \cdot 1_B(W_{t_2} - W_{t_1}) \mid W_s : s \leq t_1\right]\right) \\ &= E\left(1_A(V_{t_1}) \cdot E\left[1_B(W_{t_2} - W_{t_1}) \mid W_s : s \leq t_1\right]\right) \\ &= E\left(1_A(V_{t_1}) \cdot E\left(1_B(W_{t_2} - W_{t_1})\right)\right) \\ &= P\left(V_{t_1} \in A\right) \cdot P\left(W_{t_2} - W_{t_1} \in B\right). \end{aligned} \tag{7.3}$$

Die dritte Gleichheit nutzt dabei die progressive Messbarkeit, die vierte Gleichheit die Unabhängigkeit der Zuwächse des Wiener-Prozesses. Aus der Unabhängigkeitseigenschaft (7.3) ergeben sich für die Zufallsvariablen $V_{t_1}(W_{t_2} - W_{t_1})$, welche bei der Bildung der stochastischen Integrale eine wichtige Rolle spielen werden, dass

$$E\left(V_{t_1}(W_{t_2} - W_{t_1})\right) = E\left(V_{t_1}\right) \cdot E\left(W_{t_2} - W_{t_1}\right) = 0 \tag{7.4}$$

und

$$\begin{aligned} Var\left(V_{t_1}(W_{t_2} - W_{t_1})\right) &= E\left((V_{t_1}(W_{t_2} - W_{t_1}))^2\right) \\ &= E\left(V_{t_1}^2\right) \cdot E\left((W_{t_2} - W_{t_1})^2\right) = E\left(V_{t_1}^2\right) \Delta t. \end{aligned} \tag{7.5}$$

Dabei verwendet man $E\left(W_{t_2} - W_{t_1}\right) = 0$ und $Var\left(W_{t_2} - W_{t_1}\right) = \Delta t$. Zudem sind für $t_1 < t_2 \leq t_3 < t_4$ die Zufallsvariablen $V_{t_1}(W_{t_2} - W_{t_1})$ und $V_{t_3}(W_{t_4} - W_{t_3})$ unkorreliert wegen

$$
\begin{aligned}
&Cov\left(V_{t_1}(W_{t_2}-W_{t_1}), V_{t_3}(W_{t_4}-W_{t_3})\right)\\
&= E\left(V_{t_1}(W_{t_2}-W_{t_1})\cdot V_{t_3}(W_{t_4}-W_{t_3})\right)\\
&= E\left(E\left[(V_{t_1}(W_{t_2}-W_{t_1}))\cdot(V_{t_3}(W_{t_4}-W_{t_3})) \mid W_s : s \le t_3\right]\right)\\
&= E\left((V_{t_1}(W_{t_2}-W_{t_1}))\cdot V_{t_3}\cdot E\left[W_{t_4}-W_{t_3} \mid W_s : s \le t_3\right]\right)\\
&= E\left((V_{t_1}(W_{t_2}-W_{t_1}))\cdot V_{t_3}\cdot E\left(W_{t_4}-W_{t_3}\right)\right)\\
&= 0,
\end{aligned}
\tag{7.6}
$$

was die Bemerkung zur progressiven Messbarkeit beendet.

Die Schreibweise (7.2) ist intuitiv motiviert und bedarf dementsprechend einer korrekten Interpretation. Dabei ist zu beachten, dass es nicht statthaft ist, (7.2) als pfadweise Ableitung zu verstehen, denn die Ableitungen $dW_t(\omega)/dt$ der Pfade des Wiener-Prozesses existieren gemäß Abschn. 7.1 fast sicher nicht. Stattdessen begreift die stochastische Differenzialrechnung die Gl. (7.2) als formale Notation für die auf stochastischen Integralen beruhende Darstellung

$$X_t = X_0 + \int_0^t D_s ds + \int_0^t V_s dW_s. \tag{7.7}$$

Die darin auftretenden Integrale sind Zufallsvariablen, die wie im Folgenden ausgeführt definiert sind. Wie in der klassischen Integralrechnung wird dabei das Intervall $[0, t]$ in Partitionen $0 = s_0^{(n)} < s_1^{(n)} < \ldots < s_n^{(n)} = t$ unterteilt, die mit wachsendem n immer feiner werden. Der Übersichtlichkeit halber schreiben wir im Folgenden s_i statt $s_i^{(n)}$.

a) **Integrale bezüglich ds:**

Aufgrund der Regularitätsbedingungen ist die Funktion $t \to D_t(\omega)$ für festes ω messbar. Dann kann das Integral $\int_0^t D_s ds$ durch pfadweise Integration im Lebesgue-Stieltjes-Sinn durch

$$\int_0^t D_s ds(\omega) := \lim_{n\to\infty} \sum_{i=1}^{n} D_{s_{i-1}}(\omega)(s_i - s_{i-1})$$

definiert werden. Entsprechend ist $\int_0^t V_s^2 ds$ definiert.

b) **Integrale bezüglich dW_s:**

Das Integral $\int_0^t V_s dW_s$ bezeichnet man als **Itô-Integral**. Zu dessen Definition geht man wie folgt vor. Im ersten Schritt approximiert man V_s im L^2-Sinn durch stückweise konstante Prozesse $V_s^{(n)} := \sum_{i=1}^n V_{s_{i-1}}^{(n)} 1_{(s_{i-1}, s_i]}(s)$ in dem Sinn, dass

$$\|V_s - V_s^{(n)}\| := E\left(\int_0^t \left(V_s - V_s^{(n)}\right)^2 ds\right) \to 0 \tag{7.8}$$

für $n \to \infty$. Im zweiten Schritt definiert man das Integral $\int_0^t V_s dW_s$ als den L^2-Grenzwert des für die stückweise konstanten Prozesse definierten Integrals

$$\int_0^t V_s^{(n)} dW_s := \sum_{i=1}^{n} V_{s_{i-1}}^{(n)} (W_{s_i} - W_{s_{i-1}}) \tag{7.9}$$

für $n \to \infty$. Für den Fall, dass V_s fast sicher stetige Pfade hat, kann man $V_{s_{i-1}}^{(n)} := V_{s_{i-1}}$ wählen, und erhält

$$\int_0^t V_s dW_s = L^2 - \lim_{n\to\infty} \sum_{i=1}^{n} V_{s_{i-1}} (W_{s_i} - W_{s_{i-1}}). \tag{7.10}$$

Die Definition des Itô-Integrals weist einige Besonderheiten auf, die in der folgenden Bemerkung näher beleuchtet werden sollen.

Bemerkung 7.7 (Besonderheiten der Definition des Itô-Integrals) Für die theoretisch fundierte Konstruktion des Itô-Integrals ist es von essenzieller Bedeutung, den Prozess V_t am linken Ende des Partitionsintervalls auszuwerten, da $V_{s_{i-1}}$ und $W_{s_i} - W_{s_{i-1}}$ dann gemäß (7.3) unabhängig sind. Die Besonderheit des Itô-Integrals ist zudem, dass es als L^2-Grenzwert definiert ist. Es entzieht sich der fast sicheren Konvergenz, weil die Pfade des Wiener-Prozesses fast sicher von unbeschränkter Variation sind, das heißt

$$\sum_{i=1}^{n} |W_{s_i} - W_{s_{i-1}}| \to \infty$$

fast sicher (vgl. z. B. [1], Korollar 47.7). Selbst für die L^2-Konvergenz von (7.9) ist eine mehrschrittige Argumentation erforderlich. Zunächst beachte man dabei, dass $V_s^{(n)}$ wegen (7.8) Cauchy-Folge in der Norm $\|\cdot\|$ ist. Aufgrund der sogenannten Itô-Isometrie

$$E\left(\int_0^t V_s dW_s\right)^2 = E\left(\int_0^t V_s^2 ds\right),$$

siehe (7.11) weiter hinten, gilt

$$E\left(\int_0^t V_s^{(m)} dW_s - \int_0^t V_s^{(n)} dW_s\right)^2 = E\left(\int_0^t (V_s^{(m)} - V_s^{(n)})^2 ds\right) \to 0$$

für $n, m \to \infty$. Somit ist $\int_0^t V_s^{(n)} dW_s$ Cauchy-Folge in L^2 und als solche konvergent.

Man beachte, dass die Integrale in a) und b) selbst Zufallsvariablen darstellen. Deren Momente kann man aus der Definition des Integrals herleiten. Für den speziellen Fall, dass $E(\sup_{0\le s\le t}|D_s|) < \infty$ gilt, erhält man für den Erwartungswert des Integrals in a) unmittelbar

$$E\left(\int_0^t D_s ds\right) = E\left(\lim_{n\to\infty}\sum_{i=1}^n D_{s_{i-1}}(s_i - s_{i-1})\right)$$
$$= \lim_{n\to\infty}\sum_{i=1}^n E\left(D_{s_{i-1}}\right)(s_i - s_{i-1}) = \int_0^t E(D_s)ds,$$

denn Erwartungswert- und Grenzwertbildung sind dann nach dem Satz von der dominierten Konvergenz vertauschbar. Für Erwartungswert und Varianz des Itô-Integrals in b) gilt der folgende Satz.

Satz 7.8 (Erwartungswert und Varianz des Itô-Integrals) *Für das oben definierte Itô-Integral gilt*

$$E\left(\int_0^t V_s dW_S\right) = 0$$

und die **Itô-Isometrie**

$$Var\left(\int_0^t V_s dW_S\right) = E\left(\int_0^t V_s^2 ds\right). \tag{7.11}$$

Beweis Ein allgemeiner Beweis der Itô-Isometrie findet sich zum Beispiel in [4], Kapitel II, Satz 32. Wir beschränken uns auf den Fall, dass V_s fast sicher stetige Pfade hat mit $E\left(\sup_{0\le s\le t} V_s^2\right) < \infty$, und folgen der Argumentation in [3], Abschn. 3.2, welche (7.4) bis (7.6) beinhaltet. Ausgangspunkt ist die Beziehung (7.10), nach der im Sinn der L^2-Konvergenz

$$\sum_{i=1}^n V_{s_{i-1}}(W_{s_i} - W_{s_{i-1}}) \to \int_0^t V_s dW_s \tag{7.12}$$

gilt. Aus der L^2-Konvergenz folgt, dass der Erwartungswert der linken Seite gegen den Erwartungswert der rechten Seite konvergiert, mithin

$$E\left(\int_0^t V_s dW_s\right) = \lim_{n\to\infty} E\left(\sum_{i=1}^n V_{s_{i-1}}(W_{s_i} - W_{s_{i-1}})\right)$$
$$= \lim_{n\to\infty}\sum_{i=1}^n E\left(V_{s_{i-1}}(W_{s_i} - W_{s_{i-1}})\right) \overset{(7.4)}{=} 0.$$

Ebenso konvergiert die Varianz der linken Seite gegen die Varianz der rechten Seite von (7.12), so dass

$$
\begin{aligned}
Var\left(\int_0^t V_s dW_s\right) &= \lim_{n\to\infty} Var\left(\sum_{i=1}^n V_{s_{i-1}}(W_{s_i} - W_{s_{i-1}})\right) \\
&\overset{(7.6)}{=} \lim_{n\to\infty} \sum_{i=1}^n Var\left(V_{s_{i-1}}(W_{s_i} - W_{s_{i-1}})\right) \overset{(7.5)}{=} \lim_{n\to\infty} \sum_{i=1}^n E\left(V_{s_{i-1}}^2\right) \cdot \Delta t \\
&= \lim_{n\to\infty} E\left(\sum_{i=1}^n V_{s_{i-1}}^2 \cdot \Delta t\right) = E\left(\lim_{n\to\infty} \sum_{i=1}^n V_{s_{i-1}}^2 \cdot \Delta t\right) \\
&= E\left(\int_0^t V_s^2 ds\right).
\end{aligned}
$$

Die Vertauschbarkeit von Erwartungswert- und Grenzwertbildung ist nach dem Satz von der dominierten Konvergenz wegen $E\left(\sup_{0\le s\le t} V_s^2\right) < \infty$ zulässig. □

Dessen ungeachtet kann man die Verteilung des Integrals nur in speziellen Fällen tatsächlich explizit angeben, zum Beispiel wenn V_s deterministisch ist. Speziell im Fall $V_s = 1$ ergibt sich anhand der Definition des Itô-Integrals

$$
\int_0^t dW_s = W_t - W_0 = W_t, \tag{7.13}
$$

also eine normalverteilte Zufallsvariable. Das folgende Beispiel verallgemeinert diesen Sachverhalt.

Beispiel 7.9 (Deterministischer Integrand) Ist $V_s = h(s)$ deterministisch, so folgt aus dem obigen Satz $E\left(\int_0^t h(s)dW_s\right) = 0$ und $Var\left(\int_0^t h(s)dW_s\right) = \int_0^t (h(s))^2 ds$. Desweiteren sind die Lebesgue-Stieltjes Summen normalverteilt. Als L^2-Grenzwert normalverteilter Zufallsvariablen ist das Itô-Integral damit selbst normalverteilt (vgl. [1], Lemma 48.2), so dass

$$
\int_0^t h(s)dW_s \sim N\left(0, \int_0^t (h(s))^2 ds\right). \tag{7.14}
$$

Ein weiteres Beispiel eines Itô-Integrals mit expliziter Verteilung findet sich in Beispiel 7.14. □

Prozesse, die „differenzierbar“ in dem Sinne sind, dass Sie eine Darstellung gemäß (7.2) bzw. (7.7) besitzen, werden als **Itô-Prozesse** bezeichnet.

Definition 7.10 (Itô-Prozess) *Ein stochastischer Prozess X_t heißt* **Itô-Prozess**, *wenn er eine Darstellung*

$$
dX_t = D_t dt + V_t dW_t
$$

beziehungsweise

$$X_t = X_0 + \int_0^t D_s ds + \int_0^t V_s dW_s$$

besitzt, mit progressiv messbaren Prozessen D_t und V_t, für die $E\left(\int_0^t |D_s| ds\right) < \infty$ und $E\left(\int_0^t V_s^2 ds\right) < \infty$ gilt.

Einfachstes Beispiel eines Itô-Prozesses ist die Brownsche Bewegung mit Drift.

Beispiel 7.11 (Brownsche Bewegung mit Drift) Die Brownsche Bewegung mit Drift ist ein Itô-Prozess, der sich in der Form $dX_t = \mu dt + \sigma dW_t$ schreiben lässt. In der Tat lautet die zugehörige Integraldarstellung

$$X_t = X_0 + \int_0^t \mu ds + \int_0^t \sigma dW_s = X_0 + \mu t + \sigma W_t,$$

wobei man (7.13) nutzt. □

Die Itô-Prozesse und die stochastische Differentialrechnung nach Itô bilden das Fundament der modernen Finanzmathematik. Tiefer gehende Darstellungen der theoretischen Herleitung und der Anwendung findet man in zahlreichen Büchern, so zum Beispiel in Øksendal [7], Shreve [8] oder Korn und Korn [4].

7.3 Die Itô-Formel

Bemerkenswert ist, dass Itô-Prozesse eine „abgeschlossene" Klasse in dem Sinn bilden, dass die Transformation eines Itô-Prozesses X_t gemäß $Y_t := f(t, X_t)$ unter Regularitätsbedingungen an die Funktion $f : \mathbb{R} \times \mathbb{R} \to \mathbb{R}$ wieder einen Itô-Prozess ergibt. Dies ist die Aussage der sogenannten Itô-Formel:

Satz 7.12 (Itô-Formel) *Sei X_t ein Itô-Prozess mit Darstellung $dX_t = D_t dt + V_t dW_t$ und $f : \mathbb{R} \times \mathbb{R} \to \mathbb{R}$ zweimal stetig differenzierbar. Dann ist $Y_t := f(t, X_t)$ ein Itô-Prozess mit*

$$dY_t = \left(\frac{\partial f}{\partial t} + \frac{\partial f}{\partial X_t} D_t + \frac{1}{2} \cdot \frac{\partial^2 f}{\partial X_t^2} V_t^2\right) dt + \left(\frac{\partial f}{\partial X_t} V_t\right) dW_t \tag{7.15}$$

Beweis Der Beweis der Itô-Formel ist recht technisch und findet sich unter anderem in [4], Kapitel II, Satz 38. An dieser Stelle soll stattdessen eine heuristische Beweisskizze wie in [6], Abschn. 11.8, dargestellt werden. Nachzuweisen ist die entsprechende Integraldarstellung von (7.15). Die Integrale werden dabei durch Lebesgue-Stieltjes-Summen über einer Partition mit einer Schrittweite Δt approximiert.

In jeder Zelle der Partition wendet man eine Taylorentwicklung an, welche

$$Y_t + \Delta Y_t = f(t, X_t) + \frac{\partial f}{\partial t}\Delta t + \frac{\partial f}{\partial X_t}\Delta X_t + \frac{1}{2} \cdot \frac{\partial^2 f}{\partial X_t^2}(\Delta X_t)^2 + o(\Delta t) \tag{7.16}$$

ergibt, wobei man $\Delta Y_t := Y_{t+\Delta t} - Y_t$ setzt.

Aus $dX_t = D_t dt + V_t dW_t$ folgert man

$$(\Delta X_t)^2 = V_t^2(\Delta W_t)^2 + o(\Delta t).$$

Dabei beachte man, dass $\Delta t \Delta W_t = o(\Delta t)$, da $\Delta W_t \to 0$ fast sicher für $\Delta t \to 0$. Aus (7.16) ergibt sich somit

$$\Delta Y_t = \frac{\partial f}{\partial t}\Delta t + \frac{\partial f}{\partial X_t}\Delta X_t + \frac{1}{2} \cdot \frac{\partial^2 f}{\partial X_t^2}V_t^2(\Delta W_t)^2 + o(\Delta t). \tag{7.17}$$

Entscheidend für die Herleitung der Itô-Formel ist, dass sich $(\Delta W_t)^2$ für $\Delta t \to 0$ wie Δt verhält (man vergleiche dazu die folgende Bemerkung 7.13). Damit geht aus (7.17) im Limes $\Delta t \to 0$ die Beziehung

$$dY_t = \frac{\partial f}{\partial t}dt + \frac{\partial f}{\partial X_t}dX_t + \frac{1}{2} \cdot \frac{\partial^2 f}{\partial X_t^2}V_t^2 dt$$

hervor, und mit $dX_t = D_t dt + V_t dW_t$ folgt die Itô-Formel. □

Bemerkung 7.13 (Ergänzende Bemerkung zum Beweis der Itô-Formel) Für das Verhalten von $(\Delta W_t)^2$ ist ausschlaggebend, dass der Wiener-Prozess gemäß Satz 7.5 über jedem Intervall $[a, b]$ von endlicher quadratischer Variation ist, so dass für $\Delta t \to 0$

$$\sum_{t=a,a+\Delta t,\ldots,b} (\Delta W_t)^2 \to b - a$$

im quadratischen Mittel gilt. Mit Blick auf stochastische Integrale ergibt sich daraus, dass sich der Ausdruck $(\Delta W_t)^2$ in Summen vom Typ

$$\sum_{t=a,a+\Delta t,\ldots,b} V_t^2(\Delta W_t)^2$$

für $\Delta t \to 0$ genauso wie Δt verhält. Dazu approximiert man V_t^2 wie in (7.8) durch einen stückweise konstanten Prozess. Für jedes Zeitintervall $[\tilde{a}, \tilde{b}]$, auf dem die Approximation konstant gleich C ist, gilt sodann

$$\sum_{t=\tilde{a},\tilde{a}+\Delta t,\ldots,\tilde{b}} C(\Delta W_t)^2 \to C \cdot (\tilde{b} - \tilde{a}) = \sum_{t=\tilde{a},\tilde{a}+\Delta t,\ldots,\tilde{b}} C\Delta t. \tag{7.18}$$

Die Summe kann somit mit Δt anstelle von $(\Delta W_t)^2$ gebildet werden, ohne den Grenzwert zu tangieren, was die ergänzende Bemerkung zum Beweis der Itô-Formel beendet.

Die Itô-Formel stellt die Kettenregel der stochastischen Differenzialrechnung dar. Vergleicht man sie mit der Kettenregel der klassischen Differenzialrechnung,

$$dy = \frac{\partial f}{\partial t} dt + \frac{\partial f}{\partial x} dx,$$

so fällt auf, dass die Itô-Formel einen zusätzlichen, von der zweiten Ableitung von f abhängenden Term $\frac{1}{2} \cdot \frac{\partial^2 f}{\partial X_t^2} V_t^2$ enthält, welcher den Trend von Y_t beeinflusst. Eine genauere Analyse des Beweises der Itô-Formel zeigt, dass der zusätzliche Trend-Term aufgrund der nur mit t (und nicht mit t^2) anwachsenden Varianz des Wiener-Prozesses, $Var(W_t) = t$, ensteht. Der zusätzliche Trend-Term findet seinen Niederschlag in zahlreichen weiteren Ergebnissen der stochastische Differenzialrechnung. Er ist insbesondere dafür verantwortlich, dass die Formeln $dx^2 = 2x dx$ und $d \exp(x) = \exp(x) dx$ aus der deterministischen Differenzialrechnung für den Wiener-Prozess nicht gelten, wie folgende Beispiele zeigen. Gleichzeitig illustriert Beispiel 7.14, wie man die Itô-Formel nutzen kann, um Itô-Integrale zu vereinfachen.

Beispiel 7.14 (Der Prozess W_t^2) Der Wiener-Prozess W_t ist selbst Itô-Prozess mit $dX_t = 0 \cdot dt + 1 \cdot dW_t$. Für $f(t, x) = x^2$ ergibt sich mit der Itô-Formel

$$dW_t^2 = \frac{1}{2} \cdot 2dt + 2X_t dW_t = dt + 2W_t dW_t$$

bzw. in Integraldarstellung

$$W_t^2 = \int_0^t ds + \int_0^t 2W_s dW_s = t + 2 \int_0^t W_s dW_s.$$

Daraus erhält man insbesondere eine geschlossene Form für das Itô-Integral

$$\int_0^t W_s dW_s = \frac{1}{2} W_t^2 - \frac{t}{2}.$$

Eine Herleitung dieses Resultats ohne Verwendung der Itô-Formel findet sich z. B. in [1], §48. □

Beispiel 7.15 (Geometrische Brownsche Bewegung) Definiert man ausgehend von einer Brownschen Bewegung mit Drift $dX_t = \mu dt + \sigma dW_t$ die geometrische Brownsche Bewegung $S_t := \exp(X_t)$, so stellt diese gemäß der Itô-Formel und $f(x) = \exp(x)$ selbst einen Itô-Prozess mit

$$\begin{aligned} dS_t &= \left(\exp(X_t)\mu + \frac{1}{2}\exp(X_t)\sigma^2\right)dt + (\exp(X_t)\sigma)\,dW_t \\ &= \left(\mu + \frac{1}{2}\sigma^2\right)S_t dt + \sigma S_t dW_t \end{aligned}$$

dar. Dies ist zugleich ein erstes Beispiel für eine stochastische Differenzialgleichung, denn S_t tritt sowohl links als auch rechts des Gleichheitszeichens auf. Auf stochastische Differenzialgleichungen werden wir im folgenden Abschnitt zurückkommen. Der Summand $\frac{1}{2}\sigma^2$ ist wiederum Folge des zusätzlichen, von der Volatilität abhängigen Trend-Terms in der Itô-Formel und findet sich letztlich auch im Erwartungswert

$$E(S_t) = \exp\left(\mu + \frac{1}{2}\sigma^2\right)$$

wieder. □

Für die praktische Anwendung relevant ist auch die folgende, aus der Itô-Formel abgeleitete Regel zur partiellen Integration. Mit dieser kann man insbesondere Itô-Integrale mit deterministischen Integranden in Integrale bezüglich ds umwandeln.

Satz 7.16 (Partielle Integration) *Sei h eine stetig differenzierbare Funktion. Dann gilt*

$$\int_0^t h(s)dW_s = h(t)W_t - \int_0^t h'(s)W_s ds.$$

Beweis Die Anwendung der Itô-Formel für $f(t,x) := h(t)\cdot x$ und den Prozess $X_t := W_t$ ergibt

$$d\,(h(t)W_t) = h'(t)W_t dt + h(t)dW_t$$

bzw. in Integraldarstellung

$$h(t)W_t = h(0)W_0 + \int_0^t h'(s)W_s ds + \int_0^t h(s)dW_s,$$

woraus mit $W_0 = 0$ die Behauptung folgt. □

Für die stochastische Differenzialrechnung existieren neben der Itô-Formel weitere wichtige Differentiationsregeln, unter anderem die folgende Produktregel.

Satz 7.17 (Produktregel) *Seien* $dX_t^{(i)} = D_t^{(i)}dt + V_t^{(i)}dW_t$ *Itô-Prozesse* $(i = 1, 2)$, *die auf demselben Wiener-Prozess* W_t *basieren. Dann ist auch* $X_t^{(1)}X_t^{(2)}$ *ein Itô-Prozess mit*

$$d\left(X_t^{(1)}X_t^{(2)}\right) = X_t^{(1)}dX_t^{(2)} + X_t^{(2)}dX_t^{(1)} + V_t^{(1)}V_t^{(2)}dt. \tag{7.19}$$

Auch hier ergibt sich im Vergleich zur Produktregel der deterministischen Differenzialrechnung eine zusätzlicher, von der Volatilität abhängiger Trend. Gl. (7.19) ist dabei eine kompakte Darstellung die „ausmultipliziert"

$$d\left(X_t^{(1)}X_t^{(2)}\right) = \left(X_t^{(2)}D_t^{(1)} + X_t^{(1)}D_t^{(2)} + V_t^{(1)}V_t^{(2)}\right)dt + \left(X_t^{(2)}V_t^{(1)} + X_t^{(1)}V_t^{(2)}\right)dW_t$$

lautet.

Beweis Wir beschränken uns an dieser Stelle wiederum auf eine heuristische Beweisskizze. Ein stringenter Beweis der Produktregel findet sich zum Beispiel in [4], Kapitel III, Korollar 41. Wiederum ist die entsprechende Integraldarstellung von (7.19) nachzuweisen. Die Integrale werden dabei durch Lebesgue-Stieltjes-Summen über einer Partition mit einer Schrittweite Δt approximiert.

Für jedes Partitionsintervall gilt

$$X_{t+\Delta t}^{(1)}X_{t+\Delta t}^{(2)} - X_t^{(1)}X_t^{(2)} = X_t^{(1)}\Delta X_t^{(2)} + X_t^{(2)}\Delta X_t^{(1)} + \Delta X_t^{(1)}\Delta X_t^{(2)}. \tag{7.20}$$

Aus $dX_t^{(i)} = D_t^{(i)}dt + V_t^{(i)}dW_t$ folgert man

$$\Delta X_t^{(1)}\Delta X_t^{(2)} = V_t^{(1)}V_t^{(2)}(\Delta W_t)^2 + o(\Delta t). \tag{7.21}$$

Dabei beachte man, dass $\Delta t \Delta W_t = o(\Delta t)$ wegen $\Delta W_t \to 0$ fast sicher für $\Delta t \to 0$.

Im Limes $\Delta t \to 0$ verhält sich $(\Delta W_t)^2$ gemäß (7.18) wiederum wie Δt, so dass (7.20) und (7.21) für $\Delta t \to 0$ in

$$d\left(X_t^{(1)}X_t^{(2)}\right) = X_t^{(1)}dX_t^{(2)} + X_t^{(2)}dX_t^{(1)} + V_t^{(1)}V_t^{(2)}dt$$

übergehen. □

7.4 Stochastische Differenzialgleichungen

Stochastische Differenzialgleichungen ergeben sich aus (7.2), wenn D_t und V_t Funktionen von t und X_t sind:

$$dX_t = b(t, X_t)dt + \sigma(t, X_t)dW_t \tag{7.22}$$

mit geeigneten Funktionen b und σ. Die Integraldarstellung von (7.22) lautet

$$X_t = X_0 + \int_0^t b(s, X_s)ds + \int_0^t \sigma(s, X_s)dW_s.$$

Dabei kommt eine zumeist deterministische Anfangsbedingung $X_0 = x_0$ hinzu.

Entsprechend dem Existenz- und Eindeutigkeitssatz von Picard-Lindelöf für deterministische Differenzialgleichungen ist unter gewissen Regularitätsbedingungen auch die Existenz und Eindeutigkeit der Lösung von (7.22) gesichert. Hierzu verweisen wir auf [4], Kapitel III, Satz 15, mit folgendem Ergebnis:

Satz 7.18 (Existenz- und Eindeutigkeitssatz) *Die stochastische Differenzialgleichung (7.22) besitzt eine fast sicher eindeutige Lösung in Form eines stetigen Prozesses X_t mit endlicher Varianz $Var(X_t)$, falls $b(t,x)$ und $\sigma(t,x)$ den folgenden Regularitätsbedingungen genügen:*

$$|b(t,x) - b(t,y)| + |\sigma(t,x) - \sigma(t,y)| \leq c_1 \cdot |x - y|$$
$$(b(t,x))^2 + (\sigma(t,x))^2 \leq c_2 \cdot \left(1 + x^2\right)$$

für alle x, y und t mit geeigneten Konstanten c_1 und c_2.

X_t bezeichnet man in diesem Fall auch als **starke Lösung** der stochastische Differenzialgleichung (7.22).

Der Beweis des Existenz- und Eindeutigkeitssatzes ist leider nicht konstruktiv, so dass er keine allgemeingültige Lösungsstrategie für stochastische Differenzialgleichungen gibt. Ebenso gibt es für die Lösung in der Regel keine geschlossene Darstellung in Form von (7.2), bei der man die zugehörigen D_t und V_t explizit angeben könnte. Zur Lösung stochastischer Differenzialgleichungen muss man daher auf situative Lösungsansätze zurückgreifen. Im Folgenden werden wir drei solche Lösungsansätze, namentlich

- die Transformation mittels der Itô-Formel
- die Variation der Konstanten
- die Simulation der Lösung

jeweils anhand von Beispielen illustrieren.

a) **Transformation mittels der Itô-Formel:**

Gewisse stochastische Differenzialgleichungen kann man durch eine geeignete Substitution und die Nutzung der Itô-Formel auf eine lösbare bzw. bekannte stochastische Differenzialgleichung zurückführen. Dies wird in folgendem Beispiel angewendet.

Beispiel 7.19 (Transformation einer stochastischen Differenzialgleichung) Die stochastische Differenzialgleichung

$$dX_t = \mu X_t dt + \sigma X_t dW_t \tag{7.23}$$

mit $\mu \in \mathbb{R}$ und $\sigma > 0$ löst man durch die Substitution $Y_t := \ln(X_t)$. Die Anwendung der Itô-Formel mit $f(x) = \ln(x)$ ergibt

$$dY_t = \left(\frac{1}{X_t} \cdot \mu X_t - \frac{1}{2X_t^2} \cdot \sigma^2 X_t^2\right) dt + \left(\frac{1}{X_t} \cdot \sigma X_t\right) dW_t = \left(\mu - \frac{\sigma^2}{2}\right) dt + \sigma dW_t.$$

Dies ist die Darstellung der Brownschen Bewegung mit Drift als Itô-Prozess (vgl. Beispiel 7.11), so dass

$$Y_t = y_0 + \left(\mu - \frac{\sigma^2}{2}\right) t + \sigma W_t.$$

Durch Rücktransformation erhält man hieraus

$$X_t = \exp(Y_t) = x_0 \exp\left(\left(\mu - \frac{\sigma^2}{2}\right) t + \sigma W_t\right), \tag{7.24}$$

also die geometrische Brownsche Bewegung (vgl. Beispiel 7.15). In diesem Fall kann die Lösung X_t der stochastischen Differenzialgleichung in einer geschlossenen Form dargestellt werden und deren Verteilung angegeben werden (Lognormalverteilung). Die stochastische Differenzialgleichung (7.23) findet in der Finanzmathematik vielfach Anwendung, um Aktienkurse zu modellieren.
Im etwas allgemeineren Fall mit zeitabhängigen Koeffizienten,

$$dX_t = \mu(t) X_t dt + \sigma(t) X_t dW_t,$$

ergibt sich analog

$$dY_t = \left(\mu(t) - \frac{\sigma^2(t)}{2}\right) dt + \sigma(t) dW_t$$

und somit

$$X_t = x_0 \exp\left(\int_0^t \left(\mu(s) - \frac{\sigma^2(s)}{2}\right) ds + \int_0^t \sigma(s) dW_s\right). \tag{7.25}$$

Das Itô-Integral im Exponenten ist im Allgemeinen nicht weiter zu vereinfachen. Dennoch kann man die Verteilung der Lösung X_t der stochastischen Differenzialgleichung angeben, denn gemäß Beispiel 7.9 ist das Itô-Integral im Exponenten normalverteilt mit den durch (7.14) gegebenen Parametern. X_t folgt damit einer Lognormalverteilung, deren Erwartungswert durch

$$E(X_t) = x_0 \exp\left(\int_0^t \left(\mu(s) - \frac{\sigma^2(s)}{2}\right) ds + \frac{1}{2} \int_0^t \sigma^2(s) ds\right) = x_0 \exp\left(\int_0^t \mu(s) ds\right)$$

gegeben ist. □

b) **Variation der Konstanten:**

Hat die stochastische Differenzialgleichung die spezielle Form

$$dX_t = (b_1(t) X_t + b_2(t))\, dt + (\sigma_1(t) X_t + \sigma_2(t))\, dW_t, \tag{7.26}$$

so kann man das Verfahren der **Variation der Konstanten** anwenden (vgl. [4], Kapitel II, Satz 42). Für die stochastische Differenzialgleichung erhält man dabei eine zweistufige Lösung. Zunächst wird in der ersten Stufe die homogene Differenzialgleichung

$$dZ_t = b_1(t)Z_t dt + \sigma_1(t)Z_t dW_t$$

betrachtet, bei der b_2 und σ_2 ignoriert werden. Nach (7.25) besitzt diese die Lösung

$$Z_t = z_0 \exp\left(\int_0^t \left(b_1(s) - \frac{\sigma_1^2(s)}{2}\right) ds + \int_0^t \sigma_1(s) dW_s\right). \tag{7.27}$$

In der zweiten Stufe verfolgt man den Lösungsansatz $X_t := Y_t Z_t$, bei dem man die Konstante vor Z_t „variiert". Mit der Produktregel aus Satz 7.17 zeigt man, dass Y_t der stochastischen Differenzialgleichung

$$dY_t = \frac{b_2(t) - \sigma_1(t)\sigma_2(t)}{Z_t} dt + \frac{\sigma_2(t)}{Z_t} dW_t \tag{7.28}$$

genügen muss, dass also

$$Y_t = y_0 + \int_0^t \frac{b_2(s) - \sigma_1(s)\sigma_2(s)}{Z_s} ds + \int_0^t \frac{\sigma_2(s)}{Z_s} dW_s \tag{7.29}$$

gilt. Die Gl. (7.27) und (7.29) definieren sodann die Lösung $X_t = Y_t Z_t$ von (7.26).
Um sich von (7.28) zu überzeugen, berechnet man mit der Produktregel

$$\begin{aligned}
d(Y_t Z_t) &= Y_t dZ_t + Z_t dY_t + \frac{\sigma_2(t)}{Z_t} \cdot \sigma_1(t) Z_t dt \\
&= Y_t \left(b_1(t) Z_t dt + \sigma_1(t) Z_t dW_t\right) \\
&\quad + Z_t \left(\frac{b_2(t) - \sigma_1(t)\sigma_2(t)}{Z_t} dt + \frac{\sigma_2(t)}{Z_t} dW_t\right) + \sigma_1(t)\sigma_2(t) dt \\
&= \left(b_1(t) X_t + b_2(t)\right) dt + \left(\sigma_1(t) X_t + \sigma_2(t)\right) dW_t.
\end{aligned}$$

Das Verfahren der Variation der Konstanten wird in folgendem Beispiel angewendet.

Beispiel 7.20 (Ornstein-Uhlenbeck-Prozess und Vasicek-Zinsmodell) Zur stochastischen Differenzialgleichung

$$dX_t = -\alpha X_t dt + \sigma dW_t \tag{7.30}$$

mit $\alpha, \sigma > 0$ lautet die homogene Differenzialgleichung

$$dZ_t = -\alpha Z_t dt,$$

welche die deterministische Lösung

$$Z_t = z_0 \exp(-\alpha t)$$

besitzt. Gl. (7.28) ist im vorliegenden Fall

$$dY_t = \frac{\sigma}{Z_t} dW_t = \frac{\sigma}{z_0} \exp(\alpha t) dW_t,$$

so dass

$$Y_t = y_0 + \frac{\sigma}{z_0} \int_0^t \exp(\alpha s) dW_s.$$

Insgesamt erhält man als Lösung von (7.30) den sogenannten **Ornstein-Uhlenbeck-Prozess**

$$X_t = Y_t Z_t = x_0 \exp(-\alpha t) + \sigma \int_0^t \exp(\alpha(s-t)) dW_s.$$

Das darin auftretende Itô-Integral ist nicht weiter zu vereinfachen, gemäß (7.14) folgt es jedoch einer Normalverteilung. Insbesondere gilt

$$E(X_t) = x_0 \exp(-\alpha t) \to 0$$

und

$$Var(X_t) = \sigma^2 \int_0^t \exp(2\alpha(s-t)) ds = \frac{\sigma^2}{2\alpha} (1 - \exp(-2\alpha t)) \to \frac{\sigma^2}{2\alpha}$$

für großes t. Analog kann man den allgemeineren Fall

$$dX_t = -\alpha(X_t - \mu) dt + \sigma dW_t$$

mit $\alpha, \sigma > 0$ und $\mu \in \mathbb{R}$ behandeln. Diese stochastische Differenzialgleichung wird in der Finanzmathematik als sogenanntes **Vasicek-Modell** oftmals zur Modellierung von kurzfristigen Zinssätzen verwendet. Hier ergibt sich

$$X_t = x_0 \exp(-\alpha t) + \mu (1 - \exp(-\alpha t)) + \sigma \int_0^t \exp(\alpha(s-t)) dW_s$$

mit

$$E(X_t) = x_0 \exp(-\alpha t) + \mu (1 - \exp(-\alpha t)) \to \mu$$

und $Var(X_t)$ wie im Ornstein-Uhlenbeck-Prozess oben. Das Vasicek-Modell stellt einen Prozess mit **„mean reversion"** dar. Abweichungen des Prozesses X_t von μ bewirken einen Trendterm $-\alpha(X_t - \mu)$, der den Prozess wieder in Richtung μ treibt. Im langfristigen Verlauf stabilisiert sich der Prozess dadurch mit Mittelwert μ und Varianz $\sigma^2/(2\alpha)$. □

c) **Simulation:**

Die Möglichkeiten, die Lösungen stochastischer Differenzialgleichungen zu simulieren, werden vertieft in Abschn. 7.5 behandelt. An dieser Stelle sei daher nur angerissen, dass man bei der Simulation zum Beispiel iterativ vorgehen kann, indem man ausgehend von X_t das Inkrement dX_t über den nächsten Zeitschritt der Länge dt gemäß

$$dX_t = b(t, X_t) dt + \sigma(t, X_t) dW_t$$

simuliert. Hierzu benötigt man Simulationen der Zuwächse dW_t des Wiener-Prozesses. Diese lassen sich leicht generieren, denn sie sind unabhängig und entstammen einer Normalverteilung.

7.5 Simulationsmethoden für stochastische Differenzialgleichungen

Obwohl die Existenz einer Lösung einer stochastischen Differentialgleichung durch den Existenz- und Eindeutigkeitssatz nachgeprüft werden kann, ist eine explizite Angabe der Lösung meist nicht möglich. Wie bei gewöhnlichen Differentialgleichungen können in solchen Fällen numerische Verfahren angewendet werden. Wir besprechen das Analogon zur klassischen Euler-Methode, mit dessen Hilfe näherungsweise Pfade des Lösungsprozesses erzeugt werden, wozu Simulationen nötig sind. Aber auch bei Vorhandensein einer expliziten Lösung kommt man für praktische Anwendungen nicht umhin, Pfade durch Simulationen anzunähern.

Für eine Simulation wird zunächst der Zeitbereich $[0, T]$ für ein $T > 0$ diskretisiert: Man betrachtet nur die Zeitpunkte

$$t = t_k := k \cdot \frac{T}{n} = k \cdot \Delta t$$

für ein gegebenes $n \in \mathbb{N}$ und $0 \leq k \leq n$. Eine Simulation eines Pfades des gesuchten Prozesses (X_t) findet nur an den Stellen $0 = t_0 < t_1 < \ldots < t_n = T$ statt; man erhält damit die Punkte (t_k, x_{t_k}). In der Anwendung

- ist es entweder ausreichend, den Prozess nur an diesen Zeitpunkten zu betrachten (Handelszeitpunkte, Bilanzierungsstichtage usw.) oder
- können die einzelnen Punkte verbunden werden zu einem tatsächlichen (stetigen) Pfad (z. B. durch lineare Interpolation).

Wir besprechen nun verschiedene Situationen je nach Kenntnisstand über die Lösung der stochastischen Differentialgleichung, die wieder die allgemeine Form

$$dX_t = D(t, X_t)\, dt + V(t, X_t)\, dW_t, \quad X_0 = x_0$$

haben soll. Wir starten mit der Simulation der Brownschen Bewegung.

a) Simulation der Brownschen Bewegung
Die Brownsche Bewegung kann als Lösung der stochastischen Differentialgleichung $dX_t = dW_t$, $X_0 = 0$, verstanden werden. Da $W_t = W_s + (W_t - W_s)$ für $s < t$ sowie (nach (W3) in Definition 7.1)

$$W_t - W_s \sim \mathcal{N}(0, t - s),$$

ergibt sich mit $t = t_{k+1}$ und $s = t_k$ eine Rekursion zur Simulation der Zufallsvariablen W_{t_k} für $k = 0, \ldots, n$ wie folgt:

$$w_{t_{k+1}} = w_{t_k} + \sqrt{\Delta t} \cdot z_{k+1}$$

mit dem Startwert $w_0 = 0$ und unabhängigen $\mathcal{N}(0, 1)$-Zufallszahlen $z_1, \ldots, z_n$. Auf diese Art wurden die Pfade in Abb. 7.1 mit $n = 200$ erzeugt.

b) Simulation bei Existenz einer expliziten Lösung
Bei Vorhandensein einer expliziten Lösung der stochastischen Differentialgleichung ist die Simulation einfach durchzuführen. Dies soll am Beispiel der Black-Scholes Gleichung $dX_t = \mu X_t \, dt + \sigma X_t \, dW_t$ gezeigt werden, die für $s < t$ die Lösung

$$X_t = X_s \cdot \exp[(\mu - \sigma^2/2) \cdot (t - s) + \sigma(W_t - W_s)]$$

hat (vgl. (7.24)). Wir verwenden wieder

$$W_t - W_s \sim \mathcal{N}(0, t - s),$$

und man erhält einen konkreten diskretisierten Pfad über die Rekursion

$$x_{t_{k+1}} = x_{t_k} \cdot \exp[(\mu - \sigma^2/2)\Delta t + \sigma\sqrt{\Delta t} \cdot z_{k+1}]$$

mit einem Startwert x_0 und unabhängigen $\mathcal{N}(0, 1)$-Zufallszahlen $z_1, \ldots, z_n$.

c) Simulation bei Kenntnis einer Verteilung
Die obige Rekursion kann auch durchgeführt werden, wenn zumindest die Verteilung von $X_t \mid X_s$ (für $s < t$) bekannt ist. Dies soll am Beispiel der stochastischen Differentialgleichung

$$dX_t = -\alpha X_t \, dt + \sigma \, dW_t$$

gezeigt werden (vgl. (7.30)). Es gilt $X_t \mid X_s \sim \mathcal{N}(\nu, \tau^2)$ mit

$$\nu = X_s e^{-\alpha(t-s)}, \quad \tau^2 = \frac{\sigma^2}{2\alpha}[1 - e^{-2\alpha(t-s)}].$$

Man erhält daraus einen konkreten diskretisierten Pfad über die Rekursion

$$x_{t_{k+1}} = x_{t_k} e^{-\alpha \Delta t} + \sqrt{\frac{\sigma^2}{2\alpha}(1 - e^{-2\alpha \Delta t})} \cdot z_{k+1}$$

mit einem Startwert x_0 und unabhängigen $\mathcal{N}(0, 1)$-Zufallszahlen $z_1, \ldots, z_n$.

d) Euler-Methode
Existiert weder eine explizite Lösung noch eine Verteilungsaussage, kann z. B. die aus der Theorie der gewöhnlichen Differentialgleichungen bekannte explizite **Euler-Methode** in abgewandelter Form angewendet werden[2]. Dazu wird die stochastische Differentialgleichung zu den Zeitpunkten t_k diskretisiert, indem die Differentiale dX_t, dt und dW_t zu Differenzen auf den Teilintervallen $[t_k, t_{k+1}]$ werden; die Vorfaktoren werden am Startpunkt t_k des Zeitintervalls ausgewertet:

$$\hat{X}_{t_{k+1}} - \hat{X}_{t_k} = D(t_k, \hat{X}_{t_k}) \cdot \Delta t + V(t_k, \hat{X}_{t_k}) \cdot (W_{t_{k+1}} - W_{t_k}), \quad \hat{X}_0 = x_0$$

für $k = 0, \ldots, n-1$. Man beachte, dass die Zufallsvariable $\hat{X}_{t_k}$ durch diese Diskretisierung i. Allg. nicht die Verteilung der exakten Lösung X_{t_k} hat (daher das Dach, das diesen **Diskretisierungsfehler** betonen soll).
Das ergibt wie in den anderen Fällen eine Rekursion für einen konkreten Pfad:

$$\hat{x}_{t_{k+1}} = \hat{x}_{t_k} + D(t_k, \hat{x}_{t_k}) \cdot \Delta t + V(t_k, \hat{x}_{t_k}) \cdot \sqrt{\Delta t} \cdot z_{k+1}$$

mit einem Startwert $\hat{x}_0$ und unabhängigen $\mathcal{N}(0, 1)$-Zufallszahlen $z_1, \ldots, z_n$.

Beispiel 7.21 Obwohl schon erwähnt wurde, dass die stochastische Differentialgleichung für den Aktienkurs im Black-Scholes Modell explizit lösbar ist, soll die Euler-Methode an diesem Beispiel veranschaulicht werden. Aus der stochastischen Differentialgleichung $dX_t = \mu X_t \, dt + \sigma X_t \, dW_t$ für den Kurs-Prozess (X_t) ergibt sich die Euler-Rekursion

$$\hat{x}_{k+1} = \hat{x}_k + \mu \hat{x}_k \cdot \Delta t + \sigma \hat{x}_k \cdot \sqrt{\Delta t} \cdot z_{k+1}, \quad \hat{x}_0 = x_0.$$

Eine Simulation mit $\hat{x}_0 = 100$, $T = 1$, $n = 365$, $\mu = 0.05$, und $\sigma = 0.15$ ergibt beispielhaft den in Abb. 7.2 dargestellten Kursverlauf.

□

Die Euler-Methode ist die einfachste unter den numerischen Verfahren zur approximativen Lösung einer (stochastischen) Differentialgleichung. Es gibt Aussagen zur Konvergenz der Näherungslösungen gegen die exakte Lösung. In der Anwendung werden meist (im Sinne der Konvergenzgeschwindigkeit) verbesserte Verfahren verwendet wie etwa das Milstein-Schema ([5], Abschn. 3.4), die allerdings auch aufwändigere Berechnungen erfordern.

In der Praxis sind oftmals mehrere stochastische Prozesse zeitparallel zu betrachten, wie etwa bei Portfolios von Finanzinstrumenten. Zur Definition abhängiger Prozesse wie z. B. Kurse $(X_t^{(1)})$ und $(X_t^{(2)})$ zweier Aktien kann man zwei beschreibende stochastische Differentialgleichungen

[2] Im Rahmen der stochastischen Differentialrechnung wird sie oft auch Euler-Maruyama-Methode genannt.

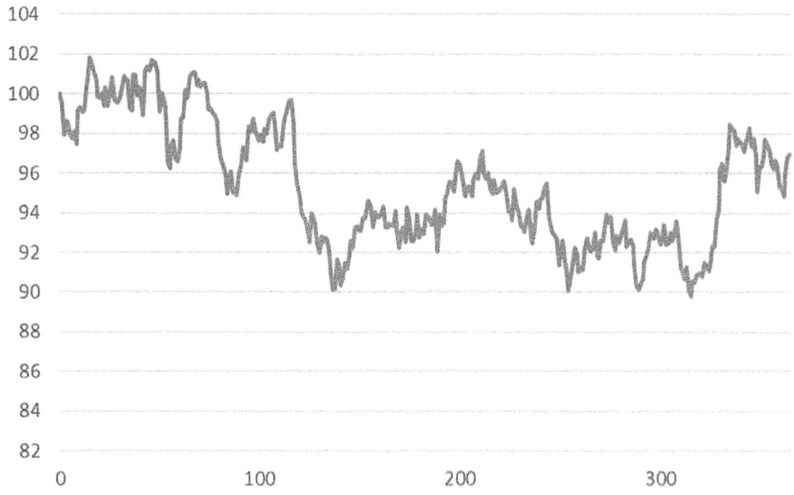

Abb. 7.2 Pfad der Lösung der Black-Scholes Gleichung, simuliert mit der Euler-Methode

$$dX_t^{(1)} = D^{(1)}(t, X_t^{(1)})\,dt + V^{(1)}(t, X_t^{(1)})\,dW_t^{(1)}$$
$$dX_t^{(2)} = D^{(2)}(t, X_t^{(2)})\,dt + V^{(2)}(t, X_t^{(2)})\,dW_t^{(2)}$$

mit einer (zeitkonstanten) Korrelation $\rho := \rho(W_t^{(1)}, W_t^{(2)}) \in (-1, 1)$ zwischen den stochastischen Termen vorgeben. Man kann daraus insbesondere folgern, dass

$$\rho(W_{t+\Delta t}^{(1)} - W_t^{(1)}, W_{t+\Delta t}^{(2)} - W_t^{(2)}) = \rho$$

für alle t und Δt, was für die nachfolgende Simulation von Bedeutung ist. Bei der Vorgabe der Korrelation zur Beschreibung des Zusammenhangs wird implizit ein bivariat normalverteiltes Modell unterstellt, d. h.

$$(W_t^{(1)}, W_t^{(2)})^\top \sim \mathcal{N}(\mathbf{0}, \mathbf{\Sigma})$$

mit

$$\mathbf{\Sigma} = \begin{pmatrix} t & \rho t \\ \rho t & t \end{pmatrix}.$$

Beispiel 7.22 (Zwei Aktien im Black-Scholes-Modell) Es sollen zwei Aktien im Black-Scholes-Modell simuliert werden. Die beschreibenden stochastischen Differentialgleichungen seien

$$dX_t^{(j)} = \mu_j X_t^{(j)}\,dt + \sigma_j X_t^{(j)}\,dW_t^{(j)} \quad (j = 1, 2).$$

Ein Szenario $(\hat{x}_{t_k}^{(1)}, \hat{x}_{t_k}^{(2)})_{k=0,1,\ldots}$ ist dann gegeben durch

$$\hat{x}_{t_{k+1}}^{(1)} = \hat{x}_{t_k}^{(1)} \cdot \exp[(\mu_1 - \sigma_1^2/2)\Delta t + \sigma_1\sqrt{\Delta t} \cdot z_{k+1}^{(1)}]$$

$$\hat{x}_{t_{k+1}}^{(2)} = \hat{x}_{t_k}^{(2)} \cdot \exp[(\mu_2 - \sigma_2^2/2)\Delta t + \sigma_2\sqrt{\Delta t} \cdot z_{k+1}^{(2)}]$$

wobei die Zufallszahlen durch

$$\begin{pmatrix} z_k^{(1)} \\ z_k^{(2)} \end{pmatrix} = \begin{pmatrix} w_k^{(1)} \\ \rho w_k^{(1)} + \sqrt{1-\rho^2} w_k^{(2)} \end{pmatrix}$$

und standardnormalverteilten Zufallszahlen $w_k^{(1)}, w_k^{(2)}$ gebildet werden (s. Abschn. 11.5.5). □

Literatur

1. Bauer, H.: Wahrscheinlichkeitstheorie (4. Aufl.). De Gruyter, New York (1991)
2. Heuser, H.: Lehrbuch der Analysis Teil 1 (10. Aufl.). Teubner, Stuttgart (1990)
3. Kloeden, P.E., Platen, E.: Numerical Solution to Stochastic Differential Equations. Springer, Berlin (1992)
4. Korn, R., Korn, E.: Optionsbewertung und Portfolio-Optimierung. Vieweg, Braunschweig (1999)
5. Mikosch, T.: Elementary Stochastic Calculus with Finance in View. World Scientific, New Jersey (1998)
6. Luenberger, D.G.: Investment Science. Oxford University Press, Oxford (1998)
7. Øksendal, B.: Stochastic Differential Equations. Springer, Berlin (2003)
8. Shreve, S.: Stochastic Calculus for Finance II. Springer, New York (2004)
9. Taylor, S.J.: Exact asymptotic estimates of Brownian path variation. Duke Math. J. 39, 219–241

Zeitreihenanalyse

8

Zusammenfassung

Zeitreihen kommen in vielen wissenschaftlichen Disziplinen und praktischen Anwendungen vor, nämlich immer dann, wenn Daten in einer zeitlichen Abfolge erhoben werden. Beispiele sind meteorologische Daten (Temperatur, Luftfeuchte, Regenmenge, Sonneneinstrahlung), Luftqualitätsdaten (Stickoxide, Feinstaub), Finanzdaten (Aktienkurse, Wechselkurse), Lagerbestände, Produktnachfragen, Preise (Weizenpreis, Ölpreis, Kaffeepreis), Sensordaten für vorausschauende Wartung (**predictive maintenance,** frühzeitige Erkennung von zukünftigen Defekten und Anomalien), Stromverbrauch, oder auch medizinische Daten (Blutdruck, Blutzucker) und versicherungsmathematische Daten (Sterblichkeit). Die Auflösung der Daten kann dabei ganz unterschiedlich sein. Die Daten können im Abstand von Sekundenbruchteilen gemessen werden (z. B. Hochfrequenz-Finanzdaten), aber auch täglich, monatlich oder jährlich. Neben der deskriptiven Beschreibung und grafischen Darstellung des zeitlichen Verlaufs ist man interessiert an der Erkennung von Mustern im Zeitverlauf, z. B. Trends und periodischen Schwankungen. Diese Muster und die angenommene Abhängigkeit der Beobachtungen soll dann eine Prognose für zukünftige Beobachtungen ermöglichen.

8.1 Grundmodell der Zeitreihenanalyse

Definition 8.1 Eine **univariate Zeitreihe** ist ein **Vektor von Beobachtungen** $\{y_t\}_{t=1,\ldots,T}$ oder $(y_1, y_2, \ldots, y_T)$, wobei t den jeweiligen Zeitpunkt repräsentiert.

Im Folgenden nehmen wir an, dass die Beobachtungen zu äquidistanten Zeitpunkten erfolgen und dass es sich um wiederholte Beobachtungen einer metrisch skalierten Variable handelt. Man geht weiter davon aus, dass die einzelnen Beobachtungen stochastisch abhängig sind.

T. Becker et al., *Stochastische Risikomodellierung und statistische Methoden*, Statistik und ihre Anwendungen, https://doi.org/10.1007/978-3-662-69532-6_8

Bemerkung 8.1 Man betrachtet oft unabhängige und identisch verteilte Zufallsvariable und deren Realisationen (Beobachtungen), sog. i. i. d. Stichproben, vergleiche beispielsweise Abschn. 2.1. In diesem Fall würde man den Erwartungswert bzw. eine Schätzung davon, z. B. das arithmetische Mittel, als Prognose für zukünftige Werte verwenden. Bei Zeitreihen geht man dagegen davon aus, dass die Beobachtungen nicht stochastisch unabhängig sind, sondern eine Korrelation aufweisen. Erst diese (angenommene) Korrelation der Beobachtungen ermöglicht es, die Prognosen im Vergleich zu sehr einfachen Prognosen (wie das arithmetische Mittel) zu verbessern, beispielsweise durch bedingte Prognosen, die nur die letzten beobachteten Zeitreihenwerte berücksichtigen.

Beispiel 8.2 (ATC Verschreibungen) Abb. 8.1 zeigt die monatlichen Verschreibungen (in Millionen Dollar) pharmazeutischer Produkte gemäß ATC Code A10 (Antidiabetika), aufgezeichnet durch die Australian Health Insurance Commission, Juli 1991 bis Juni 2008 [8]. Abb. 8.2 zeigt die gleiche Zeitreihe mit logarithmierten Werten.

Die Zeitreihe lässt sich folgendermaßen charakterisieren: Die Daten weisen einen Trend und deutlich ausgeprägte periodische monatliche Schwankungen innerhalb eines Jahres auf. Zudem weisen die Originaldaten auch eine steigende Volatilität auf, d. h. die Differenz zwischen Jahresminima und Jahresmaxima wird über die Zeit größer. Man sieht, dass das Logarithmieren der Zeitreihe zu einer Varianzstabilisierung führt. Logarithmische Transformationen gehören zur Klasse der Box-Cox-Transformationen [4], die für positive Beobachtungen zur Stabilisierung der Varianz verwendet werden können.

□

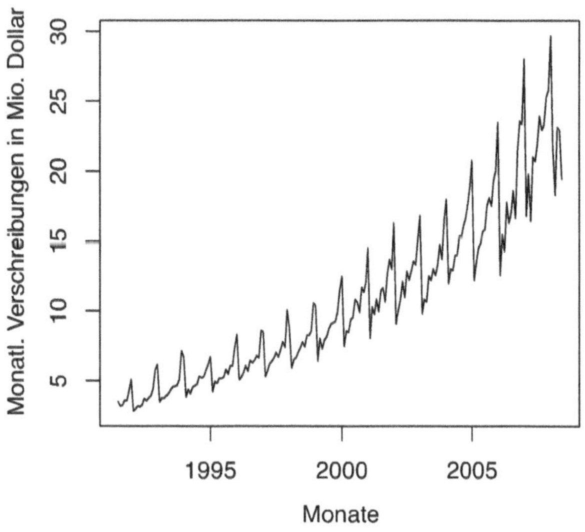

Abb. 8.1 Monatliche Verschreibungen (in Millionen Dollar) pharmazeutischer Produkte gemäß ATC Code A10 (Antidiabetika)

Abb. 8.2 Logarihmierte Zeitreihe

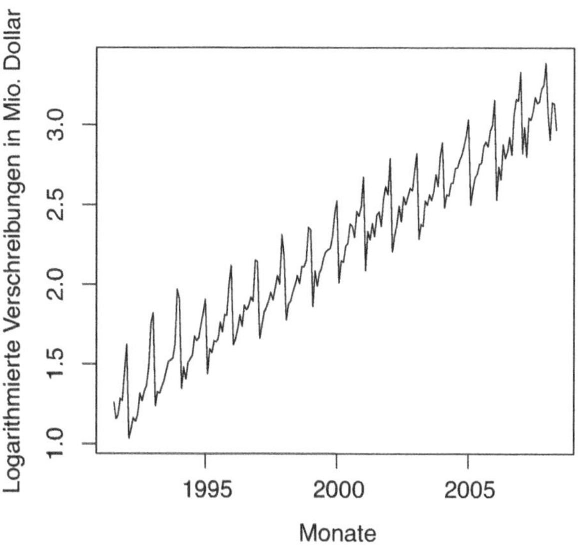

8.1.1 Ziele der Zeitreihenanalyse

Zwei wesentliche Aufgaben der Zeitreihenanalyse sind die deskriptive Beschreibung und die stochastische Modellierung. Bei der deskriptiven Analyse ist die grafische Beschreibung der Zeitreihe von besonderer Bedeutung. Insbesondere geht es um die Herausarbeitung eines eventuellen Trends, periodischer Schwankungen, der Variabilität, sowie möglicher Strukturbrüche. Zur Unterstützung der Erkennung dieser Komponenten werden Verfahren wie gleitende Durchschnitte, Kleinste-Quadrate (KQ) Schätzungen oder lokal gewichtete Regressionen verwendet. Die weitere Modellierung erfolgt oft mit Methoden, die für stationäre stochastische Prozesse (siehe auch Abschn. 6.5) entwickelt wurden und die in der Regel nicht auf die Originalzeitreihe angewendet werden, sondern erst nach **Bereinigung** um Trend- und periodischen Komponenten auf die dann abgeleitete Zeitreihe der Residuen. Dieses Vorgehen ermöglicht im besten Fall eine verbesserte Prognose und eine Quantifizierung der Unsicherheit z. B. durch Prognoseintervalle. Zukünftige Prognosen erfolgen normalerweise für den bedingten Erwartungswert zukünftiger Beobachtungen, d. h. $\hat{Y}_{T+1} = \hat{E}(Y_{T+1}|y_1, \ldots, y_T)$ zu gegebenen Beobachtungen $(y_1, \ldots, y_T)$.

8.1.2 Grundmodell mit Trendkomponente

Das Grundmodell geht meist von einer **additiven Zusammensetzung** der Zeitreihe aus verschiedenen Komponenten aus. Ein einfaches **Trendmodell** ist

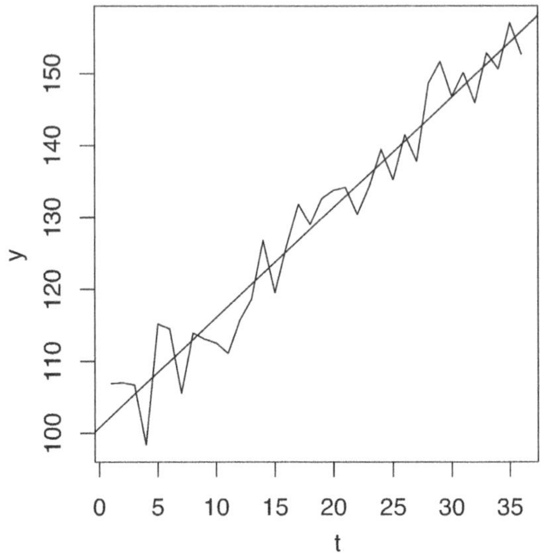

Abb. 8.3 Simulierte Zeitreihe der Länge $T = 36$ mit linearem Trend und weißem Rauschen

$$y_t = d_t + u_t \ , \quad t = 1, 2, \ldots, T \ .$$

Dabei ist d_t eine deterministische Trendkomponente, die die langfristige Entwicklung der Zeitreihe (zum Beispiel einen Sterblichkeitstrend) beschreibt und u_t eine stochastische, stationäre Komponente. Für letztere wird meist ein weißes Rauschen angenommen, d. h. die u_t sind unabhängig und identisch $\mathcal{N}(0, \sigma^2)$-verteilt mit (im einfachsten Fall) konstanter Varianz σ^2.

Beispiel 8.3 (Einfache Zeitreihe mit linearem Trend)
Abb. 8.3 zeigt eine simulierte Zeitreihe, wobei folgender datengenerierender Prozess verwendet wurde:

$$y_t = 100 + 1{,}5t + u_t \ , u_t \sim \mathcal{N}(0{,}4^2) \ , t = 1, \ldots, 36 \ .$$

D. h. der Trend ist in diesem Fall eine in t lineare Funktion. □

Bei einer annähernd linearen Trendkomponente genügt oft ein Übergang zu den ersten Differenzen der Zeitreihe (siehe Abschn. 8.1.4.2), um eine stationäre Zeitreihe zu erhalten.

8.1.3 Erweitertes Grundmodell mit Trend- und Saisonkomponente

Weitere Komponenten können saisonale und zyklische Komponenten sein. Saisonale Komponenten sollen dabei eher kurzfristige periodische Schwankungen bekannter Periodenlänge

(z. B. monatliche Schwankungen) beschreiben, zyklische Komponenten eher längerfristige periodische Schwankungen unbekannter Periodenlänge. Ein Modell mit einer einfachen saisonalen Komponente s_t wäre dann

$$y_t = d_t + s_t + u_t\,, \quad t = 1, 2, \ldots, T\,,$$

wobei für u_t wieder ein weißes Rauschen wie in Abschn. 8.1.2 angenommen wird. Typische Beispiele für Saisonkomponenten sind periodische Schwankungen basierend auf Monatswerten oder Quartalswerten.

Beispiel 8.4 (Einfache Zeitreihe mit linearem Trend und Saison (Monatswerte)) Abb. 8.4 stellt eine simulierte Zeitreihe mit Trend- und Saisonkomponente dar, wobei folgender datengenerierender Prozess angenommen wurde (entsprechend drei Jahren mit jeweils 12 Monatswerten):

$$\begin{aligned} y_t &= 100 + 1.5t + s_t + u_t\,, u_t \sim \mathcal{N}(0{,}4^2)\,, t = 1, \ldots, 36 \\ s_t &= (1, 1, 1) \otimes (-11, -10, 0, 5, 10, 15, 20, 21, 22, -23, -24, -25)\,, \end{aligned}$$

wobei $\otimes$ das Kronecker-Produkt der beiden Zeilenvektoren (mit Dimension (1×3) für 3 Jahre und (1×12) für je 12 Monate) bezeichnet und das Resultat ein (1×36)-Vektor ist. Die 12 Werte innerhalb eines Jahreszyklus addieren sich hierbei zu Null und beeinflussen damit nicht den Trend. Die erste Saisonkomponente (-11) können wir uns als Saisonkomponente des Januar vorstellen (-10 für den Februar, usw. bis -25 für den Dezember), die die Ausprägung des Trends in jedem Januar in jedem der 3 Jahre um den konstanten Wert -11 verringert. Man spricht dann auch von einer **starren Saisonfigur.** □

8.1.4 Bestimmung der Komponenten des Grundmodells

Das Ziel besteht in der Extraktion der einzelnen Komponenten aus der Zeitreihe, also d_t und s_t. In der Regel geht man zweistufig vor. Zunächst werden Schätzungen $\hat{d}_t$ und $\hat{s}_t$ bestimmt, anschließend wird die Zeitreihe der Residuen

$$\hat{u}_t = y_t - \hat{d}_t - \hat{s}_t \tag{8.1}$$

gebildet. Wenn die Reihe der $\hat{u}_t$ keinen Trend und keine Periode mehr enthält, werden die $\hat{u}_t$ als abgeleitete stochastische Komponente betrachtet. Ist dies nicht der Fall, werden Trend und zyklische Komponenten neu bestimmt. Für die trend- und zyklus-bereinigte Zeitreihe wird dann ein stochastisches Zeitreihenmodell angepasst. Dabei wird vorausgesetzt, dass die bereinigte Zeitreihe der Residuen stationär ist. Wir betrachten dabei im Folgenden immer **schwach stationäre Prozesse** (siehe Abschn. 6.5, Gl. 6.36 und 6.37) und die folgende Definition.

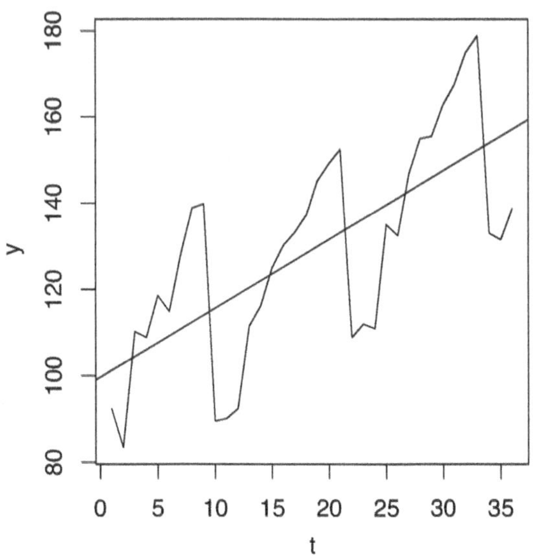

Abb. 8.4 Simulierte Zeitreihe der Länge $T = 36$ mit linearem Trend, saisonaler Komponente und weißem Rauschen

Definition 8.5 *Eine Zeitreihe heißt schwach stationär, falls für alle* $t = 1, 2, \ldots$ *und alle* $l = 0, 1, \ldots$ *gilt:*

$$\mu(t) = \mu \tag{8.2}$$

$$\gamma(t, t + l) = \gamma(l) \tag{8.3}$$

$$\rho(t, t + l) = \rho(l) = \frac{\gamma(l)}{\sqrt{\gamma(0)\gamma(0)}} = \frac{\gamma(l)}{\gamma(0)} = \frac{\gamma(l)}{\sigma^2}\,, \tag{8.4}$$

mit $\sigma^2 = \gamma(0)$. *Dabei sind* $\gamma(l)$ *und* $\rho(l)$ *dann die Autokovarianz- bzw. Autokorrelationsfunktionen, die lediglich vom Lag* l *abhängen. Es gilt dabei* $\rho(0) = 1$.

8.1.4.1 Trendbestimmung

Für die Trendbestimmung einer Zeitreihe ohne Saisonkomponente können beispielsweise polynomiale Regressionsmodelle mit der Zeit t als Kovariable oder unabhängiger Variable verwendet werden:

$$y_t = \beta_0 + \beta_1 t + \beta_2 t^2 + \ldots + \beta_q t^q + u_t\,, \quad t = 1, \ldots, T \tag{8.5}$$

In diesem Fall ist die geschätzte Trendkomponente gegeben durch

$$\hat{d}_t = \hat{\beta}_0 + \hat{\beta}_1 t + \hat{\beta}_2 t^2 + \ldots + \hat{\beta}_q t^q\,.$$

An dieser Stelle wollen wir Folgendes bemerken: analog zum Grundmodell wird für u_t ein weißes Rauschen angenommen. Später werden wir diese Annahme dahingehend abschwächen, dass die Komponenten u_t auch stochastisch abhängig sein dürfen.

8.1.4.2 Differenzenbildung

Alternativ zur Bestimmung der Residuen (und damit zur Entfernung von Trend und Periode) lässt sich die Zeitreihe in vielen Fällen durch Differenzenbildung in eine (schwach) stationäre Zeitreihe transformieren. Liegt z. B. eine Zeitreihe nur mit Trendkomponente vor, so sind einfache Methoden der Trendbereinigung die Bildung erster Differenzen

$$\tilde{y}_t = y_t - y_{t-1}$$

im Fall eines linearen Trends, oder die Verwendung von zweiten Differenzen

$$\tilde{y}_t = (y_t - y_{t-1}) - (y_{t-1} - y_{t-2})$$

im Fall eines quadratischen Trends. Das lässt sich jeweils einfach aus Gl. (8.5) ableiten. Für den linearen Trend erhält man beispielsweise

$$\begin{aligned}\tilde{y}_t &= y_t - y_{t-1} = \beta_0 + \beta_1 t + u_t - (\beta_0 + \beta_1(t-1) + u_{t-1}) \\ &= \beta_1 + (u_t - u_{t-1})\,.\end{aligned}$$

D. h. der Erwartungswert von $\tilde{y}_t$ ist (unter der Annahme eines weißen Rauschens für u_t und u_{t-1}) β_1 und die Varianz ist $2\sigma^2$, also jeweils eine Konstante.

Beispiel 8.6 (Beispiele für Differenzenbildung bei Zeitreihen mit linearem und quadratischen Trend) In der Abb. 8.5 sieht man links die Originalzeitreihe mit linearem Trend und rechts die ersten Differenzen, sowie die Parameterwerte eines einfachen linearen (in der Zeit t) Regressionsmodells. Der Parameter β_1 bezieht sich hier auf die Steigung der Differenzen (und nicht der Steigung des Trends der Originalzeitreihe), die approximativ den Wert Null annimmt und indiziert, dass die Trendbereinigung erfolgreich war.

Abb. 8.6 zeigt den analogen Fall einer Zeitreihe mit quadratischem Trend und zweiten Differenzen. Auch hier weisen die zweiten Differenzen praktisch keinen Trend mehr auf.

□

8.1.4.3 Gleitende Durchschnitte

Gleitende Durchschnitte können für die Glättung einer Zeitreihe und zur sogenannten Saisonbereinigung verwendet werden.

Ein gleitender Durchschnitt ungerader Ordnung wird an einem bestimmten Zeitpunkt t wie folgt gebildet:

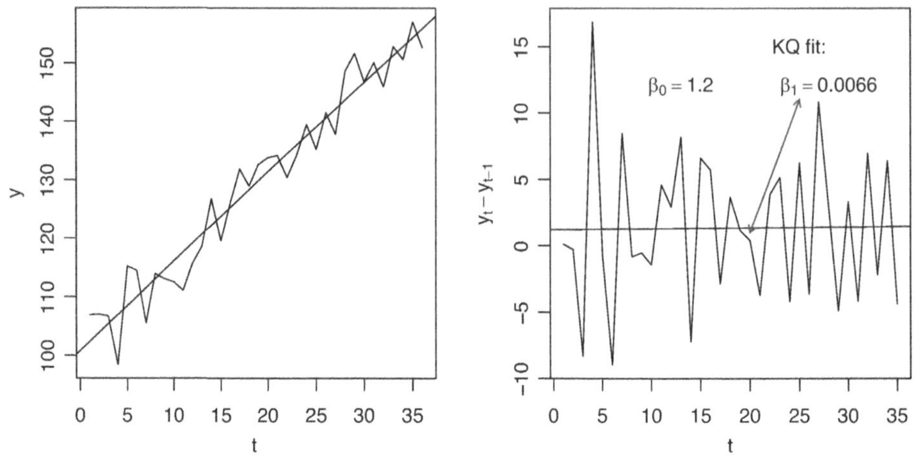

Abb. 8.5 Zeitreihe mit linearem Trend und ersten Differenzen, sowie deren KQ-Schätzung

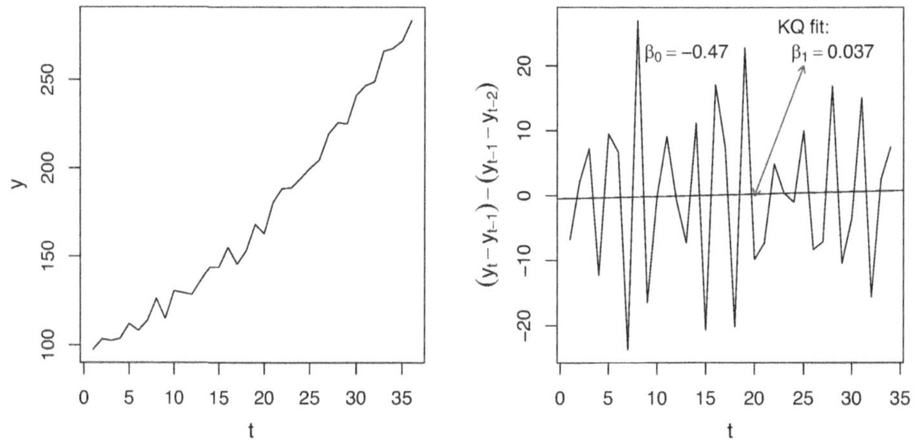

Abb. 8.6 Zeitreihe mit quadratischem Trend und zweiten Differenzen, sowie deren KQ-Schätzung

$$\tilde{y}_t = \frac{1}{2q+1} \sum_{l=-q}^{q} y_{t+l} \,, q \in \mathbb{N} \,.$$

Ein gleitender Durchschnitt gerader Ordnung an einem bestimmten Zeitpunkt t ist dagegen das (Endpunkte-)gewichtete arithmetisches Mittel

$$\tilde{y}_t = \frac{1}{2q} \left(\frac{1}{2} y_{t-q} + \sum_{l=-(q-1)}^{q-1} y_{t+l} + \frac{1}{2} y_{t+q} \right) \,, q \in \mathbb{N} \,.$$

Für beliebige Zeitreihendaten ist die Glättung umso stärker, je größer q ist. Dabei bietet sich für Quartalsdaten mit Saison ein gleitender Durchschnitt gerader Ordnung mit $q = 2$ an, so dass die Periodizität $2q = 4$ Werte umfasst. Für Monatsdaten mit Saison ist ein gleitender Durchschnitt gerader Ordnung mit $q = 6$ geeignet, entsprechend den $2 \cdot 6 = 12$ Monaten eines Jahres. Die gleitenden Durchschnitte $\tilde{y}_t$ stellen dann die geschätzte Trendkomponente dar. Zu beachten ist, dass die Zeitreihe der gleitenden Durchschnitte kürzer ist als die Originalzeitreihe, und zwar um jeweils q Werte am Anfang und Ende des Beobachtungszeitraums (insgesamt also $2q$ Werte). Es gibt deshalb Modifikationen, die einseitige gleitende Durchschnitte oder Randergänzungen am Ende des Beobachtungszeitraums verwenden um diesen Nachteil zu vermeiden, d. h. man erhält geglättete Werte bis zum Zeitpunkt T. Dazu können Prognoseverfahren oder lokale Approximationen dienen ([12], Kap. 1).

Beispiel 8.7 (Einfache Zeitreihe mit Trend und Saison) Die Zeitreihe in Abb. 8.7 (vergleiche Beispiel 8.4) wurde durch folgenden Prozess simuliert,

$$y_t = 100 + 1.5t + s_t + u_t \, , u_t \sim \mathcal{N}(0{,}4^2) \, , t = 1, \ldots, 36$$
$$s_t = (1, 1, 1) \otimes (-11, -10, 0, 5, 10, 15, 20, 21, 22, -23, -24, -25)$$

und anschließend mittels gleitendem Durchschnitt (gerade Ordnung, $q = 6$) saisonbereinigt.

Man sieht, dass ein gleitender Durchschnitt (gerade Ordnung, $q = 6$) und eine lineare KQ-Schätzung die Saisonkomponente aus der Originalreihe entfernen können. □

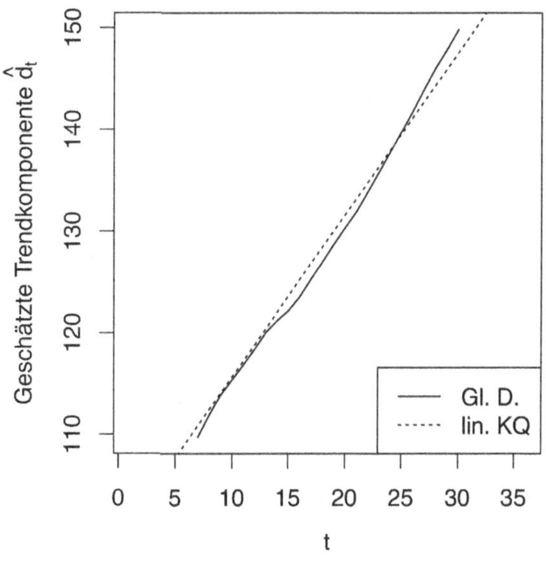

Abb. 8.7 Saisonbereinigte Zeitreihen, einmal mittels gleitendem Durchschnitt, einmal mittels linearer KQ Trendschätzung, $q = 6$

8.1.4.4 Saisonbestimmung

Für die Bestimmung der Saisonkomponente wird zunächst eine Trendbereinigung vorgenommen, die die Saisonkomponente möglichst wenig beeinflussen soll. Wir erläutern die Idee anhand von Monatsdaten, die über mehrere Jahre erhoben werden (vergleiche wieder Beispiel 8.4). Hier bietet sich z. B. ein gleitender 12-er Durchschnitt (d. h. gerade Ordnung, $q = 6$) für die Trendschätzung $\hat{d}_t$ an. Für Monatswerte und damit Periodenlänge $p = 12$, sowie einer starren Saisonfigur nimmt man weiter an, dass

$$s_{t+l\cdot p} = s_{t+l'\cdot p}$$

mit der Zentrierung $\sum_{j=1}^{p} s_{t+j} = 0$, wobei $t = 1, 2, \ldots, T$ der Index der Zeitreihenwerte, $l, l' = 0, 1, 2, \ldots, L$ der Index der Jahre, und $j = 1, \ldots, p$ der Index der Monate ist. Nochmals: die Saisonfigur wird starr genannt, wenn entsprechenden Komponenten für jeden Monat konstant über die Jahre sind. D. h. es gilt z. B. ($T = 36$, $L = 2$, $p = 12$) $s_1 = s_{13} = s_{25}, s_2 = s_{14} = s_{26}, s_3 = s_{15} = s_{27}, \ldots, s_{12} = s_{24} = s_{36}$.

Damit liegt für alle Jahre l und dem jeweiligen Monat j ($j = 1, \ldots, p$) die gleiche additive Saisonkomponente vor und jeweils p benachbarte Saisonkomponenten addieren sich zu Null. Formal ist dann

$$\hat{s}_t = (y_t - \hat{d}_t) - \hat{u}_t \ ,$$

Im Fall von z. B. Monatsdaten wird der Durchschnitt der Differenzen $(y_t - \hat{d}_t)$ über alle Januar–Werte, dann Februar–Werte, usw. gebildet. Dies ist dann eine erste Schätzung für die monatlichen Saisonkomponenten. Anschließend werden die Saisonkomponenten noch zentriert, indem der Durchschnitt aller monatlichen Saisonkomponenten von jeder einzelnen Saisonkomponente abgezogen wird.

Beispiel 8.8 (Beispiel: einfache Zeitreihe mit Trend und Saison)
Datengenerierender Prozess:

$$y_t = 100 + 1.5t + s_t + u_t \ , u_t \sim \mathcal{N}(0{,}4^2) \ , t = 1, \ldots, 36 \tag{8.6}$$

$$s_t = (1, 1, 1) \otimes (-11, -10, 0, 5, 10, 15, 20, 21, 22, -23, -24, -25) \tag{8.7}$$

Ein gleitender Durchschnitt (gerade Ordnung, $q = 6$) wurde auf die Originalreihe angewendet, danach eine Trendbereinigung durchgeführt und die Saisonfigur bestimmt wie oben beschrieben (R–Funktion `decompose`). Man sieht (Abb. 8.8), dass wegen des gleitenden Durchschnitts am Anfang und Ende des Beobachtungszeitraums Werte im Trend und der Restkomponente fehlen (jeweils 6 Werte). □

Bemerkung 8.9 Die R–Funktion `stl` liefert ein ähnliches Ergebnis, man hat aber nicht das Problem der Verkürzung der geschätzten Trend- und Restkomponente.

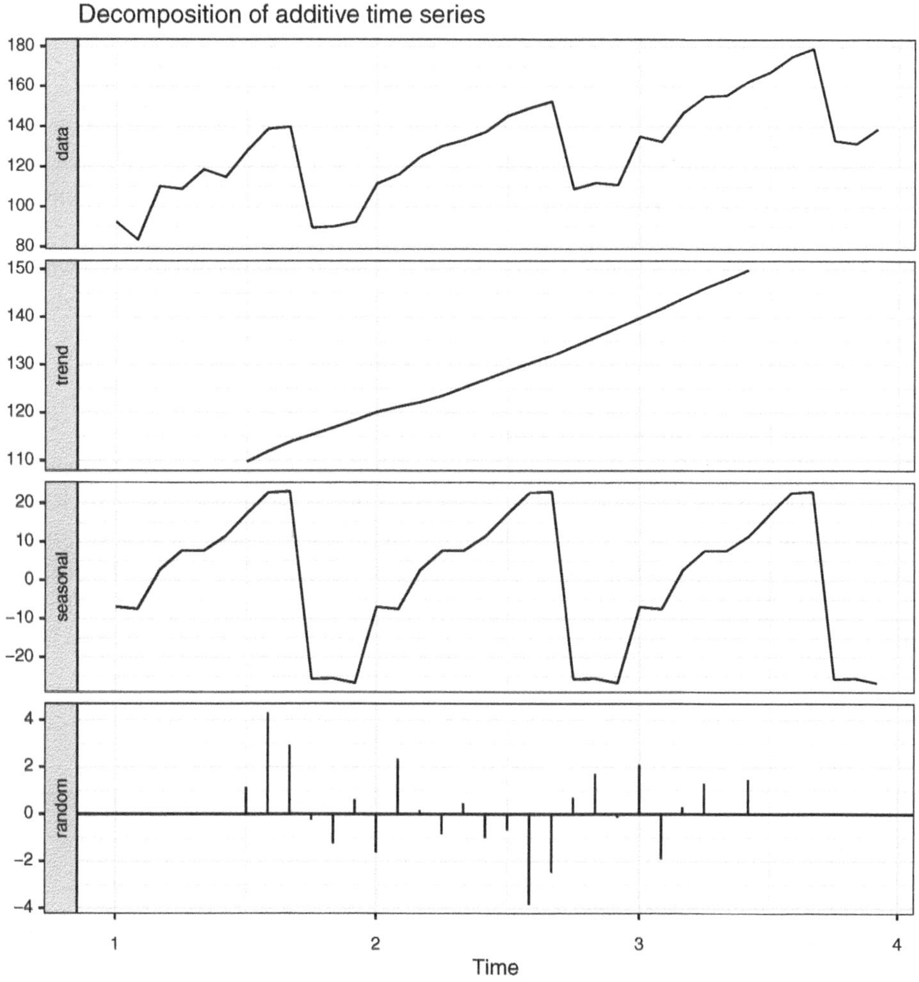

Abb. 8.8 Anwendung der R–Funktion `decompose` auf die Daten erzeugt mit den datengenerierenden Prozessen (8.6) und (8.7)

8.1.4.5 Simultane KQ-Schätzung von Trend und Saison

Alternativ zur separaten Bestimmung von Trend- und Saisonkomponente kann eine simultane Bestimmung mit Hilfe einer Regression mit polynomialem Trend und Dummy–Variablen für die Saisonkomponente durchgeführt werden:

$$y_t = \beta_0 + \beta_1 t + \ldots + \beta_q t^q + \alpha_1 d_1 + \ldots + \alpha_p d_p + u_t\ , \quad t = 1, \ldots, T\ .$$

Bei Monatswerten und $p = 12$ sind die Dummy–Variablen definiert als

$$d_1 = \begin{cases} 1 \text{ falls } y_t \text{ im Januar} \\ 0 \; sonst \end{cases} \quad \ldots \quad d_{12} = \begin{cases} 1 \text{ falls } y_t \text{ im Dezember} \\ 0 \; sonst \end{cases}$$

Bemerkung 8.10 Um es anschaulicher zu machen wurden hier 12 Indikatorvariablen verwendet, zur Berechnung müsste man eine sogenannte Dummykodierung verwenden, d. h. man müsste mit 11 Dummy–Variablen und einem Monat als Referenzkategorie arbeiten.

Bemerkung 8.11 Da die Annahme unkorrelierter Störterme u_t verletzt sein kann, wurden robuste Verfahren zur Schätzung der Varianz der Schätzungen der Regressionskoeffizienten und der Varianz σ^2 entwickelt [14].

8.1.4.6 Lokal gewichtete Regression

Hierfür wird zu jedem Zeitpunkt t der Zeitreihe innerhalb eines Zeitfensters mittels benachbarter Beobachtungen eine polynomiale Regression (meist ersten oder zweiten Grades) geschätzt. Die R–Funktion `loess` wurde im folgenden Beispiel dazu verwendet (mit der Voreinstellung lokaler quadratischer Polynome) [5]. Der Anteil α der benachbarten Daten (z. B. 30 % der Daten) ist hier ein sogenannter Tuning–Parameter. Je höher der Anteil, desto glatter ist die geschätzte Gesamtfunktion. Je näher ein Punkt zeitlich an t ist, desto höher wird er gewichtet. Die standardmäßig verwendete Gewichtsfunktion ist tri–kubisch:

$$w(x) = (1 - |d/\max(d)|^3)^3 ,$$

wobei d der Abstand von Zeitpunkt x zum aktuell betrachteten Zeitpunkt t ist und $\max(d)$ der maximal mögliche Abstand.

Beispiel 8.12 (Antidiabetika–Daten)
Auf die Antidiabetika-Daten wurde die `loess` Funktion für zwei verschiedene Werte für α angewendet ($\alpha = 0{,}3$ und $\alpha = 0{,}1$, d. h. 30 % und 10 % der Daten werden in der Umgebung jedes Zeitpunkts für die Schätzung verwendet). Die geschätzten Trendkomponenten sind in Abb. 8.9 zu sehen.

Man sieht in Abb. 8.9 auch sehr gut, wie der Anteil der benachbarten Punkte die Glattheit der Regressionskurve steuert. Je mehr Punkte miteinbezogen werden, desto glatter ist die geschätzte Trendkomponente. □

8.2 Zeitreihen als stochastische Prozesse

Die beobachtete Zeitreihe wird als eine (einzige) Realisation eines stochastischen Prozesses (vgl. auch Kap. 6) betrachtet. Das heißt, der Stichprobenumfang ist $n = 1$. In diesem Sinne unterscheidet sich die Zeitreihenanalyse stark von üblichen statistischen Analysen.

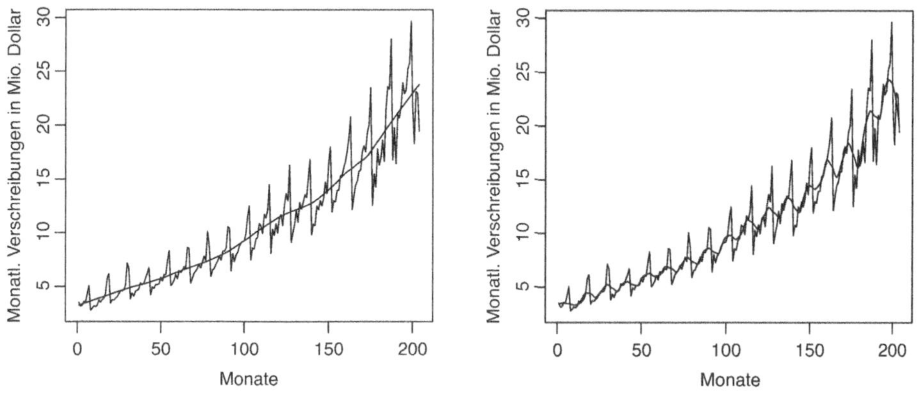

Abb. 8.9 Lokal gewichtete Regressionen mit den Antidiabetika Daten. Links: 30 % Teilmenge der Daten, rechts: 10 % Teilmenge der Daten

Wir beschränken uns weiter auf schwach stationäre stochastische Prozesse (vgl. auch Abschn. 6.5 und Definition 8.5), die wir gut mit den Momentenfunktionen Erwartungswert, Varianz, Autokovarianz- und Autokorrelationsfunktion charakterisieren können.

Bemerkung 8.13 In der Beschreibung des Grundmodells in Abschn. 8.1.2 wurde die Zeitreihe der Residuen in der Gl. (8.1) mit der Notation $\hat{u}_t$ verwendet und in den Beispielen wurde angenommen, dass es sich dabei um ein weißes Rauschen handelt. Hier nehmen wir jetzt an, dass die Zeitreihe der Fehlerterme u_t eine schwach stationäre Zeitreihe darstellt, d. h. dass die Fehler auch stochastisch abhängig sein können. Dies hat den Vorteil, dass man z. B. bei der Einschrittprognose $\hat{Y}_{T+1}$ nicht nur die Trend- und die Saisonkomponente verwenden kann, sondern auch die Schätzung für den bedingten Erwartungswert, $\hat{E}(u_{T+1}|\hat{u}_1, \ldots, \hat{u}_T)$ (anstelle des unbedingten Erwartungswerts, der ja null ist). Dabei bezeichnet $(\hat{u}_1, \ldots, \hat{u}_T)$ die Zeitreihe der Residuen.

Bemerkung 8.14 Die unbeobachtbaren latenten Störterme werden dagegen mit $(u_1, \ldots, u_T)$ bezeichnet.

Die Abhängigkeitsstruktur der Werte führt dazu, dass der bedingte Erwartungswert von Null verschieden sein und damit die Prognose verbessern kann.

Im Folgenden widmen wir uns der Zeitreihe der Residuen und betrachten sie als schwach stationären Prozess, die der Literatur folgend wieder mit $(y_1, \ldots, y_T)$ bezeichnet wird, obwohl es sich dabei eigentlich um $(u_1, \ldots, u_T)$ handelt.

Eine wichtige allgemeine Klasse von stationären Prozessen sind die ARMA (autoregressive moving average) Prozesse (vergleiche auch Abschn. 6.5). Diese enthalten als Spezialfall autoregressive (AR) und moving average (MA) Prozesse.

8.2.1 Momente einer Zeitreihe

Eine Zeitreihe lässt sich charakterisieren durch ihre Erwartungswertfunktion

$$\mathrm{E}(Y_t) = \mu(t)\ , t = 1, 2, \ldots,$$

durch ihre Autokovarianzfunktion

$$\mathrm{Cov}(Y_t, Y_{t+l}) = \gamma(t, t+l) = \mathrm{E}[(Y_t - \mu_t)(Y_{t+l} - \mu_{t+l})]\ , l = 0, 1, \ldots\ ,$$

und durch die Autokorrelationsfunktion

$$\rho(t, t+l) = \frac{\gamma(t, t+l)}{\sqrt{\gamma(t,t)\gamma(t+l, t+l)}}\ , l = 0, 1, \ldots\ .$$

Für schwach stationäre Zeitreihen ergeben sich die Vereinfachungen gemäß der Definition 8.5.

Beispiel 8.15 (Nichtstationäre Zeitreihe) Ein typisches Beispiel einer nichtstationären Zeitreihe (vergleiche Abb. 8.10) ist der random walk

$$y_t = y_{t-1} + u_t\ ,$$

mit weißem Rauschen $u_t \sim \mathcal{N}(0, \sigma^2)$. Mit zunehmender Zeit wird dabei die Varianz immer größer, denn es gilt:

$$y_t = y_{t-1} + u_t = (y_{t-2} + u_{t-1}) + u_t = \ldots = y_0 + \sum_{l=0}^{t} u_l\ ,$$

mit deterministischem Anfangszustand y_0, z. B. $y_0 = 0$, und damit

$$Var(y_t) = Var\left(\sum_{l=0}^{t} u_l\right) = t\sigma^2\ .$$

□

8.2.2 Schätzung der Autokorrelationsfunktion

Eine Schätzung der Autokorrelationsfunktion im stationären Fall erfolgt durch die empirische Autokorrelationsfunktion

$$r(l) = \frac{\sum_{t=1}^{T-l}(y_{t+l} - \bar{y})(y_t - \bar{y})}{\sum_{t=1}^{T}(y_t - \bar{y})^2}\ .$$

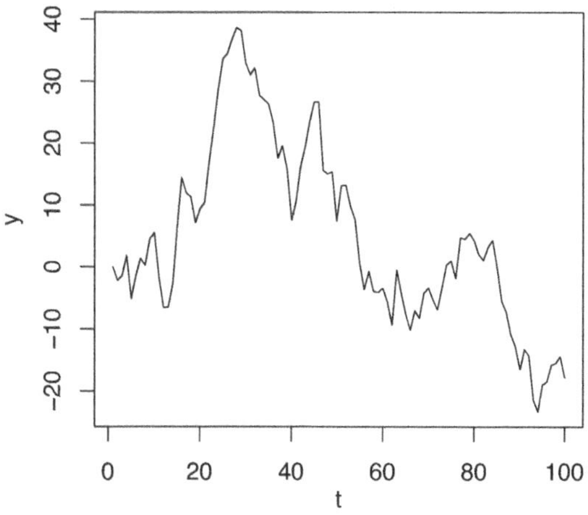

Abb. 8.10 Beispiel für eine nichtstationäre Zeitreihe: random walk

Trägt man die empirischen Autokorrelationen $r(l)$ über die Lags $l = 0, 1, \ldots$ ($r(0) = 1$) grafisch ab, erhält man das sogenannte Korrelogramm. Unter gewissen Voraussetzungen ist $r(l)$ ein konsistenter und asymptotisch normalverteilter Schätzer für $\rho(l)$ (vergleiche Kap. 3).

Eine Darstellung eines Korrelogramms findet sich in Abb. 8.11 (linke Abbildung).

Bemerkung 8.16 Das Statistik-Programm R bietet (im Standardpaket `stats`) die Funktion `acf` zur Berechnung und grafischen Darstellung der Autokorrelationsfunktion.

8.2.3 Partielle Autokorrelationsfunktion

Eine weitere wichtige Kenngröße ist die partielle Autokorrelationsfunktion (partial autocorrelation function, PACF) $\pi(l)$. Die partiellen Autokorrelationen messen die Korrelation zwischen y_t und y_{t-l} gegeben (oder bedingt auf) die Werte $y_{t-1}, \ldots, y_{t-l+1}$ an den Zwischenzeitpunkten. Zur Schätzung der partiellen Autokorrelation zum Lag l verwendet man das Regressionsmodell

$$y_t = \alpha_1 y_{t-1} + \ldots + \alpha_l y_{t-l} + \varepsilon_t \ ,$$

wobei y_t der Response ist, $y_{t-1}, \ldots, y_{t-l}$ die Kovariablen sind und ε_t der Fehlerterm der Regression. Die Vorhersage $\hat{y}_t$ des Regressionsmodells für y_t wird dann gebildet als

$$\hat{y}_t = \hat{\alpha}_1 y_{t-1} + \ldots + \hat{\alpha}_l y_{t-l} \ ,$$

wobei die Schätzung $\hat{\alpha}_l$ des Parameters α_l aus der Regression bereits eine Schätzung für $\pi(l)$ ($l \geq 2$) darstellt. Eine grafische Darstellung der partiellen Autokorrelationsfunktion findet sich in Abb. 8.11 (rechte Abbildung).

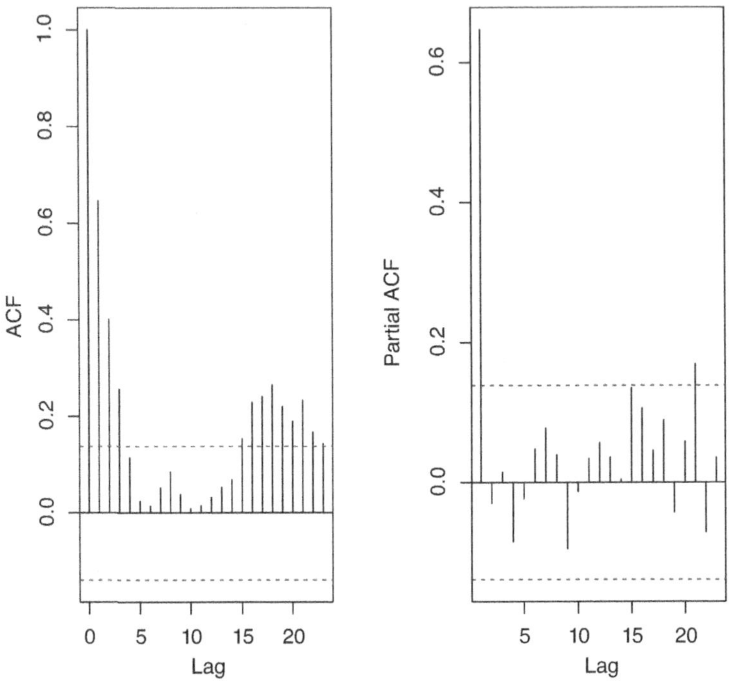

Abb. 8.11 links: Korrelogramm, rechts: partielle Autokorrelationsfunktion einer Zeitreihe

Bemerkung 8.17 Betrachtet man ein Regressionsmodell ohne Zwischenwerte, d. h.

$$y_t = \beta_l y_{t-l} + \varepsilon_t \ ,$$

so erhält man als Schätzung für die Autokorrelation $r(l)$ den Parameter $\hat{\beta}_l$.

Bemerkung 8.18 Das Statistik-Programm R bietet (im Standardpaket `stats`) die Funktion `pacf` zur Berechnung und grafischen Darstellung der partiellen Autokorrelationsfunktion.

8.3 Stationäre Zeitreihenmodelle

Modelle für stationäre Zeitreihen erlauben eine weitergehende Analyse von Zeitreihen und die Verwendung von Zeitreihen für Prognosen zukünftiger Werte $\hat{Y}_{T+l}$. Im Folgenden betrachten wir o.w.E. Zeitreihen mit Erwartungswert $\mu_t = 0$.

8.3.1 Autoregressive Modelle

Der Modellansatz für autoregressive Modelle lautet

$$y_t = \alpha_1 y_{t-1} + \alpha_2 y_{t-2} + \ldots + \alpha_p y_{t-p} + u_t \ ,$$

mit u_t weißes Rauschen. Man spricht in diesem Fall von einem AR(p)-Modell. Eine Besonderheit des AR(p)-Modells ist, dass die partielle Autokorrelationsfunktion für Lags größer als p identisch 0 ist. Der Grund dafür ist, dass durch den Regressionsansatz die Beobachtungen an den Zwischenstellen als Kovariablen im Modell sind und daher die p vergangenen Werte vollständig berücksichtigt werden.

Das einfachste autoregressive Modell, welches Korrelationen zwischen aufeinanderfolgenden Beobachtungen berücksichtigen kann, ist der **AR(1)-Prozess**. Sei $u_t \sim \mathcal{N}(0, \sigma^2)$ und u_t unabhängig, dann ist y_t ein AR(1)-Prozess, falls

$$y_t = \alpha_1 y_{t-1} + u_t \ .$$

Für $|\alpha_1| < 1$ ist der Prozess schwach stationär, und es gilt:

$$\begin{aligned}
E(y_t) &= 0 \quad \forall t \\
Var(y_t) &= \gamma(0) = \frac{\sigma^2}{1-\alpha_1^2} \quad \forall t \\
Cov(y_t, y_{t+l}) &= \gamma(l) = \frac{\sigma^2}{1-\alpha_1^2}\alpha_1^l = \gamma(0)\alpha_1^l \quad \forall t, l \\
\mathrm{Cor}(y_t, y_{t+l}) &= \rho(l) = \alpha_1^l \quad \forall t, l
\end{aligned}$$

Die Autokorrelation nimmt für $|\alpha_1| < 1$ damit exponentiell ab und wechselt für $\alpha_1 < 0$ alternierend das Vorzeichen. Die partielle Autokorrelation ist null für Lags größer 1.

Die Parameter α_1 und σ^2 können über die Kleinste-Quadrate Methode (vergleiche [12], Kap. 6, diese führt auf die Yule-Walker Schätzungen, siehe auch Abschn. 6.5) oder, wegen der Annahme der Normalverteilung für den Fehler u_t, mit der Maximum Likelihood Methode geschätzt werden. Die Forderung $|\alpha_1| < 1$ ist dabei notwendig, damit die entsprechende geometrische Reihe für die Varianz von y_t konvergiert. Es gilt mit $Var(y_t) = \gamma(0)$ (Stationarität) und der stochastischen Unabhängigkeit von y_{t-1} und u_t

$$\begin{aligned}
\gamma(0) = Var(y_t) &= Var\left(\alpha_1 y_{t-1} + u_t\right) \ , \\
&= \alpha_1^2 Var(y_{t-1}) + Var(u_t) = \alpha_1^2\gamma(0) + \sigma^2 \\
\gamma(0) &= \frac{\sigma^2}{1-\alpha_1^2} \ .
\end{aligned}$$

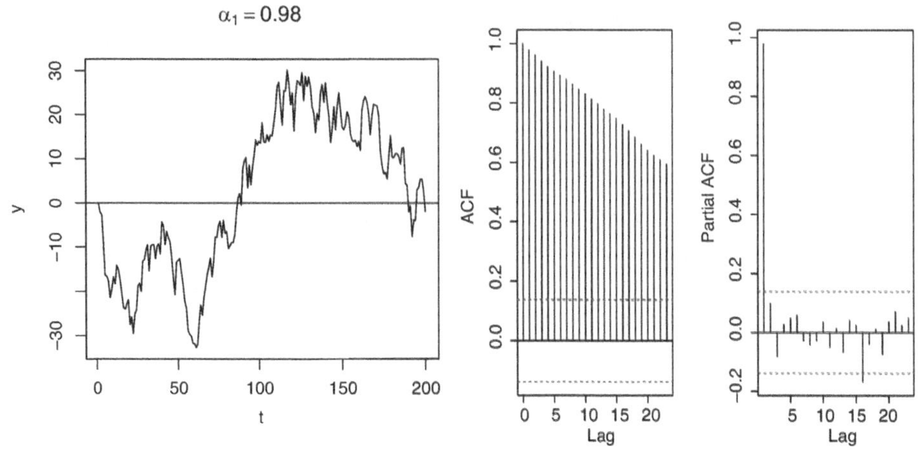

Abb. 8.12 Zeitreihe, sowie geschätzte ACF und PACF eines AR(1)–Prozesses mit $\alpha_1 = 0{,}98$

Beispiel 8.19 (Realisierung verschiedener AR(1)–Prozesse) Die Abb. 8.12, 8.13, 8.14 und 8.15 zeigen AR(1)–Prozesse mit verschiedenen Parametern α_1. Zu beachten ist dabei, dass der Wertebereich der Zeitreihenbeobachtungen und damit die Skalierung der y-Achse unterschiedlich ist. Tendenziell gilt, dass je näher α_1 am Wert Eins ist, desto größer der Wertebereich, da die Varianz dann groß wird. Die Oszillation der Beobachtungen und der Autokorrelationsfunktion ist am stärksten für das Modell mit negativem Parameter α_1. Für die Modelle mit Werten für α_1 nahe 1 oder dem nicht-stationären random walk (entspricht $\alpha_1 = 1$) nimmt die Autokorrelationsfunktion scheinbar eher linear oder sehr langsam ab. Für die Autokorrelationsfunktion der Zeitreihe in Abb. 8.13 scheint die Autokorrelation für größere Lags wieder zu steigen. Allerdings ist zu berücksichtigen, dass es sich hier um Schätzungen handelt und je größer der betrachtete Lag ist, desto weniger Beobachtungen gehen in die Schätzung ein. Für die PACF gilt, dass der Wert zum Lag 1 der Schätzung des Parameters α_1 entspricht. Alle Werte der PACFs für die Beispiele weisen bei höheren Lags nur kleine (absolute) Werte auf. Dies entspricht der Theorie, dass die PACF des AR(1)-Prozesses für Lags größer 1 null ist und unterstreicht die Bedeutung der PACF für die Schätzung des Parameters p, der im allgemeinen unbekannt ist. Der Bereich zwischen den horizontalen, gestrichelten Linien stellt den Annahmebereich für Tests dar mit Nullhypothese „ACF/PACF gleich null". Nur Werte außerhalb dieses Bereichs werden als statistisch signifikant (von null verschieden) angesehen. □

Bemerkung 8.20 Die Stationarität eines AR(p)-Prozesses ist in der Praxis schwierig überprüfbar, formal muss die Bedingung erfüllt sein, dass alle Nullstellen des Polynoms

$$a(\lambda) = 1 - \alpha_1\lambda - \ldots - \alpha_p\lambda^p$$

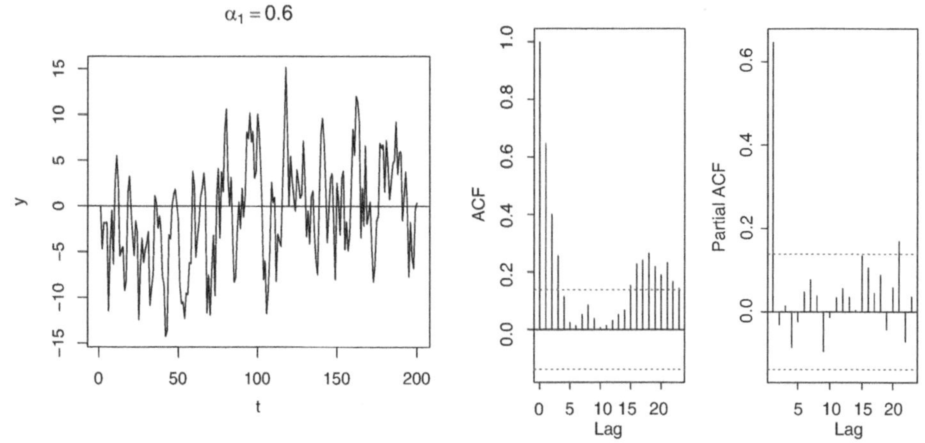

Abb. 8.13 Zeitreihe, sowie geschätzte ACF und PACF eines AR(1)–Prozesses mit $\alpha_1 = 0{,}6$

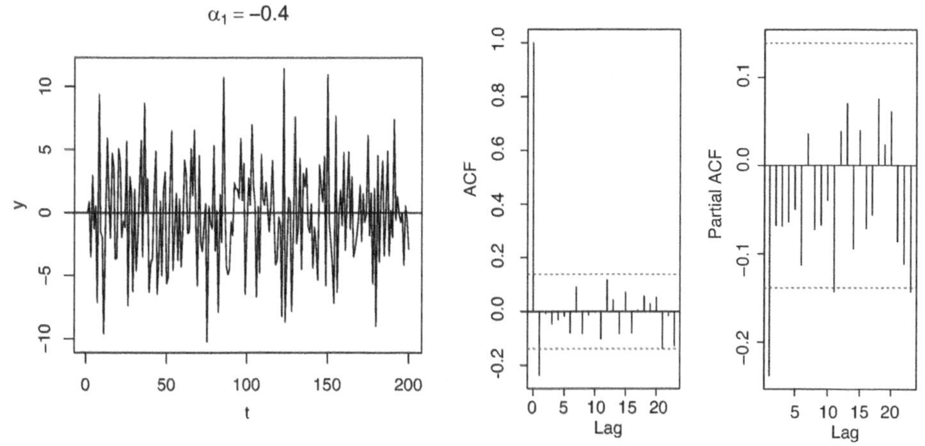

Abb. 8.14 Zeitreihe, sowie geschätzte ACF und PACF eines AR(1)–Prozesses mit $\alpha_1 = -0{,}4$

betragsmäßig größer als 1 sind. Der Koeffizient α_p eines AR(p)-Prozesses entspricht der partiellen Autokorrelation von y_t und y_{t-p} nach Bereinigung um die Zwischenbeobachtungen $(y_{t-1}, \ldots, y_{t-p+1})$.

Beispiel 8.21 (*AR(2)–Prozess*) s Betrachte $y_t = 0{,}9y_{t-1} - 0{,}2y_{t-2} + u_t$. Die charakteristische Gleichung lautet:

$$1 - 0{,}9\lambda + 0{,}2\lambda^2 = 0$$

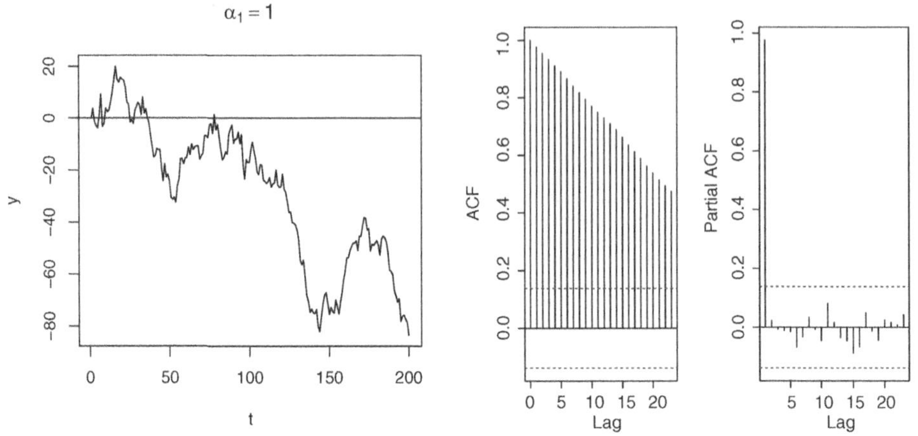

Abb. 8.15 Zeitreihe, sowie geschätzte ACF und PACF eines nichtstationären AR(1)–Prozesses mit $\alpha_1 = 1.0$

und hat die Lösungen $\lambda_1 = 2.5$, $\lambda_2 = 2$. Damit ist dieser Prozess stationär. Im allgemeinen können die Lösungen auch komplexe Zahlen sein. Speziell für den AR(2)–Prozess lassen sich die Bedingungen $|\lambda_j| > 1$ umformen zu Bedingungen an die Koeffizienten α_j:

$$-1 < \alpha_2 < 1$$
$$\alpha_1 + \alpha_2 < 1$$
$$\alpha_2 - \alpha_1 < 1$$

□

8.3.2 Moving average Prozesse

Oft gibt es bei AR(p)-Prozessen selbst bei sehr großen Lags noch Korrelationen. Manche Zeitreihen zeigen aber nur bei kleinen Lags Korrelationen. Daher wurde ein weiterer Prozess eingeführt, der sogenannte MA(q)-Prozess, $q > 0$ (MA steht für „moving average"). Der MA-Prozess modelliert die Zeitreihenbeobachtungen nicht in Abhängigkeit vergangener Zeitreihenwerte sondern in Abhängigkeit von latenten, unbeobachteten Variablen u_t.

Ein moving average Prozess ist gegeben durch

$$y_t = \beta_1 u_{t-1} + \beta_2 u_{t-2} + \ldots + \beta_q u_{t-q} + u_t \,.$$

Jede Komponente u_t ist eine Realisation von weißem Rauschen. Man spricht dann von einem MA(q)-Prozess. Ein MA-Prozess ist dabei immer stationär. Im einfachsten Fall eines MA(1)–Prozesses gilt:

$$E(y_t) = 0 \quad Var(y_t) = \sigma^2(1 + \beta_1^2) \quad \gamma(1) = \beta_1\sigma^2$$

Bei einem MA(q)-Prozess ist die Autokorrelation Null für Lags $> q$, d. h. $\gamma(l) = 0, l > q$, da es dann für diese Beobachtungen keine gemeinsamen latenten Komponenten gibt. Beim AR(p)-Prozess hängt der gegenwärtige Zustand also von vergangenen Zuständen ab, während beim MA(q)-Prozess die Gegenwart nur von den q letzten zufälligen Effekten abhängt. Die Schätzung der Parameter ist bei moving average Prozessen (außer beim MA(1)-Prozess) im Vergleich zu autoregressiven Prozessen komplizierter. Wir verwiesen hierzu auf [12], Kap. 6.

8.3.3 ARMA-Prozesse

Ein ARMA(p, q)-Prozess ist gegeben durch

$$y_t = \alpha_0 + \alpha_1 y_{t-1} + \alpha_2 y_{t-2} + \ldots \alpha_p y_{t-p} + u_t + \beta_1 u_{t-1} + \beta_2 u_{t-2} + \ldots + \beta_q u_{t-q} \,.$$

Der ARMA(p, q)-Prozess kombiniert den AR und MA Prozess, d. h. AR und MA sind Spezialfälle eines ARMA-Prozesses. Die Stationarität des ARMA-Prozesses hängt dabei nur vom AR-Teil ab. Einfachstes Beispiel ist der ARMA(1,1)-Prozess

$$y_t = \alpha_1 y_{t-1} + u_t + \beta_1 u_{t-1} \,.$$

Die analytische und explizite Darstellung von Erwartungswert und (Ko-)Varianzen ist schon bei ARMA(1,1)-Prozessen aufwendig. Die Ordnungen p und q werden wie beim ARMA–Prozess durch die Autokorrelationsfunktion und die partielle Autokorrelationsfunktion bestimmt. Die Schätzung der Parameter $\alpha_i, i = 1, \ldots, p$ und $\beta_j, j = 1, \ldots, q$ erfolgt zum Beispiel über die Residuen und die Minimierung der Residuenquadratsumme. Alternativ kann man für verschiedene Kombinationen von Wertepaaren p und q eine Maximum-Likelihood-Schätzung der Koeffizienten durchführen und anschließend das Modell auswählen, welches das kleinste AIC (Akaikes Informationskriterium [1]) besitzt. Für die Verwendung der Maximum-Likelihood-Methode und des AIC Kriteriums muss für den Fehlerterm u_t eine Verteilung angenommen werden (z. B. Normalverteilung). Die Koeffizienten eines reinen AR-Prozesses lassen sich mittels der Yule-Walker-Gleichungen schätzen (siehe auch Abschn. 6.5).

8.4 ARIMA und SARIMA Modelle für nichtstationäre Zeitreihen

Beim ARIMA(p, d, q)-Prozess geht man über zu den d-ten Differenzen $\nabla^d y_t$ der Zeitreihe. Dabei ist ∇ der Differenzbildungsoperator

$$\nabla y_t = y_t - y_{t-1} \,, \quad t = 1, \ldots, T \,,$$

der auch wiederholt angewendet werden kann, z. B. (für $t \geq 3$)

$$\begin{aligned}\nabla^2 y_t &= \nabla(\nabla y_t) = \nabla y_t - \nabla y_{t-1} \\ &= (y_t - y_{t-1}) - (y_{t-1} - y_{t-2}) = y_t - 2y_{t-1} + y_{t-2}\,.\end{aligned}$$

Dabei wählt man die Ordnung d so, dass die Zeitreihe der Differenzen keinen Trend mehr aufweist. Insbesondere nimmt man an, dass diese Zeitreihe der Differenzen dann schwach stationär ist und als ein ARMA(p, q)-Prozess modelliert werden kann.

SARIMA$(p, d, q) \times (P, D, Q)_{period}$-Modelle ergänzen ARIMA-Modelle um saisonale Komponenten, da saisonale Komponenten durch Bildung von d-ten Differenzen nicht verschwinden. Die saisonale Komponente kann ihrerseits z. B. ein autoregressiver oder moving average Prozess sein.

Beispiel 8.22 SARIMA$(1, 0, 0) \times (1, 0, 0)_{12}$. Hier wird ein nicht–saisonaler AR–Prozess $(p = 1)$

$$u_t = (1 - \alpha_1 B)y_t = y_t - \alpha_1 y_{t-1}$$

mit einem saisonalen AR–Prozess $(P = 1)$

$$u_t = (1 - \phi_1 B^{12})y_t = y_t - \phi_1 y_{t-12}$$

kombiniert (Periode 12, also z. B. Monatswerte). Mit $B^{12}B = B^{13}$ gilt:

$$\begin{aligned}u_t &= (1 - \phi_1 B^{12})(1 - \alpha_1 B)y_t = y_t - \alpha_1 y_{t-1} - \phi_1 y_{t-12} + \phi_1\alpha_1 y_{t-13} \\ y_t &= \alpha_1 y_{t-1} + \phi_1 y_{t-12} - \phi_1\alpha_1 y_{t-13} + u_t\end{aligned}$$

Dabei wurde der sogenannte Backshift-Operator verwendet:

$$\begin{aligned}By_t &= y_{t-1} \\ B^2 y_t &= By_{t-1} = y_{t-2} \\ B^p y_t &= y_{t-p}\,.\end{aligned}$$

□

8.5 Modellbestimmung und Prognose

8.5.1 Modellbestimmung ARIMA

Die Bestimmung der Parameter eines ARIMA-Modells wird durch die sogenannte Box-Jenkins-Methode in drei Schritten vorgenommen:

a) Identifikation des Modells. Nach Bereinigung einer Trendkomponente und saisonaler Effekte (durch geeignete Differenzenbildung) werden die Ordnungen p und q durch die Autokorrelationsfunktion und die partielle Autokorrelationsfunktion bestimmt.
b) Schätzung der Parameter durch Maximum-Likelihood oder die nichtlineare KQ-Methode.
c) Überprüfung des Modells. Hierfür werden die Residuen analysiert. Diese sollten eine konstante Mittelwerts- und Varianzfunktion über die Zeit aufweisen und möglichst unkorreliert sein. Hilfreich sind hierzu grafische Darstellungen: Residual-Plots, ACF-Plot und PACF-Plot. Autokorrelation erster Ordnung kann mit dem Durbin-Watson-Test [7] getestet werden. Erfüllen die Residuen nicht die Anforderungen, so geht man zurück zum ersten Schritt.

Bemerkung 8.23 Das Statistik-Programm R bietet (im Standardpaket `stats`) die Funktion `arima` zur Schätzung der Parameter eines ARIMA Modells mit vorgegebenen Ordnungen p für den AR-Teil, q für den MA-Teil, d für den Grad der Differenzen. Falls ein SARIMA Modell geschätzt werden soll, können zusätzlich die entsprechenden Parameter für die saisonale Komponente P, D, Q angegeben werden. Alternativ steht die Funktion `Arima` im Paket `forecast` zur Verfügung.

Das Paket `forecast` enthält die Funktion `auto.arima`, welche zu gegebenen maximalen Werten für p, q, d und P, Q, D das beste Modell gemäß eines Informationskriteriums sucht (beispielsweise das Modell mit kleinstem AIC).

8.5.2 Prognose

Auf der Basis des schließlich ausgewählten Modells kann dann eine Prognose über den zukünftigen Verlauf der Zeitreihe durchgeführt werden. Hierbei betrachtet man die Vorhersagefunktion $y_T(l)$, die die l-Schritt Prognose ($l = 1, 2, \ldots,$) auf Basis der bekannten Werte $y_1, \ldots, y_T$ angibt. Die beste lineare Vorhersage ist dabei der bedingte Erwartungswert $\hat{y}_{T+l} = \hat{\mathrm{E}}(y_{T+l}|y_1, \ldots, y_T)$, welcher den mittleren quadratischen Vorhersagefehler

$$\mathrm{E}\left(\hat{y}_{T+l} - y_{T+l}\right)^2$$

minimiert. Für ARIMA-Modelle stehen entsprechende schrittweise Berechnungsformeln zur Verfügung. Zusätzlich lassen sich Prognosefehler und Prognoseintervalle berechnen.

Beispiel 8.24 (*Beispiele für Prognosen*)

- Um einen Wert vorherzusagen, berechnen wir seinen (bedingten) Erwartungswert (gegeben $y_1, \ldots, y_T$), d. h. in einem geschätzten AR(1)-Modell beispielsweise

$$\hat{y}_{T+1} = \hat{E}(y_{T+1}|y_1, \ldots, y_T) = \hat{\alpha}_1 y_T \, .$$

Eine Vorhersage für die Periode $(T+2)$ erfolgt durch

$$\hat{y}_{T+2} = \hat{\alpha}_1 \hat{y}_{T+1} = \hat{\alpha}_1(\hat{\alpha}_1 y_T) = \hat{\alpha}_1^2 y_T \ .$$

- Bei MA(1) gilt mit $\hat{u}_t$ als das t-te Residuum vom gefitteten Modell

$$\hat{y}_{T+1} = \hat{E}(y_{T+1}) = \hat{\beta}_1 \hat{u}_T \ .$$

  Da der Erwartungswert von zukünftigen Fehlern 0 beträgt, ist eine Vorhersage über die Periode $(T+1)$ hinaus 0 (da wir immer $E(y_t) = 0$ vorausgesetzt haben).
- Die Vorhersage für ARMA-Modelle lässt sich analog durchführen. □

Beispiel 8.25 (Anwendungsbeispiel) Als Anwendungsbeispiel dienen die Daten des Einführungsbeispiels: Monatliche Verschreibungen (in Millionen Dollar) pharmazeutischer Produkte gemäß ATC Code A10 (Antidiabetika), aufgezeichnet durch die Australian Health Insurance Commission, Juli 1991 bis Juni 2008. Es lässt sich eine starke saisonale Komponente und ein nahezu linearer Trend bei der logarithmierten Reihe erkennen. Wir passen beispielsweise ein SARIMA$(2,1,0)\times(1,0,0)_{12}$ (erste Differenzen, nicht-saisonaler AR(2), saisonaler AR(1)) Modell mit der R Funktion `arima` an:

```
m.arima <- arima(ldata, order=c(2,1,0),
                 seasonal=list(order=c(1,0,0),period=12),
                          method="ML")
print(summary(m.arima3))
```

Wir erhalten folgende Ausgabe:

```
Coefficients:
           ar1      ar2     sar1
       -0.7544  -0.3570   0.9194
s.e.    0.0699   0.0697   0.0224
sigma^2 estimated as 0.00503:
log likelihood = 237.61,   aic = -467.21
```

Es werden zwei Koeffizienten für den nicht-saisonalen AR(2)-Teil und ein Koeffizient für den saisonalen AR(1)-Prozess geschätzt. Zeichnet man die beobachteten Werte der logarithmierten Originalzeitreihe und die durch den SARIMA-Prozess vorhergesagten Werte in ein Streudiagramm, erhält man die Abb. 8.16. Das Modell hat 4 zu schätzende Parameter (inklusive σ^2) und liefert Vorhersagen, die offenbar gut an die logarithmierte Zeitreihe angepasst sind. □

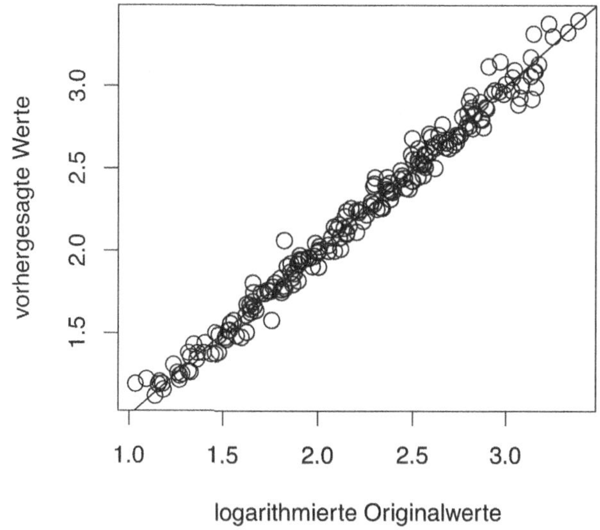

Abb. 8.16 Logarithmierte Zeitreihe, sowie prädiktierte Werte eines SARIMA(2, 1, 0) × (1, 0, 0)-Prozesses. Die Linie entspricht der Winkelhalbierenden

8.6 Weiterführende Themen

Bisher haben wir Zeitreihen betrachtet, die, gegebenenfalls nach einer Bereinigung, schwach stationär waren. Das Ziel war es, den bedingten Erwartungswert zu schätzen oder vorherzusagen. Dabei war die Annahme einer konstanten Varianz entsprechend den schwach stationären Prozessen wesentlich.

Es hat sich allerdings gezeigt, dass es Zeitreihen gibt, bei denen die Annahme einer konstanten Varianz nicht zutrifft. Ganz im Gegenteil gibt es Zeitreihen, zum Beispiel Aktienkurse, bei denen die Volatilität schwankt und sich Phasen einer größeren bzw. kleineren Volatilität abwechseln. Genau diese Charakteristika sind von Bedeutung und bedürfen einer Modellierung. Im Gegensatz zu den homoskedastischen Modellen handelt es sich hierbei um nicht-stationäre, heteroskedastische Modelle.

Schwach stationäre Zeitreihen erlauben keine Berücksichtigung exogener Variablen, sondern nur der eigenen Vergangenheit. Allerdings liegt es nahe, zum Beispiel auch den makroökonomischen Kontext zu berücksichtigen. Dazu wurden die bisherigen ARMA-Modelle erweitert, zum Beispiel zu sogenannten ARMAX-Modellen, wobei ARMA-Prozesse bedingt auf gegebene exogene Variablen X modelliert werden.

Eine allgemeine Modellklasse, welche die behandelten Prozesse als Spezialfall enthält, sind die Zustandsraummodelle [9]. Sie zeichnen sich dadurch aus, dass auch nicht-stationäre Prozesse modelliert werden können. Sie wurden dadurch motiviert, dass man neben einer

Parametergleichung, die das physikalische System beschreibt, noch eine Beobachtungsgleichung hat, die die Messung der zusätzlich verrauschten Beobachtungen beschreibt. Ein Vorteil der Methode ist die rekursive Schätzung und Prognose der Zustände in sogenannten Ein-Schritt Verfahren. Ursprünglich wurde sie für die erste bemannte Mondlandung entwickelt, da nur die Ein-Schritt Verfahren der Rechenleistung der damaligen Computer angemessen waren.

Eine weitere Erweiterung stellen Modelle für multivariate Zeitreihen dar. Wir werden unten den Fall von bivariaten Zeitreihen kurz skizzieren.

Die bisher beschriebenen Modelle setzen ein stetiges Merkmal Y voraus und haben zumindest implizit vorausgesetzt, dass abgeleitete Charakteristika oder Störterme normalverteilt sind. Außerdem erfolgte die Modellierung anhand einer einzigen Realisation. Gerade im Bereich der Versicherungswirtschaft handelt es sich oft um longitudinale Daten, d. h. man hat für viele Untersuchungseinheiten oder Subjekte mehrere Beobachtungen, die pro Untersuchungseinheit als Zeitreihe aufgefasst werden können. Für diese Art von Daten passen weder einfache Regressionsmodelle, da die Beobachtungen innerhalb einer Untersuchungseinheit nicht unabhängig sind, noch Zeitreihenmodelle, da die Beobachtungszeiträume oft sehr kurz sind und unterschiedlich lang sein können und man zudem Realisationen von vielen Subjekten hat. Zusätzlich ist die Annahme der Normalverteilung nicht immer gegeben, zum Beispiel wenn Y die jährliche Schadenhäufigkeit beschreibt.

8.6.1 Heteroskedastische Modelle

Man spricht von ARCH (autoregressive conditional heteroscedastic) Modellen [6], falls es eine Beobachtungsgleichung für y_t gibt, sowie eine Parametergleichung für σ_t, der zeitabhängigen Volatilitätskomponente. Im Gegensatz zur additiven Modellierung des bedingten Erwartungswerts einer Zeitreihe ist die Beobachtungsgleichung multiplikativ. Die Parametergleichung enthält neben den Parametern quadrierte vergangene Zeitreihenwerte, so dass die Positivität für σ_t gewährleistet ist.

Das ARCH(1)-Modell sieht folgendermaßen aus:

$$y_t = \sigma_t u_t \qquad \sigma_t = \alpha_0 + \alpha_1 y_{t-1}^2 \, , \alpha_1 > 0 \, .$$

mit $u_t \sim \mathcal{N}(0, 1)$.

Enthält die Parametergleichung zusätzlich noch Schätzungen für vergangene Werte von σ_t^2, so erhält man als Verallgemeinerung der ARCH-Modelle die GARCH-Modelle (generalized autoregressive conditional heteroscedastic). Ein GARCH(m,r)-Modell ist gegeben durch

$$y_t = \sigma_t u_t \quad \sigma_t = \alpha_0 + \sum_{j=1}^{m} \alpha_j y_{t-j}^2 + \sum_{j=1}^{r} \beta_j \sigma_{t-j}^2 \, .$$

Das ARCH-Modell kann auch als GARCH-Modell dargestellt werden. So können auch Einflüsse einer langen Historie mit wenigen Parametern modelliert werden.

8.6.2 Zeitreihen mit Kovariablen

Zeitreihen liegen oft zusammen mit weiteren Kovariablen x_t vor. Diese wiederum können konstant über die Zeit oder zeitvariierend sein.

Liegt eine Zeitreihe mit einer exogenen Kovariablenzeitreihe vor, so lässt sich der ARMAX(p, q, s)-Ansatz verwenden[3], der aus einem AR-Modell, einem MA-Modell und der exogenen Reihe x_t besteht:

$$\begin{aligned} y_t &= \alpha_0 + \alpha_1 y_{t-1} + \alpha_2 y_{t-2} + \dots \alpha_p y_{t-p} \\ &\quad + u_t + \beta_1 u_{t-1} + \beta_2 u_{t-2} + \dots + \beta_q u_{t-q} + \sum_{j=0}^{s} \theta_j x_{t-j} \ . \end{aligned}$$

Damit können auch Lags $s \geq 1$ der exogenen Zeitreihe als Kovariablen in das Modell aufgenommen werden.

8.6.3 Nichtstationäre Zeitreihen und Zustandsraummodelle

Zustandsraummodelle [9] sind eine erfolgreich angewendete Modellklasse auch für nichtstationäre Zeitreihen. Während in ARIMA-Modellen die Zeitreihe durch Differenzenbildung von Trend- und periodischen Komponenten zunächst bereinigt werden soll, werden diese in Zustandsraummodellen explizit modelliert. Eine kompakte Darstellung ist durch die Beobachtungsgleichung von y_t und die Parametergleichung des zeitabhängigen Parameters $\boldsymbol{\alpha}_t$ gegeben:

$$\begin{aligned} y_t &= \mathbf{z}_t' \boldsymbol{\alpha}_t + \varepsilon_t \ , \quad \varepsilon_t \sim \mathcal{N}(0, \sigma_\varepsilon^2) \\ \boldsymbol{\alpha}_t &= \mathbf{F}_t \boldsymbol{\alpha}_{t-1} + \mathbf{R}_t \boldsymbol{\eta}_t \ , \quad \boldsymbol{\eta}_t \sim \mathcal{N}(0, \mathbf{Q_t}) \ . \end{aligned}$$

Dabei sind $\mathbf{z}_t$, $\boldsymbol{\alpha}_t$, $\boldsymbol{\eta}_t$ Vektoren und $\mathbf{F}_t$, $\mathbf{R}_t$ Matrizen.. Die Matrizen $\mathbf{F}_t$ und $\mathbf{R}_t$ sind nur in Spezialfällen bekannt, zum Beispiel wenn die Parametergleichung ein bekanntes physikalisches System beschreibt.

Die Zustände $\boldsymbol{\alpha}_t$, die Varianz σ_ε^2, sowie die Varianz-Kovarianzmatrix $\mathbf{Q_t}$ sind das Ziel der Schätzung. ARIMA-Modelle können in die Theorie der Zustandsraummodelle eingebettet werden. Zustandsraummodelle erlauben eine Einbeziehung von Kovariablen im Vektor $\mathbf{z}_t$ in der Beobachtungsgleichung $y_t = \mathbf{z}_t' \boldsymbol{\alpha}_t + \varepsilon_t$. Zustandsraummodelle erlauben die Glättung, Filterung und Vorhersage einer Zeitreihe durch Ein-Schritt Verfahren.

8.6.4 Bivariate Zeitreihen

Liegt eine einzelne bivariate Zeitreihe (x_t, y_t) vor, so interessiert, neben den üblichen Kenngrößen welche für jede einzelne Zeitreihe berechnet werden können, die Kreuz-Kovarianzfunktion und die Kreuz-Autokorrelationsfunktion

$$\mathrm{Cov}(x_t, y_{t+l}) = \gamma_{xy}(l)$$
$$\mathrm{Cor}(x_t, y_{t+l}) = \rho_{xy}(l)$$

mit den Eigenschaften $\gamma_{xy}(-l) = \gamma_{yx}(l)$ und $\rho_{xy}(-l) = \rho_{yx}(l)$. Für l lässt man hier die ganzen Zahlen $\mathbb{Z}$ zu. Beide Funktionen können über den Wertebereich von $\mathbb{Z}$ grafisch dargestellt werden (Kreuz-Korrelogramm). Die Kreuz-Korrelationsfunktion ist dabei weder symmetrisch, noch nimmt sie für $l = 0$ den Wert 1 an. Eine Schätzung erfolgt durch die empirische Kreuz-Kovarianzfunktion.

Allgemein existieren mit VAR (vector autoregressive), VARMA (vector autoregressive moving average), und VARMAX Verallgemeinerungen von ARMA, AR und ARMAX auf multivariate Zeitreihen [2] [3] [10] [13].

8.6.5 Modelle für longitudinale Daten

Ein Spezialfall tritt auf, wenn sehr viele Zeitreihen (Längsschnittdaten) vorliegen, beispielsweise jährliche Kosten aller Verträge über mehrere Jahre von einem Versicherungsbestand. Klassische Zeitreihenmodelle sind hier nicht unbedingt geeignet.

Für Prognosezwecke können dann beispielsweise bedingte generalisierte lineare Modell besser geeignet sein. Dabei werden sowohl vergangene Werte der Zeitreihe, als auch Kovariablen im Prädiktor aufgenommen [15]. Der Prädiktor η_t hat für eine skalare Kovariable x_t mit lags bis x_{t-s} also die Gestalt

$$\eta_t = \alpha_0 + \alpha_1 y_{t-1} + \ldots + \alpha_p y_{t-p} + \beta_t x_t + \ldots + \beta_s x_{t-s} \,.$$

Dieser Ansatz erlaubt auch die Schätzung binärer und kategorialer Zeitreihen. Die Interpretation der Parameter β_t ist nur bedingt auf die vergangenen Beobachtungen $y_{t-1}, \ldots, y_{t-p}$ und ihrer zugehörigen Parameter $\alpha_1, \ldots, \alpha_p$ möglich. Bei Verwendung von Modellen, die im Prädiktor keine vergangenen Beobachtungen von Y verwenden, ignoriert man die Abhängigkeiten innerhalb der jeweiligen Untersuchungseinheit. Man erhält aber dennoch konsistente Punktschätzungen für die Regressionsparameter $\boldsymbol{\beta}$. Die geschätzten Varianzen der Schätzungen der Regressionsparameter sind dann in der Regel nicht konsistent, können aber durch sogenannte robuste Schätzungen [14] ersetzt werden.

Literatur

1. Akaike, H.: A new look at the statistical model identification, in IEEE Transactions on Automatic Control, vol. 19, no. 6, pp. 716–723, https://doi.org/10.1109/TAC.1974.1100705 (1974)
2. Athanasopoulos, G., Vahid, F.: VARMA versus VAR for Macroeconomic Forecasting. Journal of Business & Economic Statistics, 26(2), 237–252, http://www.jstor.org/stable/27638977 (2008)
3. Bierens, H.: ARMAX models: estimation and testing. In Topics in Advanced Econometrics: Estimation, Testing, and Specification of Cross-Section and Time Series Models (pp. 154–178). Cambridge: Cambridge University Press, https://doi.org/10.1017/CBO9780511599279.009 (1994)
4. Box, G. E. P., Cox, D. R.: An Analysis of Transformations. Journal of the Royal Statistical Society. Series B (Methodological), 26(2), 211–252 (1964)
5. Cleveland, W.S., Grosse, E., Shyu, W.M.: Local regression models. Chapter 8 of Statistical Models in S eds J.M. Chambers and T.J. Hastie, Wadsworth & Brooks/Cole (1992)
6. Engle, R.F.: Autoregressive Conditional Heteroscedasticity with Estimates of the Variance of United Kingdom Inflation. Econometrica, 50(4), 987–1007 (1982)
7. Durbin, J. and Watson, G.S.: Testing for Serial Correlation in Least Squares Regression: I. Biometrika, 37, 409–428 (1950)
8. Hyndman, R.J., Athanasopoulos, G.: Forecasting: principles and practice, 2nd edition, OTexts: Melbourne, Australia, https://OTexts.com/fpp2, Accessed on 28/09/2023 (2018)
9. Kalman, R.E.: A new approach to linear filtering and prediction problems. Journal of Basic Engineering-Transactions of the ASME, Series D, 85, 35–45 (1960)
10. Lütkepohl, H.: New Introduction to Multiple Time Series Analysis. Springer Berlin, Heidelberg, https://ideas.repec.org/b/spr/sprbok/978-3-540-27752-1.html (2005)
11. Pruscha, H.: Statistisches Methodenbuch: Verfahren, Fallstudien, Programmcodes, Springer Berlin (2006)
12. Schlittgen, R., Streitberg, B.H.J.: Zeitreihenanalyse. 9. Auflage. Oldenbourg München (2001)
13. Spliid, H.: A Fast Estimation Method for the Vector Autoregressive Moving Average Model With Exogenous Variables. Journal of the American Statistical Association, 78(384), 843–849, https://doi.org/10.2307/2288194 (1983)
14. White, H.: A Heteroskedasticity-Consistent Covariance Matrix Estimator and a Direct Test for Heteroskedasticity. Econometrica, 48(4), 817–838 (1980)
15. Zeger, S.L., Liang, K.-Y.: Feedback models for discrete and continuous time series. Statistica Sinica, 1(1), 51–64. http://www.jstor.org/stable/24303993 (1991)

9 Biometrie

Zusammenfassung

Biometrische Rechnungsgrundlagen spielen für die Bewertung von Versicherungsleistungen im Bereich der Personenversicherung eine wesentliche Rolle. Es werden die einzelnen Schritte zur Erstellung biometrischer Rechnungsgrundlagen dargestellt. Zunächst werden Methoden zur Bestimmung von rohen Ausscheidewahrscheinlichkeiten vorgestellt, sodann Ausgleichsverfahren für deren Glättung. Die zukünftigen Änderungen werden mit Hilfe von Trends berücksichtigt. Mit statistischen Tests kann man überprüfen, ob vorgegebene Rechnungsgrundlagen zu einem gegebenen Bestand passen und angemessen sind. Schließlich werden Verfahren dargestellt, um Sicherheiten auf Ebene der Ausscheidewahrscheinlichkeiten oder der Bewertung einzubeziehen.

9.1 Einführung

Biometrische Rechnungsgrundlagen enthalten die Parameter, mit denen die versicherten Risiken wie Sterblichkeit, Berufsunfähigkeit oder Krankheitskosten modelliert werden. Dazu zählen z. B. Sterbe-, Invalidisierungs-, Storno- und Reaktivierungswahrscheinlichkeiten.

Biometrische Rechnungsgrundlagen sind in der Regel vom Geschlecht, vom erreichten Alter und vom Status der versicherten Person abhängig. Nach dem Rechnungszins haben sie die größte Bedeutung für die Bewertung von Versicherungsleistungen und die Prämienkalkulation. Hierbei umfassen die biometrischen Rechnungsgrundlagen die Wahrscheinlichkeiten für das Ausscheiden aus einem versicherten Bestand sowie weitere Kenngrößen und Maßzahlen.

Zu den Ausscheideursachen gehören einerseits „schicksalhafte“ wie Tod, Invalidität, das Auftreten von Krankheitsfällen und damit verbundene Kosten etc. Andererseits kann

T. Becker et al., *Stochastische Risikomodellierung und statistische Methoden*, Statistik und ihre Anwendungen, https://doi.org/10.1007/978-3-662-69532-6_9

es erforderlich sein, weitere Ausscheideursachen, auf die der Versicherte selbst Einfluss nehmen kann, zu berücksichtigen. Hierzu gehören beispielsweise das Storno einer Versicherung in Form von Rückkauf oder Beendigung des Versicherungsverhältnisses sowie der Wechsel des Arbeitsverhältnisses und der daraus resultierenden Leistungsänderungen in der betrieblichen Altersversorgung. Darüber hinaus gibt es Maßzahlen, die bei Ausscheiden aus der Grundgesamtheit aufgrund einer bestimmten Ursache neben der Wahrscheinlichkeit selbst von Bedeutung sein können. Hier sind beispielsweise in der Hinterbliebenenversorgung die durchschnittlichen Altersdifferenzen zwischen dem verstorbenen Versorgungsberechtigten und der hinterbliebenen Person zu nennen.

Welche Ausscheideursachen und Maßzahlen im konkreten Fall zu berücksichtigen sind, hängt von der Art der Bewertung oder dem Kalkulationszweck ab. So genügt es beispielsweise, bei einer reinen Kapitallebensversicherung ausschließlich die Ausscheideursache Sterblichkeit mit entsprechenden Sterbewahrscheinlichkeiten zu berücksichtigen. Gleiches gilt für die Rentenversicherung ohne Hinterbliebenenversorgung. In der Krankenversicherung spielt neben der Sterblichkeit auch die Ausscheideursache Storno eine große Rolle.

Kann eine versicherte Person bei verschiedenen Ausscheideursachen verschiedene Leistungen geltend machen, so müssen diese unterschiedlichen Ausscheideursachen gleichzeitig berücksichtigt werden und ggf. darauf geachtet werden, dass zwischen den einzelnen Ausscheideursachen Abhängigkeiten bestehen können. Dies ist beispielsweise bei einer Leibrentenversicherung mit Berufsunfähigkeitsrente der Fall sowie klassischerweise in der betrieblichen Altersversorgung. Hier sind üblicherweise Leistungen in Form von Renten bei Eintritt der Erwerbsminderung an den ausgeschiedenen Mitarbeiter vorgesehen sowie darüber hinaus bei Tod des Mitarbeiters eine Hinterbliebenenversorgung in Form von Witwen- und Waisenrenten. In der betrieblichen Altersversorgung sowie in der privaten Lebensversicherung ist es durchaus üblich, eine Invaliden- oder Erwerbsminderungsrente nur solange zu zahlen, wie der Grund für diese Rentenzahlung auch tatsächlich vorliegt. Mit anderen Worten bedeutet dies, dass bei der Kalkulation und der Bewertung ggf. Reaktivierungswahrscheinlichkeiten zu berücksichtigen sind. Die Möglichkeit von mehreren Ausscheideursachen aus einer Grundgesamtheit kann auch zur Folge haben, dass beispielsweise die Sterblichkeit vom Status des Versicherten abhängt und damit nicht nur unterschiedliche Sterbewahrscheinlichkeiten in Ansatz zu bringen sind, sondern auch entsprechende Grundlagen bereit gestellt werden müssen.

Bei der Sterblichkeit sind häufig Unterschiede in Abhängigkeit vom Status des Versicherten zu verzeichnen: Aktivensterblichkeit, Invalidensterblichkeit, Hinterbliebenensterblichkeit, Bevölkerungssterblichkeit, Versichertensterblichkeit.

Darüber hinaus ist allgemein bekannt, dass die Sterbewahrscheinlichkeiten nicht nur von Alter und Geschlecht abhängen, sondern dass auch der soziale und ökonomische Status des Versicherten für die Sterblichkeit und damit für die Lebenserwartung eine erhebliche Rolle spielen. Die Statistiken der gesetzlichen Rentenversicherung, aber auch Untersuchungen an Teilbeständen in der Bevölkerung, wie z. B. den freien Berufen, zeigen deutlich, dass die

Lebenserwartung bei Personen mit höherem Einkommen höher ist. Ähnliches gilt für die Wahrscheinlichkeiten der Berufsunfähigkeit bzw. der Invalidisierung.

In diesem Kapitel wird die Schätzung von biometrischen Rechnungsgrundlagen dargestellt, auch Herleitung bzw. Erstellung von Rechnungsgrundlagen genannt. Die Ergebnisse werden etwas ungenau als Ausscheidewahrscheinlichkeiten bezeichnet, exakt müsste man von Schätzern bzw. Schätzwerten für diese Wahrscheinlichkeiten sprechen.

Als Datenbasis für die Herleitung der biometrischen Rechnungsgrundlagen sind selbstverständlich nur für die vorliegende Fragestellung repräsentative Bestände heranzuziehen. So ist für die Ermittlung der Aktivensterblichkeit eine Bevölkerungsstatistik ungeeignet, die Daten der gesetzlichen Rentenversicherung bieten hier eine sicherere Grundlage. Vergleichbares gilt für die Rentenversicherung in der privaten Lebensversicherung: Eine Person, die eine Rentenversicherung abschließt, wird dies nur in der Erwartung tun, später auch entsprechende Rentenleistungen zu erhalten. Aufgrund dieses Selektionseinflusses haben Versicherte in der privaten Lebensversicherung in der Regel geringere Sterbewahrscheinlichkeiten als in der Bevölkerung zu verzeichnen ist.

Die Erstellung biometrischer Rechnungsgrundlagen setzt voraus, dass zunächst ein **Populationsmodell** aufgestellt wird, das neben den Haupt- und Nebengesamtheiten auch die möglichen Übergänge zwischen den Teilgesamtheiten definiert. Im einfachsten Fall kann das Populationsmodell aus einer Hauptgesamtheit bestehen, aus der es nur einen einzigen Abgangsgrund (z. B. Tod) gibt.

Nach Festlegung des Populationsmodells sind die entsprechenden Übergangswahrscheinlichkeiten zu schätzen; hierzu ist auf einen repräsentativen Bestand zurückzugreifen. Sollte kein repräsentativer Bestand vorliegen, ist man auf andere Bestände angewiesen, und es müssen ggf. Modifikationen der empirischen Ausscheidewahrscheinlichkeiten vorgenommen werden.

Bekanntlich steigt die Lebenserwartung in der Bevölkerung und damit auch in den Beständen der Versicherungen und der betrieblichen Altersversorgung. Dies hat für die aktuarielle Praxis zur Folge, dass bei Erstellung und Anwendung von biometrischen Rechnungsgrundlagen geprüft werden muss, ob diese auch im Zeitablauf für die Bewertung bzw. für die Kalkulation geeignet sind. Bei der Sterblichkeit ist es selbstverständlich, dass die Veränderungen der Sterbewahrscheinlichkeiten im Zeitablauf durch entsprechende Trends Berücksichtigung finden. Bei anderen **Ausscheideursachen,** wie beispielsweise Berufsunfähigkeit oder Invalidität, ist eine Veränderung im Zeitablauf selbstverständlich nicht auszuschließen; die Gründe hierfür sind jedoch neben Lebensumständen und Arbeitsverhältnissen auch mögliche Änderungen in der Definition der Invalidität bzw. der Erwerbsminderung in der gesetzlichen Rentenversicherung. Auch wenn hier Veränderungen im Zeitablauf zu erwarten sind, so ist es aktuariell schwer zu beurteilen, wie sich diese möglichen Änderungen quantitativ auf die Ausscheideursachen auswirken werden.

Erstes Ziel für die Erstellung von biometrischen Rechnungsgrundlagen ist es, nicht nur die aktuellen biometrischen Verhältnisse, sondern auch deren erwartete künftige Entwicklung zu berücksichtigen. Solche biometrischen Rechnungsgrundlagen stellen in diesem Sinne den Erwartungswert dar („true and fair view") und werden als **Rechnungsgrundlagen 2. Ordnung** bezeichnet.

Auch bei gewissenhafter Erstellung von biometrischen Rechnungsgrundlagen unter Einbeziehung künftiger Veränderungen im Zeitablauf wird man nicht davon ausgehen dürfen, dass der Risikoverlauf im Versichertenbestand immer dem rechnungsmäßigen Verlauf entspricht. Hierfür kann es mehrere Gründe geben, wie z. B. normale Schwankungen im Risikoverlauf, aber auch andere Entwicklungen (z. B. Trends) in der Realität, als sie zum Zeitpunkt der Erstellung der biometrischen Rechnungsgrundlagen gegeben waren. Für Versorgungsträger, die ausschließlich zum Zweck haben, die Risikoabdeckung für den Versichertenbestand durchzuführen, ist es deshalb unerlässlich, erforderliche Sicherheiten zu gewährleisten. Im Bereich der biometrischen Rechnungsgrundlagen kann dies durch Zu- oder Abschläge bei den geschätzten Ausscheidewahrscheinlichkeiten und den Maßzahlen geschehen oder aber auf Bewertungsebene. Werden zur Erreichung einer höheren Sicherheit Modifikationen bei den Ausscheidewahrscheinlichkeiten vorgenommen, so ist darauf zu achten, ob es sich um ein Todesfallrisiko (allgemeiner: Auffüllungsrisiko) oder um ein Erlebensfallrisiko handelt. Die so modifizierten biometrischen Rechnungsgrundlagen sind nicht mehr erwartungstreue Schätzer und werden als **Rechnungsgrundlagen 1. Ordnung** bezeichnet.

In den folgenden Abschnitten werden die erforderlichen Schritte zur Herleitung von Ausscheidewahrscheinlichkeiten bei einer Ausscheideursache dargestellt. Zunächst werden verschiedene Arten von Sterbetafeln vorgestellt und Verfahren zur Ermittlung von rohen Sterbewahrscheinlichkeiten erläutert. Anschließend wird gezeigt, wie diese rohen Sterbewahrscheinlichkeiten mithilfe geeigneter Ausgleichsverfahren geglättet werden können. Im nächsten Abschnitt wird untersucht, wie die Projektivität mittels Trendfunktionen berücksichtigt werden kann. Schließlich werden die ermittelten biometrischen Rechnungsgrundlagen durch statistische Tests auf ihre Güte überprüft. Im letzten Abschnitt wird dargestellt, wie relevante Risiken bei der Erstellung oder Anwendung der biometrischen Rechnungsgrundlagen berücksichtigt werden können.

9.2 Arten von Sterbetafeln

Ausscheideordnungen beschreiben wie sich ein fiktives Kollektiv von Personen aufgrund einer Ausscheidursache erwartungsgemäß verringert. Eine Sterbetafel ist eine Ausscheideordnung mit der Ausscheideursache Tod. Getrennt nach Geschlecht enthält sie:

- die altersabhängigen Sterbewahrscheinlichkeiten q_x
- die Anzahl l_x der jeweils bis zum Alter x Überlebenden, wobei oft von $l_0 = 100.000$ ausgegangen wird
- die pro Alter x Gestorbenen d_x

Je nach Anwendungsbereich kommen verschiedene Arten von Sterbetafeln zum Einsatz.

Die praktische Vorgehensweise zur Herleitung von biometrischen Rechnungsgrundlagen bedeutet in der ersten Stufe, dass die aktuellen biometrischen Verhältnisse in einem Versichertenkollektiv zutreffend dargestellt werden. Diese Ausscheideordnungen werden als **Basistafel** bezeichnet im Sinne einer „Momentaufnahme" der aktuellen Verhältnisse. Beispielsweise sind die abgekürzten Sterbetafeln des Statistischen Bundesamtes in diesem Sinne Basistafeln.

In einer zweiten Stufe werden die erwarteten Veränderungen im Zeitablauf berücksichtigt. Hierbei gibt es grundsätzlich zwei Vorgehensweisen. Bei **Periodentafeln** werden die erwarteten Veränderungen generell für einen bestimmten Zeitraum von T Jahren in der Zukunft geschätzt und damit eine erwartete Basistafel in T Jahren ermittelt. Periodentafeln enthalten damit für jede vom Zeitablauf betroffene Ausscheidewahrscheinlichkeit die erwartete Veränderungsrate. Wird eine Periodentafel für Bewertungszwecke angewendet, so bedeutet dies, dass beispielsweise sehr alte Rentner mit einer Sterblichkeit bewertet werden, die deutlich niedriger ist als die heutige und insbesondere von den alten Rentnern gar nicht mehr „erlebt" werden kann.

Bei der Berücksichtigung von Veränderungen im Zeitablauf in Form von **Generationentafeln** werden für jedes einzelne Geburtsjahr die künftig erwarteten Veränderungen individuell berücksichtigt. Manchmal wird die Geburtsjahrabhängigkeit vereinfachend dadurch abgebildet, dass später geborene Jahrgänge für die Kalkulation durch eine einfache Altersverschiebung „jünger gemacht" werden. Dies führt zu einer angemesseneren Bewertung und hat insbesondere zur Folge, dass es kein „Verfallsdatum" wie bei Peiodentafeln gibt. Ist die Erwartung über die zukünftigen Veränderungen zutreffend, so ist theoretisch eine Anpassung der Generationentafeln in der Zukunft nicht erforderlich. Demgegenüber ist der „Projektivitätsvorrat" einer Periodentafel spätestens nach T Jahren erschöpft. Aus diesem Grund sind die in der Lebensversicherung und der betrieblichen Altersversorgung angewendeten Rechnungsgrundlagen (z. B. DAV 2004 R und Richttafeln 2005 G) als Generationentafeln gestaltet.

Die auf diese Weise erhaltenen biometrischen Rechnungsgrundlagen sind erwartungstreue Schätzer und werden als Rechnungsgrundlagen 2. Ordnung bezeichnet.

In der Rentenversicherung werden meist verschiedene Basistafeln für die Aufschub- und die Rentenbezugszeit ermittelt, welche als Grundlage für die Rechnungsgrundlagen 2. und 1. Ordnung dienen. Die Ausscheidewahrscheinlichkeiten der Basistafel für die Rentenbezugszeit hängen nicht nur vom Alter, sondern auch von der Anzahl der Jahre des Rentenbezugs ab. Dadurch sollen Selektionseffekte der versicherten Personen mit sofort beginnenden Renten oder mit ehemals aufgeschobenen Renten mit Kapitalwahlrecht berücksichtigt werden. Damit wird dem Umstand Rechnung getragen, dass Personen, die ihre Lebenserwartung selbst länger einschätzen, in der Regel eher eine sofort beginnende Rentenversicherung abschließen. Umgekehrt werden Personen, die ihre eigene Lebenserwartung eher kürzer einschätzen, eher von einem Kapitalwahlrecht Gebrauch machen.

Da Selektionseffekte in der Aufschubzeit vernachlässigbar sind, wird in der Basistafel für die Aufschubzeit nicht zusätzlich nach der Anzahl der abgelaufenen Versicherungsjahre differenziert. Man nennt sie auch **Aggregattafel.** Die Basistafel für die Rentenbezugszeit nennt man hingegen **Selektionstafel.**

9.3 Lebensdauermodelle

Lebensdauermodelle werden herangezogen, wenn die Zeit bis zum Eintritt eines Ereignisses wie z. B. Tod, Schaden, Ausfall eines Gerätes usw. beschrieben werden soll. Lebensdauer ist in diesem Zusammenhang weit gefasst zu sehen. In der Versicherungsmathematik dienen Lebensdauermodelle zur Ermittlung von Sterbetafeln.

Bezeichne z. B. $q_{x,1}$ (vereinfacht q_x) die Wahrscheinlichkeit eines x-Jährigen, das folgende Jahr nicht zu überleben, d. h. innerhalb des folgenden Jahres zu sterben. Ferner bezeichne $p_{x,T}$, $T \in \mathbb{N} \cup \{0\}$ die Wahrscheinlichkeiten eines x-Jährigen die nächsten T Jahre zu überleben, dann gilt wegen

$$p_{x,1} = 1 - q_x \tag{9.1}$$

$$p_{x,T} = \prod_{i=0}^{T-1} p_{x+i,1} = \prod_{i=0}^{T-1} (1 - q_{x+i}) \tag{9.2}$$

9.3.1 Grundlagen

Definition 9.1 Sei $T \geq 0$ eine Zufallsvariable mit Verteilungsfunktion F.

a) Die Funktion $S : \mathbb{R} \longrightarrow [0, 1]$, $S(t) := 1 - F(t) = P(T > t)$ heißt **Survivalfunktion.**
b) Ist T stetig verteilt, dann heißt für $t \geq 0$

$$\lambda(t) := \lim_{h \to 0} \frac{P(T \leq t + h | T > t)}{h}$$

die **Hazardrate.**
c) Die Funktion $\Lambda : [0, \infty) \longrightarrow [0, \infty)$, $\Lambda(t) := \int_0^t \lambda(s)\, ds$ heißt **kumulierte Hazardfunktion.**

Die Hazardrate ist die Änderungsrate von F zum Zeitpunkt t. Sie kann auch als bedingte Wahrscheinlichkeit interpretiert werden, dass das Ereignis im nächsten Augenblick eintritt, gegeben es ist bis t nicht eingetreten.

Es gilt

$$E(T) = \int_0^\infty S(t)\,dt.$$

Ist f die Dichte von T, dann gelten die folgenden Zusammenhänge:

$$\lambda(t) = \frac{f(t)}{S(t)} \text{fast überall} \tag{9.3}$$

$$S(t) = \exp\left(-\int_0^t \lambda(s)\,ds\right). \tag{9.4}$$

Die Gleichung (9.3) folgt aus

$$\frac{P(T \leq t + h | T > t)}{h} = \frac{P(t < T \leq t + h)}{P(T > t)h} = \frac{1}{S(t)h} \int_t^{t+h} f(\tau)$$

und der Definition der Hazardrate mittels Grenzübergang $h \to 0$.

Häufig verwendete Verteilungsmodelle sind die Exponential- und die Weibullverteilung sowie Transformationsmodelle (meist logarithmische Transformation). Die Hazardrate der Weibullverteilung $\mathscr{W}(\alpha, \lambda)$ ist $t \mapsto \lambda\alpha(\lambda t)^{\alpha-1}$. Mit $\alpha = 1$ handelt es sich um die Exponentialverteilung $\mathscr{E}(\lambda)$ mit Hazardrate konstant λ.

Beispiel 9.1 (Exponential- und Weibullverteilung)

a) Sei T exponentialverteilt $T \sim \mathscr{E}(\lambda)$. Dann gilt $f(t) = \lambda e^{-\lambda t}$ und $S(t) = e^{-\lambda t}$ und mit (9.3) ist die Hazardrate

$$\frac{\lambda e^{-\lambda t}}{e^{-\lambda t}} = \lambda$$

konstant λ. Die Hazardfunktion ist gegeben durch $\Lambda(t) = \lambda t$.

b) Sei T Weibull-verteilt $T \sim \mathscr{W}(\alpha, \lambda)$. Dann gilt $f(t) = \alpha\lambda^\alpha t^{\alpha-1} e^{-(\lambda t)^\alpha}$ und $S(t) = e^{-(\lambda t)^\alpha}$. Es folgt mit (9.3)

$$\lambda(t) = \alpha\lambda^\alpha t^{\alpha-1}$$
$$\Lambda(t) = (\lambda t)^\alpha.$$

□

Für die Entwicklung von Schätzern ist auch die folgende Darstellung der Survivalfunktion nützlich. Sei hierzu $t > 0$ und $0 =: t_0 < t_1 < \cdots < t_{n-1} < t_n := t$. Dann gilt

$$\begin{aligned} S(t) &= P(T > t) = P(T > t_n) = P(T > t_n | T > t_{n-1}) P(T > t_{n-1}) \\ &= \ldots = P(T > t_n | T > t_{n-1}) \cdot \ldots \cdot P(T > t_1 | T > t_0) P(T > t_0) \\ &= \prod_{i=1}^{n} P(T > t_i | T > t_{i-1}) \end{aligned} \tag{9.5}$$

wegen $P(T > t_0) = 1$.
Spezialfall 1: Seien $t_i = i$ und $i = 0, \ldots, n$, dann ist

$$S(n) = \prod_{i=1}^{n} P(T > i | T > i - 1)$$

Spezialfall 2: Diskretisierung von T

$$P(T \leq t + h | T > t) \overset{h=1}{=} P(T \leq t + 1 | T > t)$$

ist die Wahrscheinlichkeit, ab Alter t weniger als ein Jahr zu überleben.
Sei K die verbleibende Lebensdauer in ganzen Jahren (also $K = \lfloor T - t \rfloor$). Dann gilt mit den Bezeichnungen in (9.1) und (9.2) für $k \in \mathbb{N}$

$$\begin{aligned} P(K = 0) &= P(T \leq t + 1 | T > t) = q_t \\ P(K > 0) &= P(T > t + 1 | T > t) = p_{t,1} = p_t \\ P(K = k) &= P(T \leq t + k + 1 | T > t) = p_{t,k} q_k \\ P(K > k) &= P(T > t + k + 1 | T > t) = p_{t,k} \end{aligned}$$

Beispiel 9.2 (Lebenserwartung) Die fernere Lebenserwartung (Lebensdauer) einer Person im Alter t ist dann

$$\begin{aligned} L(t) &= \sum_{k=0}^{\infty} P(K > k) \\ &= \sum_{k=0}^{\infty} P(T > t + k + 1 | T > t) \\ &= \sum_{i=t}^{\infty} P(T > i + 1 | T > t) \\ &\overset{(9.5)}{=} \sum_{i=t}^{\omega} \prod_{j=t}^{i} p_j \\ &= p_t + p_t p_{t+1} + p_t p_{t+1} p_{t+2} + \ldots \end{aligned}$$

Hierbei bezeichnet ω die maximal mögliche Lebensdauer, z. B. das Endalter einer Sterbetafel. □

Bei der Analyse von Lebensdauern wird man oft mit **zensierten Beobachtungen** konfrontiert. Im aktuariellen Umfeld ist am häufigsten die **Zensierung von rechts** anzutreffen, d. h. die Beobachtung wird beendet bevor das Ereignis (z. B. Tod) eintritt. Das Modell der zufälligen Zensierung wird dabei am häufigsten verwendet:

Bezeichnen die Zufallsvariablen $T_1, \ldots, T_n$ die Lebensdauern von n Individuen, $C_1, \ldots, C_n$ seien die Zensierungszeiten der Individuen. Die Zufallsvariablen $T_i, C_i, i = 1, \ldots, n$ seien unabhängig. Beobachtet werden $t_i^* := \min(t_i, c_i)$ und die Indikatorvariable $\Delta_i := 1_{\{T_i \leq C_i\}}$, die den Wert 0 annimmt, wenn das Ereignis aufgrund der Zensierung nicht beobachtet werden kann.

Einen anderen Zugang zu diesem Modell erhält man mit Hilfe der Zählprozesse

$$D(t) = \sum_{i=1}^{n} 1_{[0,t]}(T_i)\Delta_i, \text{ Anzahl der Ausfälle aufgrund des Ereignisses in}[0, t] \tag{9.6}$$

$$N(t) = \sum_{i=1}^{n} 1_{[t,\infty]}(T_i), \text{ Anzahl der Risiken unter Beobachtung in} t. \tag{9.7}$$

9.3.2 Schätzverfahren

Gegeben sei eine Stichprobe $t_1, \ldots, t_n$ von Lebensdauern von denen bekannt ist, ob eine Zensierung vorliegt.

Sei $0 =: t_{(0)} < t_{(1)} < \cdots < t_{(n)}$ die Ordnungsstatistik der Ereigniszeitpunkte. Sei $d_i := D(t_{(i)})$ die Anzahl der Ereignisse im Zeitpunkt $t_{(i)}$ und $n_i := N(t_{(i)}), i = 1, \ldots, n$ die Anzahl der Risiken unter Beobachtung im Zeitpunkt $t_{(i)}$. Dann ist $n_i - d_i$ die Anzahl der Überlebenden des Zeitpunktes $t_{(i+1)}$. Mit

$$p_i := P(T > t_{(i)} | T > t_{(i-1)}), \; i = 1, \ldots, n$$

ist $n_i - d_i$ Binomialverteilt $B(n_i, p_i)$ und es gilt

$$\begin{aligned} E(n_i - d_i) &= n_i p_i \\ Var(n_i - d_i) &= n_i p_i (1 - p_i) \\ E\left(1 - \frac{d_i}{n_i}\right) &= p_i \\ Var\left(1 - \frac{d_i}{n_i}\right) &= \frac{p_i(1 - p_i)}{n_i} \end{aligned}$$

9.3.2.1 Kaplan-Meier

Beim Kaplan-Meier-Schätzer handelt es sich um einen Schätzer der Survivalfunktion. Aus den Daten wird

$$p_i := P(T > t_{(i)}|T > t_{(i-1)}),\ i = 1, \ldots, n$$

geschätzt mittels
$\hat{p}_i := 1 - \frac{d_i}{n_i}$.

Mit (9.5) erhält man den **Kaplan-Meier-Schätzer**

$$\hat{S}(t) = \begin{cases} 1 & \text{falls } t < t_{(1)} \\ \prod_{i|t_{(i)} \leq t} \hat{p}_i & \text{sonst} \end{cases} \tag{9.8}$$

für $S(t)$.

Eine Schätzung der Varianz dieses Schätzers erhält man mit der approximativen Formel von Greenwood mit Hilfe der Delta-Methode Satz A.2. Zunächst wird die Varianz von $\ln(\hat{S}(t))$ approximiert. Es gilt

$$\ln(\hat{S}(t)) = \sum_{i|t_{(i)} \leq t} \ln\left(1 - \frac{d_i}{n_i}\right).$$

Da $1 - \dfrac{d_i}{n_i}$ näherungsweise normalverteilt $\mathcal{N}\left(p_i, \frac{p_i(1-p_i)}{n_i}\right)$ ist, folgt mit der Delta-Methode

$$Var(\ln(\hat{S}(t))) = \sum_{i|t_{(i)} \leq t} Var\left(\ln\left(1 - \frac{d_i}{n_i}\right)\right) \approx \sum_{i|t_{(i)} \leq t} \left(\frac{1}{p_i}\right)^2 \frac{p_i(1-p_i)}{n_i}.$$

Verwendet man die „plug in"- Methode und ersetzt p_i durch $\hat{p}_i = \dfrac{n_i - d_i}{n_i}$ erhält man

$$Var(\ln(\hat{S}(t))) \approx \sum_{i|t_{(i)} \leq t} \frac{n_i^2}{(n_i - d_i)^2} \frac{(n_i - d_i)d_i}{n_i^3} = \sum_{i|t_{(i)} \leq t} \frac{d_i}{n_i(n_i - d_i)}.$$

Um die Varianz von $\hat{S}(t)$ zu approximieren, wird erneut die Delta-Methode (Satz A.12) verwendet und es folgt schließlich die Formel von Greenwood

$$\widehat{Var}\left(\hat{S}(t)\right) = \hat{S}(t)^2 \sum_{i|t_{(i)} \leq t} \frac{d_i}{n_i(n_i - d_i)}. \tag{9.9}$$

Damit lassen sich auch approximative symmetrische Konfidenzintervalle berechnen.

9.3.2.2 Nelson-Aalen

Der **Nelson-Aalen-Schätzer** für die kumulierte Hazard-Funktion lautet

$$\hat{\Lambda}(t) = \begin{cases} 0 & t < t_{(1)} \\ \sum_{i|t_{(i)} \leq t} \frac{d_i}{n_i} & \text{sonst.} \end{cases}$$

Für die Varianz des Nelson-Aalen-Schätzers $Var(\hat{\Lambda}(t))$ ergibt sich

$$Var(\hat{\Lambda}(t)) = \sum_{i|t_{(i)} \leq t} Var\left(\frac{d_i}{n_i}\right) = \sum_{i|t_{(i)} \leq t} \frac{p_i(1-p_i)}{n_i}. \tag{9.10}$$

Ersetzt man p_i durch $\hat{p}_i = 1 - \dfrac{d_i}{n_i}$ erhält man den Schätzer

$$\widehat{Var}(\hat{\Lambda}(t)) = \sum_{i|t_{(i)} \leq t} \frac{d_i(n_i - d_i)}{n_i^3}. \tag{9.11}$$

Über den Zusammenhang von Survivalfunktion und kumulierter Hazardfunktion (9.4) erhält man einen Schätzer für die Survivalfunktion:

$$\hat{S}(t) = \exp\left(-\hat{\Lambda}(t)\right).$$

Mit Hilfe der Deltamethode Satz A.12 erhält man

$$Var(e^{-\hat{\Lambda}(t)}) \approx (-e^{-\hat{\Lambda}(t)})^2 Var(\hat{\Lambda}(t))$$

und damit analog zur Formel von Greenwood (9.9) den Schätzer

$$\widehat{Var}(\hat{S}(t)) \approx (\hat{S}(t))^2 \sum_{i|t_{(i)} \leq t} \frac{d_i(n_i - d_i)}{n_i^3}. \tag{9.12}$$

In (9.10) kann man auch die Poissonapproximation $d_i \sim \mathscr{P}((1-p_i)n_i)$ verwenden:

$$Var(\hat{\Lambda}(t)) = \sum_{i|t_{(i)} \leq t} Var\left(\frac{d_i}{n_i}\right) \approx \sum_{i|t_{(i)} \leq t} \frac{(1-p_i)n_i}{n_i^2} = \sum_{i|t_{(i)} \leq t} \frac{1-p_i}{n_i}.$$

Setzt man $\hat{p}_i = 1 - \dfrac{d_i}{n_i}$ ein, dann ergibt sich der Schätzer

$$\widehat{Var}(\hat{\Lambda}(t)) = \sum_{i|t_{(i)} \leq t} \frac{d_i}{n_i^2}$$

also $\frac{d_i}{n_i^2}$ statt $\frac{d_i(n_i - d_i)}{n_i^3}$ als Schätzer der Varianz in (9.11).

Beispiel 9.3 (Zahlenbeispiel für Kaplan-Meier- und Nelson-Aalen-Schätzer) Für die Alter 50, 51 und 52 werden auf Basis eines Bestandes die Survivalfunktion und die kumulierte Hazardfunktion geschätzt (Vgl. Tab. 9.1).

□

9.3.2.3 Maximum-Likelihood

Sei F die Verteilungsfunktion von T mit Dichte f.

Bezeichne

$$\delta_i = \begin{cases} 1 & \text{falls } t_i \text{ unzensiert} \\ 0 & \text{sonst.} \end{cases}$$

Bei nicht informativer Zensierung, d. h. der zur Zensierung führende Mechanismus ist unabhängig von Einflussgrößen auf die Überlebenszeit, ist die Gesamtlikelihoodfunktion gegeben durch

$$L = \prod_{i=1}^{n} f(t_i)^{\delta_i} S(t_i)^{1-\delta_i} = \prod_{t_i \text{ unzensiert}} f(t_i) \prod_{t_i \text{ zensiert}} S(t_i). \tag{9.13}$$

Daraus erhält man gegebenfalls die Maximum-Likelihood-Gleichungen bzw. -Schätzer. Ist T exponentialverteilt $\mathcal{E}(\lambda)$ ergibt sich

$$\hat{\lambda} = \frac{\sum_{i=1}^{n} \delta_i}{\sum_{i=1}^{n} t_i}.$$

Tab. 9.1 Kaplan-Meier-Schätzer und Nelson-Aalen-Schätzer für die Survivalfunktion und Nelson-Aalen-Schätzer für die kumulierte Hazardfunktion

Alter i	n_i	d_i	p_i	$\hat{S}_{KM}(t_i)$	$\frac{d_i}{n_i}$	$\hat{\Lambda}_{NA}(t_i)$	$\hat{S}_{NA}(t_i)$
50	8103	12	$\frac{8099}{8103} = 0{,}9985$	0,9985	$\frac{12}{8103} = 0{,}0015$	0,0015	0,9985
51	7320	13	$\frac{7307}{7320} = 0{,}9982$	0,9967	$\frac{13}{7320} = 0{,}0018$	0,0033	0,9967
52	7482	19	$\frac{7463}{7482} = 0{,}9975$	0,9942	$\frac{19}{7482} = 0{,}0025$	0,0058	0,9942

9.3.3 Regressionsmodelle

Im Folgenden seien $T_1, \ldots, T_n > 0$ unabhängige Lebensdauern von n Individuen mit Kovariablen $z_i \in \mathbb{R}^p$, $i = 1, \ldots, n$. Der Einfluss der Kovariablen wird in der Hazardrate modelliert. Die Hazardrate $\lambda_i(t)$ von T_i zur Zeit t erfüllt

$$\lambda_i(t) = \lambda_0(t) \exp\left(\langle z_i, \boldsymbol{\beta}\rangle\right), \; t > 0.$$

Dabei kann die **Baseline-Hazardrate** λ_0 parametrisch oder nicht parametrisch sein.

Für die Darstellung der Schätzung seien $t_{(j)}$, d_j, $j = 1, \ldots, m$ wie im Abschn. 9.3.2. Desweiteren sei $z_{(j)}$ der Merkmalsvektor zur Beobachtung $t_{(j)}$ und $R(t_{(j)})$ die Menge der Individuen, die in $t_{(j)}$, $j = 1, \ldots, k$ unter Risiko stehen.

Die Parameter $\boldsymbol{\beta}$ werden über die Maximierung der **partiellen Likelihood** PL in (9.14) geschätzt. Sind die $t_{(j)}$, $j = 1, \ldots, m$ paarweise verschieden, dann wird definiert

$$PL(\boldsymbol{\beta}, z_1, \ldots, z_n) := \prod_{j=1}^{m} \frac{\exp\left(\langle z_{(j)}, \boldsymbol{\beta}\rangle\right)}{\sum_{r \in R(t_r)} \exp\left(\langle z_{(r)}, \boldsymbol{\beta}\rangle\right)}. \tag{9.14}$$

Im Falle von **Bindungen**, d. h. es gibt identische Stichprobenwerte $t_k = t_{k'}$, $k \neq k'$, muss PL noch modifiziert werden.

Die Baseline-Hazardrate $\lambda_0(t)$ wird in einigen Programmpaketen als konstant zwischen den beobachteten Lebensdauern $t_{(1)} < \cdots < t_{(m)}$ geschätzt.

9.3.4 Transformationsmodelle

Man kann das Regressionsmodell

$$\ln T_i = \langle \boldsymbol{\beta}, z_i \rangle + \varepsilon_i, \; i = 1, \ldots, n$$

formulieren, mit den Regressionskoeffizienten $\boldsymbol{\beta} \in \mathbb{R}^p$. Für die Zufallsvariablen gelte $\varepsilon_i \overset{iid}{\sim} \varepsilon_0$. Sei S_i, $i = 1, \ldots, n$ bzw. S_0 die Überlebensfunktion von T_i bzw. $\eta_0 := e^{\varepsilon_0}$. Es gilt

$$S_i(t) = S_0\left(t \exp\left(-\langle z_i, \boldsymbol{\beta}\rangle\right)\right).$$

Diese Modelle heißen **accelarated failure time models.** Je nach Wahl der Verteilung von ε_0 erhält man beispielsweise Log-logistische, Log-Normal- und Weibull-Modelle.

Die Schätzung von $\boldsymbol{\beta}$ wird mit Maximum Likelihood durchgeführt, vgl. (9.13). Bis auf die Zensierungsproblematik entsprechen diese Modelle den verallgemeinerten linearen Modellen.

Zu weiteren Aspekten von Schätzverfahren und Regressionsmodellen sei auf Fahrmeir et al. [3], Kap. 7 und Moore [10], Kap. 3 und 5 verwiesen. Darin sind auch Anwendungen in R zu finden.

9.4 Methoden zur Ermittlung roher Sterbewahrscheinlichkeiten

Im Folgenden werden verschiedene Methoden zur Ermittlung der relativen Ausscheidehäufigkeiten bei einer Ausscheideursache dargestellt. Der allgemeinen Begriffsbildung folgend wird hierbei immer als interessierendes Ereignis das Ausscheiden wegen Tod unterstellt. Bei Ausscheiden aus anderen Gründen wird dieses – je nach gewählter Methode – nur in Hinblick auf die Grundgesamtheit berücksichtigt. Die Vorgehensweisen sind jedoch auf andere Ausscheideursachen entsprechend übertragbar. Bezeichne

q Sterbewahrscheinlichkeit
L eine Personengesamtheit, unter Risiko stehend
T Tote aus L
$\hat{q} = \frac{|T|}{|L|}$ **rohe Sterbewahrscheinlichkeit** = relative Sterbehäufigkeit
$L' = L \setminus T$ Menge der Überlebenden = Teilgesamtheit der Lebenden

Ist die Personengesamtheit homogen, dann ist die Zufallsvariable $|T| \sim B(|L|, q)$ binomialverteilt, die rohe Sterbewahrscheinlichkeit ist ein Schätzer von q und kann geschrieben werden als

$$\hat{q} = \frac{|T|}{|L|} = \frac{|T|}{|T| + |L'|}.$$

Nur in den seltensten Fällen wird die Personengesamtheit L so homogen sein, dass die rohen Sterbewahrscheinlichkeiten $\hat{q}$ verwendbar sind. Vielmehr wird noch nach verschiedenen Risikomerkmalen wie z. B. Alter, Geschlecht, Beschäftigungsstatus, Zugehörigkeit zu einer Berufsgruppe etc. zu unterscheiden sein.
Bezeichne

$i = 1, \dots, n$ die verschiedenen Risikomerkmale
m_i Anzahl der verschiedenen Ausprägungen des Risikomerkmals i
$j = 1, \dots, m_i$ Anzahl der Ausprägungen des Risikomerkmals i.

Im häufigen Fall der Risikomerkmale Alter und Geschlecht ist $n = 2$: $i = 1$ steht für das Alter in Jahren und $i = 2$ für das Geschlecht. Dann ist z. B. $m_1 = 120$ und $m_2 = 2$.

Die Personengesamtheit L bzw. T wird entsprechend der verschiedenen Risikomerkmale und deren Ausprägungen disjunkt zerlegt in

$$L = \bigcup_{i=1}^{n} \bigcup_{j=1}^{m_i} L_{ij} \text{ bzw. } T = \bigcup_{i=1}^{n} \bigcup_{j=1}^{m_i} T_{ij},$$

wobei L_{ij} die Teilgesamtheit der Personen im Alter i mit dem Geschlecht j und T_{ij} die entsprechende Teilgesamtheit der Ausgeschiedenen bezeichnet.

Für jede Merkmalskombination (auch Risikoklasse) i, j kann nun die rohe Sterbewahrscheinlichkeit ermittelt werden:

$$\hat{q}_{ij} = \frac{|T_{ij}|}{|L_{ij}|} = \frac{|T_{ij}|}{|L'_{ij}| + |T_{ij}|}.$$

Bei $K \in \mathbb{N}$ Ausscheideursachen aus der Personengesamtheit (z. B. Tod und Invalidität) geben die entsprechend indizierten q_{ij}^k die Wahrscheinlichkeiten und $|T_{ij}^k|, k = 1, \ldots, K$ die Anzahlen der Ausgeschiedenen an, die binomialverteilt sind mit $|T_{ij}^k| \sim B\left(|L_{ij}|, q_{ij}^k\right)$. Die Zufallsvariablen $|T_{ij}^1|, \ldots, |T_{ij}^K|$ können voneinander abhängig sein. In diesem Fall ist bei der Ermittlung der rohen Wahrscheinlichkeiten darauf zu achten, dass die Abgänge aus der Personengesamtheit auf Grund der jeweils anderen Ausscheideursachen zu berücksichtigen ist:

$$\hat{q}_{ij}^k = \frac{|T_{ij}^k|}{|L_{ij}|} = \frac{|T_{ij}^k|}{|L'_{ij}| + \sum_{l=1}^{K} |T_{ij}^l|}, \; k = 1, \ldots, K.$$

Für die weitere praktische Auswertung ist zu beachten, dass die so ermittelten rohen Ausscheidewahrscheinlichkeiten $\hat{q}_{ij}^1, \ldots \hat{q}_{ij}^K$ abhängig sind.

Werden gleichzeitig zwei Ausscheideursachen k_1 und k_2 untersucht und scheidet eine Person aufgrund der ersten Ausscheideursache k_1 aus, so stellt dieses Ausscheiden eine Zensierung bezüglich der Ausscheideursache k_2 dar, da dann nicht mehr beobachtet werden kann, ob noch ein Ausscheiden wegen k_2 erfolgt. Zur Vorgehensweise bei zwei Ausscheideursachen wird auf den DAV-Hinweis [6] verwiesen.

Bei den im Folgenden dargestellten Methoden zur Ermittlung der rohen Ausscheidewahrscheinlichkeiten soll lediglich nach dem Merkmal Alter der Personen unterschieden werden und die einzige Ausscheideursache ist der Tod. Die Ausprägungen von „Alter“ werden mit x bezeichnet, man schreibt L_x, T_x, q_x usw. Das Alter einer Person zu einem Zeitpunkt t wird definiert als

$$\text{Alter} = t - \text{Geburtsdatum}.$$

Üblich sind ganzzahlige Alter $x \in \mathbb{N}_0$. Eine Person ist x-jährig, wenn sie das x-te aber noch nicht das $(x + 1)$-te Lebensjahr vollendet hat.

Bei sämtlichen Methoden ist es deshalb wichtig, das Geburtsdatum der Person und ggf. das Datum des Ausscheidens aus der Personengesamtheit zu berücksichtigen. Die Methoden unterscheiden sich in der Bestimmung der zu betrachtenden Lebenden L_x, also dem Nenner in den rohen Sterbewahrscheinlichkeiten; die Bestimmung des Zählers ist weniger problematisch.

Der Beobachtungszeitraum zur Ermittlung der rohen Sterbewahrscheinlichkeit kann je nach Methode und Zugehörigkeit der Person zur Personengesamtheit unterschiedlich lang sein. Das „Schicksal“ einer Person aus der Personengesamtheit wird im Weiteren als Lebenslinie im $\mathbb{R}_+^2$ dargestellt, wobei die x-Achse den Beobachtungszeitpunkt und die y-Achse den Geburtszeitpunkt der Person wiedergibt.

Beispiel 9.4 (Lebenslinien) Die Lebenslinien für zwei Personen P_1 und P_2 mit folgenden Daten sind in Abb. 9.1 dargestellt.

	P_1	P_2
Geburtstag	01.03.1963	01.05.1964
Beginn der Beobachtung	01.01.2001	01.01.2001
Todeszeitpunkt	-	01.09.2006
Ende der Beobachtung	31.12.2006	31.12.2006
Beginn der Mitgliedschaft in der Personengesamtheit	01.01.2001	01.10.2003

Für einen Beobachtungszeitraum B und einen Geburtszeitraum G sei im Folgenden

$L_x(B, G)$ die Personen aus der Personengesamtheit, die in B x-jährig sind und deren Geburtsdatum in G liegt

$T_x(B, G)$ die Personen aus $L_x(B, G)$, die in B sterben.

Zeiträume wie $G = [1.1.1950, 01.01.1951)$ werden abgekürzt mit $G = 1950$ bezeichnet.

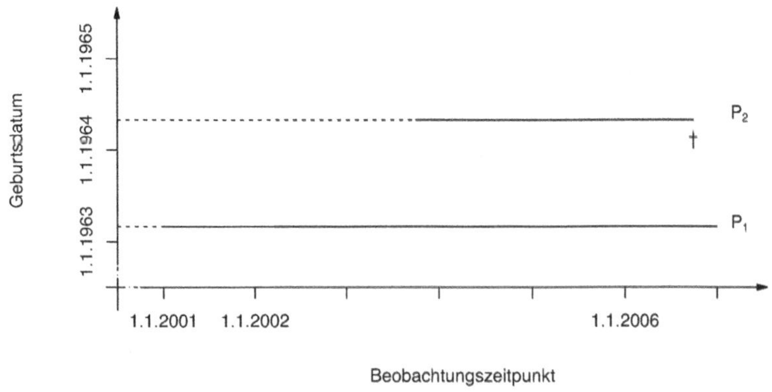

Abb. 9.1 Lebenslinien zu Beispiel 9.4

9.4.1 Geburtsjahrmethode

Bei der Geburtsjahrmethode werden nur die Geburtsjahrgänge betrachtet, deren Todesfälle im Alter x ausschließlich in den Beobachtungszeitraum B fallen können, d. h. deren x-ter und $(x+1)$-ter Geburtstag in B liegt. Geburtsjahrgänge, deren Todesfälle im Alter x auch außerhalb von B auftreten können, bleiben dabei also völlig unberücksichtigt. Bei einem Beobachtungszeitraum von nur einem Jahr kann die Geburtsjahrmethode nicht angewendet werden, da in diesem Fall für keinen Geburtsjahrgang sämtliche Todesfälle im Alter x in B fallen können.

Für die Geburtsjahrmethode wird unterstellt, dass es sich um eine geschlossene Personengesamtheit handelt. Eine Personengesamtheit heißt **geschlossen,** wenn Personen nur durch Tod aus der Gesamtheit ausscheiden können und Eintritte im Beobachtungszeitraum nicht zugelassen sind. Bei geschlossenen Personengesamtheiten bildet die Geburtsjahrmethode eine exakte Methode zur Bestimmung relativer Sterbehäufigkeiten.

Für ein bestimmtes Alter x soll die rohe Sterbewahrscheinlichkeit $\hat{q}_x$ ermittelt werden. Sei $B = [t_1, t_2)$ der Beobachtungszeitraum in Jahren mit $t_2 - t_1 > 1$. Dann enthält $G_1 = [t_1 - x, t_2 - 1 - x)$ die in Frage kommenden Jahrgänge und

$$\hat{q}_x^G = \frac{|T_x(B,\ G_1)|}{|L_x(B,\ G_1)|}$$

ist die rohe Sterbewahrscheinlichkeit im Alter x und der Schätzer für q_x^G nach der Geburtsjahrmethode.

Beispiel 9.5 (Geburtsjahrmethode) Für das Alter $x = 40$ und den Beobachtungszeitraum $B = [1.1.2010,\ 1.1.2012)$ kommt nur das Geburtsjahr 1970 in Betracht und ist in Abb. 9.2 umrandet.

Bei der Geburtsjahrmethode können aufgrund der Beschränkung auf ein Geburtsjahr nicht sämtliche auftretende Todesfälle eines Alters x berücksichtigt werden. So bleiben in diesem Beispiel die Todesfälle im Alter 40 aus den Geburtsjahren 1969 und 1971 unberücksichtigt. □

9.4.2 Sterbejahrmethode

Gegenüber der Geburtsjahrmethode werden bei der Sterbejahrmethode sämtliche Todesfälle eines Alters x berücksichtigt. Da die bei der Geburtsjahrmethode ausgelassenen benachbarten Geburtsjahre einbezogen werden, sind zwar sämtliche Todesfälle im Alter x berücksichtigt, aber die zugehörige Personengesamtheit L_x am Beginn des Beobachtungszeitraums ist nicht genau bekannt. Geht man davon aus, dass die Todesfälle über das Jahr gleichverteilt sind, dann fallen nicht sämtliche Todesfälle der benachbarten Geburtsjahre in den Beobachtungszeitraum, sondern ungefähr nur die Hälfte.

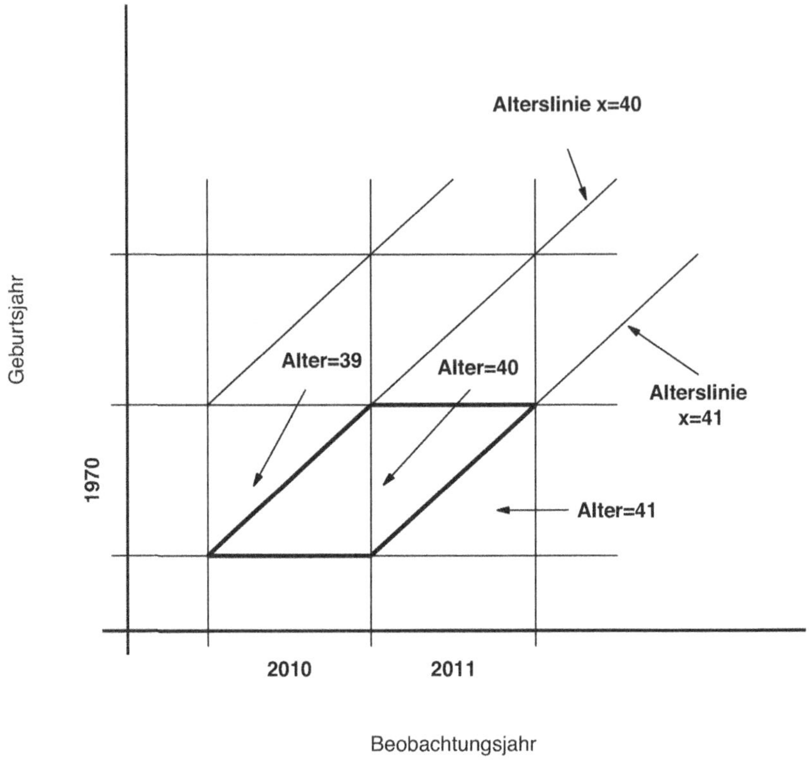

Abb. 9.2 Geburtsjahrmethode für Beispiel 9.5

Sei $B = [t_1, t_2)$ mit $t_2 - t_1 > 1$ der Beobachtungszeitraum, $G_1 = [t_1 - x, t_2 - 1 - x)$ der für das Alter x in Frage kommende Geburtszeitraum wie in der Geburtsjahrmethode. Nach den obigen Überlegungen können von den „Rand"-Geburtsjahrgängen $G_0 = [t_1 - 1 - x, t_1 - x)$ und $G_2 = [t_2 - 1 - x, t_2 - x)$ nur die Hälfte aller Todesfälle in B beobachtet werden.

Mit $G := G_0 \cup G_1 \cup G_2$ werden daher die rohen Sterbewahrscheinlichkeiten ermittelt als

$$\hat{q}_x^S = \frac{|T_x(B, G)|}{\frac{1}{2}|L_x(B, G_0)| + |L_x(B, G_1)| + \frac{1}{2}|L_x(B, G_2)|}$$

Beispiel 9.6 (Sterbejahrmethode) Für das Alter $x = 40$ und den Beobachtungszeitraum $B = [1.1.2010, 1.1.2012)$ ist der in Betracht kommende Bereich in Abb. 9.3 dargestellt. Die in Abb. 9.3 gekennzeichneten Teilbereiche K, L, M, N können wie folgt beschrieben werden:

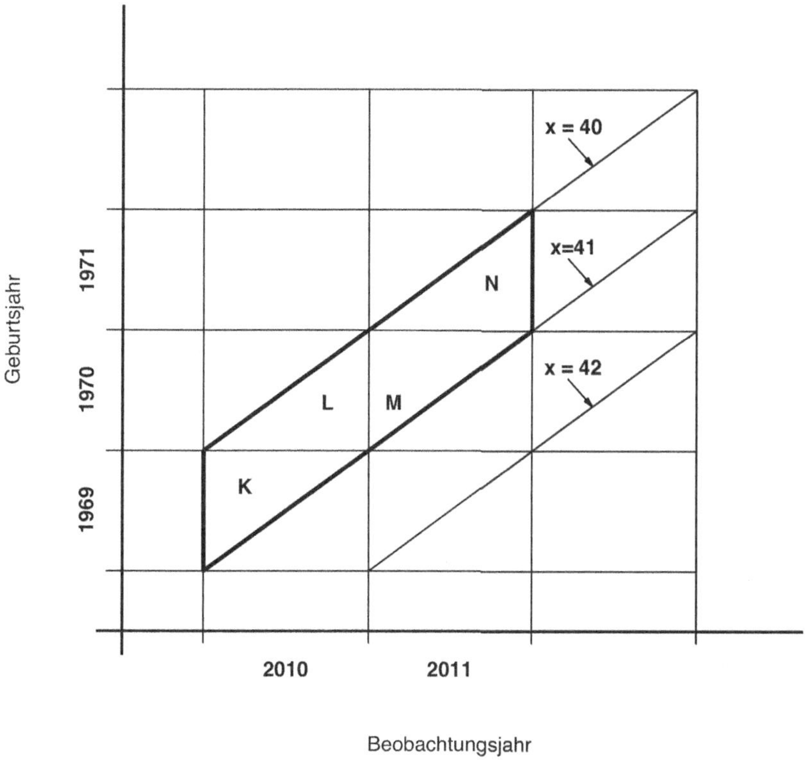

Abb. 9.3 Sterbejahrmethode für Beispiel 9.6

K = alle Personen des Geburtsjahrganges 1969, die am Beginn des Jahres 2010 40 Jahre alt sind

L = alle Personen des Geburtsjahrganges 1970, sofern sie im Jahr 2010 40 Jahre alt werden

M = alle Personen des Geburtsjahrganges 1970, die am Beginn des Jahres 2011 40 Jahre alt sind

N = alle Personen des Geburtsjahrganges 1971, sofern sie im Jahr 2011 40 Jahre alt werden

Da $M \subseteq L$ ist M im Folgenden nicht zu beachten.

Im Beispiel gelten also die folgenden Beziehungen:

$$G = G_0 \cup G_1 \cup G_2 = 1969 \cup 1970 \cup 1971$$

$$\begin{aligned} L_{40}(B,\ G_0) &\mathrel{\hat{=}} K, \\ L_{40}(B,\ G_1) &\mathrel{\hat{=}} L, \\ L_{40}(B,\ G_2) &\mathrel{\hat{=}} N \end{aligned}$$

□

9.4.3 Sterbeziffernverfahren

Im Gegensatz zur Geburtsjahr- und Sterbejahrmethode werden beim Sterbeziffernverfahren die Bestandsveränderungen innerhalb des Beobachtungszeitraums näherungsweise durch die Durchschnittsbildung der Personengesamtheit am Anfang und am Ende jedes Jahres der Beobachtungsperiode berücksichtigt. Zu- und Abgänge (mit Ausnahme Tod), die innerhalb eines Beobachtungsjahres stattfinden, werden auch hier nicht miteinbezogen.

Sei $B = [t_1, t_1 + n) = \bigcup_{i=1}^{n} B_i$ mit $B_i = [t_1 + i - 1, t_1 + i)$ ein Beobachtungszeitraum von n Jahren und $G = [t_1 - x - 1, t_1 + n - x)$ die entsprechenden für das Alter x in Frage kommenden Geburtsjahrgänge.

Für jedes Alter x ist die Sterbeziffer

$$k_x = \frac{|T_x(B,\ G)|}{\sum\limits_{i=1}^{n} \frac{1}{2}\left(\left|L_x^A(B_i,\ G)\right| + \left|L_x^E(B_i,\ G)\right|\right)}, \tag{9.15}$$

wobei $L_x^A(B_i, G)$ und $L_x^E(B_i, G)$ den Bestand am Anfang bzw. am Ende des Jahres B_i innerhalb des Beobachtungszeitraums bezeichnen. k_x kann jedoch nicht als Wert für die rohe Sterbewahrscheinlichkeit verwendet werden. k_x würde zu einer zu hohen rohen Sterbewahrscheinlichkeitführen, da in $L_x^A(B_i, G)$ und $L_x^E(B_i, G)$ nicht die x-Jährigen erfasst sind, die bereits vor diesen Stichtagen gestorben sind. Stattdessen definiert man als Schätzer für die Sterbewahrscheinlichkeit

$$\hat{q}_x^z = \frac{2\, k_x}{2 + k_x}. \tag{9.16}$$

Mit der Näherung $L_x^E(B_i, G) \approx L_x^A(B_i, G) - T_x(B_i, G)$ gilt

$$\begin{aligned} \frac{|T_x(B,G)|}{\sum\limits_{i=1}^{n}\left|L_x^A(B_i,\ G)\right|} &= \frac{2\,|T_x(B,G)|}{|T_x(B,G)| + \sum\limits_{i=1}^{n}\left(2\left|L_x^A(B_i,\ G)\right| - \left|T_x(B_i,\ G)\right|\right)} \\ &\approx \frac{2\,|T_x(B,G)|}{|T_x(B,G)| + \sum\limits_{i=1}^{n}\left(\left|L_x^A(B_i,\ G)\right| + \left|L_x^E(B_i,\ G)\right|\right)} = \frac{2k_x}{2+k_x} \\ &= \hat{q}_x^z. \end{aligned}$$

9.4.4 Verweildauermethode

Bei den in 9.4.1 bis 9.4.3 dargestellten Methoden können Bestandsveränderungen entweder nicht oder nur näherungsweise berücksichtigt werden. Mit Hilfe der Verweildauermethode lassen sich auch Zu- oder Abgänge innerhalb des Beobachtungszeitraums, sogar innerhalb eines Jahres der Beobachtungsperiode, in die Berechnung der rohen Sterbewahrscheinlichkeiten miteinbeziehen. Eine Personengesamtheit heißt **offen,** wenn im Betrachtungszeitraum Zu- und Abgänge erfolgen und Abgänge auch aus anderen Ausscheideursachen als die interessierenden möglich sind. Für offene und geschlossene Personengesamtheiten stellt die Verweildauermethode daher eine exakte Methode zur Bestimmung relativer Sterbehäufigkeiten dar.

Jede Person der Personengesamtheit wird mit der Dauer ihrer Zugehörigkeit nicht nur zu der Personengesamtheit selbst, sondern auch in Bezug auf das Risikomerkmal Alter gewichtet. Hierbei werden auch diejenigen Personen einbezogen, die erst nach Beginn des Beobachtungszeitraums zugegangen sind. Ferner werden sämtliche Abgänge – auch solche wegen einer anderen Ursache als Tod, wie es z. B. bei einer Zensierung von rechts der Fall sein kann – berücksichtigt. Da die Sterblichkeiten altersabhängig ermittelt werden, kann eine Person längstens eine Verweildauer von einem Jahr haben. Kürzere Verweildauern ergeben sich, wenn der Zugang im Alter x oder ein Abgang (aus einem anderen Grund als Tod) vor Erreichen des Alters $x + 1$ erfolgte.

Todesfälle werden unabhängig von der tatsächlichen Verweildauer mit 1 gewichtet. Da das Geburtsjahr bei der Verweildauermethode keine Rolle spielt, wird im Folgenden bei der Personengesamtheit und den Todesfällen das Geburtsjahr weggelassen.

Bezeichne $d_{x,i}$ $(0 \leq d_{x,i} \leq 1)$ die Verweildauer der Person i im Alter x in der Personengesamtheit. Die rohen Sterbewahrscheinlichkeiten werden geschätzt durch

$$\hat{q}_x^v = \frac{|T_x(B)|}{\sum\limits_{i \in L(B)} d_{x,i}} = \frac{|T_x(B)|}{|T_x(B)| + \sum\limits_{i \in L'(B)} d_{x,i}}. \tag{9.17}$$

Kommt es z. B. aufgrund einer Zensierung von rechts zu einem Ausscheiden einer Person i im Alter x, so steht die Person i nur während der Verweildauer $d_{x,i}$ unter Beobachtung und unter Risiko. Würde die Person i mit 1 im Nenner von $\hat{q}_x^v$ in 9.17 berücksichtigt, würde $\hat{q}_x^v$ zu klein sein.

9.4.5 Vergleich der Methoden

Der Unterschied zwischen den Methoden besteht formal nur in der Bestimmung der Anzahl der Personen in der Personengesamtheit, aus der die Anzahl der Toten hervorgeht.

Während bei der Geburtsjahrmethode nur die Geburtsjahrgänge berücksichtigt werden, deren Todesfälle ausschließlich in den Beobachtungszeitraum fallen können, werden bei der Sterbejahrmethode auch die benachbarten Geburtsjahrgänge miteinbezogen. Beide Methoden haben jedoch gemeinsam, dass sie die Bestandsveränderungen in der Personengesamtheit nicht berücksichtigen. Dies geschieht jedoch näherungsweise beim Sterbeziffernverfahren, bei dem die Anzahl der Personen am Anfang und am Ende jedes Jahres de Beobachtungszeitraums berücksichtigt wird. Bei dieser Methode werden aber Bestandsveränderungen innerhalb eines Jahres nicht erfasst, was jedoch bei der Verweildauermethode geschieht. Als einzige Methode ist die Verweildauermethode sowohl für geschlossene als auch für offene Personengesamtheiten exakt in dem Sinne, dass sämtliche Bestandsveränderungen Berücksichtigung finden.

Beispiel 9.7 (Methodik HUR 2006) Bei der Herleitung der rohen Sterbewahrscheinlichkeiten für die DAV-Sterbetafel 2006 HUR [1] wurden die rohen Sterbewahrscheinlichkeiten mit der Verweildauermethode und zum Vergleich auch mit der Sterbejahrmethode berechnet. Die Abb. 9.4 und 9.5 zeigen, dass die Verweildauermethode im Allgemeinen zu einem glatteren Verlauf der rohen Sterbewahrscheinlichkeiten führt. Für die in den Abbildungen fehlenden Alter wurden keine Toten beobachtet und die Sterblichkeit von 0 kann in der logarithmischen Darstellung nicht angezeigt werden. □

Beispiel 9.8 (Vergleich der Methoden) Der Beobachtungszeitraum sei B=[01.01.2010, 01.01.2012). Die Personendaten sind in Tab. 9.2 gegeben. Ermittlung der rohen Sterbewahrscheinlichkeiten für das Alter $x = 60$ mithilfe

a) der Geburtsjahrmethode,
b) der Sterbejahrmethode,
c) des Sterbeziffernverfahrens,
d) der Verweildauermethode

und Vergleich der rohen Sterbewahrscheinlichkeiten gemäß b) und d) nur für das Geburtsjahr 1950 (vgl. Abb. 9.6).

(a) Geburtsjahrmethode: Der in Frage kommende Geburtsjahrgang bei der Geburtsjahrmethode ist 1950, da nur für dieses Geburtsjahr sämtliche Todesfälle im Alter 60 in den Beobachtungszeitraum fallen können. Damit ergibt sich

$$\hat{q}_{60}^{G} = \frac{|T_{60}(B,\ 1950)|}{|L_{60}(B,\ 1950)|} = \frac{1}{2} = 0{,}5.$$

(b) Sterbejahrmethode: Da nur etwa die Hälfte aller Todesfälle im Alter 60 der Geburtsjahrgänge 1949 und 1951 in den Beobachtungszeitraum fallen können folgt

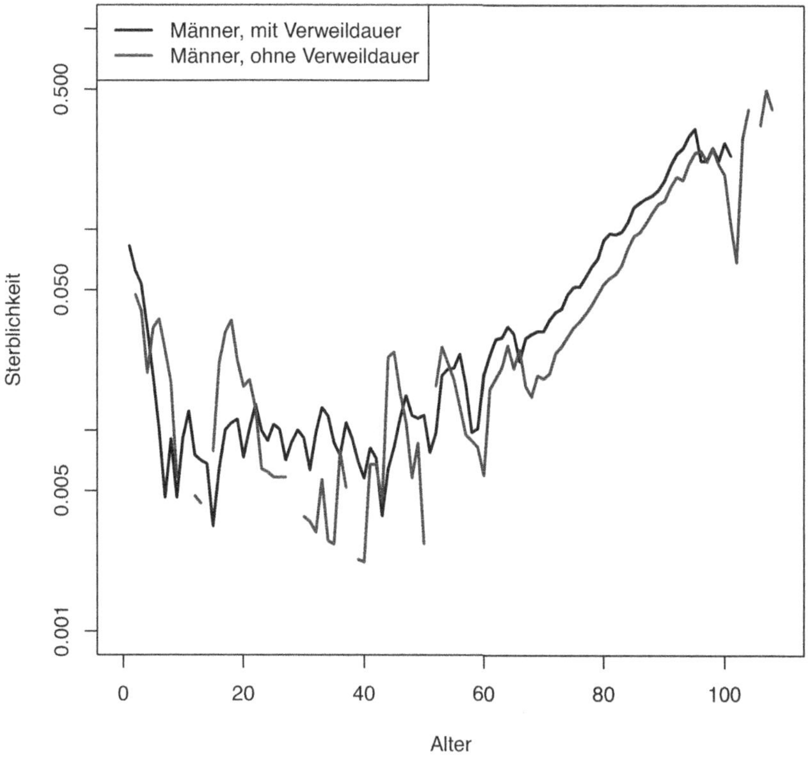

Abb. 9.4 Rohe Sterbewahrscheinlichkeiten bei Männern im logarithmischen Maßstab mit und ohne Berücksichtigung der Verweildauer bei der Herleitung der DAV-Sterbetafel HUR 2006

Tab. 9.2 Personendaten für Beispiel 9.8

Person	Geburtstag	Todesdatum	Eintritt nach Beobachtungsbeginn	Austritt vor Beobachtungsende (nicht wegen Tod)
P_1	01.03.1949	–	–	–
P_2	01.08.1949	18.03.2010	–	–
P_3	28.04.1950	05.02.2011	–	–
P_4	24.09.1950	–	–	–
P_5	11.03.1951	01.12.2011	–	–
P_6	29.07.1951	–	01.08.2011	01.10.2011

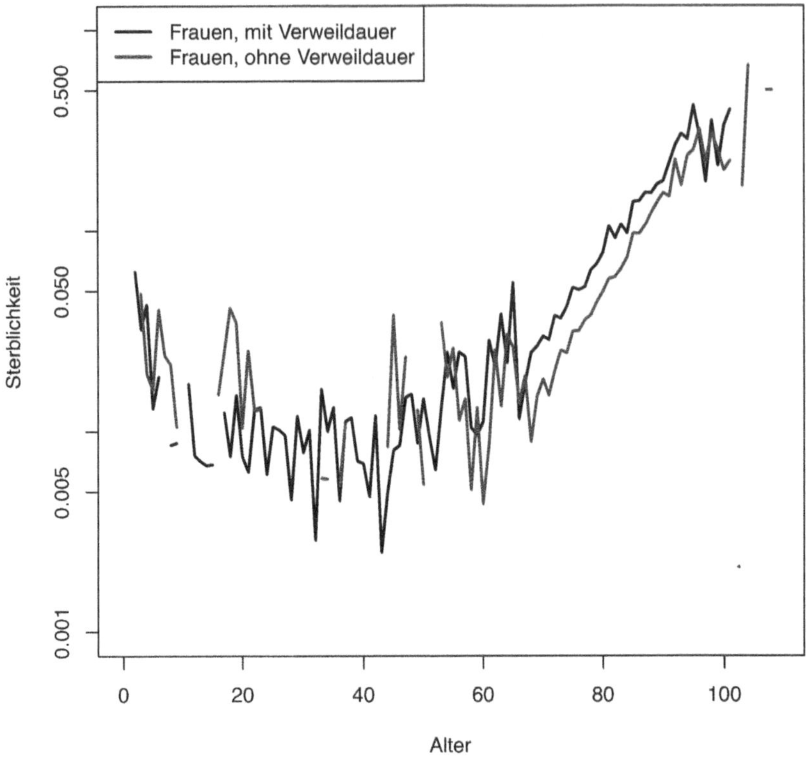

Abb. 9.5 Rohe Sterbewahrscheinlichkeiten bei Frauen im logarithmischen Maßstab mit und ohne Verweildauer bei der Herleitung der DAV-Sterbetafel HUR 2006

$$\hat{q}_{60}^{S} = \frac{|T_{60}(B, 1949 \cup 1950 \cup 1951)|}{\frac{1}{2}\,|L_{60}(B, 1949)| + |L_{60}(B, 1950)| + \frac{1}{2}\,|L_{60}(B, 1951)|} = \frac{3}{\frac{1}{2}\cdot 2 + 2 + \frac{1}{2}\cdot 2}$$
$$= 0{,}75.$$

(c) Sterbeziffernverfahren: Sei $G := 1949 \cup 1950 \cup 1951$. Als Sterbeziffer für das Alter 60 ergibt sich

$$k_{60} =$$
$$= \frac{|T_{60}\,(B, G)|}{\frac{1}{2}\left(\left|L_{60}^{A}\,(2010, G)\right| + \left|L_{60}^{E}\,(2010, G)\right|\right) + \frac{1}{2}\left(\left|L_{60}^{A}\,(2011, G)\right| + \left|L_{60}^{E}\,(2011, G)\right|\right)}$$
$$= \frac{3}{\frac{1}{2}(2+2) + \frac{1}{2}(2+0)} = \frac{3}{3} = 1$$

und damit als rohe Sterbewahrscheinlichkeit

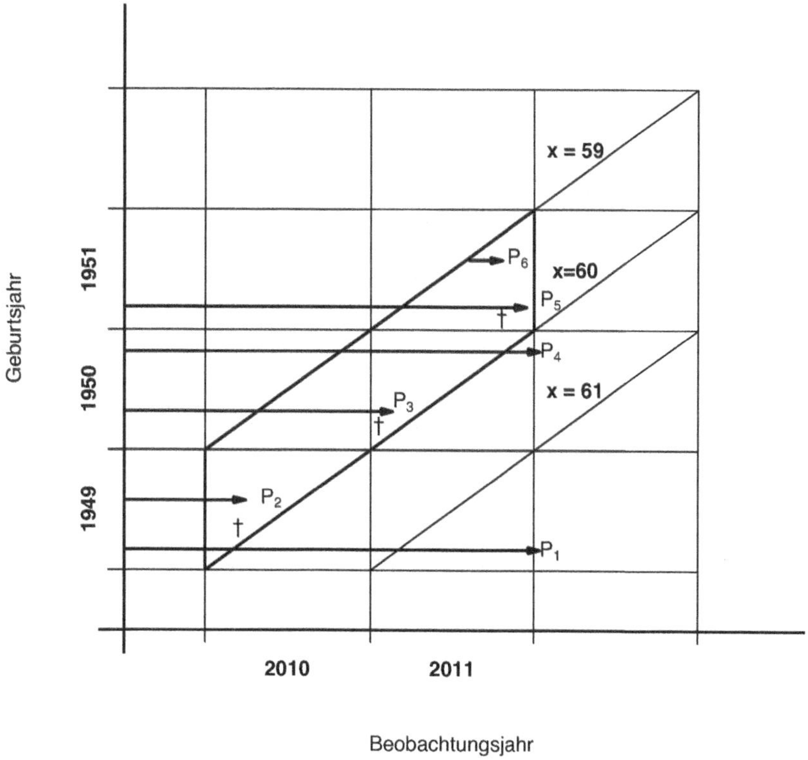

Abb. 9.6 Lebenslinien in Beispiel 9.8

$$\hat{q}_{60}^{Z} = \frac{2 \cdot k_{60}}{2 + k_{60}} = \frac{2 \cdot 1}{2 + 1} = \frac{2}{3} \approx 0{,}67.$$

(d) Verweildauermethode: Zunächst werden die Verweildauern der einzelnen Personen bestimmt:

Person	Zeitraum, in dem Person P_i unter Risiko steht	Verweildauer $d_{60,i}$
P_1	01.01.2010 – 03.03.2010	2/12
P_2	01.01.2010 – 18.03.2010	1 (da gestorben)
P_3	28.04.2010 – 05.02.2011	1 (da gestorben)
P_4	24.09.2010 – 24.09.2011	1
P_5	11.03.2011 – 01.12.2011	1 (da gestorben)
P_6	01.08.2011 – 01.10.2011	2/12

Damit ergibt sich

$$\hat{q}_{60}^{V} = \frac{|T_{60}(B)|}{|T_{60}(B)| + \sum\limits_{i \in L'_{60}(B)} d_{60,i}} = \frac{3}{3 + \frac{2}{12} + 1 + \frac{2}{12}} = \frac{9}{13} \approx 0{,}69.$$

Betrachtet man nur den Geburtsjahrgang 1950, so liefern Sterbejahr- und Verweildauermethode die gleichen Sterbewahrscheinlichkeiten wie die Geburtsjahrmethode, da es während der Beobachtungszeit keine Zugänge und Abgänge (außer wegen Tod) gibt und sämtliche Todesfälle des betrachteten Jahrgangs in die Beobachtungsperiode fallen können:

Sterbejahrmethode:

$$\hat{q}_{60}^{S} = \frac{|T_{60}(B, 1950)|}{|L_{60}(B, 1950)|} = \frac{1}{2} = 0{,}5$$

Verweildauermethode:

Person	Zeitraum, in dem Person P_i unter Risiko steht	Verweildauer $d_{60,i}$
P_3	28.04.2010 – 05.02.2011	1 (da gestorben)
P_4	24.09.2010 – 24.09.2011	1

$$\hat{q}_{60}^{V} = \frac{|T_{60}(B)|}{|T_{60}(B)| + \sum\limits_{i \in L'_{60}(B)} d_{60,i}} = \frac{1}{1+1} = \frac{1}{2} = 0{,}5.$$

□

9.5 Ausgleichsverfahren

Im letzten Abschnitt wurden verschiedene Verfahren vorgestellt, mit denen man rohe Sterbewahrscheinlichkeiten ermitteln kann. Sie stellen die Realisation von Zufallsvariablen dar, mit denen die eigentlich zugrunde liegenden Sterbewahrscheinlichkeiten geschätzt werden. Unabhängig von der gewählten Methode zur Ermittlung der rohen Sterbewahrscheinlichkeiten wird man feststellen, dass diese Schätzwerte zufallsbedingte Schwankungen enthalten, die um so größer sind, je kleiner die Anzahl der Personen in der betrachteten Grundgesamtheit ist. Ziel ist es, die Folge $(\hat{q}_x)$ der Schätzwerte zu glätten ohne ihren Verlauf zu verfälschen.

Um einen unverfälschten Verlauf zu erhalten werden Ausgleichsverfahren angewendet, die einerseits eine Glättung der rohen Sterbewahrscheinlichkeiten zum Ziel haben und andererseits die typischen altersspezifischen Besonderheiten im Sterblichkeitsverlauf bewahren.

Im Allgemeinen unterscheidet man zwischen mechanischen und analytischen Ausgleichsverfahren. In der Literatur wird mitunter auch die grafische Ausgleichung als Ausgleichsmethode bezeichnet. Dabei trägt man die beobachteten Sterblichkeiten unter Wahl eines Maßstabes auf und zeichnet nach Gefühl eine Kurve auf, so dass die beobachteten Sterblichkeiten gleichmäßig um den gezeichneten Kurvenzug liegen. Dem persönlichen Empfinden wird bei diesem Verfahren ein großer Spielraum gewährt. Auf diese Art von Ausgleichsverfahren wird daher im Folgenden nicht weiter eingegangen.

9.5.1 Allgemeiner Aufbau eines Ausgleichsverfahrens

Im Folgenden wird die Vorgehensweise beschrieben, die im Allgemeinen allen Ausgleichsverfahren zugrunde liegt (vgl. Kakies et al. [8], S. 85 ff.).

Zur Vereinfachung werden Sterbewahrscheinlichkeiten betrachtet, die nur von ganzzahligen Altern $x \in \{x_i | x_i \in \mathbb{N} \cup \{0\}$ und $x_{i+1} = x_i + 1\}$ abhängen.

Bezeichne $\hat{\mathbf{q}} = (\hat{q}_{x_0}, \ldots, \hat{q}_{x_n})^\top \in \mathbb{R}^{n+1}$ den Vektor der Schätzwerte für q_{x_i} und $\hat{\mathbf{q}}' \in \mathbb{R}^{n+1}$ entsprechend den Vektor der ausgeglichenen Werte.

Bei den Ausgleichsverfahren werden die rohen Sterbewahrscheinlichkeiten $\hat{\mathbf{q}}$ durch eine Abbildungsvorschrift $F : \mathbb{R}^{n+1} \longrightarrow \mathbb{R}^{n+1}$ auf die ausgeglichenen Werte $\hat{\mathbf{q}}'$ abgebildet. Diese Abbildungsvorschrift kann von den beobachteten Werten $\hat{q}_x$, dem Alter x und Parametern $a_1, \ldots, a_m$ abhängen. Eine solche Funktion F wird als Ausgleichsfunktion und die a_i werden als Ausgleichsparameter bezeichnet.

Bei der Ausgleichung der beobachteten Werte $\hat{\mathbf{q}}$ geht man allgemein in fünf Schritten vor:

1.) Festlegung der beobachteten Werte $\hat{\mathbf{q}} \in \mathbb{R}^{n+1}$*, die ausgeglichen werden sollen.* Es kann sinnvoll sein, nicht alle, sondern nur eine Teilmenge der beobachteten Werte auszugleichen. Gründe dafür können beispielsweise die folgenden sein:

- Einige beobachtete Werte können, da sie auf unzureichendem Ausgangsmaterial beruhen, nicht zur Ausgleichung herangezogen werden.
- Die beobachteten Werte aus einem Teilaltersbereich genügen bereits den Anforderungen.
- Der Verlauf der beobachteten Werte ist in verschiedenen Teilbereichen so unterschiedlich, dass verschiedene Ausgleichsverfahren benutzt werden.

2.) Wahl der Ausgleichsmethode
Abhängig von den beobachteten Werten und den Anforderungen an die ausgeglichenen Werte wird entschieden, welches Ausgleichsverfahren geeignet ist.
3.) Bestimmung der Parameter a_i
Abhängig von der gewählten Ausgleichsmethode werden die benötigten Parameter a_i bestimmt, die die konkrete Ausgleichsfunktion F festlegen.
4.) Bestimmung der ausgeglichenen Werte $\hat{q}'_x$
Nachdem die Ausgleichsparameter a_i bestimmt sind, werden die $\hat{q}'_x$ als Funktionswerte der Abbildung F berechnet, also $\hat{q}'_{x_k} = F_k(\hat{\mathbf{q}}), k = 0, \ldots, n$.

Tab. 9.3 Rohe Sterbewahrscheinlichkeiten eines Renterbestands

x	$\hat{q}_x$	x	$\hat{q}_x$	x	$\hat{q}_x$
60	0,00233110	70	0,01680682	80	0,05000010
61	0,01286184	71	0,02254108	81	0,02173923
62	0,00236880	72	0,02727283	82	0,09375010
63	0,00551886	73	0,03341299	83	0,08653856
64	0,00709589	74	0,01685403	84	0,09756108
65	0,00875496	75	0,03738328	85	0,10000010
66	0,01096173	76	0,05166062	86	0,10714296
67	0,00831611	77	0,04149388	87	0,08000010
68	0,00586864	78	0,04951173	88	0,17241389
69	0,01414437	79	0,05235612	89	0,08333343

5.) Beurteilung der ausgeglichenen Werte
Im letzten Schritt wird beurteilt, ob die ausgeglichenen Werte den Anforderungen genügen.

Die in Tab. 9.3 angegebenen Wahrscheinlichkeiten und in Abb. 9.7 dargestellten Werte sind ermittelte rohe Sterbewahrscheinlichkeiten aus einem Rentnerbestand. Anhand dieser Werte werden die verschiedenen Ausgleichsverfahren im Folgenden erläutert.

9.5.2 Mechanische Ausgleichung

Definition 9.2 Eine Funktion $F : \mathbb{R}^{n+1} \longrightarrow \mathbb{R}^{n+1}$ heißt **mechanische Ausgleichsfunktion,** wenn sich $\hat{q}'_x := F_x$ in der Form

$$\hat{q}'_x = \sum_{i=-r}^{+s} a_i \hat{q}_{x+i}, \quad x \in \{x_r, \ldots, x_{n-s}\}$$

mit $r, s \in \mathbb{N}$ schreiben lässt, wobei die Ausgleichsparameter $a_i \in \mathbb{R}$ unabhängig von x und $\hat{q}_x$ sind und $\sum_{i=-r}^{+s} a_i = 1$ gilt.

Bei einem mechanischen Ausgleichsverfahren beeinflussen einige benachbarte beobachtete Werte den auszugleichenden Wert. Dies hat zur Folge, dass man mit diesen Verfahren unter Umständen nicht alle vorgegebenen Werte ausgeglichen werden können weil für r Werte am Anfang und s Werte am Ende (Randwerte) der Wertereihe (9.2) nicht definiert ist. Das Ergebnis einer mechanischen Ausgleichung ist eine diskrete Anzahl ausgeglichener Werte, die im Allgemeinen kleiner ist als die Anzahl der beobachteten Werte.

Die Idee, die hinter den mechanischen Ausgleichsverfahren steckt, ist die folgende: Um einen Wert $\hat{q}'_x$ zu bekommen, betrachtet man in einer Umgebung von x die gemessenen

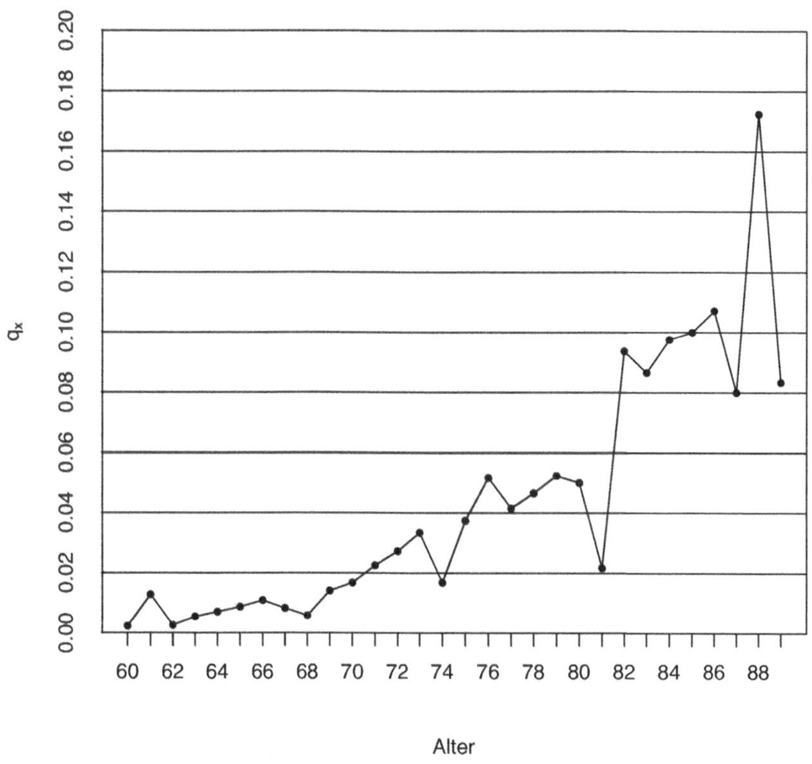

Abb. 9.7 Rohe Sterbewahrscheinlichkeiten eines Rentnerbestands

Werte $\hat{q}_x$ und bildet aus diesen ein gewichtetes Mittel. Die Schwankungen werden so auf mehrere Werte verteilt und verringern sich im Allgemeinen, wenn sie nicht alle die gleiche Richtung haben. Die mechanische Ausgleichung hat daher eine glättende Wirkung.

Der Vorteil bei mechanischen Ausgleichsmethoden besteht darin, dass die Parameter a_i für eine Ausgleichsfunktion nur einmal bestimmt werden müssen und dann für alle Alter feststehen. Danach können sie auf jede beliebige einparametrige Wertereihe angewendet werden.

Beispiel 9.9 (mechanische Ausgleichsverfahren)

a) Die **9-Punkte-Formel von Schärtlin**

$$\hat{q}'_x = \frac{1}{27} \cdot \left(9\hat{q}_x + 8\hat{q}_{x\pm1} + 2\hat{q}_{x\pm2} - \hat{q}_{x\pm4}\right)$$

b) Die **15-Punkte-Formel von Spencer**

$$\hat{q}'_x = \frac{1}{320} \cdot \left(74\hat{q}_x + 67\hat{q}_{x\pm1} + 46\hat{q}_{x\pm2} + 21\hat{q}_{x\pm3} + 3\hat{q}_{x\pm4} - 5\hat{q}_{x\pm5} - 6\hat{q}_{x\pm6} - 3\hat{q}_{x\pm7}\right).$$

Die Ergebnisse dieser Ausgleichsverfahren angewendet auf die rohen Sterbewahrscheinlichkeiten aus Tab. 9.3 sind in Abb. 9.8 zu sehen. □

Bei mechanischen Ausgleichsfunktionen wirkt sich eine Erweiterung des auszugleichenden Altersbereiches nicht auf die zuvor bereits ausgeglichenen Werte aus. Die Parameter kann man auf zwei Arten erhalten:

- Verwendung eines bekannten Ausgleichsverfahrens mit der gewünschten Anzahl der a_i und den erforderlichen Eigenschaften.
- Bei der Konstruktion einer eigenen Ausgleichsfunktionen werden Bedingungen aufgestellt, aus denen sich Bestimmungsgleichungen für die a_i ableiten lassen. Dazu gibt es verschiedene Konstruktionsmethoden.

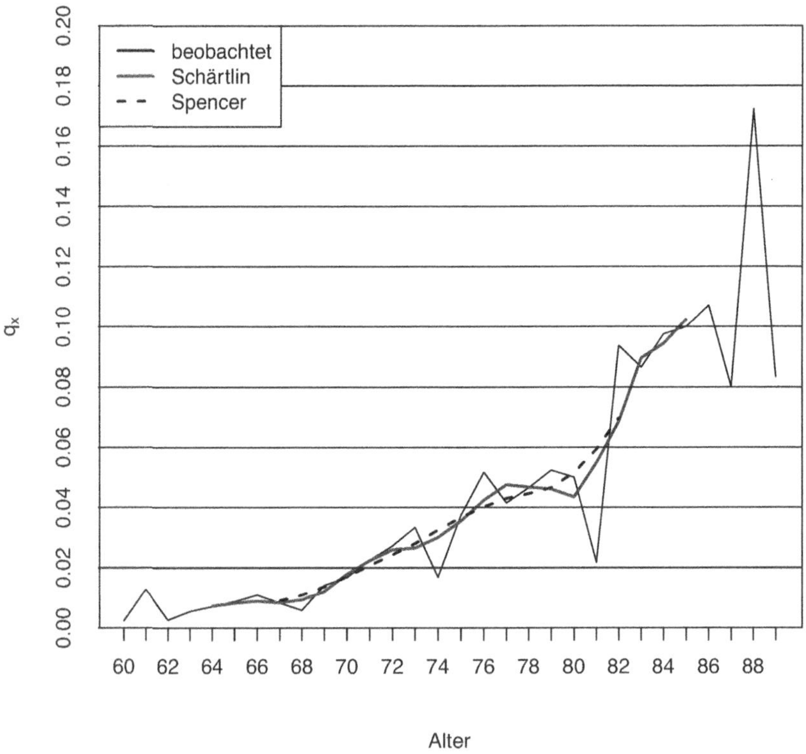

Abb. 9.8 Ausgleich der rohen Sterbewahrscheinlichkeiten mit den Formeln von Schärtlin bzw. Spencer im Beispiel 9.9

9.5.3 Das Verfahren von Whittaker-Henderson

Eine in der Praxis geläufige Konstruktionsmethode ist das Whittaker-Henderson-Verfahren. Es besteht aus der Lösung einer Optimierungsaufgabe, die die Summe aus einem Maß für die Anpassung der ausgeglichenen Werte an die beobachteten Werte und einem Maß für die Glätte der ausgeglichenen Werte minimiert.

Bei vorgegebenen rohen Sterbewahrscheinlichkeiten $\hat{\mathbf{q}} \in \mathbb{R}^{n+1}$ und bei gegebenen Gewichten $w_k > 0$ und $g > 0$ wird

als Anpassungsmaß: $$\sum_{k=0}^{n} w_k(\hat{q}'_{x_k} - \hat{q}_{x_k})^2$$

und als Glättemaß: $$g \cdot \sum_{k=0}^{n-s} (\Delta^s \hat{q}'_{x_k})^2$$

mit $$\Delta^s \hat{q}'_{x_k} := \sum_{\nu=0}^{s} (-1)^s \binom{s}{\nu} \hat{q}'_{x_{s+k-\nu}} \text{ (s-te Differenz von } \hat{q}'_{x_k}).$$

gewählt.

Zu lösen ist die Optimierungsaufgabe

$$\sum_{k=0}^{n} w_k(\hat{q}'_{x_k} - \hat{q}_{x_k})^2 + g \cdot \sum_{k=0}^{n-s} (\Delta^s \hat{q}'_{x_k})^2 = \text{Min.} \tag{9.18}$$

Bemerkung 9.10 Die Optimierungsaufgabe

$$\frac{1}{c} \sum_{k=0}^{n} w_k(\hat{q}'_{x_k} - \hat{q}_{x_k})^2 + \frac{g}{c} \cdot \sum_{k=0}^{n-s} (\Delta^s \hat{q}'_{x_k})^2 = \text{Min.}$$

führt für $c > 0$ zur selben Lösung $\hat{\mathbf{q}}'$ wie in (9.18), so dass man auch w_k mit $\sum_{k=0}^{n} w_k = 1$ wählen kann, vergleiche Kakies et al. [8]. Im Folgenden wird auf diese Annahme verzichtet.

Die Konstante g ermöglicht es, die Glätte der ausgeglichenen Wertereihe vorzugeben. Je größer g ist, desto glatter verläuft die Kurve der ausgeglichenen Sterbewahrscheinlichkeiten, desto mehr weichen aber auch eventuell die ausgeglichenen von den rohen Werten ab. Um die Lösung möglichst kurz und einfach darzustellen, wird im Folgenden die Matrizenschreibweise benutzt. Sei

$$\mathbf{W} = diag(w_0, \ldots, w_n) \in \mathbb{R}^{(n+1)\times(n+1)}$$

die Diagonalmatrix der w_k und $\mathbf{K} \in \mathbb{R}^{(n-s+1)\times(n+1)}$ mit

$$k_{ij} = \begin{cases} (-1)^{j+1-i}\binom{s}{j-i} & \text{falls } i = 1, \ldots, n-s+1, i \leq j \leq i+s \\ 0 & \text{sonst} \end{cases}$$

die Matrix der s-ten Differenzen. Es gilt $\mathbf{Kq} = (\Delta^s q_{x_0}, \ldots, \Delta^s q_{x_{n-s}})^\top$. Sei weiter $f : \mathbb{R}^{n+1} \to [0, \infty)$,

$$f(\mathbf{q}) = (\mathbf{q} - \hat{\mathbf{q}})^\top \mathbf{W}(\mathbf{q} - \hat{\mathbf{q}}) + g(\mathbf{Kq})^\top(\mathbf{Kq}).$$

Das Optimierungsproblem (9.18) kann auch wie folgt geschrieben werden:

$$f(\hat{\mathbf{q}}') = (\hat{\mathbf{q}}' - \hat{\mathbf{q}})^\top \mathbf{W}(\hat{\mathbf{q}}' - \hat{\mathbf{q}}) + g(\mathbf{K}\hat{\mathbf{q}}')^\top(\mathbf{K}\hat{\mathbf{q}}') = \text{Min.}$$

Die Abbildung f ist strikt konvex, also sind ihre lokalen Minima auch globale Minima. Als Gradient und Hessematrix von f ergeben sich

$$\nabla f(\mathbf{q}) = 2\mathbf{W}(\mathbf{q} - \hat{\mathbf{q}}) + 2g(\mathbf{K}^\top\mathbf{K})\mathbf{q}$$
$$\mathbf{H}_f(\mathbf{q}) = 2(\mathbf{W} + g\mathbf{K}^\top\mathbf{K}).$$

Da die Matrix $\mathbf{W} + g\mathbf{K}^\top\mathbf{K}$ symmetrisch und positiv definit ist, erhält man aus $\nabla f(\hat{\mathbf{q}}') = 0$, dass f minimal wird, wenn für $\hat{\mathbf{q}}'$ gilt:

$$(\mathbf{W} + g\mathbf{K}^\top\mathbf{K})\hat{\mathbf{q}}' = \mathbf{W}\hat{\mathbf{q}}.$$

Da die Matrix $\mathbf{W} + g\mathbf{K}^\top\mathbf{K}$ nicht singulär ist, ergibt sich

$$\hat{\mathbf{q}}' = (\mathbf{W} + g\mathbf{K}^\top\mathbf{K})^{-1}\mathbf{W}\hat{\mathbf{q}}.$$

Als Ausgleichsfunktion erhält man daher

$$\hat{\mathbf{q}}' = F(\hat{\mathbf{q}}) = \mathbf{D}\hat{\mathbf{q}} \text{ mit } \mathbf{D} := (\mathbf{W} + g\mathbf{K}^\top\mathbf{K})^{-1}\mathbf{W} \in \mathbb{R}^{(n+1)\times(n+1)}.$$

Bei den $n + 1$ Komponenten von F werden im Allgemeinen alle beobachteten Werte $\hat{q}_{x_k}$ $(k = 0, \ldots, n)$ zur Ausgleichung herangezogen. $\mathbf{D}$ hängt ab von s (Ordnung der Differenzen), $n+1$ (Anzahl der auszugleichenden Werte), g (vorgegebene Glätte) und w_k (zusätzliche Gewichtung der beobachteten Werte), aber nicht von den $\hat{q}_x$. Mit Hilfe dieser Ausgleichsfunktion werden alle beobachteten Werte, also auch die Randwerte, ausgeglichen.

Beispiel 9.11 (Whittaker-Henderson) Sei $s = 3$. Dann ergibt sich für $\mathbf{K}$ die Form

$$\mathbf{K} = \begin{pmatrix} -1 & 3 & -3 & 1 & 0 & \ldots & 0 \\ 0 & -1 & 3 & -3 & 1 & \ldots & 0 \\ \ldots & & & & & \ldots & 0 \\ 0 & \ldots & -1 & 3 & -3 & 1 & 0 \\ 0 & \ldots & 0 & -1 & 3 & -3 & 1 \end{pmatrix}.$$

$\hat{\mathbf{q}} = (\hat{q}_{60}, \ldots, \hat{q}_{89})$ seien die beobachteten Werte aus Tab. 9.3, d. h. $n = 29$. Also ist $\mathbf{K}$ eine 27×30-Matrix. Es gibt keine zusätzliche Gewichtung, also $w_0 = \cdots = w_n = 1$. Als Glättemaß wird zunächst $g = 0{,}3$ und zum Vergleich $g = 50$ gewählt. Die Ergebnisse sind in Abb. 9.9 dargestellt.

Für $g = 50$ erhält man wie erwartet eine deutlich glattere Kurve als für $g = 0{,}3$. □

Wie man g bei einer vorgegeben Wertereihe zu wählen hat, kann nicht pauschal beantwortet werden. Dies ist von Fall zu Fall zu entscheiden und hängt im Wesentlichen vom Umfang der auszugleichenden Werte, der Ordnung der vorgegebenen Differenzen und dem Verlauf der auszugleichenden Werte ab. Zur Orientierung lässt sich aber Folgendes sagen:

a) g sollte umso größer gewählt werden, je besser die Glätte im Sinne des minimierten Glättemaßes sein soll.
b) Je besser die Glätte der beobachteten Werte bereits ist, desto kleiner kann g gewählt werden, um die gewünschte Glätte zu erhalten.

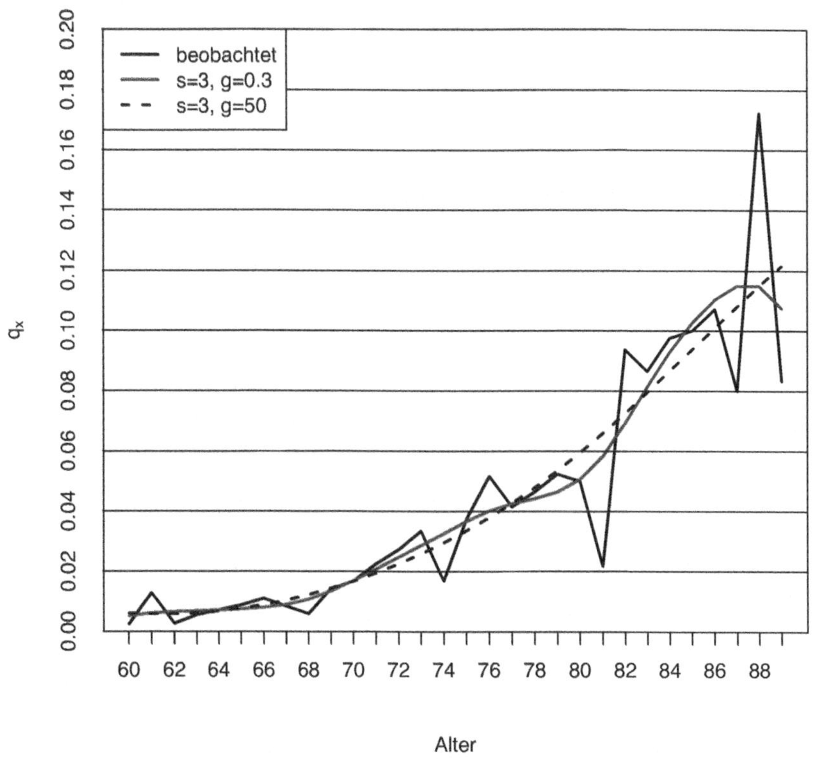

Abb. 9.9 Ausgleichung nach Whittaker-Henderson im Beispiel 9.11

c) Je höher die Ordnung der Differenzen s vorgegeben wird, desto größer muss g gewählt werden.
d) Je größer die Anzahl der auszugleichenden Werte gewählt wird, umso größer muss g sein.

Beispiel 9.12 (Herleitung der DAV 2006 HUR) Bei der Herleitung der DAV 2006 HUR (vgl. [1]) wurde aufgrund mangelnder Datenbasis für Alter unter 41 sowohl für Männer als auch für Frauen zunächst jeweils ohne Altersunterscheidung eine rohe Sterbewahrscheinlichkeit insgesamt bestimmt. Im Anschluss wurden die ermittelten rohen Sterbewahrscheinlichkeiten im Altersbereich 40 bis 100 mittels Whittaker-Henderson ausgeglichen. Dabei wurde die rohe Sterbewahrscheinlichkeit im Alter 40 jeweils mit der Sterblichkeit im Altersbereich unter 41 angesetzt, wobei als Gewicht w_{40} die Summe der Anzahl der Lebenden in den Altern 0 bis 40 genommen wurde. Als Gewichte für Alter über 40 wurde die Anzahl des betrachteten Bestandes gewählt. Für Männer wurde $g = s = 2$, für Frauen $g = 1$ und $s = 2$ gewählt.

Da für den Altersbereich über 100 ebenfalls keine genügend große Datenbasis verfügbar war, wurden die Sterblichkeiten 2. Ordnung der DAV 2004 R übernommen und anschließend ein weiterer Ausgleich mittels Whittaker-Henderson für den Altersbereich 40 bis 120 durchgeführt, wobei $g = 6$ und $s = 3$ sowohl für Männer als auch für Frauen gewählt wurde. □

9.5.4 Die analytische Ausgleichung

Bei der analytischen Ausgleichung wird eine Ausgleichsfunktion $F : [x_0, x_n] \longrightarrow \mathbb{R}$ verwendet, mit der die ausgeglichenen Sterbewahrscheinlichkeiten gemäß

$$\hat{q}'_x = F(x), \quad x \in \{x_0, \dots, x_n\}$$

bestimmt wird. Die Funktion F heißt auch **Sterbegesetz** und hängt von Parametern $a_1, \dots, a_m$ ab. Damit wird unterstellt, dass der Verlauf der tatsächlich zugrunde liegenden Sterbewahrscheinlichkeiten dieser Funktion gehorcht. Die Wahl von F hängt u. a. vom Verlauf der beobachteten Werte $\hat{\mathbf{q}}$ ab. Daher müssen die beobachteten Werte vor der Ausgleichung analysiert werden. Beispiele für die Wahl von F sind z. B. Exponentialfunktionen der Form

$$F(x) = \exp\left\{\sum_{k=1}^{m} a_k x^{k-1}\right\} \quad \text{oder} \quad F(x) = \exp\left\{-\exp\left\{\sum_{k=1}^{m} a_k x^{k-1}\right\}\right\}.$$

Das unterstellte Sterbegesetz allein charakterisiert jedoch nicht das einzelne Ausgleichsverfahren, denn im Allgemeinen können beliebige Sterbegesetze in einem analytischen Ausgleichsverfahren benutzt werden. Die Verfahren werden stattdessen durch zusätzlich benötigte Ausgleichsbedingungen festgelegt, aus denen sich die Parameter $a_1, \ldots, a_m$ ergeben.

Diese Ausgleichsbedingungen gehen oft von Maßen für Gütekriterien aus, die optimiert werden sollen, ähnlich wie beim Whittaker-Henderson-Verfahren.

Als Beispiele für analytische Ausgleichsverfahren werden im Folgenden zum einen das Verfahren der kleinsten Quadrate, zum anderen das Verfahren der Spline-Funktionen nach Reinsch vorgestellt.

9.5.5 Das Verfahren der kleinsten Quadrate

Im Folgenden werden die Werte der Ausgleichsfunktion mit $F(x, a_1, \ldots, a_m)$ bezeichnet, um die Abhängigkeit von den Parametern $a_i \in \mathbb{R}$ zu verdeutlichen.

Das Verfahren der kleinsten Quadrate verlangt, dass die gewichtete Summe der quadratischen Abweichungen zwischen den beobachteten und den ausgeglichenen Werten minimal wird. Daher lautet die Ausgleichsbedingung:

$$\sum_{x=x_0}^{x_0+n} g(x, a_1, \ldots, a_m) \cdot (F(x, a_1, \ldots, a_m) - \hat{q}_x)^2 = \text{Min.},$$

wobei die Gewichtefunktion g und die Ausgleichsfunktion F als zweimal stetig differenzierbar in x und den Ausgleichsparametern a_i vorausgesetzt werden. Damit der obige Ausdruck minimal wird, muss gelten:

$$\frac{\partial}{\partial a_i} \sum_{x=x_0}^{x_0+n} g(x, a_1, \ldots, a_m) \cdot (F(x, a_1, \ldots, a_m) - \hat{q}_x)^2 = 0 \text{ für } i = 1, \ldots, m.$$

Die Lösungsmethoden dieses Normalgleichungssystems hängen von der konkreten Form der Ausgleichsfunktion F und der Gewichtefunktion g ab. Unter der Voraussetzung, dass g unabhängig von den a_i ist, kann man drei Fälle unterscheiden, die dann konkret im Beispiel 9.13 ausgeführt sind:

1. Die Ausgleichsfunktion F ist linear in den a_i.
   Dann reduziert sich das Gleichungssystem auf ein lineares Gleichungssystem, das mit einfachen Methoden gelöst werden kann.
2. F ist zwar nichtlinear in den a_i, kann jedoch in eine Funktion $\tilde{F}$ überführt werden, die linear in a_i ist.
   Wenn die neue Ausgleichsfunktion die Form $\tilde{F} = \ln(1 \pm F)$ hat und $F \leqslant 10^{-2}$ ist, dann gilt $\ln(1 \pm F) \approx \pm F$ (die Abweichung beträgt maximal 1 %). Dies ist die Rückführung auf den 1. Fall. Hier werden dann die Werte $\ln(1 - \hat{q}_x)$ in der Ausgleichsbedingung verwendet.

3. Die Ausgleichsfunktion F ist nichtlinear in den a_i und kann auch nicht durch Transformationen der obigen Art linearisiert werden.
   In diesem Fall bestimmt man die Lösung des Normalgleichungssystems mit einem Näherungsverfahren (z. B. Newton-Verfahren, Verfahren von Marquardt [9]). Anstelle der genauen Werte a_i erhält man Näherungswerte a_i', mit denen die ausgeglichenen Sterbewahrscheinlichkeiten $\hat{q}_x'$ bestimmt werden.

Beispiel 9.13 (Kleinste Quadrate) Die Gewichtefunktion g sei konstant mit $g = 1$.

a) Fall 1. Sei

$$\hat{q}_x' = F_1(x, a_1 \ldots, a_6) = \sum_{i=1}^{6} a_i x^{i-1}$$

Die Normalgleichungen ergeben für F_1 ein lineares Gleichungssystem mit den Lösungen

$$\begin{aligned} a_1 &= 284{,}998977132402 \\ a_2 &= -19{,}6838566864948 \\ a_3 &= 0{,}541576616838273 \\ a_4 &= -0{,}00741958478963797 \\ a_5 &= 5{,}06079196134005 \cdot 10^{-5} \\ a_6 &= -1{,}37450328773008 \cdot 10^{-7}. \end{aligned}$$

b) Fall 2. Sei

$$\hat{q}_x' = F_2(x, a_1 \ldots, a_6) = 1 - \exp\left\{\sum_{i=1}^{6} a_i x^{i-1}\right\}$$

Verwendet man $\tilde{F}_2 := \ln(1 - F_2)$ anstelle von F_2 und $\ln\left(1 - \hat{q}_x\right)$ anstelle der $\hat{q}_x$, dann lautet die Ausgleichsbedingung

$$\sum_{x=x_0}^{x_0+n} (\tilde{F}_2(x, a_1, \ldots, a_6) - \ln(1 - \hat{q}_x))^2 = \text{ Min.},$$

und man erhält $a_1, \ldots, a_6$ wieder als Lösung eines linearen Gleichungssystems

$$
\begin{aligned}
a_1 &= -314{,}008308325785 \\
a_2 &= 21{,}6891388272654 \\
a_3 &= -0{,}596754149413517 \\
a_4 &= 0{,}00817491207615811 \\
a_5 &= 5{,}57507767400996 \cdot 10^{-5} \\
a_6 &= 1{,}51380097455745 \cdot 10^{-7}.
\end{aligned}
$$

c) Fall 3. Sei

$$\hat{q}'_x = F_3(x, a_1, a_2, a_3) = 1 - a_1 \cdot a_2^{a_3^x(a_3-1)}.$$

Für F_3 erhält man ein nichtlineares Gleichungssystem, das sich mit Hilfe des Näherungsverfahrens von Marquardt lösen lässt. Für die a_i erhält man:

$$
\begin{aligned}
a_1 &= 1{,}01807 \\
a_2 &= 0{,}99721 \\
a_3 &= 1{,}07658.
\end{aligned}
$$

F_3 wird auch als **Sterbegesetz von Gompertz-Makeham** bezeichnet. Siehe Abb. 9.10 für die drei Fälle. □

9.5.6 Das Verfahren der Spline-Funktionen nach Reinsch

Das Verfahren der Spline-Funktionen wurde beispielsweise bei der Erstellung der Richttafeln 2005G und 2018G verwendet, vgl. Heubeck et al. [5] und Kakies et al. [8].

Ein kubischer Spline ist eine zweimal stetig differenzierbare Funktion $F : [x_0, x_n] \to \mathbb{R}$, die auf jedem der Teilintervalle $[x_0, x_1], \ldots, \left[x_{n-1}, x_n\right]$ als Polynom dritten Grades darstellbar ist.

Für die hier betrachtete Anwendung stellen die Stützstellen $x_0, \ldots, x_n$ die Alter dar, für die die ausgeglichenen Ausscheidewahrscheinlichkeiten $\hat{q}'_{x_i}$ aus den Rohdaten ermittelt werden. Von allen kubischen Spline-Funktionen wird beim Verfahren der Spline-Funktionen nach Reinsch diejenige ermittelt, die die folgende Ausgleichsbedingung

$$\int_{x_0}^{x_n} (F''(x))^2 dx = \text{Min.}, \qquad \text{(Gesamtkrümmungsmaß)}$$

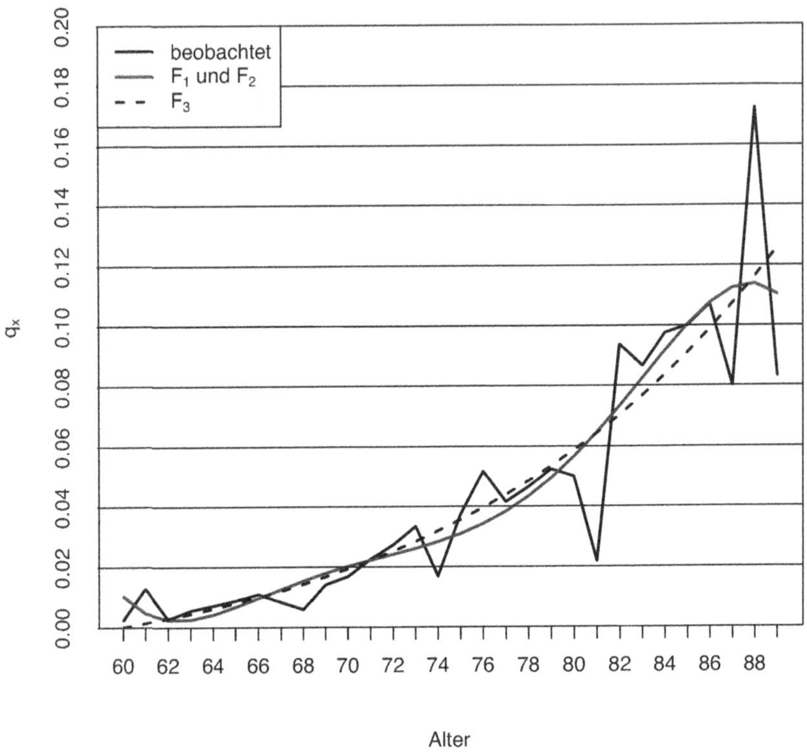

Abb. 9.10 Ausgeglichene Sterbewahrscheinlichkeiten mit der Methode der kleinsten Quadrate in Beispiel 9.13; die Kurven F_1 und F_2 zeigen die kaum unterscheidbaren Resultate des ersten und zweiten Falles

unter der Nebenbedingung

$$\sum_{k=0}^{n} w_k (F(x_i) - \hat{q}_{x_i})^2 \leqslant A,$$

mit fest vorgegebenen $w_k > 0$ und $A \in \mathbb{R}$ erfüllt. Es wird also eine kubische Spline-Funktion gesucht, deren Gesamtkrümmungsmaß minimal ist, wenn die Summe der quadratischen Abweichungen den vorgegebenen Wert A nicht übersteigt.

Durch geeignete Wahl der Faktoren w_k ist es möglich, den rohen Sterbewahrscheinlichkeiten für den Ausgleich unterschiedliche Gewichte zu geben. Hierfür kann z. B. die Anzahl der Personen in der Grundgesamtheit oder die Standardabweichung der rohen Sterbewahrscheinlichkeiten herangezogen werden.

Unter Verwendung der Schlupfvariablen s und des Lagrange-Multiplikators λ ist die Lösung des obigen Optimierungsproblems durch Minimierung des Ausdrucks

$$\int_{x_0}^{x_n} (F''(x))^2 dx + \lambda \cdot \left(\sum_{k=0}^{n} w_i (F(x_i) - \hat{q}_{x_i})^2 + s^2 - A \right) \tag{9.19}$$

zu erhalten. Als eindeutige Lösung ergibt sich eine kubische Spline-Funktion bestehend aus n Polynomen

$$P_k : [x_k, x_{k+1}] \to \mathbb{R} \text{ für } k = 0, \ldots, n-1$$
$$P_k(x) = a_k + b_k(x - x_k) + c_k(x - x_k)^2 + d_k(x - x_k)^3,$$

die die folgenden Bedingungen erfüllen:

$$P_k(x_{k+1}) = P_{k+1}(x_{k+1}) \quad \text{für } k = 0, \ldots, n-2 \tag{9.20}$$
$$P_k'(x_{k+1}) = P_{k+1}'(x_{k+1}) \quad \text{für } k = 0, \ldots, n-2 \tag{9.21}$$
$$P_k''(x_{k+1}) = P_{k+1}''(x_{k+1}) \quad \text{für } k = 0, \ldots, n-2 \tag{9.22}$$
$$P_0{'''}(x_0) = 2\lambda \cdot w_0(P_0(x_0) - \hat{q}_{x_0}) \tag{9.23}$$
$$P_k{'''}(x_k) - P_{k-1}{'''}(x_k) = 2\lambda \cdot w_k(P_k(x_k) - \hat{q}_{x_k}) \quad \text{für } k = 1, \ldots, n-1 \tag{9.24}$$
$$P_{n-1}'''(x_n) = -2\lambda \cdot w_n(P_{n-1}(x_n) - \hat{q}_{x_n}). \tag{9.25}$$

Zusätzlich zu den unter (9.20)–(9.25) aufgeführten $4n-2$ Bedingungen sind zur Bestimmung der Spline-Funktion zwei weitere (Rand-)Bedingungen vorzugeben.

Im Fall der natürlichen Ausgleichssplines wird die Krümmung an den Rändern des auszugleichenden Bereichs mit Null vorgegeben, d. h.

$$P_0''(x_0) = 0 \text{ und } P_{n-1}''(x_n) = 0. \tag{9.26}$$

Die kubischen Spline-Funktionen bieten jedoch auch die Möglichkeit – und dies ist bei einer anschließenden Extrapolation von praktischer Bedeutung – die ersten oder zweiten Randableitungen vorzugeben und damit unabhängig von dem durch die Vorgabe von A und den Gewichten w_k festgelegten Kompromiss zwischen Glätte und Anpassung den Ausgleich zu beeinflussen. Für $w_k \to \infty$ interpoliert die kubische Spline-Funktion die Rohdaten, für $w_k \to 0$ ergibt sich die ausgleichende Gerade nach der Methode der kleinsten Quadrate.

Zur Herleitung der Bestimmungsgleichungen sowie der Schlupfvariablen s und des Lagrange-Multiplikators λ wird im Folgenden eine abgekürzte Schreibweise verwendet:

$$
\begin{aligned}
&\mathbf{a} := (a_0, \ldots, a_{n-1})^{\top},\\
&\mathbf{b} := (b_0, \ldots, b_{n-1})^{\top},\\
&\mathbf{c} := (c_0, \ldots, c_{n-1})^{\top} \text{ mit } c_0 = c_{n-1} = 0, \text{ vgl. (9.26)},\\
&\mathbf{d} := (d_0, \ldots, d_{n-1})^{\top},\\
&\hat{\mathbf{q}} := (\hat{q}_{x_0}, \ldots, \hat{q}_{x_n})^{\top},\\
&\mathbf{D} := diag\left(\sqrt{\frac{1}{w_0}}, \sqrt{\frac{1}{w_1}}, \ldots, \sqrt{\frac{1}{w_n}}\right), \qquad \text{(Diagonalmatrix)}\\
&\mathbf{M} := (m_{ij})_{i,j=1,\ldots,n-1} \qquad \text{(positiv-definite Tridiagonalmatrix)}\\
&\quad \text{mit } m_{ii} = \frac{4}{3},\ m_{ii+1} = m_{i+1i} = \frac{1}{3} \text{ und } m_{ij} = 0 \text{ sonst},\\
&\mathbf{R} := (r_{ij})_{i=0,\ldots,n;\, j=1,\ldots,n-1}\\
&\quad \text{mit } r_{i-1i} = r_{i+1i} = 1 \text{ für } i = 1, \ldots, n-1,\ r_{ii} = -2 \text{ und } r_{ij} = 0 \text{ sonst.}
\end{aligned}
$$

Mit Hilfe dieser Bezeichnungen ergeben sich aus den Euler-Lagrange-Differenzialgleichungen folgende Bestimmungsgleichungen:

$$\mathbf{a} = \hat{\mathbf{q}} - \frac{1}{\lambda}\mathbf{D}^2\mathbf{R}\mathbf{c}, \tag{9.27}$$

$$b_k = (a_{k+1} - a_k) - c_k - d_k,\ k = 0, \ldots, n-1, \tag{9.28}$$

$$\mathbf{c} = \lambda(\mathbf{R}^{\top}\mathbf{D}^2\mathbf{R} + \lambda\mathbf{M})^{-1}\mathbf{R}^{\top}\hat{\mathbf{q}}, \tag{9.29}$$

$$d_k = \frac{1}{3}(c_{k+1} - c_k),\ i = 0, \ldots, n-1, \tag{9.30}$$

$$s = 0$$

sowie

$$G(\lambda) := \left\|\mathbf{D}\mathbf{R}(\mathbf{R}^{\top}\mathbf{D}^2\mathbf{R} + \lambda\mathbf{M})^{-1}\mathbf{R}^{\top}\hat{\mathbf{q}}\right\| = \sqrt{A},\ \lambda \geq 0.$$

Man sieht leicht, dass G eine konvexe und monoton fallende Funktion ist mit $\lim_{\lambda\to\infty} G(\lambda) = 0$. Unter der Voraussetzung, dass $G\,(0) > \sqrt{A}$ ist, existiert daher eine eindeutige positive Lösung λ der Bestimmungsgleichung $G(\lambda) = \sqrt{A}$, die dann die Ausgleichsbedingung (9.19) minimiert. Falls $G\,(0) \leqslant \sqrt{A}$ ist, reduziert sich die Spline-Funktion F zu einer Geraden (dann gilt $F''(x) = 0$).

Da die Gleichung $G(\lambda) = \sqrt{A}$ nicht explizit zu lösen ist, benutzt man beispielsweise das Näherungsverfahren von Newton. Da $G(\lambda)$ konvex und streng monoton fallend ist, kann man mit $\lambda = 0$ als Startwert beginnen und erhält garantiert eine globale Konvergenz. Für die praktische Berechnung erweist es sich als nützlich, die Funktion $G(\lambda)^2$ zu vereinfachen.

Da $\mathbf{M}$ und $\mathbf{R}^{\top}\mathbf{D}^2\mathbf{R}$ positiv definit sind, ist die Matrix $\mathbf{R}^{\top}\mathbf{D}^2\mathbf{R} + \lambda\mathbf{M}$ für $\lambda \geqslant 0$ positiv-definit. Sie lässt sich folglich auch darstellen als $\mathbf{R}^{\top}\mathbf{D}^2\mathbf{R} + \lambda\mathbf{M} = \mathbf{L}^{\top}\mathbf{L}$, wobei $\mathbf{L}$ eine obere

Dreiecksmatrix ist (Cholesky-Zerlegung, siehe Lemma exrefCholeskyzerlegung). Mit Hilfe dieser Zerlegung kann man den Algorithmus zur Bestimmung von λ wie folgt darstellen.

Wähle Startwert, z. B. $\lambda_0 = 0$. Angenommen λ_k, $k \in \mathbb{N}_0$, ist bereits definiert.

a) Bestimmung der Cholesky-Zerlegung: $\mathbf{R}^\top \mathbf{D}^2 \mathbf{R} + \lambda_k \mathbf{M} = \mathbf{L}^\top \mathbf{L}$
b) Bestimmung von $\mathbf{u} := \mathbf{L}^{-1}(\mathbf{L}^\top)\mathbf{R}^\top \hat{\mathbf{q}}$ und $\mathbf{v} := \mathbf{DRu}$
c) (i) Ist $\mathbf{v}^\top \mathbf{v} \leqslant A$, dann Abbruch und Bestimmung der $\mathbf{a}, \mathbf{b}, \mathbf{c}, \mathbf{d}$ aus den Bestimmungsgleichungen (9.27)–(9.30) mit $\lambda = \lambda_k$
   (ii) Ist $\mathbf{v}^\top \mathbf{v} > A$, dann setze $f := \mathbf{u}^\top \mathbf{Mu}$, $\mathbf{g} := (\mathbf{L}^\top)^{-1}\mathbf{Mu}$ und

$$\lambda_{k+1} = \lambda_k - \frac{\mathbf{v}^\top \mathbf{v} - (A\mathbf{v}^\top \mathbf{v})^{\frac{1}{2}}}{\lambda_k \mathbf{g}^\top \mathbf{g} - f}.$$

d) Anschließend gehe zu Schritt (a) und setze $\lambda_k = \lambda_{k+1}$.

Sind die Koeffizienten bestimmt, dann erhält man die ausgeglichenen Werte $\hat{q}'_{x_k}$ wie folgt:

$$\hat{q}'_{x_k} = P_k(x_k) = a_k,\ k = 0, \ldots, n-1 \text{ und}$$
$$\hat{q}'_{x_n} = P_{n-1}(x_n) = a_{n-1} + b_{n-1} + c_{n-1} + d_{n-1}.$$

Bei der Wahl des Anpassungswertes A sollte man Folgendes beachten:

a) $0 < A < G(0)^2$, da F sonst zu einer Geraden entartet.
b) Je glatter die ausgeglichenen Werte sein sollen, desto näher muss A an $G(0)^2$ gewählt werden, und umgekehrt muss A um so näher bei 0 liegen, je besser die Anpassung der ausgeglichenen an die beobachteten Werte sein soll.

Beispiel 9.14 (Reinsch) Die Stichprobe aus Tab. 9.3 wird mit zwei verschiedenen Werten für A ausgeglichen und zwar mit $A = 0{,}25$ und $A = 20$ sowie mit den Gewichten $w_k = 1$. Die Ergebnisse sind in Abb. 9.11 dargestellt.

Man sieht, dass die Anpassung an die beobachteten Werte für $A = 0{,}25$ deutlich besser als für $A = 20$ ist. Dafür erhält man für $A = 20$ eine glattere Kurve. □

9.5.7 Fazit

Wie bei der Ermittlung der rohen Sterbewahrscheinlichkeiten führt auch bei der Bestimmung ausgeglichener Sterbewahrscheinlichkeiten nicht nur ein Verfahren zum Ziel, sondern es stehen viele verschiedene Methoden zur Verfügung.

Die Wahl eines Ausgleichsverfahrens wird dabei im Wesentlichen durch die beobachteten Werte $\hat{q}_x$ sowie die subjektiven Anforderungen, die man an eine Ausgleichung stellt,

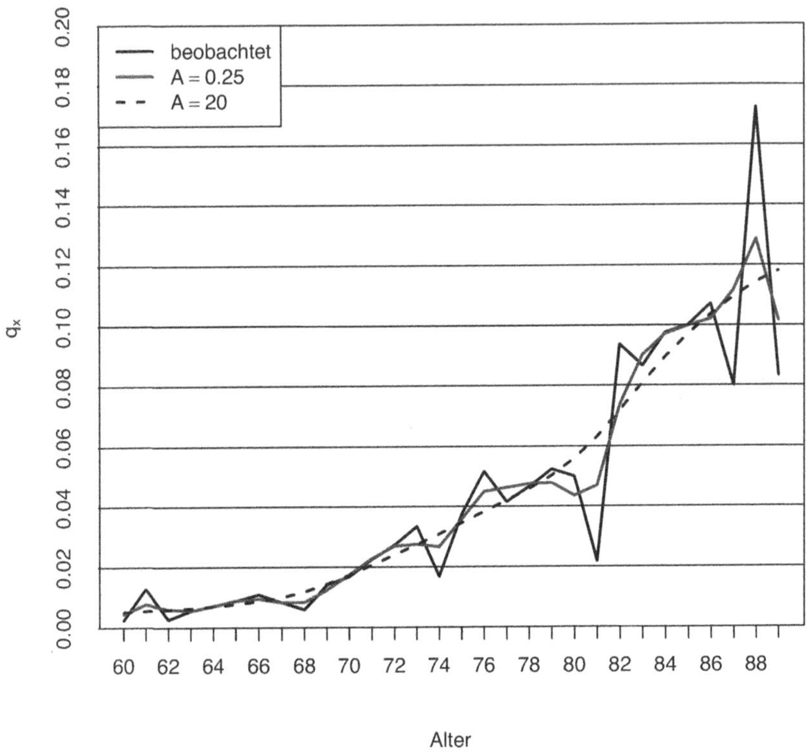

Abb. 9.11 Ausgleichung mit Hilfe von kubischen Splines nach Reinsch für Beispiel 9.14

beeinflusst. Beide Arten von Verfahren, die mechanischen bzw. analytischen, besitzen Vor- und Nachteile.

Bei Verwendung analytischer Ausgleichsfunktionen lassen sich im Anschluss an die Ausgleichung Extrapolationen durchführen. Dafür ist die Bestimmung der benötigten Ausgleichsparameter a_k im Allgemeinen aufwändiger als bei der mechanischen Ausgleichung, bei der die Parameter nur einmal bestimmt werden müssen und für jeden Altersbereich und jede Wertereihe wieder verwendet werden können. Im Allgemeinen führen analytische Ausgleichungen aber zu glatteren Kurven als mechanische.

Es lässt sich feststellen, dass das Verfahren von Whittaker-Henderson und das Verfahren der Spline-Funktionen nach Reinsch in der Regel sehr ähnliche Ergebnisse liefern. Die kubischen Spline-Funktionen ermöglichen aber eine bessere Steuerung des Ausgleichs an den Rändern.

Da aber jede Ausgleichung auf einer individuellen Annahme über den tatsächlichen Verlauf der Sterbewahrscheinlichkeiten beruht, gibt es keine objektiv beste und einzig richtige, sondern höchstens eine in einem vorgegebenen Rahmen beste Ausgleichung. Unabhängig vom gewählten Ausgleichsverfahren ist also das „aktuarielle Augenmaß" unerlässlich.

9.6 Berücksichtigung von Veränderungen im Zeitablauf mit Hilfe von Trendfunktionen

Aus den beobachteten, ausgeglichenen Sterbewahrscheinlichkeiten erhält man eine **Basistafel** zu einem ganz bestimmten Beobachtungsjahr. In diesem Fall spricht man daher auch von **eindimensionalen Sterbetafeln.** Der Nachteil von solchen eindimensionalen Sterbetafeln ist, dass sie künftige Veränderungen der Sterblichkeit im Verlauf der Zeit nicht berücksichtigen, sondern nur eine Art „Momentaufnahme" der Sterblichkeitsverhältnisse zu einem bestimmten Zeitpunkt darstellen.

In der der Tab. 9.4 ist die Entwicklung der Lebenserwartung von Neugeborenen in Deutschland zwischen 2011 und 2020 dargestellt. Hier wird deutlich, dass die Lebenserwartung sowohl bei weiblichen als auch bei männlichen Neugeborenen im Laufe der Zeit gestiegen ist.

In Abb. 9.12 und 9.13 ist die historische Entwicklung der ferneren Lebenserwartung im Alter 65 über unterschiedliche Beobachtungszeiträume dargestellt. Hier wird deutlich, dass die Lebenserwartung sowohl bei Frauen als auch bei Männern im Laufe der Zeit deutlich gestiegen ist.

Die Steigerung der Lebenserwartung impliziert das Sinken der Sterbewahrscheinlichkeiten und umgekehrt. Die Sterbewahrscheinlichkeiten hängen also nicht nur vom Alter, sondern auch vom Kalenderjahr ab.

9.6.1 Allgemeines zu Trendfunktionen

Die Berücksichtigung der Sterblichkeitsverbesserung erfolgt durch eine Trendfunktion, welche die eindimensionale Sterbetafel zusätzlich kalenderjahrabhängig und somit „zweidimensional" macht. Dazu benötigt man eine Vorstellung über die künftige Entwicklung der Sterblichkeitsverhältnisse. Diese ist eventuell über die Beobachtungsjahre erkennbar oder kann aus Bevölkerungsstatistiken abgeleitet werden.

Sei $q_{x,t}$ die Sterbewahrscheinlichkeit eines x-Jährigen im Kalenderjahr t. Im Folgenden wird von m gegebenen Sterbetafeln $(\hat{q}'_{x_0,t}, \ldots, \hat{q}'_{x_n,t})$ ausgegangen, die die geschätzten Sterbewahrscheinlichkeiten im Kalenderjahr $t = t_1, t_1 + 1, \ldots, t_1 + (m-1) = t_m$, enthält. Ziel ist es, daraus Prognosen $\hat{q}^*_{x,t}$ von $q_{x,t}$ für $x = x_0, \ldots, x_n$ und $t > t_m$ zu entwickeln.

Tab. 9.4 Lebenserwartung bei Geburt in Deutschland (in Jahren)

Beobachtungsjahr	2011	2012	2013	2014	2015	2016	2017	2018	2019	2020
weiblich	83,1	83,1	83,0	83,6	83,1	83,5	83,4	83,3	83,7	83,4
männlich	77,9	78,1	78,1	78,7	78,3	78,6	78,7	78,6	79,0	78,6

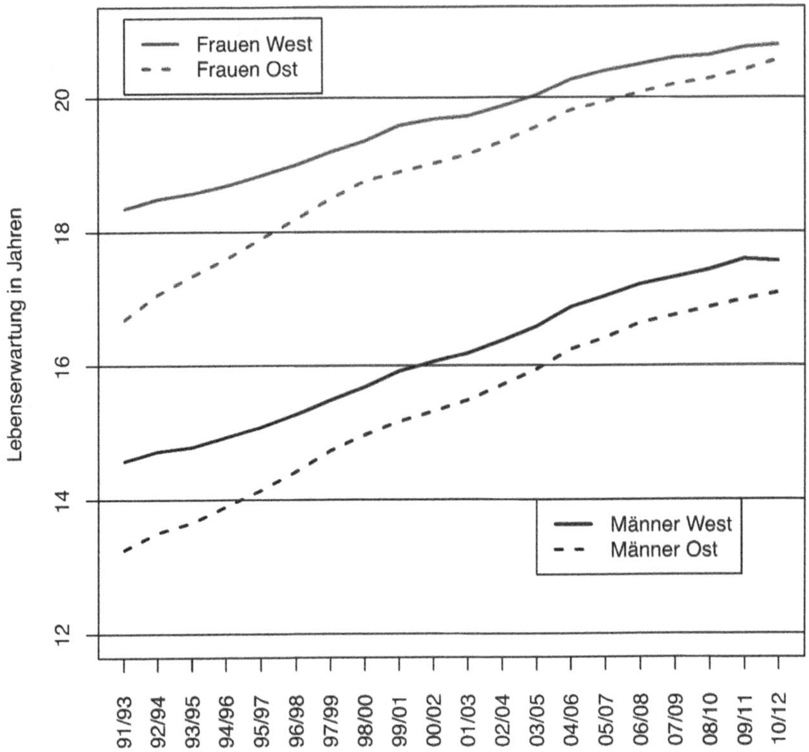

Abb. 9.12 Fernere Lebenserwartung im Alter 65 auf der Grundlage der abgekürzten und der allgemeinen Sterbetafeln des Statistischen Bundesamtes, eigene Darstellung

Für die Herleitung des Sterblichkeitstrends wird zunächst ein mathematisches Modell benötigt, welches die jährlichen Sterblichkeitsverhältnisse projizieren kann. Das Modell soll die statistischen Werte der Vergangenheit sowie die wahrscheinliche Entwicklung in der Zukunft modellieren. Dazu gibt es verschiedene Ansätze.

9.6.2 Traditionelles Modell

Bei diesem Modell sind Sterblichkeitsverbesserungen im Zeitablauf nur vom Alter abhängig, also für ein Jahr

$$\frac{q_{x,t+1}}{q_{x,t}} = \exp\left(-F(x)\right) \tag{9.31}$$

bzw. äquivalent dazu für k Jahre

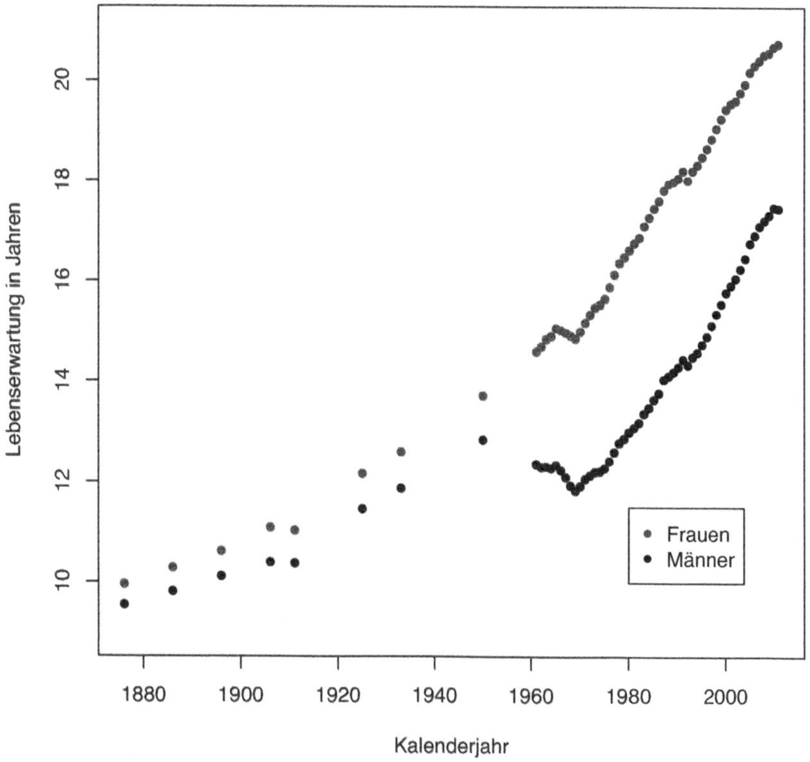

Abb. 9.13 Historische Lebenserwartungen von 65-Jährigen. Die Daten beruhen auf den Bevölkerungstafeln des Statistischen Bundesamts, es wurde jeweils die Mitte des Beobachtungszeitraums als Kalenderjahr verwendet. Daten von destatis.de, eigene Darstellung

$$\frac{q_{x,t+k}}{q_{x,t}} = \exp\left(-kF(x)\right), \ k \in \mathbb{N}_0.$$

Die altersspezifischen Trendfaktoren $F(x)$ werden dabei mit Hilfe der Methode der kleinsten Quadrate durch lineare Regression aus den Werten $\left\{\ln(\hat{q}'_{x,t})\right\}_{t_1 \leqslant t \leqslant t_m}$ bestimmt:

$$\sum_{x=x_0}^{x_n} \sum_{t=t_1}^{t_m} (\ln(\hat{q}'_{x,t}) - (\hat{a}_x + \hat{b}_x t))^2 = \min!$$

Mit der Lösung $(\hat{a}_x, \hat{b}_x)$ der Optimierungsaufgabe setzt man $\widehat{F(x)} = b_x$. Ist die Basistafel, von der aus projiziert wird, durch $(\hat{q}'_{x_0,t_m}, \ldots, \hat{q}'_{x_n,t_m})$ gegeben, dann erhält man

$$\hat{q}^*_{x,t} = \hat{q}'_{x,t_m} \exp\left(-\hat{b}_x(t - t_m)\right), \ t \geq t_m.$$

Für weitere Details wird auf [2], Anhang 11 verwiesen.

Beispiel 9.15 (Perioden- und Genarationentafeln im traditionellen Modell)

Basistafel Eine Basistafel enthält die Sterbewahrscheinlichkeiten in einem bestimmten Zeitpunkt bzw. Zeitraum (Basisjahr der Basistafel). Beispiele für Basistafeln sind die abgekürzten Sterbetafeln des Statistischen Bundesamtes (z. B. Sterbetafel 2020/2022 für das Jahr 2021)

Periodentafel Eine Periodentafel enthält ausgehend von einer Basistafel zum Basisjahr B die Sterbewahrscheinlichkeiten mit den entsprechend dem Trend erwarteten Veränderungen bis zum Jahr $P > B$. Wird der Trend mit dem traditionellen Modell berücksichtigt, so errechnet sich mit

$$T = P - B = \text{ Periode der Periodentafel}$$

die Sterbewahrscheinlichkeit $q_{x,P}$ im Alter x der Periodentafel gemäß

$$q_{x,P} = q_{x,B} \exp(-T F(x)).$$

Eine Periodentafel ist also die für ein Jahr P in der Zukunft unter Berücksichtigung des Trends erwartete Basistafel.

Generationentafeln Eine Generationentafel wird unter Berücksichtigung des Geburtsjahres G der versicherten Person erstellt. Grundlage ist ebenfalls eine Basistafel zu einem Basisjahr $B \geq G$. Das Alter des Versicherten im Jahr B sei $x_B = B - G$. Die Sterbewahrscheinlichkeit im Alter $x_B + n$ der Generationentafel ist $q_{x_B+n,B+n}$ und es gilt

$$q_{x_B+n,B+n} = q_{x_B+n,B} \exp\left(-n F(x_B + n)\right).$$

Für ein Alter $x \geq x_B$ gilt dann wegen $x - x_B = x - (B - G)$

$$q_{x,G+x} = q_{x,B} \exp\left(-(G - B + x) F(x)\right).$$

□

Beispiel 9.16 (Traditionelles Modell) Im traditionellen Modell ist die jährliche Sterblichkeitsverbesserung nur vom Alter abhängig. Angenommen die Sterblichkeitsverbesserung im Alter 59 beträgt 5 %, im Alter 60 4 %, im Alter 61 3 %, im Alter 62 2 % und im Alter 63 1 %, es gilt also

$$\exp\left(-F(59)\right) = 0{,}95, \ \exp\left(-F(60)\right) = 0{,}96 \ \text{usw.}$$

Für eine *jetzt 59-jährige Person* gilt für die derzeitige Sterbewahrscheinlichkeit die aus der Basistafel. Nach einem Jahr ist die Person 60 Jahre alt. Mit der Generationentafel gilt dann

$$q_{60,B+1} = q_{60,B} \exp\left(-F(60)\right) = q_{60,B} \cdot 0{,}96^1. \qquad \text{(Generationentafel)}$$

Legt man eine Periodentafel mit Periode $T = 5$ zugrunde, dann erhält man

$$q_{60,B+5} = q_{60,B} \exp\left(-5F(60)\right) = q_{60,B} \cdot 0{,}96^5. \qquad \text{(Periodentafel)}$$

Tab. 9.5 Projizierte Sterbewahrscheinlichkeiten für einen im Jahr B der Basistafel 59-Jährigen im traditionellen Modell. Die Sterblichkeitsverbesserung im Alter $x = 59$ wird nur für die Periodentafel benötigt

	Jährliche Rate der Sterblichkeitsverbesserung					Projizierte Sterbewahrscheinlichkeit $q_{x,B+n}$	
						Generationentafel	Periodentafel
x	$n = 0$	$n = 1$	$n = 2$	$n = 3$	$n = 4$		
59	5 %	-	–	–	–	$q_{59,B}$	$q_{59,B} \cdot 0{,}95^5$
60	–	4 %	–	–	–	$q_{60,B} \cdot 0{,}96$	$q_{60,B} \cdot 0{,}96^5$
61	–	3 %	3 %	–	–	$q_{61,B} \cdot 0{,}97^2$	$q_{61,B} \cdot 0{,}97^5$
62	–	2 %	2 %	2 %	–	$q_{62,B} \cdot 0{,}98^3$	$q_{62,B} \cdot 0{,}98^5$
63	–	1 %	1 %	1 %	1 %	$q_{63,B} \cdot 0{,}99^4$	$q_{63,B} \cdot 0{,}99^5$

Für die anderen Alter ergeben sich für die jetzt 59-jährige Person die projizierten Sterbewahrscheinlichkeiten in Tab. 9.5.

□

9.6.3 Kohortenmodell

Als Kohorten werden Jahrgänge oder Gruppen von Jahrgängen bezeichnet, die der Abgrenzung von Bevölkerungsgruppen dienen. Dieses Modell basiert auf Sterblichkeitsuntersuchungen aus Großbritannien, bei denen ein Kohorteneffekt festgestellt wurde. Hier wird angenommen, dass Sterblichkeitsverbesserungen vom Geburtsjahr abhängig sind, d. h. für einen im Kalenderjahr $t + 1$ x-Jährigen gilt in Abhängigkeit vom Geburtsjahr $t + 1 - x$:

$$\frac{q_{x,t+1}}{q_{x,t}} = \exp\left(-G(t + 1 - x)\right)$$

mit einer geeigneten Funktion G. Hierzu äquivalent ist die Darstellung

$$q_{x,t+k} = q_{x,t} \exp\left(-\sum_{l=1}^{k} G(t - x + l)\right), \quad k \geq 0.$$

Beispiel 9.17 (Kohortenmodell) Im Kohortenmodell ist die jährliche Sterblichkeitsverbesserung geburtsjahrabhängig. Angenommen die Sterblichkeitsverbesserungen für den Jahrgang 1948 gegenüber 1947 beträgt 4 %, für 1947 gegenüber 1946 3 %, für 1946 gegenüber 1945 2 % und für 1945 gegenüber 1944 1 %, es gilt also

$$\exp\left(-G(1948)\right) = 0{,}96, \quad \exp\left(-G(1947)\right) = 0{,}97 \text{ usw.}$$

Tab. 9.6 Projizierte Sterbewahrscheinlichkeiten für einen 59-Jährigen des Jahrgangs 1948 im Kohortenmodell

	Jährliche Rate der Sterblichkeitsverbesserung					Herleitung der projizierten Sterbewahrscheinlichkeit
x	$n=0$	$n=1$	$n=2$	$n=3$	$n=4$	$q_{x,2007+n}$
60	–	4 %	–	–	–	$q_{60,2008} = q_{60,2007} \cdot 0{,}96$
61	–	3 %	4 %	–	–	$q_{61,2009} = q_{61,2007} \cdot 0{,}97 \cdot 0{,}96$
62	–	2 %	3 %	4 %	-	$q_{62,2010} = q_{62,2007} \cdot 0{,}98 \cdot 0{,}97 \cdot 0{,}96$
63	–	1 %	2 %	3 %	4 %	$q_{63,2011} = q_{63,2007} \cdot 0{,}99 \cdot 0{,}98 \cdot 0{,}97 \cdot 0{,}96$

Dann ergibt sich für eine jetzt 59-jährige Person (z. B. mit Geburtsjahr 1948) im folgenden Jahr die projizierte Sterbewahrscheinlichkeit von

$$q_{60,2008} = q_{60,2007} \exp(-G(1948)) = q_{60,2007} \cdot 0{,}96.$$

Für die weiteren Alter ergeben sich die projizierten Sterbewahrscheinlichkeiten wie in Tab. 9.6.

□

9.6.4 Synthesemodell

Das Synthesemodell ist eine Verallgemeinerung der beiden vorangegangenen Modelle und umfasst sowohl das traditionelle als auch das Kohortenmodell als Spezialfälle:

$$\frac{q_{x,t+1}}{q_{x,t}} = \exp(-F(x) - G(t+1-x)).$$

Die Trendfaktoren sind in diesem Modell daher sowohl alters- als auch geburtsjahrabhängig.

9.6.5 Das Lee-Carter-Modell

Das Lee-Carter-Modell wurde 1992 veröffentlicht und ist seitdem ein weit verbreitetes Modell zur Prognose der Sterblichkeitsentwicklung. Im betrachteten Altersbereich $x = x_0, \ldots, x_n$ und den Kalenderjahren $t_l := t_1 + (l-1), l = 1, \ldots, m$ wird angenommen, dass

$$\ln(q_{x,t}) = a_x + b_x \cdot k_t,\ t = t_1, \ldots, t_m \tag{9.32}$$

gilt. Die logarithmierten Sterbewahrscheinlichkeiten werden also in einen zeitabhängigen und einen altersabhängigen Teil zerlegt.

Der triviale Fall, dass $b_x = 0$ für alle x ist, bleibt unberücksichtigt, da dann keine Sterblichkeitsverbesserung vorliegt. In diesem Fall wird keine Trendfunktion benötigt. Für den Spezialfall, dass k_t ein deterministischer, linearer Zeittrend

$$k_{t+1} = k_t + \Delta k,\ t = t_1, \ldots, t_m - 1$$

ist, ergibt sich aus (9.32) das traditionelle Modell altersabhängiger Sterblichkeitsverbesserungen (9.31):

$$\frac{q_{x,t+1}}{q_{x,t}} = \exp(b_x \Delta k) \Longrightarrow F(x) = -b_x \Delta k.$$

Im allgemeinen Fall ist k_t jedoch eine über die Zeit stochastisch variierende Variable, die der treibende Faktor der Sterblichkeitsentwicklung ist und über die Gewichtungsfaktoren b_x unterschiedlich stark auf die einzelnen Alter wirkt.

Ziel ist nun die Schätzung der a_x, b_x und k_t aus den gegebenen historischen Sterbetafeln $(\hat{q}'_{x_0,t}, \ldots, \hat{q}'_{x_n,t})$, $t = t_1, \ldots, t_m$. Sie werden als Realisierungen von Schätzvariablen $\hat{Q}'_{x,t}$, von denen hier implizit $E\left(\ln\left(\hat{Q}'_{x,t}\right)\right) = \ln(q_{x,t})$ angenommen wird, aufgefasst.

Man kann

$$\sum_{t=t_1}^{t_m} k_t = 0 \text{ und } \sum_{x=x_0}^{x_n} b_x^2 =: |b|^2 = 1 \tag{9.33}$$

annehmen, da bei gegebenen a_x, b_x, k_t und

$$\tilde{a}_x := a_x + \frac{b_x}{m}\sum_{\tau=t_1}^{t_m} k_\tau, \qquad \tilde{b}_x := \frac{b_x}{|b|}, \qquad \tilde{k}_t := |b|\left(k_t - \frac{1}{m}\sum_{\tau=t_1}^{t_m} k_\tau\right) \tag{9.34}$$

auch $a_x + b_x \cdot k_t = \tilde{a}_x + \tilde{b}_x \cdot \tilde{k}_t$ gilt. Summiert man beide Seiten von (9.32) nach t, dann folgt mit (9.33) $\sum_{t=t_1}^{t_m} \ln(q_{x,t}) = m a_x$ und es wird

$$\hat{a}_x = \frac{1}{m}\sum_{t=t_1}^{t_m} \ln(\hat{q}'_{x,t})$$

gesetzt. Die Schätzwerte $\hat{b}_x$, $\hat{k}_t$ für die Koeffizienten b_x und k_t erhält man als Kleinste-Quadrate-Schätzer

$$\sum_{t=t_1}^{t_m} \sum_{x=x_0}^{x_n} \left((\ln(\hat{q}'_{x,t}) - \hat{a}_x) - b_x \cdot k_t \right)^2 = \text{Min}. \tag{9.35}$$

Man kann zeigen (vergleiche Kainhofer et al. [7], S. 79), dass sich das Minimum in (9.35) wie folgt ergibt: Definiere die Matrix

$$\mathbf{A} = (\ln(\hat{q}'_{x_i,t_j}) - \hat{a}_{x_i})_{i=0,\ldots,n,j=1,\ldots m} = \begin{pmatrix} a_{01} & \ldots & a_{0m} \\ \vdots & & \vdots \\ a_{n1} & \ldots & a_{nm} \end{pmatrix} \in \mathbb{R}^{(n+1)\times m}.$$

Die Matrizen $\mathbf{A}^\top\mathbf{A} \in \mathbb{R}^{m\times m}$ und $\mathbf{A}\mathbf{A}^\top \in \mathbb{R}^{(n+1)\times(n+1)}$ sind symmetrisch, positiv semidefinit und besitzen dieselben Eigenwerte $\lambda_1 \geq \lambda_2 \geq \cdots \geq \lambda_r \geq 0$ mit $r \leq \min(m, n)$. Seien $\mathbf{u} \in \mathbb{R}^{n+1}$ und $\mathbf{v} \in \mathbb{R}^m$ Eigenvektoren von $\mathbf{A}\mathbf{A}^\top$ und $\mathbf{A}^\top\mathbf{A}$ zum Eigenwert λ_1, und $\mathbf{u}$ sei normiert. Dann liegt bei $(\lambda_1\mathbf{u}, \mathbf{v})$ ein Minimum für (9.35) vor. Die gesuchten Schätzer, die die Bedingung (9.33) erfüllen, ergeben sich dann aus der Transformation (9.34):

$$\hat{\mathbf{b}} = \mathbf{u}, \quad \hat{k}_t = v_t - \frac{1}{m}\sum_{\tau=t_1}^{t_m} v_\tau, \; t = t_1, \ldots, t_m. \tag{9.36}$$

Ausgehend von diesen Schätzern im Lee-Carter-Modell kann man nun die Sterblichkeit in die Zukunft projizieren. Die Zerlegung in einen altersabhängigen Term b_x und einen zeitabhängigen Trend k_t vereinfacht diese Projektion. Gesucht sind Schätzer $\hat{k}_t$ von k_t für $t > t_m$.

Im einfachsten Modell wird eine ARIMA(0,1,0)-Zeitreihe verwendet, die k_t als einen Random Walk („Irrfahrt") mit Drift modelliert:

$$k_{t+1} = k_t + \Delta k + \delta_t.$$

Die Konstante Δk ist die Drift und die δ_t sind unabhängig und identisch verteilte Zufallsvariablen mit Erwartungswert 0. Für die Schätzung von Δk werden die $\hat{k}_t$, $t = t_1, \ldots, t_m$ aus (9.36) als Realisierungen aufgefasst. Aus $E(k_{t+1} - k_t) = \Delta k$ ergibt sich der Schätzer

$$\widehat{\Delta k} = \frac{1}{m-1}\sum_{t=t_1}^{t_m-1}(\hat{k}_{t+1} - \hat{k}_t) = \frac{\hat{k}_{t_m} - \hat{k}_{t_1}}{m-1}.$$

Die Projektion ergibt also für den Trend des Jahres $t+1$ den Schätzwert

$$\hat{k}_{t+1} = \hat{k}_t + \widehat{\Delta k}, \quad t \geq t_m,$$

die projizierten Sterbewahrscheinlichkeiten für $t > t_m$ ergeben sich zu

$$\hat{q}^*_{x,t} = \exp(\hat{a}_x + \hat{b}_x\hat{k}_t).$$

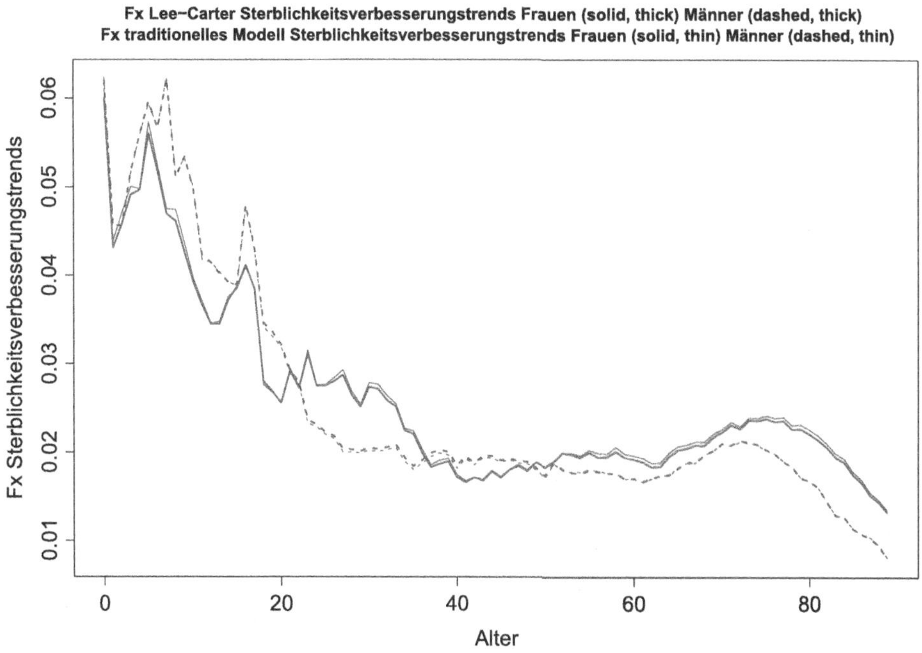

Abb. 9.14 Vergleich der Trends nach dem Lee-Carter-Modell und dem traditionellen Modell aus Herleitung der DAV-Sterbetafel 2004 R für Rentenversicherungen, [2]

Beispiel 9.18 (Herleitung der DAV 2004 R) Bei der Herleitung der Sterbetafeln DAV 2004 R [2] wurde für die Projektion der Sterblichkeiten das traditionelle Modell gewählt. Zur Plausibilisierung wurde zusätzlich das Lee-Carter-Modell hinzugezogen.

Abb. 9.14 zeigt, dass das traditionelle Modell und das Lee-Carter-Modell hier zu sehr ähnlichen Sterblichkeitstrends führen. □

Für weitergehende Betrachtungen zum Lee-Carter-Modell wird auf Kainhofer et al. [7] und die DAV-Unterarbeitsgruppe Rentnersterblichkeit [2] verwiesen.

9.7 Statistische Tests zur Überprüfung der biometrischen Rechnungsgrundlagen

Ziel dieses Abschnitts ist es, verschiedene statistische Testverfahren vorzustellen, mit denen biometrische Rechnungsgrundlagen wie Sterbe- oder Invalidisierungswahrscheinlichkeiten beispielsweise daraufhin überprüfen werden können, ob sie auf einem vorgegebenen Signifikanzniveau für eine Grundgesamtheit als angemessen erscheinen oder nicht.

Zur Überprüfung der biometrischen Rechnungsgrundlagen werden Maßzahlen wie zum Beispiel die Anzahl der Ausgeschiedenen oder das Risikoergebnis ermittelt. Die rechnungsmäßig erwarteten Maßzahlen werden dann mit den beobachteten verglichen.

In den nachfolgend beschriebenen statistischen Testverfahren lautet die Nullhypothese H_0 bzw. die Alternativhypothese H_1 wie folgt:

H_0: Die tatsächlichen und die rechnungsmäßig unterstellten Ausscheidewahrscheinlichkeiten stimmen überein.
H_1: Die tatsächlichen und die rechnungsmäßig unterstellten Ausscheidewahrscheinlichkeiten sind verschieden.

Im Folgenden werden einige Testverfahren vorgestellt, die für Sterblichkeitsuntersuchungen oder allgemein für Untersuchungen biometrischer Rechnungsgrundlagen herangezogen werden können. Dabei unterscheidet man im Wesentlichen zwei Arten:

- Testverfahren für die Regellosigkeit der Richtung der Abweichungen zwischen beobachteten und erwarteten Werten
- Testverfahren für die Anpassung der beobachteten an die erwarteten Werte

Als Beispiele für Testverfahren der ersten Art werden der Vorzeichen- und der Iterationstest, als Beispiel für Anpassungstests wird der χ^2-Test vorgestellt.

Für die Darstellung der verschiedenen Teststatistiken werden folgende Bezeichnungen verwendet:

L_x	die Anzahl der Lebenden des Alters x
$Z_{x,j}$	beobachtete Maßzahl für die j-te Person des Alters x, $j = 1, \ldots, L_x$
$Z_x := \sum_{j=1}^{L_x} Z_{x,j}$	Summe der beobachteten Maßzahlen für das Alter x
$E_x := E(Z_x)$	rechnungsmäßig erwartete Summe der Maßzahlen des Alters x.

Es wird angenommen, dass die Personen unabhängig voneinander sind, dass also die $Z_{x,j}$ unabhängig sind. Wegen des Zentralen Grenzwertsatzes wird für die folgenden Betrachtungen ferner angenommen, dass die Z_x näherungsweise normalverteilt $\mathcal{N}(E_x, Var(Z_x))$ sind.

Beispiel 9.19 (Vergleich von Ausgeschiedenen und Risikoergebnissen) Es werden exemplarisch zwei Varianten für Z_x betrachtet: die Anzahl der Ausgeschiedenen bzw. die Risikoregebnisse. Siehe Abb. 9.15 und Tab. 9.7 für je ein Anschauungsbeispiel.

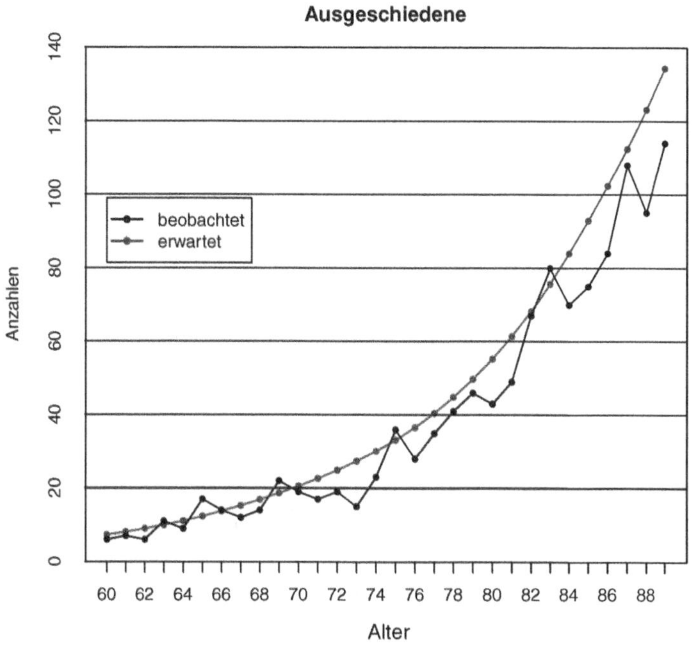

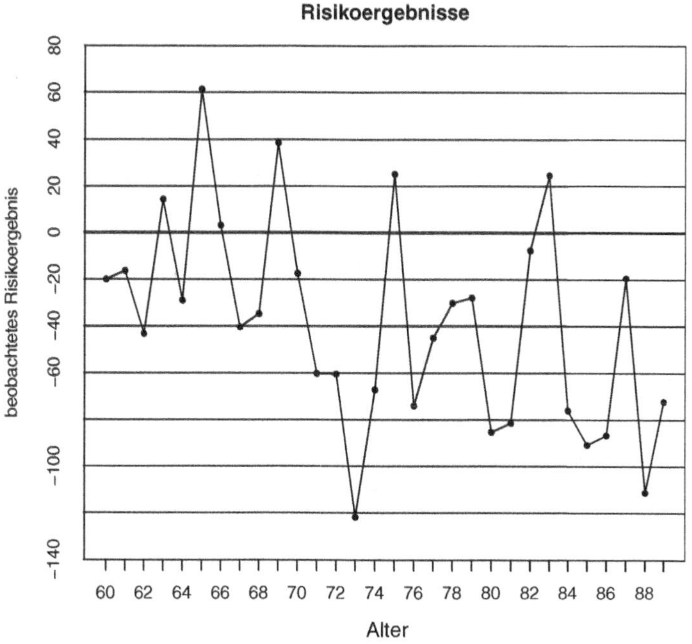

Abb. 9.15 Vergleich von beobachteten und erwarteten Anzahlen (oben) bzw. Risikoergebnissen (unten). Grundlage ist ein fiktiver Bestand von 30.000 Altersrentnern mit Ausscheideursache Tod und konstanten Renten

Tab. 9.7 Erwartete und beobachtete Ausgeschiedene bzw. beobachtete Risikoergebnisse

Alter	60	61	62	63	64	65	66	67	68	69
erwartete Ausgeschiedene	7,3	8,1	9	10	11,1	12,4	13,8	15,3	16,9	18,7
beobachtete Ausgeschiedene	6	7	6	11	9	17	14	12	14	22
beobachtete Risikoergebnisse	−20	−16,3	−43,3	14,2	−28,9	61,3	3,1	−40,4	−34,6	38,5
Alter	70	71	72	73	74	75	76	77	78	79
erwartete Ausgeschiedene	20,6	22,6	24,9	27,4	30,1	33,2	36,6	40,5	44,9	49,8
beobachtete Ausgeschiedene	19	17	19	15	23	36	28	35	41	46
beobachtete Risikoergebnisse	−17,5	−60,3	−60,5	−121,8	−67,1	25,2	−74,1	−45	-30,1	−27,8
Alter	80	81	82	83	84	85	86	87	88	89
erwartete Ausgeschiedene	55,3	61,4	68,2	75,7	84	92,9	102,4	112,5	123,1	134,3
beobachtete Ausgeschiedene	43	49	67	80	70	75	84	108	95	114
beobachtete Risikoergebnisse	−85,3	−81,4	−7,5	24,7	−76,1	−90,7	−86,6	−19,4	−111,2	−72,2

a) **Anzahl:**
Sei

$$N_{x,j} := \begin{cases} 1, & \text{wenn j} - \text{te Person des Alters } x \text{ ausscheidet} \\ 0 & \text{sonst.} \end{cases}$$

Dann ist $N_x := \sum_{j=1}^{L_x} N_{x,j}$ die Anzahl der Ausgeschiedenen des Alters x. Sind die $N_{x,j}$ unabhängig, dann ist N_x binomialverteilt $B(L_x, q_x)$ und es gilt

$$E(N_x) = L_x q_x, \quad Var(N_x) = L_x q_x(1 - q_x).$$

Sei im Folgenden $E(N_x) \notin \mathbb{N}_0$. Dies ist in der konkreten Anwendung plausibel, da q_x in der Regel auf sechs Nachkommastellen genau bestimmt ist und $q_x \cdot L_x \in \mathbb{N}$ i. Allg. nur gilt, wenn L_x Vielfache von 10^k (für $k \geq 6$) sind.

b) **Risikoergebnis:**
Sei a_x der Rentenbarwert einer Rente der Höhe 1 für eine Person im Alter x mit Zinssatz r. Es gilt die Rekursion

$$a_x - 1 = (1 - q_x)va_{x+1} \text{ mit } v := \frac{1}{1+r}. \tag{9.37}$$

Der j-ten Person wird am Anfang des Jahres die Rente in Höhe von 1 bezahlt. Stirbt sie im Verlauf des Jahres, dann ist am Ende des Jahres keine Rückstellung zu bilden und der Betrag $a_x - 1$, bewertet am Jahresanfang, wird frei. Erlebt die Person das Jahresende, dann wird die Rückstellung a_{x+1} gebildet. Das Risikoergebnis der j-ten Person des Alters x aus Sicht des Rentenzahlers (als Barwert am Jahresanfang) ist somit gegeben durch

$$\begin{aligned} Y_{x,j} &:= \begin{cases} a_x - 1, & \text{wenn die j} - \text{te Person des Alters } x \text{ ausscheidet} \\ a_x - 1 - va_{x+1} & \text{sonst} \end{cases} \\ &= a_x - 1 - (1 - N_{x,j})va_{x+1}. \end{aligned}$$

Sind die $Y_{x,j}$ unabhängig, dann gilt wegen (9.37)

$$\begin{aligned} E(Y_{x,j}) &= a_x - 1 - (1 - q_x)va_{x+1} = 0 \\ Var(Y_{x,j}) &= v^2 a_{x+1}^2 q_x(1 - q_x) \end{aligned}$$

und somit für $Y_x := \sum_{i=1}^{L_x} Y_{x,j}$

$$E(Y_x) = 0, \quad Var(Y_x) = L_x q_x(1 - q_x)v^2 a_{x+1}^2.$$

Abweichungen des beobachteten vom erwarteten Risikoergebnis sind hier also Abweichungen von 0. Wegen $a_x - 1 > 0 > a_x - 1 - va_{x+1}$ sind die Realisierungen des Risikoergebnisses stets von 0 verschieden. □

9.7.1 Der Vorzeichentest

Die Idee, die hinter diesem Test steckt, ist die folgende: Geht man davon aus, dass die tatsächlichen und die unterstellten Ausscheidewahrscheinlichkeiten übereinstimmen, dann kann man davon ausgehen, dass bei den Differenzen zwischen beobachteten und rechnungsmäßig erwarteten Maßzahlen gleich viele positive wie negative Vorzeichen auftreten. Das Vorgehen ist analog zum Vorzeichentest in Abschn. 4.4.2.

Die Teststatistik T des Vorzeichentests lautet

$$T = \sum_{x=x_0}^{x_n} 1_{\{Z_x > E_x\}},$$

d. h. man zählt die positiven Vorzeichen, die sich bei den Differenzen aus beobachteten und erwarteten Werten ergeben. Wie in Beispiel 9.19 erläutert, kann man den Fall $E_x = Z_x$ vernachlässigen. Unter Gültigkeit der Nullhypothese ist T binomialverteilt mit Wahrscheinlichkeit $\frac{1}{2}$ für jedes Vorzeichen, d. h. es gilt

$$T \sim B\left(n+1, \frac{1}{2}\right).$$

Zu einem vorgegebenen Signifikanzniveau α werden dann zwei kritische Werte n_α und $(n+1) - n_\alpha$ bestimmt, so dass die Nullhypothese H_0 abgelehnt wird, wenn der Wert der Teststatistik n_α unterschreitet bzw. $(n+1) - n_\alpha$ überschreitet (zweiseitiger Test). Dabei ist wegen der Symmetrie der Binomialverteilung $n_\alpha \in \{0, \ldots, n\}$ die größte Zahl, die

$$\mathrm{P}(T < n_\alpha) = \sum_{j=0}^{n_\alpha - 1} \binom{n+1}{j} \cdot \left(\frac{1}{2}\right)^j \cdot \left(\frac{1}{2}\right)^{n+1-j} \overset{!}{\leqslant} \frac{\alpha}{2}$$

erfüllt. Die Vorteile des Vorzeichentests liegen auf der Hand. Die Teststatistik ist leicht zu ermitteln und die kritischen Werte stehen in der Regel tabelliert zur Verfügung. Außerdem prüft der Test, ob sich die Abweichungen zwischen beobachteten und erwarteten Werten in beiden Richtungen in einem ausgewogenen Verhältnis befinden.

Da aber lediglich die Anzahl und nicht die Reihenfolge der positiven Vorzeichen in die Berechnung der Testgröße mit einfließen, können systematische Abweichungen in der Regel nicht mittels dieses Tests erkannt werden. So würden beispielsweise zuerst 50 negative, dann 50 positive Vorzeichen nicht zu einer Ablehnung der Nullhypothese führen, obwohl hier offensichtlich zwei verschiedene Ausscheideverteilungen zugrunde liegen. Des Weiteren macht der Test keine Aussage über die Größe der Abweichungen, d. h. bei 50 positiven von insgesamt 100 Vorzeichen würde der Test selbst dann keine Ablehnung der Nullhypothese bewirken, wenn die Abweichungen sehr „groß" sind.

Beispiel 9.20 (Vorzeichentest) Für die Anzahlen aus Abb. 9.15 gilt für die Teststatistik unter Gültigkeit der Nullhypothese

$$T \sim B\left(30, \frac{1}{2}\right).$$

Bei einem Signifikanzniveau von $\alpha = 5\%$ ergeben sich daher die kritischen Werte $n_\alpha = 10$ und $30 - n_\alpha = 20$.

Als Verwerfungsbereich ergibt sich $\{0, 1, \ldots, 9\} \cup \{21, 22, \ldots, 30\}$.

Die beobachteten Werte liegen in beiden Fällen sechs mal oberhalb der rechnungsmäßig erwarteten Werte. Als Wert der Teststatistik ergibt sich daher $T = 5 < 10$. Auf einem Signifikanzniveau von 5 % wird H_0 daher abgelehnt. □

9.7.2 Der Iterationstest

Wie beim Vorzeichentest bildet man auch beim Iterationstest die Differenzen zwischen den beobachteten und den rechnungsmäßig erwarteten Werten. Im Anschluss zählt man die aufgetretenen Vorzeichenwechsel und erhält als Teststatistik:

$$T = \sum_{x=x_1}^{x_n} 1_{\{\text{Sign}(Z_x - E_x) \neq \text{Sign}(Z_{x-1} - E_{x-1})\}}.$$

Dieser Vorgehensweise liegt folgende Überlegung zugrunde: Wenn man davon ausgeht, dass die tatsächlichen und die unterstellten Ausscheidewahrscheinlichkeiten übereinstimmen, dann kann man folgern, dass die beobachteten Häufigkeiten „mal größer und mal kleiner" als die unterstellten sind, d. h. dass also viele Vorzeichenwechsel auftreten (einseitiger Test).

Unter der Gültigkeit der Nullhypothese ist T daher binomialverteilt mit Wahrscheinlichkeit $\frac{1}{2}$ für jedes Vorzeichen, d. h. es gilt

$$T \sim B\left(n, \frac{1}{2}\right).$$

Zu vorgegebenem Signifikanzniveau α wird ein kritischer Wert n_α so bestimmt, dass die Nullhypothese abgelehnt wird, wenn der Wert der Teststatistik n_α unterschreitet. Dabei ist n_α die größte Zahl aus $\{0, \ldots, n\}$ die

$$\text{P}(T < n_\alpha) = \sum_{j=0}^{n_\alpha - 1} \binom{n}{j} \cdot \left(\frac{1}{2}\right)^j \cdot \left(\frac{1}{2}\right)^{n-j} \overset{!}{\leqslant} \alpha$$

erfüllt. Der Iterationstest ist in der Handhabung ähnlich unkompliziert wie der Vorzeichentest. Die Bestimmung der Vorzeichenwechsel ist einfach und die Ermittlung der erforderlichen Schranken kann mit Hilfe von tabellierten Werten erfolgen.

Ein weiterer Vorteil ist, dass bei der Bestimmung des Werts der Teststatistik die Richtungen der Abweichungen nicht nur mit ihrer Anzahl, sondern auch mit ihrer Reihenfolge einfließen.

Aussagen über die Größe der Abweichungen sowie über systematische Abweichungen in bestimmten Altersbereichen kann man aber auch mit diesem Test nicht treffen.

Beispiel 9.21 *(Iterationstest)* Für die Anzahlen aus Abb. 9.15 gilt für die Teststatistik unter Gültigkeit der Nullhypothese $T \sim B\left(29, \frac{1}{2}\right)$. Bei einem Signifikanzniveau von $\alpha = 5\%$ ergibt sich daher der kritische Wert $n_\alpha = 10$. Der Verwerfungsbereich ist $\{0, 1, \ldots, 9\}$.

Bei den Differenzen zwischen beobachteten und rechnungsmäßig erwarteten Toten bzw. Risikoergebnissen ergeben sich zehn mal Vorzeichenwechsel. Als Wert der Teststatistik ergibt sich daher $T = 10$. Auf einem Signifikanzniveau von 5 % wird H_0 daher nicht abgelehnt. □

9.7.3 Der χ^2-Test

Die vorgenannten Testverfahren zur Überprüfung biometrischer Rechnungsgrundlagen gehen von der Richtung der Abweichungen zwischen beobachteten und rechnungsmäßig erwarteten Werten aus. Beim χ^2-(Anpassungs-)Test hingegen steht die Vorstellung im Vordergrund, dass die beobachteten Daten nur dann eine Realisation der erwarteten sein können, wenn die Abweichungen nicht zu groß werden. Daher fließt bei der Berechnung des Werts der χ^2-Teststatistik auch die Größe der Abweichungen mit ein.

Die Teststatistik orientiert sich am χ^2-Anpassungstest in Abschn. 4.1.4 und lautet:

$$T = \sum_{x=x_0}^{x_n} \frac{(Z_x - E_x)^2}{Var(Z_x)} = \sum_{x=x_0}^{x_n} \chi_x^2 \text{ mit } \chi_x := \frac{Z_x - E_x}{\sqrt{Var(Z_x)}}.$$

Unter Gültigkeit der Nullhypothese gilt näherungsweise $\chi_x \sim \mathcal{N}(0, 1)$. Damit ist die Teststatistik näherungsweise χ^2-verteilt mit $n + 1$ Freiheitsgraden.

Zu einem vorgegebenem Signifikanzniveau α wird nun das $(1 - \alpha)$ -Quantil der χ^2-Verteilung mit $n + 1$ Freiheitsgraden bestimmt und die Nullhypothese abgelehnt, wenn der Wert der Teststatistik dieses überschreitet, d. h. falls $T > \chi^2_{n+1;1-\alpha}$ gilt.

Beim χ^2-Test wird also eine möglichst gute Anpassung der beobachteten an die erwarteten Werte gefordert. Neben dieser positiven Eigenschaft lässt er jedoch im Gegensatz zum Vorzeichen- bzw. Iterationstest die Richtungen der Abweichungen unberücksichtigt, da die Abweichungen in der Teststatistik quadriert werden. Abweichungen, die zwar klein sind, aber überwiegend in eine Richtung gehen, werden vom χ^2-Test nicht erkannt. Positiv zu bewerten ist auch hier die relativ leichte Ermittlung der Prüfgröße sowie die Möglichkeit, die Quantile der χ^2-Verteilung aus Tabellen ablesen zu können.

Beispiel 9.22 (Chi-Quadrat) Für die Anzahlen aus Abb. 9.15 gilt für die Teststatistik unter Gültigkeit der Nullhypothese näherungsweise $T \sim \chi^2_{30}$.

Bei $\alpha = 5\,\%$ ergibt sich daher der kritische Wert $\chi^2_{30;0,95} = 43{,}77$. Als Wert der Teststatistik ergibt sich

$$T = \begin{cases} 46{,}70 & \text{Maßzahl: Anzahl der Ausgeschiedenen} \\ 41{,}27 & \text{Maßzahl: Risikoergebnisse.} \end{cases}$$

Auf einem Signifikanzniveau von 5 % muss H_0 daher bei der Betrachtung der Anzahlen abgelehnt werden, bei der Betrachtung der Risikoergebnisse kann H_0 nicht verworfen werden. □

9.8 Berücksichtigung von Risiken

In den vorangegangenen Abschnitten wurde gezeigt, auf welche verschiedene Arten man rohe Sterbewahrscheinlichkeiten bestimmen, ausgleichen und ihre zeitliche Entwicklung prognostizieren kann. Damit erhält man eine bestmögliche Schätzung der erwarteten Realität.

Je nach Verwendungszweck der Ausscheidewahrscheinlichkeiten ist zu prüfen, ob die bestmögliche Schätzung ausreicht – oder sogar gefordert ist – oder ob noch weitere Modifikationen vorgenommen werden sollen.

So werden beispielsweise in der betrieblichen Altersversorgung zur steuerlichen Bewertung von Pensionszusagen nur biometrische Rechnungsgrundlagen in Form eines besten Schätzwertes zugelassen. Hierbei bezieht sich der Schätzwert auf die Ausscheidewahrscheinlichkeiten, biometrischen Maßzahlen sowie die Veränderung der Sterblichkeit im Zeitablauf. Auch die Bewertung von Pensionsverpflichtungen nach internationalen Rechnungslegungs-
vorschriften (IFRS, US-GAAP) ist auf Basis des besten Schätzwertes („best estimate", „true and fair view") vorzunehmen.

Demgegenüber ist für Lebensversicherungen und die externen Durchführungswege der betrieblichen Altersversorgung (Pensionskassen und Pensionsfonds) sowie in der Personenversicherung allgemein (Krankenversicherung und HUR-Renten) vorgeschrieben, dass – sofern versicherungsförmige Garantien vorliegen – bei Risiken aus den biometrischen Rechnungsgrundlagen zusätzliche Sicherheiten berücksichtigt werden müssen, vgl. (§5 Abs. 1 DeckRV).

9.8.1 Risiken und deren Berücksichtigung bei Sterbetafeln

Üblicherweise unterscheidet man drei Risikoarten: das Änderungsrisiko, das Irrtumsrisiko und das Zufallsrisiko. Prinzipiell kann die Berücksichtigung auf zwei Arten erfolgen:

- durch Modifikation der Ausscheidewahrscheinlichkeiten
  - für jedes einzelne Alter
  - für Altersintervalle (z. B. DAV 1994 R, DAV 1997 I)
  - für alle Alter insgesamt (z. B. DAV 2004 R, DAV 1994 T)

oder

- durch Zuschläge auf die Deckungsrückstellung (d. h. auf Bewertungsebene).

Hierbei soll auch die Größe und die Risikoexposition des Bestandes berücksichtigt werden.

Ob die Berücksichtigung des Zufallsrisikos auf der Ebene der Ausscheidewahrscheinlichkeiten oder auf Bewertungsebene erfolgen sollte, hängt ganz von der betrachteten Risikosituation ab:

Werden die biometrischen Rechnungsgrundlagen nur zur Beurteilung einer Ausscheideursache benötigt und ergibt sich bei Ausscheiden der Person immer ein Verlust oder immer ein Gewinn des Versicherungsträgers, dann kann jede der oben dargestellten Methoden angewendet werden. So ist eine reine Todesfallversicherung für den Versicherungsträger beispielsweise nur mit einem Todesfallrisiko, eine Rentenversicherung nur mit einem Erlebensfallrisiko verbunden. Sieht ein Tarif aber sowohl Rentenleistungen bei Erreichen einer gewissen Altersgrenze als auch Hinterbliebenenleistungen bei Tod des Berechtigten in der Anwartschaft vor, wie es in der betrieblichen Altersversorgung häufig der Fall ist, so ist bei Beginn der Anwartschaftszeit durch den Versicherungsträger ein Todesfallrisiko zu tragen, da der Barwert der Witwenrente bei Tod in den ersten Versicherungsjahren meistens höher als die bis dahin angesammelte Deckungsrückstellung des Anwärters ist. In späteren Jahren, kurz vor Erreichen der Altersgrenze, kehrt sich das Risiko um, nun trägt der Versicherer ein Erlebensfallrisiko. Dieser Wechsel vom Todesfall- zum Erlebensfallrisiko tritt jedoch nicht für alle Versicherten im gleichen Alter ein, daher könnte ein Zuschlag bei den Sterbewahrscheinlichkeiten bei dem einen Versicherten zur Erhöhung, bei einem anderen jedoch zu einer Verringerung der Sicherheit führen.

Die Sicherheitszuschläge auf Bewertungsebene vorzunehmen hat daher den Vorteil, dass erforderliche Sicherheitszuschläge konkret auf die Verhältnisse im Bestand des Versicherungsträgers abgestellt werden können, d. h. sowohl Größe und Altersstruktur des Bestandes als auch den Tarif berücksichtigen.

9.8.2 Das Änderungsrisiko

Das Änderungsrisiko besagt, dass jede biometrische Rechnungsgrundlage grundsätzlich Änderungen unterworfen ist, gegen die Vorsorge in Form eines Sicherheitszuschlags getroffen werden muss. Ursachen für nachteilige Änderungen können beispielsweise die folgenden sein:

- Änderungen im medizinischen Bereich (medizinischer Fortschritt, neue Krankheiten)
- Änderungen der rechtlichen Rahmenbedingungen
- Änderungen in der Anerkennungspraxis in der gesetzlichen Rentenversicherung bei Versicherung des Erwerbsminderungsrisikos

Zur Untersuchung der Quellen für das Änderungsrisiko sind statistische Analysen wenig hilfreich. Stattdessen orientiert man sich im Allgemeinen an den in der Vergangenheit beobachteten Veränderungen.

So wurde beispielsweise bei den Sterbetafeln DAV1994 T die durch die Wiedervereinigung aufgrund der erhöhten Sterblichkeit in den neuen Bundesländern bedingte Sterblichkeitsverschlechterung der deutschen Gesamtbevölkerung von rund 5 % zur Begründung des Änderungsrisikos herangezogen. Außerdem wird von einem in jungen Altern deutlich höheren Änderungsrisiko ausgegangen. Insgesamt ist daher ein altersabhängiger Änderungszuschlag auf der Ebene der Ausscheidewahrscheinlichkeiten in Höhe von 20 % für junge Alter abnehmend auf 7 % ab Alter 35 festgesetzt worden.

9.8.3 Irrtumsrisiko

Das Irrtumsrisiko resultiert aus der Möglichkeit eines Fehlers bei der Methodik der Herleitung der biometrischen Rechnungsgrundlagen, beispielsweise bei der korrekten Einschätzung der Risikostruktur, der Bestandszusammensetzung und den Selektionseinflüssen.

Dabei unterscheidet man die folgenden Teilrisiken:

- Das *Prognoserisiko:* Das Prognoserisiko besteht in der Möglichkeit eines Fehlers in der Abweichung der angenommen Entwicklungstrends (z. B. Sterblichkeitsverbesserungen) von den tatsächlichen zeitlichen Veränderungen der biometrischen Rechnungsgrundlagen. Daher lässt es sich auch als Teilrisiko des Änderungsrisikos auffassen, da im Allgemeinen nicht nachvollziehbar ist, ob Prognoseabweichungen auf einem Vorhersage-Irrtum oder einer Trendänderung beruhen.
- Das *Diagnoserisiko:* Das Diagnoserisiko entsteht aus der Möglichkeit von Fehlern aufgrund einer ungenügenden Datenbasis oder in der Beurteilung der Ausgangsdaten und des zugrundeliegenden Kollektivs.

Erfahrungsgemäß ist das Selektionsrisiko das für Versicherungsträger im Allgemeinen wirtschaftlich bedeutendste Diagnoserisiko. Das Selektionsrisiko besteht darin, dass eine Abweichung zwischen den angenommenen Ausscheidewahrscheinlichkeiten und den tatsächlichen Wahrscheinlichkeiten im versicherten Bestand aufgrund einer Risikoauslese bei Beginn des Versicherungsverhältnisses entsteht. So schließen erfahrungsgemäß im Durchschnitt „gesündere" Personen eine sofort beginnende Rentenversicherung ab. Dies hat zur Folge, dass die Sterbewahrscheinlichkeiten in den ersten Jahren nach Versicherungsbeginn niedriger als bei Versicherten mit bereits längerer Versicherungsdauer sind.

Selektionsrisiken treten immer dann auf, wenn die subjektive Einschätzung der (versicherten) Person die Entscheidung beeinflusst, ob die Versicherung überhaupt abgeschlossen wird. Das Selektionsrisiko kann durch Gesundheitsprüfungen, -fragebögen oder Leistungsausschlüsse kontrolliert werden (z. B. bei Kapitalversicherungen).

Für das Diagnoserisiko oder das allgemeine Irrtumsrisiko werden in der Regel Sicherheitszuschläge in Form eines multiplikativen Zuschlags auf die Ausscheidewahrscheinlichkeiten angesetzt. Die Höhe dieser Zuschläge hängt von der Einschätzung des erreichten

Gesamtniveaus der bisher eingerechneten Sicherheitsmargen ab und ist somit Ermessenssache. Bei den Rechnungsgrundlagen der Sterbetafel DAV 1994 R wurde für das Erlebensfallrisiko beispielsweise kein zusätzlicher Sicherheitsabschlag für das Irrtumsrisiko angesetzt, bei den Sterbetafeln DAV 2004 R bzw. DAV 2006 HUR wurde pauschal ein altersunabhängiger Abschlag von 10 % bzw. 5 % auf die Sterbewahrscheinlichkeiten gewählt.

Das Zufallsrisiko entsteht aus der Tatsache, dass bei den tatsächlichen Anzahlen von ausscheidenden Personen im Gegensatz zu den rechnungsmäßig unterstellten zufallsbedingte Schwankungen auftreten können. Diese hängen von der Größe des Bestandes, also von der Möglichkeit des Risikoausgleichs innerhalb des eigenen Bestands des Versichertenkollektivs, ab. Zusätzlich spielen auch das Leistungsspektrum (Alters-/Invaliden-/Hinterbliebenenrente, Kapitalleistung), der Tarif sowie der Leistungsplan eine wichtige Rolle. Zufallsbedingte Schwankungen können daher entweder zu Gewinnen oder zu Verlusten des Versicherungsträgers führen.

Eventuelle Verluste müssen in Form eines Schwankungszuschlags berücksichtigt werden. Dazu ist die Vorgabe eines Sicherheitsniveaus $1 - \alpha$ erforderlich. Dieses gibt vor, dass der tatsächliche Risikoverlauf den um einen vorgegebenen Betrag (Konfidenzschranke) erhöhten rechnungsmäßig erwarteten Risikoverlauf in einem Jahr höchstens mit Wahrscheinlichkeit α überschreiten darf.

Unabhängig von der gewählten Methode zur Berücksichtigung des Zufallsrisikos muss die Sicherheitswahrscheinlichkeit einerseits so gewählt werden, dass sie zu ausreichenden Schwankungszuschlägen führt, andererseits darf sie nicht so hoch festgelegt werden, dass beim Versicherungsträger eine über das erforderliche Maß hinausgehende Mittelansammlung erfolgt.

Beispiel 9.23 (Sicherheitsniveaus unterschiedlicher Sterbetafeln) In den Sterbetafeln DAV 1994 T, DAV 2004 R bzw. DAV 1997 I und DAV 2006 HUR sind folgende Sicherheitsniveaus berücksichtigt: □

Sterbetafel	Sicherheitswahrscheinlichkeit $1 - \alpha$	Modellbestand (Anzahl Personen)
DAV 1994 T	99 %	300.000
DAV 2004 R	95 %	100.000
DAV 1997 I	95 %	100.000 bei Invalidität
		2000 bei Tod
DAV 2006 HUR	95 %	12.500 bei Tod

9.8.4 Berücksichtigung des Zufallsrisikos bei den Ausscheidewahrscheinlichkeiten

Bei der Berücksichtigung des Zufallsrisikos ist zu entscheiden, ob die Modifikationen zum Sicherheitsniveau $1-\alpha$

(1) für jedes einzelne Alter,
(2) für zusammengefasste Alter oder
(3) für sämtliche Alter

des Modellbestands vorgenommen werden. Folgende Bezeichnungen werden im Weiteren verwendet:

L_x^M	die Lebenden des Alters x des Modellbestandes
T_x^M	die Zufallsvariable der im Alter x Gestorbenen im Modellbestand
$u_{1-\alpha}$	das $(1-\alpha)$-Quantil der Standard-Normalverteilung
$s_x^\alpha \in \mathbb{R}$	absoluter **Schwankungszu-** bzw. **abschlag** auf die Sterbewahrscheinlichkeit im Alter (oder der Altersklasse) x
$s^\alpha \in \mathbb{R}$	relativer Schwankungszu- bzw. abschlag auf die Sterbewahrscheinlichkeit

Der übliche Ansatz bei einer Rentenversicherung ist der folgende:

$$P\left(\sum_x T_x^M \geqslant \sum_x L_x^M\left(q_x - s_x^\alpha\right)\right) \stackrel{!}{=} 1-\alpha,$$

d. h. die Wahrscheinlichkeit, dass mindestens so viele Tote wie rechnungsmäßig erwartet auftreten, soll gleich $1-\alpha$ sein. Auf jedes q_x wird deshalb ein altersabhängiger absoluter Abschlag s_x^α auf die Sterbewahrscheinlichkeiten ermittelt. Bei Sterbetafeln mit Todesfallcharakter ist es im Gegensatz dazu erforderlich, dass mit Wahrscheinlichkeit $1-\alpha$ höchstens so viele Tote wie rechnungsmäßig erwartet auftreten und Zuschläge auf die Sterbewahrscheinlichkeiten berechnet und vorgenommen werden.

Mit der Vorgabe $s_x^\alpha = s^\alpha q_x$ mit einem altersunabhängigen Faktor s^α ergibt sich

$$P\left(\sum_x T_x^M \geqslant \sum_x (q_x - s^\alpha q_x)L_x^M\right) \stackrel{!}{=} 1-\alpha.$$

Wegen des Zentralen Grenzwertsatzes kann man annehmen, dass die Gesamtzahl der Toten $Z := \sum_x T_x^M$ näherungsweise normalverteilt ist mit Erwartungswert $E(Z) = \sum_x q_x L_x^M$ und Varianz $Var(Z) = \sum_x q_x(1-q_x)L_x^M$.

Damit ergibt sich aus obiger Bedingung die äquivalente Darstellung

$$
\begin{aligned}
& P\left(Z \geqslant (1-s^\alpha)E(Z)\right) \stackrel{!}{=} 1-\alpha \\
\Leftrightarrow\ & P\left(\frac{Z-E(Z)}{\sqrt{Var(Z)}} \geqslant -s^\alpha \frac{E(Z)}{\sqrt{Var(Z)}}\right) \stackrel{!}{=} 1-\alpha.
\end{aligned}
$$

Es folgt

$$
s^\alpha = u_{1-\alpha}\frac{\sqrt{Var(Z)}}{E(Z)} = u_{1-\alpha}\frac{\sqrt{\sum_x q_x(1-q_x)L_x^M}}{\sum_x q_x L_x^M}. \tag{9.38}
$$

Bemerkung 9.24

- Ist der versicherte Bestand, in dem der Risikoausgleich erfolgt, kleiner als der Modellbestand, so müssen die Zu- bzw. Abschläge erhöht werden. Bei einem größeren Bestand können sie reduziert werden.
- Die Zu- oder Abschläge stellen nur auf die Anzahl der Personen ab, die aufgrund einer Ursache ausscheiden. Bei mehrdimensionalen Ausscheideursachen sollten Wechselwirkungen berücksichtigt werden.
- In Abhängigkeit vom Leistungsplan kann ein Abschlag bzw. ein Zuschlag die Sicherheit erhöhen oder vermindern, vergleiche Beispiel 9.25.

Beispiel 9.25 Das in einer Pensionskasse und in einem Pensionsfonds versicherte Leistungsspektrum besteht in der Regel aus Alters-, Invaliden- und Hinterbliebenenrente; der Leistungsplan kann ergänzend vorsehen, dass ein Anspruch auf Leistungen erst nach Erfüllen einer Wartezeit besteht. Bis zur Vollendung der Wartezeit trägt die Pensionskasse bzw. der Pensionsfonds ausschließlich ein **Erlebensfallrisiko** (auch bei Invalidität), d. h. bei Realisierung des Risikos erfolgt eine Auflösung der Deckungsrückstellung. Nach Ablauf der Wartezeit stellt die Hinterbliebenenversorgung ein Todesfallrisiko dar, das mit dem Risiko der Auffüllung der Deckungsrückstellung verbunden ist. Bei Eintritt der Invalidität unmittelbar nach Ablauf der Wartezeit ist die Deckungsrückstellung in der Regel ebenfalls aufzufüllen.

Im Folgenden wird das Risiko, bei Eintritt eines Leistungsfalls die Deckungsrückstellung erhöhen zu müssen, als **Auffüllungsrisiko** bezeichnet. Gegen Ende der Anwartschaftszeit wird das Risiko aus der Hinterbliebenenversorgung ein Erlebensfallrisiko. Nach Rentenbeginn trägt dann die Pensionskasse bzw. der Pensionsfonds nur noch ein Erlebensfallrisiko, wenn man den (seltenen) Fall außer Acht lässt, dass bei Tod des Rentners der Hinterbliebenenrentenbarwert höher als der Rentenbarwert des Verstorbenen ist.

Liegt ein Erlebensfall- bzw. Auffüllungsrisiko vor, dann verringern bzw. erhöhen Zuschläge die Sicherheit, Abschläge erhöhen bzw. verringern sie. □

	Auffüllungsrisiko	Erlebensfallrisiko
I. Während der Anwartschaft		
Invalidität vor Ablauf der Wartezeit		X
Invalidität nach Ablauf der Wartezeit	X	
Tod vor Ablauf der Wartezeit		X
Tod nach Ablauf der Wartezeit	X[1]	X[2]
II. Nach Rentenbeginn		
Rentner		X
Hinterbliebener		X

[1] bis zu einem individuellen oder kollektiv ermittelten Grenzalter

[2] ab einem individuellen oder kollektiv ermittelten Grenzalter

Beispiel 9.26 (Zuschlag DAV 2006 HUR) Bei den Sterbetafeln DAV 2006 HUR [1] führt der obige Ansatz bei einem Sicherheitsniveau von 95 % für Männer zu einem Schwankungsabschlag von 10,22 % und für Frauen von 7,99 %. □

9.8.5 Berücksichtigung des Zufallsrisikos auf Bewertungsebene

Um das Zufallsrisiko auf Bewertungsebene zu berücksichtigen, wird die Verteilungsfunktion des Gesamtschadens S des versicherten Bestandes benötigt, in dem der Risikoausgleich erfolgt. Geht man in einem Bestand von stochastisch unabhängigen Risiken aus, dann kann man die Gesamtschadenverteilung mit Hilfe der individuellen Schadenverteilungen auf drei Arten erhalten:

1) durch Faltung,
2) durch eine Poisson-Approximation,
3) durch die Anwendung des zentralen Grenzwertsatzes mit Hilfe der Lindeberg-Bedingung (Normal-Approximation).

Mit Hilfe der Gesamtschadenverteilung wird ein Betrag S_0 ermittelt, so dass die Wahrscheinlichkeit, dass der tatsächliche Gesamtschaden kleiner oder gleich dem rechnungsmäßig erwarteten Gesamtschaden zuzüglich S_0 ist, $1-\alpha$ beträgt:

$$P\,(S - E(S) \leqslant S_0) \stackrel{!}{=} 1 - \alpha.$$

In Abhängigkeit vom vorgegebenen Sicherheitsniveau $1-\alpha$ wird dann ein Zuschlag in Höhe von S_0 zur Deckungsrückstellung vorgenommen. Die Finanzierung dieses Zuschlags kann durch eine Berücksichtigung in der Kalkulation vorgenommen werden. Wie bereits oben erwähnt, hat dies den Vorteil, dass die Charakteristika des Leistungsplans, die Altersstruktur sowie die Größe des Bestandes berücksichtigt werden (vgl. dazu auch Herrmann [4]).

Beispiel 9.27 (Schwankungszuschlag bei Pensionsplänen) Es werden zwei unterschiedliche Pensionspläne betrachtet, die sich in der Risikotragung durch den Arbeitgeber unterscheiden. Beide Pläne sehen vor, dass sich der Rentenanspruch nach den zurückgelegten Dienstjahren richtet. Dies bedeutet, dass bei Eintritt der Invalidität z. B. nach fünf Dienstjahren der Anspruch 5 % des Gehalts (bei 1 % je Dienstjahr) und nach 30 Dienstjahren 30 % beträgt. Der Risikoschutz kann durch eine Zurechnungszeit (ZuRZ, z. B. bis zum Pensionierungsalter) erhöht werden. Dann werden bei Invalidität nicht nur die zurückgelegten Dienstjahre sondern auch die noch bis zum Ablauf der Zurechnungszeit fehlenden Dienstjahre hinzugerechnet. Bei vorzeitigen Leistungsfällen wie Invalidität oder Tod mit Witwe ist dann die Leistung höher als ohne Zurechnungszeit.

Es werden die sich ergebenden Schwankungszuschläge S_0 zu verschiedenen vorgegebenen Sicherheitsniveaus $1 - \alpha$ verglichen. Als Rechnungsgrundlagen dienen die Richttafeln 1998 von Klaus Heubeck mit einem Rechnungszins von 3,5 % und Pensionierungsalter 62. Mit V_x wird die Deckungsrückstellung für einen Versicherten des Alters x bezeichnet.

Aktivenbestand (1):

- Pensionsplan A:
  - dienstzeitabhängiger Endrentenanspruch (Zurechnungszeit bis Alter 62)
  - Alters-, Invaliden- und 60 % Hinterbliebenenrente
- Bestand:
  - 5800 Personen
  - $\sum V_x$ =349 Mio. EUR
  - Summe der Rentenanwartschaften (jährliche Invalidenrenten): 57 Mio. EUR
  - Summe der Risikokapitale: 764 Mio. EUR
  - Erwartungswert des Gesamtschadens E(S): 2 Mio. EUR

Aktivenbestand (2):

- Pensionsplan B:
  - dienstzeitabhängige Steigerungsrente (keine Zurechnungszeit)
  - Alters-, Invaliden- und 60 % Hinterbliebenenrente
- Bestand:
  - 5800 Personen
  - $\sum V_x = 339$ Mio. EUR
  - Summe der Rentenanwartschaften (jährliche Invalidenrenten): 24,6 Mio. EUR
  - Summe der Risikokapitale: 263 Mio. EUR
  - Erwartungswert des Gesamtschadens E(S): 200.000 EUR

Aktivenbestand (3):

- Pensionsplan A (wie bei Aktivenbestand (1)):
  - dienstzeitabhängiger Endrentenanspruch (Zurechnungszeit bis Alter 62)
  - Alters-, Invaliden- und 60 % Hinterbliebenenrente
- Bestand:
  - 1000 Personen
  - $\sum V_x = 58\,\text{Mio. EUR}$
  - Summe der Rentenanwartschaften (jährliche Invalidenrenten): 9,6 Mio. EUR
  - Summe der Risikokapitale: 116 Mio. EUR
  - Erwartungswert des Gesamtschadens E(S): 410.000 EUR

Bei dem Pensionsplan mit höherem Risiko aufgrund der Zurechnungszeit bis Alter 62 ist bei dem großen Bestand von 5800 Aktiven zur Erreichung einer Sicherheitswahrscheinlichkeit von 95 % ein Zuschlag in Höhe von 1 Mio. EUR erforderlich (Fall 1). Im Vergleich zur Rentensumme beträgt dieser Zuschlag 1,7 %. Bei dem risikoärmeren Pensionsplan ohne Zurechnungszeit (Fall 2) beträgt bei gleichem Bestand und gleicher Sicherheitswahrscheinlichkeit der Zuschlag nur 0,33 Mio. EUR bzw. 1,3 % der (geringeren) Rentensumme (vgl. Abb. 9.16 und Tab. 9.8).

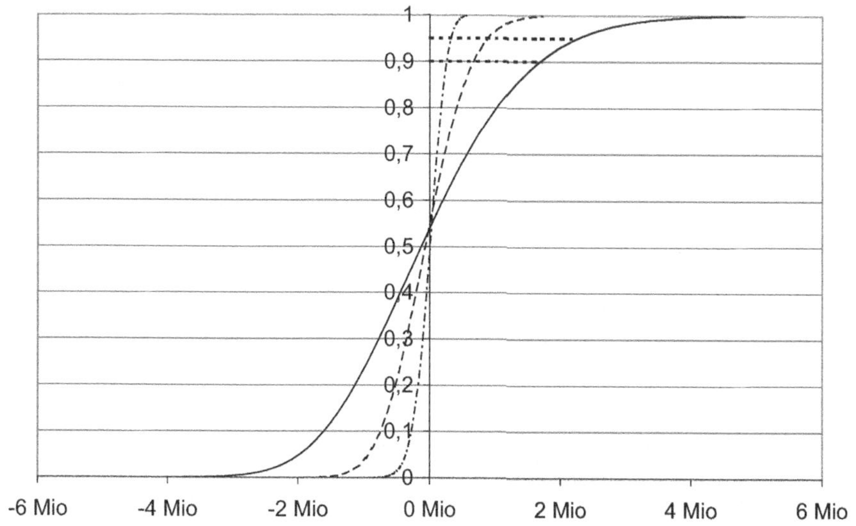

Abb. 9.16 Vergleich der Gesamtschadenverteilungen in Bsp. 9.27: – · – · – Plan B, 5800 Personen; – – Plan A, 5800 Personen; — Plan B, 1000 Personen, auf 5800 Personen hochgerechnet (aus Herrmann [4], S. 643, Abb. 3; mit freundlicher Genehmigung von ©Springer-Verlag Berlin Heidelberg 2006. All Rights Reserved)

Tab. 9.8 Vergleich der verschiedenen Bestände, Angaben in Mio. Euro

Sicherheitswahrscheinlichkeit $1-\alpha$	(1)	(2)	(3)	(1)	(2)	(3)
	5800 Aktive m. ZuRZ (57 Mio.)	5800 Aktive o. ZuRZ (24,6 Mio.)	1000 Aktive m. ZuRZ (9,6 Mio.)	5800 Aktive m. ZuRZ (57 Mio.)	5800 Aktive o. ZuRZ (24,6 Mio.)	1000 Aktive m. ZuRZ (9,6 Mio.)
	Zuschlag S_0			Zuschlag S_0 relativ zur Rentensumme		
90 %	0,7	0,27	0,28	1,2 %	1,0 %	2,9 %
95 %	1,0	0,33	0,37	1,7 %	1,3 %	3,9 %
99 %	1,4	0,50	0,56	2,5 %	2,0 %	5,8 %

Bei dem kleinen Bestand von nur 1000 Aktiven und Pensionsplan mit Zurechnungszeit (Fall 3) ist ein Zuschlag von 0,37 Mio. EUR erforderlich, der 3,9 % der Rentensumme entspricht.

Ausgehend von Fall 2 (großer Bestand, risikoarme Zusage) steigt der Zuschlag von 1,3 % auf 1,7 % bei Wechsel auf den risikoreicheren Pensionsplan (Fall 1). Ist der Bestand kleiner bei gleichem (risikoreichem) Pensionsplan, so steigt der Zuschlag auf 3,9 %. □

9.8.6 Eine Kombination der beiden Methoden

Folgende Bezeichnungen werden im Weiteren verwendet:

V_x die Deckungsrückstellung zum Vertrag eines Versicherten des Alters x,
S die Zufallsvariable des Gesamtschadens des Modellbestands.

Bei der Herleitung der Basistafeln 1. Ordnung der DAV 2004 R findet man einen weiteren Ansatz zur Berücksichtigung des Zufallsrisikos, der aus einer Kombination der beiden oben vorgestellten Methoden resultiert:

Der Sicherheitsabschlag wird zwar auf Sterbewahrscheinlichkeiten vorgenommen, seine Höhe wird aber durch Betrachtung der Bewertungsebene festgelegt.

Die Berechnung des Schwankungsabschlags erfolgt hier anhand eines Modellbestandes von 200.000 Versicherten (je 100.000 Männer bzw. Frauen). Es wird zwischen Aufschub- und Rentenbezugszeit unterschieden und angenommen, dass sich 90 % der Verträge in der Aufschubzeit befinden.

Bei Rentenversicherungen wird im Todesfall vor Rentenbeginn in der Regel eine Leistung ausgezahlt, die kleiner als das zu diesem Zeitpunkt vorhandene Deckungskapital ist. Ziel ist es, einen **Schwankungsabschlag** s_x^α auf die Sterbewahrscheinlichkeit q_x so zu ermitteln, dass der unter Einhaltung des Sicherheitsniveaus $1-\alpha$ maximal zulässige Schaden, der durch eine geringere Anzahl von Todesfällen als rechnungsmäßig erwartet entsteht, ausgeglichen werden kann.

Wird mit einer Sterbewahrscheinlichkeit q_x kalkuliert, so geht man in der Rentenbezugszeit davon aus, dass im Schnitt ein Betrag von $q_x \cdot L_x^M \cdot V_x$ frei wird. Der Schwankungsabschlag muss also so gewählt werden, dass mit Wahrscheinlichkeit $1 - \alpha$ die durch Tod im Modellbestand freiwerdende Deckungsrückstellung $\sum\limits_x T_x^M V_x$ größer als die mit den Sterbewahrscheinlichkeiten $q_x - s_x^\alpha$ berechnete frei werdende Deckungsrückstellung ist:

$$P\left(\sum_x T_x^M V_x \geqslant \sum_x (q_x - s_x^\alpha)\, L_x^M V_x\right) \stackrel{!}{=} 1 - \alpha,$$

Wie oben kann nach dem Zentralen Grenzwertsatz angenommen werden, dass

$$Z := \sum_x T_x^M V_x$$

eine normalverteilte Zufallsvariable ist mit Erwartungswert

$$E(Z) = \sum_x q_x L_x^M V_x$$

und Varianz

$$Var(Z) = \sum_x q_x(1 - q_x) L_x^M V_x^2.$$

Mit diesen Bezeichnungen sowie der Vorgabe $s_x^\alpha = s^\alpha q_x$ ergibt sich aus obiger Bedingung analog die äquivalente Darstellung

$$P\left(Z \geqslant (1 - s^\alpha) E(Z)\right) \stackrel{!}{=} 1 - \alpha$$
$$\Leftrightarrow P\left(\frac{Z - E(Z)}{\sqrt{Var(Z)}} \geqslant -s^\alpha \frac{E(Z)}{\sqrt{Var(Z)}}\right) \stackrel{!}{=} 1 - \alpha.$$

Es folgt

$$s^\alpha = u_{1-\alpha} \frac{\sqrt{Var(Z)}}{E(Z)} = u_{1-\alpha} \frac{\sqrt{\sum\limits_x q_x(1 - q_x) L_x^M V_x^2}}{\sum\limits_x q_x L_x^M V_x}.$$

Literatur

1. DAV-Unterarbeitsgruppe Haftpflicht-Unfallrenten des HUK-Ausschusses: Herleitung der DAV-Sterbetafel 2006 HUR, Fachgrundsatz der DAV, 2006. Auch in Blätter der DGVFM, **28**(1), 67–95 (2007)

2. DAV-Unterarbeitsgruppe Rentnersterblichkeit: Herleitung der DAV-Sterbetafel 2004 R für Rentenversicherungen, Fachgrundsatz der DAV, 2004. Auch in Blätter der DGVFM **27**(2), 199–313 (2005)
3. Fahrmeir, L., Hamerle, A., Tutz, G.: Multivariate statistische Verfahren, DeGruyter, 2. Auflage (1996)
4. Herrmann, R.: Value-at-Risk, Tail Value-at-Risk und Schadenverteilung in der Personenversicherung. Blätter der DGVFM, **27**(4), 629–645 (2006)
5. Heubeck, K., Herrmann, R., D'Souza, G.: Die Richttafeln 2005 G. Blätter der DGVFM, **27**(3), 473–517 (2006)
6. IVS/DAV-Arbeitsgruppe Biometrische Rechnungsgrundlagen: Biometrische Rechnungsgrundlagen bei Pensionskassen und Pensionsfonds. DAV Hinweis, 8–16, (2019)
7. Kainhofer, R., Predota, M., Schmock,U.: The New Austrian Annuity Valuation Table AVÖ 2005R. Mitteilungen der AVÖ, **13**, 75–76
8. Kakies, P., Behrens, H.-G., Loebus, H., Oehlers-Vogel, B., Zschoyan, B.: Methodik von Sterblichkeitsuntersuchungen. Schriftenreihe Angewandte Versicherungsmathematik, Heft 15, Verlag Versicherungswirtschaft e.V., Karlsruhe, (1985) (Auszüge aus den Kapiteln 1–3: 15–28; 54–59; 86–87; 92; 103; 108; 114)
9. Marquardt, D.: An Algorithm for Least-Squares Estimation of Nonlinear Parameters. SIAM J. Appl. Math. **11**, 431–441 (1963)
10. Moore, D. F.: Applied Survival Analysis Using R, Springer Switzerland (2016), https://doi.org/10.1007/978-3-319-31245-3

Credibility-Modelle 10

Zusammenfassung

Credibility-Modelle werden in der Versicherungsmathematik überall dort eingesetzt, wo keine „Massendaten" vorliegen (die z. B. eine Behandlung mit Methoden der Regressionsanalyse erlauben), sondern Risiken mit sehr individuellen, zum Teil nicht direkt beobachtbaren Risikomerkmalen. Diese Risikomerkmale werden in Form eines zufälligen Strukturparameters beschrieben. Im Bayes'schen Modell wird eine a-priori-Einschätzung der Verteilung des Strukturparameters durch Schadenbeobachtungen zu einer a-posteriori-Einschätzung verfeinert, auf deren Basis die sogenannte Credibility-Prämie für das betrachtete Risiko abgeleitet wird. Demgegenüber verfolgt das Bühlmann-Straub-Modell einen verteilungsfreien Ansatz, der das Einzelrisiko eingebettet in einen Gesamtbestand betrachtet, dessen Schadenerwartungswert $E(X)$ ist. Das Modell führt eine angemessene Gewichtung des Schadenerwartungswerts $E(X)$ und des am individuellen Risiko beobachteten mittleren Schadens $\overline{X}$ herbei. Das Bindeglied zwischen den beiden Modellansätzen stellt die sogenannte linearisierte Credibility-Prämie dar.

10.1 Einführung

In den Kap. 3 und 5 wurden Verfahren vorgestellt, mit denen man durch die statistische Analyse beobachteter Schadendaten $X_1, \ldots, X_n$ eine Aussage über den Erwartungswert des Schadens X und damit die zu entrichtende Nettoprämie $E(X)$ treffen kann. Die Schätzung basiert in beiden Fällen auf einem Gesamtkollektiv, das mittels beobachteter Risikomerkmalen in homogene Teilkollektive mit vergleichbaren Risiken zerlegt wird. In der aktuariellen Praxis gerät dieses Vorgehen der „kollektiven" Tarifierung jedoch an seine Grenzen, wenn

T. Becker et al., *Stochastische Risikomodellierung und statistische Methoden*, Statistik und ihre Anwendungen, https://doi.org/10.1007/978-3-662-69532-6_10

a) die Risikomerkmale im Gesamtkollektiv aufgrund einer spezifischen Vertragsgestaltung nicht im Einzelnen beobachtet werden können, so zum Beispiel in Gruppenverträgen in der Lebens- und Krankenversicherung.
b) die Einzelrisiken des Gesamtkollektivs sehr individuelle Risikomerkmale aufweisen, so dass lediglich sehr kleine Teilkollektive vergleichbarer Risiken gebildet werden können. Diese Situation tritt zum Beispiel in der gewerblichen und industriellen Sachversicherung und der Rückversicherung auf.

Die Fragestellungen nach einer adäquaten Preisbildung in diesen Fällen greift die **Credibility-Theorie** auf. Grundansatz ist es dabei, die Ausprägung der Risikomerkmale im Gesamtkollektiv als *zufällig* zu betrachten und durch einen zufälligen **Strukturparameter** Θ zu modellieren. Die Verteilung des Strukturparameters Θ beschreibt dabei die Verteilung der Risikomerkmale im Gesamtkollektiv, aus der die im Gesamtkollektiv zu entrichtende Nettoprämie $E(X)$ abgeleitet werden kann. Dieser „kollektiven" Nettoprämie steht eine „streng individuelle" Nettoprämie gegenüber, die nur auf Basis der an einem Einzelrisiko beobachteten Schadendaten $X_1, ..., X_n$ ermittelt wird, im einfachsten Fall dem empirischen Mittel $\overline{X} := \frac{1}{n} \sum_{i=1}^{n} X_i$.

Die kollektive Nettoprämie hat gegenüber der streng individuellen Nettoprämie den Vorteil, das sie aufgrund des im Gesamtkollektiv gegebenen größeren Stichprobenumfangs eine stabilere Schätzung ermöglicht, als dies auf Basis der wenigen, am Einzelrisiko beobachteten Schadendaten möglich ist. Andererseits besitzt sie den Nachteil, dass sie keine Einschätzung über die individuelle Ausprägung des Strukturparameters Θ am betrachteten Einzelrisiko berücksichtigt. Sie ist insofern nicht in dem Maß auf das Einzelrisiko abgestimmt, wie dies für die individuellen Nettoprämie der Fall ist. Die Credibility-Theorie stellt Verfahren bereit, wie kollektive und individuelle Information in sinnvoller Gewichtung kombiniert werden können, um zu einer gleichermaßen stabilen und individuellen Nettoprämie zu gelangen. Aufgrund der besonderen Bedeutung der individuellen Schadenerfahrung $X_1, ..., X_n$ am Einzelrisiko spricht man in diesem Kontext auch häufig von **Erfahrungstarifierung**.

Im Rahmen der Credibility-Theorie werden zwei Ansätze verfolgt. Der erste Ansatz wurde gegen Ende der vierziger Jahre des 20. Jahrhunderts wesentlich von A. Bailey [1] propagiert und basiert auf der Anwendung der Methoden der **Bayes'schen Statistik** auf die Erfahrungstarifierung. Dabei geht man von einer a-priori-Verteilung des Strukturparameters Θ im Gesamtkollektiv, sowie der Verteilung des Schadens X bei gegebenem Strukturparameter aus. Anhand der beobachteten Schadendaten $X_1, ..., X_n$ überführt man die a-priori-Verteilung in eine verbesserte, an das betrachtete Einzelrisiko angepasste Verteilung des Strukturparameters, die sogenannte a-posteriori-Verteilung. Diese legt man dann der Ermittlung der Nettoprämie für das Einzelrisiko zugrunde. Dieser Ansatz wird in Abschn. 10.2 ausgeführt. Beispiel 10.11 greift dabei die oben unter a) dargestellte Situation in der Kollektiv-Lebensversicherung auf.

Der zweite Ansatz, das sogenannte **Bühlmann-Straub-Modell** ([3]), ist ein verteilungsfreies Modell, das in Abschn. 10.3.2 betrachtet wird. Es ermittelt anhand der Varianz *zwischen* den Einzelrisiken des Gesamtkollektivs und der Varianz der Schäden *innerhalb* des Einzelrisikos eine optimale Kombination von $E(X)$ und $\overline{X}$. In Beispiel 10.21 wird die Anwendung in der Sachversicherung entsprechend der oben unter b) dargestellten Situation beschrieben. Das Bühlmann-Straub-Modell ist eines der populärsten Credibility-Modelle und findet in der Schadenversicherung ebenso wie in der Lebensversicherung seine Anwendung (vgl. z. B. Hardy und Panjer [6], Ortmann [8]).

Das Bindeglied zwischen beiden Ansätzen bildet die **linearisierte Credibility-Prämie**, welche in Abschn. 10.3.1 näher betrachtet wird.

Das Standardwerk zur Credibility-Theorie ist Bühlmann und Gisler [2], in dem sich zahlreiche Inhalte des vorliegenden Kapitels finden und das auch auf in diesem Buch nicht betrachtete Modellerweiterungen eingeht (wie z. B. hierarchische Credibility-Modelle und Credibility-Regressionsmodelle). Darüberhinaus existieren viele lesenswerte Überblicksartikel zur Credibility-Theorie mit Anwendungsbeispielen, wie zum Beispiel Goulet [5].

Im Folgenden wird die Modellierung von Schadenhöhen mittels des Credibility-Ansatzes betrachtet. Es sei aber angemerkt, dass man mit der Credibility-Theorie analog auch andere Beobachtungsgrößen und deren Erwartungswerte modellieren kann, z. B. Schadenanzahlen.

10.2 Das Bayes'sche Modell

Im **Bayes'schen Modell** wird davon ausgegangen, dass sich für ein Einzelrisiko die Schäden in einem zweistufigen Zufallsexperiment realisieren:

(a) Für das betrachtete Einzelrisiko realisiert sich zunächst ein zufälliger Strukturparameter Θ mit dem Wert θ.
(b) Darauf aufbauend ergeben sich die Schäden $X_1, X_2, ..., X_n$ des betrachteten Einzelrisikos als unabhängige, identisch verteilte Realisierungen aus der bedingten Verteilung des Schadens X bei gegebenem $\Theta = \theta$.

Die beobachteten Schäden werden dabei im Folgenden der Übersichtlichkeit halber zu einem Vektor $\mathbf{X} := (X_1, X_2, ..., X_n)$ zusammengefasst.

Der Ansatz des Bayes'schen Modells basiert auf einer vorab festgelegten Verteilung des Strukturparameters Θ (der sogenannten **a-priori-Verteilung**) . Die a-priori-Verteilung soll den Wissensstand um die Plausibilität der möglichen Ausprägungen des Strukturparameters repräsentieren, *bevor* die Schadendaten $\mathbf{X}$ beobachtet wurden. Im zweiten Schritt wird die a-priori-Verteilung mittels der beobachteten Schadendaten verbessert, so dass eine auf das betrachtete Einzelrisiko abgestimmte Verteilung von Θ entsteht (die sogenannte **a-posteriori-Verteilung**, vgl. Abschn. 10.2.1). Die a-posteriori-Verteilung berücksichtigt die Schadenbeobachtungen und wird genutzt, um für das betrachtete Einzelrisiko eine individuelle Nettoprämie zu ermitteln (vgl. Abschn. 10.2.2).

10.2.1 A-priori- und a-posteriori-Verteilung

Im Folgenden wird zusätzlich zu den Annahmen des Bayes'schen Modells davon ausgegangen, dass die bedingte Verteilung des Einzelschadens X bei gegebenem $\Theta = \theta$ eine (bedingte) Dichte $f_{X|\Theta=\theta}$ besitzt. Der Strukturparameter Θ besitze seinerseits eine Dichte f_Θ. Die Dichten seien dabei jeweils bezüglich des Lebesgue-Maßes (stetiger Fall) oder des Zählmaßes (diskreter Fall) zu verstehen. Die Notation erfolgt im Folgenden für das Lebesgue-Maß, ist aber analog für das Zählmaß zu lesen. Man ersetze in diesem Fall das Integral $\int \dots d\theta$ durch die Summe $\sum_\theta \dots$.

Auf Basis der beobachteten Schäden $\mathbf{x} := (x_1, x_2, \dots, x_n)$ kann die Überführung der Dichte der a-priori-Verteilung in die Dichte der a-posteriori-Verteilung von Θ mit folgendem Satz erfolgen:

Satz 10.1 **(Berechnung der a-posteriori-Verteilung)** *Die bedingte Dichte von Θ unter den beobachteten Schäden $\mathbf{X} = \mathbf{x}$ ist im Bayes'schen Modell gegeben durch*

$$f_{\Theta|\mathbf{X}=\mathbf{x}}(\theta) = \frac{f_\Theta(\theta) \prod_{i=1}^n f_{X|\Theta=\theta}(x_i)}{\int f_\Theta(\tilde{\theta}) \prod_{i=1}^n f_{X|\Theta=\tilde{\theta}}(x_i) d\tilde{\theta}}.$$

Beweis Die bedingte Dichte von Θ bei gegebenem $\mathbf{X} = \mathbf{x}$ berechnet sich gemäß

$$f_{\Theta|\mathbf{X}=\mathbf{x}}(\theta) = \frac{g(\mathbf{x}, \theta)}{f_\mathbf{X}(\mathbf{x})}$$

(s. Kap. A.1), wobei g die gemeinsame Dichte des Schadensvektors $\mathbf{X}$ und des Strukturparameters Θ und $f_\mathbf{X}$ die Dichte von $\mathbf{X}$ ist. Andererseits gilt für die bedingte Dichte von $\mathbf{X}$ bei gegebenem $\Theta = \theta$ die Beziehung

$$f_{\mathbf{X}|\Theta=\theta}(\mathbf{x}) = \frac{g(\mathbf{x}, \theta)}{f_\Theta(\theta)}.$$

Daraus folgt

$$f_{\Theta|\mathbf{X}=\mathbf{x}}(\theta) = \frac{f_{\mathbf{X}|\Theta=\theta}(\mathbf{x}) \cdot f_\Theta(\theta)}{f_\mathbf{X}(\mathbf{x})}. \tag{10.1}$$

Beidseitige Integration nach θ ergibt $1 = \int f_{\mathbf{X}|\Theta=\theta}(\mathbf{x}) f_\Theta(\theta) d\theta / f_\mathbf{X}(\mathbf{x})$, so dass

$$f_\mathbf{X}(\mathbf{x}) = \int f_{\mathbf{X}|\Theta=\theta}(\mathbf{x}) f_\Theta(\theta) d\theta.$$

Mit der bedingten Unabhängigkeit der Schäden bei gegebenem Θ gilt außerdem

$$f_{\mathbf{X}|\Theta=\theta}(\mathbf{x}) = \prod_{i=1}^n f_{X|\Theta=\theta}(x_i).$$

Einsetzen der letzten beiden Gleichungen in (10.1) ergibt die Behauptung. □

Mittels Satz 10.1 lassen sich zu diversen a-priori-Verteilungen und Schadenverteilungen die zugehörigen a-posterior-Verteilungen ermitteln:

Beispiel 10.2 (Ausgewählte a-priori- und a-posteriori-Verteilungen) Das empirische Mittel der Schadenbeobachtungen wird im Folgenden mit

$$\overline{x} := \frac{1}{n}\sum_{i=1}^{n} x_i$$

bezeichnet. Im Bayes'schen Modell gelten dann die folgenden Zusammenhänge (Übersicht nach einem Skript von G. Sussmann):

Schadenvert. $P_{X\mid\Theta=\theta}$ Dichte $f_{X\mid\Theta=\theta}(x)$	a-priori-Verteilung P_Θ Dichte $f_\Theta(\theta)$	a-posteriori-Verteilung $P_{\Theta\mid\mathbf{X}=\mathbf{x}}$
$B(m,\theta)$ $\binom{m}{x}\theta^x(1-\theta)^{m-x}$	$\mathcal{B}(a,b)$ $\frac{\Gamma(a+b)}{\Gamma(a)\Gamma(b)}\theta^{a-1}(1-\theta)^{b-1}$	$\mathcal{B}(n\overline{x}+a, nm-n\overline{x}+b)$
$NB(\beta,\theta)$ $\binom{\beta+x-1}{x}\theta^\beta(1-\theta)^x$	$\mathcal{B}(a,b)$ $\frac{\Gamma(a+b)}{\Gamma(a)\Gamma(b)}\theta^{a-1}(1-\theta)^{b-1}$	$\mathcal{B}(n\beta+a, n\overline{x}+b)$
$\mathcal{P}(\theta)$ $\frac{\theta^x}{x!}\exp(-\theta)$	$\Gamma(\alpha,\lambda)$ $\frac{\lambda^\alpha}{\Gamma(\alpha)}\theta^{\alpha-1}\exp(-\lambda\theta)$	$\Gamma(\alpha+n\overline{x}, \lambda+n)$
$\mathcal{E}(\theta)$ $\theta\exp(-\theta x)$	$\Gamma(\alpha,\lambda)$ $\frac{\lambda^\alpha}{\Gamma(\alpha)}\theta^{\alpha-1}\exp(-\lambda\theta)$	$\Gamma(\alpha+n, \lambda+n\overline{x})$

Exemplarisch wird mit Hilfe von Satz 10.1 die erste Zeile der Tabelle nachgewiesen. Es gilt

$$\begin{aligned} f_\Theta(\theta)\prod_{i=1}^{n} f_{X\mid\Theta=\theta}(x_i) &= \frac{\Gamma(a+b)}{\Gamma(a)\Gamma(b)}\theta^{a-1}(1-\theta)^{b-1}\theta^{n\overline{x}}(1-\theta)^{nm-n\overline{x}}\prod_{i=1}^{n}\binom{m}{x_i} \\ &= c\cdot\theta^{n\overline{x}+a-1}(1-\theta)^{nm-n\overline{x}+b-1} \end{aligned}$$

mit einer Konstanten c. Mit der Abkürzung

$$d := \frac{\Gamma(n\overline{x}+a)\Gamma(nm-n\overline{x}+b)}{\Gamma(nm+a+b)}$$

folgt daraus

$$\begin{aligned}
\int f_\Theta(\theta) \prod_{i=1}^{n} f_{X|\Theta=\theta}(x_i) d\theta &= c \cdot \int_0^1 \theta^{n\overline{x}+a-1}(1-\theta)^{nm-n\overline{x}+b-1} d\theta \\
&= c \cdot d \cdot \int_0^1 \frac{1}{d} \cdot \theta^{n\overline{x}+a-1}(1-\theta)^{nm-n\overline{x}+b-1} d\theta \\
&= c \cdot d,
\end{aligned}$$

denn letzteres Integral integriert über die Dichte einer $\mathscr{B}(n\overline{x}+a, nm-n\overline{x}+b)$-Verteilung. Nach Satz 10.1 ergibt sich somit

$$f_{\Theta|\mathbf{X}=\mathbf{x}}(\theta) = \frac{\Gamma(nm+a+b)}{\Gamma(n\overline{x}+a)\Gamma(nm-n\overline{x}+b)} \theta^{n\overline{x}+a-1}(1-\theta)^{nm-n\overline{x}+b-1},$$

wie in der Tabelle angegeben. □

Die in Beispiel 10.2 vorgestellten Verteilungsfamilien $P_{X|\Theta=\theta}$ und P_Θ bilden sogenannte **konjugierte Verteilungsfamilien**. Diese haben den Praxisvorteil, dass man bei der Transformation der a-priori- in die a-posteriori-Verteilung die Verteilungsklasse der a-priori-Verteilung nicht verlässt:

Definition 10.3 (Konjugierte Verteilungsfamilien) *Die Verteilungen $P_\Theta^{(\boldsymbol{\gamma})}$ von Θ seien durch einen (ggf. mehrdimensionalen) Parameter $\boldsymbol{\gamma}$ aus einer Parametermenge Γ indiziert. $P_{X|\Theta=\theta}$ und $P_\Theta^{(\boldsymbol{\gamma})}$ heißen* **konjugiert**, *wenn für jede Realisierung $\mathbf{x}$ des Zufallsvektors $\mathbf{X}$ ein $\boldsymbol{\gamma}(\mathbf{x}) \in \Gamma$ existiert, so dass*

$$P_{\Theta|\mathbf{X}=\mathbf{x}} = P_\Theta^{(\boldsymbol{\gamma}(\mathbf{x}))}.$$

In diesem Fall kann die Umrechnung der a-priori- in die a-posteriori-Verteilung also vollständig im Parameterraum Γ erfolgen, nämlich durch die Funktion $\boldsymbol{\gamma}(\mathbf{x})$ der Schadenbeobachtungen.

Beispiel 10.4 (Konjugierte Verteilungen bei Exponentialfamilien) Gegeben sei eine Exponentialfamilie mit Dichte

$$f_{X|\Theta=\theta}(x) = \exp\left\{\frac{1}{\psi}(x\theta - b(\theta)) + c(x, \psi)\right\},$$

wie in (5.14) mit $w = 1$, sowie die a priori-Verteilung mit Dichte

$$f_\Theta(\theta) = \exp\{k(\theta\mu - b(\theta)) + d(k, \mu)\},$$

welche durch $\boldsymbol{\gamma} := (k, \mu)$ parametrisiert ist. Die Funktionenen c und d dienen dabei der Normierung, so dass die Integration über die Dichte jeweils 1 ergibt. Man kann leicht nachrechnen, dass die Verteilungen mittels der Beziehung

$$\gamma(\mathbf{x}) := \left(k + n/\psi, \frac{k\mu + n\overline{x}/\psi}{k + n/\psi}\right)$$

konjugiert sind. □

Bemerkung 10.5 (Wahl der a-priori-Verteilung) Eine Herausforderung bei der praktischen Anwendung des Bayes'schen Modells besteht in der Festlegung der a-priori-Verteilung des (unbeobachteten) Strukturparameters Θ, die den Wissensstand in Bezug auf den Strukturparameter repräsentieren soll. Grundsätzlich bestehen mehrere Strategien, eine geeignete a-priori-Verteilung zu finden, die hier jedoch nur angerissen werden sollen:

a) Wenn keine belastbare Information über Θ verfügbar ist, sollte eine sogenannte **„uninformative" a-priori-Verteilung** verwendet werden. Der Begriff „uninformativ" sollte dabei nicht überinterpretiert werden. Jede a-priori-Verteilung trägt Information über das Auftreten möglicher Ausprägungen des Strukturparameters. So stellt im Fall einer Gleichverteilung schon die Tatsache, dass jede Ausprägung als gleich wahrscheinlich erachtet wird, eine Information dar. Vielmehr sollten uninformative a-priori-Verteilungen als standardmäßige Wahl verstanden werden, wenn keine ausreichende Information vorliegt, um die a-priori-Verteilung auf anderem Weg festzulegen (vgl. [10]).

   Auf Bayes und Laplace geht das Prinzip zurück, nach dem bei fehlender Information eine Gleichverteilung als a-priori-Verteilung angesetzt werden sollte, also alle Ausprägungen des Strukturparameters zunächst als gleich wahrscheinlich angesehen werden (für den Moment nehmen wir an, dass Θ nur Werte in einem endlichen Intervall annehmen kann).

   Dieses Prinzip stößt an seine Grenzen, wenn eine Umparametrisierung des betrachteten Modells erfolgt (vgl. z. B. [10]): Sei zum Beispiel X exponentialverteilt mit den beiden möglichen Parametrisierungen

$$P(X \leq x) = 1 - \exp(-\theta x) \text{ bzw.} \qquad (10.2)$$
$$P(X \leq x) = 1 - \exp(-x/\psi),$$

   wobei $\theta \in [0,5; 1]$ bzw. $\psi \in [1; 2]$ vorausgesetzt werde. Man beachte dabei, dass θ und ψ gemäß $1/\theta = E(X) = \psi$ verbunden sind. Nach dem Prinzip von Bayes und Laplace würde man einerseits als uninformative a-priori-Verteilung der Zufallsvariablen Θ bzw. Ψ

$$\Theta \sim \mathscr{U}[0,5; 1] \text{ bzw. } \Psi \sim \mathscr{U}[1; 2]$$

   verwenden. Andererseits würde man

$$P(\Psi \in [a, b]) = P(\Theta \in [1/b, 1/a]) \text{ für alle } a < b$$

erwarten, was offensichtlich nicht der Fall ist. Die Wahl der Gleichverteilung als uninformative a-priori-Verteilung kann also zu unplausiblen Ergebnissen führen. Diese Widersprüche versucht das folgende, auf H. Jeffreys zurückgehende Konstruktionsprinzip für uninformative a-priori-Verteilungen zu vermeiden.

b) Seien Θ bzw. Ψ die Strukturparameter zweier Parametrisierungen für die Schadenverteilung, welche über $\Psi = h(\Theta)$ mit einer streng monoton wachsenden, differenzierbaren Funktion h miteinander verbunden sind. I_Θ bzw. I_Ψ seien die Informationsmatrizen bezüglich der beiden Parametrisierungen. H. Jeffreys schlägt als uninformative a-priori-Dichten f bzw. g für die Strukturparameter Θ bzw. Ψ

$$f(\theta) := c \cdot \sqrt{I_\Theta(\theta)} \text{ bzw. } g(\psi) := c' \cdot \sqrt{I_\Psi(\psi)},$$

mit Normierungskonstanten c, c' vor (**Jeffreys a-priori-Verteilung**, vgl. z.B. [11], Abschn. 6.6.G). In der Situation (10.2) gilt beispielsweise $I_\Theta(\theta) = 1/\theta^2$, so dass man $f(\theta) := 1/(\theta \cdot \ln 2)$ für $\theta \in [0,5;\, 1]$ wählt.

Jeffreys Wahl vermeidet die oben beschriebenen Widersprüche. In der Tat gilt (unter Beachtung der Transformationsgleichung für die Fisher-Information aus Satz 3.34)

$$g(\psi) = c' \cdot \sqrt{I_\Psi(\psi)} = c' \cdot \sqrt{I_\Theta(\theta)} \cdot \frac{1}{h'(\theta)} = (c'/c) \cdot f(\theta) \cdot \frac{1}{h'(\theta)}.$$

Hieraus ergibt sich

$$\int_{\theta_1}^{\theta_2} f(\theta) d\theta = \int_{h(\theta_1)}^{h(\theta_2)} g(\psi) d\psi$$

für alle $\theta_1 < \theta_2$. Jeffreys a-priori-Dichte für Θ ordnet somit jedem Parameterbereich $[\theta_1, \theta_2]$ dieselbe Wahrscheinlichkeit zu wie Jeffreys a-priori-Dichte für den transformierten Parameter $\Psi = h(\Theta)$ dem transformierten Bereich $[h(\theta_1), h(\theta_2)]$. Beide a-priori-Dichten stellen eine in sich konsistente a-priori-Einschätzung über die jeweiligen Strukturparameter dar.

Jeffreys a-priori-Dichte liefert nur dann eine Gleichverteilung, wenn $I_\Theta(\theta)$ konstant ist, wenn also alle Parameterwerte unter dem Gesichtspunkt der Fisher-Information als gleichwertig anzusehen sind.

c) Lässt sich aufgrund von Voruntersuchungen die Dichte von Θ auf eine bestimmte, über einen Parameter $\boldsymbol{\gamma}$ parametrisierte Form $f_\Theta^{(\boldsymbol{\gamma})}$ einschränken, so kann diese als **„informative“ a-priori-Verteilung** Anwendung finden. Den Parameter $\boldsymbol{\gamma}$ kann man dabei aus Schadendaten $Y_1, Y_2, \ldots$ schätzen, die bei unabhängigen Einzelrisiken beobachtet wurden, welche alle dem Bayes'schen Modell mit derselben a-priori-Verteilung folgen. Für die Maximum-Likelihood-Schätzung von $\boldsymbol{\gamma}$ beachte man, dass die Likelihood der Schadenbeobachtungen $\mathbf{Y} := (Y_1, Y_2, \ldots)$ in Abhängigkeit des zu schätzenden Parameters $\boldsymbol{\gamma}$ durch

$$f_{\mathbf{Y}}^{(\boldsymbol{\gamma})}(\mathbf{y}) = \int f_{\mathbf{Y}|\Theta=\theta}(\mathbf{y}) \cdot f_{\Theta}^{(\boldsymbol{\gamma})}(\theta) d\theta$$

dargestellt werden kann. Als Alternative kann auch der sogenannte **Expectation-Maximisation-Algorithmus** (EM-Algorithmus, vgl. [7], Kap. 8.5) angewendet werden, bei dem $\boldsymbol{\gamma}$ iterativ durch

$$\hat{\boldsymbol{\gamma}}_{m+1} = \arg\max_{\boldsymbol{\gamma}} \hat{E}_m[\ln f_{\Theta}^{(\boldsymbol{\gamma})}(\Theta)|\mathbf{Y} = \mathbf{y}]$$

ermittelt wird. Für die Erwartungswertbildung $\hat{E}_m$ wird dabei die Dichte

$$f_{\Theta|\mathbf{Y}=\mathbf{y}}^{(\hat{\boldsymbol{\gamma}}_m)}(\theta) = f_{\mathbf{Y}|\Theta=\theta}(\mathbf{y}) \cdot f_{\Theta}^{(\hat{\boldsymbol{\gamma}}_m)}(\theta) / f_{\mathbf{Y}}^{(\hat{\boldsymbol{\gamma}}_m)}(\mathbf{y})$$

herangezogen, wo der Parameter $\hat{\boldsymbol{\gamma}}_m$ der letzten Iteration angesetzt wird.

Mitunter stehen weitere, pragmatische Alternativen zur Wahl der a-priori-Verteilung zur Verfügung, wie das folgende Beispiel illustriert.

Beispiel 10.6 (Pragmatische Wahl einer a-priori-Verteilung) Ein Industrieversicherer habe ein Kollektiv von $j = 1, ..., m$ Industrieobjekten versichert. Die Jahresgesamtschäden des j-ten Industrieobjekts in den Jahren $i = 1, ..., n$ werde mit X_{ij} bezeichnet. Die X_{ij} seien bedingt unabhängig mit Verteilung $X_{ij} \sim \mathscr{E}(\theta_j)$, worin die θ_j unabhängige Realisierungen eines unbeobachteten Strukturparameters Θ sind. Im Beobachtungszeitraum ergaben sich für den Erwartungswert $\mu_j = E(X_{ij})$ die Schätzungen

$$\hat{\mu}_j := \frac{1}{n} \sum_{i=1}^{n} X_{ij}.$$

Wegen $\theta_j = 1/\mu_j$ kann man bei der Tarifierung eines neu hinzukommenden Industrieobjekts die a-priori-Verteilung zu Grunde legen, die sich aus der empirischen Verteilung der Werte $1/\hat{\mu}_1, ..., 1/\hat{\mu}_m$ ergibt. □

10.2.2 Die Credibility-Prämie

Bei bekanntem Strukturparameter $\Theta = \theta$ wäre die Nettoprämie gegeben durch

$$\mu(\theta) := E[X|\Theta = \theta].$$

Diese ist für die Tarifierung jedoch nicht nutzbar, da der Strukturparameter Θ nicht beobachtbar ist. Ohne individuelle Schadenbeobachtungen $\mathbf{X}$ könnte lediglich die „allgemeine" Schadenerwartung im Bayes'schen Modell gemäß

$$E(X) = E(E[X|\Theta]) = E(\mu(\Theta)) \tag{10.3}$$

aus der a-priori-Verteilung von Θ ermittelt werden. Eine auf die vorliegenden Schadenbeobachtungen $\mathbf{X}$ abgestimmte und in diesem Sinn „individuelle" Prämie (die sogenannte Credibility-Prämie) erhält man in natürlicher Verallgemeinerung aus (10.3) durch Integration mit der a-posteriori-Verteilung anstelle der a-priori-Verteilung:

Definition 10.7 **(Credibility-Prämie)** *Im Bayes'schen Modell heißt*

$$H^* := E[\mu(\Theta)|\mathbf{X}]$$

Credibility-Prämie.

Eine statistische Rechtfertigung erhält dieses Vorgehen durch den folgenden Satz, der zeigt, dass die Credibility-Prämie H^* eine gute Approximation für $\mu(\Theta)$ ist.

Satz 10.8 **(Approximationseigenschaft der Credibility-Prämie)** *Die Credibility-Prämie $H^* = E[\mu(\Theta)|\mathbf{X}]$ minimiert unter allen messbaren Abbildungen $h : \mathbb{R}^n \longrightarrow \mathbb{R}$ den bedingten mittleren quadratischen Fehler $E[(h(\mathbf{X}) - \mu(\Theta))^2|\mathbf{X}]$ sowie den unbedingten mittleren quadratischen Fehler $E\left((h(\mathbf{X}) - \mu(\Theta))^2\right)$.*

Beweis Es gilt

$$\begin{aligned}
&E[(h(\mathbf{X}) - \mu(\Theta))^2|\mathbf{X}]\\
&= E[(h(\mathbf{X}) - H^* + H^* - \mu(\Theta))^2|\mathbf{X}]\\
&= E[(h(\mathbf{X}) - H^*)^2|\mathbf{X}] + 2E[(h(\mathbf{X}) - H^*)(H^* - \mu(\Theta))|\mathbf{X}] + E[(H^* - \mu(\Theta))^2|\mathbf{X}].
\end{aligned}$$

Für den gemischten Term gilt

$$\begin{aligned}
&E[(h(\mathbf{X}) - H^*)(H^* - \mu(\Theta))|\mathbf{X}] = (h(\mathbf{X}) - H^*)(H^* - E[\mu(\Theta)|\mathbf{X}])\\
&\quad = (h(\mathbf{X}) - H^*)(H^* - H^*) = 0,
\end{aligned}$$

so dass

$$\begin{aligned}
&E[(h(\mathbf{X}) - \mu(\Theta))^2|\mathbf{X}]\\
&\quad = E[(h(\mathbf{X}) - H^*)^2|\mathbf{X}] + E[(H^* - \mu(\Theta))^2|\mathbf{X}]\\
&\quad = E[(h(\mathbf{X}) - H^*)^2|\mathbf{X}] + Var[\mu(\Theta)|\mathbf{X}].
\end{aligned}$$

Hieraus ist unmittelbar ersichtlich, dass $h(\mathbf{X}) := H^*$ sowohl den bedingten mittleren quadratischen Fehler $E[(h(\mathbf{X}) - \mu(\Theta))^2|\mathbf{X}]$ als auch (nach nochmaliger Erwartungswertbildung) $E(h(\mathbf{X}) - \mu(\Theta))^2$ minimiert. □

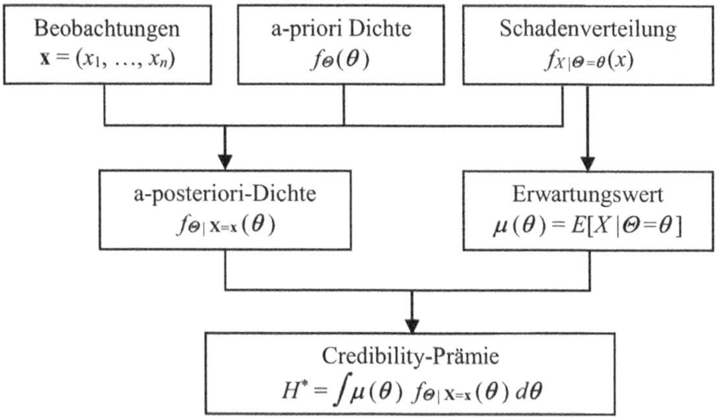

Abb. 10.1 Bestimmung der Credibility-Prämie

Bei bekannter a-posteriori-Verteilung kann man die Credibility-Prämie durch Erwartungswertbildung von $\mu(\Theta)$ mit der a-posteriori-Verteilung errechnen. Abb. 10.1 stellt das Vorgehen zur Bestimmung der Credibility-Prämie nochmals überblicksartig dar, ausgehend von den Schadenbeobachtungen $\mathbf{x} = (x_1, \ldots, x_n)$, der a-priori-Verteilung mit Dichte f_Θ sowie der Schadenverteilung mit Dichte $f_{X|\Theta=\theta}$.

Das folgende Beispiel gibt die Credibility-Prämien für verschiedene Kombinationen von a-priori- und Schadenverteilung.

Beispiel 10.9 (Fortsetzung von Beispiel 10.2*)* Im Bayes'schen Modell ergeben sich in den Fällen von Beispiel 10.2 die folgenden Zusammenhänge (Übersicht nach einem Skript von G. Sussmann). Dabei wird zur Abkürzung $\overline{X} := \frac{1}{n}\sum_{i=1}^{n} X_i$ gesetzt.

Schadenvert. $P_{X\|\Theta=\theta}$ $E[X\|\Theta=\theta]$	a-priori-Verteilung P_Θ	$E(X)$	Credibility-Prämie H^*
$B(m,\theta)$ $m\theta$	$\mathscr{B}(a,b)$	$\frac{am}{a+b}$	$\frac{nm}{a+b+nm}\cdot\overline{X}+\frac{a+b}{a+b+nm}\cdot E(X)$
$NB(\beta,\theta)$ $\beta(1-\theta)/\theta$	$\mathscr{B}(a,b)$	$\frac{\beta b}{a-1}$	$\frac{n\beta}{a+n\beta-1}\cdot\overline{X}+\frac{a-1}{a+n\beta-1}\cdot E(X)$
$\mathscr{P}(\theta)$ θ	$\Gamma(\alpha,\lambda)$	$\frac{\alpha}{\lambda}$	$\frac{n}{\lambda+n}\cdot\overline{X}+\frac{\lambda}{\lambda+n}\cdot E(X)$
$\mathscr{E}(\theta)$ $1/\theta$	$\Gamma(\alpha,\lambda)$	$\frac{\lambda}{\alpha-1}$	$\frac{n}{\alpha+n-1}\cdot\overline{X}+\frac{\alpha-1}{\alpha+n-1}\cdot E(X)$

Exemplarisch wird wieder die erste Zeile der Tabelle nachgerechnet. Für die Binomialverteilung ist $\mu(\theta) = E[X|\Theta = \theta] = m\theta$, so dass mit den Ergebnissen von Beispiel 10.2 gilt:

$$E(X) = E(\mu(\Theta)) = mE(\Theta) = \frac{am}{a+b}$$

und

$$\begin{aligned} H^* &= E[\mu(\Theta)|\mathbf{X}] = mE[\Theta|\mathbf{X}] = m \cdot \frac{a+n\overline{X}}{a+b+nm} \\ &= \frac{nm}{a+b+nm} \cdot \overline{X} + \frac{a+b}{a+b+nm} \cdot E(X), \end{aligned}$$

wie in obiger Tabelle angegeben. □

Beispiel 10.10 (Fortsetzung von Beispiel 10.4*)* Im Fall der konjugierten Verteilungen aus den Exponentialfamilien in Beispiel 10.4 ergibt sich die Credibility-Prämie durch

$$H^* = \frac{n}{k\psi + n} \cdot \overline{X} + \frac{k\psi}{k\psi + n} \cdot \mu.$$

Die Credibility-Prämie ist in diesem Fall ein gewichtetes Mittel des empirischen Mittels $\overline{X}$ der Schadenbeobachtungen und des Erwartungswerts $\mu = E(X)$ der Schadenverteilung. Hierzu beachte man, dass die Schadenverteilung einer exponentiellen Familie entstammt und somit $\mu(\theta) = b'(\theta)$ gilt. Daraus ergibt sich

$$\begin{aligned} E(X) = E(\mu(\Theta)) &= \int b'(\theta) f_\Theta(\theta) d\theta \\ &= \int b'(\theta) \cdot \exp\{k(\theta\mu - b(\theta)) + d(k,\mu)\}\, d\theta. \end{aligned}$$

Geschickte Modifikation des Integranden liefert (falls $\lim_{\theta\to\pm\infty} f_\Theta(\theta) = 0$)

$$\begin{aligned} E(X) &= \int (b'(\theta) - \mu) \cdot \exp\{k(\theta\mu - b(\theta)) \ + d(k,\mu)\}\, d\theta \\ &\quad + \int \mu \cdot \exp\{k(\theta\mu - b(\theta)) + d(k,\mu)\}\, d\theta \\ &= [-f_\Theta(\theta)/k]_{\theta=-\infty}^{+\infty} + \mu = \mu. \end{aligned}$$

Die Credibility-Prämie ist $H^* = E[\mu(\Theta)|\mathbf{X}] = \int b'(\theta) f_{\Theta|\mathbf{X}}(\theta) d\theta$. Eine erneute Auswertung des Integrals erübrigt sich, wenn man beachtet, dass gemäß Beispiel 10.4 der Übergang zur a-posteriori-Verteilung einer Ersetzung des Parameters μ durch $(k\mu + n\overline{X}/\psi)/(k + n/\psi)$ gleichkommt. □

Beispiel 10.11 (Tarifierung in der Gruppen-Lebensversicherung) In einer Gruppen-Lebensversicherung orientiert sich der zu entrichtende Beitrag in der Regel an einem Standardtarif zuzüglich einem prozentualen Beitragszuschlag oder -abschlag. Der Standardtarif sei dabei differenziert nach den Risikoklassen $j = 1, ..., m$, deren Beiträge sich auf jeweils $\mu_j \cdot 100\,\%$ des Standardtarifbeitrags belaufen, mit bekannten μ_j. Ziel ist es, für die Einzelrisiken der versicherten Gruppe einen risikogerechten Zu- oder Abschlag vom Standardtarif zu berechnen. Zu beachten ist dabei, dass aufgrund der vereinfachten Zugangsregeln zur Gruppenversicherung die jeweilige Risikoklasse der Einzelrisiken in der Regel nicht erhoben wird.

In einer Bayes'schen Modellierung behandelt man die versicherte Gruppe wie *ein* Einzelrisiko mit einer unbekannten, zufälligen Risikoklasse, die durch den Strukturparameter Θ beschrieben wird. Die Verteilung von Θ kann man dementsprechend als Verteilung der tatsächlichen Risikoklassen innerhalb der versicherten Gruppe interpretieren.
Die Leistungen aus der Gruppen-Lebensversicherung stehen im Verhältnis

$$X := \text{tatsächliche Leistungen/kalkulatorische Leistungen nach Standardtarif}$$

zu den kalkulatorischen Leistungen des Standardtarifs. Dabei sei X bei gegebenem $\Theta = j$ normalverteilt mit Mittelwert μ_j und einer über alle Risikoklassen identischen Standardabweichung σ. Als a-priori-Verteilung bietet sich die Verteilung der Risiken im Standardtarif auf die einzelnen Risikoklassen an. In der j-ten Risikoklasse befinden sich dabei $p_j \cdot 100\,\%$ aller Risiken ($\sum_j p_j = 1$). In den letzten Jahren $i = 1, ..., n$ seien nun die Werte $x_1, ..., x_n$ von X beobachtet worden. Daraus ergibt sich mit Satz 10.1 die a-posteriori-Verteilung

$$f_{\Theta|\mathbf{X}=\mathbf{x}}(j) = \frac{p_j \cdot \prod_{i=1}^n f_{X|\Theta=j}(x_i)}{\sum_{j=1}^m p_j \cdot \prod_{i=1}^n f_{X|\Theta=j}(x_i)} = \frac{p_j \cdot \exp\left(-\frac{\sum_{i=1}^n (x_i-\mu_j)^2}{2\sigma^2}\right)}{\sum_{j=1}^m p_j \cdot \exp\left(-\frac{\sum_{i=1}^n (x_i-\mu_j)^2}{2\sigma^2}\right)}$$

und nach Definition 10.7 die Credibility-Prämie

$$H^* = \sum_{j=1}^m \mu_j \cdot f_{\Theta|\mathbf{X}=\mathbf{x}}(j) = \frac{\sum_{j=1}^m \mu_j \cdot p_j \cdot \exp\left(-\frac{\sum_{i=1}^n (x_i-\mu_j)^2}{2\sigma^2}\right)}{\sum_{j=1}^m p_j \cdot \exp\left(-\frac{\sum_{i=1}^n (x_i-\mu_j)^2}{2\sigma^2}\right)}.$$

Die Credibility-Prämie H^* ist hier als risikoadäquater Zu- oder Abschlag auf den Standardtarif zu verstehen. Der Zu- oder Abschlag errechnet sich dabei als ein gewichtetes Mittel der μ_j, wobei sich die Gewichtung jeweils an die beobachtete Schadenhistorie $x_1, ..., x_n$ anpasst. □

10.3 Linearisierte Credibility-Modelle

10.3.1 Die linearisierte Credibility-Prämie

Es fällt auf, dass die Ergebnisse von Beispiel 10.9 und Beispiel 10.10 alle von der Form

$$H^* = z_n \overline{X} + (1 - z_n) E(X) \tag{10.4}$$

sind, mit einem sogenannten **Credibility-Faktor** $z_n \in [0, 1]$. Die Credibility-Prämie ist in den betrachteten Fällen ein gewichtetes Mittel aus der individuell beobachteten Schadenerfahrung $\overline{X} := \frac{1}{n} \sum_{i=1}^n X_i$ des Einzelrisikos und der „allgemeinen" Schadenerwartung $E(X)$ gemäß (10.3). Die lineare Struktur der Credibility-Prämie ist charakteristisch für die hier betrachteten konjugierten Verteilungsklassen. Im Allgemeinen gilt das nicht, wie das folgende Beispiel (aus einem Skript von G. Sussmann) zeigt.

Beispiel 10.12 (Nichtlineare Credibility-Prämie) Betrachtet wird die Schadenverteilung mit Dichte $f_{X|\Theta=\theta}(x) = 1/\theta$ für $0 \leq x \leq \theta$ (Gleichverteilung) und die a-priori-Verteilung mit Dichte $f_\Theta(\theta) = 1$ für $0 \leq \theta \leq 1$ (Gleichverteilung). Die Dichte der a-posteriori-Verteilung berechnet sich nach Satz 10.1 für $0 \leq \theta \leq 1$ durch

$$f_{\Theta|\mathbf{X}=\mathbf{x}}(\theta) = c \cdot f_\Theta(\theta) \prod_{i=1}^n f_{X|\Theta=\theta}(x_i) = c \cdot \frac{1}{\theta^n} \prod_{i=1}^n 1_{[0,\theta]}(x_i) = c \cdot \frac{1}{\theta^n} 1_{[0,\theta]}(x_{max})$$

mit einer Normierungkonstanten c, der Indikatorfunktion $1_{[0,\theta]}$ und der maximalen Beobachtung $x_{max} := \max_{i=1,\ldots,n} x_i$. Zur Normierung verwendet man

$$\int_0^1 \frac{1}{\theta^n} 1_{[0,\theta]}(x_{max}) d\theta = \int_{x_{max}}^1 \frac{1}{\theta^n} d\theta = \frac{1}{n-1} \left(\frac{1}{x_{max}^{n-1}} - 1 \right),$$

so dass

$$f_{\Theta|\mathbf{X}=\mathbf{x}}(\theta) = \frac{(n-1) \cdot x_{max}^{n-1}}{\theta^n \cdot (1 - x_{max}^{n-1})}$$

für $x_{max} \leq \theta \leq 1$. Mit $\mu(\Theta) = E[X|\Theta] = \Theta/2$ berechnet sich daraus die Credibility-Prämie

$$\begin{aligned} H^* = E[\mu(\Theta)|\mathbf{X}] &= \frac{1}{2} \int_{X_{max}}^1 \theta \cdot f_{\Theta|\mathbf{X}}(\theta) d\theta = \frac{(n-1) \cdot X_{max}^{n-1}}{2 \cdot (1 - X_{max}^{n-1})} \int_{X_{max}}^1 \frac{1}{\theta^{n-1}} d\theta \\ &= \frac{1}{2} \cdot \frac{n-1}{n-2} \cdot \frac{1 - X_{max}^{n-2}}{1 - X_{max}^{n-1}} \cdot X_{max}. \end{aligned}$$

In diesem Beispiel weist die Credibility-Prämie somit keine lineare Struktur auf. □

Aufgrund der einfachen Struktur von Gleichung (10.4) und der damit verbundenen intuitiven Interpretation betrachtet man anstelle der allgemeinen Credibility-Prämie H^* oftmals die sogenannte linearisierte Credibility-Prämie H^{**}. Diese soll in Analogie zu Satz 10.8 eine möglichst gute Approximation für $\mu(\Theta)$ darstellen:

Definition 10.13 (Linearisierte Credibility-Prämie) *Im Bayes'schen Modell ist*

$$H^{**} := z_n \overline{X} + (1 - z_n) E(X)$$

die **linearisierte Credibility-Prämie**, *wenn der* **Credibility-Faktor** z_n *die Beziehung*

$$z_n = \arg \min_{z_n \in [0,1]} E(H^{**} - \mu(\Theta))^2 \tag{10.5}$$

erfüllt.

Der Credibility-Faktor z_n lässt sich dabei mit Hilfe des folgenden Satzes ermitteln:

Satz 10.14 (Credibility-Faktor) *Für den Credibility-Faktor* z_n *in der linearisierten Credibility-Prämie* $H^{**} = z_n \overline{X} + (1 - z_n) E(X)$ gilt

$$z_n = \frac{Var(\mu(\Theta))}{\frac{1}{n} E(\sigma^2(\Theta)) + Var(\mu(\Theta))}, \tag{10.6}$$

worin $\mu(\Theta) := E[X|\Theta]$ *und* $\sigma^2(\Theta) := Var[X|\Theta]$.

Beweis Durch einfache Umformung ergibt sich

$$\begin{aligned}
E\left((H^{**} - \mu(\Theta))^2\right) &= E\left((z_n(\overline{X} - E(X)) + E(X) - \mu(\Theta))^2\right) \\
&= z_n^2 E(\overline{X} - E(X))^2 + 2z_n \cdot E\left((\overline{X} - E(X))(E(X) - \mu(\Theta))\right) + E(E(X) - \mu(\Theta))^2 \\
&= z_n^2 Var(\overline{X}) + 2z_n \cdot E\left((\overline{X} - E(X))(E(X) - \mu(\Theta))\right) + E(E(X) - \mu(\Theta))^2
\end{aligned}$$

mit Minimalstelle

$$z_n = \frac{E\left((\overline{X} - E(X))(\mu(\Theta) - E(X))\right)}{Var(\overline{X})}.$$

Für den Zähler gilt darin mit (A.6)

$$\begin{aligned}
E\left((\overline{X} - E(X))(\mu(\Theta) - E(X))\right) &= E\left(E[(\overline{X} - E(X))(\mu(\Theta) - E(X))|\Theta]\right) \\
&= E\left((\mu(\Theta) - E(X)) \cdot E[\overline{X} - E(X)|\Theta]\right) = E\left((\mu(\Theta) - E(X)) \cdot (E[X|\Theta] - E(X))\right) \\
&= E\left(\mu(\Theta) - E(X)\right)^2 = Var(\mu(\Theta)).
\end{aligned}$$

Somit ist

$$z_n = \frac{Var(\mu(\Theta))}{Var(\overline{X})}.$$

Der Nenner lässt sich mit (A.7) schreiben als

$$\begin{aligned} Var(\overline{X}) &= E(Var[\overline{X}|\Theta]) + Var(E[\overline{X}|\Theta]) \\ &= E\left(\frac{1}{n}Var[X|\Theta]\right) + Var(E[X|\Theta]) = \frac{1}{n}E(Var[X|\Theta]) + Var(E[X|\Theta]). \end{aligned}$$

Insgesamt ergibt sich die im Satz angegebene Darstellung von z_n. □

Abb. 10.2 fasst den Rechengang, der bei der Bestimmung der linearisierten Credibility-Prämie durchlaufen wird, überblicksartig zusammen. Ausgangspunkt sind die Schadenbeobachtungen $\mathbf{x} = (x_1, ..., x_n)$, eine a-priori-Verteilung mit Dichte f_Θ sowie eine Schadenverteilung mit Dichte $f_{X|\Theta=\theta}$. Wie dabei Satz 10.14 angewendet wird, illustrieren die folgenden Beispiele:

Beispiel 10.15 (Berechnung der linearisierten Credibility-Prämie)

a) *Fortsetzung von Beispiel* 10.9, *dritte Zeile:* Aus $P_{X|\Theta=\theta} = \mathscr{P}(\theta)$ folgt unmittelbar, dass $E[X|\Theta] = Var[X|\Theta] = \Theta$. Somit ist $E(\sigma^2(\Theta)) = E(\Theta) = \alpha/\lambda$ und

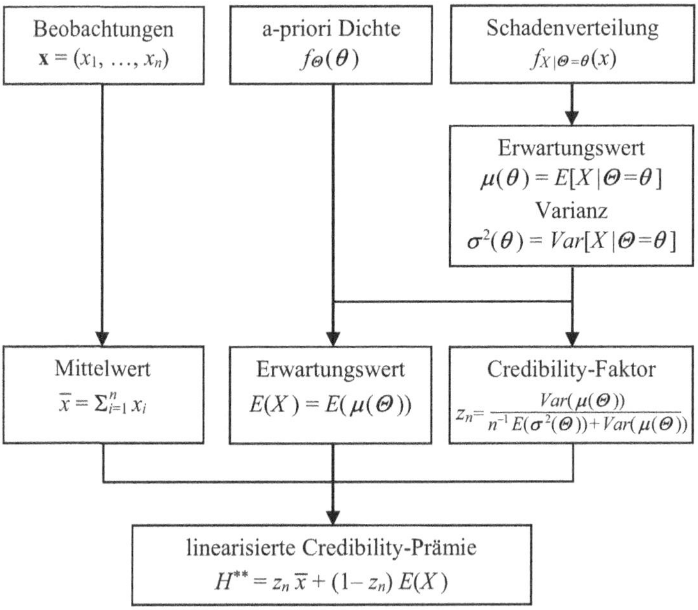

Abb. 10.2 Bestimmung der linearisierten Credibility-Prämie

$Var(\mu(\Theta)) = Var(\Theta) = \alpha/\lambda^2$, beides wegen $P_\Theta = \Gamma(\alpha, \lambda)$. Der Gewichtungsfaktor in der linearisierten Credibility-Prämie ist (wie in Beispiel 10.9)

$$z_n = \frac{Var(\mu(\Theta))}{\frac{1}{n}E(\sigma^2(\Theta)) + Var(\mu(\Theta))} = \frac{\frac{\alpha}{\lambda^2}}{\frac{\alpha}{n\lambda} + \frac{\alpha}{\lambda^2}} = \frac{n}{n+\lambda}.$$

b) *Gruppen-Lebensversicherung (Fortsetzung von Beispiel* 10.11*):* Der Standardtarif, welcher der Gruppen-Lebensversicherung zugrunde liegt, ist im Mittel über alle Risikoklassen auskömmlich kalkuliert, so dass $E(X) = E(\mu(\Theta)) = \sum_j p_j\mu_j = 100\,\%$ und $Var(\mu(\Theta)) = \sum_j p_j(\mu_j - 100\,\%)^2$. Für die linearisierte Credibility-Prämie ergibt sich

$$H^{**} = z_n\overline{X} + (1 - z_n)E(X) = z_n\overline{X} + (1 - z_n) \cdot 100\,\%$$

mit

$$z_n = \frac{Var(\mu(\Theta))}{\frac{1}{n}E(\sigma^2(\Theta)) + Var(\mu(\Theta))} = \frac{\sum_j p_j(\mu_j - 100\,\%)^2}{\sigma^2/n + \sum_j p_j(\mu_j - 100\,\%)^2}.$$

Man beachte hier, dass $\sigma^2(\Theta) = \sigma^2$ konstant ist. Der Credibility-Faktor regelt das Ausmaß, mit dem Überschäden ($\overline{X} > 100\,\%$) bzw. Unterschäden ($\overline{X} < 100\,\%$) für den Gruppen-Vertrag Zu- bzw. Abschläge vom Standardtarif erfordern.

c) *Fortsetzung von Beispiel* 10.12*:* Aufgrund der angenommenen Gleichverteilung gilt $\mu(\Theta) = E[X|\Theta] = \Theta/2$, so dass $Var(\mu(\Theta)) = Var(\Theta)/4 = 1/48$. Gleichzeitig gilt $Var[X|\Theta] = \Theta^2/12$ und damit $E(Var[X|\Theta]) = E(\Theta^2)/12 = 1/36$. Daraus ergibt sich

$$z_n = \frac{Var(\mu(\Theta))}{\frac{1}{n}E(\sigma^2(\Theta)) + Var(\mu(\Theta))} = \frac{3n}{3n+4}.$$

Mit $E(X) = E(\mu(\Theta)) = E(\Theta)/2 = 1/4$ ergibt sich

$$H^{**} = z_n\overline{X} + (1 - z_n)E(X) = \frac{3n \cdot \overline{X} + 1}{3n+4}$$

als linearisierte Credibility-Prämie. □

Bemerkung 10.16 (Asymptotik der Credibility-Prämie) Der Credibility-Faktor z_n aus (10.6) strebt mit wachsendem Stichprobenumfang n monoton wachsend gegen 1, so dass sich die linearisierte Credibility-Prämie H^{**} mit wachsendem Stichprobenumfang in zunehmendem Maß an das empirische Mittel $\overline{X}$ der beobachteten Schäden annähert. $\overline{X}$ konvergiert seinerseits nach dem starken Gesetz der großen Zahlen fast sicher gegen $\mu(\Theta)$. Die linearisierte Credibility-Prämie H^{**} konvergiert somit mit wachsendem Beobachtungsumfang mit Wahrscheinlichkeit 1 gegen $\mu(\Theta)$, also die dem Einzelrisiko entsprechende Prämie.

Der Vollständigkeit halber sei erwähnt, dass auch die gewöhnliche Credibility-Prämie H^* für wachsenden Stichprobenumfang n mit Wahrscheinlichkeit 1 gegen $\mu(\Theta)$ konvergiert (vgl. [9]).

10.3.2 Das Bühlmann-Straub-Modell

Das bislang dargestellte Bayes'sche Modell ist ein Modell für *ein* Einzelrisiko. Das **Bühlmann-Straub-Modell** bettet das Bayes'sche Modell in ein Kollektiv ein. Wie im Bayes'schen Modell wird dabei davon ausgegangen, dass sich für jedes Einzelrisiko $i = 1, 2, \ldots$ im Kollektiv die Schäden in einem zweistufigen Zufallsexperiment realisieren:

a) Für das Einzelrisiko i realisiert sich zunächst ein zufälliger Strukturparameter Θ_i mit dem Wert θ_i.
b) Darauf aufbauend ergeben sich für das Einzelrisiko i die Schäden $X_{ij} (j = 1, \ldots, n)$ als unabhängige Realisierungen aus einer Verteilung mit Mittelwert $\mu(\theta_i)$ und Varianz $\sigma^2(\theta_i)/w_{ij}$ mit Gewicht $w_{ij} > 0$.

Mit Θ_i und $\mathbf{X}_i := (X_{i1}, X_{i2}, \ldots, X_{in})$ werden im Folgenden der Strukturparameter bzw. der Vektor der beobachteten Schäden des i-ten Einzelrisikos im Kollektiv bezeichnet. Bezüglich der Einzelrisiken im Kollektiv setzt das Bühlmann-Straub-Modell zudem voraus:

c) *Homogenität der Einzelrisiken*: Die Strukturparameter $\Theta_1, \Theta_2, \ldots$ sind identisch wie eine Zufallsvariable Θ verteilt.
d) *Unabhängigkeit der Einzelrisiken*: Die Paare $(\Theta_1, \mathbf{X}_1), (\Theta_2, \mathbf{X}_2), \ldots$ sind stochastisch unabhängig.

Das Bühlmann-Straub-Modell hat die folgenden elementaren Eigenschaften:

- Im Kollektiv ist die Schadenerwartung

$$E(X_{ij}) = E(E[X_{ij}|\Theta_i]) = E(\mu(\Theta_i)) = E(\mu(\Theta))$$

  für alle Einzelrisiken identisch und wird im Folgenden mit

$$E(X) := E(\mu(\Theta))$$

  bezeichnet. $E(X)$ ist somit analog zu (10.3) die „kollektive“ Prämie im Bühlmann-Straub-Modell.

- Im Bühlmann-Straub-Modell sind die Schäden eines Einzelrisikos im Gegensatz zum Bayes'schen Modell nicht identisch verteilt, da sie durch die Gewichtungsfaktoren w_{ij} unterschiedliche Varianzen besitzen. Aus diesem Grund ist es angebracht, den beim Einzelrisiko i beobachteten mittleren Schaden $\overline{X}_i$ unter Berücksichtigung der Gewichte durch
$$\overline{X}_i := \frac{\sum_{j=1}^{n} w_{ij} \cdot X_{ij}}{\sum_{j=1}^{n} w_{ij}}$$
zu ermitteln (vgl. Beispiel 5.14 aus Kap. 5).

Mit diesen beiden Beobachtungen kann man die linearisierte Credibility-Prämie im Bühlmann-Straub-Modell analog zu Satz 10.8 definieren:

Definition 10.17 (Credibility-Prämie nach Bühlmann-Straub) *Für das i-te Einzelrisiko im Bühlmann-Straub-Modell ist die* **Credibility-Prämie nach Bühlmann-Straub** *definiert als*
$$H_i^{**} := z_i \overline{X}_i + (1 - z_i)E(X), \tag{10.7}$$
wobei der Credibility-Faktor z_i durch Minimierung des mittleren quadratischen Fehlers $E(H_i^{**} - \mu(\Theta))^2$ über $z_i \in [0, 1]$ *ermittelt wird.*

Man beachte dabei, dass sich die Einzelrisiken hinsichtlich der Gewichte und den damit verbundenen Varianzen von $\overline{X}_i$ unterscheiden können, so dass der Credibility-Faktor für jedes Einzelrisiko individuell ermittelt werden muss:

Satz 10.18 (Credibility-Faktor nach Bühlmann-Straub) *In der Bühlmann-Straub Credibility-Prämie $H_i^{**} = z_i \overline{X}_i + (1 - z_i)E(X)$* gilt für den Credibility-Faktor
$$z_i = \frac{Var(\mu(\Theta))}{\frac{1}{w_{i\bullet}} E(\sigma^2(\Theta)) + Var(\mu(\Theta))}, \tag{10.8}$$
wobei $w_{i\bullet} := \sum_{j=1}^{n} w_{ij}$.

Beweis Wie im Beweis zu Satz 10.14 wird das Minimierungsproblem durch
$$z_i = \frac{Var(\mu(\Theta_i))}{Var(\overline{X}_i)} \tag{10.9}$$
gelöst. Der Nenner lässt sich darin schreiben als

$$
\begin{aligned}
Var(\overline{X}_i) &= E(Var[\overline{X}_i|\Theta_i]) + Var(E[\overline{X}_i|\Theta_i]) \\
&= \frac{\sum_{j=1}^n w_{ij}^2 E(Var[X_{ij}|\Theta_i])}{(\sum_{j=1}^n w_{ij})^2} + Var\left(\frac{\sum_{j=1}^n w_{ij} E[X_{ij}|\Theta_i]}{\sum_{j=1}^n w_{ij}}\right) \\
&= \frac{\sum_{j=1}^n w_{ij} E(\sigma^2(\Theta_i))}{(\sum_{j=1}^n w_{ij})^2} + Var\left(\frac{\sum_{j=1}^n w_{ij}\mu(\Theta_i)}{\sum_{j=1}^n w_{ij}}\right) \\
&= \frac{E(\sigma^2(\Theta_i))}{\sum_{j=1}^n w_{ij}} + Var(\mu(\Theta_i)).
\end{aligned} \tag{10.10}
$$

Somit ergibt sich die Behauptung, da sämtliche Θ_i wie Θ verteilt sind. □

Aus der alternativen Darstellung von (10.6) bzw. (10.8)

$$
z_i = \frac{Var(\mu(\Theta))}{\frac{1}{w_{i\bullet}} E(\sigma^2(\Theta)) + Var(\mu(\Theta))} = \frac{1}{1 + \frac{E(\sigma^2(\Theta))}{w_{i\bullet} \cdot Var(\mu(\Theta))}}.
$$

wird ersichtlich, dass die linearisierte Credibility-Prämie und die Credibility-Prämie nach Bühlmann-Straub die folgenden intuitiven Eigenschaften hinsichtlich der Gewichtung der individuellen Schadenerfahrung $\overline{X}_i$ des Einzelrisikos gegenüber der Schadenerwartung $E(X)$ im Kollektiv aufweist:

a) Je größer der Stichprobenumfang n bzw. die Summe $w_{i\bullet}$ der Gewichte ist, desto verlässlicher kann die Schadenerwartung des betrachteten Einzelrisikos geschätzt werden, und desto größer ist das Gewicht, mit dem $\overline{X}_i$ in die linearisierte Credibility-Prämie eingehen kann.
b) Je größer die Varianz $Var(\mu(\Theta))$ zwischen den Risiken ist, desto stärker unterscheiden sich die Risiken im Kollektiv. Diese Unterschiede begründen die Notwendigkeit, in der Prämienermittlung die individuelle Schadenerfahrung $\overline{X}_i$ höher zu gewichten.
c) Je größer die Varianz $\sigma^2(\theta)$ des Einzelrisikos bei gegebenem Strukturparameter $\Theta = \theta$ ist, desto höher ist die Unsicherheit, mit der $\overline{X}_i$ behaftet ist, und desto geringer ist das zugehörige Gewicht bei der Ermittlung der linearisierten Credibility-Prämie.

In der praktischen Anwendung von Satz 10.18 ist die Verteilung des Strukturparameters Θ unbekannt, und die in (10.7) und (10.8) vorkommenden Erwartungswerte und Varianzen müssen aus den beobachteten Daten gewonnen werden. Wie hier vorgegangen werden kann, zeigt folgendes Beispiel.

Beispiel 10.19 (Schätzer im Bühlmann-Modell) Im Fall konstanter Gewichte $w_{ij} = 1$ spricht man vom sogenannten **Bühlmann-Modell**. In der aktuariellen Anwendung sind typischerweise Schadendaten X_{ij} über mehrere Jahre $j = 1, ..., n$ und mehrere Risiken $i = 1, ..., m$ eines Kollektivs erhoben. Diese können in tabellarischer Form aufbereitet werden. Die von den Schadendaten abgeleiteten Größen im rechten und unteren Teil der Tabelle sind im nachfolgenden Text beschrieben.

Einzel-risiko	Schaden-beobachtung	empirischer Mittelwert	empirische Varianz
1	$X_{11} \cdots X_{1n}$	$\overline{X}_1$	$\hat{\sigma}_1^2$
2	$X_{21} \cdots X_{2n}$	$\overline{X}_2$	$\hat{\sigma}_2^2$
$\vdots$	$\vdots \quad \vdots$	$\vdots$	$\vdots$
m	$X_{m1} \cdots X_{mn}$	$\overline{X}_m$	$\hat{\sigma}_m^2$
	Spalten-Mittelwert:	$\hat{E}(X)$	$\hat{E}(\sigma^2(\Theta))$
	Spalten-Varianz:	$\widehat{Var(\overline{X})}$	

Darin sind zunächst

$$\overline{X}_i := \frac{1}{n}\sum_{j=1}^{n} X_{ij}$$

$$\hat{\sigma}_i^2 := \frac{1}{n-1}\sum_{j=1}^{n}(X_{ij} - \overline{X}_i)^2$$

der empirische Mittelwert und die empirische Varianz der Schadenbeobachtungen pro Einzelrisiko.

Aufgrund der im Bühlmann-Modell gemachten Unabhängigkeitsannahmen sind sowohl $\overline{X}_i$ als auch $\hat{\sigma}_i^2$ jeweils identisch und unabhängig verteilt wie $\overline{X}$ bzw. $\hat{\sigma}^2$. Hier bezeichnet $\overline{X}$ den Mittelwert und $\hat{\sigma}^2$ die empirische Varianz der Einzelschäden $X_1, ..., X_n$ eines (generischen) Risikos. Insbesondere gilt

$$E(\overline{X}_i) = E(X)$$

$$Var(\overline{X}_i) = Var(\mu(\Theta_i)) + \frac{E\left(\sigma^2(\Theta_i)\right)}{n} = Var(\mu(\Theta)) + \frac{E\left(\sigma^2(\Theta)\right)}{n} = Var(\overline{X}).$$

Die Unabhängigkeit von i ergibt sich dabei aus der identischen Verteilung der Θ_i. Zur Schätzung des Credibility-Faktors schreibt man diesen in der Form

$$z_i = \frac{Var(\overline{X}_i) - E(\sigma^2(\Theta_i))/n}{Var(\overline{X}_i)} = \frac{Var(\overline{X}) - E(\sigma^2(\Theta))/n}{Var(\overline{X})}$$

die aus (10.9) und (10.10) folgt und deren Komponenten es zu schätzen gilt.

Die Daten in der vorletzten Spalte der Tabelle sind unabhängige, identisch verteilte Realisierungen von $\overline{X}$. Daraus ergeben sich die Schätzer

$$\hat{E}(X) := \frac{1}{m}\sum_{i=1}^{m}\overline{X}_i$$

$$\widehat{Var}(\overline{X}) := \frac{1}{m-1}\sum_{i=1}^{m}(\overline{X}_i - \hat{E}(X))^2. \tag{10.11}$$

Die letzte Spalte der Tabelle enthält unabhängige, identisch verteilte Realisierungen $\hat{\sigma}_i^2$ von $\hat{\sigma}^2$. Wegen der Erwartungstreue der empirischen Varianz gilt darüber hinaus $E[\hat{\sigma}_i^2|\Theta_i] = \sigma^2(\Theta_i)$ und damit

$$E(\hat{\sigma}_i^2) = E\left(E[\hat{\sigma}_i^2|\Theta_i]\right) = E\left(\sigma^2(\Theta_i)\right) = E\left(\sigma^2(\Theta)\right).$$

Somit kann $E(\sigma^2(\Theta))$ erwartungstreu durch

$$\hat{E}(\sigma^2(\Theta)) := \frac{1}{m}\sum_{i=1}^{m}\hat{\sigma}_i^2$$

geschätzt werden. Als geschätzte Credibility-Prämie im Bühlmann-Modell ergibt sich

$$\hat{H}_i^{**} := \hat{z}_i\overline{X}_i + (1-\hat{z}_i)\hat{E}(X)$$

mit

$$\hat{z}_i = \frac{\widehat{Var}(\overline{X}) - \hat{E}(\sigma^2(\Theta))/n}{\widehat{Var}(\overline{X})},$$

was das Beispiel abschließt. □

Bemerkung 10.20 (Robustheit der Credibility-Schätzung.) In der praktischen Anwendung ist zu beobachten, dass die Schätzer aus Beispiel 10.19 nicht robust gegen den Einfluss von Ausreißern sind. Lässt man einen ausgewählten Schaden X_{ij} gegen Unendlich streben, beobachtet man $z_i \to 0$, so dass alle Einzelprämien H_i^{**} letztlich mit der kollektiven Prämie $E(X)$ zusammenfallen. Dies zeigt die Notwendigkeit robuster Credibility-Verfahren, wie sie zum Beispiel in Gisler und Reinhard [4] oder Bühlmann und Gisler [2], Abschn. 5, entwickelt werden.

Im Folgenden soll nun beleuchtet werden, wie zur Parameterschätzung im oben beschriebenen Bühlmann-Straub-Modell vorgegangen werden kann. Mit allgemeinen Gewichten w_{ij} ist die Situation komplizierter gelagert als in Beispiel 10.19, weil die Einzelschäden und die Einzelrisiken untereinander verschieden gewichtet sind. Die Schadendaten der Risiken $i = 1, \ldots, m$ eines Kollektivs seien dabei wieder über mehrere Jahre $j = 1, \ldots, n$ erhoben und in folgender tabellarischer Form aufbereitet:

Einzel-risiko	Gewichte	Schaden-beobachtungen	empirischer Mittelwert	empirische Varianz
1	$w_{11} \cdots w_{1n}$	$X_{11} \cdots X_{1n}$	$\overline{X}_1$	$\hat{\sigma}_1^2$
2	$w_{21} \cdots w_{2n}$	$X_{21} \cdots X_{2n}$	$\overline{X}_2$	$\hat{\sigma}_2^2$
$\vdots$	$\vdots \quad \vdots$	$\vdots \quad \vdots$	$\vdots$	$\vdots$
m	$w_{m1} \cdots w_{mn}$	$X_{m1} \cdots X_{mn}$	$\overline{X}_m$	$\hat{\sigma}_m^2$
		Spalten-Mittelwert:	$\hat{E}(X)$	$\hat{E}(\sigma^2(\Theta))$
		Spalten-Varianz:	$\widehat{Var}(\mu(\Theta))$	

Typischerweise sind die Gewichte durch die Volumengrößen gegeben, auf die sich die Schadenbeobachtungen beziehen (vgl. Beispiel 5.12). Um dabei der unterschiedlichen *Gewichtung der einzelnen Schadenbeobachtungen* Rechnung zu tragen, ermittelt man den empirischen Mittelwert und die empirische Varianz aus

$$\overline{X}_i := \frac{\sum_{j=1}^n w_{ij} \cdot X_{ij}}{\sum_{j=1}^n w_{ij}}$$

$$\hat{\sigma}_i^2 := \frac{1}{n-1} \sum_{j=1}^n w_{ij}(X_{ij} - \overline{X}_i)^2$$

(vgl. hierzu Satz 5.15 aus Kap. 5). Die unterschiedliche *Gewichtung der Einzelrisiken* schlägt sich darin nieder, dass sich die Varianz des empirischen Mittels $\overline{X}_i$ zwischen den Einzelrisiken unterscheidet. Genauer gesagt gilt wegen (10.9)

$$Var(\overline{X}_i) = \frac{Var(\mu(\Theta))}{z_i},$$

so dass $Var(\overline{X}_i)$ im Unterschied zum Bühlmann-Modell nicht für alle Einzelrisiken identisch, sondern umgekehrt proportional zu z_i ist. Der Zähler $Var(\mu(\Theta))$ kann dabei als Varianz des empirischen Mittels pro Gewichtseinheit z_i interpretiert werden. Diesen Sachverhalt muss man in den Schätzern durch entsprechende Gewichtung berücksichtigen. Als **Schätzgleichungen im allgemeinen Bühlmann-Straub-Modell** erhält man in Verallgemeinerung von (10.11) und unter Beachtung der nach Satz 5.15 zu wählenden Gewichtung

$$\hat{E}(X) := \frac{\sum_{i=1}^m z_i \cdot \overline{X}_i}{\sum_{i=1}^m z_i} \tag{10.12}$$

und

$$\widehat{Var}(\mu(\Theta)) := \frac{1}{m-1} \sum_{i=1}^m z_i \cdot (\overline{X}_i - \hat{E}(X))^2. \tag{10.13}$$

Man beachte dabei, dass die rechte Seite der letzten Gleichung die Varianz des empirischen Mittels pro Gewichtseinheit z_i schätzt und nicht $Var(\overline{X})$. Den Erwartungswert $E(\sigma^2(\Theta))$ schätzt man wie im Bühlmann-Modell durch

$$\hat{E}(\sigma^2(\Theta)) := \frac{1}{m}\sum_{i=1}^{m}\hat{\sigma}_i^2$$

Bei den Schätzgleichungen (10.12) und (10.13) hängt die rechte Seite vom Credibility-Faktor z_i ab, der seinerseits wiederum gemäss

$$\hat{z}_i = \frac{\widehat{Var}(\mu(\Theta))}{\frac{1}{w_{i\bullet}}\hat{E}(\sigma^2(\Theta)) + \widehat{Var}(\mu(\Theta))}. \tag{10.14}$$

geschätzt werden muss. In der Praxis wendet man deshalb häufig ein iteratives Lösungsverfahren an, bei dem man mit geeigneten Startwerten (z. B. $\hat{z}_1 = ... = \hat{z}_m = 1$) startet und die in (10.12) und (10.13) beschriebenen Parameterschätzungen mit $z_i = \hat{z}_i$ durchführt. Die erhaltenen Schätzwerte setzt man in (10.14) ein und führt eine Aktualisierung der $\hat{z}_i$ durch, um danach wieder (10.12) und (10.13) anzuwenden, usw. Dieses Verfahren führt auf die sogenannten **Bichsel-Straub-Schätzer** (vgl. [5] und die darin genannten Referenzen und Alternativen).

Nach Konvergenz der $\hat{z}_i$ berechnet man die geschätzte Bühlmann-Straub Credibility-Prämie mit den letzten erhaltenen Werten von $\hat{z}_i$ und $\hat{E}(X)$ gemäß

$$\hat{H}_i^{**} := \hat{z}_i\overline{X}_i + (1-\hat{z}_i)\hat{E}(X).$$

Abschließend sei noch bemerkt, dass für $\hat{H}_i^{**}$ die **Balance-Eigenschaft** gilt,

$$\sum_{i,j} w_{ij}\hat{H}_i^{**} = \sum_{i,j} w_{ij}X_{ij},$$

nach der die Prämiensumme der Summe aller beobachteten Schäden entspricht und insofern auskömmlich ist (vgl. [2], Abschn. 4).

Beispiel 10.21 (Prämienkalkulation mit Marktdaten in der Sachversicherung) Zum Abschluss des Kapitels wird die Anwendung des Bühlmann-Straub-Modells in der Sachversicherungs-Tarifierung betrachtet, wenn Risiken mit sehr individuellen, größtenteils unbeobachteten Risikomerkmalen vorliegen. Zu S_{ij}, dem j-ten Schaden des i-ten Einzelrisikos, bezeichne dabei $X_{ij} := S_{ij}/vs_{ij}$ den entsprechenden Schadensatz. Man beachte, dass sich die Versicherungssumme vs_{ij} für das Einzelrisiko i im Zeitverlauf ändern kann, zum Beispiel durch Inflationsanpassung, so dass auch eine Abhängigkeit von j vorliegen kann. Mit den Gewichten $w_{ij} := vs_{ij}$ lässt sich aus den am Markt an eine zentrale (Verbands-) Stelle gemeldeten Schäden wie oben beschrieben ein Bühlmann-Straub-Modell schätzen. Dies liefert die drei folgenden Markt-Kenngrößen:

a) $\hat{E}(X)$: den (erwarteten) Schadensatz im Markt,
b) $\hat{E}(\sigma^2(\Theta))$: die (erwartete) Varianz des Jahresschadens pro einem Euro Versicherungssumme beim Einzelrisiko,
c) $\widehat{Var}(\mu(\Theta))$: die Varianz des (erwarteten) Schadensatzes der Einzelrisiken im Gesamtmarkt.

An einem weiteren zu tarifierenden Einzelrisiko sei in den letzten n Jahren der mittlere, versicherungssummengewichtete Schadensatz

$$\overline{X} := \frac{\sum_{j=1}^{n} vs_j \cdot X_j}{\sum_{j=1}^{n} vs_j} = \frac{\sum_{j=1}^{n} S_j}{\sum_{j=1}^{n} vs_j}$$

beobachtet worden. Daraus ergibt sich die geschätzte Credibility-Prämie pro Einheit der Versicherungssumme

$$\hat{H}^{**} := \hat{z}\overline{X} + (1 - \hat{z})\hat{E}(X) \tag{10.15}$$

mit dem auf Basis von (10.14) geschätzten Credibility-Faktor

$$\hat{z} := \frac{\sum_{j=1}^{n} vs_j}{\sum_{j=1}^{n} vs_j + \hat{E}(\sigma^2(\Theta))/\widehat{Var}(\mu(\Theta))}.$$

Die geschätzte Credibility-Prämie pro Einheit der Versicherungssumme ist ein gewichtetes Mittel des erwarteten Schadensatzes am Markt und dem am zu tarifierenden Risiko beobachteten Schadensatz. Besonders vorteilhaft für die praktische Anwendung ist dabei die Eigenschaft, dass (10.15) einen integrierten Beitragsanpassungsmechanismus etabliert, der einen Unterschaden ($\overline{X}$ rückläufig) honoriert, einen Überschaden ($\overline{X}$ ansteigend) aber mit einer erhöhten Prämie belegt.

Bei diesem Beispiel beachte man, dass die Wahl der Gewichte $w_{ij} = vs_{ij}$ auf der Annahme basiert, dass die Varianz des Schadensatzes umgekehrt proportional zur betrachteten Versicherungssumme ist. Im Gegensatz zu Beispiel 5.12 ist dies in der Regel nicht modelltheoretisch zu rechtfertigen, da die Versicherungssumme eines Objektes nicht in unabhängige Geldeinheiten zerfällt. Dennoch beobachtet man in der Praxis oftmals einen umgekehrt proportionalen Zusammenhang von Varianz und Versicherungssumme. Dies ist jedoch im Einzelfall zu überprüfen. □

Neben den hier beschriebenen Credibility-Modellen existiert noch eine Vielzahl von Modellerweiterungen, wie z. B. hierarchische Credibility-Modelle und Credibility-Regressionsmodelle. Auf diese Modellerweiterungen einzugehen würde den Rahmen des vorliegenden Buches jedoch sprengen. Mehr hierüber findet der Leser z. B. in Bühlmann und Gisler [2].

Literatur

1. Bailey, A.L.: Credibility procedures – Laplace's generalization of Bayes' rule and the combination of collateral knowledge with observed data. Proceedings of the Casualty Actuarial Society **37**, 7–23 (1950)
2. Bühlmann, H., Gisler, A.: A Course in Credibility Theory and its Applications. Springer, Berlin (2005)
3. Bühlmann, H., Straub, E.: Glaubwürdigkeit für Schadensätze. Mitteilungen der Vereinigung Schweizerischer Versicherungsmathematiker **70**, 111–133 (1970)
4. Gisler, A., Reinhard, P.: Robust credibility. ASTIN Bulletin **23(1)**, 117–143 (1993)
5. Goulet, V.: Principles and application of credibility theory. Journal of Actuarial Practice **6**, 5–62 (1998)
6. Hardy, M.R., Panjer, H.H.: A credibility approach to mortality risk. ASTIN Bulletin **28(2)**, 269–283 (1998)
7. Hastie, T., Tibshirani, R., Friedman, J.: The Elements of Statistical Learning. Springer, New York (2001)
8. Ortmann, K.M.: Praktische Lebensversicherungsmathematik. Vieweg+Teubner, Wiesbaden (2009)
9. Schmidt, K.D.: Convergence of Bayes and credibility premiums. ASTIN-Bulletin **20(2)**, 167–172 (1990)
10. Syversveen, A.R.: Noninformative Bayesian priors. Interpretation and problems with construction and applications. Univ. Trondheim Preprint Series Statistics **98(3)**, www.math.ntnu.no/preprint/statistics/1998/S3-1998.ps (1998). Letzter Zugriff: 06.05.2016
11. Williams, D.: Weighing the Odds. Cambridge University Press, Cambridge (2001)

Simulation 11

Zusammenfassung

Zunächst werden Methoden zur Erzeugung von Zufallszahlen, die auf dem Intervall (0, 1) gleichverteilt sind, dargestellt. Daraus können mit der Inversionsmethode und dem Verwerfungsverfahren prinzipiell Zufallszahlen für jede andere Verteilung generiert werden. Für einige Verteilungen gibt es leistungsfähigere Verfahren, die auf speziellen Eigenschaften der jeweiligen Verteilungen beruhen.

Monte-Carlo Simulationen sind zu einem wesentlichen Werkzeug im aktuariellen Umfeld geworden. Wichtige Anwendungen liegen im quantitativen Risikomanagement, speziell in der Dynamischen Finanzanalyse (DFA) und dem Asset-Liability-Management (ALM), sie umfassen unter Anderem Aktiv- und Passivseite sowie Abhängigkeiten zwischen ihnen. Das Entwickeln von Simulationsmodellen ist auch ein guter Weg statistische Methoden und Risikomodelle besser zu verstehen. Die wichtigsten Bestandteile eines Szenario-Generators umfassen Generatoren für

- Schadenzahlen (z. B. Poisson, Negativ-Binomial, Log-Series, empirisch)
- Schadenhöhen (z. B. Gamma, Weibull, Lognormal, Fréchet, Pareto)
- stochastische Prozesse (z. B. Poisson-, Wienerprozess, Black-Scholes-Modell)

Die heute gängigen Statistik-, Tabellenkalkulations- und Computer-Algebra-Systeme enthalten für viele Verteilungen eingebaute Routinen. Bei deren Anwendungen sollte man nicht auf eigene Eignungstests verzichten.

T. Becker et al., *Stochastische Risikomodellierung und statistische Methoden*, Statistik und ihre Anwendungen, https://doi.org/10.1007/978-3-662-69532-6_11

11.1 Zufallszahlen

Wesentlich für viele Simulationsverfahren ist die Simulation von Zufallszahlen, die auf (0, 1) gleichverteilt sind. Diese werden als Zahlenfolgen $\{u_n\}_{n \in \mathbb{N}}$ erzeugt, die zufällig erscheinen. Da sie meistens mit auf Computern umgesetzten Algorithmen gewonnen werden, spricht man von Pseudozufallszahlen.

Die meisten Algorithmen zur Erzeugung von Pseudozufallszahlen gehen vom folgenden Ansatz aus: gegeben seien die Anfangswerte $u_0, u_1, \ldots, u_N$, $N \in \mathbb{N}_0$ und die Rekursion

$$u_{k+1} = F(u_{k-N}, u_{k-N+1}, \ldots, u_k), \quad k \geq N \tag{11.1}$$

mit $F : (0, 1)^{N+1} \longrightarrow (0, 1)$.

Eine der grundlegenden Schwierigkeiten bei der Auswahl von F soll im folgenden Beispiel aufgezeigt werden. Ziel ist es eine Folge $\{U_n\}_{n \in \mathbb{N}}$ unabhängiger Zufallsvariablen mit identischer Verteilung $U_n \sim \mathscr{U}[0, 1]$ nachzubilden. Eine Eigenschaft einer solchen Folge ist

$$\forall k \in \mathbb{N} \quad \forall i \in \mathbb{N}_0 : \quad (U_{i+1}, \ldots, U_{i+k}) \sim \mathscr{U}[0, 1]^k \tag{11.2}$$

wobei $\mathscr{U}[0, 1]^k$ die k-dimensionale Gleichverteilung auf $(0, 1)^k$ ist.

Beispiel 11.1 Sei F wie in Abb. 11.1 links gegeben. Verwendet man (11.1) mit $N = 0$, dann werden die Punkte

$$(u_0, u_1), (u_1, u_2), \ldots$$

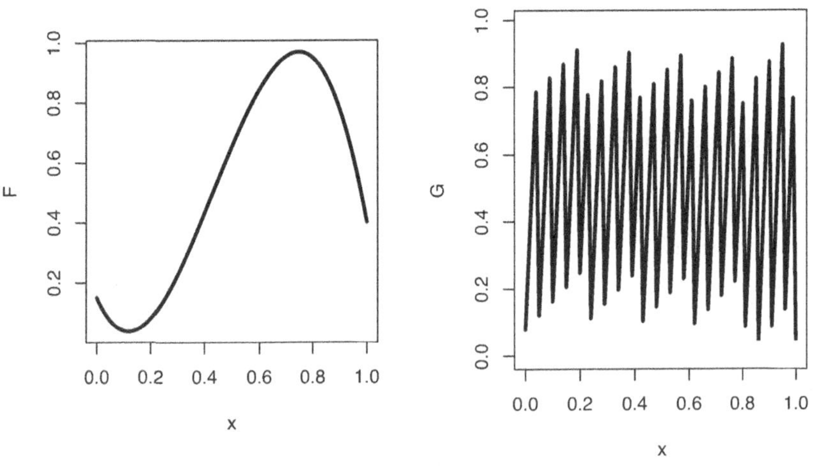

Abb. 11.1 Links: F überdeckt $[0, 1]^2$ nicht in hinreichendem Maß. Rechts: G erfüllt dies Forderung besser

auf dem Graphen von F liegen. Zufällige Punkte müssten aber das gesamte Quadrat $(0, 1)^2$ ausfüllen. F kann also nur dann gemäß (11.1) mit $N = 0$ eingesetzt werden, wenn der Graph von F das Quadrat $(0, 1)^2$ hinreichend dicht überdeckt. Das ist bei der Funktion $G : (0, 1) \longrightarrow (0, 1)$, $G(x) = a \cdot x - \lfloor a \cdot x \rfloor$ mit geeignetem $a \in \mathbb{N}$ besser erfüllt (s. Abb. 11.1 rechts für $a = 21$). □

11.1.1 Lineare Kongruenzen

Ein oft verwendeter und gut verstandener Algorithmus ist der folgende: Für den Modul m, Anfangswert $x_0 \in \{1, \ldots, m-1\}$ und Multiplikator $a \in \{2, \ldots, m-1\}$ wird definiert:

$$\begin{aligned} x_{n+1} &= a x_n \bmod m, \quad n \in \mathbb{N}_0 \\ u_n &= \frac{x_n}{m}, \quad n \in \mathbb{N}_0. \end{aligned}$$

Die Auswahl von m, x_0 und a muss sorgfältig getroffen werden damit der Algorithmus Zufallszahlen in guter Qualität liefert und gleichzeitig schnell genug rechnet. Für binär arbeitende Rechner wählt man beispielsweise $m = 2^N$. Für die Auswahl von x_0 und a verwendet man Ergebnisse der Zahlentheorie: Sind x_0 und m teilerfremd und $a \bmod 8 \in \{3, 5\}$, so erhält man für $\{x_n\}_{n \in \mathbb{N}}$ die maximale Periodenlänge 2^{N-2}. Es zeigt sich aber, dass die so erzeugten Zahlen zu unzureichenden Ergebnissen führen. Bei mehrdimensionaler Betrachtung von n- Tupeln wie in (11.2) sind die geforderte Unabhängigkeit und Gleichverteilung in zu hohem Maße verletzt. Eine genaue Diskussion dieser Aspekte kann man z. B. in Knuth [7], Abschn. 3.2.1 finden.

11.1.2 Weitere Methoden

Ein Ansatz um die Qualität der Pseudozufallszahlen zu verbessern, ist die Kombinationen von linearen Kongruenzgeneratoren (siehe Glasserman [4], Abschn. 2.1.5) bzw. die Rekursion (11.1) mit $N > 0$ (siehe Knuth [7], Abschn. 3.2.2). Die in gängigen Statistikpaketen implementierten Generatoren verwenden auch nicht lineare Funktionen F (z.B. Mersenne-Twister-Generator, KISS).

11.1.3 Anpassungsgüte

Die Verteilungseigenschaften werden mit Methoden der deskriptiven Statistik (z.B. Q-Q-Plots) und statistischen Tests (χ^2-, Kolgomogorov Smirnov) überprüft. Für die Unabhängigkeit werden unterschiedliche empirische und theoretische Tests angewendet. Für eine umfangreiche Diskussion verweisen wir auf Knuth [7], Abschn. 3.3.

Für die folgenden Abschnitte gehen wir davon aus, dass die existierenden Zufallszahlengeneratoren „perfekt" arbeiten, d. h. dass die U_n identisch und unabhängig $\mathscr{U}[0, 1]$ verteilt sind.

11.2 Die Inversionsmethode

Sei F die Verteilungsfunktion einer Zufallsvariablen X. Ist F stetig, umkehrbar und $U \sim \mathscr{U}[0, 1]$, so gilt für $Y := F^{-1}(U)$

$$P(Y \leq y) = P(F^{-1}(U) \leq y) = P(U \leq F(y)) = F(y).$$

Die Zufallsvariablen X und Y besitzen die gleiche Verteilungsfunktion. Folglich erhält man aus U durch Transformation mit F^{-1} die Zufallsvariable X. Verwendet man die Pseudoinverse, kann man dieses Verfahren für beliebige Zufallsvariablen anwenden. Die Inversionsmethode beruht auf folgendem Satz:

Satz 11.2 (Inversionsmethode). *Sei $X : \Omega \to \mathbb{R}$ eine Zufallsvariable mit Verteilungsfunktion $F : \mathbb{R} \longrightarrow [0, 1]$, Pseudoinverser $F^{\leftarrow} : (0, 1) \longrightarrow \mathbb{R}$ und $U \sim \mathscr{U}[0, 1]$. Sei $Y := F^{\leftarrow}(U)$. Dann gilt $Y \sim F$, d. h. die Zufallsvariable Y ist wie X verteilt.*

Beweis Für den Beweis verwenden wir Satz 1.2 (a). Es gilt für $x \in \mathbb{R}$

$$F(x) = P\left(U \leq F(x)\right) \leq P\left(F^{\leftarrow}(U) \leq F^{\leftarrow}\left(F(x)\right)\right) \overset{(1.2)}{\leq} P\left(Y \leq x\right),$$

$$P\left(Y \leq x\right) = P\left(F^{\leftarrow}(U) \leq x\right) \leq P\left(F\left(F^{\leftarrow}(U)\right) \leq F(x)\right) \overset{(1.1)}{\leq} P\left(U \leq F(x)\right) = F(x)$$

also insgesamt $F(x) = P\left(Y \leq x\right)$ und somit die Behauptung. □

Eine Realisierung x der Zufallsvariablen X kann mit der Inversionsmethode wie folgt simuliert werden:

1. Schritt: *Erzeuge eine Zufallszahl u aus dem Intervall* $(0, 1)$
2. Schritt: *Setze* $x := F^{\leftarrow}(u)$

11.2.1 Anwendung auf stetige Zufallsvariablen

Die Inversionsmethode kann direkt angewendet werden, wenn die Umkehrfunktion bestimmt werden kann. In Tab. 11.1 finden sich für einige Verteilungen die entsprechenden Algorithmen für die Simulation. Durch elementare Transformationen erhält man hieraus weitere Verteilungen, s. Tab. 11.2.

Tab. 11.1 Simulation mit der Inversionsmethode, $U \sim \mathscr{U}[0,1]$

Verteilung	Generator	Bedingungen
Exponentialverteilung $\mathscr{E}(\lambda)$	$X = -\frac{\ln U}{\lambda}$	$\lambda > 0$ [1]
Weibull $\mathscr{W}(\alpha)$	$X = (-\ln U)^{1/\alpha}$	$\alpha > 0$ [1]
Fréchet $\mathscr{F}(\alpha)$	$X = (-\ln U)^{-1/\alpha}$	$\alpha > 0$
Pareto $\mathscr{P}a(\alpha)$	$X = U^{-1/\alpha} - 1$	$\alpha > 0$
Logistische Verteilung $\mathscr{L}$	$X = \ln\left(\frac{U}{1-U}\right)$	
Cauchy $\mathscr{C}(\alpha)$	$X = -\cot(\pi U)$	

[1] Mit $U \sim \mathscr{U}[0,1]$ gilt auch $1-U \sim \mathscr{U}[0,1]$

Tab. 11.2 Weitere Simulationen durch Transformation, $U \sim \mathscr{U}[0,1]$ bzw. $U_k \sim \mathscr{U}[0,1]$ iid

Verteilung	Generator	Prinzip
Gleichverteilung $\mathscr{U}[a,b]$	$X = a + (b-a)U$	$\mathscr{U}[a,b]$ ist eine Lage-Skalen Familie
Gumbel $\mathscr{G}$	$X = -\ln(-\ln U)$	Logarithmus einer $\mathscr{E}(1)$-verteilten ZV
Log-logistische Verteilung $\mathscr{LL}$	$X = \frac{U}{1-U}$	Exponential einer $\mathscr{L}$-verteilten ZV
Erlang $\mathscr{E}(n,\lambda)$, $\lambda > 0, n \in \mathbb{N}$	$X = -\sum_{k=1}^{n} \frac{\ln(U_k)}{\lambda}$	Summe von n unabhängigen $\mathscr{E}(\lambda)$-verteilten ZV

11.2.2 Anwendung auf diskrete Zufallsvariablen

Auch für die Simulation diskreter Zufallsvariablen kann die Inversionsmethode verwendet werden. Gegeben sei eine $\mathbb{N}_0$-wertige Zufallsvariable X mit Verteilungsfunktion $F : \mathbb{R} \longrightarrow [0,1]$. Diese ist eine von rechts stetige Treppenfunktion.

1. Schritt: *Erzeuge eine Zufallszahl u aus $U \sim \mathscr{U}[0,1]$*
2. Schritt: *Bestimme $i \in \mathbb{Z}$ mit $F(i-1) < u \leq F(i)$, also die größte ganze Zahl i mit $F(i-1) < u$ und setze $x = i$.*

Beweis Wir beweisen, dass die Zufallsvariable $Y := 1 + \max\{z \in \mathbb{Z} : F(z) < U\}$ für $U \sim \mathcal{U}[0, 1]$ die Verteilungsfunktion F besitzt. Für $u \in (0, 1)$ sei $\overline{y} = \max\{z \in \mathbb{Z} : F(z) < u\}$. Wegen $F(\overline{y}) < u \leq F(\overline{y} + 1)$ ist $F^{\leftarrow}(u) = \overline{y} + 1$. Somit gilt

$$P(Y = k) = P(F(k-1) < U \leq F(k)) = F(k) - F(k-1).$$ □

Beispiel 11.3 Im Fall der Binomialverteilung $B(5; 0,4)$ könnte die Simulation von 5 Werten folgendermaßen verlaufen:

u	0,405	0,791	0,250	0,501	0,141
x	2	3	1	2	1

□

11.3 Das Verwerfungsverfahren

Die Inversionsmethode kann nur verwendet werden, wenn die Verteilungsfunktion invertierbar ist bzw. die Pseudoinverse bestimmt werden kann. Ist dies nicht möglich, dann steht auch das Verwerfungsverfahren zur Verfügung. Man kann es dann einsetzen, wenn die Dichte f der zu simulierenden Zufallsvariablen gegen eine Dichte g abgeschätzt werden kann, deren Simulation möglich bzw. bekannt ist. Das Verfahren geht auf von Neumann zurück.

Voraussetzung des Verwerfungsverfahrens
Gegeben sei die Dichte $f : \mathbb{R} \longrightarrow [0, \infty)$ der zu simulierenden Zufallsvariablen X und eine weitere Dichte $g : \mathbb{R} \longrightarrow [0, \infty)$. Sei $M \geq 1$ so, dass gilt:

$$\forall x \in \mathbb{R} : \quad f(x) \leq Mg(x). \tag{11.3}$$

Idee des Verwerfungsverfahrens
Man simuliert jeweils Punkte $(\overline{x}, \overline{y})$, die unter dem Graphen von $M \cdot g$ liegen. Liegt der Punkt sogar unter dem Graphen von f, dann wird $x = \overline{x}$ gesetzt, andernfalls (also wenn $(\overline{x}, \overline{y})$ zwischen den Graphen von f und Mg liegt) wird $(\overline{x}, \overline{y})$ verworfen und ein neuer Punkt simuliert, so lange bis ein x angenommen wird.

Schritte des Verwerfungsverfahrens
1. Schritt: *Bestimme zwei unabhängige Realisierungen $\overline{x}$ bzw. u der Zufallsvariablen $\overline{X}$ mit Dichte g bzw. $U \sim \mathcal{U}[0, 1]$ und setze $\overline{y} := uMg(\overline{x})$.*

2. Schritt: *Falls $\overline{y} \leq f(\overline{x})$ setze $x = \overline{x}$, andernfalls verwerfe $\overline{x}$ und führe die beiden Schritte wieder durch.*

Satz 11.4 (Verwerfungsverfahren) *Mit den Notationen von oben gilt: die durch das Verwerfungsverfahren erzeugte Zufallsvariable X besitzt die Dichte f.*

Beweis Es gilt für $x \in \mathbb{R}$

$$P(X \leq x) = P\left(\overline{X} \leq x \,\middle|\, \overline{Y} \leq f(\overline{X})\right) = \frac{P\left(\overline{X} \leq x, \overline{Y} \leq f(\overline{X})\right)}{P\left(\overline{Y} \leq f(\overline{X})\right)}.$$

Da

$$\begin{aligned} P\left(\overline{Y} \leq f(\overline{X})\right) &= \int_{\{g>0\}} P\left(UMg(\overline{X}) \leq f(\overline{X}) \,\middle|\, \overline{X} = t\right) g(t)\,dt \\ &= \int_{\{g>0\}} P\left(UMg(t) \leq f(t)\right) g(t)\,dt = \frac{1}{M} \int_{\{g>0\}} \frac{f(t)}{g(t)} \cdot g(t)\,dt \\ &= \frac{1}{M} \end{aligned}$$

folgt

$$\begin{aligned} P\left(\overline{X} \leq x, \overline{Y} \leq f(\overline{X})\right) &= \int_{\{g>0\}} P\left(\overline{X} \leq x, \overline{Y} \leq f(\overline{X}) \,\middle|\, \overline{X} = t\right) g(t)\,dt \\ &= \int_{-\infty}^{x} P\left(\overline{Y} \leq f(t)\right) g(t)\,dt = \frac{1}{M} \int_{-\infty}^{x} f(t)\,dt. \end{aligned}$$

Fasst man diese Ergebnisse zusammen ergibt sich

$$P(X \leq x) = \int_{-\infty}^{x} f(t)\,dt.$$

□

Bemerkung 11.5 Die Konstante M sollte möglichst klein gewählt werden, da die Wahrscheinlichkeit des Verwerfens $1 - \frac{1}{M}$ beträgt. Man könnte $M := \sup \frac{f}{g}$ setzen.

Beispiel 11.6 Zur Veranschaulichung des Verfahrens soll eine Zufallsvariable $X \sim \mathscr{B}(2,5;6,5)$ simuliert werden, f sei die Dichte. Es gibt mehrere Möglichkeiten f in der Ungleichung (11.3) abzuschätzen:

a) Die Dichte von $\mathscr{B}(2,5;6,5)$ ist beschränkt, es gilt die Abschätzung

$$\frac{1}{B(2,5;6,5)}x^{2,5}(1-x)^{6,5} \le M, \quad M \approx 2,774$$

und somit

$$f \le M \cdot 1_{[0,1]}.$$

In diesem Fall wird also $g = 1_{[0,1]}$ gewählt. Für das Verwerfungsverfahren werden Realisationen $\overline{x}, \overline{y}$ von unabhängigen $\overline{X} \sim \mathscr{U}[0,1]$ und $\overline{Y} \sim \mathscr{U}[0,M]$ erzeugt. $\overline{x}, \overline{y}$ wird verworfen, wenn $\overline{y} > f(\overline{x})$ gilt, d. h. wenn $\overline{y}$ oberhalb des Graphen von f liegt. Die Verwerfungswahrscheinlichkeit beträgt $1 - \frac{1}{M} \approx 0,64$.

b) Geht man davon aus, dass man $\mathscr{B}(m,n)$ für $m, n \in \mathbb{N}$ simulieren kann, dann kann man die Dichte von $\mathscr{B}(2,5;6,5)$ gegen die Dichte von $\mathscr{B}(2,5)$ abschätzen, es gilt

$$\frac{1}{B(2,5;6,5)}x^{2,5}(1-x)^{6,5} \le M \cdot \frac{1}{B(2,5)}x^2(1-x)^5, \quad M \approx 1,141.$$

(siehe hierzu Abb. 11.2). In diesem Fall wird also $g(x) = \dfrac{x^2(1-x)^5}{B(2,5)}$ gewählt.

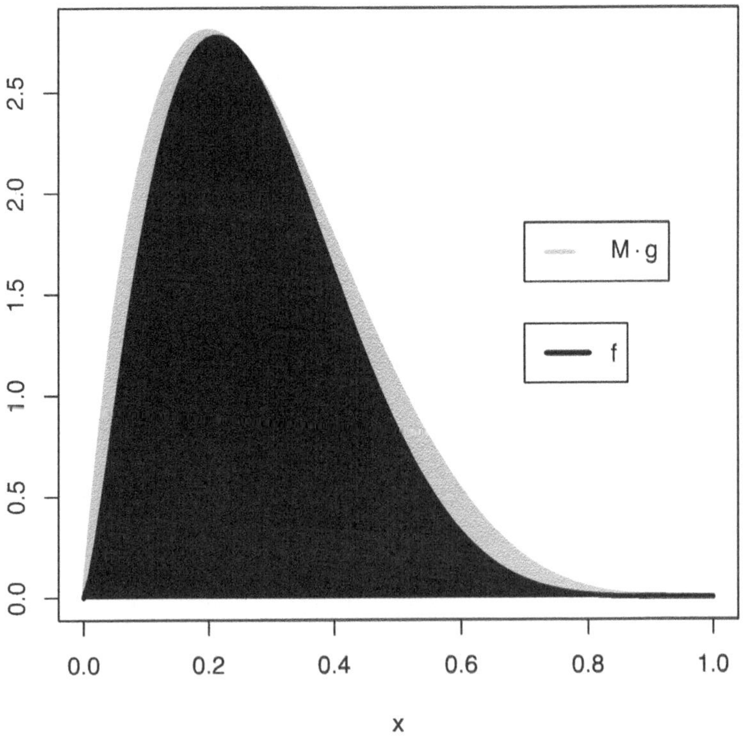

Abb. 11.2 Die zu simulierende Dichte f wird gegen eine Dichte g abgeschätzt. Der Verwerfungsbereich ist grau, der Annahmebereich schwarz

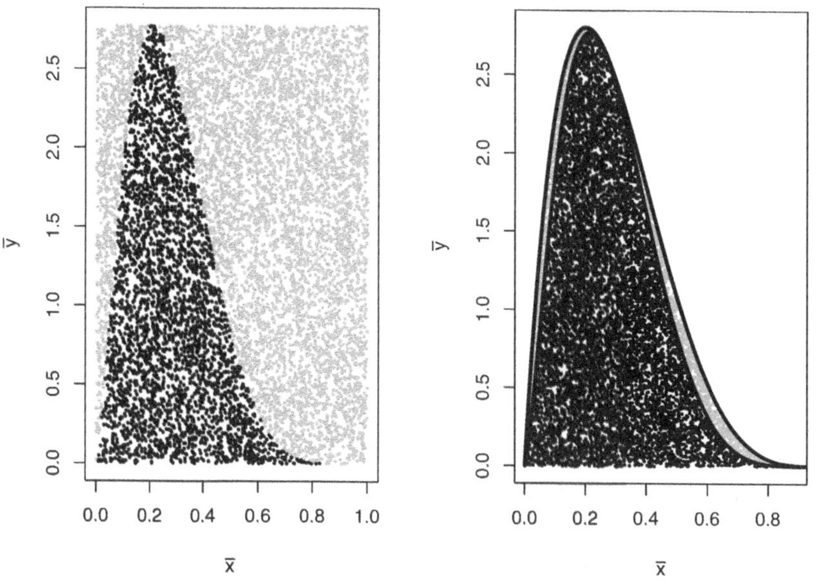

Abb. 11.3 Verwerfungsverfahren: Simulation der $\mathscr{B}(2,5;6,5)$-Verteilung in Beispiel 11.6 mit Hilfe der Gleichverteilung auf $[0, 1]$ (links) bzw. der $\mathscr{B}(2, 5)$-Verteilung (rechts). Die angenommenen Paare $(\overline{x}, \overline{y})$ sind schwarz, die verworfenen grau dargestellt

Für das Verwerfungsverfahren erzeugt man hier unabhängige Realisierungen $\overline{x}$, u von $\overline{X} \sim \mathscr{B}(2,5)$ und $U \sim \mathscr{U}[0, 1]$ und setzt $\overline{y} = uMg(\overline{x})$. Die Verwerfungswahrscheinlichkeit beträgt etwa 0, 12.

Ein Paar $\overline{x}$, $\overline{y}$ wird angenommen, falls der Punkt $(\overline{x}, \overline{y})$ unter dem Graphen von f liegt. In der Abb. 11.3 wird das Ergebnis von 10^4 Durchläufen des Verwerfungsverfahrens dargestellt. Man erkennt auch, dass bei Verwendung von (a) die Verwerfungswahrscheinlichkeit sehr viel höher als in (b) ist. □

11.4 Spezielle Transformationsverfahren bei diskreten Verteilungen

Neben den in den vorangegangenen Abschnitten besprochenen allgemeinen Verfahren existieren zahlreiche Simulationsmethoden, die auf spezifische Verteilungen zugeschnitten sind.

11.4.1 Binomial- und Negativbinomial-Verteilung

Zur Simulation von $B(n, p)$- bzw. $NB(n, p)$-verteilten Zufallsvariablen werden $B(1, p)$- bzw. $NB(1, p)$-verteilte Zufallsvariablen erzeugt und dann die entsprechenden Faltungseigenschaften der Verteilungen verwendet.

Lemma 11.7 *Sei $U \sim \mathscr{U}[0, 1]$ und $p \in (0, 1)$. Dann gilt:*

a) $\lfloor U + p \rfloor \sim B(1, p)$

b) $\left\lfloor \frac{\ln U}{\ln(1-p)} \right\rfloor \sim NB(1, p)$

Beweis

(a) Sei $X := \lfloor U + p \rfloor$. Dann gilt $P(X = 1) = P(U + p \geq 1) = p$.

(b) Sei $X := \left\lfloor \frac{\ln U}{\ln(1-p)} \right\rfloor$. Für $k \in \mathbb{N}_0$ gilt

$$P(X = k) = P\left((k+1)\ln(1-p) < \ln U \leq k \ln(1-p)\right) = (1-p)^k p. \qquad \square$$

Die Verteilungen $B(n, p)$ bzw. $NB(n, p)$ entstehen durch Summation von n unabhängigen $B(1, p)$ und $NB(1, p)$ verteilten Zufallsvariablen (s. Tab. 11.3).

11.4.2 Poisson-Verteilung

Für die Simulation der Poisson-Verteilung nutzt man aus, dass die Zwischenankunftszeiten eines Poisson-Prozesses exponentialverteilt sind, siehe Beispiel 6.24 und Satz 6.25.

Lemma 11.8 *Sei $\{U_n\}_{n\in\mathbb{N}}$ eine Folge mit $U_n \sim \mathscr{U}[0, 1]$ iid und $\lambda > 0$. Dann ist die Zufallsvariable*

$$X := \inf\left\{ n \in \mathbb{N}_0 : -\frac{1}{\lambda}\sum_{k=1}^{n+1} \ln U_k > 1 \right\}$$

$\mathscr{P}(\lambda)$-verteilt.

Man generiert so lange exponentialverteilte Zufallszahlen, bis die Summe zum ersten Mal den Wert 1 überschreitet. Dann wird die Realisation x =Anzahl der Summanden minus eins gesetzt.

Beweis Sei $n \in \mathbb{N}_0$ fest. Die Summanden $X_k = -\frac{\ln U_k}{\lambda}$ sind $\mathscr{E}(\lambda)$-verteilt (s. Tab. 11.1), also gilt $\sum_{k=1}^{n} X_k \sim \mathscr{E}(n, \lambda)$. Durch vollständige Induktion kann man die Gleichung

Tab. 11.3 Simulation diskreter Zufallsvariablen (ZV), $U \sim \mathscr{U}[0,1]$ bzw. $U_1, U_2, \dots \sim \mathscr{U}[0,1]$ iid

Verteilung	Generator	Prinzip
Binomial $B(n,p)^1$	$X = \sum_{k=1}^{n} \lfloor U_k + p \rfloor$	Summe von n unabhängigen Bernoulli-verteilten ZV
Negativ Binomial $NB(n,p)^1$	$X = \sum_{k=1}^{n} \frac{\ln U}{\ln(1-p)}$	Summe von n unabhängigen geometrisch verteilten ZV
Poisson $\mathscr{P}(\lambda)^2$	$\inf \left\{ n \in \mathbb{N}_0 : -\frac{1}{\lambda} \sum_{k=1}^{n+1} \ln U_k > 1 \right\}$	Summe $\mathscr{E}(\lambda)$-verteilter ZV bis sie den Wert 1 übersteigt

$^1 n \in \mathbb{N}, p \in (0,1)$, $^2 \lambda > 0$

$$P\left(\sum_{k=1}^{n} X_k < 1, \sum_{k=1}^{n+1} X_k \geq 1\right) = e^{-\lambda} \frac{\lambda^n}{n!}$$

zeigen: Für $n = 0$ ist das klar, für $n > 0$ erhält man durch Bedingen nach $\sum_{k=1}^{n} X_k \sim \mathscr{E}(n, \lambda)$

$$\begin{aligned}
&P\left(\sum_{k=1}^{n} X_k < 1, \sum_{k=1}^{n+1} X_k \geq 1\right) \\
&= \int_0^1 P\left(\sum_{k=1}^{n} X_k < 1, \sum_{k=1}^{n+1} X_k \geq 1 \,\middle|\, \sum_{k=1}^{n} X_k = x\right) \frac{\lambda^n x^{n-1} e^{-\lambda x}}{\Gamma(n)}\, dx \\
&= \frac{\lambda^n}{\Gamma(n)} \int_0^1 P\left(X_{n+1} \geq 1 - x\right) x^{n-1} e^{-\lambda x}\, dx \\
&= \frac{e^{-\lambda}\lambda^n}{(n-1)!} \int_0^1 x^{n-1}\, dx = \frac{e^{-\lambda}\lambda^n}{n!}.
\end{aligned}$$

□

11.4.3 Approximative Verfahren für die Poisson-Verteilung

Für die $\mathscr{P}(\lambda)$-Verteilung gibt es für große bzw. kleine λ approximative Verfahren, die auf Anwendungen von Grenzwertsätzen beruhen.

Poisson-Verteilung, kleine λ: *Sei* $\lambda > 0, n \in \mathbb{N}, n > \lambda$

- Erzeuge $U_1, \ldots, U_n \sim \mathscr{U}[0,1]$ iid.
- Setze
$$X = \sum_{k=1}^{n} \left\lfloor U_k + \frac{\lambda}{n} \right\rfloor$$

Der maximale Fehler beträgt
$$||P_X - P_Y|| \leq \frac{\lambda^2}{n}.$$
Hierbei sei $Y \sim \mathscr{P}(\lambda)$ und $||P - Q|| := \sup_{A \in \mathscr{A}} |P(A) - Q(A)|$ die Totalvariation zweier Wahrscheinlichkeitsmaße P, Q auf $(\Omega, \mathscr{A})$.
Die Summanden von X sind jeweils $B\left(1, \frac{\lambda}{n}\right)$-verteilt (s. Lemma 11.7) und somit $X \sim B\left(n, \frac{\lambda}{n}\right)$. Mit dem Poissonschen Grenzwertsatz (siehe Behnen und Neuhaus [2], S. 26, 2.8 Lemma) ist X für große n näherungsweise Poisson-verteilt mit Parameter $n \cdot \frac{\lambda}{n} = \lambda$. Die Abschätzung der Totalvariation ergibt sich als Anwendung des Satzes von Fubini (siehe Behnen und Neuhaus [2], S. 266, 22.2 Aufgabe).

Die obige Simulation von $\mathscr{P}(\lambda)$-verteilten Zufallsvariablen ist für große λ relativ langsam, da man die Anzahl der Summanden n hinreichend groß wählen sollte um den maximalen Fehler klein zu halten. Hier kann man schnellere approximative Verfahren anwenden. Für die Erzeugung normalverteilter Zufallszahlen siehe Abschn. 11.5.1.

Poisson-Verteilung, große λ: *Sei* $\lambda > 0$

- Erzeuge $Z \sim \mathscr{N}(0, 1)$
- Falls $Z < -\sqrt{\lambda}$ verwerfe man Z, ansonsten setze man
$$X = \left\lfloor \lambda + \sqrt{\lambda} Z \right\rfloor. \tag{11.4}$$

Grundlage ist der zentrale Grenzwertsatz: Für große λ ist die Poisson-Verteilung $\mathscr{P}(\lambda)$ mit der Normalverteilung $\mathscr{N}(\lambda, \lambda)$ approximierbar, und für die in (11.4) verwendete Zufallsvariable gilt $\lambda + \sqrt{\lambda} Z \sim \mathscr{N}(\lambda, \lambda)$.

11.5 Transformationsverfahren bei stetigen Verteilungen

Wesentliche Grundlage der Verfahren ist die Transformationsformel für Lebesgue-Dichten. Ist ein Zufallsvektor $\mathbf{X} : \Omega \longrightarrow \mathbb{R}^n$ stetig versteilt, dann kann man für geeignete Transformationen $T : \mathbb{R}^n \longrightarrow \mathbb{R}^n$ eine Dichte der Zufallsvariablen $T \circ \mathbf{X}$ angeben, s. (11.5). Das folgende Ergebnis wird aus Behnen und Neuhaus [2], S. 268–269 übernommen.

Satz 11.9 (Dichte von Transformationen). *Sei* $\mathbf{X} : \Omega \longrightarrow \mathbb{R}^n$ *ein Zufallsvektor mit Dichte* $f : \mathbb{R}^n \longrightarrow [0, \infty)$. *Sei* $U \subset \mathbb{R}^n$ *offen und* $T : U \longrightarrow T(U)$ *mit* $P(\mathbf{X} \in U) = 1$ *und* T *bijektiv und* $\mathscr{C}^1$*-invertierbar. Dann ist* $g : \mathbb{R}^n \longrightarrow [0, 1)$

$$g(\mathbf{y}) = \begin{cases} f\left(T^{-1}(\mathbf{y})\right) \left|JT^{-1}(\mathbf{y})\right| & \mathbf{y} \in T(U) \\ 0 & \end{cases} \tag{11.5}$$

für jede messbare Fortsetzung $\tilde{T} : \mathbb{R}^n \longrightarrow \mathbb{R}^n$ *eine Dichte des Zufallsvektors* $\tilde{T} \circ \mathbf{X}$. *Hierbei ist* JT^{-1} *die Jacobimatrix von* T^{-1} und $|JT^{-1}| := |\det JT^{-1}|$.

Im obigen Satz ist $T \circ \mathbf{X}$ auf $\Omega \setminus \mathbf{X}^{-1}(U) = \Omega \setminus \{\mathbf{X} \in U\}$ nicht definiert. Da dies nach Voraussetzung jedoch eine Nullmenge ist, kann man T beliebig messbar auf $\mathbb{R}^n$ fortsetzen ohne die Verteilungseigenschaften $\tilde{T} \circ \mathbf{X}$ zu verändern.

11.5.1 Normalverteilung

Für die Simulation der Standardnormalverteilung kann das Box-Muller Verfahren verwendet werden:

Box-Muller

- Erzeuge unabhängige $U_1, U_2 \sim \mathscr{U}[0, 1]$
- Setze

$$X = \sqrt{-2 \ln U_1} \cos(2\pi U_2), \quad Y = \sqrt{-2 \ln U_1} \sin(2\pi U_2). \tag{11.6}$$

X, Y sind unabhängig und $\mathscr{N}(0, 1)$ verteilt.

Beweis Die Idee ist es die Transformation von Polar- zu kartesischen Koordinaten zu verwenden: $T : (0, \infty) \times (0, 2\pi) \longrightarrow \mathbb{R}^2 \setminus (0, \infty) \times \{0\}$, $T(r, \vartheta) = (r \cos \vartheta, r \sin \vartheta)$. Wählt man unabhängige Zufallsvariablen R, Θ mit $R^2 \sim \mathscr{E}(1/2)$ und $\Theta \sim \mathscr{U}[0, 2\pi]$, dann ist die gemeinsame Dichte von $(R, \Theta) : \Omega \longrightarrow (0, \infty) \times (0, 2\pi)$

$$f(r, \vartheta) = \frac{1}{2\pi} 1_{(0,2\pi)}(\vartheta) \cdot re^{-r^2/2} 1_{(0,\infty)}(r) = \frac{1}{2\pi} re^{-r^2/2} 1_{(0,\infty)\times(0,2\pi)}(r, \vartheta).$$

Sei $(X, Y) = T(R, \Theta)$. Die gemeinsame Dichte g von (X, Y) erhält man mit (11.5):

$$\begin{aligned} g(x, y) &= f\left(\sqrt{x^2+y^2}, \operatorname{sign}(y) \arccos \frac{x}{\sqrt{x^2+y^2}}\right) \frac{1}{\sqrt{x^2+y^2}} \\ &= 1_{\mathbb{R}^2 \setminus (0,\infty)\times\{0\}}(x, y) \frac{1}{2\pi} e^{-(x^2+y^2)/2} \overset{\text{f.ü}}{=} \varphi(x)\varphi(y) \end{aligned}$$

mit der Dichte φ der Standardnormalverteilung. Damit sind die Zufallsvariablen X, Y unabhängig und standardnormalverteilt. In (11.6) entspricht jeweils der erste Faktor der Zufallsvariable R ($R^2 \sim \mathscr{E}(1/2)$) und das Argument der trigonometrischen Funktionen der Zufallsvariablen $\Theta \sim \mathscr{U}[0, 2\pi]$. □

Aus der so erzeugten Standardnormalverteilung lassen sich sofort auch die Verteilungen der Tab. 11.4 erzeugen.

Es sei erwähnt, dass man die Inverse Φ^{-1} der Verteilungsfunktion von $\mathscr{N}(0, 1)$ mit rationalen Funktionen approximieren kann, vgl. Abramowitz, Stegun [1], 26.2.21. Hiermit kann man direkt die Inversionsmethode anwenden.

Tab. 11.4 Simulation mit der Normalverteilung, $X \sim \mathscr{N}(0, 1)$ bzw. $X_i \sim \mathscr{N}(0, 1)$ iid, $i = 1, \ldots n+1$

Verteilung	Transformation	Bemerkung
Normalverteilung $\mathscr{N}(\mu, \sigma^2)$	$\mu + \sigma X$	$\mu \in \mathbb{R}, \sigma > 0$
Chi-Quadrat χ_n^2	$\sum_{k=1}^{n} X_k^2$	Summe von n unabhängigen quadrierten Standardnormalverteilungen
Student t_n	$\frac{\sqrt{n} X_{n+1}}{\sqrt{\sum_{k=1}^{n} X_k^2}}$	Quotient einer Normalverteilung und der Wurzel einer χ_n^2-Verteilung
Log-Normal $\mathscr{L}N(\mu, \sigma^2)$	$e^{\mu+\sigma X}$	$\mu \in \mathbb{R}, \sigma > 0$ Exponential einer Normalverteilung

11.5.2 Beta-Verteilung, kleine Parameter

Für die Simulation der $\mathscr{B}(\alpha, \beta)$-Verteilung mit $\alpha, \beta > 0$ kann man nach Jöhnk [6] wie folgt vorgehen:

Beta-Verteilung, kleine α, β

- Erzeuge unabhängige $U_1, U_2 \sim \mathscr{U}[0, 1]$
- Falls $U_1^{1/\alpha} + U_2^{1/\beta} \geq 1$ verwerfe U_1, U_2, andernfalls setze

$$X = \frac{U_1^{1/\alpha}}{U_1^{1/\alpha} + U_2^{1/\beta}}$$

Es gilt dann $X \sim \mathscr{B}(\alpha, \beta)$.

Beweis Im Folgenden wird $B(\alpha, \beta) := \dfrac{\Gamma(\alpha)\Gamma(\beta)}{\Gamma(\alpha + \beta)}$ verwendet.

Sei $(Y, Z) := \left(U_1^{1/\alpha}, U_2^{1/\beta}\right)$ gegeben $U_1^{1/\alpha} + U_2^{1/\beta} < 1$, d.h. für die gemeinsame Verteilungsfunktion von (Y, Z) gilt

$$P(Y \leq y, Z \leq z) = P\left(U_1^{1/\alpha} \leq y, U_2^{1/\beta} \leq z \,\middle|\, U_1^{1/\alpha} + U_2^{1/\beta} < 1\right).$$

Wegen der Unabhängigkeit von U_1 und U_2 ergibt sich die Dichte von $U_1^{1/\alpha} + U_2^{1/\beta}$ als Faltung und man erhält leicht

$$P(U_1^{1/\alpha} + U_2^{1/\beta} < 1) = \frac{\alpha\beta}{\alpha + \beta} B(\alpha, \beta). \tag{11.7}$$

Die gemeinsame Dichte $f : \mathbb{R}^2 \longrightarrow [0, \infty)$ von (Y, Z) ist gegeben durch

$$\begin{aligned} f(y, z) &= \frac{\alpha + \beta}{B(\alpha, \beta)} y^{\alpha-1} z^{\beta-1} 1_\Delta(y, z) \\ \text{mit} \quad &\Delta := \{(y, z) \in (0, 1) \times (0, 1) : y + z < 1\}. \end{aligned}$$

Sei nun $T : \Delta \longrightarrow (0, 1)^2$,

$$T(y, z) = \left(y + z, \frac{y}{y + z}\right). \tag{11.8}$$

T ist $\mathscr{C}^1$-invertierbar, $T^{-1} : (0, 1)^2 \longrightarrow \Delta$, $T^{-1}(s, t) = (st, s - st) = (st, s(1 - t))$ ist die Umkehrabbildung von T und $|JT^{-1}(s, t)| = s$. Mit Satz 11.9 ist die gemeinsame Dichte von $T(Y, Z)$ gegeben durch

$$\begin{aligned}
g(s,t) &= f(st, s-st)s \\
&= \frac{\alpha+\beta}{B(\alpha,\beta)}(st)^{\alpha-1}(s(1-t))^{\beta-1}1_{\Delta}(T^{-1}(s,t))s \\
&= \frac{\alpha+\beta}{B(\alpha,\beta)}s^{\alpha+\beta-1}t^{\alpha-1}(1-t)^{\beta-1}1_{T(\Delta)}(s,t) \\
&= (\alpha+\beta)s^{\alpha+\beta-1}1_{(0,1)}(s)\cdot\frac{1}{B(\alpha,\beta)}t^{\alpha-1}(1-t)^{\beta-1}1_{(0,1)}(t).
\end{aligned}$$

Damit sind $Y+Z$ und $\frac{Y}{Y+Z}$ unabhängig und $\frac{Y}{Y+Z}$ Beta-verteilt $\mathscr{B}(\alpha,\beta)$. □

Diese Methode ist nur für kleine α, β geeignet, da für große α, β die Wahrscheinlichkeit des Verwerfens wegen (11.7) nahe bei 1 liegt.

11.5.3 Gamma-Verteilung

Will man eine Gamma-Verteilung $\Gamma(\alpha,\lambda)$ mit $\alpha, \lambda > 0$ simulieren, ergeben sich zwei Fälle:

Gamma-Verteilung, $\alpha < 1$

- Simuliere $Y \sim \mathscr{E}(\lambda)$, $Z \sim \mathscr{B}(\alpha, 1-\alpha)$ unabhängig
- Setze $X := YZ$

X besitzt wegen Lemma 11.10 (s. unten) die gewünschte Verteilung.

Gamma-Verteilung, $\alpha > 1$, $\alpha \notin \mathbb{N}$. Sei $\tilde{\alpha} := \alpha - \lfloor\alpha\rfloor \in (0,1)$.

- Simuliere $Y \sim \mathscr{E}(\lfloor\alpha\rfloor, \lambda) = \Gamma(\lfloor\alpha\rfloor, \lambda)$ und $Z \sim \Gamma(\tilde{\alpha}, \lambda)$ (wie im ersten Fall) unabhängig
- Setze $X := Y + Z$

X besitzt die gewünschte Verteilung wegen der Faltungseigenschaften der Gamma-Verteilung.
Im Fall $\alpha \in \mathbb{N}$ handelt es sich um die Erlang-Verteilung (s. Tab. 11.2). Grundlage für den ersten Fall der Simulation ist das folgende

Lemma 11.10 *Seien* $\lambda > 0$, $\alpha \in (0,1)$ *und* $Y \sim \mathscr{E}(\lambda)$, $Z \sim \mathscr{B}(\alpha, 1-\alpha)$ *unabhängig. Dann gilt* $YZ \sim \Gamma(\alpha,\lambda)$.

Beweis Die gemeinsame Dichte von (Y, Z) ist gegeben durch

$$f(y,z) = 1_{(0,\infty)\times(0,1)}(y,z)\lambda e^{-\lambda y}\frac{1}{B(\alpha, 1-\alpha)}z^{\alpha-1}(1-z)^{-\alpha}.$$

Sei $T : (0,\infty)\times(0,1) \longrightarrow (0,\infty)^2$, $T(y,z) = (yz, y(1-z))$. T ist $\mathscr{C}^1$-invertierbar, T^{-1} ist gegeben durch

$$T^{-1}(s,t) = \left(s+t, \frac{s}{s+t}\right).$$

Die Dichte von $T(Y,Z) = (YZ, Y(1-Z))$ ist laut Satz 11.9, (11.5) gegeben durch

$$\begin{aligned}
g(s,t) &= f\left(s+t, \frac{s}{s+t}\right)\frac{1}{s+t}\\
&= 1_{(0,\infty)\times(0,1)}(T^{-1}(s,t))e^{-\lambda(s+t)}\frac{\lambda}{\Gamma(\alpha)\Gamma(1-\alpha)}\left(\frac{s}{s+t}\right)^{\alpha-1}\left(\frac{t}{s+t}\right)^{-\alpha}\frac{1}{s+t}\\
&= 1_{(0,\infty)\times(0,\infty)}(s,t)e^{-\lambda s}e^{-\lambda t}\frac{\lambda^\alpha\lambda^{1-\alpha}}{\Gamma(\alpha)\Gamma(1-\alpha)}s^{\alpha-1}t^{-\alpha}\\
&= \frac{\lambda^\alpha}{\Gamma(\alpha)}e^{-\lambda s}s^{\alpha-1}1_{(0,\infty)}(s)\cdot\frac{\lambda^{1-\alpha}}{\Gamma(1-\alpha)}t^{-\alpha}e^{-\lambda t}1_{(0,1)}(t)
\end{aligned}$$

Somit sind YZ und $Y(1-Z)$ unabhängig und es gilt $YZ \sim \Gamma(\alpha,\lambda)$ und $Y(1-Z) \sim \Gamma(1-\alpha,\lambda)$. □

Um die Effizienz des Generators für die Gamma-Verteilung für $\alpha < 1$ einzuschätzen, verwenden wir (11.7). Bei der Simulation der $B(\alpha, 1-\alpha)$-Verteilung beträgt die Wahrscheinlichkeit des Verwerfens

$$1-\alpha(1-\alpha)\Gamma(\alpha)\Gamma(1-\alpha) = 1-\alpha(1-\alpha)\frac{\pi}{\sin(\alpha\pi)} \le 1-\frac{\pi}{4} \approx 0,21.$$

11.5.4 Beta-Verteilung, große Parameter

Der Algorithmus zur Simulation einer $\mathscr{B}(\alpha,\beta)$-Verteilung aus Abschn. 11.5.2 ist für große $\alpha > 0$ und $\beta > 0$ ineffizient. Eine mögliche Modifikation ist folgende:

Beta-Verteilung, große α, β

- Erzeuge $Y \sim \Gamma(\alpha, 1)$, $Z \sim \Gamma(\beta, 1)$ unabhängig
- Setze $X := \dfrac{Y}{Y+Z}$

Dann ist $X \sim \mathscr{B}(\alpha, \beta)$.

Beweis Sei $T : (0,\infty)^2 \longrightarrow (0,\infty) \times (0,1)$,

$$T(y,z) = \left(y+z, \frac{y}{y+z}\right).$$

T ist $\mathscr{C}^1$-invertierbar, $T^{-1} : (0,\infty)\times(0,1) \longrightarrow (0,\infty)^2$, $T^{-1}(s,t) = (st, s(1-t))$ ist die Umkehrabbildung von T. Die gemeinsame Dichte f von (Y, Z) ist gegeben durch

$$f(y,z) = 1_{(0,\infty)^2}(y,z) \cdot \frac{y^{\alpha-1}e^{-y}}{\Gamma(\alpha)} \cdot \frac{z^{\beta-1}e^{-z}}{\Gamma(\beta)}.$$

Mit Satz 11.5 ist die gemeinsame Dichte g von $T(Y, Z)$ gegeben durch

$$\begin{aligned}
g(s,t) &= f(st, s-st)s \\
&= 1_{(0,\infty)^2}(T^{-1}(s,t)) \cdot \frac{(st)^{\alpha-1}e^{-st}}{\Gamma(\alpha)} \cdot \frac{(s(1-t))^{\beta-1}e^{-s(1-t)}}{\Gamma(\beta)} s \\
&= 1_{(0,\infty)\times(0,1)}(s,t)s^{\alpha+\beta-1}e^{-s} \cdot t^{\alpha-1}(1-t)^{\beta-1}\frac{1}{\Gamma(\alpha)\Gamma(\beta)} \\
&= 1_{(0,\infty)}(s)\frac{s^{\alpha+\beta-1}e^{-s}}{\Gamma(\alpha+\beta)} \cdot 1_{(0,1)}(t)\frac{t^{\alpha-1}(1-t)^{\beta-1}}{B(\alpha+\beta)}.
\end{aligned}$$

Damit sind $Y+Z$ und $\dfrac{Y}{Y+Z}$ unabhängig und $\dfrac{Y}{Y+Z} \sim \mathscr{B}(\alpha, \beta)$. □

11.5.5 Multivariate-Normalverteilung

Ein Zufallsvektor $\mathbf{X} \sim \mathscr{N}_n(\boldsymbol{\mu}, \boldsymbol{\Sigma})$ mit Erwartungswert $\boldsymbol{\mu} \in \mathbb{R}^n$ und einer positiv definiten symmetrischen Matrix $\boldsymbol{\Sigma} \in \mathbb{R}^{n\times n}$ wird mit folgendem Ansatz erzeugt:

Multivariate Normalverteilung

- Bestimme eine nicht singuläre Matrix $\mathbf{A} \in \mathbb{R}^{n\times n}$ mit $\mathbf{A}\mathbf{A}^\top = \boldsymbol{\Sigma}$.
- Simuliere $\mathbf{Y} = (Y_1, \dots, Y_n)^\top$ mit $Y_k \sim \mathscr{N}(0,1)$ iid.
- Setze $\mathbf{X} = \boldsymbol{\mu} + \mathbf{A}\mathbf{Y}$.

Dann gilt $\mathbf{X} \sim \mathscr{N}_n(\boldsymbol{\mu}, \boldsymbol{\Sigma})$.

Beweis Ist $\mathbf{Y}$ n-dimensional standardnormalverteilt, dann ist $\mathbf{X}$ multivariat normalverteilt, da $\mathbf{A}$ nicht singulär ist. Erwartungswert und Varianz-Kovarianzmatrix ergeben sich wie folgt:

$$E(\mathbf{X}) = E(\boldsymbol{\mu} + \mathbf{AY}) = \boldsymbol{\mu} + \mathbf{A}E(\mathbf{Y}) = \boldsymbol{\mu}$$
$$V(\boldsymbol{\mu} + \mathbf{AY}) = E(\mathbf{AY} \cdot (\mathbf{AY})^\top) = \mathbf{A}\underbrace{E(\mathbf{Y} \cdot \mathbf{Y}^\top)}_{=\mathrm{id}}\mathbf{A}^\top = \mathbf{AA}^\top = \boldsymbol{\Sigma}.$$

□

Eine Matrix wie sie im zweiten Schritt benötigt wird, kann mittels der Choleskyzerlegung bestimmt werden.

Lemma 11.11 (Choleskyzerlegung) *Sei* $\boldsymbol{\Sigma} \in \mathbb{R}^{n \times n}$. *Äquivalent sind*

a) $\boldsymbol{\Sigma}$ *ist positiv definit und symmetrisch.*
b) Es gibt eine nicht singuläre, untere Dreiecksmatrix $\mathbf{A} \in \mathbb{R}^{n \times n}$ *mit* $\mathbf{AA}^\top = \boldsymbol{\Sigma}$.

Die Matrix $\mathbf{A}$ *in (b) ist eindeutig bestimmt.*

Beweis Hämmerlin [5], S. 66 Kriterien und Satz. □

Die Choleskyzerlegung wird spaltenweise rekursiv bestimmt. Mit den Bezeichnungen $\mathbf{A} = (a_{ij})_{i,j=1,\ldots,n}$ und $\boldsymbol{\Sigma} = (\sigma_{ij})_{i,j=1,\ldots,n}$ gilt:

$$a_{i1} = \begin{cases} \sqrt{\sigma_{11}} & \text{falls } i = 1 \\ \dfrac{\sigma_{i1}}{a_{11}} & \text{falls } i > 1. \end{cases}$$

Sind für $k > 1$ die ersten $k - 1$ Spalten $(a_{il})_{i=1,\ldots,n,l=1,\ldots,k-1}$ definiert, dann ist

$$a_{ik} = \begin{cases} 0 & \text{falls } i < k \\ \sqrt{\sigma_{kk} - \sum\limits_{l=1}^{k-1} a_{kl}^2} & \text{falls } i = k \\ \frac{1}{a_{kk}}\left(\sigma_{ik} - \sum\limits_{l=1}^{k-1} a_{il}a_{kl}\right) & \text{falls } i > k. \end{cases}$$

Beispiel 11.12 Sei $\boldsymbol{\Sigma} = \begin{pmatrix} 5 & 2 & 4 \\ 2 & 1 & 2 \\ 4 & 2 & 5 \end{pmatrix}$. Dann erhält man mit der Cholesky-Zerlegung die erste Spalte von $\mathbf{A}$

$$a_{11} = \sqrt{5}, \quad a_{21} = \frac{2}{\sqrt{5}}, \quad a_{31} = \frac{4}{\sqrt{5}}.$$

Daraus ergibt sich die zweite Spalte von $\mathbf{A}$

$$a_{12} = 0 \quad a_{22} = \sqrt{1 - a_{21}^2} = \frac{1}{\sqrt{5}}, \quad a_{32} = \sqrt{5}\,(2 - a_{31}a_{21}) = \frac{2}{\sqrt{5}}$$

und schließlich die dritte Spalte

$$a_{13} = a_{23} = 0, \quad a_{33} = \sqrt{5 - (a_{31}^2 + a_{32}^2)} = 1.$$

Somit erhält man $\mathbf{A} = \begin{pmatrix} \sqrt{5} & 0 & 0 \\ \frac{2\sqrt{5}}{5} & \frac{\sqrt{5}}{5} & 0 \\ \frac{4\sqrt{5}}{5} & \frac{2\sqrt{5}}{5} & 1 \end{pmatrix}$.

Das ist nicht die einzige Matrix mit der Eigenschaft $\mathbf{A}\mathbf{A}^\top = \boldsymbol{\Sigma}$, sie wird beispielsweise auch von der Matrix $\tilde{\mathbf{A}} = \begin{pmatrix} 1 & 2 & 0 \\ 0 & 1 & 0 \\ 0 & 2 & 1 \end{pmatrix}$ erfüllt. Allerdings ist $\tilde{\mathbf{A}}$ keine untere Dreiecksmatrix. □

11.6 Simulation von Copulas

Im letzten Abschnitt wurde bereits die Simulation von Zufallsvektoren angesprochen, die einer multivariaten Normalverteilung genügen. In diesem Abschnitt werden einige Algorithmen vorgestellt, die (zweidimensionale) Zufallsvektoren mit gegebener Copula und gegebenen Randverteilungen simulieren. Einen detaillierten Überblick zu diesem Thema findet der Leser in Mai, Scherer [8].

Wir beschränken uns dabei auf die Simulation der Copula des Zufallsvektors. Ist nämlich $(X, Y)^\top$ ein Zufallsvektor mit bivariater Verteilungsfunktion F, Copula C sowie Randverteilungen F_X, F_Y und $(u, v)^\top$ ein Vektor aus einer Simulation von C, so folgt aus dem Satz von Sklar, dass $(F_X^{\leftarrow}(u), F_Y^{\leftarrow}(v))^\top$ ein Vektor aus einer Simulation von F ist. Dieses Vorgehen entspricht der Inversionsmethode bei eindimensionalen Verteilungen.

Der folgende Algorithmus zur Simulation einer Copula C, das Conditional Sampling, ist universell. Man benötigt dazu eine Möglichkeit, bedingte Verteilungen der Copula zu berechnen.

Sei $(U, V)^\top$ ein Zufallsvektor mit $U, V \sim \mathscr{U}(0, 1)$ und bivariater Verteilungsfunktion C. Dann gilt bei gegebenem v für fast alle $u \in [0, 1]$ nach Satz 1.21

$$\begin{aligned} c_u(v) := P(V \le v \mid U = u) &= \lim_{\Delta u \to 0} P(V \le v \mid u \le U \le u + \Delta u) \\ &= \lim_{\Delta u \to 0} \frac{P(V \le v, u \le U \le u + \Delta u)}{P(u \le U \le u + \Delta u)} \\ &= \lim_{\Delta u \to 0} \frac{P(V \le v, U \le u + \Delta u) - P(V \le v, U \le u)}{\Delta u} \\ &= \lim_{\Delta u \to 0} \frac{C(v, u + \Delta u) - C(v, u)}{\Delta u} \\ &= \frac{\partial C}{\partial u}(u, v) \end{aligned}$$

Das zweite Gleichheitszeichen ist als Definition zu verstehen, da für die stetige Zufallsvariable U für alle $u \in [0, 1]$ stets $P(U = u) = 0$ gilt. Man vergleiche das Resultat auch mit Satz 1.21, wonach die partielle Ableitung von C nach u nur Werte zwischen 0 und 1 annimmt.

Allgemeiner Algorithmus

- Erzeuge zwei unabhängige $\mathscr{U}(0, 1)$-Zahlen u und w
- Setze $v := c_u^{\leftarrow}(w)$
- Bilde den Vektor $(u, v)^\top$

Beispiel 11.13 a) Die Copula des Zufallsvektors $(X, Y)^\top$ aus Beispiel 1.18(a) lautete $C(u, v) = \frac{uv}{u+v-uv}$, so dass

$$c_u(v) = \frac{\partial C}{\partial u}(u, v) = \left(\frac{v}{u + v - uv}\right)^2 \quad \text{und} \quad c_u^{\leftarrow}(w) = \frac{u\sqrt{w}}{1 - (1 - u)\sqrt{w}}.$$

Der Algorithmus zur Simulation aus C lautet nun:

- Erzeuge zwei unabhängige $\mathscr{U}(0, 1)$-Zahlen u und w
- Setze $v := \dfrac{u\sqrt{w}}{1 - (1 - u)\sqrt{w}}$
- Bilde den Vektor $(u, v)^\top$

Abb. 11.4 links zeigt 500 simulierte Paare aus C. Für die Randverteilungen F_X und F_Y galt

$$F_X^{\leftarrow}(x) = 2x - 1 \quad \text{sowie} \quad F_Y^{\leftarrow}(y) = -\ln(1 - y).$$

Daher lautet eine Simulation aus der Verteilungsfunktion F von $(X, Y)^\top$

- Erzeuge zwei unabhängige $\mathscr{U}(0, 1)$-Zahlen u und w
- Setze $v := \dfrac{u\sqrt{w}}{1 - (1 - u)\sqrt{w}}$
- Bilde den Vektor $(2u - 1, -\ln(1 - v))^\top$

Abb. 11.4 rechts zeigt 500 simulierte Paare aus F zum Beispiel 11.13.

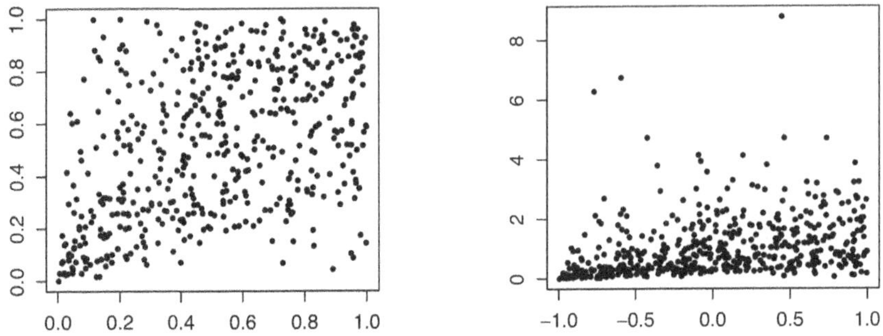

Abb. 11.4 500 Simulationen aus C (links) und F (rechts)

b) Für die Copula $M(u, v) = \min\{u, v\}$ gilt

$$c_u(v) = \begin{cases} 0, & \text{falls } v < u \\ 1, & \text{falls } v > u \end{cases},$$

so dass

$$c_u^{\leftarrow}(w) = \inf\{t \in \mathbb{R} : c_u(t) \geq w\} = \begin{cases} 0, & \text{falls } w = 0 \\ u, & \text{falls } w > 0 \end{cases}.$$

Also liefert der Algorithmus immer Vektoren der Form $(u, u)^\top$ für eine $\mathcal{U}(0, 1)$-Zahl u, was aufgrund des Beispiels zur Comonotonie-Copula in Abschn. 1.3.3 auch zu erwarten war.

Für Archimedische Copulas C_ϕ lässt sich die Berechnung der bedingten Verteilung c_u mit Hilfe des Erzeugers ϕ durchführen (s. Cherubini et al. [3], Th. 6.1):

$$c_u(v) = \frac{(\phi^{[-1]})'(\phi(u) + \phi(v))}{(\phi^{[-1]})'(\phi(u))}$$

Daher sieht der Algorithmus zur Simulation aus C_ϕ wie folgt aus:

Algorithmus für Archmedische Copulas

- Erzeuge zwei unabhängige $\mathcal{U}(0, 1)$-Zahlen u und w
- Suche das kleinste v so, dass $w \leq \dfrac{(\phi^{[-1]})'(\phi(u) + \phi(v))}{(\phi^{[-1]})'(\phi(u))}$
- Bilde den Vektor $(u, v)^\top$

Ist c_u stetig und streng monoton, so lautet der zweite Schritt: Suche v so, dass $w = \frac{(\phi^{[-1]})'(\phi(u)+\phi(v))}{(\phi^{[-1]})'(\phi(u))}$. Die Lösung dieser Gleichung ist u. U. nicht explizit möglich; dann bedarf die Berechnung von v numerischer Methoden, die zeitaufwändig sein können.

Die Copulas in den folgenden Beispielen wurden in Abschn. 1.3 eingeführt.

a) **Clayton-Copula** Hier ist $\phi(x) = x^{-\theta} - 1$ für $\theta > 0$. Der Algorithmus lautet:

- Erzeuge zwei unabhängige $\mathscr{U}(0, 1)$-Zahlen u und w
- Setze
$$v = \left(u^{-\theta}\left(w^{-\frac{\theta}{\theta+1}} - 1\right) + 1\right)^{-1/\theta}$$
- Bilde den Vektor $(u, v)^\top$

Abb. 11.5 links zeigt 500 Simulationen aus C_3^{Cl}.

b) **Frank-Copula** Der Erzeuger lautet $\phi(x) = -\ln\left(\frac{e^{-\theta x}-1}{e^{-\theta}-1}\right)$ mit $\theta \in \mathbb{R}$. Der Algorithmus hat die folgende Form:

- Erzeuge zwei unabhängige $\mathscr{U}(0, 1)$-Zahlen u und w
- Setze
$$v = -\frac{1}{\theta}\ln\left(1 + \frac{w(1-e^{-\theta})}{w(e^{-\theta u} - 1) - e^{-\theta u}}\right)$$
- Bilde den Vektor $(u, v)^\top$

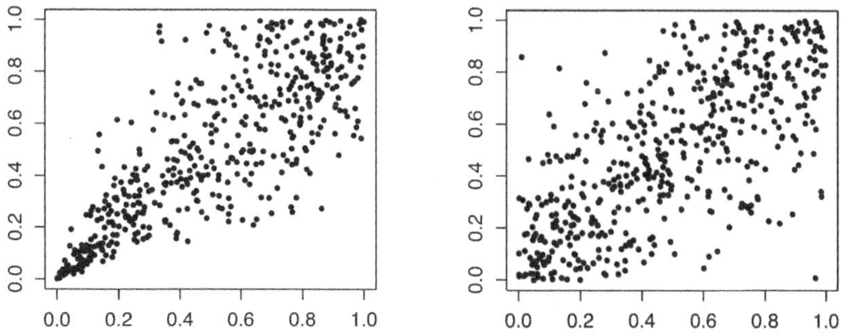

Abb. 11.5 500 Simulationen aus einer Clayton-Copula mit $\theta = 3$ (links) und aus einer Frank-Copula mit $\theta = 6$ (rechts) SRMfig5.5

Abb. 11.5 rechts zeigt 500 Simulationen aus C_6^{Fr}.

c) **Gumbel-Copula** Hier ist $\phi(x) = (-\ln(x))^\theta$ für $\theta \geq 1$ und damit

$$\phi^{[-1]}(t) = \exp\left(-t^{1/\theta}\right) \quad \text{sowie} \quad (\phi^{[-1]})'(t) = -\frac{1}{\theta}t^{1/\theta-1}\exp\left(-t^{1/\theta}\right).$$

Der Algorithmus lautet dann

- Erzeuge zwei unabhängige $\mathcal{U}(0,1)$-Zahlen u und w
- Löse die Gleichung

$$w = \frac{(\phi^{[-1]})'((-\ln(u))^\theta + (-\ln(v))^\theta)}{(\phi^{[-1]})'((-\ln(u))^\theta)}$$

  nach v auf
- Bilde den Vektor $(u, v)^\top$

Abb. 11.6 links zeigt 500 Simulationen aus C_3^{Gu}. Das Auflösen der Gleichung in Punkt 2 ist ein vergleichsweise aufwändiger Schritt.

Die wichtige **Gauß-Copula** lässt sich mit diesem Verfahren nicht simulieren, da man c_u (und damit auch $c_u^{\leftarrow}$) nicht explizit berechnen kann. Allerdings bietet sich hier ein recht simpler Algorithmus an, der auf der im Unterabschnitt 11.5.5 eingeführten Simulation multivariater Normalverteilungen basiert. Er lässt sich entsprechend für die t-Copula verwenden:

- Erzeuge einen Vektor $(z, w)^\top$ aus einer $\mathcal{N}_2((0,0)^\top, \boldsymbol{\Sigma})$-Verteilung mit $\boldsymbol{\Sigma} = \rho^2 \boldsymbol{E}$ $(-1 < \rho < 1)$
- Bilde den Vektor $(\Phi(z), \Phi(w))^\top$, wobei Φ die Verteilungsfunktion der Standardnormalverteilung ist

Abb. 11.6 rechts zeigt 500 Simulationen aus $C_{-0,8}^{\mathrm{Ga}}$.

Bemerkung 11.14 Neben den hier vorgestellten Simulationsalgorithmen gibt es noch weitere, die z.B. auf speziellen Eigenschaften der konkreten Copula beruhen. Für einige Archimedische Copulas gibt es Algorithmen, die auf der Laplace-Stieltjes-Transformation beruhen, siehe dazu McNeil, Frey, Embrechts [9], Kap. 7.4.

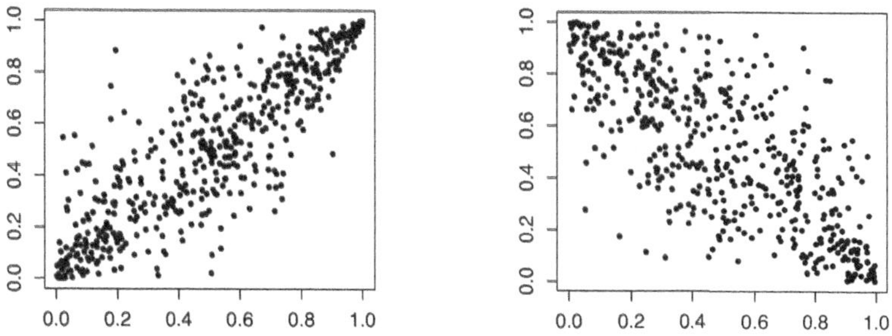

Abb. 11.6 500 Simulationen aus einer Gumbel-Copula mit $\theta = 3$ (links) und aus einer Gauß-Copula mit $\rho = -0,8$ (rechts)

Bemerkung 11.15 Das Statistik-Programm R bietet im Paket QRM (Quantitative Risk Management) Funktionen zur Simulation von Copulas. So erzeugt man mit dem Befehl rcopula.gumbel(10, 3, 2) zehn zweidimensionale Vektoren, die einer Gumbel-Copula mit $\theta = 3$ entstammen. Analog arbeiten rcopula.gauss, rcopula.clayton und rcopula.frank.

Literatur

1. Abramowitz, M., Stegun, I.: Pocketbook of Mathematical Functions, Verlag Harri Deutsch (1985)
2. Behnen, K., Neuhaus, G.: Grundkurs Stochastik, 4. Aufl. PD-Verlag, Heidenau (2003)
3. Cherubini, U., Luciano, E., Vecchiato, W.: Copula Methods in Finance. Wiley, Chichester (2004)
4. Glasserman, P.: Monte Carlo Methods in Financial Engineering. Springer, New York (2004)
5. Hämmerlin, G., Hoffmann, K. H.: Numerische Mathematik. Springer, Berlin (1989)
6. Jöhnk, M. D.: Erzeugung von Betaverteilten und Gammaverteilten Zufallszahlen. Metrika **8**, 5-15 (1964)
7. Knuth, D. E.: The Art of Computer Programming, Volume 2, 3rd ed. Addison Wesley, Reading, Massachusetts (1998)
8. Mai, J.-F., Scherer, M.: Simulating Copulas. World Scientific, Singapore (2012)
9. McNeil, A., Frey, R., Embrechts, P.: Quantitative Risk Management, 2nd ed., Princeton University Press, Princeton (2015)

Anhang

Zusammenfassung In diesem Anhang werden Ergebnisse zusammengefasst, die im Haupttext verwendet werden. Zunächst werden bedingte Verteilungen behandelt, dann erzeugende Funktionen. Der dritte Abschnitt enthält einen Katalog der wichtigsten diskreten und stetigen Verteilungen. Im letzten Abschnitt geht es um die Konvergenz von Folgen von Zufallsvariablen.

A.1 Bedingte Verteilungen

In diesem Abschnitt wird der Begriff der bedingten Verteilung in Erinnerung gerufen. Gleichzeitig gibt er eine Zusammenfassung der wichtigsten Rechenregeln für bedingte Verteilungen und daraus abgeleitete Größen wie den bedingten Erwartungswert oder die bedingte Varianz. Zu Details sei auf Bauer [2], Kap. VIII §44, oder Williams [6], Abschn. 7.4 verwiesen.

Seien $X : \Omega \to \mathbb{R}^n$ und $Y : \Omega \to \mathbb{R}^m$ zwei Zufallsvariablen. Die **bedingte Verteilung von Y bei gegebenem $X = x$** ist als das Element q_x aus einer Familie $\{q_x\}_{x \in \mathbb{R}^n}$ von Wahrscheinlichkeitsmaßen auf $\mathbb{R}^m$ definiert, welches

$$P(X \in A, Y \in B) = \int_A q_x(B) P_X(dx) \tag{A.1}$$

für alle messbaren Mengen $A \subseteq \mathbb{R}^n$ und $B \subseteq \mathbb{R}^m$ leistet. $q_x(B)$ ist dabei P_X-fast sicher eindeutig bestimmt, und man verwendet häufig die alternativen Schreibweisen

$$q_x(B) = q(x, B) = P_{Y|X=x}(B) = P(Y \in B | X = x).$$

T. Becker et al., *Stochastische Risikomodellierung und statistische Methoden*, Statistik und ihre Anwendungen, https://doi.org/10.1007/978-3-662-69532-6

Falls X und (X, Y) Dichten besitzen, ist das Wahrscheinlichkeitsmaß $P_{Y|X=x}$ durch die Dichte

$$f_{Y|X=x}(y) := \frac{f_{(X,Y)}(x, y)}{\int f_{(X,Y)}(x, y)dy}$$

gegeben.

Auf Basis der bedingten Verteilung $P_{Y|X=x}$ kann man den **bedingten Erwartungswert** von Y unter der Hypothese $X = x$ durch

$$E[Y|X = x] := \int_{\mathbb{R}^m} y \, P_{Y|X=x}(dy)$$

definieren.

Aus (A.1) folgen die wichtigsten Rechenregeln für bedingte Verteilungen ($g : \mathbb{R}^n \times \mathbb{R}^m \to \mathbb{R}$ sei darin eine messbare Funktion und $B \subseteq \mathbb{R}$ eine messbare Menge):

a) Transformationsregel:

$$P_{g(X,Y)|X=x}(B) = P_{Y|X=x}(\{y : g(x, y) \in B\}) \tag{A.2}$$

b) Iterierte Erwartungswertbildung:

$$\begin{aligned} E(g(X, Y)) &= \int_{\mathbb{R}^n \times \mathbb{R}^m} g(x, y) \, P_{(X,Y)}(dx, dy) \\ &= \int_{\mathbb{R}^n} \int_{\mathbb{R}^m} g(x, y) \, P_{Y|X=x}(dy) P_X(dx) = \int_{\mathbb{R}^n} E[g(x, Y)|X = x] \, P_X(dx) \end{aligned} \tag{A.3}$$

c) Zusammenhang mit bedingten Wahrscheinlichkeiten: Wenn (X, Y) stetig verteilt ist, dann gilt

$$P_{Y|X=x}(B) = \lim_{\Delta \to 0^+} P(Y \in B|X \in (x - \Delta, x]). \tag{A.4}$$

d) Unabhängigkeit: X und Y sind genau dann unabhängig, wenn $P_{Y|X=x}$ nicht von x abhängt. In diesem Fall gilt

$$P_{Y|X=x} = P_Y. \tag{A.5}$$

Zusätzlich zum bedingten Erwartungswert kann man die **bedingte Varianz** von Y unter der Hypothese $X = x$ durch

$$Var[Y|X = x] := E\left[(Y - E[Y|X = x])^2 \middle| X = x\right]$$

definieren.

Der (unbedingte) Erwartungswert lässt sich aus dem bedingten Erwartungswert durch

$$E(Y) = E(E[Y|X]) \tag{A.6}$$

berechnen. Dabei ist $E[Y|X]$ die Zufallsvariable, die man erhält, wenn man im bedingten (von x abhängenden) Erwartungswert $E[Y|X=x]$ für x die Zufallsvariable X einsetzt. Für die (unbedingte) Varianz gilt

$$Var(Y) = E(Var[Y|X]) + Var(E[Y|X]). \tag{A.7}$$

$Var[Y|X]$ geht dabei aus $Var[Y|X=x]$ hervor, indem für x die Zufallsvariable X einsetzt.

A.2 Erzeugende Funktionen

Es werden die wichtigsten Ergebnisse zu den wahrscheinlichkeits- und momenterzeugenden Funktionen bereitgestellt.

A.2.1 Die wahrscheinlichkeitserzeugende Funktion

Es sei $X : \Omega \longrightarrow \mathbb{N}_0$ eine diskrete Zufallsvariable. Dann heißt

$$pgf_X(t) := E(t^X)$$

die **wahrscheinlichkeitserzeugende Funktion** (Englisch: probability generating function) für diejenigen $t \in \mathbb{R}$ für die das Integral existiert. Es gilt

$$E(t^X) = \sum_{n=0}^{\infty} t^n P(X=n).$$

Die Reihe ist absolut konvergent für $|t| \leq 1$ wegen $\sum_{n=0}^{\infty} P(X=n) = 1$. Somit ist ihr Konvergenzradius größer oder gleich 1.

Satz A.1 *Die Funktion* $pgf : (-1, 1) \longrightarrow \mathbb{R}$ *ist unendlich oft differenzierbar und es gilt*

$$\forall n \in \mathbb{N}_0 : \; pgf^{(n)}(0) = \frac{P(X=n)}{n!}.$$

Korollar A.2 *Sind* X, Y *Zufallsvariablen mit* $pgf_X = pgf_Y$ *auf* $[-1, 1]$ *dann folgt für die Verteilungsfunktionen* $F_X = F_Y$.

Beispiel A.3 Für die wahrscheinlichkeitserzeugende Funktion der Binomial- und der Poissonverteilung ergibt sich:

$$B(n,p): \sum_{k=0}^{n} t^k P(X=k) = \sum_{k=0}^{n} t^k \binom{n}{k} p^k (1-p)^{n-k} = \sum_{k=0}^{n} \binom{n}{k} (tp)^k (1-p)^{n-k} =$$
$$= (tp + (1-p))^n,$$

$$\mathscr{P}(\lambda): \sum_{k=0}^{\infty} t^k P(X=k) = \sum_{k=0}^{\infty} t^k e^{-\lambda} \frac{\lambda^k}{k!} = e^{-\lambda} \sum_{k=0}^{\infty} \frac{(t\lambda)^k}{k!} =$$
$$= e^{-\lambda} e^{\lambda t} = e^{\lambda(t-1)}.$$

□

A.2.2 Momentenerzeugende Funktion

Für eine Zufallsvariable $X : \Omega \longrightarrow \mathbb{R}$ sei

$$mgf_X(t) := E(e^{tX}) \tag{A.8}$$

die **momentenerzeugende Funktion** (Englisch: moment generating function) für diejenigen $t \in \mathbb{R}$ für die das Integral existiert. Es gilt stets $mgf_X(0) = 1$.

Satz A.4 *Angenommen es gibt $\varepsilon > 0$ so, dass $mgf_X(t)$ für $t \in (-\varepsilon, \varepsilon)$ definiert ist. Dann*

a) existieren alle Momente von X.
b) mgf ist unendlich oft differenzierbar.
c) $E(X^n) = mgf^{(n)}(0)$.

Beispiel A.5 Wir bestimmen die momentenerzeugende Funktion für die Binomial-, Poisson- und Exponentialverteilung.

$$B(n,p): \sum_{k=0}^{n} e^{tk} P(X=k) = \sum_{k=0}^{n} e^{tk} \binom{n}{k} p^k (1-p)^{n-k}$$
$$= \sum_{k=0}^{n} \binom{n}{k} (e^t p)^k (1-p)^{n-k} = (e^t p + (1-p))^n,$$
$$\mathscr{P}(\lambda): \sum_{k=0}^{\infty} e^{tk} P(X=k) = \sum_{k=0}^{\infty} e^{tk} e^{-\lambda} \frac{\lambda^k}{k!} = e^{-\lambda} \sum_{k=0}^{\infty} \frac{(e^t\lambda)^k}{k!} =$$
$$= e^{-\lambda} e^{\lambda e^t} = e^{\lambda(e^t-1)},$$

$$\mathscr{E}(\lambda) : E(e^{tX}) = \int_0^\infty e^{tx}\lambda e^{-\lambda x}\, dx = \frac{\lambda}{\lambda - t}.$$

$mgf_{\mathscr{E}(\lambda)}(t)$ ist also für $t \in (-\infty, \lambda)$ definiert. □

Hilfreich ist das folgende Ergebnis:

Satz A.6 *Sind X, Y Zufallsvariablen mit $mgf_X = mgf_Y$ in einer Umgebung der 0, dann folgt für die Verteilungsfunktionen $F_X = F_Y$.*

A.3 Spezielle Verteilungen

Es werden die für die aktuariellen Anwendungen wichtigsten Verteilungen und deren Eigenschaften zusammengestellt.

A.3.1 Lage-Skalen Familien

Sei Z eine Zufallsvariable mit Verteilungsfunktion F_Z, und für $\mu \in \mathbb{R}$ und $\sigma > 0$ sei

$$X = \mu + \sigma Z.$$

Die so entstehende Familie von Verteilungen heißt eine von Z induzierte **Lage-Skalen Familie** mit **Lageparameter** μ und **Skalenparameter** σ. Für $\mu = 0$ spricht man von einer reinen Skalenfamilie. Ist F_Z auf $\{x \in \mathbb{R} : F_Z(x) \in (0, 1)\}$ stetig und streng monoton, dann ist auch die Verteilungsfunktion F_X von X auf $\{x \in \mathbb{R} : F_X(x) \in (0, 1)\}$ stetig und streng monoton, und es gilt

$$F_X^{-1}(u) = \mu + \sigma F_Z^{-1}(u),\ u \in (0, 1)$$

bzw. im Fall einer reinen Skalenfamilie

$$F_X^{-1}(u) = \sigma F_Z^{-1}(u),\ u \in (0, 1).$$

Um zu prüfen, ob eine Stichprobe $\mathbf{x} \in \mathbb{R}^n$ einer durch Z induzierten Lage-Skalen Familie entstammt, erstellt man den Q-Q-Plot

$$(F_Z^{-1}(u_k), x_{(k)}),\ k = 1, \ldots, n$$

wobei u_k beispielsweise wie im Abschn. 2.4.4 gewählt wird. Wenn die Punkte „nicht weit" von der Ausgleichsgeraden (im Falle der reinen Skalenfamilie geht die Ausgleichsgerade durch den Ursprung) liegen, lässt sich visuell die Verteilungsannahme plausibilisieren. Achsenabschnitt und Steigung der Ausgleichsgeraden können dann als Schätzwerte für μ und σ angesehen werden.

A.3.2 Klassische diskrete Verteilungen

Wir beginnen mit der Vorstellung wichtiger parametrischer Verteilungsfamilien (für Zufallsvariablen X), die wir in tabellarischer Form auflisten ($\mathbb{N}_0 = \mathbb{N} \cup \{0\}$).

P_X	Name	Zähldichte $f(k) = P(X = k)$	$E(X)$	$\mathrm{Var}(X)$
$\mathscr{U}_n$	Gleichvert.	$\frac{1}{n},\ k = 1, \ldots, n$	$\frac{n+1}{2}$	$\frac{n^2-1}{12}$
$B(n,p)^{1)}$	Binomial	$\binom{n}{k} p^k (1-p)^{n-k},\ k = 1, \ldots, n$	np	$np(1-p)$
$NB(\beta,p)^{2)}$	neg. Binomial	$\binom{\beta+k-1}{k} p^\beta (1-p)^k,\ k \in \mathbb{N}_0$	$\beta\frac{1-p}{p}$	$\beta\frac{1-p}{p^2}$
$G(p)^{3)}$	Geometr.	$p(1-p)^k,\ k \in \mathbb{N}_0$	$\frac{1-p}{p}$	$\frac{1-p}{p^2}$
$\mathscr{P}(\lambda)^{4)}$	Poisson	$e^{-\lambda}\frac{\lambda^k}{k!},\ k \in \mathbb{N}_0$	λ	λ
$\mathscr{L}\mathscr{S}(p)^{5)}$	Log-Series	$\frac{(1-p)^{k+1}}{\ln(1/p)\cdot(k+1)},\ k \in \mathbb{N}_0$	*	**

1) $p \in [0,1]$ 4) $\lambda > 0$ $* = \frac{1-p-p\ln(1/p)}{p\ln(1/p)}$

2) $p \in (0,1],\ \beta > 0$ 5) $p \in (0,1)$ $** = \frac{(1-p)(\ln(1/p)-(1-p))}{p^2\ln^2(p)}$

3) $= NB(1,p),\ p \in (0,1]$

A.3.3 Panjer-Verteilungen

a) Panjers $(a,b,0)$-Klasse: Die Zähldichte f erfüllt die Rekursion

$$f(0) = p_0, \quad f(k) = \left(a + \frac{b}{k}\right) \cdot f(k-1),\ k \in \mathbb{N}, \text{ mit geeigneten } a, b \in \mathbb{R}.$$

p_0		a	b	Verteilung
$e^{-\lambda}$	$(\lambda > 0)$	0	λ	$\mathscr{P}(\lambda)$
p^β	$(0 < p < 1,\ \beta > 0)$	$1-p$	$(\beta-1)a$	$NB(\beta,p)$
$(1-p)^n$	$(0 < p < 1,\ n \in \mathbb{N})$	$-\frac{p}{1-p}$	$-(n+1)a$	$B(n,p)$

Es lässt sich zeigen, dass außer den drei hier genannten Verteilungsfamilien keine weiteren in Frage kommen.

b) Panjers $(a, b, 1)$-Klasse: Die Rekursion für die Zähldichte f lautet

$$f(0) = 0,\ f(1) = p_0,\quad f(k) = \left(a + \frac{b}{k}\right) \cdot f(k-1),\ k \geq 2, a, b \in \mathbb{R} \text{ geeignet.}$$

p_0		a	b	Verteilung
$\frac{\lambda}{e^{\lambda} - 1}$	$(\lambda > 0)$	0	λ	abgeschnittene Poisson: $f(k) = \frac{1}{e^{\lambda} - 1} \cdot \frac{\lambda^k}{k!},\ k \in \mathbb{N}$
$\frac{1-p}{\ln(1/p)}$	$(0 < p < 1)$	$1 - p$	$-a$	abgeschnittene Log-Series: $f(k) = \frac{(1-p)^k}{k \ln(1/p)},\ k \in \mathbb{N}$

A.3.4 Klassische Stetige Verteilungen

P_X	Name	Dichte $f(x),\ x \in \mathbb{R}$	$E(X)$	$\mathrm{Var}(X)$
$\mathscr{U}[a, b]$	Gleichvert.	$\frac{1}{b-a},\ a \leq x \leq b$	$\frac{a+b}{2}$	$\frac{(b-a)^2}{12}$
$\mathscr{N}(\mu, \sigma^2)$ 1)	Normal	$\frac{1}{\sigma\sqrt{2\pi}} \exp\left(-\frac{(x-\mu)^2}{2\sigma^2}\right)$	μ	σ^2
$\mathscr{L}\mathscr{N}(\mu, \sigma^2)$ 1)	Log-Normal	$\frac{1}{x\sigma\sqrt{2\pi}} \cdot \exp\left(-\frac{(\ln(x)-\mu)^2}{2\sigma^2}\right)$, $x > 0$	$e^{\mu+\sigma^2/2}$	$e^{2\mu+\sigma^2}(e^{\sigma^2} - 1)$
$\Gamma(\alpha, \lambda)$ 2)	Gamma	$\lambda^{\alpha} \frac{x^{\alpha-1}}{\Gamma(\alpha)} e^{-\lambda x},\ x > 0$	$\frac{\alpha}{\lambda}$	$\frac{\alpha}{\lambda^2}$

1) $\mu \in \mathbb{R}, \sigma > 0$

2) $\alpha, \lambda > 0,\ \Gamma(\alpha) = \int_0^{\infty} x^{\alpha-1} e^x\, dx$ ist die Gammafunktion.

$\mathscr{N}(\mu, \sigma^2)$ gehört zu einer Lagen-Skalen-Familie.

$\mathscr{L}\mathscr{N}(\mu, \sigma^2)$ gehört *nicht* zu einer Lagen-Skalen-Familie.

$\Gamma(\alpha, \lambda)$ gehört für jedes $\alpha > 0$ zu einer Skalen-Familie in $\sigma = 1/\lambda > 0$.

Die Summe unabhängiger, Gammaverteilter Zufallsvariablen $X_i \sim \Gamma(\alpha_i, \lambda)$, $i = 1, 2$ ist Gammaverteilt mit $\Gamma(\alpha_1 + \alpha_2, \lambda)$.

Für die Gammaverteilung sind auch andere Parametrisierungen gebräuchlich. In der folgenden Parametrisierung wird der Erwartungswert als Parameter verwendet.

P_X	Name	Dichte $f(x)$, $x \in \mathbb{R}$	$E(X)$	Var(X)
$Gamma(\mu, \alpha)^{1)}$	Gamma	$\left(\frac{\alpha}{\mu}\right)^{\alpha} \frac{x^{\alpha-1}}{\Gamma(\alpha)} e^{-\frac{\alpha}{\mu}x}$, $x > 0$	μ	$\frac{\mu^2}{\alpha}$

1) $\alpha, \mu > 0$

Die $\Gamma(\alpha, \lambda)$-Verteilung umfasst weitere Verteilungen, die unter anderen Namen bekannt sind:

P_X	Name	Dichte $f(x)$, $x \in \mathbb{R}$	$E(X)$	Var(X)
$\mathscr{E}(\lambda) = \Gamma(1, \lambda)^{1)}$	Exponential	$\lambda e^{-\lambda x}$, $x \geq 0$	$\frac{1}{\lambda}$	$\frac{1}{\lambda^2}$
$\mathscr{E}(n, \lambda) = \Gamma(n, \lambda)^{2)}$	Erlang	$\lambda^n \frac{x^{n-1}}{(n-1)!} e^{-\lambda x}$, $x > 0$	$\frac{n}{\lambda}$	$\frac{n}{\lambda^2}$
$\chi_n^2 = \Gamma\left(\frac{n}{2}, \frac{1}{2}\right)^{3)}$	χ^2	$\frac{x^{(n-2)/2}}{2^{n/2}\Gamma(n/2)} e^{-x/2}$, $x > 0$	n	$2n$

1) $\lambda > 0$ 2) $n \in \mathbb{N}, \lambda > 0$ 3) $n \in \mathbb{N}$

Die Erlangverteilung $\mathscr{E}(n, \lambda)$ bzw. Chiquadratverteilung χ_n^2 ist die Verteilung der Summe von n unabhängigen Exponentialverteilten $\mathscr{E}(\lambda)$ bzw. χ_1^2 verteilten Zufallsvariablen, wie sich aus der Faltungseigenschaft ergibt.

P_X	Name	Dichte $f(x),\ x \in \mathbb{R}$	$E(X)$	$\mathrm{Var}(X)$
$\mathscr{B}(\alpha, \beta)^{1)}$	Beta	$\frac{x^{\alpha-1}(1-x)^{\beta-1}}{B(\alpha, \beta)},\ 0 \leq x \leq 1$	$\frac{\alpha}{\alpha+\beta}$	$\frac{\alpha\beta}{(\alpha+\beta)^2(\alpha+\beta+1)}$
$\mathscr{L}$	Logistisch	$\frac{e^{-x}}{1+e^{-x}}$	0	$\frac{\pi^2}{3}$
$\mathscr{L}\mathscr{L}(\alpha)^{2)}$	Log-Logistisch	$\frac{\alpha x^{\alpha-1}}{(1+x^\alpha)^2},\ x > 0$	$\frac{\pi}{\alpha \sin(\frac{\pi}{\alpha})}$	$\frac{\pi(\sin(\frac{\pi}{\alpha}) - \frac{\pi}{\alpha}\cos(\frac{\pi}{\alpha}))}{\alpha \sin^3(\frac{\pi}{\alpha})\cos(\frac{\pi}{\alpha})}$
$\mathscr{C}$	Cauchy	$\frac{1}{\pi} \cdot \frac{1}{1+x^2}$	–	–
$\mathscr{I}\mathscr{N}(\mu, \sigma^2)^{3)}$	Inverse Gauß	$\frac{1}{\sigma\sqrt{2\pi x^3}} \cdot \exp\left(-\frac{(x-\mu)^2}{2\mu^2\sigma^2 x}\right),\ x > 0$	μ	$\mu^3\sigma^2$
$\mathscr{I}\mathscr{G}(\alpha)^{2)}$	Inverse Gamma	$\frac{e^{-1/x}}{x^{\alpha+1}\Gamma(\alpha)},\ x > 0$	$\frac{1}{\alpha-1}$	$\frac{1}{(\alpha-1)^2(\alpha-2)}$
$\mathscr{P}a(\alpha)^{2)}$	Pareto	$\frac{\alpha}{(1+x)^{\alpha+1}},\ x > 0$	$\frac{1}{\alpha-1}$	$\frac{\alpha}{(\alpha-1)^2(\alpha-2)}$
$\mathscr{P}a(t, \alpha)^{2),4)}$	Pareto	$\frac{\alpha t^\alpha}{x^{\alpha+1}},\ x > t$	$\frac{t\alpha}{\alpha-1}$	$\frac{\alpha t^2}{(\alpha-1)^2(\alpha-2)}$

1) $\alpha, \beta > 0,\ B(\alpha, \beta) = \frac{\Gamma(\alpha)\Gamma(\beta)}{\Gamma(\alpha+\beta)}$
2) $\alpha > 0$; $E(X)$ ex. nur für $\alpha > 1$, $\mathrm{Var}(X)$ ex. nur für $\alpha > 2$
3) $\mu > 0, \sigma > 0$
4) $t > 0$

Die $\mathscr{I}\mathscr{N}(\mu, \sigma^2)$-Verteilung gehört für jedes $\mu > 0$ zu einer Skalen-Familie in $\sigma > 0$.

A.3.5 Extremwert-Verteilungen

P_X	Name	Dichte $f(x)$, $x \in \mathbb{R}$	$E(X)$	$\mathrm{Var}(X)$
$\mathscr{G}$	Gumbel	$e^{-x} \cdot \exp(-e^{-x})$	γ [1]	$\frac{\pi^2}{6}$
$\mathscr{F}(\alpha)$ [2]	Fréchet	$\frac{\alpha}{x^{\alpha+1}} \exp(-x^{-\alpha})$, $x > 0$	$\Gamma\left(1 - \frac{1}{\alpha}\right)$	$\Gamma\left(1 - \frac{2}{\alpha}\right) - \Gamma^2\left(1 - \frac{1}{\alpha}\right)$
$\mathscr{W}(\alpha)$ [3]	Weibull	$\alpha x^{\alpha-1} \exp(-x^{\alpha})$, $x > 0$	$\Gamma\left(1 + \frac{1}{\alpha}\right)$	$\Gamma\left(1 + \frac{2}{\alpha}\right) - \Gamma^2\left(1 + \frac{1}{\alpha}\right)$
$\mathscr{W}^-(\alpha)$ [4]	Weibull	$\alpha(-x)^{\alpha-1} \exp(-(-x)^{\alpha})$, $x < 0$	$-\Gamma\left(1 + \frac{1}{\alpha}\right)$	$\Gamma\left(1 + \frac{2}{\alpha}\right) - \Gamma^2\left(1 + \frac{1}{\alpha}\right)$

1) $\gamma = 0,577216...$ (Euler-Konstante)
2) $\alpha > 0$; $E(X)$ ex. nur für $\alpha > 1$, $\mathrm{Var}(X)$ ex. nur für $\alpha > 2$
3) $\alpha > 0$
4) $\alpha > 0$; sog. neg. Weibull

A.3.6 Transformationen

Einige der Verteilungen entstehen durch geeignete Transformation.

P_X	Transformation	P_Y
$\mathscr{U}[0,1]$	$Y = a + (b-a)X$	$\mathscr{U}[a,b]$
$\mathscr{U}[0,1]$	$Y = -\frac{1}{\lambda}\ln(X)$	$\mathscr{E}(\lambda)$
$\mathscr{N}(\mu, \sigma^2)$	$Y = e^X$	$\mathscr{L}\mathscr{N}(\mu, \sigma^2)$
$\mathscr{U}[0,1]$	$Y = \ln\left(\frac{X}{1-X}\right)$	$\mathscr{L}$
$\mathscr{L}$	$Y = e^{X/\alpha}$	$\mathscr{L}\mathscr{L}(\alpha)$
$\mathscr{U}[0,1]$	$Y = -\cot(\pi X)$	$\mathscr{C}$
$\Gamma(\alpha, 1)$	$Y = 1/X$	$\mathscr{I}\mathscr{G}(\alpha)$

P_X	Transformation	P_Y
$\mathscr{U}[0,1]$	$Y = X^{-1/\alpha} - 1$	$\mathscr{P}a(\alpha)$
$\mathscr{E}(1)$	$Y = -\ln(X)$	$\mathscr{G}$
$\mathscr{G}$	$Y = e^{X/\alpha}$	$\mathscr{F}(\alpha)$
$\mathscr{F}(\alpha)$	$Y = \alpha\ln(X)$	$\mathscr{G}$
$\mathscr{F}(\alpha)$	$Y = 1/X$	$\mathscr{W}(\alpha)$
$\mathscr{E}(1)$	$Y = X^{1/\alpha}$	$\mathscr{W}(\alpha)$
$\mathscr{W}(\alpha)$	$Y = 1/X$	$\mathscr{F}(\alpha)$
$\mathscr{W}(\alpha)$	$Y = -X$	$\mathscr{W}^-(\alpha)$

Die *Burr-Verteilung* entsteht aus einer $\mathscr{P}a(\alpha)$-verteilten Zufallsvariable X durch die Transformation $Y = X^{1/\beta}$. Die Dichte ist gebeben durch $f(x) = \frac{\alpha\beta x^{\beta-1}}{(1+x^{\beta})^{\alpha+1}}$, $x > 0, \alpha, \beta > 0$, für die Momente gilt

$$E(Y^k) = \frac{\Gamma(1+\frac{k}{\beta})\Gamma(\alpha-\frac{k}{\beta})}{\Gamma(\alpha)}, \quad -\beta < k < \alpha\beta.$$

Die *Inverse Burr-Verteilung* entsteht aus einer Burr-verteilten Zufallsvariable X durch die Transformation $Y = 1/X$. Ihre Dichte ist $f(x) = \frac{\alpha\beta x^{\alpha\beta-1}}{(1+x^{\beta})^{\alpha+1}}$, $x > 0, \alpha, \beta > 0$ und für die Momente erhält man

$$E(Y^k) = \frac{\Gamma(1-\frac{k}{\beta})\Gamma(\alpha+\frac{k}{\beta})}{\Gamma(\alpha)}, \quad -\alpha\beta < k < \beta.$$

A.3.7 Transformationen von Lage-Skalen-Familien

Für einige Verteilungstypen lassen sich natürlicherweise (nur) Skalenfamilien finden, z.B. wenn die zugehörigen Zufallsvariablen Y durch Transformation mit der Exponentialfunktion aus einer Zufallsvariablen Z mit einer Verteilung aus einer Lage-Skalen-Familie entsteht. Der ursprüngliche Lageparameter wird dann meist zum (neuen) Skalenparameter, der ursprüngliche Skalenparameter zu einem so genannten *Formparameter*.

Mit den Transformationen $X = \mu + \sigma Z$, $Y = e^X$ $(\mu \in \mathbb{R}, \sigma > 0)$:

P_Z	Verteilungsfunktion F_Y	Typ	Skalenpar.	Formpar.
$\mathscr{G}$	$F_Y(y) = \exp\left(-\left(\frac{y}{e^{\mu}}\right)^{-1/\sigma}\right)$	$\mathscr{F}(\alpha)$	e^{μ}	$\alpha = \frac{1}{\sigma}$
$\mathscr{N}(0,1)$	$F_Y(y) = \Phi\left(\frac{1}{\sigma}\ln\left(\frac{y}{e^{\mu}}\right)\right)$	$\mathscr{L}\mathscr{N}(\mu,\sigma^2)$	e^{μ}	σ^2

A.3.8 Dichten nach Transformation

Allgemeine Berechnung von Dichten bei Transformation:

Dichte von P_X	Bereich	Transformation	Dichte von P_Y	Bereich
$f(x)$	$x > 0$	$Y = \frac{1}{X}$	$\frac{1}{x^2} f\left(\frac{1}{x}\right)$	$x > 0$
$f(x)$	$x > 0$	$Y = X^\alpha$, $\alpha > 0$	$\frac{1}{\alpha} x^{1/\alpha - 1} f(x^{1/\alpha})$	$x > 0$
$f(x)$	$x > 0$	$Y = \ln(X)$	$e^x f(e^x)$	$x \in \mathbb{R}$
$f(x)$	$x \in \mathbb{R}$	$Y = e^X$	$\frac{1}{x} f(\ln(x))$	$x > 0$

Diese Transformationen können natürlich auch geeignet verkettet werden.

In der Versicherungstechnik werden neben den oben genannten auch noch weitere Verteilungen betrachtet, vgl. etwa Klugman et al. [3], *Appendix A: An inventory of continuous distributions*.

A.3.9 Multivariate Normalverteilung

Die Dichte f für Zufallsvektoren $\mathbf{X} = (X_1, \ldots, X_n)^\top$ mit $n \in \mathbb{N}$ ist gegeben durch

$$f(x_1, \ldots, x_n) = \frac{1}{\sqrt{(2\pi)^n \det \Sigma}} \exp\left(-\frac{1}{2}(\mathbf{x} - \boldsymbol{\mu})^\top \Sigma^{-1} (\mathbf{x} - \boldsymbol{\mu})\right)$$

mit $\mathbf{x} = (x_1, \ldots, x_n)^\top \in \mathbb{R}^n$, $\boldsymbol{\mu} = (\mu_1, \ldots, \mu_n)^\top \in \mathbb{R}^n$, wobei Σ eine symmetrische positiv-definite $n \times n$-Matrix ist. Die Matrix Σ enthält die (paarweisen) Kovarianzen der Komponenten von $\mathbf{X}$, d.h. es gilt

$$\Sigma = \begin{pmatrix} \sigma_1^2 & \sigma_{12} & \cdots & \sigma_{1n} \\ \sigma_{21} & \sigma_2^2 & \cdots & \sigma_{2n} \\ \vdots & \vdots & \vdots & \vdots \\ \sigma_{n1} & \sigma_{n2} & \cdots & \sigma_n^2 \end{pmatrix}$$

mit $\sigma_k^2 = \operatorname{Var}(X_k), k = 1, \ldots, n$ und $\sigma_{ij} = \operatorname{Cov}(X_i, X_j)$ für $1 \leq i, j \leq n, i \neq j$. Wegen der positiven Definitheit von Σ existiert (mindestens) eine quadratische (invertierbare) Matrix $\mathbf{A}$ mit $\Sigma = \mathbf{A} \cdot \mathbf{A}^\top$. Diese Eigenschaft wird in Kap. 11 zur Simulation $\mathcal{N}(\boldsymbol{\mu}, \Sigma)$-verteilter Zufallsvektoren verwendet.

Für $n = 2$ ergibt sich

$$\mathbf{\Sigma} = \begin{pmatrix} \sigma_1^2 & \rho\sigma_1\sigma_2 \\ \rho\sigma_1\sigma_2 & \sigma_2^2 \end{pmatrix}$$

wobei ρ der Korrelationskoeffezient von X_1, X_2 ist.

Für stochastisch unabhängige multivariat normalverteilte Zufallsvektoren derselben Dimension gilt folgende „Rechenregel“:

$$P_{\mathbf{X}} = \mathcal{N}(\mu_{\mathbf{X}}, \Sigma_{\mathbf{X}}), P_Y = \mathcal{N}(\mu_{\mathbf{Y}}, \Sigma_{\mathbf{Y}}) \quad \Rightarrow \quad P_{\mathbf{X}+\mathbf{Y}} = \mathcal{N}(\mu_{\mathbf{X}} + \mu_{\mathbf{Y}}, \Sigma_{\mathbf{X}} + \Sigma_{\mathbf{Y}}).$$

Ist ferner $\mathbf{B}$ eine beliebige $(m \times n)$-Matrix mit $m < n$ und vollem Rang m und gilt $P_X = \mathcal{N}(\mu, \Sigma)$, so ist auch $\mathbf{Y} = \mathbf{BX}$ multivariat normalverteilt mit $P_{\mathbf{Y}} = \mathcal{N}(\mathbf{B}\mu, \mathbf{B}\Sigma\mathbf{B}^\top)$.

Im speziellen Fall $m = 1$ bedeutet dies, dass jede Linearkombination multivariat normalverteilter Zufallsvariablen wieder (univariat) normalverteilt ist.

Man spricht allgemeiner auch dann noch von einer multivariaten (degenerierten) Normalverteilung, wenn Σ die Form $\Sigma = \mathbf{A} \cdot \mathbf{A}^\top$ hat, aber die Matrix $\mathbf{A}$ nicht invertierbar ist. In diesem Fall existiert jedoch keine Dichte der Verteilung im üblichen Sinne. Die Verteilung ist hier konzentriert auf einen niedriger dimensionalen affinen Unterraum von $\mathbb{R}^n$ vom Lebesgue-Maß Null.

A.3.10 Multivariate Log-Normalverteilung

Die Dichte der **n-dimensionalen Log-Normalverteilung** $\mathcal{LN}(\mu, \Sigma)$ für Zufallsvektoren $\mathbf{X} = (X_1, \ldots, X_n)^\top$ mit $n \in \mathbb{N}$ ist gegeben durch

$$f(x_1, \ldots, x_n) = \frac{1}{\left(\prod_{i=1}^n x_i\right)\sqrt{(2\pi)^n \det \Sigma}} \cdot \exp\left(-\frac{1}{2}(\ln(\mathbf{x}) - \mu)^\top \Sigma^{-1}(\ln(\mathbf{x}) - \mu)\right)$$

mit $\mathbf{x} = (x_1, \ldots, x_n)^\top \in (0, \infty)^n$, $\ln(\mathbf{x}) := (\ln(x_1), \ldots, \ln(x_n))^\top \in \mathbb{R}^n$, $\mu = (\mu_1, \ldots, \mu_n)^\top \in \mathbb{R}^n$, wobei Σ wieder eine symmetrische positiv-definite $(n \times n)$-Matrix ist.

Hier gilt: Ein Zufallsvektor $\mathbf{X} = (X_1, \ldots, X_n)^\top$ ist genau dann $\mathcal{LN}(\mu, \Sigma)$-verteilt, wenn $\ln(\mathbf{X}) = (\ln(X_1), \ldots, \ln(X_n))^\top$ $\mathcal{N}(\mu, \Sigma)$-verteilt ist.

A.3.11 Multivariate *t*-Verteilung

Die Dichte der **n-dimensionalen t-Verteilung** $t_n(\nu, \mu, \Sigma)$ mit $\nu \in \mathbb{N}$ Freiheitsgraden für Zufallsvektoren $\mathbf{X} = (X_1, \ldots, X_n)^\top$ mit $n \in \mathbb{N}$ ist gegeben durch

$$f(x_1, \ldots, x_n) = \frac{\Gamma(\frac{\nu+n}{2})}{\Gamma(\frac{\nu}{2})\sqrt{(\nu\pi)^n \det \Sigma}} \cdot \left(1 + \frac{1}{\nu}(\mathbf{x} - \boldsymbol{\mu})^\top \Sigma^{-1}(\mathbf{x} - \boldsymbol{\mu})\right)^{-\frac{\nu+n}{2}}$$

mit $\mathbf{x} = (x_1, \ldots, x_n)^\top \in \mathbb{R}^n$, $\boldsymbol{\mu} = (\mu_1, \ldots, \mu_n)^\top \in \mathbb{R}^n$, wobei Σ wieder eine symmetrische positiv-definite $(n \times n)$-Matrix ist.

Hier gilt: Ist $\mathbf{X} = (X_1, \ldots, X_n)^\top$ $\mathcal{N}(\mathbf{0}, \Sigma)$-verteilt und W (eindimensional) $\mathcal{IN}(\mu, \sigma^2)$-verteilt mit $\mu = \sigma^2 = \frac{\nu}{2}$, so ist $\mathbf{Y} = \boldsymbol{\mu} + \sqrt{W}\mathbf{X}$ $t_n(\nu, \boldsymbol{\mu}, \Sigma)$-verteilt.

A.4 Stochastische Konvergenz

Es werden grundlegende Definitionen und Ergebnisse zur Konvergenz von Folgen von Zufallsvariablen bereitgestellt.

A.4.1 Konvergenzbegriffe, Eigenschaften

Zunächst werden die unterschiedlichen Konvergenzbegriffe definiert.

Definition A.7 *Seien $X, X_1, X_2, \ldots : \Omega \longrightarrow \mathbb{R}$ beliebige Zufallsvariablen.*

a) $\{X_n\}_{n\in\mathbb{N}}$ ***konvergiert fast sicher*** *gegen X, falls*

$$P\big(\{\omega \in \Omega : \lim_{n\to\infty} X_n(\omega) = X(\omega)\}\big) = 1.$$

Schreibweise: $X_n \xrightarrow{f.s.} X$.

b) $\{X_n\}_{n\in\mathbb{N}}$ ***konvergiert stochastisch*** *gegen X oder* ***konvergiert in Wahrscheinlichkeit*** *gegen X, falls für jedes $\varepsilon > 0$*

$$\lim_{n\to\infty} P\big(|X_n - X| > \varepsilon\big) = 0.$$

Schreibweise: $X_n \xrightarrow{P} X$.

c) $\{X_n\}_{n\in\mathbb{N}}$ ***konvergiert in Verteilung*** *gegen X, falls*

$$\lim_{n\to\infty} F_{X_n}(x) = F_X(x)$$

für jeden Stetigkeitspunkt $x \in \mathbb{R}$ der Verteilungsfunktion F_X.
Schreibweise: $X_n \xrightarrow{d} X$.

Die obigen Konvergenzbegriffe für Folgen von Zufallsvariablen können auf Folgen $\{\mathbf{X}_n\}_{n\in\mathbb{N}}$ von Zufallsvektoren $\mathbf{X}_n : \Omega \longrightarrow \mathbb{R}^k$ verallgemeinert werden indem man die Definitionen komponentenweise anwendet. Fast sichere, stochastische und Verteilungskonvergenz bleiben unter stetigen Transformationen erhalten, vergleiche Pruscha [4], (3.8) S. 379 oder Serfling [5], S. 24 Theorem.

Satz A.8 (Continuous Mapping Theorem) *Seien $\mathbf{X}, \mathbf{X}_n : \Omega \to \mathbb{R}^k$ Zufallsvektoren und sei $\varphi : \mathbb{R}^k \to \mathbb{R}^p$ stetig. Dann gilt*

a) $\mathbf{X}_n \xrightarrow{f.s.} \mathbf{X} \Longrightarrow \varphi(\mathbf{X}_n) \xrightarrow{f.s.} \varphi(\mathbf{X})$.
b) $\mathbf{X}_n \xrightarrow{p} \mathbf{X} \Longrightarrow \varphi(\mathbf{X}_n) \xrightarrow{p} \varphi(\mathbf{X})$.
c) $\mathbf{X}_n \xrightarrow{d} \mathbf{X} \Longrightarrow \varphi(\mathbf{X}_n) \xrightarrow{d} \varphi(\mathbf{X})$.

A.4.2 Stochastische Konvergenzordnung

Die aus der Analysis bekannten Konvergenzordnungen o und O lassen sich auf Folgen von Zufallsvariablen verallgemeinern.

Definition A.9 *Sei $\{r_n\}_{n\in\mathbb{N}} \subset (0, \infty)$ und $\{X_n\}_{n\in\mathbb{N}}$ eine Folge von Zufallsvariablen.*

a) *$\{X_n\}_{n\in\mathbb{N}}$ heißt **in Wahrscheinlichkeit von der Ordnung** $o_p(r_n)$, wenn*

$$\frac{X_n}{r_n} \xrightarrow{p} 0$$

Kurzschreibweise: $X_n = o_p(r_n)$.

b) *$\{X_n\}_{n\in\mathbb{N}}$ heißt **in Wahrscheinlichkeit von der Ordnung** $O_p(r_n)$, wenn gilt*

$$\forall \varepsilon > 0 \; \exists M \in \mathbb{N} \; \exists N \in \mathbb{N} \; \forall n \geq N : \; P\left(\left|\frac{X_n}{r_n}\right| > M\right) < \varepsilon$$

Kurzschreibweise: $X_n = O_p(r_n)$.
*$\{X_n\}_{n\in\mathbb{N}}$ heißt **stochastisch beschränkt**, wenn $X_n = O_p(1)$.*

Für $r_n = 1$ für alle $n \in \mathbb{N}$ ist $\{X_n\}_{n\in\mathbb{N}}$ in Wahrscheinlichkeit von Ordnung $o(1)$, wenn $X_n \xrightarrow{p} 0$ gilt.

Die folgenden Ergebnisse betreffen die Konvergenz in Verteilung. Angenommen es gilt $\sqrt{n}(X_n - c) \xrightarrow{d} Z$ für $c \in \mathbb{R}$ und eine Zufallsvariable Z, eine Aussage wie sie beispielsweise beim zentralen Grenzwertsatz vorliegt. Dann erhält man heuristisch für große $n \in \mathbb{N}$

$$\sqrt{n}(X_n - c) \approx Z \text{ bzw. } X_n \approx c + \frac{Z}{\sqrt{n}}.$$

Diese heuristische Überlegung wird im folgenden Satz konkretisiert und für beliebige Folgen $\{r_n\}_{n\in\mathbb{N}}$ anstelle von $r_n = \sqrt{n}$ formuliert, vergleiche Azzalini [1], S. 308, Theorem A.8.8.

Satz A.10 *Sei $\{X_n\}_{n\in\mathbb{N}}$ eine Folge von Zufallsvariablen, $c \in \mathbb{R}$, $\{r_n\}_{n\in\mathbb{N}} \subset (0, \infty)$, Z eine fast sicher nicht konstante Zufallsvariable mit*

$$r_n(X_n - c) \xrightarrow{d} Z.$$

Dann gilt

$$X_n = c + O_p\left(\frac{1}{r_n}\right).$$

A.4.3 Stochastische Reihenentwicklung, Delta-Methode

Wir greifen die Folgerung von Satz A.10 auf und formulieren zunächst ein Ergebnis für die Transformation von Zufallsvariablen mit differenzierbaren Funktionen, vergleiche Azzalini [1], S. 308, Theorem A.8.9.

Satz A.11 *Sei $\{X_n\}_{n\in\mathbb{N}}$ eine Folge von Zufallsvariablen, $c \in \mathbb{R}$, $\{r_n\}_{n\in\mathbb{N}} \subset (0, \infty)$ eine Nullfolge mit*

$$X_n = c + O_p(r_n).$$

Sei $f \in \mathscr{C}^k(\mathbb{R})$. Dann gilt

$$f(X_n) = \sum_{j=0}^{k} \frac{f^{(j)}}{j!}(c)(X_n - c)^j + o_p(r_n^k).$$

Nun wird Satz A.11 konkret auf Transformationen mit $\mathscr{C}^1$-Funktionen angewendet, vergleiche Azzalini [1], S. 309, Corollary A.8.10.

Satz A.12 (Delta-Methode) *Sei $\{X_n\}_{n\in\mathbb{N}}$ eine Folge von Zufallsvariablen, $c \in \mathbb{R}$ und Z eine f.s. nicht konstante Zufallsvariable mit*

$$\sqrt{n}\,(X_n - c) \xrightarrow{d} Z.$$

Ist $f : \mathbb{R} \longrightarrow \mathbb{R}$ stetig differenzierbar, dann gilt

$$\sqrt{n}\,(f(X_n) - f(c)) \xrightarrow{d} f'(c)Z.$$

Die Delta-Methode überträgt sich auf Folgen von Zufallsvektoren mit der multivariaten Normalverteilung als Grenzwert, vergleiche Pruscha [4], (3.12) S. 383 und Serfling [5], S. 122, Theorem A.

Satz A.13 *Sei* $\{\mathbf{X}_n\}_{n\in\mathbb{N}}$ *eine Folge von p-dimensionalen Zufallsvektoren mit*

$$\sqrt{n}\,(\mathbf{X}_n - \boldsymbol{\mu}) \xrightarrow{d} N_p(\mathbf{0}, \Sigma).$$

Ist $g : \mathbb{R}^p \longrightarrow \mathbb{R}^k$, $k \leq p$ *stetig differenzierbar,* $\mathbf{D} := \mathbf{D}_{\boldsymbol{\mu}}\, g$ *mit vollem Rang, dann gilt*

$$\sqrt{n}\,(g(\mathbf{X}_n) - g(\boldsymbol{\mu})) \xrightarrow{d} N_m(\mathbf{0}, \mathbf{D}^T \Sigma \mathbf{D}).$$

Literatur

1. Azzalini, A.: Statistical Inference–Based on the Likelihood. Chapman & Hall, Boca Raton (1996)
2. Bauer, H.: Wahrscheinlichkeitstheorie (4. Aufl.). De Gruyter, New York (1991)
3. Klugman,S., Panjer, H., Willmot, G.: Loss Models, 2nd ed. Wiley, Chichester (2004)
4. Pruscha, H.: Angewandte Methoden der mathematischen Statistik. Teubner, Stuttgart (1989)
5. Serfling, J.R.: Approximation Theorems of Mathematical Statistics. Wiley, New York (1980)
6. Williams, D.: Weighing the Odds. Cambridge University Press, Cambridge (2001)

Stichwortverzeichnis

T. Becker et al., *Stochastische Risikomodellierung und statistische Methoden*, Statistik und ihre Anwendungen, https://doi.org/10.1007/978-3-662-69532-6

P

Q

R

S

SPRINGER NATURE

GPSR Compliance

The European Union's (EU) General Product Safety Regulation (GPSR) is a set of rules that requires consumer products to be safe and our obligations to ensure this.

If you have any concerns about our products, you can contact us on ProductSafety@springernature.com

In case Publisher is established outside the EU, the EU authorized representative is:

Springer Nature Customer Service Center GmbH
Europaplatz 3
69115 Heidelberg, Germany

The manufacturer's authorised representative in the EU is Springer Nature Customer Service Centre GmbH, Europaplatz 3, 69115 Heidelberg, Germany. If you have any concerns regarding our products, please contact ProductSafety@springernature.com

Printed and bound by CPI Group (UK) Ltd, Croydon, CR0 4YY
28/04/2026
02098513-0009